姜东梅
李伟
张庆余 / 编著

中文版

AutoCAD 2018
完全实战技术手册

U0293152

清华大学出版社

北京

内 容 简 介

本书以目前最新版本的 AutoCAD 2018 为平台，从实际操作和应用的角度出发，全面讲述了 AutoCAD 2018 的各项功能，内容涉及机械设计、建筑制图、室内装饰设计、服装设计、模具设计等。

全书共 26 章，从 AutoCAD 2018 的基础操作到实际应用，都进行了详细、全面的讲解，使读者通过学习本书，彻底掌握 AutoCAD 2018 的基本操作技能与实际应用技能。

本书语言简单明了，内容讲解到位，书中操作实例通俗易懂，具有很强的实用性、操作性和代表性。

本书不仅可以作为高等学校、高职高专院校的教材，还可以作为各类 AutoCAD 培训班的教材，同时也可作为从事 CAD 工作的技术人员的学习参考书。

图书在版编目（CIP）数据

中文版 AutoCAD 2018 完全实战技术手册 / 姜东梅等编著 . – 北京 : 清华大学出版社 , 2018
ISBN 978-7-302-51238-7

Ⅰ . ①中… Ⅱ . ①姜… Ⅲ . ① AutoCAD 软件－技术手册 Ⅳ . ① TP391.72-62

中国版本图书馆 CIP 数据核字（2018）第 213821 号

责任编辑：陈绿春
封面设计：潘国文
责任校对：徐俊伟
责任印制：李红英

出版发行：清华大学出版社
　　　　　网　　　址：http://www.tup.com.cn，http://www.wqbook.com
　　　　　地　　　址：北京清华大学学研大厦 A 座　　　　　邮　　编：100084
　　　　　社 总 机：010-62770175　　　　　　　　　　　　邮　　购：010-62786544
　　　　　投稿与读者服务：010-62776969，c-service@tup.tsinghua.edu.cn
　　　　　质量反馈：010-62772015，zhiliang@tup.tsinghua.edu.cn
印 装 者：三河市龙大印刷有限公司
经　　销：全国新华书店
开　　本：188mm×260mm　　　　　　印　张：39.75　　　　　字　数：1042 千字
版　　次：2018 年 11 月第 1 版　　　　　印　次：2018 年 11 月第 1 次印刷
定　　价：128.00 元

产品编号：075304-01

AutoCAD 是 Autodesk 公司开发的通用计算机辅助绘图和设计软件。被广泛应用于机械、建筑、电子、航天、造船、石油化工、土木工程、冶金、气象、纺织、轻工等领域。在我国，AutoCAD 已成为工程设计领域应用最为广泛的计算机辅助设计软件之一。AutoCAD 2018 是适应当今科学技术的快速发展和用户需要而开发的面向 21 世纪的 CAD 软件系统。它贯彻了 Autodesk 公司一贯为广大用户考虑的方便性和高效率，为多用户合作提供了便捷的工具、规范、标准以及方便的管理功能，因此用户可以与设计组密切而高效地共享信息。

本书内容

全书分 4 大部分共 26 章，从 AutoCAD 2018 的基础操作到实际应用、从二维绘图到三维实体建模都进行了详细、全面的讲解，使读者通过学习本书，能够彻底掌握 AutoCAD 2018 的操作技能与实际工程设计与应用。

- 第 1 部分（第 1 ～ 4 章）：主要介绍 AutoCAD 2018 的入门基础知识，其内容包括 AutoCAD 2018 的软件介绍、认识基本界面、绘图环境设置、AutoCAD 图形与文件的基本操作、基本工具的应用等。
- 第 2 部分（第 5 ～ 17 章）：主要介绍了 AutoCAD 2018 绘制基本图形及工程制图所涉及的相关命令。
- 第 3 部分（第 18 和 19 章）：主要介绍利用 AutoCAD 2018 在机械设计和建筑设计中进行 GB 标准制图。
- 第 4 部分（第 20 ～ 26 章）：主要介绍 AutoCAD 2018 的三维建模设计功能以及二维图形与三维模型之间的交互设计。

本书特色

本书定位于初学者，旨在为三维造型工程师、模具设计师、机械制造者、家用电器设计者打下良好的工程设计基础，同时让读者学习到相关专业的基础知识。

本书从软件的基本应用及行业知识入手，以 AutoCAD 2018 软件的模块和插件程序的应用为主线，以实例为引导，按照由浅入深、循序渐进的方式，讲解软件的新特性和操作方法，使读者能快速掌握 AutoCAD 2018 的软件设计技巧。

对于 AutoCAD 2018 的软件基础应用，本书内容讲解得非常详细。

本书的特色包括：

- 功能指令全。
- 穿插海量实例且典型、丰富。
- 大量的视频教学，结合书中内容介绍，更好地融入、贯通。

本书适合即将和已经从事 CAD 设计的专业技术人员、想快速提高 AutoCAD 绘图技能的制图爱好者阅读，也可作为大中专和相关培训学校的教材。

作者信息

本书由空军航空大学的姜冬梅、李伟和张庆余老师编著，参与编写的还有黄成、孙占臣、罗凯、刘金刚、王俊新、董文洋、孙学颖、鞠成伟、杨春兰、刘永玉、金大玮、陈旭、黄晓瑜、田婧、王全景、马萌、高长银、戚彬、赵光、刘纪宝、王岩、郝庆波、任军、秦琳晶、李勇等。

感谢你选择了本书，希望我们的努力对你的工作和学习有所帮助，也希望你能把对本书的意见和建议告诉我们。

配套视频及配套素材

本书的配套教学文件，请扫描相关章首页的二维码进行下载，也可以通过下面的地址或右侧的二维码进行下载。

地址：https://pan.baidu.com/s/1YbJKl0vcO2EjC8nzRaMHUg 密码：ugzw

视频百度网盘版

本书的配套素材，可以通过右侧二维码之一进行下载（内容是一样的），也可以通过下面的地址进行下载。

链　接：https://pan.baidu.com/s/1zq1sy_uvFPO9n9e4LC4l4g

密码：thko

如果在下载过程中碰到问题，请联系陈老师，联系邮箱：chenlch@tup.tsinghua.edu.cn。

素材百度网盘版　　素材益阅读版

QQ 学习群：159814370　368316329　301056926

Shejizhimen@163.com　shejizhimen@outlook.com

作者

2018 年 1 月

目录

第 3 部分

第 18 章　AutoCAD 机械制图实战

第 19 章　AutoCAD 建筑制图实战

第1部分

第 *1* 章 安装与启动 AutoCAD 2018

有很多零基础的读者一直对软件的安装与正常启动感到十分困惑，因为软件升级换代带来的是软件需要的内存越来越大，系统要求也越来越高。鉴于此，我们在本章详细描述 AutoCAD 2018 软件的安装过程，并告知大家在安装过程中需要注意哪些事项，避免安装不成功。

项目分解

◆ CAD 绘图系统
◆ AutoCAD 2018软件的下载方法

◆ 安装AutoCAD 2018
◆ AutoCAD 2018的卸载

1.1　CAD 绘图系统

计算机辅助设计技术的飞速发展，推动着制造业从产品设计、制造到技术管理一系列深刻、全面、具有深远意义的变革，这是产品设计、产品制造业的一场技术革命。

1.1.1　认识 CAD

计算机绘图是 20 世纪 60 年代发展起来的新型学科，是随着计算机图形学理论及其技术的发展而来的。图与数在客观上存在着相互对应的关系，把数字化了的图形信息通过计算机存储、处理，并通过输出设备将图形显示或打印出来，这个过程称为"计算机绘图"，而研究计算机绘图领域中各种理论与实际问题的学科称为"计算机图形学"。

20 世纪 40 年代中期在美国诞生了世界上第一台电子计算机，这是 20 世纪科学技术领域的一个重大成就。

20 世纪 50 年代，第一台图形显示器作为美国麻省理工学院（MIT）研制的旋风 I 号（Whirlwind I）计算机的附件而诞生。该显示器可以显示一些简单的图形，但因其只能进行显示输出，故称为"被动式"图形处理。随后，MIT 林肯实验室在旋风计算机上开发出了 SAGE 空中防御系统，第一次使用了具有指挥和控制功能的 CRT（Cathode Ray Tube，阴极射线管）显示器。利用该显示器，使用者可以用光笔进行简单的图形交互操作，这预示着交互式计算机图形处理技术的诞生。

20 世纪 60 年代是交互式计算机图形学发展的重要时期。1962 年，MIT 林肯实验室的 Ivan E.Sutherland 在其博士论文《Sketchpad：一个人 – 机通信的图形系统》中，首次提出了"计算机图形学"（Computer Graphics）这个术语，他开发的 Sketchpad 图形软件包可以实现在计算机屏幕上进行图形显示与修改的交互操作。在此基础上，美国的一些大公司和实验室开展了对计算机图形学的大规模研究。

20 世纪 70 年代，交互式计算机图形处理技术日趋成熟，在此期间出现了大量的研究成果，计算机绘图技术也得到了广泛的应用。与此同时，基于电视技术的光栅扫描显示器的出现也极大地推动了计算机图形学的发展。20 世纪 70 年代末至 20 世纪 80 年代中后期，随着工程工作站和微型计算机的出现，计算机图形学进入了一个新的发展时期。在此期间相继推出了有关的图形标准，如计算机图形接口（Computer Graphics Interface，CGI）、图形核心系统（Graphics Kernel System，GKS）、程序员层次交互式图形系统（Programmer's Hierarchical Interactive Graphics System，PHIGS）以及初始图形交换规范（Initial Graphics Exchange Specification，IGES）、产品模型数据转换标准（Standard for the Exchange of Product model Data，STEP）等。

随着计算机硬件功能的不断提升、系统软件的不断完善，计算机绘图已广泛应用于各个相关领域，并发挥着越来越大的作用。

1.1.2　CAD 系统的组成

计算机绘图系统由硬件系统和软件系统组成。其中，软件是计算机绘图系统的核心，而相应的系统硬件设备则为软件的正常运行提供了基础保障和运行环境。另外，任何功能强大的计算机绘图系统都只是一个辅助工具，系统的运行离不开系统使用人员的创造性思维活动。因此，使用计算机绘图系统的技术人员也属于系统组成的一部分，将软件、硬件及人这三者有效地融合在一起，是发挥计算机绘图系统强大功能的前提。

1．硬件系统

计算机绘图的硬件系统通常是指可以进行计算机绘图作业的独立硬件环境，主要由计算机主机、输入设备（鼠标、键盘、扫描仪等）、输出设备（图形显示器、绘图仪、打印机等）、信息存储设备（主要指外存，如硬盘、软盘、光盘等）以及网络设备、多媒体设备等组成，如图 1-1 所示。

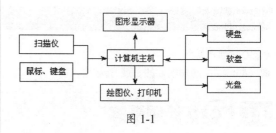

图 1-1

2．软件系统

在计算机绘图系统中，软件配置的高低决定着整个计算机绘图系统的性能优劣，是计算机绘图系统的核心。计算机绘图系统的软件可分为 3 个层次，即系统软件、支撑软件和应用软件。

- 系统软件：如 Windows 10 等。
- 支撑软件：一般的三维、二维图形软件，如 UG、Pro/E、AutoCAD 等。
- 应用软件（模块）：如 AutoCAD 中的"二维草图与注释""三维建模"等应用模块。

1.2　AutoCAD 2018 软件的下载方法

AutoCAD 2018 软件除了通过正规渠道购买以外，Autodesk 公司还在其官方网站提供 AutoCAD 2018 试用软件供免费下载使用。

动手操练——AutoCAD 2018 官网下载方法

01 首先打开计算机上安装的任意一款网络浏览器，并输入 http://www.autodesk.com.cn/ 网址进入 Autodesk 中国官方网站，如图 1-2 所示。

图 1-2

02 在首页的标题栏"产品"中单击展开 Autodesk 公司提供的所有免费试用版软件，然后选中 AutoCAD 产品，如图 1-3 所示。

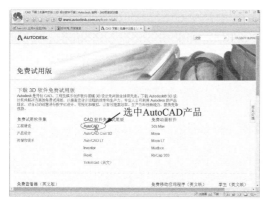

图 1-3

03 进入产品介绍网页，并在左侧选择 AutoCAD 2018，单击"开始下载"按钮，进入下载页面，如图 1-4 所示。

图 1-4

04 在 AutoCAD 产品下载页面设置试用版软件的语言和操作系统，并同时选中"我接受许可和服务协议的条款"和"我接受上述试用版隐私声明的条款，并明确同意接受声明中所述的个性化营销"复选框，最后单击"继续"按钮，下载 AutoCAD 2018 的安装器，如图 1-5 所示。

图 1-5

技术要点：

在选择操作系统时，一定要查看自己计算机的操作系统是32位还是64位。查看方法是：在 Windows 7/Windows 8系统的"计算机"图标上右击，在弹出的快捷菜单中选择"属性"命令，弹出系统控制面板，随后即可查看计算机的系统类型是32位的还是64位的了，如图1-6所示。

图 1-6

05 完成安装器的下载后，双击该安装器，随后弹出"Autodesk Download Manager- 安装"对话框，选择"我同意"单选按钮并单击"安装"按钮，如图 1-7 所示。

06 接下来自动在线下载 AutoCAD 2018 试用版软件，如图 1-8 所示。

图 1-7

图 1-8

如果安装了迅雷、快车等下载器，此时将自动弹出这些下载工具的界面，如图1-9所示为自动弹出的迅雷下载工具，直接单击"立即下载"按钮即可自动下载软件。

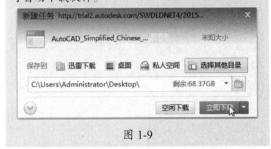

图 1-9

1.3　安装 AutoCAD 2018

AutoCAD 2018 的安装过程可分为安装和注册并激活两个步骤，接下来将 AutoCAD 2018 简体中文版的安装与卸载过程做详细介绍。

1.3.1　安装 AutoCAD 2018 的系统配置要求

在独立的计算机上安装产品之前，需要确保计算机满足最低的系统需求。

安装 AutoCAD 2018 时，将自动检测 Windows 7 或 Windows 8 操作系统是 32 位版本的还是 64 位版本的。用户需要选择适用于工作主机的 AutoCAD 版本。例如，不能在 32 位版本的 Windows 操作系统上安装 64 位版本的 AutoCAD 软件。

技术要点：

可以在64位系统中安装32位系统，为什么呢？原因就是64位系统的配置超出了32位系统的配置，所以在64位系统中运行32位系统是绰绰有余的。此外，从AutoCAD 2015开始，后续的新版本将不再支持Windows XP系统，这一点需要注意，还用此系统的用户，请及时安装Windows 7或Windows 8系统。

1．32 位的 AutoCAD 2018 软件配置要求

- Windows 8 的标准版、企业版或专业版，Windows 7 企业版、旗舰版、专业版或家庭高级版，或 Windows XP 专业版或家庭版（SP3 或更高版本）操作系统。
- 对于 Windows 8 和 Windows 7 系统：英特尔 i3 或 AMD 速龙双核处理器，需要 3.0 GHz 或更高，并支持 SSE2 技术。
- 2 GB 内存（推荐使用 4 GB）。
- 6 GB 的可用磁盘空间用于安装。

- 1360×768 显示分辨率真彩色（推荐 1920×1080）。
- 安装 Internet Explorer 7 或更高版本的 Web 浏览器。

2. 对于 64 位的 AutoCAD 2018 软件配置要求

- Windows 8 的标准版、企业版、专业版，Windows 7 企业版、旗舰版、专业版或家庭高级版。
- 支持 SSE2 技术的 AMD Opteron（皓龙）处理器，支持英特尔 EM64T 和 SSE2 技术的英特尔至强处理器，支持英特尔 EM64T 和 SSE2 技术 Athlon 64。
- 2 GB 内存（推荐使用 4 GB）。
- 6 GB 的可用空间用于安装。
- 1024×768 显示分辨率真彩色（推荐 1600×1050）。
- Internet Explorer 7 或更高版本。

3. 附加要求的大型数据集、点云和 3D 建模（所有配置）

- Pentium 4 或 Athlon 处理器，3 GHz 或更高，或英特尔、AMD 双核处理器，2 GHz 或更高。
- 1280×1024 真彩色视频显示适配器，128 MB 或更高，支持 Pixel Shader 3.0 或更高版本的 Microsoft Direct3D 的工作站级图形卡。

1.3.2 安装 AutoCAD 2018 程序

在独立的计算机上安装产品之前，需要确保计算机满足最低的系统需求。

动手操练——安装 AutoCAD 2018

安装 AutoCAD 2018 的操作步骤如下。

01 在安装程序包中双击 setup.exe 文件（如果是在线安装会自动弹出），AutoCAD 2018 安装程序进入安装初始化进程，并弹出"正在初始化"界面，如图 1-10 所示。

图 1-10

02 初始化进程结束后，弹出 AutoCAD 2018 安装窗口，如图 1-11 所示。

图 1-11

03 在 AutoCAD 2018 安装窗口中单击"安装"按钮，弹出 AutoCAD 2018 "安装＞许可协议"的界面窗口。在窗口中单击"我接受"单选按钮，保留其余选项的默认设置，再单击"下一步"按钮，如图 1-12 所示。

图 1-12

技术要点：

如果不同意许可的条款并希望终止安装，可单击"取消"按钮。

04 设置产品和用户信息的安装步骤完成后，在 AutoCAD 2018 窗口中弹出"安装 > 配置安装"选项区，若保留默认的配置来安装，单击"安装"按钮，系统开始自动安装 AutoCAD 2018 简体中文版。在此选项区可以选中或取消选中安装内容的选项，如图 1-13 所示。

图 1-13

05 随后系统依次安装 AutoCAD 2018 中用户选择的程序组件，并最终完成 AutoCAD 2018 主程序的安装，如图 1-14 所示。

图 1-14

06 AutoCAD 2018 组件安装完成后，单击 AutoCAD 2018 窗口中的"完成"按钮，结束安装操作，如图 1-15 所示。

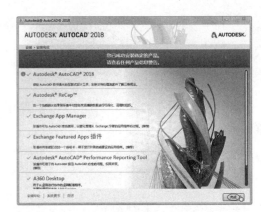

图 1-15

动手操练——注册与激活 AutoCAD 2018

用户在第一次启动 AutoCAD 时，将显示产品激活向导。可以在此时激活 AutoCAD，也可以先运行 AutoCAD 以后再激活它。

软件注册与激活的操作步骤如下。

01 在桌面上双击 AutoCAD 2018-Simplified Chinese 图标 ▨，启动 AutoCAD 2018。AutoCAD 程序开始检查许可，如图 1-16 所示。

图 1-16

02 随后弹出软件许可定义界面，选择"输入序列号"方式，如图 1-17 所示。

图 1-17

03 程序弹出"Autodesk 许可"对话框，单击"我同意"按钮，如图 1-18 所示。

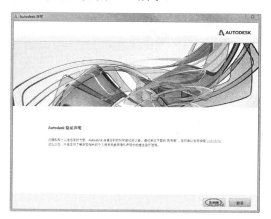

图 1-18

04 如果有正版软件许可，单击"激活"按钮，否则单击"运行"按钮进行软件试用，如图 1-19 所示。

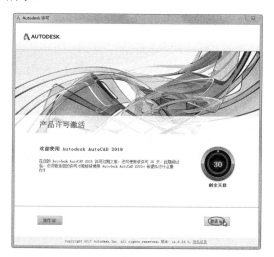

图 1-19

05 在随后弹出的"请输入序列号和产品密钥"界面中输入产品序列号与密钥（买入时产品包装中提供），然后单击"下一步"按钮，如图 1-20 所示。

技术要点：

在此处输入的信息是永久性的，将显示在 AutoCAD软件的窗口中，由于以后无法更改此信息（除非卸载该产品），因此需要确保在此处输入信息的正确性。

图 1-20

06 接着进入"产品许可激活选项"界面。界面中提供了两种激活方法。一种是通过 Internet 连接来注册并激活；另一种就是直接输入 Autodesk 公司提供的激活码。单击"我具有 Autodesk 提供的激活码"单选按钮，并在展开的激活码列表中输入激活码（可以使用复制 - 粘贴方法），然后单击"下一步"按钮，如图 1-21 所示。

图 1-21

07 随后将自动完成产品的注册，单击"Autodesk 许可 - 激活完成"对话框中的"完成"按钮，结束 AutoCAD 产品的注册与激活操作，如图 1-22 所示。

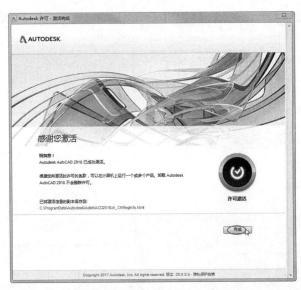

图 1-22

技术要点:

上面主要介绍的是单机注册与激活的方法, 如果连接了Internet, 可以使用联机注册与激活的方法, 也就是选择"立即连接并激活"单选按钮。

1.4 AutoCAD 2018 的卸载

卸载 AutoCAD 时, 将删除所有组件, 这意味着即使以前添加或删除了组件, 或者已重新安装或修复了 AutoCAD, 卸载程序也将从系统中删除所有 AutoCAD 的安装文件。

即使已将 AutoCAD 从系统中删除, 但软件的许可仍将保留, 如需要重新安装 AutoCAD, 用户无须注册并重新激活程序。AutoCAD 安装文件在操作系统中的卸载过程与其他软件是相同的, 卸载过程的操作就不再介绍了。

第 2 章 踏出 AutoCAD 2018 的关键第一步

AutoCAD 2018 是由美国 Autodesk 公司开发的通用计算机辅助绘图与设计软件包。它可以帮助建筑师、工程师和设计师更快地设计数据，更轻松地共享设计数据。

如何踏出 AutoCAD 2018 的关键第一步，是本章重点要讲解的内容。同时也希望大家认真学习，开启 AutoCAD 2018 之门！

项目分解与视频二维码

◆ AutoCAD 2018的起始界面　　　　◆ 绘图环境的设置
◆ AutoCAD 2018工作界面　　　　　◆ CAD系统变量与命令
◆ 使用帮助系统

第 2 章视频

2.1　AutoCAD 2018 的起始界面

AutoCAD 2018 的启动界面延续了 AutoCAD 旧版本的新选项卡功能，启动 AutoCAD 2018 会打开如图 2-1 所示的界面。

图 2-1

这个界面称为"新选项卡页面"。启动程序、打开新选项卡或关闭上一个图形时，将显示新选项卡。新选项卡为用户提供了便捷的绘图入门功能介绍——"了解"页面和"创建"页面。默认打开为"创建"页面。下面我们来熟悉一下两个页面的基本功能。

2.1.1　"了解"页面

在"了解"页面，将会看到"新特性""快递入门视频""功能视频""安全更新"和"联机资源"等功能。

动手操作——熟悉"了解"页面的基本操作

01 "新特性"功能。"新特性"能帮助你观看 AutoCAD 2018 软件中新增的部分功能视频，如果你是新手，那么请务必观看该视频。单击"新特性"中的视频播放按钮，会打开 AutoCAD 2018 自带的视频播放器来播放"新功能概述"视频如图 2-2 所示。

图 2-2

02 当播放完成时或者中途需要关闭播放器，在播放器右上角单击"关闭"按钮⊗即可，如图 2-3 所示。

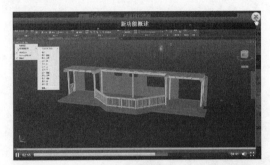

图 2-3

03 熟悉"快速入门视频"功能。在"快速入门视频"列表中，可以选择其中的视频观看，这些视频是帮助你快速熟悉 AutoCAD 2018 工作空间界面及相关操作的功能指引，例如单击"漫游用户界面"视频进行播放，会打开"漫游用户界面"的演示视频，如图 2-4 所示。"漫游用户界面"主要介绍 AutoCAD 2018 视图、视口及模型的操控方法。

04 熟悉"功能视频"功能。"功能视频"是帮助新手了解 AutoCAD 2018 高级功能的视频。当获得了 AutoCAD 2018 的基础设计能力后，观看这些视频能帮你提升软件的操作水平。例如单击"改进的图形"视频进行观看，会看到 AutoCAD 2018 的新增功能——平滑线显示图形。以前在旧版本中绘制圆形或斜线时，会显

示极不美观的"锯齿"，在有了"平滑线显示图形"功能后，就能很清晰、平滑地显示图形了，如图 2-5 所示。

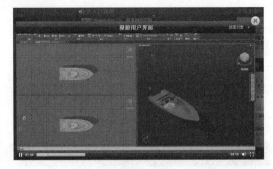

图 2-4

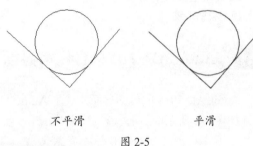

不平滑　　　　　　平滑

图 2-5

05 熟悉"安全更新"功能。"安全更新"是发布 AutoCAD 及其插件的补丁程序和软件更新信息的窗口。单击"单击此处以获取修补程序和详细信息"链接地址，可以打开 Autodesk 官方网站的补丁程序的信息发布页面，如图 2-6 所示。

图 2-6

06 该页面默认是英文显示的，要想用中文显示网页中的内容，有两种方法：一种是使用 Google Chrome 浏览器打开完成自动翻译；另一种就是在此网页右侧语言下拉列表中选择 Chinese (Simplified) 语言，再单击 View

Original 按钮，即可采用简体中文进行显示，如图 2-7 所示。

图 2-7

07 熟悉"联机资源"功能。"联机资源"是进入 AutoCAD 2018 联机帮助的窗口。单击"AutoCAD 基础知识漫游"图标，即可打开联机帮助文档网页，如图 2-8 所示。

图 2-8

2.1.2　"创建"页面

在"创建"页面中，包括"快速入门""最近使用的文档"和"连接"3 个引导功能，下面通过操作来演示如何使用这些引导功能。

动手操作——熟悉"创建"页面的功能应用

01 "快速入门"功能是新用户进入 AutoCAD 2018 的关键第一步，作用是教会你如何选择样板文件、打开已有文件、打开已创建的图纸集、获取更多联机的样板文件和了解样例图形等。

02 如果直接单击"开始绘制"大图标，将进入 AutoCAD 2018 的工作空间，如图 2-9 所示。

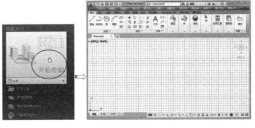

图 2-9

技术要点：

直接单击"开始绘制"按钮，AutoCAD 2018将自动选择公制的样板进入工作空间。

03 若展开样板列表，你会发现有很多 AutoCAD 样板文件可供选择，选择何种样板将取决于你即将绘制的是公制的还是英制的图纸，如图 2-10 所示。

图 2-10

技术要点：

样板列表中包含AutoCAD所有的样板文件，大致分3种。首先是英制和公制的常见样板文件，凡是样板文件名中包含iso的是公制样板，反之是英制样板；其次是无样板的空模板文件；最后是机械图纸和建筑图纸的模板。如图2-11所示。

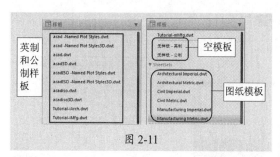

图 2-11

04 如果单击"打开文件"按钮，会弹出"选择文件"对话框，从系统路径中找到 AutoCAD 文件并打开，如图 2-12 所示。

图 2-12

05 单击"打开图纸集"按钮，可以打开"打开图纸集"对话框，然后选择用户先前创建的图纸集并打开即可，如图 2-13 所示。

图 2-13

技术要点：

关于图纸集的作用及如何创建图纸集，将在后面一章中详细介绍。

06 单击"联机获取更多样板"按钮，可以到 Autodesk 官方网站下载各种符合设计要求的样板文件，如图 2-14 所示。

图 2-14

07 单击"了解样例图形"按钮，可以在随后弹出的"选择文件"对话框中，打开 AutoCAD 自带的样例文件，这些样例文件包括建筑、机械、室内等图纸样例和图块样例。如图 2-15 所示为在（AutoCAD 2018 软件安装盘符）:\Program Files\Autodesk\AutoCAD 2018\Sample\Sheet Sets\Manufacturing 路径中打开的机械图纸样例文件 VW252-02-0200.dwg。

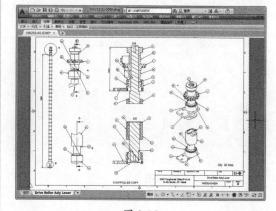

图 2-15

08 "最近使用的文档"功能中，可以快速打开之前建立的图纸文件，而不用通过"打开文件"的方式去寻找文件，如图 2-16 所示。

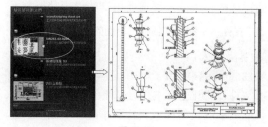

图 2-16

技术要点：

"最近使用文档"最下方的3个按钮：大图标 ▓、小图标 ▓ 和列表 ▓，可以分别显示大小不同的文档预览图片，如图2-17所示。

图 2-17

图 2-18

09 "连接"功能中，除了可以在此登录 Autodesk 360，还可以将你在使用 AutoCAD 2018 过程中所遇到的困难或者发现软件自身的缺陷反馈给 Autodesk 公司。单击"登录"按钮，将弹出"Autodesk 登录"对话框，如图2-18所示。

10 如果没有账户，可以单击"Autodesk 登录"对话框下方的"需要 Autodesk ID？"按钮，在打开的"Autodesk 创建账户"对话框中创建属于自己的新账户，如图 2-19 所示。

图 2-19

技术要点：

关于Autodesk 360的功能及应用，将在后面的章节中详细讲解。

AutoCAD 2018 提供了"二维草图与注释""三维建模"和"AutoCAD经典"3种工作空间模式，用户在工作状态下可随时切换工作空间。

在程序默认状态下，窗口中打开的是"二维草图与注释"工作空间。"二维草图与注释"工作空间的工作界面主要由菜单浏览、快速访问工具栏、信息搜索中心、功能区、文件选项卡、绘图区、命令行、状态栏等元素组成，如图 2-20 所示。

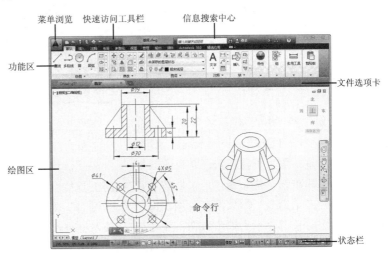

图 2-20

13

技术要点:

初始打开AutoCAD 2018软件显示的界面为黑色背景，与绘图区的背景颜色一致，如果觉得黑色不美观，可以通过执行"工具"|"选项"命令，打开"选项"对话框。然后在"显示"选项卡中设置窗口的配色方案为"明"即可，如图2-21所示。

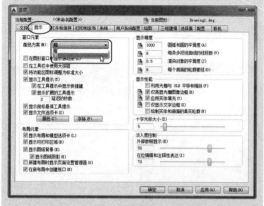

图 2-21

技术要点:

同样，如果需要设置绘图区的背景颜色，也是在"选项"对话框的"显示"选项卡中进行颜色设置，如图2-22所示。

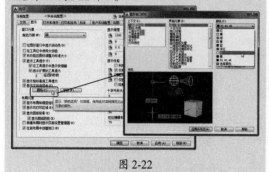

图 2-22

2.2.1　快速访问工具栏

快速访问工具栏用于存储经常访问的命令。该工具栏可以自定义，其中包含由工作空间定义的命令集。用户可以在快速访问工具栏中添加、删除和重新定位命令，还可以按用户设计需要添加多个命令。如果没有可用空间，则多出的命令将合并显示为弹出按钮。快速访问工具栏上的工具命令，如图2-23所示。

图 2-23

1. 新建

"新建"就是创建空白的图形文件。要创建新图形，可通过打开"创建新图形"对话框或"选择样板"对话框来创建。

技术要点:

默认情况下，创建新图形文件，打开的是"选择样板"对话框（STARTUP系统变量为0）。要打开"创建新图形"对话框，必须满足两个条件：STARTUP系统变量设置为1（开）；FILEDIA系统变量设置为1（开）。

用户可以通过以下途径来新建图形文件。

- 工具栏：在"快速访问"工具栏中单击"新建"按钮。
- 菜单栏：执行"文件"|"新建"命令。
- 命令行：输入NEW。

打开"选择样板"对话框后，选择一个AutoCAD默认的图形样板，再单击"打开"按钮，即可创建新图形文件，如图 2-24 所示。

图 2-24

在命令行输入STARTUP，按Enter键执行命令后，将系统变量值设为1，然后在快速访问工具栏中单击"新建"按钮，打开"创建新图形"对话框，如图 2-25 所示。用户通过该对话框选择图纸的"英制"或"公制"测量系统，以此创建新图纸文件。

图 2-25

2. 打开

"打开"就是从计算机硬盘中打开已有的AutoCAD 图形文件，用户可通过以下途径来打开已有的图形文件。

- 工具栏：在"快速访问"工具栏中单击"打开"按钮。
- 菜单栏：执行"文件"|"打开"命令。
- 命令行：输入 OPEN。

执行上述列举之一的命令后，弹出"选择文件"对话框，用户在图形文件存放路径中选择一个图形文件，然后单击"打开"按钮，即可打开已有的图形文件并显示于图形窗口中，如图 2-26 所示。

图 2-26

3. 保存

"保存"就是保存当前的图形。用户可以通过以下 3 种途径来保存当前的图形文件。

- 工具栏：在"快速访问"工具栏中单击"保存"按钮。

- 菜单栏：执行"菜单栏"|"文件"|"保存"命令。
- 命令行：输入 QSAVE。

执行"保存"命令后，程序自动对当前工作状态下的图形文件进行保存。

技术要点：

如果图形已命名，程序将用"选项"对话框的"打开和保存"选项卡上指定的文件格式保存该图形，而不要求用户指定文件名。如果图形未命名，将显示"图形另存为"对话框，并以用户指定的名称和格式保存该图形。

4. 打印

"打印"就是通过外部设备将图形文件打印到绘图仪、打印机。可以通过以下途径来打印当前图形文件。

- 工具栏：在"快速访问"工具栏中单击"打印"按钮。
- 菜单栏：执行"文件"|"打印"命令。
- 面板：在功能区"输出"标签的"打印"面板中单击"打印"按钮。
- 命令行：输入 PLOT。

执行"打印"命令后，会弹出"打印 - 模型"对话框。进行相应设置后，单击"确定"按钮即可打印出图形文件，如图 2-27 所示。

图 2-27

5. 放弃

"放弃"就是撤销上一次的操作。用户可

通过以下命令方式来执行"放弃"操作。

- 工具栏：在"快速访问"工具栏中单击"放弃"按钮。
- 快捷菜单：在图形窗口右击，在弹出的快捷菜单中选择"放弃"命令。
- 命令行：输入 U。

6. 重做

"重做"就是恢复上一个用 UNDO 或 U 命令放弃的操作。用户可以通过以下途径来执行"重做"操作。

- 工具栏：在"快速访问"工具栏中单击"重做"按钮。
- 快捷菜单：在图形窗口右击，在弹出的快捷菜单中选择"重做"命令。
- 命令行：输入 MREDO。

2.2.2 信息搜索中心

在应用程序的右上角，可以使用信息中心通过输入关键字（或短语）来搜索信息、显示"通信中心"面板以获取产品更新和通告，还可以显示"收藏夹"面板以访问保存的主题。信息搜索中心包括的工具如图 2-28 所示。

图 2-28

1. "展开 / 收拢"工具

此工具主要用来显示和隐藏信息中心的文本框。

2. "搜索"工具

"搜索"工具主要用来搜索程序默认设置的文件和其他帮助文档。在"信息中心"文本框内输入要搜索的信息文字后，按 Enter 键或单击"搜索"按钮，程序开始自动搜索出所需的文件及帮助文档，并把搜索的结果作为链接显示在"Autodesk AutoCAD 2018- 帮助"窗口中，如图 2-29 所示。

图 2-29

3. "交换"工具

单击"交换"按钮，将显示 Autodesk Exchange 窗口，其中包括下载、信息和帮助内容。

4. "登录"工具

利用此工具可登录用户的 Autodesk 360 账户，再通过账户来访问 Autodesk 网站，如图 2-30 所示为用户登录界面。

图 2-30

Autodesk 360 是具有基于云的服务和文件存储设备的设计工作空间，它支持团队成员之间的协作。可以在禁用状态下配置它以进行安装，然后根据需要启用。要执行此操作，可以在配置面板中取消选中"启用 Autodesk 360"选项。

Autodesk 360 的优点如下。

- 安全异地存储

将图形保存到 Autodesk 360 与将它们存储在安全的、受到维护的网络驱动器中类似。

- 自动联机更新

当在本地修改图形时，可以选择是否要在 Autodesk 360 中自动更新这些文件。

- 远程访问

如果在办公室和家中或在远程机构中进行工作，可以访问 Autodesk 360 中的设计文档，而不需要使用笔记本电脑或 USB 闪存驱动器复制或传送文件。

- 自定义设置同步

当在不同的计算机上打开 AutoCAD 图形时，将自动使用你的自定义工作空间、工具选项板、图案填充、图形样板文件和设置。

- 移动设备

你和同事以及客户可以使用常用的电话和平板电脑设备通过 AutoCAD 360 查看、编辑和共享 Autodesk 360 中的图形。

- 查看和协作

通过 Autodesk 360，可以单独或成组地授予与你一同工作的人员，访问指定图形文件或文件夹的权限。可以授予其查看或编辑的权限，并且他们可以使用 AutoCAD、AutoCAD LT 或 AutoCAD 360 来访问这些文件。通过设计提要，你和联系人可以创建和回复帖子，以共享注释并协作进行设计决策。

- 联机软件和服务

可以使用 Autodesk 360 资源而非本地计算机来运行渲染、分析和文档管理。

2.2.3　菜单浏览与快速访问工具栏

用户可以通过访问菜单浏览来进行一些简单的操作。默认情况下，菜单浏览位于软件窗口的左上角，如图 2-31 所示。

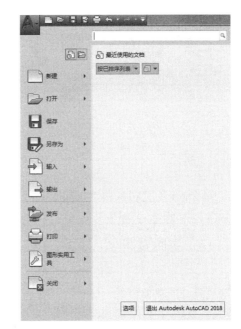

图 2-31

1．菜单浏览

菜单浏览可查看、排序和访问最近打开的文件。

使用"最近使用的文档"列表来查看最近使用的文件，可以使用右侧的图钉按钮使文件保持在列表中，不论之后是否又保存了其他文件。该文件将显示在"最近使用的文档"列表的底部，直至关闭图钉按钮。

2．快速访问工具栏

使用"快速访问工具栏"可以快速访问常用工具。"快速访问工具栏"中还显示用于对文件所做更改进行放弃和重做的选项，如图 2-32 所示。

图 2-32

为了使图形区域尽可能最大化，但又要便于选择工具命令，用户可以向快速访问工具栏中添加常用的工具命令，如图 2-33 所示。

图 2-33

2.2.4　菜单栏

菜单栏位于标题栏或快速访问工具栏的下方，如图 2-34 所示。

图 2-34

默认状态下菜单栏是不显示的，要显示菜单栏的具体操作为：在标题栏的工作空间旁单击图标展开菜单，然后将光标移至"显示菜单栏"选项并单击，即可调出菜单栏，如图 2-35 所示。

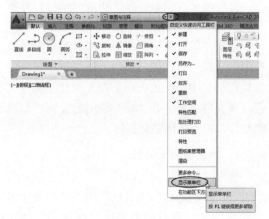

图 2-35

技术要点：

要关闭菜单栏，执行相同的操作，选中"隐藏菜单栏"选项即可。

AutoCAD 的常用制图工具和管理编辑等工具都分类地排列在菜单栏中，可以非常方便地选择各主菜单中的相关命令，进行相关的绘图操作。

AutoCAD 2018 提供了"文件""编辑""视图""插入""格式""工具""绘图""标注""修改""参数""窗口""帮助"12 个主菜单。各菜单的主要功能如下。

- "文件"菜单主要用于对图形文件进行设置、管理和打印发布等。
- "编辑"菜单主要用于对图形进行一些常规的编辑，包括复制、粘贴、链接等。
- "视图"菜单主要用于调整和管理视图，以方便视图内图形的显示等。
- "插入"菜单用于向当前文件引用外部资源，如块、参照、图像等。
- "格式"菜单用于设置与绘图环境有关的参数和样式等，如绘图单位、颜色、线型及文字、尺寸样式等。
- "工具"菜单为用户设置了一些辅助工具和常规的资源组织管理工具。
- "绘图"菜单是一个二维和三维图元的绘制菜单，几乎所有的绘图和建模工具都放置在此菜单内。
- "标注"菜单是一个专用于为图形标注尺寸的菜单，它包含了所有与尺寸标注相关的工具。
- "修改"菜单是一个很重要的菜单，用于对图形进行修整、编辑和完善。
- "参数"菜单用于管理和设置图形创建的各种参数。
- "窗口"菜单用于对 AutoCAD 文档窗口和工具栏状态进行控制。
- "帮助"菜单主要提供了一些帮助性的信息。

菜单栏左端的图标就是"菜单栏"图标，菜单栏最右边图标按钮是 AutoCAD 文件的窗口控制按钮，如"最小化"按钮、"还原/最大化"按钮／、"关闭"按钮，用于控制图形文件窗口的显示。

2.2.5　功能区

"功能区"代替了 AutoCAD 众多的工具栏，以面板的形式将各工具按钮分门别类地集合在选项卡内，如图 2-36 所示。

图 2-36

　　用户在调用工具时，只需在功能区中展开相应选项卡，然后在所需面板中单击工具按钮即可。由于在使用功能区时，无须再显示 AutoCAD 的工具栏，因此，使应用程序窗口变得简洁、有序。通过简洁的界面，功能区还可以将可用的工作区域最大化。

2.2.6　绘图区

　　绘图区位于用户界面的正中央，即被工具栏和命令行所包围的整个区域，此区域是用户的工作区域，图形的设计与修改工作就是在此区域内进行操作的。默认状态下绘图区是一个无限大的电子屏幕，无论尺寸多大或多小的图形都可以在绘图区中绘制和灵活显示。

　　当移动鼠标时，绘图区会出现一个随光标移动的十字符号，此符号为"十字光标"，它由"拾取点光标"和"选择光标"叠加而成。其中"拾取点光标"是点的坐标拾取器，当执行绘图命令时，显示为拾点光标；"选择光标"是对象拾取器，当选择对象时，显示为选择光标，在没有任何命令执行的前提下，显示为十字光标，如图 2-37 所示。

（十字光标）　（拾取点光标）　（选择光标）

图 2-37

　　在绘图区左下部显示"模型"标签，表示当前工作空间为模型空间，通常在模型空间中进行绘图。单击 按钮可展开布局 1、布局 2 和布局 3 空间，布局空间是默认设置下的布局空间，主要用于图形的打印输出。

2.2.7　命令行

　　命令行位于绘图区的下侧，它是用户与 AutoCAD 软件进行数据交流的平台，主要功能就是用于提示和显示用户当前的操作步骤，如图 2-38 所示。

图 2-38

　　"命令行"可以分为"命令输入"窗口和"命令历史"窗口两部分，上面几行为"命令历史"窗口，用于记录执行过的操作信息；下面一行是"命令输入"窗口，用于提示用户输入命令或命令选项。

技术要点：

按F2键系统会以"文本窗口"的形式显示更多的历史信息，如图2-39所示。再次按F2键，即可关闭"命令历史"窗口。单击命令行左侧的"关闭"按钮或按快捷键Ctrl+9，可以关闭命令行。要重新显示命令行，再按快捷键Ctrl+9或执行"工具"|"命令行"命令，即可恢复显示。

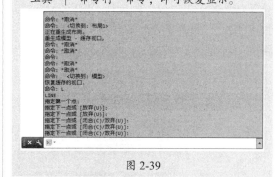

图 2-39

2.2.8　状态栏

　　状态栏位于 AutoCAD 操作界面的底部，如图 2-40 所示。

图 2-40

状态栏左端为坐标读数器，用于显示十字光标所处位置的坐标值。坐标读数器的右侧是一些重要的精确绘图功能按钮，主要用于控制点的精确定位和追踪。状态栏右端的按钮则用于查看布局与图形、注释比例以及一些用于对工具栏、窗口等的固定、工作空间的切换等，都是一些辅助绘图的功能。

单击状态栏右侧的"自定义"按钮 ☰ ，将打开如图 2-41 所示的状态栏快捷菜单，菜单中的各选项与状态栏上的各按钮功能一致，用户也可以通过各菜单项以及菜单中的各功能键控制各辅助按钮的开关状态。

图 2-41

2.3 使用帮助系统

为了方便用户的使用，AutoCAD 2018 提供了非常完善的帮助系统，用户可以通过帮助系统查询到软件的使用方法和命令等。

2.3.1 帮助系统概述

AutoCAD 2018 的帮助系统几乎囊括了所有 AutoCAD 2018 的知识。在标题栏上单击 ⑦ 按钮，展开菜单命令，再执行"帮助"命令或按 F1 键，即可弹出"Autodesk AutoCAD 2018-帮助"对话框，如图 2-42 所示。

在"AutoCAD 帮助主页"上罗列了 AutoCAD 2018 版本的新增功能，若联网，可观看其提供的快速入门视频。

2.3.2 通过关键字搜索主题

在帮助窗口中，可以通过输入关键字或命令，单击"查找"按钮 🔍 搜索到相关内容，如图 2-43 所示。

图 2-42

图 2-43

2.4　绘图环境的设置

通常情况下，用户可以在 AutoCAD 2018 默认设置的环境下绘制图形，但有时为了使用特殊的定点设备、打印机，或提高绘图效率，需要在绘制图形前先对系统参数、绘图环境做必要的设置。这些设置包括系统变量设置、选项设置、草图设置、特性设置、图形单位设置，以及绘图图限设置等，接下来做详细介绍。

2.4.1　选项设置

选项设置是用户自定义的程序设置，包括文件、显示、打开和保存、打印和发布、系统、用户系统配置、绘图、三维建模、选择集、配置等设置。选项设置是通过"选项"对话框来完成的，用户可通过以下命令方式来打开"选项"对话框。

- 菜单栏：执行"工具"|"选项"命令。
- 快捷菜单：在命令窗口中右击，或者（在未运行任何命令也未选择任何对象的情况下）在绘图区域中右击，然后选择"选项"命令。
- 命令行：输入 OPTIONS。

打开的"选项"对话框如图 2-44 所示。该对话框包含文件、显示、打开和保存、打印和发布、系统、用户系统配置、绘图、三维建模、选择集、配置等选项卡。各选项卡功能含义介绍如下。

图 2-44

1．"文件"选项卡

在"文件"选项卡中，列出了程序在其中搜索支持文件、驱动程序文件、菜单文件和其他文件的文件夹，还列出了用户定义的可选设置，例如哪个目录用于拼写检查。"文件"选项卡如图 2-44 所示。

2．"显示"选项卡

"显示"选项卡的功能选项如图 2-45 所示。该选项卡包括"窗口元素""布局元素""显示精度""显示性能""十字光标大小""淡入度控制"选项区域，其主要功能含义如下。

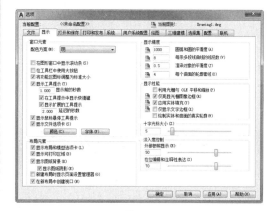

图 2-45

- 窗口元素：控制绘图环境特有的显示设置。
- 布局元素：控制现有布局和新布局的选项，布局是一个图纸空间环境，用户可在其中绘制图形并进行打印。
- 显示精度：控制对象的显示质量，如果设置较高的值提高显示质量，则性能将受到明显影响。
- 显示性能：控制影响性能的显示设置。
- 十字光标大小：控制十字光标的尺寸。
- 淡入度控制：指定在编辑的过程中对象的淡入度值。

在该选项卡中，包含"颜色"和"字体"功能设置按钮。"颜色"功能是设置应用程序中每个上下文界面元素的显示颜色。单击"颜色"按钮，则弹出如图 2-46 所示的"图形窗口颜色"对话框。

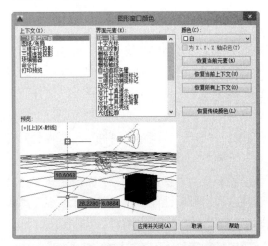

图 2-46

在命令行中显示的字体若需要更改时，可通过"字体"功能来设置，单击"字体"按钮，则弹出如图 2-47 所示的"命令行窗口字体"对话框。

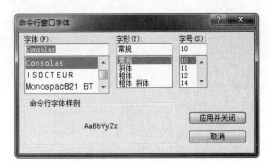

图 2-47

技术要点：

屏幕菜单字体是由 Windows 系统字体设置控制的。如果使用屏幕菜单，应将 Windows 系统字体设为符合屏幕菜单尺寸限制的字体和字号。

3. "打开和保存"选项卡

"打开和保存"选项卡的功能是控制打开和保存文件的，如图 2-48 所示。

图 2-48

技术要点：

AutoCAD 2004、AutoCAD 2005 和 AutoCAD 2006 版本使用的图形文件格式相同。AutoCAD 2007~AutoCAD 2018 版本的图形文件格式也是相同的。

该选项卡包括"文件保存""文件安全措施""文件打开""外部参照""ObjectARX 应用程序"等选项区域，其功能含义如下。

- 文件保存：控制保存文件的相关设置。
- 文件安全措施：帮助避免数据丢失以及检测错误。
- 文件打开：控制菜单栏的"最近使用的文档"快捷菜单中所列出的最近使用过的文件数，程序菜单以及控制菜单栏的"最近执行的动作"快捷菜单中所列出的最近使用过的菜单动作数。
- 外部参照：控制与编辑和加载外部参照有关的设置。
- ObjectARX 应用程序：控制"AutoCAD 实时扩展"应用程序及代理图形的有关设置。

在该选项卡中，还可以控制保存图形时是否更新缩略图预览。单击"缩略图预览设置"按钮，则弹出如图 2-49 所示的"缩略图预览设置"对话框。

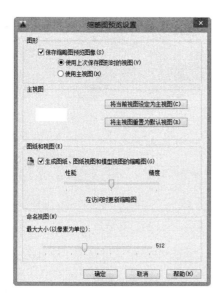

图 2-49

4．"打印和发布"选项卡

"打印和发布"选项卡中包含控制与打印和发布相关的选项，如图 2-50 所示。

图 2-50

该选项卡包括"新图形的默认打印设置""打印到文件""后台处理选项""打印和发布日志文件""自动发布""常规打印选项""指定打印偏移时相对于"选项区域，其主要功能含义如下：

- 新图形的默认打印设置：控制新图形或在 AutoCAD R14 或更早版本中创建的没有用 AutoCAD 2000 或更高版本格式保存的图形的默认打印设置。
- 打印到文件：为打印到文件操作指定默

认位置。

- 后台处理选项：指定与后台打印和发布相关的选项。可以使用后台打印启动要打印或发布的作业，然后立即返回绘图工作，系统将在用户工作的同时打印或发布作业。

技术要点：

当在脚本（SCR文件）中使用-PLOT、PLOT、-PUBLISH和PUBLISH时，BACKGROUNDPLOT 系统变量的值将被忽略，并在前台执行-PLOT、PLOT、-PUBLISH和PUBLISH命令。

- 打印和发布日志文件：控制用于将打印和发布日志文件另存为逗号分隔值（CSV）文件（可以在电子表格程序中查看）的选项。
- 自动发布：指定图形是否自动发布为 DWF 或 DWFx 文件，还可以控制用于自动发布的选项。
- 常规打印选项：控制常规打印环境（包括图纸尺寸设置、系统打印机警告方式和图形中的 OLE 对象）的相关选项。
- 指定打印偏移时相对于：定义打印区域的偏移是从可打印区域的左下角开始的，还是从图纸的边开始的。

5．"系统"选项卡

"系统"选项卡主要控制 AutoCAD 的系统设置。"系统"选项卡的功能选项如图 2-51 所示。

图 2-51

该选项卡包括"硬件加速""当前定点设备""布局重生成选项""常规选项""数据库连接选项"等选项区域,其功能含义如下。

- 硬件加速:控制与三维图形显示系统的配置相关的设置。
- 当前定点设备:控制与定点设备相关的选项。
- 布局重生成选项:指定"模型"选项卡和"布局"选项卡上的显示列表如何更新。对于每个选项卡,更新显示列表的方法可以是切换到该选项卡时重生成图形的,也可以是切换到该选项卡时将显示列表保存到内存并只重生成修改的对象的。修改这些设置可以提高性能。
- 常规选项:控制与系统设置相关的基本选项。
- 数据库连接选项:控制与数据库连接信息相关的选项。

6. "用户系统配置"选项卡

"用户系统配置"选项卡中包含控制优化工作方式的选项,如图2-52所示。该选项卡包括"Windows标准操作""插入比例""超链接""字段""坐标数据输入的优先级""关联标注""放弃/重做"等选项区域,其功能含义如下。

- Windows标准操作:控制单击和右击操作。
- 插入比例:控制在图形中插入块和图形时使用的默认比例。
- 超链接:控制与超链接的显示特性相关的设置。
- 字段:设置与字段相关的系统配置。
- 坐标数据输入的优先级:控制程序响应坐标数据输入的方式。
- 关联标注:控制是创建关联标注对象,还是创建传统的非关联标注对象。
- 放弃/重做:控制"缩放"和"平移"命令的"放弃"和"重做"。

图 2-52

在"用户系统配置"选项卡中还包含"自定义右键设置""线宽设置"等其他功能设置。"自定义右键设置"控制在绘图区域中右击,是显示快捷菜单还是与按Enter键的作用相同,单击"自定义右键设置"按钮,则弹出"自定义右键单击"对话框,如图2-53所示。

图 2-53

"线宽设置"是设置当前线宽、设置线宽单位、控制线宽的显示和显示比例,以及设置图层的默认线宽值的。单击"线宽设置"按钮,则弹出"线宽设置"对话框,如图2-54所示。

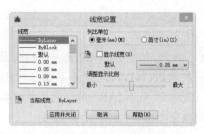

图 2-54

7. "绘图"选项卡

"绘图"选项卡包含设置多个编辑功能的选项（包括自动捕捉和自动追踪），如图2-55所示。

图 2-55

该选项卡包括"自动捕捉设置""自动捕捉标记大小""对象捕捉选项""AutoTrack设置""对齐点获取""靶框大小"等选项区域，其功能含义如下。

- 自动捕捉设置：控制使用对象捕捉时显示的形象化辅助工具（称作自动捕捉）的相关设置。
- 自动捕捉标记大小：设置自动捕捉标记的显示尺寸。
- 对象捕捉选项：指定对象捕捉的选项。
- AutoTrack设置：控制与AutoTrack™（自动追踪）方式相关的设置，此设置在极轴追踪或对象捕捉追踪打开时可用。
- 对齐点获取：控制在图形中显示对齐矢量的方法。
- 靶框大小：设置自动捕捉靶框的显示尺寸。

在"绘图"选项卡中，用户还可以通过"设计工具提示设置""光线轮廓设置"和"相机轮廓设置"等功能来设置相关选项。"设计工具提示设置"主要控制工具提示的外观。单击此功能按钮，可弹出"工具提示外观"对话框。通过该对话框，设置工具提示的相关选项，如图2-56所示。

图 2-56

技术要点：

使用TOOLTIPMERGE系统变量可将绘图工具提示合并为单个工具提示。

"光线轮廓设置"功能是指定光线轮廓的外观。单击该按钮，弹出"光线轮廓外观"对话框，如图2-57所示。

图 2-57

"相机轮廓设置"功能可以指定相机轮廓的外观。单击此按钮，弹出"相机轮廓外观"对话框，如图2-58所示。

图 2-58

8. "三维建模"选项卡

"三维建模"选项卡包含设置在三维中使用实体和曲面的选项,如图 2-59 所示。

图 2-59

该选项卡包括"三维十字光标""在视口中显示工具""三维对象""三维导航""动态输入"等选项区域,其功能含义如下。

- 三维十字光标:控制三维操作中十字光标指针的显示样式。
- 在视口中显示工具:控制 ViewCube 和 UCS 图标的显示。
- 三维对象:控制三维实体和曲面的显示。
- 三维导航:设置漫游、飞行和动画选项以显示三维模型。
- 动态输入:控制坐标项的动态输入字段的显示。

9. "选择集"选项卡

"选择集"选项卡包含设置选择对象的选项,如图 2-60 所示。

该选项卡包括"拾取框大小""选择集模式""夹点尺寸""夹点""预览"等选项区域,其功能含义如下。

- 拾取框大小:控制拾取框的显示尺寸。拾取框是在编辑命令中出现的对象选择工具。
- 选择集模式:控制与对象选择方法相关的设置。
- 夹点尺寸:控制夹点的显示大小。

- 夹点:控制与夹点相关的设置。在对象被选中后,其上将显示夹点,即一些小方块。
- 预览:当拾取框光标滑动过对象时,亮显对象。

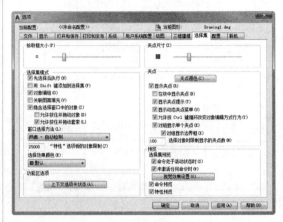

图 2-60

在"选择集"选项卡中,用户还可以设置选择预览的外观。单击"视觉效果设置"按钮,则弹出"视觉效果设置"对话框,如图 2-61 所示,该对话框用来设置选择预览效果和区域选择效果。

图 2-61

10. "配置"选项卡

"配置"选项卡控制配置的使用,配置是由用户定义的。该选项卡功能选项如图 2-62 所示。

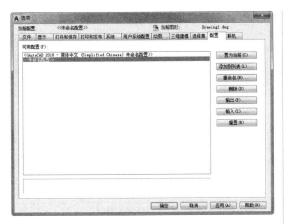

图 2-62

该选项卡的功能按钮含义如下。

- 置为当前：使选定的配置成为当前配置。
- 添加到列表：用其他名称保存选定配置。
- 删除：删除选定的配置（除非它是当前配置）。
- 输出：将配置文件输出为扩展名为 .arg 的文件，以便可以与其他用户共享该文件。
- 输入：输入使用"输出"选项创建的配置文件（文件扩展名为 .arg）。
- 重置：将选定配置中的值重置为系统默认的设置。

2.4.2　草图设置

草图设置主要是为绘图工作时的一些类别进行设置，如"捕捉和栅格""极轴追踪""对象捕捉""动态输入""快捷特性"等。这些类别的设置是通过"草图设置"对话框来实现的，用户可通过以下方式打开"草图设置"对话框。

- 菜单栏：执行"工具"|"绘图设置"命令。
- 状态栏：在状态栏绘图工具区域的"捕捉""栅格""极轴""对象捕捉""对象追踪""动态"或"快捷特性"工具上右击选择快捷菜单中的"设置"命令。
- 命令行：输入 DSETTINGS。

执行上述命令后，打开的"草图设置"对话框如图 2-63 所示。

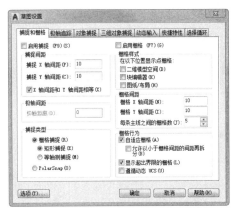

图 2-63

该对话框中包含了多个功能选项卡，其选项含义介绍如下。

1．"捕捉和栅格"选项卡

该选项卡主要用于指定捕捉和栅格设置，选项卡选项如图 2-63 所示。选项卡中各选项含义如下。

- 启用捕捉：打开或关闭捕捉模式。"捕捉"栏用于控制光标移动的大小。

提示：

用户也可以通过单击状态栏上的"捕捉模式"按钮、按F9键或使用SNAPMODE系统变量，来打开或关闭捕捉模式。

技术要点：

用户也可以通过单击状态栏上的"栅格显示"按钮、按F7键或使用GRIDMODE系统变量，来打开或关闭栅格模式。

- 捕捉间距：控制捕捉位置的不可见矩形栅格，以限制光标仅在指定的 X 和 Y 间隔内移动。
- 捕捉 X 轴间距：指定 X 方向的捕捉间距，间距值必须为正实数。
- 捕捉 Y 轴间距：指定 Y 方向的捕捉间距，间距值必须为正实数。
- X 轴间距和 Y 轴间距相等：为捕捉间距和栅格间距强制使用同一个 X 和 Y 间距值。捕捉间距可以与栅格间距不同。
- 极轴距离：选定"捕捉类型和样式"下

的 PolarSnap 时，设置捕捉增量距离。如果该值为 0，则 PolarSnap 距离采用"捕捉 X 轴间距"的值。"极轴距离"设置与极坐标追踪和 / 或对象捕捉追踪结合使用。如果两个追踪功能都未启用，则"极轴距离"选项设置无效。

- 捕捉类型
  - ➢ 栅格捕捉：设置栅格捕捉类型。如果指定点，光标将沿垂直或水平栅格点进行捕捉。

提示：

栅格捕捉类型包括"矩形捕捉"和"等轴测捕捉"。用户若是绘制二维图形，可采用"矩形捕捉"类型，若是绘制三维或等轴测图形，采用"等轴测捕捉"类型绘图较为方便。

  - ➢ PolarSnap：将捕捉类型设置为 PolarSnap。如果启用了"捕捉"模式并在极轴追踪打开的情况下指定点，光标将沿在"极轴追踪"选项卡中相对于极轴追踪起点设置的极轴对齐角度进行捕捉。
- 启用栅格：打开或关闭栅格。"栅格"栏用于控制栅格显示的间距大小。
- 栅格间距：控制栅格的显示，有助于形象化显示距离。
  - ➢ 栅格 X 间距：指定 X 方向上的栅格间距。如果该值为 0，则栅格采用"捕捉 X 轴间距"的值。
  - ➢ 栅格 Y 间距：指定 Y 方向上的栅格间距。如果该值为 0，则栅格采用"捕捉 Y 轴间距"的值。
  - ➢ 每条主线之间的栅格数：指定主栅格线相对于次栅格线的频率。
- 栅格行为：控制当 VSCURRENT 设置为除二维线框之外的任何视觉样式时，显示栅格线的外观。
  - ➢ 自适应栅格：缩小时，限制栅格密度；放大时，生成更多间距更小的栅格线。主栅格线的频率确定这些栅格线的频率。

- ➢ 显示超出界限的栅格：显示超出 LIMITS 命令指定区域的栅格。
- ➢ 遵循动态 UCS：更改栅格平面以跟随动态 UCS 的 XY 平面。

2．"极轴追踪"选项卡

"极轴追踪"选项卡的作用是控制自动追踪设置，该选项卡各功能选项如图 2-64 所示。

图 2-64

技术要点：

单击状态栏上的"极轴追踪"按钮或"对象捕捉追踪"按钮，也可以打开或关闭极轴追踪和对象捕捉追踪。

选项含义如下。

- 启用极轴追踪：打开或关闭极轴追踪。
- 极轴角设置：设置极轴追踪的对齐角度。
  - ➢ 增量角：设置用来显示极轴追踪对齐路径的极轴角增量。可以输入任何角度，也可以从列表中选择 90、45、30、21.5、18、15、10 或 5 这些常用的角度数值。
  - ➢ 附加角：对极轴追踪使用列表中的任何一种附加角度。
  - ➢ 角度列表：如果选中"附加角"复选框，将列出可用的附加角度。若要添加新的角度，单击"新建"按钮即可。要删除现有的角度，单击"删除"按钮。

技术要点：

附加角度是绝对的，而非增量的。

> ➤ 新建：最多可以添加 10 个附加极轴
> 追踪对齐角度。

技术要点：

添加分数角度之前，必须将AUPREC系统变量设置为合适的十进制精度以防止不需要的舍入。例如，系统变量AUPREC的值为0（默认值），则输入的所有分数角度将舍入为最接近的整数。

- 对象捕捉追踪设置
  - ➤ 仅正交追踪：当对象捕捉追踪打开时，仅显示已获得的对象捕捉点的正交（水平/垂直）对象捕捉追踪路径。
  - ➤ 用所有极轴角设置追踪：将极轴追踪设置应用于对象捕捉追踪。使用对象捕捉追踪时，光标将从获取的对象捕捉点起沿极轴对齐角度进行追踪。

技术要点：

在"对象捕捉追踪设置"选项区域中，若绘制二维图形设置为"仅正交追踪"选项，若绘制三维及轴测图形时，需设置为"用所有极轴角设置追踪"选项。

- 极轴角测量
  - ➤ 绝对：根据当前用户坐标系（UCS）确定极轴追踪角度。
  - ➤ 相对上一段：根据上一个绘制线段确定极轴追踪角度。

3."对象捕捉"选项卡

"对象捕捉"选项卡控制对象捕捉设置。使用执行对象捕捉设置（也称为"对象捕捉"），可以在对象上的精确位置指定捕捉点。选择多个选项后，将应用选定的捕捉模式，以返回距离靶框中心最近的点。按 Tab 键以在这些选项之间循环。该选项卡的功能选项如图 2-65 所示。

技术要点：

在精确绘图过程中，"最近点"捕捉选项不能设置为固定的捕捉对象，否则将对图形的精确程度影响很大。

4."动态输入"选项卡

"动态输入"选项卡的作用是控制指针输入、标注输入、动态提示以及绘图工具提示的外观。该选项卡功能选项如图 2-66 所示。

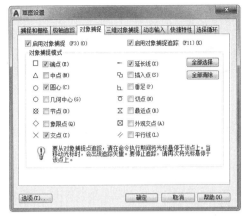

图 2-65

图 2-66

其含义如下：

- 启用指针输入：打开指针输入。如果同时打开指针输入和标注输入，则标注输入在可用时将取代指针输入。

- 指针输入：工具提示中的十字光标位置的坐标值将显示在光标旁边。命令提示输入点时，可以在工具提示中输入坐标值，而不用在命令行上输入。

- 可能时启用标注输入：打开标注输入。标注输入不适用于某些提示输入第二个点的命令。

- 标注输入：当命令提示输入第二个点或距离时，将显示标注和距离值与角度值的工具提示。标注工具提示中的值将随光标移动而更改。可以在工具提示中输入值，而不用在命令行上输入值。

- 动态提示：需要时将在光标旁边显示工

具提示中的提示，以完成命令。可以在工具提示中输入值，而不用在命令行上输入值。

- 在十字光标附近显示命令提示和命令输入：显示"动态输入"工具提示中的提示。
- 绘图工具提示外观：控制工具提示的外观。

5. "快捷特性"选项卡

"快捷特性"选项卡的作用是指定用于显示快捷特性面板的设置。该选项卡功能选项如图 2-67 所示。

图 2-67

其含义如下：

- 选择时显示快捷特性选项板：根据对象类型打开或关闭"快捷特性"面板。
- 选项板显示：根据选定对象来控制选项板的显示。
  - ➢ 针对所有对象：将"快捷特性"面板设置为对选择的任何对象都显示。
  - ➢ 仅针对具有指定特性的对象：将"快捷特性"面板设置为仅对已在自定义用户界面（CUI）编辑器中定义为显示特性的对象显示。
- 选项板位置：设置"快捷特性"面板的显示位置。
  - ➢ 由光标位置决定：在光标模式下，"快捷特性"面板将显示在相对于所选对

象的位置。
  - ➢ 固定：在固定模式下，除非手动重新定位"快捷特性"面板的位置，否则将显示在同一位置。
- 选项板行为：设置"快捷特性"面板的大小。
  - ➢ 自动收拢选项板：使"快捷特性"面板在空闲状态下仅显示指定数量的特性。
  - ➢ 最小行数：为"快捷特性"面板设置在收拢的空闲状态下显示的默认特性数量。可以指定 1~30 的值（仅限整数值）。

2.4.3 特性设置

特性设置是指要复制到目标对象的源对象的基本特性和特殊特性设置。特性设置可通过"特性设置"对话框来完成。

用户可以通过以下命令方式来打开"特性设置"对话框。

- 菜单栏：执行"修改"|"特性匹配"命令，选择源对象后在命令行输入 S。
- 命令行：输入 MATCHPROP 或 PAINTER，执行命令并选择源对象后再输入 S。

打开的"特性设置"对话框如图 2-68 所示。在此对话框中，用户可通过选中或取消选中复选框来设置要匹配的特性。

图 2-68

2.4.4　图形单位设置

绘图时使用的长度单位、角度单位，以及单位的显示格式和精度等参数是通过"图形单位"对话框来设置的。用户可通过以下方式打开"图形单位"对话框。

- 菜单栏：执行"格式" | "单位"命令。
- 命令行：输入 UNITS。

打开的"图形单位"对话框如图2-69所示。

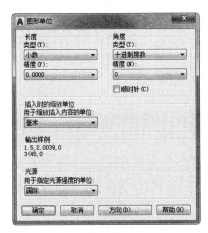

图 2-69

该对话框中各项设置选项的含义如下。

- 长度：指定测量的当前单位及当前单位的精度。
  - ➤ 类型：设置测量单位的当前格式。该值包括"建筑""小数""工程""分数"和"科学"。其中，"工程"和"建筑"格式提供英尺和英寸显示并假定每个图形单位表示1英寸。其他格式可表示任何真实世界单位。
  - ➤ 精度：设置线性测量值显示的小数位数或分数大小。
- 角度：指定当前角度格式和当前角度显示的精度。
  - ➤ 类型（角度）：设置当前角度格式。
  - ➤ 精度（角度）：设置当前角度显示的精度。
- 顺时针：以顺时针方向计算正的角度值。默认的正角度方向是递时针方向。

注意：

当提示用户输入角度时，可以点击所需方向或输入角度，而不必考虑"顺时针"设置。

- 插入时的缩放单位：控制插入到当前图形中的块和图形的测量单位。如果块或图形创建时使用的单位与该选项指定的单位不同，则在插入这些块或图形时，对其按比例缩放。插入比例是源块或图形使用的单位与目标图形使用的单位之比。如果插入块时不按指定单位缩放，需选择"无单位"选项。

技术要点：

当源块或目标图形中的"插入比例"设置为"无单位"时，将使用"选项"对话框"用户系统配置"选项卡中的"源内容单位"和"目标图形单位"设置。

- 输出样例：显示用当前单位和角度设置的例子。
- 光源：控制当前图形中光度控制光源强度的测量单位。

2.4.5　绘图图限设置

图限就是图形栅格显示的界限、区域。用户可通过以下方式来设置图形界限。

- 菜单栏：执行"格式"|"图形界限"命令。
- 命令行：输入 LIMITS。

执行上述命令后，命令行提示操作如下。

```
指定左下角点或 [开（ON）/关（OFF）]
<0.0000,0.0000>:
```

当在图形左下角指定一个点后，命令行操作如下。

```
指定右上角点 <277.000,201-500>:
```

按照命令行的操作提示在图形的右上角指定一个点，随后将栅格界限设置为通过两点定义的矩形区域，如图2-70所示。

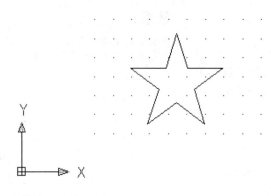

图 2-70

技术要点：

要显示两点定义的栅格界限矩形区域，需在"草图设置"对话框中选中"启用栅格"复选框。

2.5 CAD 系统变量与命令

在 AutoCAD 中提供了各种系统变量（System Variables），用于存储操作环境设置、图形信息和一些命令的设置（或值）等。利用系统变量可以显示当前状态，也可控制 AutoCAD 的某些功能和设计环境、命令的工作方式。

2.5.1 系统变量定义与类型

CAD 系统变量是控制某些命令工作方式的设置。系统变量可以打开或关闭模式，如"捕捉模式""栅格显示"或"正交模式"等，也可以设置填充图案的默认比例，还能存储有关当前图形和程序配置的信息。有时用户使用系统变量来更改一些设置，在其他情况下，还可以使用系统变量显示当前状态。

系统变量通常有 6～10 个字符长的缩写名称，许多系统变量有简单的开关设置。系统变量主要有以下几种类型：整数型、实数型、点、开 / 关或文本字符串等，如表 2-1 所示。

表 2-1 系统变量类型

类型	定 义	相 关 变 量
整数	（用于选择） 此类型的变量用不同的整数值确定相应的状态	如变量 SNAPMODE、OSMODE
	（用于数值） 该类型的变量用不同的整数值进行设置	如 GRIPSIZE、ZOOMFACTOR 等变量
实数	实数类型的变量用于保存实数值	如 AREA、TEXTSIZE 等变量
点	（用于坐标） 该类型的变量用于保存坐标点	如 LIMMAX、SNAPBASE 等变量
	（用于距离） 该类型的变量用于保存 X、Y 方向的距离值	如 GRIDUNIT、SCREENSIZE 变量

类 型	定　　义	相 关 变 量
开 / 关	此类型的变量有 ON（开）/OFF（关）两种状态，用于设置状态的开关	如 HIDETEXT、LWDISPLAY 等变量

2.5.2　系统变量的查看和设置

有些系统变量具有只读属性，用户只能查看而不能修改。而对于没有只读属性的系统变量，用户可以在命令行中输入系统变量名或者使用 SETVAR 命令来改变这些变量的值。

技术要点：

DATE是存储当前日期的只读系统变量，可以显示但不能修改该值。

通常，一个系统变量的取值可以通过相关的命令来改变。例如，当使用 DIST 命令查询距离时，只读系统变量 DISTANCE 将自动保持最后一个 DIST 命令的查询结果。除此之外，用户还可以通过如下两种方式直接查看和设置系统变量。

- 在命令行直接输入变量名。
- 使用 SETVAR 命令指定系统变量。

1．在命令行直接输入变量名

对于只读变量，系统将显示其变量值。而对于非只读变量，系统在显示其变量值的同时还允许用户输入一个新值来设置该变量。

2．使用 SETVAR 命令指定系统变量

SETVAR 命令不仅可以对指定的变量进行查看和设置，还使用 "?" 选项来查看全部的系统变量。此外，对于一些与系统命令相同的变量，如 AREA 等，只能用 SETVAR 来查看。

SETVAR 命令可以通过以下方式来执行。

- 菜单栏：执行 "工具" | "查询" | "设置变量" 命令。
- 命令行：输入 SETVAR。

命令行操作如下。

```
命令: SETVAR
SETVAR 输入变量名或 [?]:                              // 输入变量以查看或设置
```

技术要点：

SETVAR命令可透明使用，AutoCAD系统变量大全请参见本书附录。

2.5.3　命令

除了前面介绍的几种命令执行方式外，在 AutoCAD 中还可以通过键盘来执行，如使用键盘快捷键来执行绘图命令。下面介绍其他的方式。

1．在命令行输入替代命令

在命令行中输入命令条目时需输入全名，然后通过按 Enter 键或空格键来执行。用户也可以

自定义命令的别名来替代，例如，在命令行中可以输入 C 代替 circle 来启动 CIRCLE（圆）命令，并以此来绘制一个圆。命令行操作如下。

```
命令: C                                           //输入命令别名
CIRCLE 指定圆的圆心或 [三点 (3P)/两点 (2P)/切点、切点、半径 (T)]:
                                                  //在图形窗口中指定圆心
指定圆的半径或 [直径 (D)]: 200                       //输入圆半径并按 Enter 键
```

绘制的圆如图 2-71 所示。

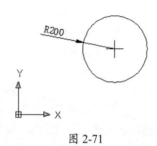

图 2-71

技术要点：

命令的别名不同于快捷键，例如U（放弃）的快捷键是Ctrl+Z。

2．在命令行输入系统变量

用户可通过在命令行直接输入系统变量来设置命令的工作方式。例如 GRIDMODE 系统变量用来控制打开或关闭点栅格显示。在这种情况下，GRIDMODE 系统变量在功能上等价于 GRID 命令。命令行操作如下。

```
命令: GRIDMODE                                    //输入变量
输入 GRIDMODE 的新值 <0>:                          //输入变量值
```

按命令提示输入 0，可以关闭栅格显示；若输入 1，可以打开栅格显示。

3．利用鼠标功能

在绘图窗口，光标通常显示为十字线形式。当光标移至菜单选项、工具或对话框内时，它会变成一个箭头。无论光标是十字线形式还是箭头形式，当单击或者按鼠标按键时，都会执行相应的命令或动作。在 AutoCAD 中，鼠标键是按照下述规则定义的。

- 左键：指拾取键，用于指定屏幕上的点，也可以用来选择 Windows 对象、AutoCAD 对象、工具栏按钮和菜单命令等。
- 右键：指 Enter 键，功能相当于键盘上的 Enter 键，用于结束当前使用的命令，此时程序将根据当前绘图状态弹出不同的快捷菜单。
- 中键：按住中键，相当于 AutoCAD 中的 PAN 命令（实时平移）。滚动中键（滚轮），相当于 AutoCAD 中的 ZOOM 命令（实时缩放）。
- Shift+ 右键：弹出"对象捕捉"快捷菜单。对于三键鼠标，弹出按钮通常是鼠标的中间按钮，如图 2-72 所示。
- Shift+ 中键：三维动态旋转视图，如图 2-73 所示。
- Ctrl+ 中键：上、下、左、右旋转视图，如图 2-74 所示。
- Ctrl+ 右键：弹出"对象捕捉"快捷菜单。

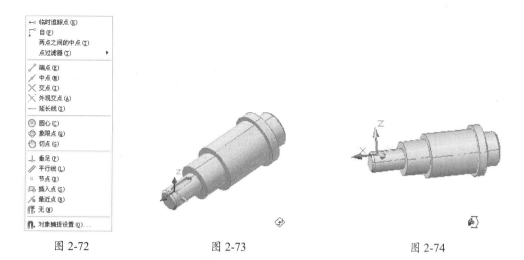

图 2-72　　　　　　　　　　　图 2-73　　　　　　　　　　　图 2-74

4．键盘快捷键

快捷键是指用于启动命令的快捷键。例如，可以按 Ctrl+O 快捷键来打开文件，按 Ctrl+S 快捷键来保存文件，结果与从"文件"菜单中选择"打开"和"保存"命令相同。表 2-2 显示了"保存"快捷键的特性，其显示方式与在"特性"窗格中的显示方式相同。

表 2-2　"保存"快捷键的特性

"特性"窗格项目	说　　明	群　　例
名称	该字符串仅在 CUI 编辑器中使用，并且不会显示在用户界面中	保存
说明	文字用于说明元素，不显示在用户界面中	保存当前图形
扩展型帮助文件	当光标悬停在工具栏或面板按钮上时，将显示已显示的扩展型工具提示的文件名和 ID	
命令显示名称	包含命令名称的字符串，与命令有关	QSAVE
宏	命令宏。遵循标准的宏语法	^C^C_qsave
键	指定用于执行宏的按键组合。单击"…"按钮以打开"快捷键"对话框	Ctrl+S
标签	与命令相关联的关键字。标签可提供其他字段用于在菜单栏中进行搜索	
元素 ID	用于识别命令的唯一标记	ID_Save

技术要点：

快捷键从用于创建它的命令中继承了自己的特性。

用户可以为常用命令指定快捷键（有时称为"加速键"），还可以指定临时替代键，以便通过按键来执行命令或更改设置。

临时替代键可临时打开或关闭在"草图设置"对话框中设置的某个绘图辅助工具（例如，"正交模式""对象捕捉"或"极轴追踪"模式）。表 2-3 显示了"对象捕捉替代：端点"临时替代键的特性，其显示方式与在"特性"窗格中的显示方式相同。

表 2-3 "对象捕捉替代：端点"临时替代键的特性

"特性"窗格项目	说 明	样 例
名称	该字符串仅在 CUI 编辑器中使用，并且不会显示在用户界面中	对象捕捉替代：端点
说明	文字用于说明元素，不显示在用户界面中	对象捕捉替代：端点
键	指定用于执行临时替代的按键组合。单击"…"按钮，打开"快捷键"对话框	Shift+E
宏 1（按下键时执行）	用于指定应在用户按下按键组合时执行宏	^P'_.osmode 1 $(if,$(eq,$(getvar, osnapoverride),'_.osnapoverride 1)
宏 2（松开键时执行）	用于指定应在用户松开按键组合时执行宏。如果保留为空，AutoCAD 会将所有变量恢复至以前的状态	

用户可以将快捷键与命令列表中的任意命令相关联，还可以创建新快捷键或者修改现有的快捷键。

动手操作——定义快捷键

例如，为命令创建自定义快捷键的操作步骤如下。

01 在功能区的"管理"标签"自定义设置"面板中单击"用户界面"按钮▦，程序弹出"自定义用户界面"对话框，如图 2-75 所示。

图 2-75

02 在该对话框的"所有自定义文件"下拉列表中单击"键盘快捷键"项目旁边的"+"号，将此节点展开，如图 2-76 所示。

图 2-76

03 在"按类别过滤命令列表"下拉列表中选择"自定义命令"选项，将用户自定义的命令显示在下方的命令列表中，如图 2-77 所示。

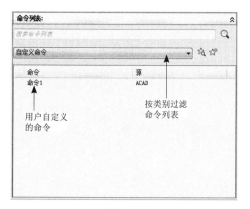

图 2-77

04 使用鼠标左键将自定义的命令从命令列表框向上移至"键盘快捷键"节点中，如图 2-78 所示。

图 2-78

05 选择上一步创建的新快捷键，为其创建一

个快捷键。然后在对话框右边的"特性"选项区域中选择"键"行，并单击"…"按钮，如图 2-79 所示。

图 2-79

06 随后程序弹出"快捷键"对话框，再使用键盘为"命令 1"指定快捷键，指定后单击"确定"按钮，完成自定义快捷键的操作。创建的快捷键将在"特性"选项区域的"键"选项行中显示，如图 2-80 所示。

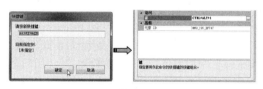

图 2-80

07 最后单击"自定义用户界面"对话框的"确定"按钮，完成操作。

2.6 入门训练——绘制交通标志图形

○ **源文件：无**

○ **结果文件：综合训练\结果\Ch02\交通标志.dwg**

○ **视频文件：视频\Ch02\绘制交通标志.avi**

由于本章侧重点是介绍 AutoCAD 2018 的界面，所以下面这个应用训练是帮助大家熟悉命令行的用法，以及常用绘图命令的基本操作。接下来绘制如图 2-81 所示的交通标志。

01 新建文件。

02 执行"绘图"|"圆环"命令，绘制圆心坐标为（100,100）、圆环内径为110、外径为140的圆环，结果如图 2-82 所示。

图 2-81   图 2-82

03 单击"多段线"按钮，绘制斜线。命令行操作如下。绘制完成的结果如图 2-83 所示。

```
命令：_PLINE
指定起点：(在圆环左上方适当捕捉一点)
当前线宽为 0.0000
指定下一个点或 [圆弧（A）/ 半宽（H）/ 长度（L）/ 放弃（U）/ 宽度（W）]: W↙
指定起点宽度 <0.0000>: 20 ↙
指定端点宽度 <20.0000>:↙
指定下一个点或 [圆弧（A）/ 半宽（H）/ 长度（L）/ 放弃（U）/ 宽度（W）]:(斜向向下在圆环上捕捉一点)
指定下一点或 [圆弧（A）/ 闭合（C）/ 半宽（H）/ 长度（L）/ 放弃（U）/ 宽度（W）]:↙
```

技术要点：

命令行中的↙符号表示按Enter键。

04 设置当前图层颜色为黑色。执行"绘图"|"圆环"命令，绘制圆心坐标为（128,83）和（83,83），圆环内径为9，外径为14的两个圆环，结果如图 2-84 所示。

图 2-83   图 2-84

技术要点：

这里巧妙地运用了绘制实心圆环的命令来绘制汽车轮胎。

05 单击"多段线"按钮，绘制车身。命令行操作如下。结果如图 2-85 所示。

```
命令：_PLINE
指定起点：140,83
当前线宽为 0.0000
指定下一个点或 [圆弧（A）/ 半宽（H）/ 长度（L）/ 放弃（U）/ 宽度（W）]: 136.775,83
指定下一点或 [圆弧（A）/ 闭合（C）/ 半宽（H）/ 长度（L）/ 放弃（U）/ 宽度（W）]: A
指定圆弧的端点或 [角度（A）/ 圆心（CE）/ 闭合（CL）/ 方向（D）/ 直线（L）/ 半径（R）/
第二个点 (S)/ 放弃（U）/ 宽度（W）]: CE
```

```
        指定圆弧的圆心：128,83
        指定圆弧的端点或 [角度（A）/长度 (L)]:指定一点（在极限追踪的条件下拖动鼠标向左在屏幕上单击）
        指定圆弧的端点或 [角度（A）/圆心 (CE)/闭合 (CL)/方向 (D)/半宽 (H)/直线 (L)/半径 (R)/
第二个点 (S)/放弃 (U)/宽度 (W)]: L    //输入L选项
        指定下一点或 [圆弧（A）/闭合 (C)/半宽 (H)/长度 (L)/放弃 (U)/宽度 (W)]: @-27.22,0
        指定下一点或 [圆弧（A）/闭合 (C)/半宽 (H)/长度 (L)/放弃 (U)/宽度 (W)]: A
        指定圆弧的端点或 [角度（A）/圆心 (CE)/闭合 (CL)/方向 (D)/半宽 (H)/直线 (L)/半径 (R)/
第二个点 (S)/放弃 (U)/宽度 (W)]: CE
        指定圆弧的圆心：83,83
        指定圆弧的端点或 [角度（A）/长度 (L)]: A
        指定包含角：180
        指定圆弧的端点或 [角度（A）/圆心 (CE)/闭合 (CL)/方向 (D)/半宽 (H)/直线 (L)/半径 (R)/
第二个点 (S)/放弃 (U)/宽度 (W)]: L    //输入L选项
        指定下一点或 [圆弧（A）/闭合 (C)/半宽 (H)/长度 (L)/放弃 (U)/宽度 (W)]:16
        指定下一点或 [圆弧（A）/闭合 (C)/半宽 (H)/长度 (L)/放弃 (U)/宽度 (W)]: 58,104.5
        指定下一点或 [圆弧（A）/闭合 (C)/半宽 (H)/长度 (L)/放弃 (U)/宽度 (W)]: 71,127
        指定下一点或 [圆弧（A）/闭合 (C)/半宽 (H)/长度 (L)/放弃 (U)/宽度 (W)]: 82,127
        指定下一点或 [圆弧（A）/闭合 (C)/半宽 (H)/长度 (L)/放弃 (U)/宽度 (W)]: 82,106
        指定下一点或 [圆弧（A）/闭合 (C)/半宽 (H)/长度 (L)/放弃 (U)/宽度 (W)]: 140,106
        指定下一点或 [圆弧（A）/闭合 (C)/半宽 (H)/长度 (L)/放弃 (U)/宽度 (W)]: C
```

图 2-85

技术要点：

这里绘制载货汽车时，调用了绘制多段线的命令，该命令的执行过程比较繁杂，反复使用了绘制圆弧和绘制直线的选项，注意灵活调用绘制圆弧的各个选项，尽量使绘制过程简单、明了。

06 单击"矩形"按钮□，在车身后部合适的位置绘制一个矩形作为货箱，结果如图 2-85 所示。

2.7 课后习题

1. 绘制扳手

本例要求读者通过命令行输入命令的方式绘制扳手图形，如图 2-86 所示。

图 2-86

（1）利用"正多边形""直线""圆"和"镜像"命令绘制初步轮廓。

（2）利用"面域"命令将所有的图形转换成面域，并利用"并集"命令进行处理。

（3）利用"移动"命令移动正六边形。

（4）利用"差集"命令进行差集处理。

2．绘制油杯

本例绘制的是一个油杯的半剖视图，其中有两处图案填充。本例要求读者从菜单栏或工具栏中调用相关命令来绘制油杯图形，如图 2-87 所示。

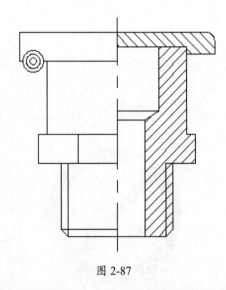

图 2-87

（1）利用"直线""矩形""偏移"和"修剪"等命令绘制油杯左边半部分图形。

（2）利用"镜像"命令生成右边部分图形，并进行适当图线补充。

（3）利用"图案填充"命令填充相应区域。

第 *3* 章 踏出 AutoCAD 2018 的关键第二步

上一章主要介绍了踏出 AutoCAD 2018 的关键第一步的内容——界面及环境设置。那么接下来在本章将为大家讲解如何踏出 AutoCAD 2018 的关键第二步，即进一步介绍 AutoCAD 2018 的图形文件基础知识，包括 AutoCAD 文件打开方式、图形文件的保存、AutoCAD 命令执行方式、AutoCAD 文件的输出与转换等。

项目分解与视频二维码

◆ 创建AutoCAD图形文件的3种方法
◆ 打开AutoCAD文件
◆ 保存图形文件

◆ AutoCAD执行命令方式
◆ 修复或恢复图形

3.1 创建 AutoCAD 图形文件的 3 种方法

AutoCAD 提供了 3 种创建图形文件的方式。

将 STARTUP 系统变量设置为 1，将 FILEDIA 系统变量设置为 1。单击"快速访问工具栏"中的"新建"按钮，打开"创建新图形"对话框，如图 3-1 所示。

图 3-1

技术要点：

如果不设置 STARTUP 系统变量为1，默认的 AutoCAD图形文件的创建方式是"选择样板"。

3.1.1 方法一：从草图开始

在"从草图开始"创建文件的方法中有两

个默认的设置：

● 英制（英尺和英寸）
● 公制

技术要点：

英制和公制分别代表不同的计量单位，英制为英尺、英寸、码等单位；公制是指千米、米、厘米等单位。我国实行"公制"的测量制度。

使用默认的"公制"设置，单击"创建新图形"对话框中的"确定"按钮，创建新的 AutoCAD 文件并进入 AutoCAD 工作空间。

3.1.2 方法二：使用样板

在"创建新图形"对话框中单击"使用样板"按钮，显示"选择样板"样板文件列表，如图 3-2 所示。

图形样板文件包含标准设置，可从提供的样板文件中选择一个，或者创建自定义样板文件。图形样板文件的扩展名为 .dwt。

如果根据现有的样板文件创建新图形，则

新图形中的修改不会影响样板文件。可以使用 AutoCAD 提供的一个样板文件，或者创建自定义样板文件。

图 3-2

需要创建使用相同惯例和默认设置的多个图形时，通过创建或自定义样板文件而不是每次启动时都指定惯例和默认设置可以节省很多时间。通常存储在样板文件中的惯例和设置包括：

（1）单位类型和精度。

（2）标题栏、边框和徽标。

（3）图层名。

（4）捕捉、栅格和正交设置。

（5）栅格界限。

（6）标注样式。

（7）文字样式。

（8）线型。

技术要点：

默认情况下，图形样板文件存储在安装目录下的 acadm\template 文件夹中，以便查找和访问。

3.1.3 方法三：使用向导

在"创建新图形"对话框中单击"使用向导"按钮，打开"使用向导"选项卡，如图 3-3 所示。

图 3-3

设置向导逐步地建立基本图形，有两个向导选项用来设置图形。

- "快速设置"向导：设置测量单位、显示单位的精度和栅格界限。
- "高级设置"向导：设置测量单位、显示单位的精度和栅格界限，还可以进行角度设置、角度测量、角度方向和区域的设置。单击"确定"按钮，打开如图 3-4 所示的"高级设置"对话框。直至设置完成"区域"（就是绘图的区域，标准图纸的尺寸）后，即可进入 AutoCAD 工作空间。

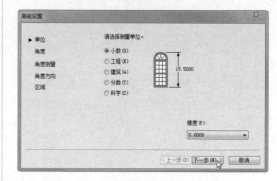

图 3-4

3.2 打开 AutoCAD 文件

当用户需要查看、使用或编辑已经存在的图形时，可以使用"打开"命令，执行"打开"命令主要有以下几种途径。

- 执行"文件"|"打开"命令。

- 单击"快速访问工具栏"中的"打开"
  按钮📂。
- 在"菜单栏"中执行"打开"命令。
- 在命令行输入 OPEN。
- 按 Ctrl+O 快捷键。

动手操作——常规打开方法

01 选择"打开"命令，将打开"选择文件"对话框。

02 在"选择文件"对话框中选择需要打开的图形文件，如图 3-5 所示。单击 打开(O) 按钮，即可将此文件打开，如图 3-6 所示。

图 3-5

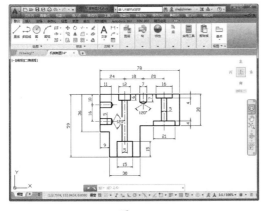

图 3-6

动手操作——以查找方式打开文件

01 单击"选择文件"对话框上的"工具"按钮 工具(L) ▼，打开菜单如图 3-7 所示。

02 选择"查找"选项，打开"查找"对话框，如图 3-8 所示。

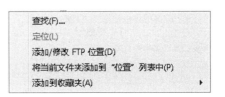

图 3-7

图 3-8

03 在该对话框中，可由用户输入文件的名称、类型以及查找的范围，最后单击 开始查找(I) 按钮，即可进行查找。这非常有利于用户在大量的文件中查找目标文件。

动手操作——局部打开图形

"局部打开"命令允许用户只处理图形的某一部分，只加载指定视图或图层的几何图形。如果图形文件为局部打开，指定的几何图形和命名对象将被加载到图形文件中。命名对象包括："块""图层""标注样式""线型""布局""文字样式""视口配置""用户坐标系"及"视图"等。

01 执行"文件"|"打开"命令。

02 在打开的"选择文件"对话框中，指定需要打开的图形文件后，单击"打开"按钮 打开(O)右侧的▼按钮，弹出菜单如图 3-9 所示。

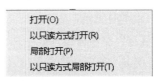

图 3-9

03 选择其中的"局部打开"或"以只读方式局部打开"选项，系统将进一步打开"局部打开"对话框，如图 3-10 所示。

图 3-10

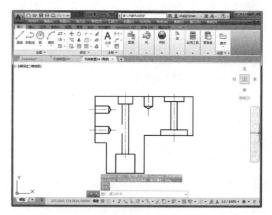

图 3-11

04 在该对话框中，"要加载几何图形的视图"栏显示了选定的视图和图形中可用的视图，默认的视图是"范围"。用户可在列表中选择某个视图进行加载。

05 在"要加载几何图形的图层"栏中显示了选定图形文件中所有有效的图层。用户可选择一个或多个图层进行加载，选定图层上的几何图形将被加载到图形中，包括模型空间和图纸空间几何图形。选择 dashed 和 object 图层进行加载，加载到 AutoCAD 工作空间中的结果，如图 3-11 所示。

提醒一下：

用户可单击"全部加载"按钮 [全部加载(L)] 选择所有图层，或单击"全部清除"按钮 [全部清除(C)] 取消所有的选择。如果选择了"打开时卸载所有外部参照"复选框，则不加载图形中包括的外部参照。

技术要点：

如果用户没有指定任何图层进行加载，那么选定视图中的几何图形也不会被加载，因为其所在的图层没有被加载。用户也可以使用 PARTIALOPEN 或 -PARTIALOPEN 命令，以命令行的形式来局部打开图形文件。

3.3 保存图形文件

"保存"命令就是用于将绘制的图形以文件的形式进行存储，存储的目的就是为了方便以后查看、使用或修改编辑等。

3.3.1 保存与另存文件

- 保存：按照原路径保存文件，将原文件覆盖，存储新的进度。
- 另存：继续保留原文件不将其覆盖，另存后出现新的文件。另存时可对文件的路径、名称、格式等进行重设。

1. "保存"文件命令

执行"保存"命令主要有以下几种方式。

- 执行"文件"|"保存"命令。
- 单击"快速访问工具栏"中的"保存"按钮 。
- 在"菜单栏"中执行"保存"命令。
- 在命令行输入 QSAVE。
- 按 Ctrl+S 快捷键。

激活"保存"命令后,可打开"图形另存为"对话框,如图 3-12 所示。在此对话框中设置存储路径、文件名和文件格式后,单击 保存(S) 按钮,即可将当前文件存储。

图 3-12

提醒一下:

默认的存储类型为AutoCAD 2013图形(*.dwg),使用此种格式将文件存储后,只能被AutoCAD 2013及其以后的版本打开,如果用户需要在AutoCAD早期版本中打开此文件,必须使用低版本的文件格式进行存储。

2."另存为"命令

当用户在已存储的图形基础上进行了其他的修改工作,又不想将原来的图形覆盖,可以使用"另存为"命令,将修改后的图形以不同的路径或不同的文件名进行存储。

执行"另存为"命令主要有以下几种方式。

* 执行"文件"|"另存为"命令。
* 按快捷键 Ctrl+Shift+S。

3.3.2 自动保存文件

为了防止断电、死机等意外情况的发生,AutoCAD 为用户定制了"自动保存"这个非常人性化的功能。启用该功能后,系统将持续在设定时间内为用户自动存储。

执行"工具"|"选项"命令,打开"选项"对话框,并选择"打开和保存"选项卡,可设置自动保存的文件格式和时间间隔等参数,如图 3-13 所示。

图 3-13

AutoCAD 2018 是人机交互式的软件,当用该软件绘图或进行其他操作时,首先要向 AutoCAD 发出命令,AutoCAD 2018 提供了多种执行命令的方式,可以根据自己的习惯和熟练程度选择更顺手的方式来执行软件中繁多的命令。下面分别讲解 3 种常用的命令执行方式。

3.4.1 通过菜单栏执行

这是一种最简单、最直观的命令执行方法,初学者很容易掌握,只需要单击菜单栏上的命令,即可执行对应的命令。使用这种方式往往较慢,需要手动在庞大的菜单栏去寻找命令,用户需要对软件的结构有一定的认识。

下面用执行菜单栏中命令的方式来绘制图形。

动手操作——绘制办公桌

绘制如图 3-14 所示的办公桌。

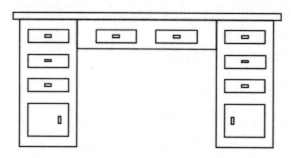

图 3-14

01 执行"绘图"|"矩形"命令，绘制 858×398 的矩形，如图 3-15 所示。

```
命令：_RECTANG
指定第一个角点或 [倒角 (C) / 标高 (E) / 圆角 (F) / 厚度 (T) / 宽度 (W)]： // 指定起点
指定另一个角点或 [面积 (A) / 尺寸 (D) / 旋转 (R)]：@398,858✓        // 按 Enter 键
```

02 按 Enter 键再执行"矩形"命令，并在矩形内部绘制 4 个矩形，先不管尺寸和位置关系，如图 3-16 所示。

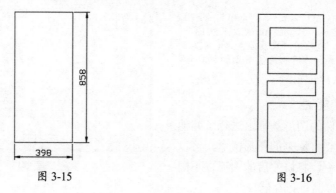

图 3-15   图 3-16

03 执行"参数"|"标注约束"|"水平"或"竖直"命令，对 4 个矩形进行尺寸和位置约束，结果如图 3-17 所示。

04 执行"绘图"|"矩形"命令，利用极轴追踪功能在前面绘制的 4 个矩形的中心位置再绘制一系列的小矩形作为抽屉把手，然后执行"参数"|"标注约束"|"水平"或"竖直"命令，对 4 个小矩形分别进行定形和定位，结果如图 3-18 所示。

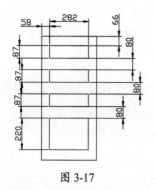

图 3-17

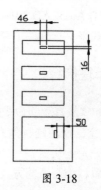

图 3-18

05 执行"绘图"|"矩形"命令,在合适的位置绘制一个矩形作为桌面,绘制结果如图3-19所示。

06 执行"绘图"|"直线"命令,然后捕捉桌面矩形的中点绘制竖直的中心线,如图3-20所示。

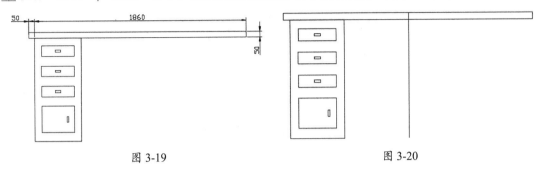

图3-19　　　　　　　　　　　　　　　　　　图3-20

07 执行"修改"|"镜像"命令,然后将如图3-20所示的图形镜像到竖直中心线的右侧,如图3-21所示。命令行操作如下。

```
命令： MIRROR
选择对象：指定对角点：找到 9 个  ↙
选择对象：
指定镜像线的第一点：指定镜像线的第二点：
要删除源对象吗？ [ 是 (Y) / 否 (N) ] <N>：↙
```

08 删除中心线,再执行"矩形"命令,绘制如图3-22所示的矩形。

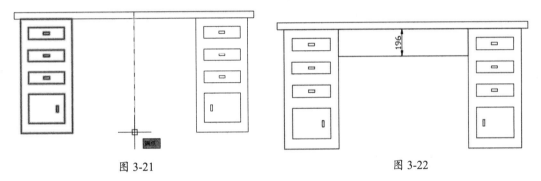

图3-21　　　　　　　　　　　　　　　　　　图3-22

09 执行"修改"|"复制"命令,然后将抽屉图形水平复制到中间的矩形内,共复制两次,如图3-23所示。

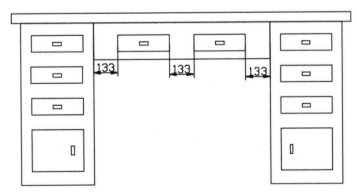

图3-23

10 至此,完成了办公桌图形的绘制。

3.4.2 使用命令行执行

通过键盘在命令行输入对应的命令后按 Enter 键或空格键，即可执行对应的命令，然后 AutoCAD 会给出提示，提示用户应执行的后续操作。要想采用这种方式，需要记住各个 AutoCAD 命令。

当执行完某一个命令后，如果需要重复执行该命令，除了可以通过上述两种方式执行该命令外，还可以用以下方式重复执行命令。

- 直接后按 Enter 键或空格键。
- 使光标位于绘图窗口并右击，AutoCAD 会弹出快捷菜单，并在菜单的第一行显示出重复执行上一次所执行的命令，选择此命令可重复执行对应的命令。

技术要点：

命令执行过程中，可通过按 Esc 键，或右击绘图窗口，从弹出的快捷菜单中选择"取消"命令终止相应命令的执行。

动手操作——绘制棘轮

本例主要通过直线、圆、矩形来制作棘轮的主体，在制作的过程中应用到点样式、定数等分、阵列等功能，制作完成后的棘轮效果如图 3-24 所示。

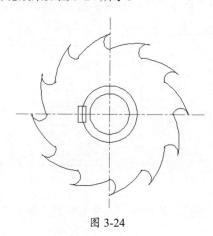

图 3-24

01 在命令行输入 QNEW 命令，创建空白文件。

02 在命令行输入 LAYER 命令，弹出"图层特性管理器"对话框，如图 3-25 所示。

03 在命令行输入 LAY 命令，打开"图层管理器"选项板。依次创建中心线、轮廓线图层，并设置颜色、线型和线宽，如图 3-26 所示。

图 3-25

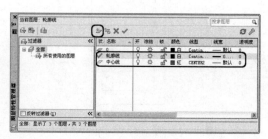

图 3-26

04 把"中心线"图层设置为当前图层，在命令行执行 L 命令，然后按 F8 键开启正交模式，绘制两条长度均为 240 且相互垂直的直线作为中心线，效果如图 3-27 所示。

05 将"轮廓线"图层设置为当前图层，按 F3 键开启捕捉模式，执行 C 命令并按 Enter 键确认，根据命令行提示进行操作，拾取两条中心线的交点为圆心，依次绘制半径为 25、35、80、100 的圆，如图 3-28 所示。

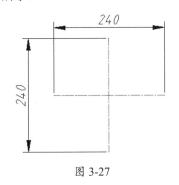

图 3-27

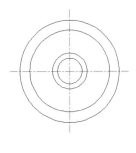

图 3-28

06 在命令行输入 DDPT（点样式）命令，弹出"点样式"对话框，选择第一行第三列的点样式，如图 3-29 所示。单击"确定"按钮，关闭对话框。

07 在命令行输入 DIVIDE（定数等分）命令并按 Enter 键确认，根据命令行提示进行操作，选择半径为 100 的圆，按 Enter 键确认；根据命令行提示进行操作，输入 12，进行定数等分处理，重复执行"定数等分"命令，对半径为 80 的圆进行定数等分处理，效果如图 3-30 所示。

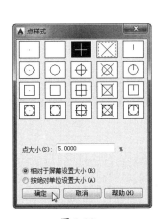

图 3-29

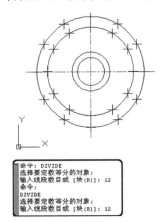

图 3-30

08 在命令行输入 ARC（圆弧）命令并按 Enter 键确认，根据命令行提示操作，按 F8 键关闭正交模式，捕捉半径为 100 的圆上的一个等分点为圆弧的起点，在两圆内的适合位置单击，确定圆弧的第二点，捕捉半径为 80 的圆上的一个等分点为圆弧的端点，重复"圆弧"命令，绘制另一条圆弧，如图 3-31 所示。

09 在命令行输入 ARRAY（阵列）命令，在绘图区中选择绘制的两段圆弧，然后按命令行的提示进行操作，环形阵列的结果如图 3-32 所示。

```
命令：ARRAY
选择对象：找到 2 个
选择对象：
输入阵列类型 [矩形 (R) / 路径 (PA) / 极轴 (PO)] <矩形>：PO ✓
```

```
类型 = 极轴  关联 = 是
指定阵列的中心点或 [基点（B）/旋转轴（A）]:                // 指定圆心
输入项目数或 [项目间角度（A）/表达式（E）] <4>: 12 ✓
指定填充角度 (+= 逆时针、-= 顺时针) 或 [表达式（EX）] <360>: ✓
按 Enter 键接受或 [关联（AS）/基点（B）/项目（I）/项目间角度（A）/填充角度（F）/行（ROW）/
层（L）/旋转项目（ROT）/退出（X）]
<退出>: ✓
```

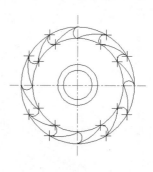

图 3-31   图 3-32

10 按 Delete 键或在命令行输入 ERASE（删除）命令，选择半径为 100 和 80 的圆进行删除处理，如图 3-33 所示。

11 在命令行输入 REC（矩形）命令，根据命令行提示进行操作，捕捉半径为 35 的圆与中心线的交点，向上移动鼠标，输入 10，确定为矩形的第一角点，输入（@–10，–20），并将矩形移动到合适的位置，效果如图 3-34 所示。

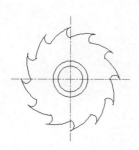
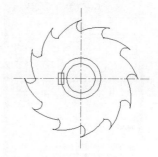

图 3-33   图 3-34

12 至此，棘轮的效果就绘制完成了，将完成后的结果文件存储。

3.4.3 在功能区单击命令按钮

对于新手来说，最简单的绘图方式就是通过在功能区单击命令按钮来执行相应的绘图命令。功能区中包含了 AutoCAD 绝大部分的绘图命令，可以满足基本的制图需要。功能区的相关命令这里就不过多介绍了，我们将在后面章节陆续地全面介绍这些功能命令。下面以一个图形绘制案例来说明如何单击命令按钮来绘制图形。

动手操作——绘制石材雕花大样

下面利用样条曲线和绝对坐标输入法绘制如图 3-35 所示的石材雕花大样图。

01 新建文件并进入 AutoCAD 绘图环境，在绘图区底部的状态栏中开启正交功能。

02 单击"直线"按钮／，起点为（0,0）点，向右绘制一条长 120 的水平线段。

03 重复"直线"命令，起点仍为（0,0）点，向上绘制一条长 80 的垂直线段，如图 3-36 所示。

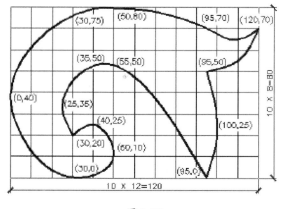

图 3-35

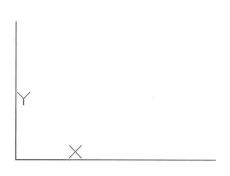

图 3-36

04 单击"阵列"按钮⊞，选择长度为 120 的直线为阵列对象，在"阵列创建"选项卡中设置参数，如图 3-37 所示。

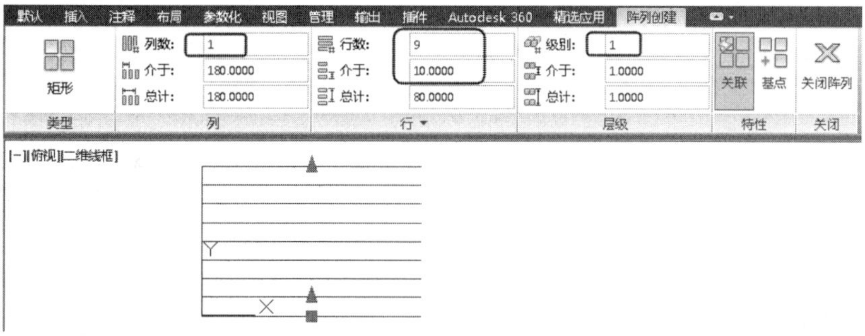

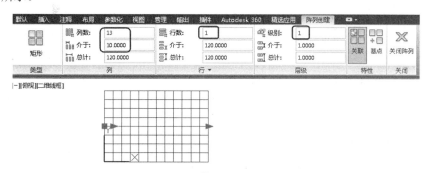

图 3-37

05 单击"阵列"按钮⊞，选择长度为 80 的直线为阵列对象，在"阵列创建"选项卡中设置参数，如图 3-38 所示。

图 3-38

06 单击"样条曲线"按钮，利用绝对坐标输入法依次输入各点坐标，分段绘制样条曲线，如图 3-39 所示。

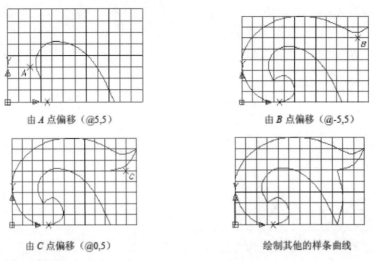

由 A 点偏移 (@5,5)　　　　　　由 B 点偏移 (@-5,5)

由 C 点偏移 (@0,5)　　　　　　绘制其他的样条曲线

图 3-39

技术要点：

有时在工程制图中不会给出所有点的绝对坐标，此时可以捕捉网格交点来输入偏移坐标，确定线型形状，图3-39中的提示点为偏移参考点，用户也可以使用这种方法来制作。

3.5　修复或恢复图形

硬件问题、电源故障或软件问题会导致 AutoCAD 程序意外终止，此时的图形文件容易被损坏。用户可以通过相应命令查找并更正错误或通过恢复备份文件，修复部分或全部数据。本节将着重介绍修复损坏的图形文件、创建并恢复备份文件，以及图形修复管理器等知识内容。

3.5.1　修复损坏的图形文件

在 AutoCAD 程序出现错误时，诊断信息被自动记录在 AutoCAD 的 acad.err 文件中，用户可以使用该文件查看出现的问题。

技术要点：

如果在图形文件中检测到损坏的数据或者用户在程序发生故障后要求保存图形，那么该图形文件将标记为已损坏。

如果图形文件只是轻微损坏，有时只需打开图形，程序便会自动修复。若损坏得比较严重，可以使用修复、使用外部参照修复及核查命令来进行修复。

1. 修复

"修复"工具可用来修复损坏的图形，用户可以通过以下方式来执行此命令。

- 菜单栏：执行"文件"|"图形实用工具"|"修复"命令。
- 命令行：输入 RECOVER。

执行"修复"命令后，弹出"选择文件"对话框，通过该对话框选择要修复的图形文件，如图 3-40 所示。

图 3-40

选择要修复的图形文件并打开，程序自动对图形进行修复，并弹出图形修复信息对话框。该对话框中详细描述了修复过程及结果，如图3-41所示。

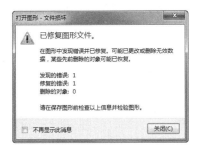

图 3-41

2. 使用外部参照修复

"使用外部参照修复"工具可修复损坏的图形和外部参照。用户可以通过以下方式来执行此命令。

- 菜单栏：执行"文件"|"图形实用工具"|"修复图形和外部参照"命令。
- 命令行：输入 RECOVERALL。

动手操作——使用外部参照修复图形

01 初次使用外部参照修复来修复图形文件，执行 RECOVERALL 命令后，弹出"全部修复"对话框，如图3-42所示。该对话框提示用户接着执行该操作。

技术要点：

在"全部修复"对话框选中左下角的"始终修复图形文件"复选框，在以后执行同样操作时不再弹出该对话框。

图 3-42

02 单击"修复图形文件"按钮，再弹出"选择文件"对话框，如图3-43所示。通过该对话框选择要修复的图形文件。

图 3-43

03 随后程序开始自动修复选择的图形文件，并弹出"图形修复日志"对话框，该对话框中显示修复结果，如图3-44所示。单击"关闭"按钮，程序将修复完成的结果自动保存到原始文件中。

图 3-44

技术要点:

已检查的每个图形文件均包括一个可以展开或收拢的图形修复日志，且整个日志可以复制到Windows其他应用程序的剪贴板中。

3．核查

"核查"工具可用来检查图形的完整性并更正某些错误，用户可通过以下方式来执行此操作。

- 菜单栏：执行"文件"|"图形实用工具"|"核查"命令。
- 命令行：输入 AUDIT。

在 AutoCAD 图形窗口中打开一个图形，执行 AUDIT 命令，命令行显示如下的操作提示。

```
是否更正检测到的任何错误？ [是 (Y) / 否 (N)] <N>：
若图形没有任何错误，命令行窗口显示如下核查报告：
核查表头
核查表
第 1 阶段图元核查
阶段 1 已核查 100        个对象
第 2 阶段图元核查
阶段 2 已核查 100        个对象
核查块
   已核查 1           个块
共发现 0 个错误，已修复 0 个
已删除 0 个对象
```

技术要点:

如果将AUDITCTL系统变量设置为1，执行AUDIT命令将创建ASCII文件，用于说明问题及采取的措施，并将此报告放置在当前图形所在的相同目录中，文件扩展名为.adt。

3.5.2 创建和恢复备份文件

备份文件有助于确保图形数据的安全。当 AutoCAD 程序出现问题时，用户可以恢复图形备份文件，以避免不必要的损失。

1．创建备份文件

在"选项"对话框的"打开和保存"选项卡中，可以指定在保存图形时创建备份文件，如图 3-45 所示。执行此操作后，每次保存图形时，图形的早期版本将保存为具有相同名称并带有扩展名 .bak 的文件。该备份文件与图形文件位于同一个文件夹中。

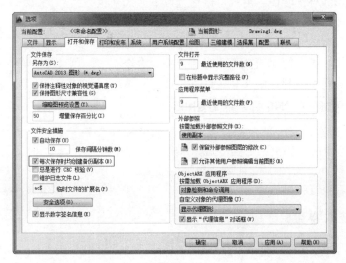

图 3-45

2．从备份文件恢复图形

从备份文件恢复图形的操作步骤如下。

（1）在备份文件保存路径中，找到文件扩展名为 .bak 的备份文件。

（2）将该文件重命名。输入新名称，文件扩展名为 .dwg。

（3）在 AutoCAD 中通过"打开"命令，将备份图形文件打开。

3.5.3 图形修复管理器

程序或系统出现故障后，可以通过图形修复管理器来打开图形文件。用户可以通过以下方式来打开图形修复管理器。

- 菜单栏：执行"文件"|"图形实用工具"|"图形修复管理器"命令。
- 命令行：输入 DRAWINGRECOVERY。

执行"图形修复管理器"命令打开的图形修复管理器，如图 3-46 所示。图形修复管理器将显示所有打开的图形文件列表，列表中的文件类型包括图形文件（DWG）、图形样板文件（DWT）和图形标准文件（DWS）。

图 3-46

3.6 课后练习

1.绘制挂钩零件图形

利用直线、圆弧、圆等命令，绘制如图 3-47所示的挂钩零件图形。

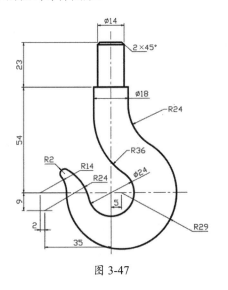

图 3-47

2.绘制法兰剖面图形

利用直线、镜像等命令，绘制如图 3-48 所示的法兰剖面图形。

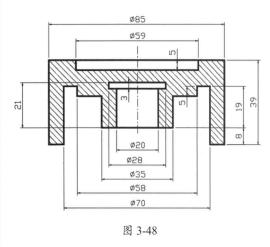

图 3-48

第4章 踏出 AutoCAD 2018 的关键第三步

本章所要掌握的知识是踏出 AutoCAD 2018 的关键第三步。本章帮助大家熟悉 AutoCAD 2018 的视图、AutoCAD 坐标系、导航栏和 ViewCube、模型视口、选项板、绘图窗口的用法。

这些基本功能将会在三维建模和平面绘图时讲述，希望大家牢记、掌握。

项目分解与视频二维码

◆ AutoCAD 2018坐标系
◆ 控制图形视图

◆ 测量工具
◆ 快速计算器

第4章视频

4.1 AutoCAD 2018 坐标系

用户在绘制精度要求较高的图形时，常使用用户坐标系 UCS 的二维坐标系、三维坐标系来输入坐标值，以满足设计需要。

4.1.1 认识 AutoCAD 坐标系

坐标（x,y）是表示点的最基本方法。为了输入坐标及建立工作平面，需要使用坐标系。在 AutoCAD 中，坐标系由世界坐标系（简称 WCS）和用户坐标系（简称 UCS）构成。

1. 世界坐标系（WCS）

世界坐标系是一个固定的坐标系，也是一个绝对坐标系。通常在二维视图中，WCS 的 X 轴水平，Y 轴垂直。WCS 的原点为 X 轴和 Y 轴的交点（0,0）。图形文件中的所有对象均由 WCS 坐标来定义。

2. 用户坐标系（UCS）

用户坐标系是可移动的坐标系，也是一个相对坐标系。一般情形下，所有坐标输入以及其他工具和操作，均参照当前的 UCS。使用可移动的用户坐标系 UCS 创建和编辑对象通常更方便。

在默认情况下，UCS 和 WCS 是重合的。如图 4-1（a）、图 4-1（b）所示为用户坐标系在绘图操作中的定义。

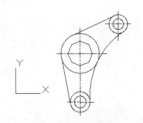 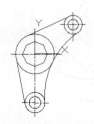

（a）设置前 WCS 与 UCS 重合　　（b）设置后的 UCS

图 4-1

4.1.2 笛卡儿坐标系

笛卡儿坐标系有三个轴，即X、Y和Z轴。输入坐标值时，需要指示沿X、Y和Z轴相对于坐标系原点（0,0,0）点的距离（以单位表示）及其方向（正或负）。在二维中，在XY平面（也称为工作平面）上指定点。工作平面类似于平铺的网格纸。笛卡儿坐标的X值指定水平距离，Y值指定垂直距离。原点（0,0）表示两轴相交的位置。

在二维中输入笛卡儿坐标，在命令行输入以半角逗号分隔的X值和Y值即可。笛卡儿坐标输入分为绝对坐标输入和相对坐标输入。

1. 绝对坐标输入

当已知要输入点的精确坐标的X和Y值时，最好使用绝对坐标。若在浮动工具栏上（动态输入）输入坐标值，坐标值前面可选择添加"＃"号（不添加也可），如图4-2所示。

若在命令行输入坐标值，则无须添加"＃"号，命令行操作如下。

```
命令: LINE
指定第一点: 30,60 ↙                    // 输入直线第一点坐标
指定下一点或 [放弃 (U)]: 150,300 ↙     // 输入直线第二点坐标
指定下一点或 [放弃 (U)]: *取消*         // 输入U或按 Enter 键或按 Esc 键
```

绘制的直线如图4-3所示。

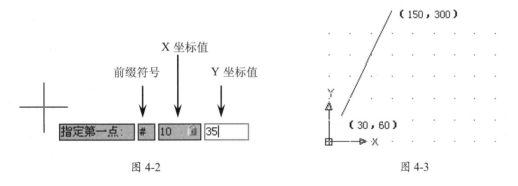

图 4-2　　　　　　　　　　　　　　　　图 4-3

2. 相对坐标输入

"相对坐标"是基于上一个输入点的。如果知道某点与前一点的位置关系，可以使用相对坐标。要指定相对坐标，需在坐标前面添加一个 @ 符号。

例如，在命令行输入"@3,4"指定一点，此点沿X轴方向有3个单位，沿Y轴方向距离上一指定点有4个单位。在图形窗口中绘制了一个三角形的3条边，命令行操作如下。

```
命令: LINE
指定第一点: -2,1 ↙                          // 第一点绝对坐标
指定下一点或 [放弃 (U)]: @5,0 ↙             // 第二点相对坐标
指定下一点或 [放弃 (U)]: @0,3 ↙             // 第三点相对坐标
指定下一点或 [闭合 (C)/放弃 (U)]: @-5,-3 ↙  // 第四点相对坐标
指定下一点或 [闭合 (C)/放弃 (U)]: C ↙       // 闭合直线
```

绘制的三角形如图4-4所示。

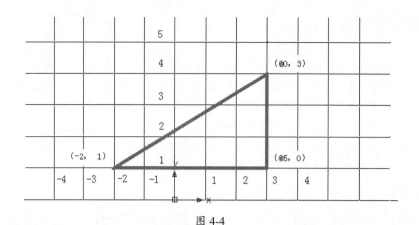

图 4-4

动手操作——利用笛卡儿坐标绘制五角星和多边形

使用相对笛卡儿坐标绘制五角星和正五边形，如图 4-5 所示。

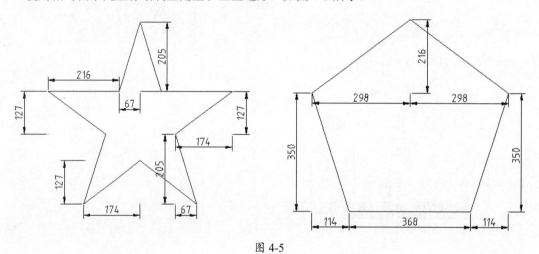

图 4-5

绘制五角星的步骤

01 新建文件进入 AutoCAD 绘图环境。

02 使用直线命令，在命令行输入 L，然后按 Enter 键确定，在绘图窗口指定第一点，提示下一点时输入坐标（@216,0）确定后即可完成五角星左上边的第 1 条横线的绘制。

03 再次输入坐标（@67,205），确定后完成第 2 条斜线。

04 再次输入坐标（@67,−205），确定后完成第 3 条斜线。

05 再次输入坐标（@216,0），确定后完成第 4 条横线。

06 再次输入坐标（@−174,−127），确定后完成第 5 条斜线。

07 再次输入坐标（@67,−205），确定后完成第 6 条斜线。

08 再次输入坐标（@−174,127），确定后完成第 7 条斜线。

09 再次输入坐标（@−174,−127），确定后完成第 8 条斜线。

10 再次输入坐标（@67,205），确定后完成第 9 条斜线。

11 再次输入坐标（@−174,127），确定后完成最后第 10 条斜线。

绘制五边形的步骤

01 使用直线命令，在命令行输入 L，然后按 Enter 键确定，在绘图窗口指定第一点，提示下一点时输入坐标（@298,216）确定后完成正五边形左上边的第 1 条斜线。

02 再次输入坐标（@298,–216），确定后完成第 2 条斜线。

03 再次输入坐标（@–114,–350），确定后完成第 3 条斜线。

04 再次输入坐标（@–368,0），确定后完成第 4 条横线。

05 再次输入坐标（@–114,350），确定后完成最后第 5 条斜线。

4.1.3　极坐标系

在平面内由极点、极轴和极径组成的坐标系称为"极坐标系"。在平面上取定一点 O，称为"极点"。从 O 出发引一条射线 Ox，称为"极轴"。再取定一个长度单位，通常规定角度取逆时针方向为正。这样，平面上任意一点 P 的位置就可以用线段 OP 的长度 ρ 以及从 Ox 到 OP 的角度 θ 来确定，有序数对（ρ,θ）就称为 P 点的极坐标，记为 P（ρ,θ）；ρ 称为 P 点的极径，θ 称为 P 点的极角，如图 4-6 所示。

在 AutoCAD 中要表达极坐标，需在命令行输入角括号（<=分隔的距离和角度）。默认情况下，角度按逆时针方向增大，按顺时针方向减小。要指定顺时针方向，为角度输入负值。例如，输入 1<315 和 1<–45 都代表相同的点。极坐标的输入包括绝对极坐标输入和相对极坐标输入。

1. 绝对极坐标输入

当知道点的准确距离和角度坐标时，一般情况下使用绝对极坐标。绝对极坐标从 UCS 原点（0,0）开始测量，此原点是 X 轴和 Y 轴的交点。

使用动态输入，可以使用"#"前缀指定绝对坐标。如果在命令行而不是工具提示中输入"动态输入"坐标，则不使用"#"前缀。例如，输入 #3<45 指定一点，此点距离原点有 3 个单位，并且与 X 轴成 45°角。命令行操作如下。

```
命令：LINE
指定第一点：0,0                              // 指定直线起点
指定下一点或 [放弃(U)]：4<120               // 指定第二点
指定下一点或 [放弃(U)]：5<30                // 指定第三点
指定下一点或 [闭合(C)/放弃(U)]：* 取消 *    // 按 Esc 键或按 Enter 键
```

绘制的线段如图 4-7 所示。

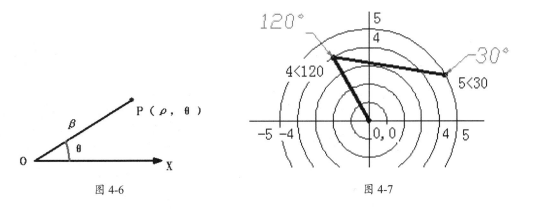

图 4-6　　　　　　　　　　　　　　　　图 4-7

2. 相对极坐标输入

相对极坐标是基于上一个输入点而确定的。如果知道某点与前一点的位置关系，可使用相对 X,Y 极坐标来输入。

要输入相对极坐标，需在坐标前面添加一个"@"符号。例如，输入 @1<45 来指定一点，此点距离上一指定点有一个单位，并且与 X 轴成 45°角。

例如，使用相对极坐标来绘制两条线段，线段都是从标有上一点的位置开始的。命令行操作如下。

```
命令: LINE
指定第一点: -2, 3                          // 指定直线起点
指定下一点或 [放弃(U)]: 2, 4                // 指定第二点
指定下一点或 [放弃(U)]: @3<45              // 指定第三点
指定下一点或 [放弃(U)]: @5<285             // 指定第四点
指定下一点或 [闭合(C) / 放弃(U)]: *取消*    // 按 Esc 键或按 Enter 键
```

绘制的两条线段如图 4-8 所示。

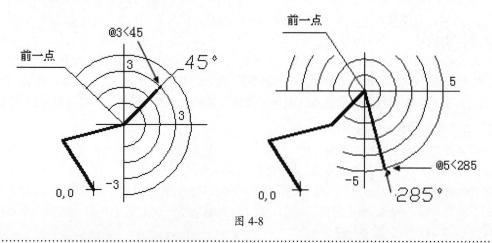

图 4-8

动手操作——利用极坐标绘制五角星和多边形

使用相对极坐标绘制五角星和正五边形，如图 4-9 所示。

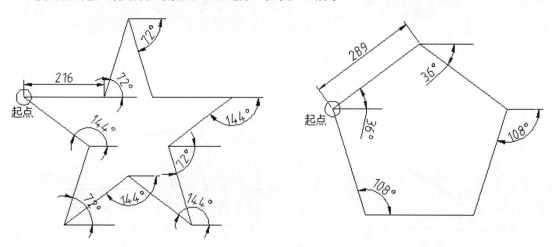

图 4-9

绘制五角星的步骤

01 新建文件并进入 AutoCAD 绘图环境。

02 使用直线命令，在命令行输入 L，然后按 Enter 键确定，在绘图窗口指定第一点，提示下一点时输入坐标（@216<0），确定后完成五角星左上边的第 1 条横线。

03 再次输入坐标（@216<72），确定后绘制第 2 条斜线。

04 再次输入坐标（@216<−72），确定后绘制第 3 条斜线。

05 再次输入坐标（@216<0），确定后完成第 4 条横线。

06 再次输入坐标（@216<−144），确定后完成第 5 条斜线。

07 再次输入坐标（@216<−72），确定后完成第 6 条斜线。

08 再次输入坐标（@216<144），确定后完成第 7 条斜线。

09 再次输入坐标（@216<−144），确定后完成第 8 条斜线。

10 再次输入坐标（@216<72），确定后完成第 9 条斜线。

11 再次输入坐标（@216<144），确定后完成最后第 10 条斜线。

绘制五边形的步骤

01 使用直线命令，在命令行输入 L，然后按 Enter 键确定，在绘图窗口指定第一点，提示下一点时输入坐标（@289<36），确定后完成正五边形左上边的第 1 条斜线。

02 再次输入坐标（@289<−36），确定后完成第 2 条斜线。

03 再次输入坐标（@289<−108），确定后完成第 3 条斜线。

04 再次输入坐标（@289<180），确定后完成第 4 条横线。

05 再次输入坐标（@289<108），确定后完成最后第 5 条斜线。

技术要点：

在输入笛卡儿坐标时，绘制直线可启用正交，如五角星上边两条直线，在打开正交的状态下，用光标指引向右的方向，直接输入216代替（@216,0）更加方便快捷。再如五边形下边的直线，打开正交后，光标向左，直接输入368代替（@-368,0）更加方便操作。在输入极坐标时，直线同样可启用正交，用光标指引直线的方向，直接输入216代替（@216<0）更加方便、快捷,输入289代替（@289<180）更加方便操作。

4.2 控制图形视图

在 AutoCAD 2018 中，用户可以使用多种方法来观察绘图窗口中绘制的图形，如使用"视图"菜单中的命令，使用"视图"工具栏中的工具按钮，以及使用视口和鸟瞰视图等。通过这些方式可以灵活地观察图形的整体效果或局部细节。

4.2.1 视图缩放

按一定比例、观察位置和角度显示的图形称为"视图"。在 AutoCAD 中，用户可以通过缩放视图来观察图形对象，如图 4-10 所示为视图的放大。

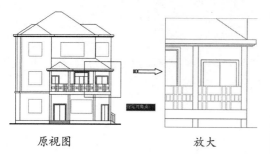

原视图　　　　　　　　　放大

图 4-10

缩放视图可以增加或减少图形对象的屏幕显示尺寸，但对象的真实尺寸保持不变。通过改变显示区域和图形对象的大小可以更准确、更详细地绘图。用户可以通过以下方式来完成此操作。

- 菜单栏：执行"视图"|"缩放"|"实时"命令或子菜单上的其他命令。
- 快捷菜单：在绘图区域右击，选择快捷菜单中的"缩放"命令。
- 命令行：输入 ZOOM。

菜单栏中的缩放命令如图 4-11 所示。

图 4-11

1. 实时

"实时"就是利用定点设备，在逻辑范围内向上或向下动态缩放视图。进行视图缩放时，光标将变为带有加号（+）和减号（-）的放大镜，如图 4-12 所示。

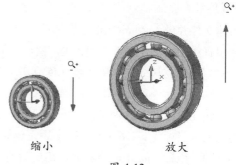

缩小　　　　　　　　　放大

图 4-12

2. 上一个

"上一个"就是缩放显示上一个视图，最多可恢复此前的 10 个视图。

3. 窗口

"窗口"就是缩放显示由两个角点定义的矩形窗口框定的区域，如图 4-13 所示。

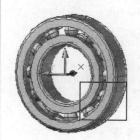

定义矩形放大区域　　　　　放大效果

图 4-13

4. 动态

"动态"就是缩放显示在视图框中的部分图形。视图框表示视口，可以改变它的大小，或在图形中移动。移动视图框或调整它的大小，将其中的图像平移或缩放，以充满整个视口，如图 4-14 所示。

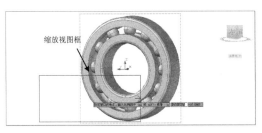

设定视图框的大小及位置

动态放大后的效果

图 4-14

5. 比例

"比例"就是以指定的比例因子缩放显示。

6. 圆心

"圆心"就是缩放显示由圆心和放大比例（或高度）所定义的窗口。高度值较小时增加放大比例。高度值较大时减小放大比例，如图4-15所示。

指定中心点   比例放大效果

图 4-15

7. 对象

"对象"就是缩放以便尽可能大地显示一个或多个选定的对象并使其位于绘图区域的中心。

8. 放大

"放大"是指在图形中选择一个定点，并

输入比例值来放大视图。

9. 缩小

"缩小"是指在图形中选择一个定点，并输入比例值来缩小视图。

10. 全部

"全部"就是在当前视口中缩放显示整个图形。在平面视图中，所有图形将被缩放到栅格界限和当前范围两者中较大的区域中。在三维视图中，"全部"选项与"范围"选项等效。即使图形超出了栅格界限也能显示所有对象，如图4-16所示。

图 4-16

11. 范围

"范围"是指缩放以显示图形的范围，并尽可能最大显示所有对象。

4.2.2 平移视图

使用"平移视图"命令，可以重新定位图形，以便看清图形的其他部分。此时不会改变图形中对象的位置或比例，只改变视图。

用户可通过以下方式进行平移视图操作。

- 菜单栏：执行"视图"|"平移"|"实时"命令或子菜单上的其他命令。
- 面板：在"默认"选项卡的"实用程序"面板中单击"平移"按钮。
- 快捷菜单：在绘图区域右击，选择快捷菜单中的"平移"命令。
- 状态栏：单击"平移"按钮。
- 命令行：输入 PAN。

技术要点:

如果在命令提示下输入-pan, PAN将显示另外的命令提示, 可以指定要平移图形显示的位移。

选择菜单栏中的"平移"子菜单命令, 如图4-17所示。

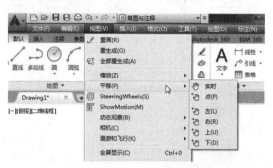

图 4-17

1. 实时

"实时"指利用定点设备, 在逻辑范围内上、下、左、右平移视图。进行视图平移时, 光标形状变为手形, 按住鼠标左键, 视图将随着鼠标向同一方向移动, 如图4-18所示。

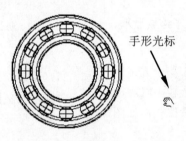

手形光标

图 4-18

2. 点

"点"是以指定视图的基点位移的距离来平移视图。命令行操作如下。

```
命令: '_-PAN 指定基点或位移: 指定第二点;        // 指定基点（位移起点）
命令: '_-PAN 指定基点或位移: 指定第二点;        // 指定位移的终点
```

使用"点"方式来平移视图的示意图, 如图4-19所示。

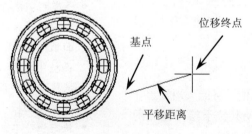

位移终点

基点

平移距离

图 4-19

3. 左、右、上、下

当平移视图到达图纸空间或窗口的边缘时, 将在此边缘上的手形光标上显示边界栏。程序根据边缘处于图形顶部、底部还是两侧，相应显示出水平（顶部或底部）或垂直（左侧或右侧）边界栏，如图 4-20 所示。

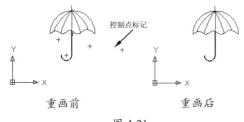

左侧　　　右侧　　　顶部　　　底部

图 4-20

4.2.3　重画与重生成

"重画"功能就是刷新显示所有视口。当控制点标记打开时，可使用"重画"功能将所有视口中编辑命令留下的点标记删除，如图 4-21 所示。

控制点标记

重画前　　　　　　重画后

图 4-21

"重生成"功能可在当前视口中重生成整个图形并重新计算所有对象的屏幕坐标，并重新创建图形数据库索引，从而优化显示和对象选择的性能。

技术要点：

控制点标记可通过命令行输入BLIPMODE命令来打开，ON为"开"，OFF为"关"。

4.2.4　显示多个视口

有时为了编辑图形的需要，经常将模型视图窗口划分为若干个独立的小区域，这些小区域称为"模型空间视口"。视口是显示用户模型的不同视图的区域，用户可以创建一个或多个视口，也可以新建或重命名视口，还可以合并或拆分视口。如图 4-22 所示为创建 4 个视口的效果图。

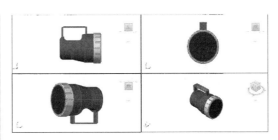

图 4-22

1．新建视口

要创建新的视口，可通过"视口"对话框的"新建视口"选项卡（如图 4-23 所示）配置模型空间并保存设置。

图 4-23

用户可通过以下方式打开"视口"对话框。

- 菜单栏：执行"视图"|"视口"|"新建视口"命令。
- 命令行：输入 VPORTS。

在"视口"对话框中，"新建视口"选项卡显示标准视口配置列表并配置模型空间视口，"命名视口"选项卡则显示图形中任意已保存的视口配置。

"新建视口"选项卡中各选项含义如下。

- 新名称：为新建的模型空间视口配置指定名称。如果不输入名称，则新建的视口配置只能应用而不被保存。
- 标准视口：列出并设定标准视口配置，包括当前配置。
- 预览：显示选定视口配置的预览图像，以及在配置中被分配到每个单独视口的默认视图。

- 应用于：将模型空间视口配置应用到"显示"窗口或"当前视口"。"显示"是将视口配置应用到整个显示窗口，此选项为默认设置；"当前视口"是仅将视口配置应用到当前视口。
- 设置：指定二维或三维设置。若选择"二维"选项，新的视口配置将通过所有视口中的当前视图来创建。若选择"三维"选项，一组标准正交三维视图将被应用到配置中的视口。
- 修改视图：使用从"标准视口"列表中选择的视图，替换选定视口中的视图。
- 视觉样式：将视觉样式应用到视口。"视觉样式"下拉列表中包括"当前""二维线框""三维隐藏""三维线框""概念"和"真实"等视觉样式。

2．命名视口

"命名视口"设置是通过"视口"对话框的"命名视口"选项卡来完成的。"命名视口"选项卡的功能是显示图形中任意已保存的视口配置，如图 4-24 所示。

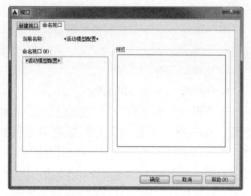

图 4-24

3．拆分或合并视口

视口拆分就是将单个视口拆分为多个视口，或者在多视口的一个视口中进行再次拆分。若在单个视口中拆分视口，直接执行"视图"|"视口"|"两个"命令，即可将单视口拆分为两个视口。

将图形窗口的两个视口中的一个视口再次拆分，操作步骤如下。

（1）在图形窗口中选择要拆分的视口，如图 4-25 所示。

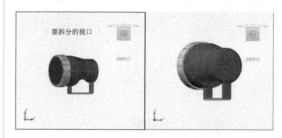

图 4-25

（2）执行"视图"|"视口"|"两个"命令，程序自动将选中的视口拆分为两个小视口，效果如图 4-26 所示。

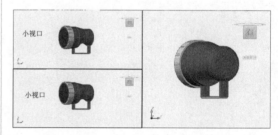

图 4-26

合并视口是将多个视口合并为一个视口的操作。

用户可通过以下方式执行此操作。

- 菜单栏：执行"视图"|"视口"|"合并"命令。
- 命令行：输入 VPORTS。

合并视口操作需要先选择一个主视图，然后选择要合并的其他视图。执行命令后，选择的其他视图将合并到主视图中。

4.2.5　命名视图

用户可以在一张工程图纸上创建多个视图。当要观看、修改图纸上的某一部分视图时，将该视图恢复出来即可。要创建、设置、重命名、修改和删除命名视图（包括模型命名视图）、相机视图、布局视图和预设视图，则可通过"视图管理器"对话框来设置。

用户可通过以下方式来执行此操作。

- 菜单栏：执行"视图"|"命名视图"命令。
- 命令行：输入 VIEW。

执行"命名视图"命令，将弹出"视图管理器"对话框，如图4-27所示。在此对话框中可设置模型视图、布局视图和预设视图。

图 4-27

4.2.6　ViewCube 和导航栏

ViewCube 和导航栏主要用来恢复和更改视图方向、模型视图的观察与控制等。

1. ViewCube

ViewCube 是用户在二维模型空间或三维视觉样式中处理图形时显示的导航工具。通过ViewCube，用户可以在标准视图和等轴测视图之间切换。

在 AutoCAD 功能区"视图"选项卡的"视口工具"面板中，可以通过单击 ViewCube 按钮🔲显示或隐藏图形区右上角的 ViewCube 界面。ViewCube 界面如图4-28所示。

图 4-28

ViewCube 的视图控制方法之一是单击ViewCube 界面中的 ▷、▲、◁ 和 ▽ 按钮，也可以在图形区左上方选择俯视、仰视、左视、右视、

前视及后视视图，如图4-29所示。

图 4-29

ViewCube 的视图控制方法之二是单击ViewCube 界面中的角点、边或面，如图4-30所示。

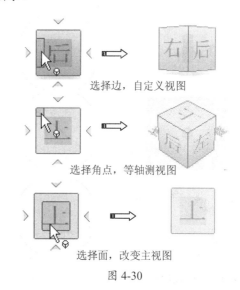

图 4-30

技术要点：

用户可以在ViewCube上按住鼠标左键并拖曳来自定义视图方向。

在 ViewCube 的外围是指南针，用于指示为模型定义的北向。可以单击指南针上的基本方向字母以旋转模型，也可以单击并拖动指南

针环以交互方式围绕轴心点旋转模型，如图 4-31 所示为指南针。

指南针的下方是 UCS 坐标系的菜单选项——WCS 和新 UCS。WCS 就是当前的世界坐标系，也是工作坐标系。UCS 是指用户自定义坐标系，可以为其指定坐标轴进行定义，如图 4-32 所示。

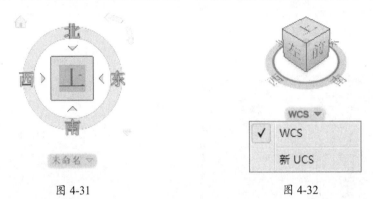

图 4-31   图 4-32

2. 导航栏

导航栏是一种用户界面元素，用户可以从中访问通用导航工具和特定于产品的导航工具，如图 4-33 所示。

图 4-33

导航栏中提供以下通用导航工具。

- 导航控制盘◎菜单：提供在专用导航工具之间快速切换的控制盘集合。
- 平移◎菜单：用于平移视图中的模型及图纸。
- 范围缩放◎菜单：用于缩放视图的所有命令集合。
- 动态观察◎菜单：用于动态观察视图的命令集合。
- Show Motion◎：用户界面元素，可提供用于创建和回放功能以便进行设计查看、演示和书签样式导航的屏幕显示。

4.3 测量工具

使用 AutoCAD 提供的查询功能可以查询面域的信息、测量点的坐标、两个对象之间的距离、图形的面积与周长等。下面将介绍各种测量工具的使用方法。

动手操作——查询坐标

01 在功能区"默认"选项卡的"实用工具"面板中单击 点坐标 按钮。

02 随后命令行提示"指定点:"，用户可以在图形中指定要测量坐标值的点对象，如图 4-34 所示。

03 当用户指定点对象后，命令行将列出指定点的 X、Y 和 Z 值，并将指定点的坐标存储为上一点坐标，如图 4-35 所示。

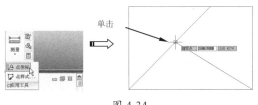

单击

图 4-34

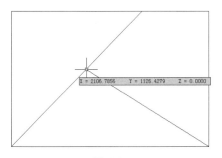

X = 2106.7856　Y = 1125.4279　Z = 0.0000

图 4-35

技术要点：

在绘图操作中，用户可以通过在输入点的提示时输入"@"符号来引用查询到的点坐标。

动手操作——查询距离

使用距离测量工具可计算出 AutoCAD 中真实的三维距离。XY 平面中的倾角相对于当前 X 轴，与XY平面的夹角相对于当前 ZY 平面。如果忽略 Z 轴的坐标值，计算的距离将采用第一点或第二点的当前距离。

01 在功能区中"默认"选项卡的"实用工具"面板中单击 测量 按钮。

02 在弹出的下拉列表中选择"距离"选项，命令行将提示"指定第一点"，用户需要指定测量的第一个点，如图4-36 所示。

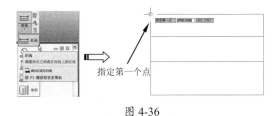

指定第一个点

图 4-36

03 当用户指定测量的第一个点后，命令行将继续提示"指定第二点"，当用户指定测量的第二个点后，命令行将显示测量的结果，如图4-37 所示。

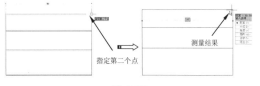

测量结果

指定第二个点

图 4-37

04 最后然后在弹出的菜单中选择"退出（X）"命令结束测量操作。

动手操作——查询半径

01 单击"实用工具"面板中的 测量 按钮。

02 在弹出的下拉列表中选择"半径"选项，命令行将提示"选择圆弧或圆："，当用户指定测量的对象后，命令行将显示半径的测量结果，如图 4-38 所示。

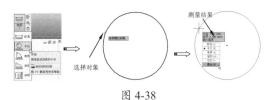

测量结果

选择对象

图 4-38

03 在弹出的菜单中选择"退出（X）"命令结束操作。

动手操作——查询夹角的角度

01 单击"实用工具"面板中的 测量 按钮。

02 在弹出的下拉列表中选择"角度"选项，命令行将提示"选择圆弧、圆、直线或 <指定顶点 >:"，这时，用户只需要指定测量的对象或夹角的第一条线段即可，如图4-39 所示。

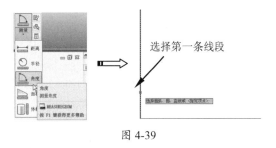

选择第一条线段

图 4-39

03 当用户指定测量的第一条线段后，命令行将继续提示"选择第二条直线："，当用户指定测量的第二条线段后，命令行将显示角度的测量结果，如图 4-40 所示。

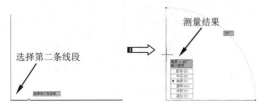

图 4-40

04 最后在弹出的菜单中选择"退出（X）"命令结束操作。

动手操作——查询圆或圆弧的弧度

01 单击"实用工具"面板中的 测量 按钮。

02 在弹出的下拉列表中选择"角度"选项后，直接选择要测量的对象即可显示测量的结果，如图 4-41 所示。

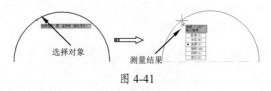

图 4-41

动手操作——查询对象面积和周长

01 单击"实用工具"面板中的 测量 按钮。

02 在弹出的下拉列表中选择"面积"选项，命令行中将提示"指定第一个角点或 [对象（O）/ 增加面积（a）/ 减少面积（S）/ 退出（X）] <对象（O）>:"，在此提示下选择"对象（O）"选项，如图 4-42 所示。

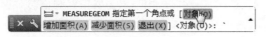

图 4-42

03 命令行将提示"选择对象:"，当选择要测量的对象后，命令行将显示测量的结果，包括对象的面积和周长值，然后在弹出的菜单中选择"退出（X）"命令结束操作，如图 4-43 所示。

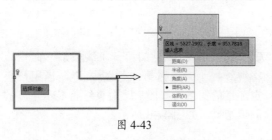

图 4-43

动手操作——查询区域面积和周长

测量区域面积和周长时，需要依次指定构成区域的角点。

01 打开"动手操作 \ 源文件 \Ch04\ 建筑平面 .dwg"图形文件，如图 4-44 所示。

图 4-44

02 单击"实用工具"面板中的 测量 按钮，在弹出的下拉列表中选择"面积"选项。

03 当命令行提示"指定第一个角点或 [对象（O）/ 增加面积（a）/ 减少面积（S）/ 退出（X）] <对象（O）>:"时，指定建筑区域的第一个角点，如图 4-45 所示。

图 4-45

04 当命令行提示"指定下一个点或 [圆弧（a）/ 长度（L）/ 放弃（U）]:"时，指定建筑区域的下一个角点，如图 4-46 所示。

图 4-46

05 根据命令行的提示，继续指定建筑区域的其他角点，并按 Enter 键确认，命令行将显示测量出的结果，如图 4-47 所示，记下测量值后退出操作。

图 4-47

06 根据测量值得出建筑面积约为100m²，然后执行"文字（T）"命令，记录测量的结果，如图 4-48 所示，完成本案例的制作。

图 4-48

动手操作——查询体积

01 单击"实用工具"面板中的 按钮。

02 在弹出的下拉列表中选择"体积"选项，命令行将提示"指定第一个角点或 [对象（O）/ 增加面积（a）/ 减少面积（S）/ 退出（X）] < 对象（O）>:"。在此提示下输入 O，或者选择"对象（O）"命令。

03 命令行继续提示"选择对象 :"，当用户选择要测量的对象后，命令行将显示体积的测量结果，然后在弹出的菜单中选择"退出（X）"命令结束操作，如图 4-49 所示。

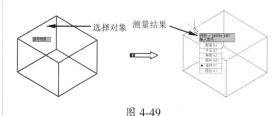

图 4-49

技术要点：

查询区域体积的方法与查询区域面积的方法基本相同，在执行测量"体积"命令后指定构成区域体积的点，再按空格键确认，系统即可显示测量的结果。

4.4　快速计算器

　　快速计算器包括与大多数标准数学计算器类似的基本功能。另外，快速计算器还具有特别适用于 AutoCAD 的功能，例如几何函数、单位转换区域和变量区域。

4.4.1　了解快速计算器

　　与大多数计算器不同的是，快速计算器是一个表达式生成器。为了获取更大的灵活性，它不会在用户单击某个函数时立即计算出答案。相反，它会让用户输入一个可以轻松编辑的表达式。

　　在功能区"默认"选项卡中单击"实用工具"面板中的"快速计算器"按钮，打开"快速计算器"面板，如图 4-50 所示。

图 4-50

使用"快速计算器"可以进行以下操作。

- 执行数学计算和三角计算。
- 访问和检查以前输入的计算值并进行重新计算。
- 从"特性"选项板中访问计算器来修改对象特性。
- 转换测量单位。
- 执行与特定对象相关的几何计算。
- 向"特性"选项板和命令提示复制、粘贴值和表达式。
- 计算混合数字（分数）、英寸和英尺。
- 定义、存储和使用计算器变量。
- 使用 CAL 命令中的几何函数。

技术要点：

单击计算器上的"更少"按钮 ⊙，将只显示输入框和"历史记录"区域。单击"展开"按钮 ▼ 或"收拢"按钮 ▲ 可以选择打开或关闭区域。还可以通过拖动快速计算器的边框控制其大小；通过拖动快速计算器的标题栏改变其位置。

4.4.2 使用快速计算器

在功能区"默认"选项卡中单击"实用工具"面板中的"快速计算器"按钮 ⊡，打开"快速计算器"面板，然后在文本输入框中输入要计算的内容。

输入要计算的内容后单击快速计算器中的"等号"按钮 = 或按 Enter 键确认，此时在文本输入框中显示计算的结果，在"历史记录"区域中将显示计算的内容和结果。在"历史记录"区域右击，在弹出的快捷菜单中选择"清

除历史记录"命令，可以将"历史记录"区域的内容删除，如图 4-51 所示。

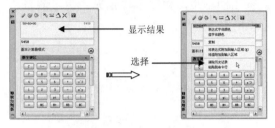

图 4-51

动手操作——使用快速计算器

01 打开"动手操作\源文件\Ch04\平面图 .dwg"图形文件，如图 4-52 所示。

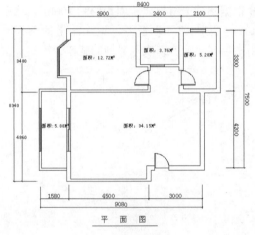

图 4-52

02 单击"实用工具"面板中的"快速计算器"按钮 ⊡，打开"快速计算器"面板。

03 在文本输入框中输入各房间面积相加的算式 12.72+3.76+5.28+34.15+5.88，如图 4-53 所示。

图 4-53

04 单击快速计算器中的"等号"按钮 ，在文本输入框中将显示计算的结果，如图4-54所示。

图 4-54

05 执行"文字（T）"命令，将计算结果——室内面积 61.79m² ，记录在图形下方"平面图"

的右侧，完成本案例的制作，如图 4-55 所示。

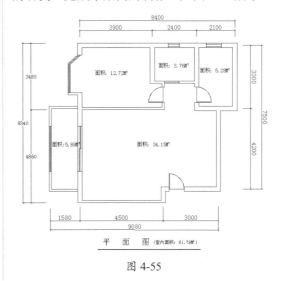

图 4-55

4.5 综合训练

至此，AutoCAD 2018 入门的基础内容基本讲解完毕，为了让大家在后面的学习过程中非常轻松，本节还将继续安排二维图形绘制的综合训练供大家学习。

4.5.1 训练一：绘制多边形组合图形

本例的多边形组合图形主要由多个同心的正六边形和阵列圆构成，如图 4-56 所示。其绘制方法可以是"偏移"绘制，也可以是"阵列"绘制，还可以按图形的比例放大进行绘制，本例采用的是比例放大的方法。

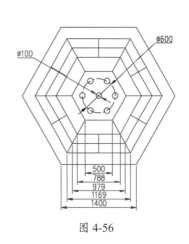

图 4-56

◎ **源文件：无**

◎ **结果文件：综合训练\结果文件\Ch04\多边形组合图形.dwg**

◎ **视频文件：视频\Ch04\绘制多边形组合图形.avi**

操作步骤

01 执行 QNEW 命令，创建空白文件。

02 执行"工具"|"绘图设置"命令，设置捕捉模式，如图 4-57 所示。

03 执行"格式"|"图形界限"命令，重新设置图形界限为 2500×2500。

04 执行"视图"|"缩放"|"全部"命令，将图形界限最大化显示。

05 在命令行执行 POL 命令，绘制正六边形轮廓线，结果如图 4-58 所示。命令行操作如下。

```
命令：_POLYGON
输入边的数目 <4>:6 ✓                        // 设置边的数目
指定正多边形的中心点或 [边 (E)]：E ✓
指定边的第一个端点：                        // 在绘图区指定第一端点
指定边的第二个端点：@500,0 ✓                // 绘制
```

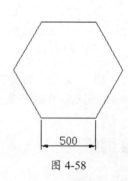

图 4-57

图 4-58

06 执行 C 命令，配合捕捉与追踪功能，绘制半径为 50 的圆，绘制结果如图 4-59 所示。命令行操作如下。

```
命令：_CIRCLE
指定圆的圆心或 [三点 (3P)/两点 (2P)/切点、切点、半径 (T)]：        // 通过下侧边中点和右
侧端点，引出互相垂直的方向矢量，然后捕捉两条虚线的交点作为圆心
指定圆的半径或 [直径 (D)] <50.0000>：50 ✓
```

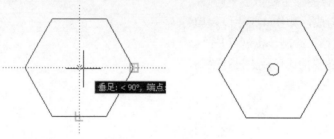

图 4-59

07 单击"修改"工具栏上的"缩放"按钮，然后对正六边形进行缩放，结果如图 4-60 所示。命令行操作如下。

```
命令：_SCALE
选择对象：                                  // 单击正六边形
选择对象：✓                                 // 结束选择
指定基点：                                  // 捕捉圆的圆心
指定比例因子或 [复制 (C)/参照 (R)] <0>：C ✓
缩放一组选定对象。
指定比例因子或 [复制 (C)/参照 (R)] <0>：1400/500 ✓
```

08 重复执行"缩放"命令，对缩放后的正六边形进行多次缩放和复制，结果如图 4-61 所示。命令行操作如下。

```
命令：_SCALE
选择对象：                                    // 选择最外侧的正六边形
选择对象：✓
指定基点：                                    // 捕捉圆的圆心
指定比例因子或 [复制(C)/参照(R)] <2.8000>：  //C ✓
缩放一组选定对象。
指定比例因子或 [复制(C)/参照(R)] <2.8000>：1169/1400 ✓
命令：✓
SCALE
选择对象：                                    // 选择最外侧的正六边形
选择对象：✓
指定基点：                                    // 捕捉圆的圆心
指定比例因子或 [复制(C)/参照(R)] <0.8350>：C ✓
缩放一组选定对象。
指定比例因子或 [复制(C)/参照(R)] <0.8350>：979/1400 ✓
命令：✓
SCALE
选择对象：                                    // 选择最外侧的正六边形
选择对象：✓
指定基点：                                    // 捕捉圆的圆心
指定比例因子或 [复制(C)/参照(R)] <0.6993>：C ✓
缩放一组选定对象。
指定比例因子或 [复制(C)/参照(R)] <0.6993>：788/1400 ✓
```

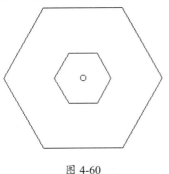

图 4-60

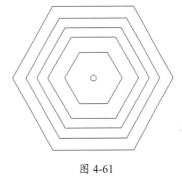

图 4-61

09 执行 L 命令，配合端点、中点等对象捕捉功能，绘制如图 4-62 所示的直线段。

10 执行 POL 命令，绘制外接圆半径为 300 的正六边形，如图 4-63 所示。命令行操作如下。

```
命令：_POLYGON
输入边的数目 <6>：✓
指定正多边形的中心点或 [边(E)]：            // 捕捉圆的圆心
输入选项 [内接于圆(I)/外切于圆(C)] <I>：I
指定圆的半径：300 ✓
```

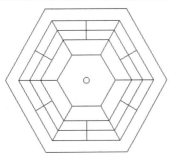

图 4-62

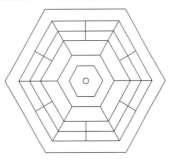

图 4-63

11 执行 C 命令，分别以刚绘制的正六边形各角点为圆心，绘制直径为 100 的 6 个圆，结果如图 4-64 所示。

12 按 Delete 键，删除最内侧的正六边形，最终结果如图 4-65 所示。

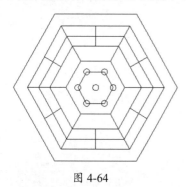

图 4-64   图 4-65

13 按 Ctrl+Shift+S 快捷键，将图形另存为"多边形组合图形 .dwg"。

4.5.2 训练二：绘制密封垫

◎ **源文件：无**

◎ **结果文件：综合训练\结果文件\Ch04\密封垫.dwg**

◎ **视频文件：视频\Ch04\绘制密封垫.avi**

AutoCAD 2018 提供了 ARRAY 命令建立阵列，该命令可以建立矩形阵列、极阵列（环形）和路径阵列。

绘制完成的密封垫图形如图 4-66 所示。

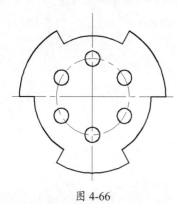

图 4-66

操作步骤

01 启动 AutoCAD 2018，新建一个文件。

02 设置图层。利用"图层"命令 LA，新建两个图层：第一个图层命名为"轮廓线"，线宽

属性为 0.3 mm，其余属性保持默认；第二个图层命名为"中心线"，颜色设为红色，线型加载为 CEnter，其余属性保持默认，如图 4-67 所示。

图 4-67

03 将"中心线"层设置为当前层。执行 L 命令，绘制两条长度均为 60，且相互交于中点的中心线。执行 C 命令，以两中心线的交点为圆心，绘制直径为 50 的圆，结果如图 4-68 所示。

04 执行 O 命令，以两中心线的交点为圆心绘制直径分别为 80、100 的同心圆，如图 4-69 所示。

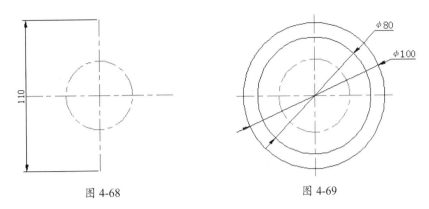

图 4-68　　　　　　　　　　　图 4-69

05 再以竖直中心线和中心线圆的交点为圆心绘制直径为 10 的圆，如图 4-70 所示。

06 执行 L 命令，以 $\phi80$ 的圆与水平对称中心线的交点为起点，以 $\phi100$ 的圆与水平对称中心线的交点为终点绘制直线，结果如图 4-71 所示。

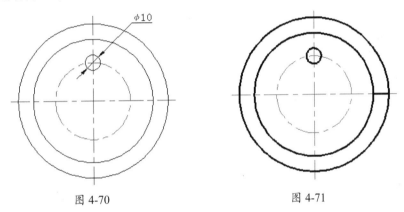

图 4-70　　　　　　　　　　　图 4-71

07 执行 ARRAYPOLAR（环形阵列）命令，选择上一步绘制的直线和小圆进行阵列，绘制的图形如图 4-72 所示。命令行操作如下。

```
命令：ARRAYPOLAR
选择对象：找到 1 个
选择对象：
类型 = 极轴　关联 = 是
指定阵列的中心点或 [基点（B）/旋转轴（A）]:
输入项目数或 [项目间角度（A）/表达式（E）] <4>: 6
指定填充角度 (+= 逆时针、-= 顺时针) 或 [表达式 (EX)] <360>: ✓
按 Enter 键接受或 [关联 (AS)/基点 (B)/项目 (I)/项目间角度 (A)/填充角度 (F)/行 (ROW)/
层 (L)/旋转项目 (ROT)/退出 (X)] <退出 >: ✓
```

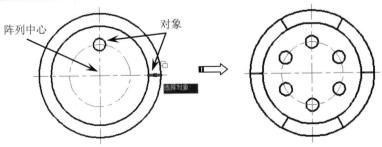

图 4-72

08 执行 TR 命令，进行修剪处理，结果如图 4-73 所示。

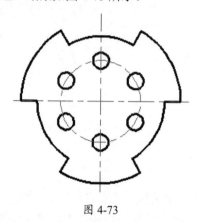

图 4-73

09 至此，密封垫图形绘制完毕，最后将结果保存。

4.6 课后习题

1. 绘制夹板图形

绘制如图 4-74 所示的夹板图形。

2. 绘制曲柄图形

利用直线、圆、复制等命令，绘制如图 4-75 所示的曲柄图形。

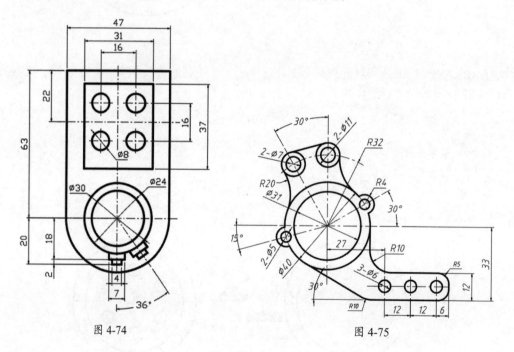

图 4-74   图 4-75

第2部分

第5章 辅助作图公共指令

绘制图形之前，用户需要了解一些基本的操作，以熟悉和熟练使用 AutoCAD。本章将对 AutoCAD 2018 的精确绘图辅助工具的应用、图形的简单编辑工具应用、图形对象的选择方法等进行详细介绍。

项目分解与视频二维码

◆ 精确绘图
◆ 图形的操作

◆ 对象的选择技巧

第 5 章视频

5.1 精确绘图

在绘图的过程中，经常要指定一些已有对象上的点，例如端点、圆心和两个对象的交点等。如果只凭观察来拾取，不可能非常准确地找到这些点。为此，AutoCAD 提供了精确绘制图形的功能，可以迅速、准确地捕捉到某些特殊点，从而精确绘图。

5.1.1 设置捕捉模式

在绘图时，尽管可以通过移动光标来指定点的位置，但却很难精确指定中点的某一位置。因此，要精确定位点，必须使用坐标输入或启用捕捉功能。

技术要点：

"捕捉模式"可以单独开启，也可以和其他模式一同开启。"捕捉模式"用于设定光标移动的间距。使用"捕捉模式"功能，可以提高绘图效率。如图5-1所示，选中"启用捕捉"复选框后，光标按设定的移动间距来捕捉点位置，并绘制出图形。

图 5-1

用户可通过以下方式开启或关闭"捕捉"功能。

- 状态栏：单击"捕捉模式"按钮 。
- 快捷键：按 F9 键。
- "草图设置"对话框：在"捕捉和栅格"选项卡中，选中或取消选中"启用捕捉"复选框。
- 命令行：输入 SNAPMODE 命令。

5.1.2 栅格显示

"栅格"是一些标定位置的小点，可以提供直观的距离和位置参照。利用栅格可以对齐对象并直观显示对象之间的距离。若要提高绘图的速度和效率，可以显示并捕捉矩形栅格，还可以控制其间距、角度和对齐方式。

用户可通过以下命令方式来开启或关闭"栅格"功能。

- 状态栏：单击"栅格"按钮▓。
- 快捷键：按 F7 键。
- "草图设置"对话框：在"捕捉和栅格"选项卡中，选中或取消选中"启用栅格"复选框。
- 命令行：输入 GRIDDISPLAY。

栅格的显示可以为点矩阵，也可以为线矩阵。仅在当前视觉样式设置为"二维线框"时栅格才显示为点，否则栅格将显示为线，如图 5-2 所示。在三维环境中工作时，所有视觉样式都显示为线栅格。

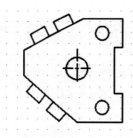
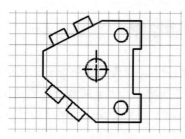

栅格显示为点   栅格显示为线

图 5-2

技术要点：

默认情况下，UCS的X轴和Y轴以不同于栅格线的颜色显示。用户可在"图形窗口颜色"对话框中控制颜色，此对话框可以从"选项"对话框的"草图"选项卡中访问。

5.1.3 对象捕捉

在绘图的过程中，经常要指定一些已有对象上的点，例如端点、中点、圆心、节点等来进行精确定位，对象捕捉功能可以迅速、准确地捕捉到某些特殊点，从而精确地绘制图形。

无论何时提示输入点，都可以指定对象捕捉。默认情况下，当光标移到对象的对象捕捉位置时，将显示标记和工具提示。此功能称为 AutoSnap™（自动捕捉），其提供了视觉提示，指示哪些对象捕捉正在使用。

1. 特殊点对象捕捉

AutoCAD 提供了命令行、状态栏和快捷菜单 3 种执行特殊点对象捕捉的方法。

使用如图 5-3 所示的工具栏中的"对象捕捉"工具。

利用快捷菜单实现此功能。该菜单可通过同时按 Shift 键和鼠标右键来激活，菜单中列出了 AutoCAD 提供的对象捕捉模式，如图 5-4 所示。

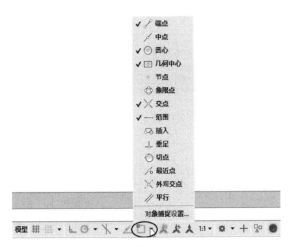

图 5-3

图 5-4

表 5-1 列出了对象捕捉的模式及其功能，与"对象捕捉"工具栏图标及对象捕捉快捷菜单命令相对应，在后面将对其中一部分捕捉模式进行介绍。

表 5-1　特殊位置点捕捉

捕捉模式	快捷命令	功　　能
临时追踪点	TT	建立临时追踪点
两点之间的中点	M2P	捕捉两个独立立点之间的中点
捕捉自	FRO	与其他捕捉方式配合使用建立一个临时参考点，作为指出后继点的基点
端点	ENDP	用来捕捉对象（如线段或圆弧等）的端点
中点	MID	用来捕捉对象（如线段或圆弧等）的中点
圆心	CEN	用来捕捉圆或圆弧的圆心
节点	NOD	捕捉用 POINT 或 DIVIDE 等命令生成的点
象限点	QUA	用来捕捉距光标最近的圆或圆弧上可见部分的象限点，即圆周上 0°、90°、180°、270° 位置上的点
交点	INT	用来捕捉对象（如线、圆弧或圆等）的交点
延长线	EXT	用来捕捉对象延长路径上的点
插入点	INS	用于捕捉块、形、文字、属性或属性定义等对象的插入点
垂足	PER	在线段、圆、圆弧或它们的延长线上捕捉一个点，使之与最后生成的点的连线与该线段、圆或圆弧正交
切点	TAN	最后生成的一个点到选中的圆或圆弧上引切线的切点位置
最近点	NEA	用于捕捉离拾取点最近的线段、圆、圆弧等对象上的点
外观交点	APP	用来捕捉两个对象在视图平面上的交点。若两个对象没有直接相交，则系统自动计算其延长后的交点；若两对象在空间上为异面直线，则系统计算其投影方向上的交点
平行线	PAR	用于捕捉与指定对象平行方向的线
无	NON	关闭对象捕捉模式
对象捕捉设置	OSNAP	设置对象捕捉

技术要点：

仅当提示输入点时，对象捕捉才生效。如果尝试在命令提示下使用对象捕捉，将显示错误消息。

动手操作——利用"对象捕捉"绘制图形

绘制如图 5-5 所示的公切线。

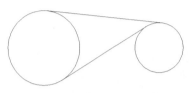

图 5-5

01 单击"绘图"面板中的"圆"按钮⊙，以适当半径绘制两个圆，绘制结果如图 5-6 所示。

02 在操作界面的顶部工具栏区右击，选择弹出快捷菜单中的 Autocad|"对象捕捉"命令，打开"对象捕捉"工具栏。

03 单击"绘图"面板中的"直线"按钮／，绘制公切线，命令行操作如下。

```
命令：_LINE 指定第一点：单击"对象捕捉"工具栏中的"捕捉到切点"按钮○
  TAN 到：选择左边圆上一点，系统自动显示"递延切点"提示，如图 5-7 所示
指定下一点或 [放弃(U)]：单击"对象捕捉"工具栏中的"捕捉到切点"按钮○
  _TAN 到：选择右边圆上一点，系统自动显示"递延切点"提示，如图 5-8 所示
指定下一点或 [放弃(U)]：✓
```

04 单击"绘图"面板中的"直线"按钮／，绘制公切线。单击"对象捕捉"工具栏中的"捕捉到切点"按钮○，捕捉切点，如图 5-7 所示为捕捉第二个切点的情形。

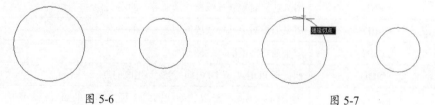

图 5-6   图 5-7

05 系统自动捕捉到切点的位置，最终绘制结果如图 5-8 所示。

（a）   （b）

图 5-8

技术要点：

无论指定圆上哪一点作为切点，系统都会根据圆的半径和指定的大致位置确定准确的切点位置，并能根据指定点与内外切点距离以及距离趋近原则，判断是绘制外切线还是绘制内切线。

2. 捕捉设置

在 AutoCAD 中绘图之前，可以根据需要事先设置开启一些对象捕捉模式，绘图时系统就能

自动捕捉这些特殊点，从而加快绘图速度，提高绘图质量。

用户可通过以下方式进行对象捕捉设置。

- 命令行：输入 DDOSNAP。
- 菜单栏：执行"工具"|"绘图设置"命令。
- 工具栏："对象捕捉"|"对象捕捉设置"按钮。
- 状态栏："对象捕捉"按钮（仅限于打开与关闭）。
- 快捷键：F3 键（仅限于打开与关闭）。
- 快捷菜单："捕捉替代"|"对象捕捉设置"。

执行上述操作后，系统打开"草图设置"对话框，单击"对象捕捉"选项卡，如图 5-9 所示，利用此选项卡可对对象捕捉方式进行设置。

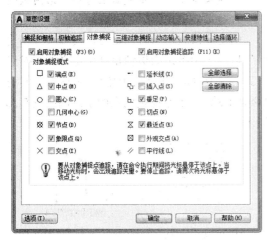

图 5-9

动手操作——绘制盘盖

绘制如图 5-10 所示的盘盖。

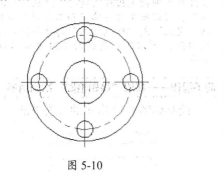

图 5-10

01 执行"格式"|"图层"命令，设置图层：

- ➤ 中心线层：线型为 CEnter，颜色为红色，其余属性采用默认值。
- ➤ 粗实线层：线宽为 0.30mm，其余属性采用默认值。

02 将中心线层设置为当前层，然后单击"直线"按钮绘制垂直中心线。

03 执行"工具"|"绘图设置"命令。打开"草图设置"对话框中的"对象捕捉"选项卡，单击"全部选择"按钮，选择所有的捕捉模式，并选中"启用对象捕捉追踪"复选框，如图 5-11 所示，确认退出。

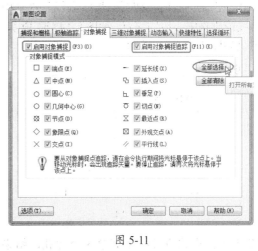

图 5-11

04 单击"绘图"面板中的"圆"按钮，绘制圆形中心线，如图 5-12（a）所示。在指定圆心时，捕捉垂直中心线的交点，结果如图 5-12（b）所示。

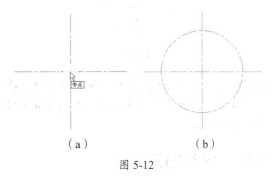

（a）　　　　　　（b）

图 5-12

05 转换到粗实线层，单击"绘图"面板中的"圆"按钮，绘制盘盖外圆和内孔，在指定圆心时，捕捉垂直中心线的交点，如图 5-13（a）所示。

结果如图 5-13（b）所示。

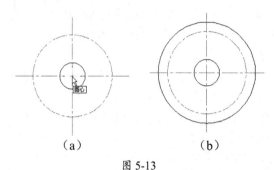

（a）　　　　　　（b）

图 5-13

06 单击"绘图"面板中的"圆"按钮◎，绘制螺孔并指定圆心时，捕捉圆形中心线与水平中心线或垂直中心线的交点，如图 5-14（a）所示。结果如图 5-14（b）所示。

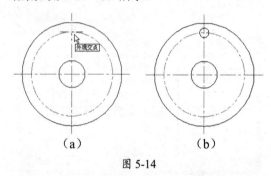

（a）　　　　　　（b）

图 5-14

07 采用同样的方法绘制其余 3 个螺孔，结果如图 5-15 所示。

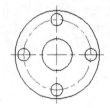

图 5-15

08 保存文件。在命令行输入 QSAVE 命令，执行"文件"|"保存"命令，或者单击标准工具栏中的图图标。

5.1.4　对象追踪

对象追踪可按指定角度绘制对象，或者绘制与其他对象有特定关系的对象。对象追踪分

"极轴追踪"和"对象捕捉"追踪两种，是常用的辅助绘图工具。

1．极轴追踪

极轴追踪是按程序默认给定或用户自定义的极轴角度增量来追踪对象点的。如极轴角度为 45°，光标则只能按照给定的 45°范围来追踪，即光标可在整个象限的 8 个位置上追踪对象点。如果事先知道要追踪的方向（角度），使用极轴追踪是比较方便的。

用户可通过以下方式开启或关闭"极轴追踪"功能：

- 状态栏：单击"极轴追踪"按钮◎。
- 快捷键：按 F10 键。
- "草图设置"对话框：在"极轴追踪"选项卡中，选中或取消选中"启用极轴追踪"复选框。

创建或修改对象时，还可以使用"极轴追踪"以显示由指定的极轴角度所定义的临时对齐路径。例如，设定极轴角度为 45°，使用"极轴追踪"功能来捕捉的点的示意图如图 5-16所示。

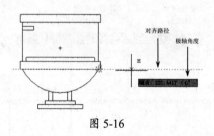

图 5-16

技术要点：

在没有特别指定极轴角度时，默认角度测量值为 90°；可以使用对齐路径和工具提示绘制对象；与"交点"或"外观交点"对象捕捉一起使用极轴追踪，可以找出极轴对齐路径与其他对象的交点。

动手操作——利用"极轴追踪"绘制图形

绘制如图 5-17 所示的方头平键。

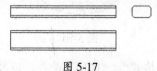

图 5-17

01 单击"绘图"面板中的"矩形"按钮□，绘制主视图外形。首先在屏幕上适当位置指定一个角点，然后指定第二个角点为（@100,11），结果如图 5-18 所示。

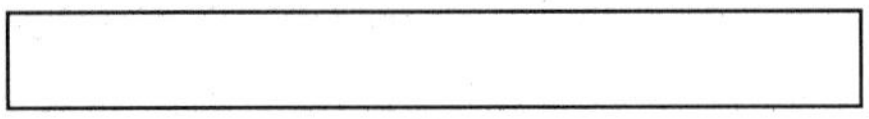

图 5-18

02 单击"绘图"面板中的"直线"按钮✐，绘制主视图棱线。命令行操作如下。

```
命令：LINE✓
指定第一点：FROM✓
基点：（捕捉矩形左上角点，如图 5-19 所示）
<偏移>：@0,-2✓
指定下一点或 [放弃(U)]：（鼠标右移，捕捉矩形右边上的垂足，如图 5-20 所示）
```

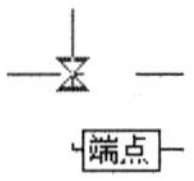

图 5-19 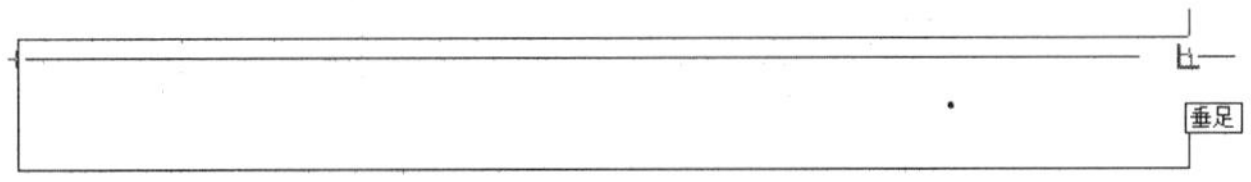　　　　　　　　　　　图 5-20

采用相同方法，以矩形左下角点为基点，向上偏移两个单位，利用基点捕捉绘制下边的另一条棱线，结果如图 5-21 所示。

03 同时单击状态栏上的"对象捕捉"和"对象追踪"按钮，启动对象捕捉追踪功能，并打开如图 5-22 所示的"草图设置"对话框的"极轴追踪"选项卡，将"增量角"设置为 90，将对象捕捉追踪设置为"仅正交追踪"。

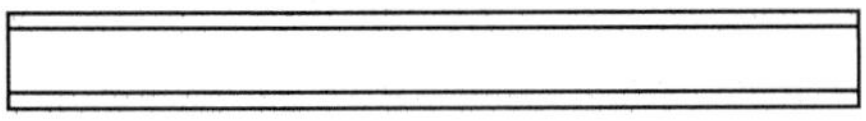

图 5-21 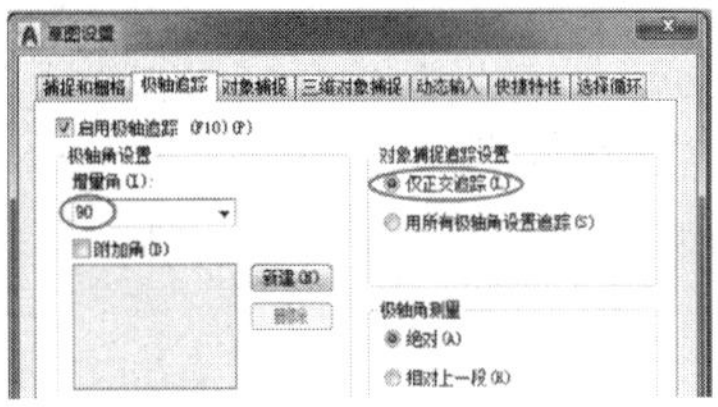　　　　　　　　　　　图 5-22

04 单击"绘图"面板中的"矩形"按钮□，绘制俯视图外形。捕捉上面绘制矩形的左下角点，系统显示追踪线，沿追踪线向下在适当位置指定一点为矩形角点，如图 5-23 所示。另一角点坐标为（@100,18），结果如图 5-24 所示。

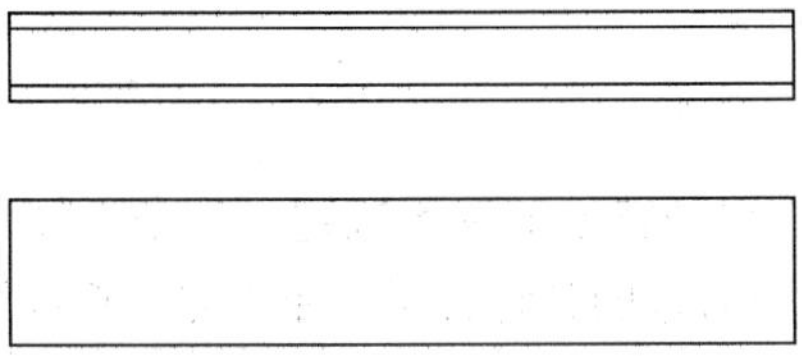

图 5-23 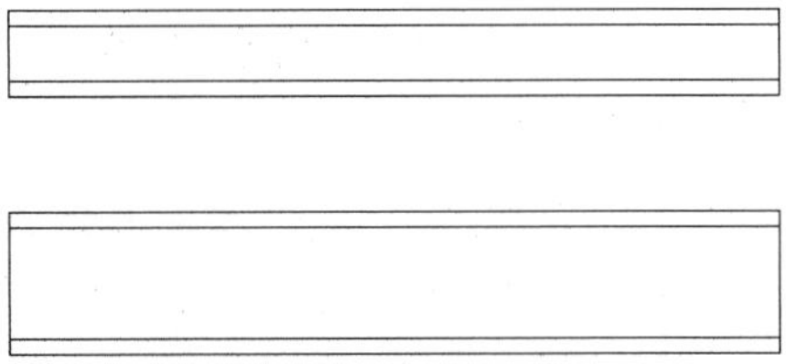　　　　　　　　　　　图 5-24

05 单击"绘图"面板中的"直线"按钮✐，结合基点捕捉功能绘制俯视图棱线，偏移距离为2，结果如图 5-25 所示。

06 单击"绘图"面板中的"构造线"按钮✐，绘制左视图构造线。首先指定适当一点绘制 –45°构造线，继续绘制构造线，命令行操作如下。

```
命令：XLINE ✓
  指定点或  [水平(H)/垂直(V)/角度（A）/二等分（B）/偏移(O)]：（捕捉俯视图右上角点，在水
平追踪线上指定一点，如图 5-26 所示）
  指定通过点：（打开状态栏上的"正交"开关，指定水平方向一点指定斜线与第 4 条水平线的交点）
```

07 采用同样方法绘制另一条水平构造线。再捕捉两水平构造线与斜构造线的交点为指定点，绘制两条竖直构造线，如图 5-26 所示。

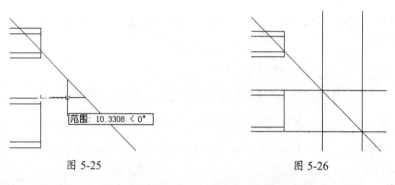

图 5-25   图 5-26

08 单击"绘图"面板中的"矩形"按钮▢，绘制左视图。命令行操作如下。

```
命令：RECTANG ✓
  指定第一个角点或  [倒角(C)/标高(E)/圆角(F)/厚度(T)/宽度(W)]：C ✓
  指定矩形的第一个倒角距离 <0.0000>：  （捕捉俯视图上右上端点）
  指定第二点：  （捕捉俯视图上右上第二个端点）
  指定矩形的第二个倒角距离 <2.0000>：  （捕捉俯视图上右上端点）
  指定第二点：  （捕捉主视图上右上第二个端点）
  指定第一个角点或  [倒角(C)/标高(E)/圆角(F)/厚度(T)/宽度(W)]：（捕捉主视图矩形上边延
长线与第一条竖直构造线的交点，如图 5-27 所示）
  指定另一个角点或  [尺寸(D)]：  （捕捉主视图矩形下边延长线与第二条竖直构造线的交点）
```

09 结果如图 5-28 所示。

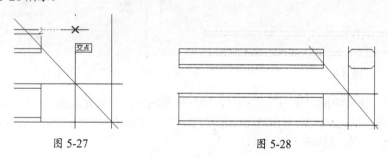

图 5-27   图 5-28

10 单击"修改"工具栏中的"删除"按钮✐，删除构造线。

2．对象捕捉追踪

对象捕捉追踪按照与对象的某种特定关系来追踪，这种特定的关系确定了一个未知角度。如果事先不知道具体的追踪方向（角度），但知道与其他对象的某种关系（如相交、垂直等），则用对象捕捉追踪。极轴追踪和对象捕捉追踪可以同时使用。

用户可通过以下方式来打开或关闭"对象捕捉追踪"功能：

- 状态栏：单击"对象捕捉追踪"按钮▢。
- 快捷键：按 F11 键。

使用对象捕捉追踪，在命令中指定点时，光标可以沿基于其他对象捕捉点的对齐路径进行追踪，如图 5-29 所示。

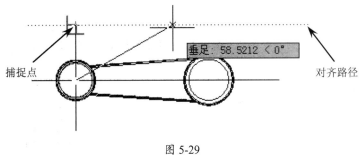

捕捉点　　　　　　　　垂足: 58.5212 < 0°　　　　　　对齐路径

图 5-29

技术要点:

要使用对象捕捉追踪，必须打开一个或多个对象捕捉。

动手操作——利用"对象捕捉追踪"绘制图形

使用 LINE 命令并结合对象捕捉将图 5-30 中的左图修改为右图。这个实例的目的是，掌握"交点""切点"和"延伸点"等常用的对象捕捉方法。

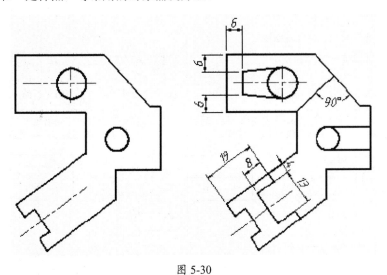

图 5-30

01 画线段 BC、EF 等，B、E 两点的位置用正交偏移捕捉确定，如图 5-31 所示。

```
命令： _LINE 指定第一点： FROM            // 使用正交偏移捕捉
基点： END 于                            // 捕捉偏移基点 A
<偏移>： @6,-6                           // 输入 B 点的相对坐标
指定下一点或 [放弃(U)]： TAN 到          // 捕捉切点 C
指定下一点或 [放弃(U)]：                 // 按 Enter 键结束
命令：                                   // 重复命令
LINE 指定第一点： FROM                   // 使用正交偏移捕捉
基点： END 于                            // 捕捉偏移基点 D
<偏移>： @6,6                            // 输入 E 点的相对坐标
指定下一点或 [放弃(U)]： TAN 到          // 捕捉切点 F
指定下一点或 [放弃(U)]：                 // 按 Enter 键结束
命令：                                   // 重复命令
LINE 指定第一点： END 于                 // 捕捉端点 B
指定下一点或 [放弃(U)]： END 于          // 捕捉端点 E
指定下一点或 [放弃(U)]：                 // 按 Enter 键结束
```

技术要点：

正交偏移捕捉功能可以相对于一个已知点定位另一点。操作方法是，先捕捉一个基准点，然后输入新点相对于基准点的坐标（相对直角坐标或相对极坐标），这样即可从新点开始绘图了。

02 画线段 GH、IJ 等，如图 5-32 所示。

```
命令：_LINE 指定第一点：INT 于            // 捕捉交点 G
指定下一点或 [放弃(U)]：PER 到            // 捕捉垂足 H
指定下一点或 [放弃(U)]：                  // 按 Enter 键结束
命令：                                    // 重复命令
LINE 指定第一点：QUA 于                   // 捕捉象限点 I
指定下一点或 [放弃(U)]：PER 到            // 捕捉垂足 J
指定下一点或 [放弃(U)]：                  // 按 Enter 键结束
命令：                                    // 重复命令
LINE 指定第一点：QUA 于                   // 捕捉象限点 K
指定下一点或 [放弃(U)]：PER 到            // 捕捉垂足 L
指定下一点或 [放弃(U)]：                  // 按 Enter 键结束
```

03 画线段 NO、OP 等，如图 5-33 所示。

```
命令：_LINE 指定第一点：EXT              // 捕捉延伸点 N
于 19                                    // 输入 N 点与 M 点的距离
指定下一点或 [放弃(U)]：PAR             // 利用平行捕捉画平行线
到 4                                     // 输入 O 点与 N 点的距离
指定下一点或 [放弃(U)]：PAR             // 使用平行捕捉
到 8                                     // 输入 P 点与 O 点的距离
指定下一点或 [闭合(C)/放弃(U)]：PAR    // 使用平行捕捉
到 13                                    // 输入 Q 点与 P 点的距离
指定下一点或 [闭合(C)/放弃(U)]：PAR    // 使用平行捕捉
到 8                                     // 输入 R 点与 Q 点的距离
指定下一点或 [闭合(C)/放弃(U)]：PER 到 // 捕捉垂足 S
指定下一点或 [闭合(C)/放弃(U)]：        // 按 Enter 键结束
```

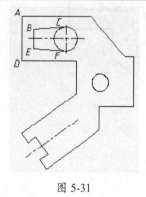

图 5-31

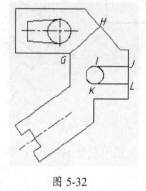

图 5-32

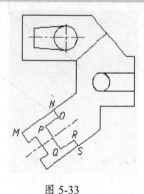

图 5-33

技术要点：

延伸点捕捉功能可以从线段端点开始沿线的方向确定新点。操作方法是，先将光标从线段端点开始移动，此时系统沿线段方向显示出捕捉辅助线及捕捉点的相对极坐标，再输入捕捉距离，系统将定位一个新点。

5.1.5 正交模式

正交模式用于控制是否以正交方式绘图，或者在正交模式下追踪对象点。在正交模式下，可以方便地绘出与当前 X 轴或 Y 轴平行的直线。

用户可通过以下方式打开或关闭正交模式：

- 状态栏：单击"正交模式"按钮 ⌐。
- 快捷键：按 F8 键。
- 命令行：输入 ORTHO。

创建或移动对象时，使用"正交"模式将光标限制在水平或垂直轴上。移动光标时，无论水平轴或垂直轴哪个距离光标最近，拖引线都将沿着该轴移动，如图 5-34 所示。

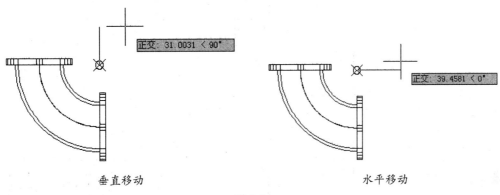

图 5-34

技术要点：

打开"正交"模式时，使用直接距离输入方法以创建指定长度的正交线或将对象移动指定的距离。

在"二维草图与注释"空间中，打开"正交"模式，拖引线只能在 XY 工作平面的水平方向和垂直方向上移动。在三维视图的"正交"模式下，拖引线除了可在 XY 工作平面的 X、-X 方向和 Y、-Y 方向上移动外，还能在 Z 和 -Z 方向上移动，如图 5-35 所示。

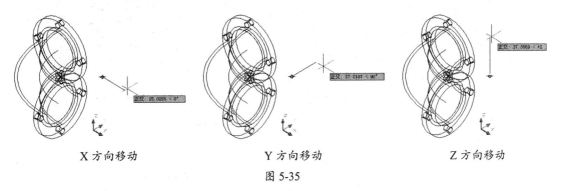

X 方向移动　　　　　Y 方向移动　　　　　Z 方向移动

图 5-35

技术要点：

在绘图和编辑过程中，可以随时打开或关闭"正交"模式。输入坐标或指定对象捕捉时将忽略"正交"。使用临时替代键时，无法使用直接距离输入方法。

动手操作——利用"正交"模式绘制图形

利用"正交"模式绘制如图 5-36 所示的图形，其操作步骤如下。

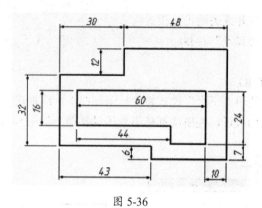

图 5-36

01 单击状态栏中的"正交模式"按钮　，启用"正交模式"功能。

02 单画线段 AB、BC、CD 等，如图 5-37 所示。命令行操作如下。

```
命令：<正交开>                          // 打开正交模式
命令：_LINE 指定第一点：                 // 单击 A 点
指定下一点或 [放弃(U)]：30              // 向右移动光标并输入线段 AB 的长度
指定下一点或 [放弃(U)]：12              // 向上移动光标并输入线段 BC 的长度
指定下一点或 [闭合(C)/放弃(U)]：48      // 向右移动光标并输入线段 CD 的长度
指定下一点或 [闭合(C)/放弃(U)]：50      // 向下移动光标并输入线段 DE 的长度
指定下一点或 [闭合(C)/放弃(U)]：35      // 向左移动光标并输入线段 EF 的长度
指定下一点或 [闭合(C)/放弃(U)]：6       // 向上移动光标并输入线段 FG 的长度
指定下一点或 [闭合(C)/放弃(U)]：43      // 向左移动光标并输入线段 GH 的长度
指定下一点或 [闭合(C)/放弃(U)]：C       // 使线框闭合
```

03 画线段 IJ、JK、KL 等，如图 5-38 所示。

```
命令：_LINE 指定第一点：FROM            // 使用正交偏移捕捉
基点：INT 于                            // 捕捉交点 E
<偏移>：@-10,7                          // 输入 I 点的相对坐标
指定下一点或 [放弃(U)]：24              // 向上移动光标并输入线段 IJ 的长度
指定下一点或 [放弃(U)]：60              // 向左移动光标并输入线段 JK 的长度
指定下一点或 [闭合(C)/放弃(U)]：16      // 向下移动光标并输入线段 KL 的长度
指定下一点或 [闭合(C)/放弃(U)]：44      // 向右移动光标并输入线段 LM 的长度
指定下一点或 [闭合(C)/放弃(U)]：8       // 向下移动光标并输入线段 MN 的长度
指定下一点或 [闭合(C)/放弃(U)]：C       // 使线框闭合
```

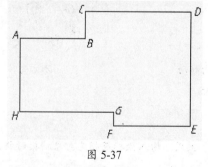

图 5-37

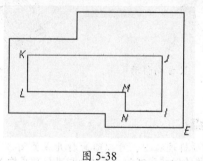

图 5-38

5.1.6 锁定角度

"锁定角度"功能是指在绘制几何图形时，有时需要指定角度替代，以锁定光标来精确输入下一个点。通常，指定角度替代的方法是，在命令提示指定点时输入左尖括号（<），其后输入

一个角度。

例如，如下所示的命令行操作提示中显示了在 LINE 命令过程中输入 30°替代。

```
命令: LINE
指定第一点:                              // 指定直线的起点
指定下一点或 [放弃 (U)]: <30 ✓         // 输入符号及角度值
角度替代: 30
指定下一点或 [放弃 (U)]:                 // 指定直线下一点
```

5.1.7　动态输入

"动态输入"功能是控制指针输入、标注输入、动态提示以及绘图工具提示的外观。

用户可通过以下方式来执行此操作。

- "草图设置"对话框：在"动态输入"选项卡中选中或取消选中"启用指针输入"复选框。
- 状态栏：单击"动态输入"按钮。
- 快捷键：按 F12 键。

启用"动态输入"时，工具提示将在光标附近显示信息，该信息会随着光标的移动而动态更新。当某命令处于活动状态时，工具提示将为用户提供输入的位置。如图 5-39（a）、（b）所示为绘图时动态和非动态输入的比较。

（a）动态输入　　　　　　　　　（b）非动态输入

图 5-39

动态输入有 3 个组件：指针输入、标注输入和动态提示。用户可通过"草图设置"对话框来设置动态输入时显示的内容。

1．指针输入

当启用指针输入且有命令在执行时，十字光标的位置将在光标附近的工具提示中显示为坐标。绘制图形时，用户可在工具提示中直接输入坐标值来创建对象，免去在命令行中另行输入的麻烦，如图 5-40 所示。

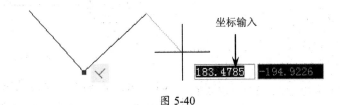

图 5-40

技术要点：

指针输入时，如果是相对坐标输入或绝对坐标输入，其输入格式与在命令行中输入相同。

2．标注输入

若启用标注输入，当命令提示输入第二点时，工具提示将显示距离（第二点与起点的长度值）和角度值，且在工具提示中的值将随光标的移动而发生改变，如图 5-41 所示。

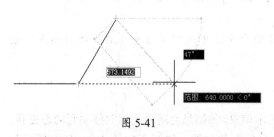

图 5-41

技术要点：

在标注输入时，按Tab键可以交换动态显示长度值和角度值。

用户在使用夹点来编辑图形时，标注输入的工具提示框中可能会显示旧的长度、移动夹点时更新的长度、长度的改变、角度、移动夹点时角度的变化、圆弧的半径等信息，如图 5-42 所示。

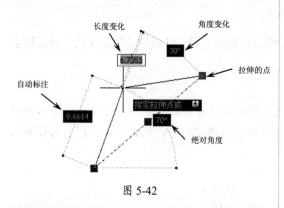

图 5-42

技术要点：

使用标注输入设置，工具提示框中显示的是用户希望看到的信息，要精确指定点，在工具提示框中输入精确数值即可。

3．动态提示

启用动态提示时，命令提示和命令输入会显示在光标附近的工具提示中。用户可以在工具提示（而不是在命令行）中直接输入数值，如图 5-43 所示。

图 5-43

技术要点：

按下箭头↓键可以查看和选择选项。按上箭头↑键可以显示最近的输入。要在动态提示工具提示中使用PASTECLIP（粘贴），可在输入字母后、在粘贴输入之前用空格键将其删除。否则，输入将作为文字粘贴到图形中。

动手操作——使用动态输入功能绘制图形

打开动态输入，通过指定线段长度及角度画线，如图 5-44 所示。这个实例的目的是掌握使用动态输入功能画线的方法。

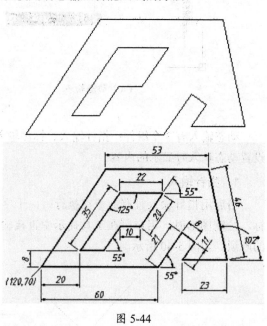

图 5-44

01 打开动态输入，设定动态输入方式为"指针输入""标注输入"及"动态显示"。

02 画线段 AB、BC、CD 等，如图 5-45 所示。

命令：_LINE 指定第一点：120,70	// 输入 A 点的 X 坐标值
	// 按 Tab 键，输入 A 点的 Y 坐标值
指定下一点或 [放弃(U)]：0	// 输入线段 AB 的长度 60
	// 按 Tab 键，输入线段 AB 的角度为 0°
指定下一点或 [放弃(U)]：55	// 输入线段 BC 的长度为 21
	// 按 Tab 键，输入线段 BC 的角度为 55°
指定下一点或 [闭合(C)/放弃(U)]：35	// 输入线段 CD 的长度为 8
	// 按 Tab 键，输入线段 CD 的角度为 35°
指定下一点或 [闭合(C)/放弃(U)]：125	// 输入线段 DE 的长度为 11
	// 按 Tab 键，输入线段 DE 的角度为 125°
指定下一点或 [闭合(C)/放弃(U)]：0	// 输入线段 EF 的长度为 23
	// 按 Tab 键，输入线段 EF 的角度为 0°
指定下一点或 [闭合(C)/放弃(U)]：102	// 输入线段 FG 的长度为 46
	// 按 Tab 键，输入线段 FG 的角度为 102°
指定下一点或 [闭合(C)/放弃(U)]：180	// 输入线段 GH 的长度为 53
	// 按 Tab 键，输入线段 GH 的角度为 180°
指定下一点或 [闭合(C)/放弃(U)]：C	// 按↓键，选择"闭合"选项

03 画线段 IJ、JK、KL 等，如图 5-46 所示。

命令：_LINE 指定第一点：140,78	// 输入 I 点的 X 坐标值
	// 按 Tab 键，输入 I 点的 Y 坐标值
指定下一点或 [放弃(U)]：55	// 输入线段 IJ 的长度 35
	// 按 Tab 键，输入线段为 IJ 的角度为 55°
指定下一点或 [放弃(U)]：0	// 输入线段 JK 的长度为 22
	// 按 Tab 键，输入线段 JK 的角度为 0°
指定下一点或 [闭合(C)/放弃(U)]：125	// 输入线段 KL 的长度为 20
	// 按 Tab 键，输入线段 KL 的角度为 125°
指定下一点或 [闭合(C)/放弃(U)]：180	// 输入线段 LM 的长度为 10
	// 按 Tab 键，输入线段 LM 的角度为 180°
指定下一点或 [闭合(C)/放弃(U)]：125	// 输入线段 MN 的长度为 15
	// 按 Tab 键，输入线段 MN 的角度为 125°
指定下一点或 [闭合(C)/放弃(U)]：C	// 按↓键，选择"闭合"选项

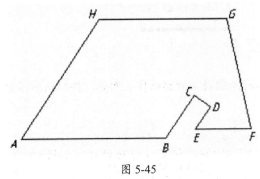

图 5-45

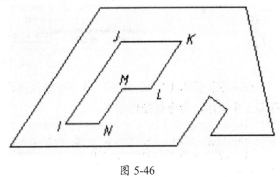

图 5-46

5.2　图形的操作

当用户绘制图形后，需要进行简单的修改操作时，经常使用一些简单编辑工具来操作。这些简单编辑工具包括更正错误工具、删除对象工具、Windows 通用工具（复制、剪切和粘贴）等。

5.2.1　更正错误

当绘制的图形出现错误时，可使用多种方法来更正。

1. 放弃单个操作

在绘制图形过程中，若要放弃单个操作，最简单的方法就是单击"快速访问"工具栏上的"放弃"按钮 或在命令行输入 U 命令。许多命令自身也包含 U（放弃）选项，无须退出此命令即可更正错误。

例如，创建直线或多段线时，输入 U 命令即可放弃上一个线段。命令行操作如下。

```
命令: PLINE                                    //输入命令
指定起点:                                       //指定多段线的起点
当前线宽为 0.0000                               //线宽
指定下一个点或 [圆弧（A）/半宽（H）/长度（L）/放弃（U）/宽度（W）]:
                                              //指定多段线的第二点
指定下一点或 [圆弧（A）/闭合（C）/半宽（H）/长度（L）/放弃（U）/宽度（W）]: U✓
                                              //放弃上一步操作
```

技术要点：

默认情况下，进行放弃或重做操作时，UNDO命令将设置为把连续平移和缩放命令合并为一个操作。但是，从菜单开始的平移和缩放命令不会合并，并且始终保持为独立的操作。

2. 一次放弃几步操作

在快速访问工具栏上单击"放弃"下拉列表的下三角按钮 ，在展开的下拉列表中，可以选择多个已执行的命令，再选择"放弃 n（由选择的命令觉得数量）命令"，即可一次性放弃几步操作，如图 5-47 所示。

图 5-47

在命令行输入 UNDO 命令，用户可输入操作步骤的数目来放弃操作。例如，将绘制的图形放弃 5 步操作，命令行操作如下。

```
命令: UNDO
当前设置: 自动 = 开, 控制 = 全部, 合并 = 是, 图层 = 是
输入要放弃的操作数目或 [自动（A）/控制（C）/开始（BE）/结束（E）/标记（M）/后退（B）]
<1>: 5                                        //输入放弃的操作数目
LINE  LINE  LINE  LINE  LINE                  //放弃的操作名称
```

放弃前 5 步操作后的图形变化，如图 5-48 所示。

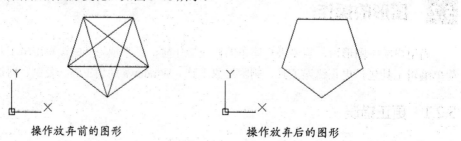

操作放弃前的图形　　　　　　　　　操作放弃后的图形

图 5-48

3．取消放弃的效果

"取消放弃的效果"也就是重做的意思，即恢复上一个用 UNDO 或 U 命令放弃的效果。用户可通过以下方式来执行此操作。

- 快速工具栏：单击"重做"按钮 。
- 菜单栏：执行"编辑"|"重做"命令。
- 快捷键：按 Ctrl+Z 快捷键。

4．删除对象的恢复

在绘制图形时，如果误删除了对象，可以使用 UNDO 命令或 OOPS 命令将其恢复。

5．取消命令

AutoCAD 中，若要终止进行中的操作，或取消未完成的命令，可通过按 Esc 键来执行取消操作。

5.2.2　删除对象

在 AutoCAD 2018 中，删除对象的方法大致可分为 3 种：一般对象删除、消除显示和删除未使用的定义与样式。

1．一般对象删除

用户可以使用以下方法来删除对象。

- 使用 ERASE（清除）命令，或执行"编辑"|"清除"命令来删除对象。
- 选择对象，然后按 Ctrl+X 快捷键将它们剪切到剪贴板。
- 选择对象，然后按 Delete 键。

通常，当执行"清除"命令后，需要选择要删除的对象，然后按 Enter 键或 Space 键结束对象选择，同时删除已选择的对象。

如果在"选项"对话框（执行"工具"|"选项"命令）的"选择集"选项卡中，选中"选择集模式"选项区域中的"先选择后执行"复选框，即可先选择对象，然后选择"清除"命令删除，如图 5-49 所示。

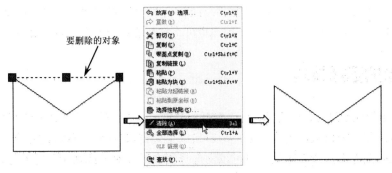

图 5-49

技术要点：

可以使用 UNDO 命令恢复意外删除的对象；OOPS 命令可以恢复最近使用 ERASE、BLOCK 或 WBLOCK 命令删除的所有对象。

2．消除显示

用户在进行某些编辑操作时留在显示区域中的加号形状的标记（称为点标记）和杂散像素都可以删除。删除标记使用 REDRAW 命令；删除杂散像素则使用 REGEN 命令。

3．删除未使用的定义与样式

用户还可以使用 PURGE 命令删除未使用的命名对象，包括块定义、标注样式、图层、线型和文字样式。

5.2.3 Windows 通用工具

当用户要使用另一个应用程序的图形对象时，可以先将这些对象剪切或复制到剪贴板，然后将它们从剪贴板粘贴到其他的应用程序中。Windows 通用工具包括剪切、复制和粘贴。

1．剪切

剪切就是从图形中删除选定对象并将它们存储到剪贴板上，然后即可将对象粘贴到其他 Windows 应用程序中。用户可通过以下方式来执行此操作。

- 菜单栏：执行"编辑"|"剪切"命令。
- 快捷键：按 Ctrl+X 快捷键。
- 命令行：输入 CUTCLIP。

2．复制

复制就是使用剪贴板将图形的部分或全部复制到其他应用程序创建的文档中。复制与剪切的区别是，剪切不保留原有对象，而复制则保留原对象。

用户可通过以下方式来执行此操作。

- 菜单栏：执行"编辑"|"复制"命令。
- 快捷键：按 Ctrl+C 快捷键。
- 命令行：输入 COPYCLIP。

3．粘贴

粘贴就是将剪切或复制到剪贴板上的图形对象，粘贴到图形文件中。将剪贴板的内容粘贴到图形中时，将使用保留信息最多的格式。用户也可将粘贴信息转换为 AutoCAD 格式。

5.3　对象的选择技巧

在对二维图形元素进行修改之前，首先选择要编辑的对象。对象的选择方法有很多种，例如，可以通过单击对象逐个拾取，也可利用矩形窗口或交叉窗口选择；可以选择最近创建的对象、前面的选择集或图形中的所有对象，也可以向选择集中添加对象或从中删除对象，等等。接下来将对象的选择方法及类型做详细介绍。

5.3.1 常规选择

图形的选择是 AutoCAD 的重要基本技能之一，它常用于对图形进行修改编辑之前。常用的选择方式有点选、窗口选择和窗交选择 3 种。

1. 点选

"点选"是最基本、最简单的对外选择方式，此种方式一次仅能选择一个对象。在命令行"选择对象："的提示下，系统自动进入点选模式，此时光标指针切换为矩形选择框，将选择框放在对象的边沿上单击，即可选择该图形，被选中的图形对象以虚线显示，如图5-50所示。

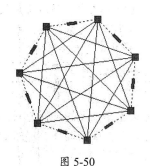

图 5-50

2. 窗口选择

"窗口选择"也是一种常用的选择方式，使用此方式一次可以选择多个对象。当未激活任何命令的时候，在窗口中从左向右拖曳出一个矩形选择框，此选择框即为窗口选择框，选择框以实线显示，内部以浅蓝色填充，如图5-51所示。

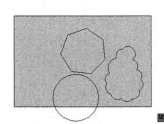

图 5-51

当指定窗口选择框的对角点之后，所有完全位于框内的对象都能被选中，如图5-52所示。

图 5-52

3. 窗交选择

"窗交选择"是使用频率非常高的选择方式，使用此方式一次也可以选择多个对象。当未激活任何命令时，在窗口中从右向左拖曳出一矩形选择框，此选择框即为窗交选择框，选择框以虚线显示，内部填充为绿色，如图5-53所示。

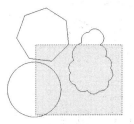

图 5-53

当指定选择框的对角点之后，所有与选择框相交和完全位于选择框内的对象都能被选中，如图5-54所示。

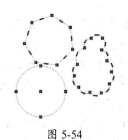

图 5-54

5.3.2 快速选择

用户可使用"快速选择"命令来进行快速选择，该命令可以在整个图形或现有选择集的范围内，通过包括或排除符合指定对象类型和对象特性条件的所有对象创建一个选择集。同时，用户还可以指定该选择集用于替换当前选择集，还是将其附加到当前选择集。

执行"快速选择"命令的方式有以下几种。

- 执行"工具"|"快速选择"命令。
- 终止任何活动命令，右击绘图区，在打开的快捷菜单中选择"快速选择"命令。
- 在命令行输入 QSELECT 命令并按 Enter 键。

- 在"特性""块定义"等窗口或对话框中也提供了"快速选择"按钮 ⬚，以便访问"快速选择"命令。

执行该命令后，打开"快速选择"对话框，如图 5-55 所示。

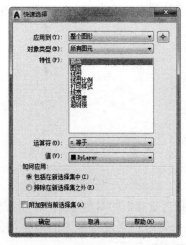

图 5-55

该对话框中各选项的具体说明如下。

- 应用到：指定过滤条件应用的范围，包括"整个图形"或"当前选择集"。用户也可单击其右侧的按钮返回绘图区来创建选择集。
- 对象类型：指定过滤对象的类型。如果当前不存在选择集，则该列表将包括 AutoCAD 中的所有可用对象类型及自定义对象类型，并显示默认值"所有图元"；如果存在选择集，此列表只显示选定对象的对象类型。
- 特性：指定过滤对象的特性。此列表包括选定对象类型的所有可搜索特性。
- 运算符：控制对象特性的取值范围。
- 值：指定过滤条件中对象特性的取值。如果指定的对象特性具有可用值，则该项显示为列表，用户可以从中选择一个值；如果指定的对象特性不具有可用值，则该项显示为编辑框，用户根据需要输入一个值。此外，如果在"运算符"下拉列表中选择了"选择全部"选项，则"值"项将不可显示。

- 如何应用：指定符合给定过滤条件的对象与选择集的关系。
  - ➢ 包括在新选择集中：将符合过滤条件的对象创建一个新的选择集。
  - ➢ 排除在新选择集之外：将不符合过滤条件的对象创建一个新的选择集。
- 附加到当前选择集：选择该项后，通过过滤条件所创建的新选择集将附加到当前的选择集之中，否则将替换当前选择集。如果用户选择该项，则"当前选择集"和 ⬚ 按钮均不可用。

动手操作——快速选择对象

快速选择方式是 AutoCAD 2018 中唯一以窗口作为对象选择界面的选择方式。通过该选择方式，可以更直观地选择并编辑对象。具体操作步骤如下。

01 启动 AutoCAD 2018，打开"动手操作 \ 源文件 \Ch05\ 视图 .dwg"文件，如图 5-56 所示。在命令行输入 QSELECT 命令并按 Enter 键确认。弹出"快速选择"对话框，如图 5-57 所示。

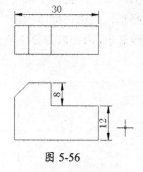

图 5-56

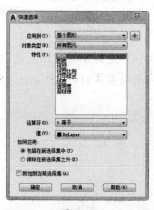

图 5-57

02 在"应用到"下拉列表中选择"整个图形"选项，在"特性"列表中选择"图层"选项，在"值"下拉列表中选择"标注"选项，如图 5-58 所示。

图 5-58

03 单击"确定"按钮，即可选择所有"标注"图层中的图形对象，如图 5-59 所示。

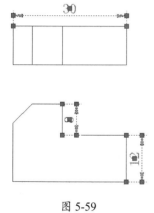

图 5-59

技术要点：

如果想从选择集中排除对象，可以在"快速选择"对话框中设置"运算符"为"大于"，然后设置"值"，再选择"排除在新选择集之外"选项，即可将大于值的对象排除在外。

5.3.3　过滤选择

与"快速选择"相比，"对象选择管理器"可以提供更复杂的过滤选项，并可以命名和保存过滤器。执行该命令的方式为：

- 命令行：输入 FILTER 命令后按 Enter 键。
- 使用命令简写 FI 后按 Enter 键。

执行该命令后，打开"对象选择过滤器"对话框，如图 5-60 所示。

图 5-60

该对话框中各项的具体说明如下。

- 对象选择过滤器：该列表中显示了组成当前过滤器的全部过滤器特性。用户可单击"编辑项目"按钮编辑选定的项目；单击"删除"按钮删除选定的项目；或单击"清除列表"按钮清除整个列表。
- 选择过滤器：该栏的作用类似于快速选择命令，可根据对象的特性向当前列表中添加过滤器。在该栏的下拉列表中包含了可用于构造过滤器的全部对象以及分组运算符。用户可以根据对象的不同而指定相应的参数值，并通过关系运算符来控制对象属性与取值之间的关系。
- 命名过滤器：该栏用于显示、保存和删除过滤器列表。

技术要点：

filter命令可透明地使用。AutoCAD从默认的"filter.nfl"文件中加载已命名的过滤器。AutoCAD在filter.nfl文件中保存过滤器列表。

动手操作——过滤选择图形元素

在 AutoCAD 2018 中，如果需要在复杂的图形中选择某个指定对象，可以采用过滤选择集进行选择。具体操作步骤如下。

01 启动 AutoCAD 2018，打开"动手操作 \ 源文件 \Ch05\ 电源插头 .dwg"文件，如图 5-61

所示。在命令行中输入 FILTER 命令并按 Enter 键确认。

02 弹出"对象选择过滤器"对话框，如图 5-62 所示。

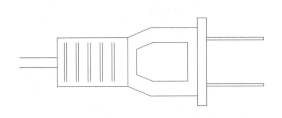

图 5-61   图 5-62

03 在"选择过滤器"选项组中的下拉列表框中选择"** 开始 OR"选项，并单击"添加到列表"按钮，将其添加到过滤器的列表框中，此时，过滤器列表框中将显示"** 开始 OR"选项，如图 5-63 所示。

04 在"选择过滤器"选项组中的下拉列表中选择"圆"选项，并单击"添加到列表"按钮，结果如图 5-64 所示，使用同样的方法，将"直线"添加至过滤器列表框中。

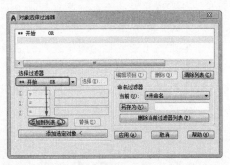

图 5-63   图 5-64

05 在"选择过滤器"选项组中的下拉列表中选择"** 结束 OR"选项，并单击"添加到列表"按钮，此时对话框显示如图 5-65 所示。

06 单击"应用"按钮，在绘图区域中用窗口方式选择整个图形对象，此时满足条件的对象将被选中，效果如图 5-66 所示。

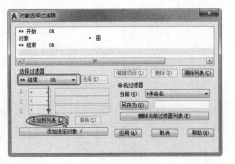

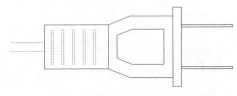

图 5-65   图 5-66

5.4　综合训练

5.4.1　训练一：绘制简单零件的二视图

◎ **源文件：无**

◎ **结果文件：综合训练\结果文件\Ch05\简单零件二视图.dwg**

◎ **视频文件：视频\Ch05\简单零件二视图.avi**

本例通过绘制如图 5-67 所示简单零件的二视图，主要对点的捕捉、追踪以及视图调整等功能进行综合练习和巩固。

操作步骤

01 单击"新建"按钮，新建空白文件。

02 执行"视图"|"缩放"|"中心点"命令，将当前视图高度调整为150。命令行操作如下。

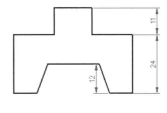

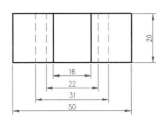

图 5-67

```
命令：_ZOOM
指定窗口的角点，输入比例因子 (NX 或 NXP)，或者 [ 全部 (A) / 中心 (C) / 动态 (D) / 范围 (E) /
上一个 (P) / 比例 (S) / 窗口 (W) / 对象 (O)] <实时 >：_C
指定中心点：                                // 在绘图区拾取一点作为新视图中心点
输入比例或高度 <210.0777>：150              // 按 Enter 键，输入新视图的高度
```

03 执行"工具"|"绘图设置"命令，打开"草图设置"对话框，然后分别设置极轴追踪参数和对象捕捉参数，如图 5-68 和图 5-69 所示。

图 5-68

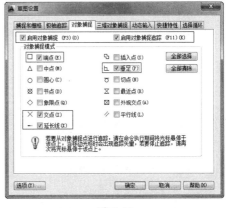

图 5-69

04 按 F12 键，打开状态栏上的"动态输入"功能。

05 单击"绘图"面板上的"直线"按钮，激活"直线"命令，使用点的精确输入功能绘制主视图外轮廓线。命令行操作如下。

```
命令：_LINE
指定第一点：                              // 在绘图区单击，拾取一点作为起点
指定下一点或 [放弃 (U)]: @0,24            // 按 Enter 键，输入下一点坐标
指定下一点或 [放弃 (U)]: @17<0           // 按 Enter 键，输入下一点坐标
指定下一点或 [闭合 (C) /放弃 (U)]: @11<90  // 按 Enter 键，输入下一点坐标
指定下一点或 [闭合 (C) /放弃 (U)]: @16<0   // 按 Enter 键，输入下一点坐标
指定下一点或 [闭合 (C) /放弃 (U)]: @11<-90  // 按 Enter 键，输入下一点坐标
指定下一点或 [闭合 (C) /放弃 (U)]: @17,0   // 按 Enter 键，输入下一点坐标
指定下一点或 [闭合 (C) /放弃 (U)]: @0,-24  // 按 Enter 键，输入下一点坐标
指定下一点或 [闭合 (C) /放弃 (U)]: @-9.5,0  // 按 Enter 键，输入下一点坐标
指定下一点或 [闭合 (C) /放弃 (U)]: @-4.5,12 // 按 Enter 键，输入下一点坐标
指定下一点或 [闭合 (C) /放弃 (U)]: @-22,0  // 按 Enter 键，输入下一点坐标
指定下一点或 [闭合 (C) /放弃 (U)]: @-4.5,-12 // 按 Enter 键，输入下一点坐标
指定下一点或 [闭合 (C) /放弃 (U)]: C       // 按 Enter 键，结果如图 5-70 所示
```

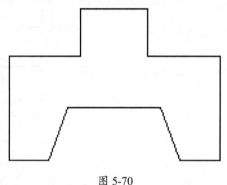

图 5-70

06 重复执行"直线"命令，配合端点捕捉、延伸捕捉和极轴追踪功能，绘制俯视图的外轮廓线。命令行操作如下。

```
命令：_LINE
指定第一点：                    // 以如图 5-71 所示的端点作为延伸点，向下引出如图 5-72
                                所示的尺寸界线，然后在适当位置拾取一点，定位起
```

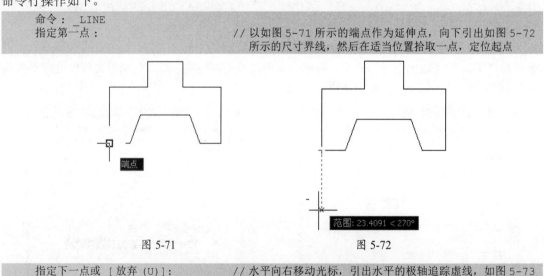

图 5-71   图 5-72

```
指定下一点或 [放弃 (U)]:        // 水平向右移动光标，引出水平的极轴追踪虚线，如图 5-73
                                所示，然后输入 50 并按 Enter 键
指定下一点或 [放弃 (U)]:        // 垂直向下移动光标，引出如图 5-74 所示的极轴虚线，输入
                                20 并按 Enter 键
```

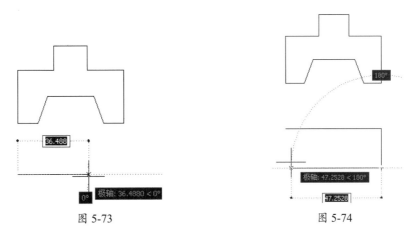

图 5-73   图 5-74

指定下一点或 [闭合(C)/放弃(U)]:	// 向左移动光标，引出如图 5-75 所示水平的极轴 追踪虚线，然后输入 50 并按 Enter 键
指定下一点或 [闭合(C)/放弃(U)]: C	// 按 Enter 键，闭合图形，结果如图 5-76 所示

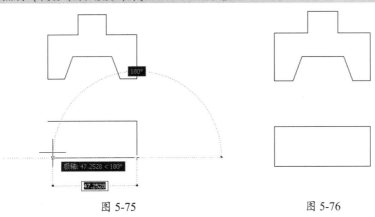

图 5-75   图 5-76

07 重复执行"直线"命令，配合端点捕捉、交点捕捉、垂足捕捉和对象捕捉追踪功能，绘制内部的垂直轮廓线。命令行操作如下。

命令：_LINE	
指定第一点：	// 引出如图 5-77 所示的对象追踪虚线，捕捉追踪 虚线与水平轮廓线的交点，如图 5-78 所示

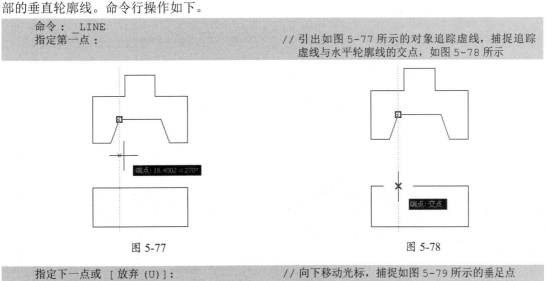

图 5-77   图 5-78

指定下一点或 [放弃(U)]:	// 向下移动光标，捕捉如图 5-79 所示的垂足点
指定下一点或 [放弃(U)]:	// 按 Enter 键，结束命令，结果如图 5-80 所示

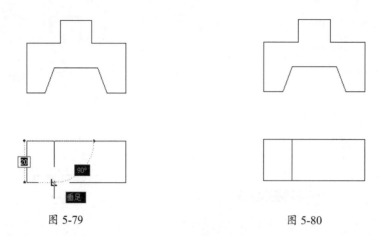

图 5-79   图 5-80

08 再次执行"直线"命令，配合端点、交点、对象追踪和极轴追踪等功能，绘制右侧的垂直轮廓线。命令行操作如下。

```
命令：_LINE
指定第一点：            // 引出如图 5-81 所示的对象追踪虚线，捕捉追踪虚线与
                         水平轮廓线的交点，定位起点如图 5-82 所示
```

图 5-81   图 5-82

```
指定下一点或 [放弃(U)]：    // 向下引出如图 5-83 所示的极轴追踪虚线，捕捉追踪虚
                           线与下侧边的交点，如图 5-84 所示
指定下一点或 [放弃(U)]：    // 按 Enter 键，结束命令，绘制结果如图 5-85 所示
```

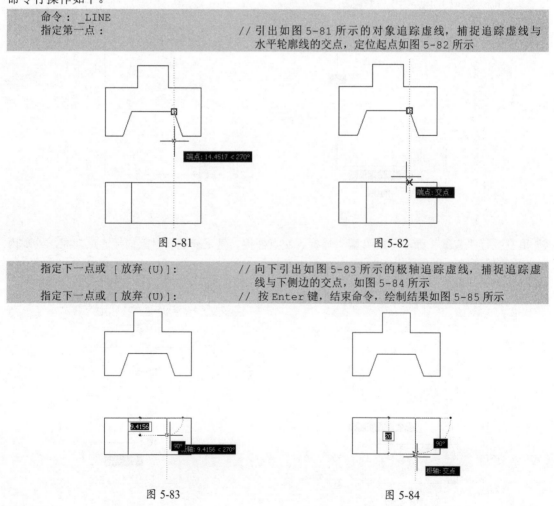

图 5-83   图 5-84

09 参照第 7~8 步的操作，使用画线命令配合捕捉追踪功能，根据二视图的对应关系，绘制内部垂直轮廓线，结果如图 5-86 所示。

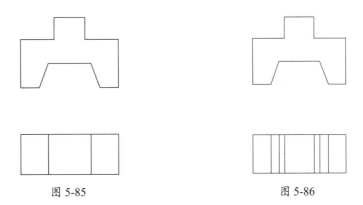

图 5-85   图 5-86

10 执行"格式"|"线型"命令，打开"线型管理器"对话框，单击 [加载(L)...] 按钮，从弹出的"加载或重载线型"对话框中加载一种名为 HIDDEN2 的线型，如图 5-87 所示。

11 选择 HIDDEN2 的线型后单击"确定"按钮，加载此线型，加载结果如图 5-88 所示。

图 5-87

图 5-88

12 在无命令执行的前提下选择如图 5-89 所示的垂直轮廓线，然后单击"特性"面板上的"颜色控制"列表按钮，在展开的列表中选择"洋红"选项，更改对象的颜色特性。

13 单击"特性"面板上的"线型控制"列表按钮，在展开的下拉列表中选择 HIDDEN2 选项，更改对象的线型，如图 5-90 所示。

14 按 Esc 键，取消对象的夹点显示，结果如图 5-91 所示。

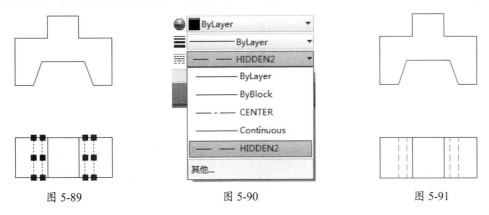

图 5-89   图 5-90   图 5-91

15 最后执行"文件"|"保存"命令，将图形存储。

5.4.2　训练二：利用栅格绘制茶几

◎ **源文件：无**

◎ **结果文件：综合训练\结果文件\Ch05\茶几.dwg**

◎ **视频文件：视频\Ch05\利用栅格绘制茶几.avi**

本节将利用栅格捕捉功能绘制如图 5-92 所示的茶几平面图。

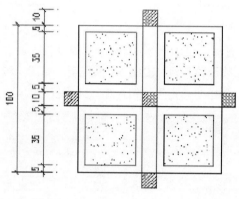

图 5-92

操作步骤

01 新建文件。

02 执行"工具"|"绘图设置"命令，随后在打开的"草图设置"对话框中，设置"捕捉和栅格"选项卡，如图 5-93 所示。最后单击"确定"按钮，关闭"草图设置"对话框。

03 单击"矩形"按钮 ▢，绘制矩形框。

```
命令：_RECTANG
指定第一个角点或 [倒角 (C) / 标高 (E) / 圆角 (F) / 厚度 (T) / 宽度 (W)]：
                          // 捕捉一个栅格，确定矩形的第一个角点
指定另一个角点或 [面积（A）/ 尺寸 (D) / 旋转 (R)]：@100,100
                          // 输入另一角点的相对坐标
```

04 重复执行"矩形"命令，绘制内部的矩形，结果如图 5-94 所示。

图 5-93

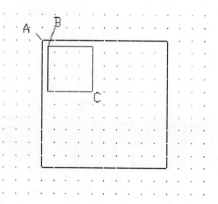

图 5-94

```
命令：  RECTANG
指定第一个角点或 [倒角 (C) / 标高 (E) / 圆角 (F) / 厚度 (T) / 宽度 (W)]：
                        //移动光标到 A 点右 0.5 下 0.5 的位置单击，确定角点 B
指定另一个角点或 [面积（A）/ 尺寸 (D) / 旋转 (R)]：
                        //移动光标到 B 点右 3.5 下 3.5 的位置单击，确定角点 C
```

05 按此方法绘制其他几个矩形，如图 5-95 所示。

06 利用"图案填充"命令，选择 ANSI31 图案进行填充，结果如图 5-96 所示。

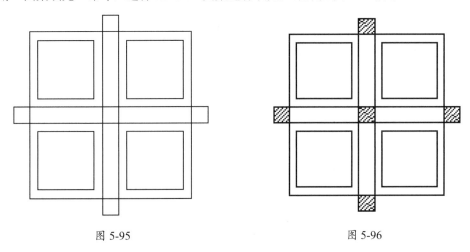

图 5-95　　　　　　　　　　　　　　　　　　图 5-96

5.4.3　训练三：利用对象捕捉绘制大理石拼花

◎ **源文件：无**

◎ **结果文件：综合训练\结果文件\Ch05\大理石拼花.dwg**

◎ **视频文件：视频\Ch05\利用对象捕捉绘制大理石拼花.avi**

　　捕捉端点可以捕捉图元最近的端点或最近的角点，捕捉中点是捕捉图元的中点，如图 5-97 所示。本节将利用端点捕捉和中点捕捉功能，绘制如图 5-98 所示的大理石拼花图案。

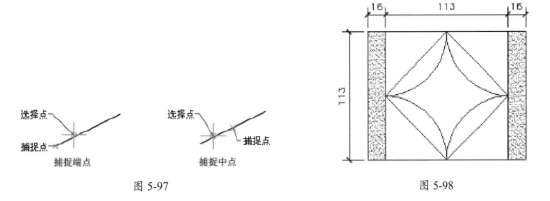

图 5-97　　　　　　　　　　　　　　　　　　图 5-98

操作步骤

01 新建文件。

02 在屏幕下方状态栏上单击"对象捕捉"按钮，并在此按钮上右击，在弹出的快捷菜单中选择"设置"选项，在弹出的"草图设置"对话框的"对象捕捉"选项卡中选中"端点"和"中点"复选框，如图 5-99 所示。

03 单击"确定"按钮，关闭"草图设置"对话框。

04 单击"绘图"面板中的"矩形"按钮▢，绘制矩形。

```
命令： _RECTANG
指定第一个角点或 [倒角 (C) / 标高 (E) / 圆角 (F) / 厚度 (T) / 宽度 (W)]：
                              // 在屏幕适当位置单击，确定矩形的第一个角点
指定另一个角点或 [面积 (A) / 尺寸 (D) 旋转 (R)]：@16,113
                              // 输入另一角点的相对坐标
```

05 单击"直线"按钮╱，绘制线段 AB，结果如图 5-100 所示。

```
命令： _LINE 指定第一点：                    // 捕捉 A 点作为线段第一点
指定下一点或 [放弃 (U)]：@113,0             // 输入端点 B 的相对坐标
```

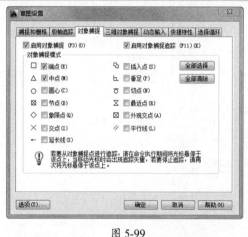

图 5-99

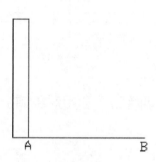

图 5-100

06 单击"矩形"按钮▢，捕捉 B 点，绘制与上一个矩形相同尺寸的矩形 C，如图 5-101 所示。

07 单击"直线"按钮╱，捕捉端点 D 和 E，绘制线段，如图 5-102 所示。

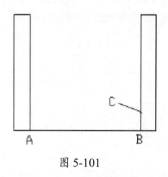

图 5-101

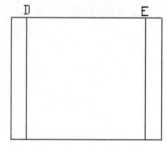

图 5-102

08 捕捉中点 F、G、H、I，绘制线框，如图 5-103 所示。

09 单击"圆弧"按钮╱，绘制圆弧，结果如图 5-104 所示。

```
命令： _ARC 指定圆弧的起点或 [圆心 (C)]：        // 捕捉中点 G，作为起点
指定圆弧的第二个点或 [圆心 (C) / 端点 (E)]：C   // 调用"圆心 (C)"选项
指定圆弧的圆心：                              // 捕捉端点 D
指定圆弧的端点或 [角度 (A) / 弦长 (L)]：        // 捕捉中点 F
```

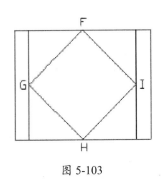

图 5-103

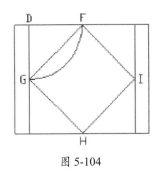

图 5-104

操作技巧

直线和矩形的画法相对简单，圆弧的画法归纳起来有以下两种。

（1）直接利用画弧命令绘制。

（2）利用圆角命令绘制相切圆弧。

10 绘制其他圆弧，如图 5-105 所示。

11 利用"图案填充"命令，选择 AR-SAND 图案进行填充，结果如图 5-106 所示。

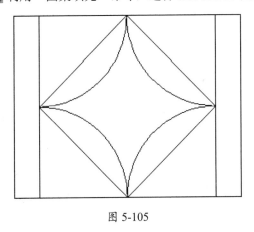

图 5-105

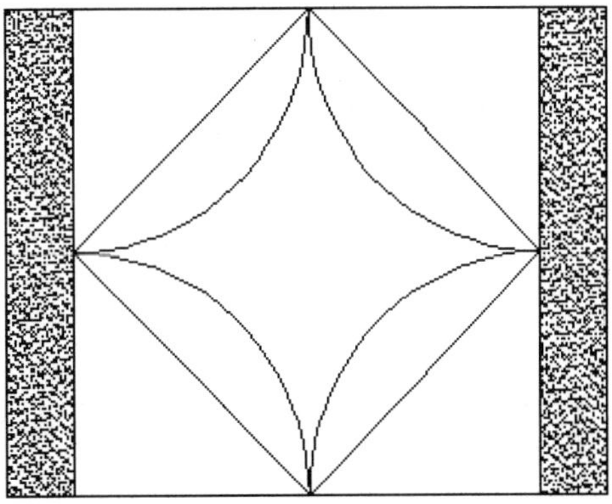

图 5-106

5.4.4 训练四：利用交点和平行捕捉绘制防护栏

◎ **源文件：无**

◎ **结果文件：综合训练\结果文件\Ch05\防护栏.dwg**

◎ **视频文件：视频\Ch05\利用交点和平行捕捉绘制防护栏.avi**

　　交点捕捉是捕捉图元上的交点。启动平行捕捉后，如果创建对象的路径平行于已知线段，AutoCAD 将显示一条对齐路径，用于创建平行对象，如图 5-107 所示。

　　本节将利用交点捕捉和平行捕捉功能，绘制如图 5-108 所示的防护栏立面图。

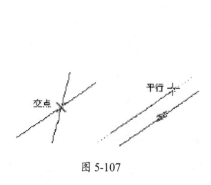

图 5-107

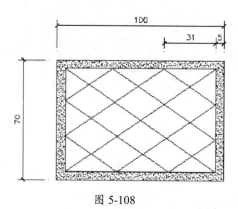

图 5-108

操作步骤

01 设置对象捕捉方式为交点和平行捕捉。

02 单击"矩形"按钮▭，绘制长 100、宽 70 的矩形。

03 单击"偏移"按钮，按命令行提示进行操作，结果如图 5-109 所示。

```
命令：_OFFSET
当前设置：删除源 = 否   图层 = 源 OFFSETGAPTYPE=0
指定偏移距离或 [通过 (T)/删除 (E)/图层 (L)] <通过>：5              // 输入偏移距离
选择要偏移的对象，或 [退出 (E)/放弃 (U)] <退出>：                  // 选择矩形
指定要偏移的那一侧上的点，或 [退出 (E)/多个 (M)/放弃 (U)] <退出>：// 在矩形内部单击
```

04 单击"直线"按钮╱，捕捉交点，绘制线段 AB，如图 5-110 所示。

05 重复"直线"命令，捕捉斜线，绘制平行线，结果如图 5-111 所示。

```
命令：_LINE 指定第一点：_TT 指定临时对象追踪点：// 单击临时追踪点按钮，捕捉 B 点
指定第一点：31                                  // 输入追踪距离，确定线段的第一点
指定下一点或 [放弃 (U)]：                         // 捕捉平行延长线与矩形边的交点
```

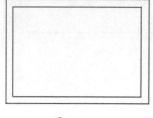

图 5-109

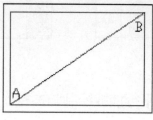

图 5-110

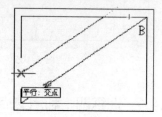

图 5-111

06 利用类似方法绘制其余线段，结果如图 5-112 所示。

07 捕捉交点，绘制线段 CD，如图 5-113 所示。

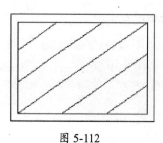

图 5-112

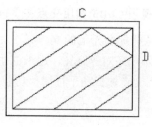

图 5-113

08 利用相同的方法捕捉交点，绘制其余线段，如图 5-114 所示。

09 利用"填充图案"命令，选择 AR-SAND 图案进行填充，结果如图 5-115 所示。

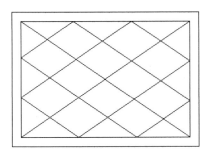

图 5-114

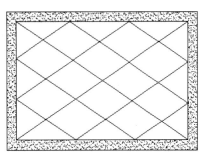

图 5-115

技术要点：

在选择填充时，先单击"边界"中的"选择"按钮 ▣，选择矩形的两条边来对图案进行填充。

5.4.5　训练五：利用 from 命令捕捉绘制三桩承台

◎ **源文件：无**

◎ **结果文件：综合训练\结果文件\Ch05\三桩承台.dwg**

◎ **视频文件：视频\Ch05\利用 from 命令捕捉绘制三桩承台.avi**

当绘制图形需要确定一点时，输入 from 命令可获取一个基点，然后输入要定位的点与基点之间的相对坐标，以此获得定位点的位置。

本节将利用 from 捕捉功能绘制如图 5-116 所示的三桩承台大样平面图。

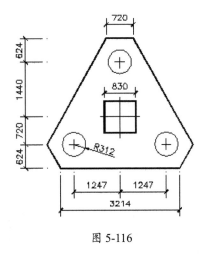

图 5-116

操作步骤

01 设置捕捉方式为端点、交点捕捉。

02 单击"正交"按钮，再单击"直线"按钮 ╱，绘制垂直定位线。

03 单击"矩形"按钮▭，绘制线框，结果如图 5-117 所示。

```
命令： RECTANG
指定第一个角点或 [倒角 (C) / 标高 (E) / 圆角 (F) / 厚度 (T) / 宽度 (W)]： FROM
                                    // 输入 FROM
基点：                              // 捕捉交点 A
< 偏移 >： @-415,415                 // 输入偏移坐标，确定矩形的第一个角点
指定另一个角点或 [面积 (A) / 尺寸 (D) / 旋转 (R)]： @830,-830
                                    // 输入另一角点的偏移坐标
```

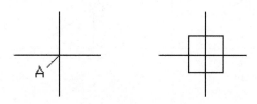

图 5-117

04 单击"直线"按钮╱，利用 from 捕捉来绘制两条水平的直线（基点仍然是 A 点，相对坐标参考图 5-116 中的尺寸）。再利用角度覆盖方式（输入方式为"<角度"）绘制斜度直线线段，如图 5-118 所示。

05 单击"修剪"按钮┼，修剪图形，结果如图 5-119 所示。

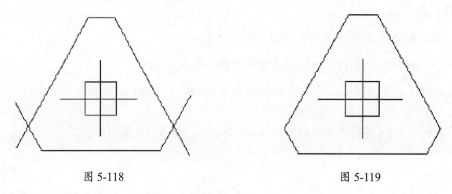

图 5-118   图 5-119

06 单击"圆"按钮◯，利用 from 捕捉（基点仍然是 A 点，相对坐标参考图 5-116 中的尺寸），以 B 点为基点画圆 C，如图 5-120 所示。

07 单击"阵列"按钮▦，将圆形 C 以定位线交点为圆心进行环形阵列，如图 5-121 所示。

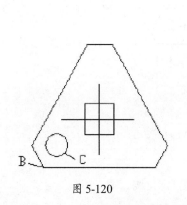

图 5-120

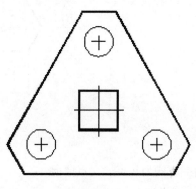

图 5-121

5.5　课后习题

1．绘制标高符号

本例通过绘制如图 5-122 所示的标高符号，主要学习"极轴追踪"和"对象追踪"功能的使用方法和追踪技巧。

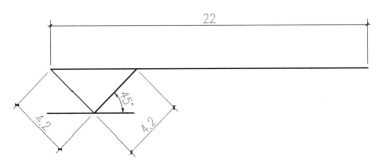

图 5-122

2．绘制轮廓

本例通过绘制如图 5-123 所示的轮廓图，主要学习"端点捕捉""中点捕捉""垂直捕捉"以及"两点之间的中点"等点的精确捕捉功能。

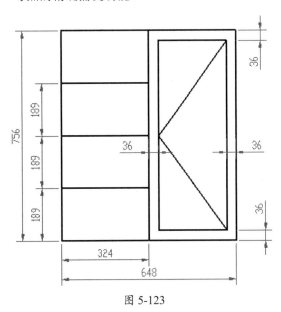

图 5-123

第 6 章　绘图指令一

本章介绍用 AutoCAD 2018 绘制二维平面图形的方法，并系统地介绍各种点、线的绘制和编辑，例如点样式的设置，点的绘制和等分点的绘制，绘制直线、射线、构造线的方法，矩形与正多边形的绘制，圆、圆弧、椭圆和椭圆弧的绘制，多线的绘制和编辑，修改多线的样式，多线段的绘制与编辑，样条曲线的绘制等。

项目分解与视频二维码

◆ 点对象
◆ 直线、射线和构造线

◆ 矩形和正多边形
◆ 圆、圆弧、椭圆和椭圆弧

第 6 章视频

6.1　点对象

6.1.1　设置点样式

AutoCAD 2018 为用户提供了多种点的样式，可以根据需要进行设置当前点的显示样式。执行 "格式" | "点样式" 命令，或在命令行输入 DDPTYPE 后按 Enter 键，打开 "点样式" 对话框，如图 6-1 所示。

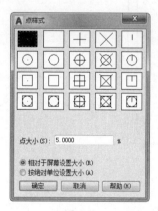

图 6-1

"点样式" 对话框中的各项选项解释如下。

- 点大小: 在该文本框内，可输入点的大小。
- 相对于屏幕设置大小: 此选项表示按照屏幕大小的百分比显示点。
- 按绝对单位设置大小: 此选项表示按照点的实际大小显示点。

动手操作——设置点样式

01 执行 "格式" | "点样式" 命令，或在命令行输入 DDPTYPE 后按 Enter 键，打开如图 6-1 所示的对话框。

02 从该对话框中可以看出，AutoCAD 共为用户提供了 20 种点样式，在所需样式上单击，即可将此样式设置为当前样式。在此设置⊗为当前点样式。

03 在 "点大小" 文本框内输入点的大小。

04 单击 "确定" 按钮，绘图区的点被更新，如图 6-2 所示。

图 6-2

技术要点：

默认设置下，点图形是以一个小点显示的。

6.1.2 绘制单点和多点

1．绘制单点

"单点"命令一次可以绘制一个点对象。当绘制完单个点后，系统自动结束此命令，所绘制的点以小点的方式显示，如图 6-3 所示。

执行"单点"命令主要有以下几种方式。

- 执行"绘图"|"点"|"单点"命令。
- 在命令行输入 POINT 后按 Enter 键。
- 使用命令简写 PO 后按 Enter 键。

2．绘制多点

"多点"命令可以连续绘制多个点对象，直到按 Esc 键结束命令为止，如图 6-4 所示。

图 6-3　　　　　　　　　　图 6-4

执行"多点"命令主要有以下几种方式。

- 执行"绘图"|"点"|"多点"命令。
- 单击"绘图"面板上的 按钮。

执行"多点"命令后 AutoCAD 系统提示如下。

```
命令：POINT
当前点模式： PDMODE=0  PDSIZE=0.0000  (CURRENT POINT MODES:  PDMODE=0
PDSIZE=0.0000)
    指定点：                          // 在绘图区给定点的位置
    指定点：                          // 在绘图区给定点的位置
    指定点：                          // 在绘图区给定点的位置
    …
    指定点：                          // 继续绘制点或按 Esc 键结束命令
```

6.1.3 绘制定数等分点

"定数等分"命令用于按照指定的等分数目对对象进行等分，对象被等分的结果仅是在等分点处放置了点的标记符号（或者是内部图块），而源对象并没有被等分为多个对象。

执行"定数等分"命令主要有以下几种方式。

- 执行"绘图"|"点"|"定数等分"命令。
- 在命令行输入 DIVIDE 后按 Enter 键。
- 使用命令简写 DVI 后按 Enter 键。

动手操作——利用"定数等分"等分直线

绘制如图 6-6 所示的线段定数等分

下面通过将某水平直线段等分 5 份，学习"定数等分"命令的使用方法和操作技巧，具体操作如下。

01 首先绘制一条长度为 200 的水平线段，如图 6-5 所示。

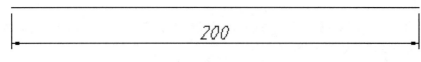

图 6-5

02 执行"格式"|"点样式"命令，打开"点样式"对话框，将当前点样式设置为⊕。

03 执行"绘图"|"点"|"定数等分"命令，根据 AutoCAD 命令行提示进行定数等分线段，命令行操作如下。

```
命令: _DIVIDE
选择要定数等分的对象:                     // 选择需要等分的线段
输入线段数目或 [块（B）]: ↙
需要 2 和 32767 之间的整数，或选项关键字。
输入线段数目或 [块（B）]: 5↙            // 输入需要等分的份数
```

04 等分结果如图 6-6 所示。

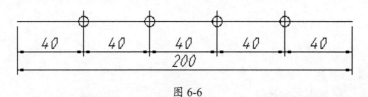

图 6-6

技术要点:

"块（B）"选项用于在对象等分点处放置内部图块，以代替点标记。在执行此选项时，必须确保当前文件中存在所需使用的内部图块。

6.1.4　绘制定距等分点

"定距等分"命令是按照指定的等分距离进行对象等分。对象被等分的结果仅是在等分点处放置了点的标记符号（或者是内部图块），而源对象并没有被等分为多个对象。

执行"定距等分"命令主要有以下几种方式。

- 执行"绘图"|"点"|"定距等分"命令。
- 在命令行输入 MEASURE 后按 Enter 键。
- 使用命令简写 ME 后按 Enter 键。

动手操作——利用"定距等分"等分直线

绘制如图 6-7 所示的等距线段。

下面通过将某线段每隔 45 个单位的距离放置点标记，学习"定距等分"命令的使用方法和技巧，操作步骤如下。

01 首先绘制长度为 200 的水平线段。

02 执行"格式"|"点样式"命令，打开"点样式"对话框，设置点的显示样式为⊕。

03 执行"绘图"|"点"|"定距等分"命令，对线段进行定距等分。命令行操作如下。

```
命令：_MEASURE
选择要定距等分的对象：                        // 选择需要等分的线段
指定线段长度或 [ 块（B）]：✓
需要数值距离、两点或选项关键字。
指定线段长度或 [ 块（B）]：45              // 设置等分长度
```

04 定距等分的结果，如图 6-7 所示。

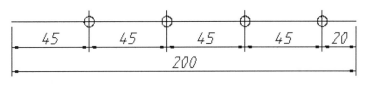

图 6-7

6.2　直线、射线和构造线

6.2.1　绘制直线

"直线"是各种绘图中最常用、最简单的一类图形对象，只要指定了起点和终点即可绘制一条直线。

执行"直线"命令主要有以下几种方式：

- 执行"绘图"|"直线"命令。
- 单击"绘图"面板上的 按钮。
- 在命令行输入 LINE 后按 Enter 键。
- 使用命令简写 L 后按 Enter 键。

动手操作——利用"直线"命令绘制图形

绘制如图 6-8 所示的图形。

01 单击"绘图"面板中的"直线"按钮 ，然后按以下命令行提示进行操作。

```
指定第一点：   （输入"100,0"，确定 A 点）
指定下一点或 [ 放弃（U）]：（输入"@0,-40"，按 Enter 键后确定 B 点）
指定下一点或 [ 放弃（U）]：（输入"@-90,0"，按 Enter 键后确定 C 点）
指定下一点或 [ 闭合（C）/放弃（U）]：（输入"@0,20"，按 Enter 键后确定 D 点）
指定下一点或 [ 闭合（C）/放弃（U）]：（输入"@50,0"，按 Enter 键后确定 E 点）
指定下一点或 [ 闭合（C）/放弃（U）]：（输入"@0,40"，按 Enter 键后确定 F 点）
指定下一点或 [ 闭合（C）/放弃（U）]：（输入"C"，按 Enter 键后自动闭合并结束命令）
```

02 绘制结果如图 6-8 所示。

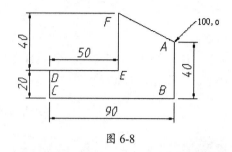

图 6-8

技术要点：

在AutoCAD中，可以用二维坐标（x,y）或三维坐标（x,y,z）来指定端点，也可以混合使用二维坐标和三维坐标。如果输入二维坐标，AutoCAD将会用当前的高度作为Z轴坐标值，默认值为0。

6.2.2 绘制射线

"射线"为一端固定，另一端无限延伸的直线。

执行"射线"命令主要有以下几种方式：

- 执行"绘图"｜"射线"命令。
- 在命令行输入 RAY 后按 Enter 键。

动手操作——绘制射线

绘制如图 6-9 所示的射线。

01 单击"绘图"面板中的"直线"按钮。

02 根据命令行提示操作。

```
命令：RAY
指定起点：0,0          确定 A 点
指定通过点：@30,0
```

03 绘制结果如图 6-9 所示。

图 6-9

技术要点：

在AutoCAD中，射线主要用于绘制辅助线。

6.2.3 绘制构造线

"构造线"为两端可以无限延伸的直线，没有起点和终点，可以放置在三维空间的任意位置，主要用于绘制辅助线。

执行"构造线"命令主要有以下几种方式。

- 执行"绘图"｜"构造线"命令。

- 单击"绘图"面板上的 按钮。
- 在命令行输入 XLINE 后按 Enter 键。
- 使用命令简写 XL 后按 Enter 键。

动手操作——绘制构造线

绘制如图 6-10 所示的构造线。

01 执行"绘图"|"构造线"命令。

02 根据命令行操作如下。

```
命令:XL
XLINE
指定点或 [水平 (H) / 垂直 (V) / 角度 (A) / 二等分 (B) / 偏移 (O)]:0,0
指定通过点：@30,0
指定通过点：@30,20
```

03 绘制结果如图 6-10 所示。

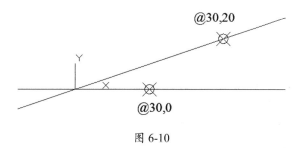

图 6-10

6.3 矩形和正多边形

6.3.1 绘制矩形

"矩形"是由四条直线元素组合而成的闭合对象，AutoCAD 将其看作是一条闭合的多段线。
执行"矩形"命令主要有以下几种方式。

- 执行"绘图"|"矩形"命令。
- 单击"绘图"面板上的"矩形"按钮 。
- 在命令行输入 RECTANG 后按 Enter 键。
- 使用命令简写 REC 后按 Enter 键。

动手操作——矩形的绘制

默认设置下，绘制矩形的方式为"对角点"方式，下面通过绘制长度为 200、宽度为 100 的
矩形，学习使用此种方式，绘图操作步骤如下。

01 单击"绘图"面板上的"矩形"按钮 ，激活"矩形"命令。

02 根据命令行的提示，使用默认对角点方式绘制矩形，操作如下。

```
命令： _RECTANG
指定第一个角点或 [倒角 (C) | 标高 (E) | 圆角 (F) | 厚度 (T) | 宽度 (W)]：      // 定位一个角点
指定另一个角点或 [面积 (A) | 尺寸 (D) | 旋转 (R)]：@200,100          // 输入长、宽参数
```

03 绘制结果如图 6-11 所示。

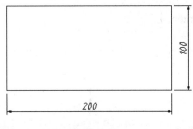

图 6-11

技术要点：

由于矩形被看作是一条多线段，当用户编辑某一条边时，需要事先使用"分解"命令将其分解。

6.3.2　绘制正多边形

在 AutoCAD 中，可以使用"多边形"命令绘制边数为 3 ～ 1024 的正多边形。

执行"多边形"命令主要有以下几种方式。

- 执行"绘图"|"多边形"命令。
- 在"绘图"面板中单击"多边形"按钮⬠。
- 在命令行输入 POLYGON 后按 Enter 键。
- 使用命令简写 POL 后按 Enter 键。

绘制正多边形的方式有两种，分别是根据边长绘制和根据半径绘制。

1．根据边长绘制正多边形

绘制工程图时，经常会根据一条边的两个端点绘制多边形，这样不仅确定了正多边形的边长，也指定了正多边形的位置。

动手操作——根据边长绘制正多边形

绘制如图 6-12 所示的正多边形，其操作步骤如下。

01 执行"绘图"|"多边形"命令，激活"多边形"命令。

02 根据命令行的提示，操作如下。

```
命令：  POLYGON 输入侧面数 <8>：✓              // 指定正多边形的边数
指定正多边形的中心点或 [边(E)]：E ✓            // 通过一条边的两个端点绘制
指定边的第一个端点：指定边的第二个端点：100✓   // 指定边长
```

03 绘制结果如图 6-12 所示。

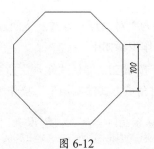

图 6-12

2. 根据半径绘制正多边形

动手操作——根据半径绘制正多边形

01 执行"绘图"|"多边形"命令，激活"多边形"命令。

02 根据命令行的提示，操作如下。

```
命令： POLYGON 输入侧面数 <5>：✓              // 指定边数
指定正多边形的中心点或 [边(E)]：             // 在视图中单击指定中心点
输入选项 [内接于圆(I)|外切于圆(C)] <C>：I ✓  // 激活"内接于圆"选项
指定圆的半径：100 ✓                          // 设定半径参数
```

03 绘制结果如图6-13所示。

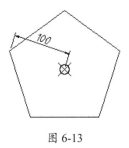

图 6-13

技术要点：

也可以不输入半径尺寸，在视图中移动光标并单击，创建正多边形。

内接于圆和外切于圆

选择"内接于圆"和"外切于圆"选项时，命令行提示输入的数值是不同的。

- 内接于圆：命令行要求输入正多边形外圆的半径，也就是正多边形中心点至端点的距离，创建的正多边形的所有顶点都在此圆周上。
- 外切于圆：命令行要求输入的是正多边形中心点至各边线中点的距离。

同样输入数值5，创建的内接于圆正多边形小于外切于圆正多边形。

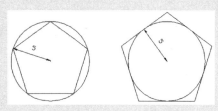

内接于圆与外切于圆正多边形的区别

6.4 圆、圆弧、椭圆和椭圆弧

在 AutoCAD 2018 中，曲线对象包括圆、圆弧、椭圆和椭圆弧、圆环等。曲线对象的绘制方法比较多，因此在绘制曲线对象时，按给定的条件来合理选择绘制方法，可以提高绘图效率。

6.4.1 绘制圆

要创建圆，可以指定圆心、半径、直径、圆周上的点和其他对象上点的不同组合。圆的绘制方法有很多种，常见的有"圆心、半径""圆心、直径""两点""三点""相切、相切、半径"和"相切、相切、相切"6种，如图6-14所示。

“圆”是一种闭合的基本图形元素，AutoCAD 2018 共提供了 6 种画圆方式，如图 6-15 所示。

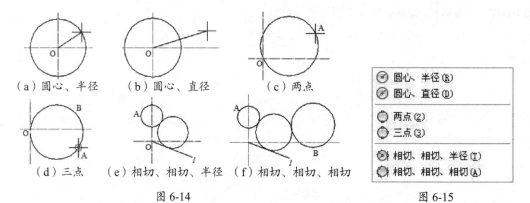

O
O
A
O
（a）圆心、半径
（b）圆心、直径
（c）两点
B
O
A
A
O
l
A
l
B
（d）三点
（e）相切、相切、半径
（f）相切、相切、相切

图 6-14

圆心、半径(R)
圆心、直径(D)
两点(2)
三点(3)
相切、相切、半径(T)
相切、相切、相切(A)

图 6-15

执行“圆”命令主要有以下几种方式。

- 执行“绘图”|“圆”子菜单中的各种命令。
- 单击“绘图”面板上的“圆”按钮。
- 在命令行输入 CIRCLE 后按 Enter 键。

绘制圆主要有两种方式，分别是通过指定半径和直径画圆，以及通过两点或三点精确定位画圆。

1. 半径画圆和直径画圆

半径画圆和直径画圆是两种基本的画圆方式，默认方式为半径画圆。当用户定位出圆心之后，只需输入圆的半径或直径，即可精确画圆。

动手操作——用半径或直径画圆

此种画圆方式的操作步骤如下。

01 单击“绘图”面板上的“圆”按钮，激活“圆”命令。

02 根据 AutoCAD 命令行的提示精确画圆，命令行操作如下。

```
命令： _CIRCLE
指定圆的圆心或 [三点(3P)|两点(2P)|切点、切点、半径(T)]：// 指定圆心位置
指定圆的半径或 [直径(D)] <100.0000>:                    // 设置半径值为 100
```

03 结果绘制了一个半径为 100 的圆，如图 6-16 所示。

R100

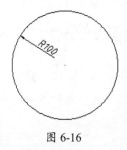

图 6-16

技术要点：

选中“直径”选项，即可按照直径方式画圆。

2. 两点和三点画圆

"两点"画圆和"三点"画圆指的是定位两点或三点，即可精确画圆。所给定的两点被看作圆直径的两个端点；所给定的三点都位于圆周上。

动手操作——用两点和三点画圆

其操作步骤如下。

01 执行"绘图"|"圆"|"两点"命令，激活"两点"画圆命令。

02 根据 AutoCAD 命令行的提示进行两点画圆，命令行操作如下。

```
命令：_CIRCLE
指定圆的圆心或 [三点(3P)|两点(2P)|切点、切点、半径(T)]：_2P 指定圆直径的第一个端点：
指定圆直径的第二个端点：
```

03 绘制结果如图 6-17 所示。

技术要点：

另外，用户也可以通过输入两点的坐标值，或使用对象的捕捉追踪功能定位两点，以精确画圆。

04 重复"圆"命令，根据 AutoCAD 命令行的提示进行三点画圆。命令行操作如下。

```
命令：CIRCLE
指定圆的圆心或 [三点(3P)|两点(2P)|切点、切点、半径(T)]：3P
指定圆上的第一个点：                                    // 拾取点 1
指定圆上的第二个点：                                    // 拾取点 2
指定圆上的第三个点：                                    // 拾取点 3
```

05 绘制结果如图 6-18 所示。

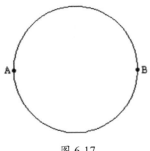

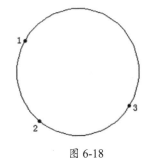

图 6-17 　　　　　　　　　　　　　　　　图 6-18

6.4.2　绘制圆弧

在 AutoCAD 2018 中，创建圆弧的方式有很多种，包括"三点""起点、圆心、端点""起点、圆心、角度""起点、圆心、长度""起点、端点、角度""起点、端点、方向""起点、端点、半径""圆心、起点、端点""圆心、起点、角度""圆心、起点、长度""连续"等方式。除第一种方式外，其他方式都是从起点到端点逆时针绘制圆弧的。

1. 三点

"三点"方式是通过指定圆弧的起点、第二点和端点来绘制圆弧。用户可通过以下方式来执行此操作。

- 菜单栏：执行"绘图"|"圆弧"|"3 点"命令。
- 面板：在"默认"标签的"绘图"面板中单击"三点"按钮 。

- 命令行：输入 ARC。

绘制"三点"圆弧的命令提示如下：

命令：_ARC 指定圆弧的起点或 [圆心 (C)]：	// 指定圆弧起点或输入选项
指定圆弧的第二个点或 [圆心 (C)	端点 (E)]：	// 指定圆弧上的第 2 点或输入选项
指定圆弧的端点：	// 指定圆弧上的第 3 点

在操作提示中有可供选择的选项来确定圆弧的起点、第二点和端点，选项含义如下。

- 圆心：通过指定圆心、圆弧起点和端点的方式来绘制圆弧。
- 端点：通过指定圆弧起点、端点、圆心（或角度、方向、半径）来绘制圆弧。

以"三点"方式来绘制圆弧，可通过在图形窗口中捕捉点来确定，也可在命令行输入精确点坐标来指定。例如，通过捕捉点来确定圆弧的 3 点来绘制圆弧，如图 6-19 所示。

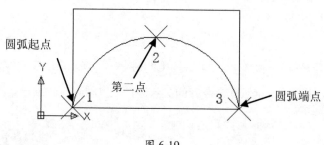

图 6-19

2. 起点、圆心、端点

"起点、圆心、端点"方式是通过指定起点和端点，以及圆弧所在圆的圆心来绘制圆弧的。用户可通过以下方式来执行此操作。

- 菜单栏：执行"绘图"|"圆弧"|"起点、圆心、端点"命令。
- 面板：在"默认"标签的"绘图"面板中单击"起点、圆心、端点"按钮 。
- 命令行：输入 ARC。

以"起点、圆心、端点"方式绘制圆弧，可以按"起点、圆心、端点"的方法来绘制，如图 6-20 所示，还可以按"起点、端点、圆心"的方法来绘制，如图 6-21 所示。

图 6-20   图 6-21

3. 起点、圆心、角度

"起点、圆心、角度"方式是通过指定起点、圆弧所在圆的圆心、圆弧包含的角度来绘制圆弧的。用户可通过以下方式来执行此操作。

- 菜单栏：执行"绘图"|"圆弧"|"起点、圆心、角度"命令。
- 面板：在"默认"标签的"绘图"面板中单击"起点、圆心、角度"按钮 。
- 命令行：输入 ARC。

例如，通过捕捉点来定义起点和圆心，并以已知包含角度（135°）来绘制一段圆弧，其命令提示如下。

```
命令：_ARC 指定圆弧的起点或 [圆心 (C)]：            // 指定圆弧起点或选择选项
指定圆弧的第二个点或 [圆心 (C)|端点 (E)]：_C 指定圆弧的圆心：      // 指定圆弧圆心
指定圆弧的端点或 [角度 (A)|弦长 (L)]：_A 指定包含角：135✓      // 输入包含角
```

绘制的圆弧如图 6-22 所示。

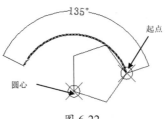

图 6-22

如果存在可以捕捉到的起点和圆心点，并且已知包含角度，在命令行选择"起点、圆心、角度"或"圆心、起点、角度"选项。如果已知两个端点但不能捕捉到圆心，可以选择"起点、端点、角度"选项，绘制的圆弧如图 6-23 所示。

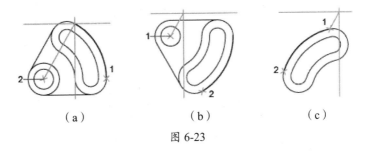

（a） （b） （c）

图 6-23

4．起点、圆心、长度

"起点、圆心、长度"方式是通过指定起点、圆弧所在圆的圆心、弧的弦长来绘制圆弧的，用户可通过以下方式来执行此操作。

- 菜单栏：执行"绘图"|"圆弧"|"起点、圆心、长度"命令。
- 面板：在"默认"标签的"绘图"面板中单击"起点、圆心、长度"按钮 。
- 命令行：输入 ARC。

如果存在可以捕捉到的起点和圆心，并且已知弦长，可使用"起点、圆心、长度"或"圆心、起点、长度"选项，绘制的圆弧如图 6-24 所示。

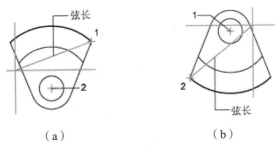

（a） （b）

图 6-24

5. 起点、端点、角度

"起点、端点、角度"方式是通过指定起点、端点，以及圆心角来绘制圆弧的。用户可通过以下方式来执行此操作。

- 菜单栏：执行"绘图"|"圆弧"|"起点、端点、角度"命令。
- 面板：在"默认"标签的"绘图"面板中单击"起点、端点、角度"按钮 。
- 命令行：输入 ARC。

例如，在图形窗口中指定了圆弧的起点和端点，并输入圆心角为 45°来绘制圆弧，提示如下。

```
命令：_ARC 指定圆弧的起点或 [圆心(C)]:                    // 指定圆弧起点或选择选项
指定圆弧的第二个点或 [圆心(C)|端点(E)]:_E
指定圆弧的端点:                                        // 指定圆弧端点
指定圆弧的圆心或 [角度(A)|方向(D)|半径(R)]:_A 指定包含角:45✓      // 输入包含角
```

绘制的圆弧如图 6-25 所示。

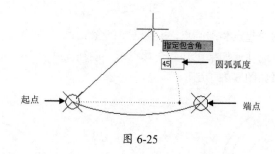

图 6-25

6. 起点、端点、方向

"起点、端点、方向"方式是通过指定起点、端点，以及圆弧切线的方向夹角（即切线与 X 轴的夹角）来绘制圆弧的。用户可通过以下方式来执行此操作。

- 菜单栏：执行"绘图"|"圆弧"|"起点、端点、方向"命令。
- 面板：在"默认"标签的"绘图"面板中单击"起点、端点、方向"按钮 。
- 命令行：输入 ARC。

例如，在图形窗口中指定了圆弧的起点和端点，并指定切线方向夹角为 45°。绘制圆弧的命令提示如下。

```
命令：_ARC 指定圆弧的起点或 [圆心(C)]:                    // 指定圆弧起点
指定圆弧的第二个点或 [圆心(C)|端点(E)]:_E
指定圆弧的端点:                                        // 指定圆弧端点
指定圆弧的圆心或 [角度(A)|方向(D)|半径(R)]:_D 指定圆弧的起点切向:45✓
                                                   // 输入斜向夹角
```

绘制的圆弧如图 6-26 所示。

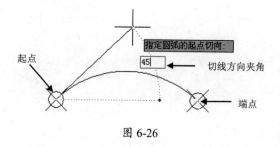

图 6-26

7．起点、端点、半径

"起点、端点、半径"方式是通过指定起点、端点，以及圆弧所在圆的半径来绘制圆弧的。用户可通过以下方式来执行此操作。

- 菜单栏：执行"绘图"|"圆弧"|"起点、端点、半径"命令。
- 面板：在"默认"标签的"绘图"面板中单击"起点、端点、半径"按钮。
- 命令行：输入ARC。

例如，在图形窗口中指定了圆弧的起点和端点，且圆弧半径为30。绘制圆弧要执行的命令提示如下，绘制的圆弧如图6-27所示。

```
命令：ARC 指定圆弧的起点或 [圆心 (C)]：              // 指定圆弧起点
指定圆弧的第二个点或 [圆心 (C) | 端点 (E)]：_E
指定圆弧的端点：                                      // 指定圆弧端点
指定圆弧的圆心或 [角度 (A) | 方向 (D) | 半径 (R)]：_R 指定圆弧的半径：30↙
                                                    // 输入圆弧半径值
```

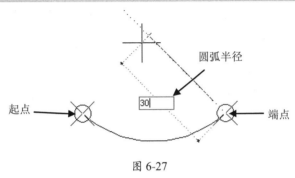

图 6-27

8．圆心、起点、端点

"圆心、起点、端点"方式是通过指定圆弧所在圆的圆心、圆弧起点和端点来绘制圆弧的。用户可通过以下方式来执行此操作。

- 菜单栏：执行"绘图"|"圆弧"|"圆心、起点、端点"命令。
- 面板：在"默认"标签的"绘图"面板中单击"圆心、起点、端点"按钮。
- 命令行：输入ARC。

例如，在图形窗口中依次指定圆弧的圆心、起点和端点来绘制圆弧。绘制圆弧要执行的命令提示如下，绘制的圆弧如图6-28所示。

```
命令：_ARC 指定圆弧的起点或 [圆心 (C)]：_C 指定圆弧的圆心：    // 指定圆弧圆心
指定圆弧的起点：                                            // 指定圆弧起点
指定圆弧的端点或 [角度 (A) | 弦长 (L)]：                     // 指定圆弧端点
```

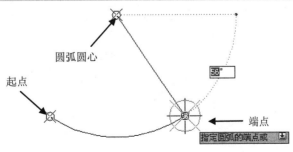

图 6-28

9. 圆心、起点、角度

"圆心、起点、角度"方式是通过指定圆弧所在圆的圆心、圆弧起点，以及圆心角来绘制圆弧的。用户可通过以下方式来执行此操作。

- 菜单栏：执行"绘图"|"圆弧"|"圆心、起点、角度"命令。
- 面板：在"默认"标签的"绘图"面板中单击"圆心、起点、角度"按钮 。
- 命令行：输入 ARC。

例如，在图形窗口依次指定圆弧的圆心、起点，并输入圆心角为45°。绘制圆弧要执行的命令提示如下，绘制的圆弧如图 6-29 所示。

```
命令： ARC 指定圆弧的起点或 [圆心 (C)]： _C 指定圆弧的圆心：        // 指定圆弧的圆心
指定圆弧的起点：                                              // 指定圆弧的起点
指定圆弧的端点或 [角度 (A)｜弦长 (L)]： _A 指定包含角：45 ✓      // 输入包含角值
```

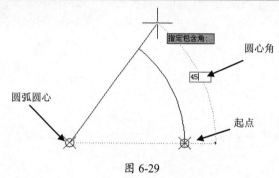

图 6-29

10. 圆心、起点、长度

"圆心、起点、角度"方式是通过指定圆弧所在圆的圆心、圆弧起点和弦长来绘制圆弧的。用户可通过以下方式来执行此操作。

- 菜单栏：执行"绘图"|"圆弧"|"圆心、起点、长度"命令。
- 面板：在"默认"标签的"绘图"面板中单击"圆心、起点、长度"按钮 。
- 命令行：输入 ARC。

例如，在图形窗口依次指定圆弧的圆心、起点，并输入弦长为15。绘制圆弧要执行的命令提示如下。

```
命令： _ARC 指定圆弧的起点或 [圆心 (C)]： _C 指定圆弧的圆心：      // 指定圆弧的圆心
指定圆弧的起点：                                              // 指定圆弧的起点
指定圆弧的端点或 [角度 (A)｜弦长 (L)]： _L 指定弦长：15 ✓        // 输入弦长值
```

绘制的圆弧如图 6-30 所示。

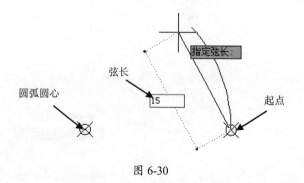

图 6-30

11．连续

"连续"方式是创建一个圆弧，使其与上一步绘制的直线或圆弧相切连续。用户可通过以下方式来执行此操作。

- 菜单栏：执行"绘图"|"圆弧"|"连续"命令。
- 面板：在"默认"标签的"绘图"面板中单击"连续"按钮 。
- 命令行：输入 ARC。

相切连续的圆弧起点就是先前绘制的直线或圆弧的端点，相切连续的圆弧端点可通过捕捉点或在命令行输入精确坐标值来确定。当绘制一条直线或圆弧后，执行"连续"命令，程序会自动捕捉直线或圆弧的端点作为连续圆弧的起点，如图 6-31 所示。

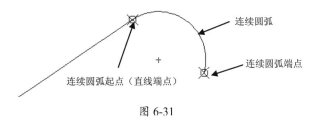

图 6-31

6.4.3 绘制椭圆

椭圆由定义其长度和宽度的两条轴来决定。较长的轴称为"长轴"，较短的轴称为"短轴"，如图 6-32 所示。椭圆的绘制有 3 种方式——"圆心""轴和端点"和"椭圆弧"。

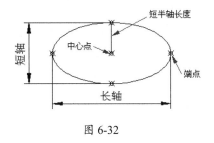

图 6-32

1．圆心

"圆心"方式是通过指定椭圆中心点、长轴的一个端点，以及短半轴的长度来绘制椭圆的。用户可通过以下方式来执行此操作：

- 菜单栏：执行"绘图"|"椭圆"|"圆心"命令。
- 面板：在"默认"标签的"绘图"面板中单击"圆心"按钮 。
- 命令行：输入 ELLIPSE。

例如，绘制一个中心点坐标为(0,0)、长轴的一个端点坐标(25,0)、短半轴的长度为12的椭圆。绘制椭圆要执行的命令提示如下。

```
命令: ELLIPSE
指定椭圆的轴端点或 [圆弧（A）| 中心点 (C)]: _C
指定椭圆的中心点: 0,0 ↙                    | 输入椭圆圆心坐标值
指定轴的端点: @25,0 ↙                      | 输入轴端点的绝对坐标值
指定另一条半轴长度或 [旋转 (R)]: 12 ↙       | 输入另半轴长度值
```

技术要点:

命令行中的"旋转"选项是以椭圆的短轴和长轴的比值,把一个圆绕定义的第一轴旋转成椭圆。

绘制的椭圆如图 6-33 所示。

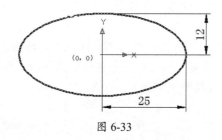

图 6-33

2. 轴、端点

"轴、端点"方式是通过指定椭圆长轴的两个端点和短半轴长度来绘制椭圆的。用户可通过以下方式来执行此操作。

- 菜单栏:执行"绘图"|"椭圆"|"轴、端点"命令。
- 面板:在"默认"标签的"绘图"面板中单击"轴、端点"按钮⊙。
- 命令行:输入 ELLIPSE。

例如,绘制一个长轴的端点坐标分别为(12.5,0)和(−12.5,0)、短半轴的长度为 10 的椭圆。绘制椭圆的命令提示如下,绘制的椭圆如图 6-34 所示。

```
命令: ELLIPSE
指定椭圆的轴端点或 [圆弧(A)|中心点(C)]: 12.5,0 ↙        // 输入椭圆轴端点坐标
指定轴的另一个端点: -12.5,0 ↙                           // 输入椭圆轴另一端点坐标
指定另一条半轴长度或 [旋转(R)]: 10 ↙                    // 输入椭圆半轴长度值
```

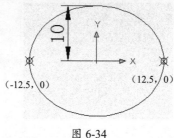

图 6-34

3. 椭圆弧

"椭圆弧"方式是通过指定椭圆长轴的两个端点和短半轴长度,以及起始角、终止角来绘制椭圆弧的。用户可通过以下方式来执行此操作。

- 菜单栏:执行"绘图"|"椭圆"|"椭圆弧"命令。
- 面板:在"默认"标签的"绘图"面板中单击"椭圆弧"按钮⊙。
- 命令行:输入 ELLIPSE。

椭圆弧是椭圆上的一段弧,因此需要指定弧的起始位置和终止位置。例如,绘制一个长轴的端点坐标分别为(25,0)和(−25,0)、短半轴的长度为 15、起始角度为 0°、终止角度为 270°的椭圆弧。绘制椭圆的命令提示如下。

```
命令: _ELLIPSE
指定椭圆的轴端点或 [圆弧（A）| 中心点 (C)]: _A
指定椭圆弧的轴端点或 [中心点 (C)]: 25,0 ↙          | 输入椭圆轴端点坐标
指定轴的另一个端点: -25,0 ↙                          | 输入椭圆另一轴端点坐标
指定另一条半轴长度或 [旋转 (R)]: 15 ↙                | 输入椭圆半轴长度值
指定起始角度或 [参数 (P)]: 0 ↙                        | 输入起始角度值
指定终止角度或 [参数 (P)|包含角度 (I)]: 270 ↙        | 输入终止角度值
```

绘制的椭圆弧如图 6-35 所示。

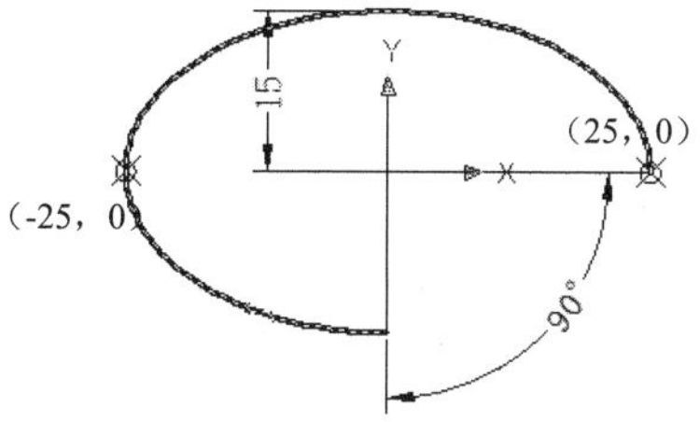

图 6-35

技术要点：

椭圆弧的角度就是终止角和起始角度的差值。另外，用户也可以使用"包含角"选项，直接输入椭圆弧的角度。

6.4.4 绘制圆环

"圆环"工具能创建实心的圆与圆环。要创建圆环，需指定它的内外直径和圆心。通过指定不同的圆心，可以继续创建具有相同直径的多个副本。要创建实体填充圆，需要将内径值指定为0。

用户可通过以下方式来创建圆环。

- 菜单栏：执行"绘图"|"圆环"命令。
- 面板：在"默认"标签的"绘图"面板中单击"圆环"按钮 ◎。
- 命令行：输入 DONUT。

实心圆和圆环的应用实例如图 6-36 所示。

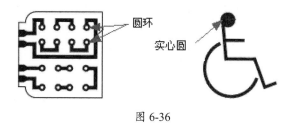

图 6-36

6.5 综合训练

前面我们学习了 AutoCAD 2018 的二维绘图命令，这些基本命令是制图人员必须具备的基本技能。下面讲解关于二维绘图命令的常见应用实例。

6.5.1 训练一：绘制减速器透视孔盖

◎ **源文件：综合训练作\源文件\Ch06\CAD样板.dwg**

◎ **结果文件：综合训练\结果文件\Ch06\减速器透视孔盖.dwg**

◎ **视频文件：视频\Ch06\减速器透视孔盖.avi**

减速器透视孔盖虽然有多种类型，但一般都以螺纹结构固定。如图 6-37 所示为减速器上的油孔顶盖。

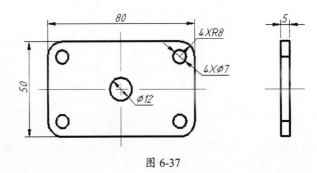

图 6-37

此图形的绘制方法是：首先绘制定位基准线（即中心线），其次绘制主视图矩形，最后绘制侧视图。图形绘制完成后，标注图形。

我们在绘制机械类的图形时，一定要先创建符合 GB 标准的图纸样板，以便在后期的一系列机械设计图纸中能快速调用。

操作步骤

01 调用用户自定义的图纸样板文件。

02 使用"矩形"工具，绘制如图 6-38 所示的矩形。

03 使用"直线"工具，在矩形的中心位置绘制如图 6-39 所示的中心线。

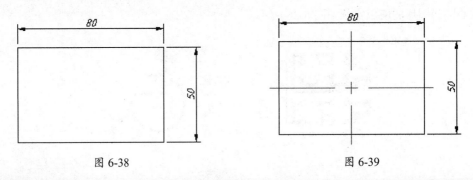

图 6-38   图 6-39

技术要点：

在绘制所需的图线或图形时，可以先指定预设置的图层，也可以随意绘制，最后再指定图层，但先指定图层可以提高部分绘图效率。

04 在命令行输入 fillet 命令（圆角），或者单击"圆角"按钮 <kbd>圆角</kbd>，并按命令行的提示进行操作。命令行操作如下。

```
命令：_FILLET
当前设置：模式 = 修剪，半径 = 7.0000
选择第一个对象或 [放弃(U)|多段线(P)|半径(R)|修剪(T)|多个(M)]：R
指定圆角半径 <7.0000>：8
选择第一个对象或 [放弃(U)|多段线(P)|半径(R)|修剪(T)|多个(M)]：
选择第二个对象，或按住 Shift 键选择对象以应用角点或 [半径(R)]：
```

05 创建的圆角如图 6-40 所示。

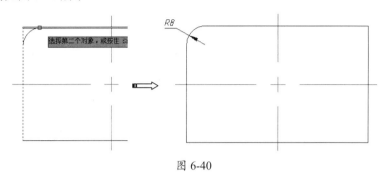

图 6-40

06 同理，在另 3 个角点位置也绘制同样半径的圆角，结果如图 6-41 所示。

技术要点：

由于执行的是相同的操作，可以按Enter键继续执行该命令，并直接选取对象来创建圆角。

07 使用"圆心，半径"工具，在圆角的中心点位置绘制出 4 个直径为 7 的圆，结果如图 6-42 所示。

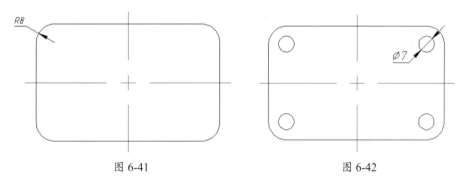

图 6-41　　　　　　　　　　　　　图 6-42

08 在矩形的中心位置绘制如图 6-43 所示的圆。

09 使用"矩形"工具，绘制如图 6-44 所示的矩形。

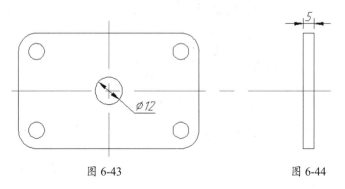

图 6-43　　　　　　　　　图 6-44

技术要点：

要想精确绘制矩形，最好采用坐标绝对输入方法，即（@X,Y）形式。

10 使用"直线"工具，在大矩形的圆角位置绘制两条水平直线，并穿过小矩形，如图 6-45 所示。

11 使用"修剪"工具，将图形中多余的图线修剪掉，然后对主要的图线应用"粗实线"图层，最后对图形进行尺寸标注，结果如图 6-46 所示。

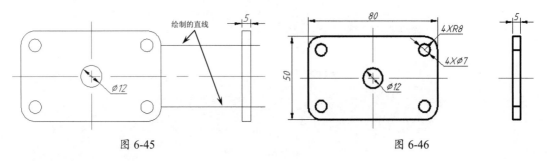

图 6-45   图 6-46

12 最后将结果保存。

6.5.2 训练二：绘制曲柄

◎ **源文件：无**

◎ **结果文件：综合训练\结果文件\Ch06\曲柄.dwg**

◎ **视频文件：视频\Ch06\绘制曲柄.avi**

在本节中，将以曲柄平面图的绘制过程来巩固前面所学的基础内容。曲柄平面图如图 6-47 所示。

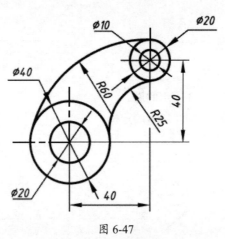

图 6-47

从曲柄平面图分析可知，平面图的绘制将会分成以下几个步骤来完成。

（1）绘制基准线。

（2）绘制已知线段。

（3）绘制连接线段。

操作步骤

1. 绘制基准线

本例图形的主基准线就是大圆的中心线，另两个同心小圆的中心线为辅助基准。基准线的绘制可使用"直线"工具来完成。

01 首先绘制两个大圆的中心线，命令行操作如下。

```
命令：LINE
指定第一点：1000,1000 ↙                          // 输入直线起点坐标值
指定下一点或 [放弃(U)]：@50,0 ↙                   // 输入直线第 2 点绝对坐标值
指定下一点或 [放弃(U)]：↙
命令：↙
LINE 指定第一点：1025,975 ↙                       // 输入直线起点坐标值
指定下一点或 [放弃(U)]：@0,50 ↙                   // 输入直线第 2 点绝对坐标值
指定下一点或 [放弃(U)]：↙
```

02 绘制的大圆中心线如图 6-48 所示。

03 再绘制两个小圆的中心线，命令行操作如下。

```
命令：LINE
指定第一点：1050,1040 ↙                          // 输入直线起点坐标值
指定下一点或 [放弃(U)]：@30,0 ↙                   // 输入直线第 2 点绝对坐标值
指定下一点或 [放弃(U)]：↙
命令：↙
LINE 指定第一点：1065,1025 ↙                      // 输入直线起点坐标值
指定下一点或 [放弃(U)]：@0,30 ↙                   // 输入直线第 2 点绝对坐标值
指定下一点或 [放弃(U)]：↙
```

04 绘制的两条小圆中心线如图 6-49 所示。

图 6-48   图 6-49

05 加载 CEnter（点画线）线型，然后将 4 条基准线转换为点画线。

2. 绘制已知线段

曲柄平面图的已知线段就是 4 个圆，可使用"圆"工具的"圆心、直径"方式来绘制。

01 在主要基准线上绘制较大的两个同心圆，命令行操作如下。

```
命令：CIRCLE
指定圆的圆心或 [三点(3P)|两点(2P)|切点、切点、半径(T)]：
                                          // 指定主要基准线交点为圆心
指定圆的半径或 [直径(D)] <40.0000>：D ↙
指定圆的直径 <80.0000>：40 ↙               // 输入圆直径值
命令：↙
CIRCLE 指定圆的圆心或 [三点(3P)|两点(2P)|切点、切点、半径(T)]：
                                          // 指定基准线交点为圆心
指定圆的半径或 [直径(D)] <20.0000>：_D 指定圆的直径 <40.0000>：20 ↙
                                          // 输入圆直径值
```

02 绘制的两个大同心圆如图 6-50 所示。

03 在辅助基准线上绘制两个小的同心圆，命令行操作如下。

```
命令: CIRCLE
指定圆的圆心或 [三点 (3P) | 两点 (2P) | 切点、切点、半径 (T)]:
                                              // 指定辅助基准线交点为圆心
指定圆的半径或 [直径 (D)] <10.0000>: D↙
指定圆的直径 <20.0000>: 20↙              // 输入圆直径值
命令: ↙
CIRCLE 指定圆的圆心或 [三点 (3P) | 两点 (2P) | 切点、切点、半径 (T)]:
                                              // 指定辅助基准线交点为圆心
指定圆的半径或 [直径 (D)] <10.0000>: D↙
指定圆的直径 <20.0000>: 10↙              // 输入圆直径值
```

04 绘制的两个小同心圆如图 6-51 所示。

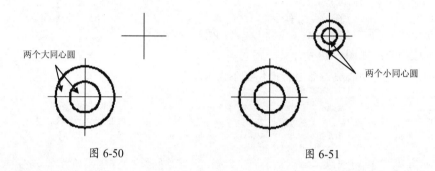

两个大同心圆

两个小同心圆

图 6-50   图 6-51

3. 绘制连接线段

曲柄平面图的连接线段就是两段连接弧，从平面图形中可知。连接弧与两相邻同心圆是相切的，因此可使用"圆"工具的"切点、切点、半径"方式来绘制。

01 首先绘制半径为 60 的大相切圆，命令行操作如下。

```
命令: CIRCLE
指定圆的圆心或 [三点 (3P) | 两点 (2P) | 切点、切点、半径 (T)]: T↙   // 输入 T 选项
指定对象与圆的第一个切点:                              // 指定第 1 个切点
指定对象与圆的第二个切点:                              // 指定第 2 个切点
指定圆的半径 <10.0000>: 60↙                          // 输入圆半径
```

02 绘制的大相切圆如图 6-52 所示。

03 绘制半径为 25 的小相切圆，命令行操作如下。

```
命令: CIRCLE
指定圆的圆心或 [三点 (3P) | 两点 (2P) | 切点、切点、半径 (T)]: T↙   // 输入 T 选项
指定对象与圆的第一个切点:                              // 指定第 1 个切点
指定对象与圆的第二个切点:                              // 指定第 2 个切点
指定圆的半径 <60.0000>: 25↙                          // 输入圆半径
```

04 绘制的小相切圆如图 6-53 所示。

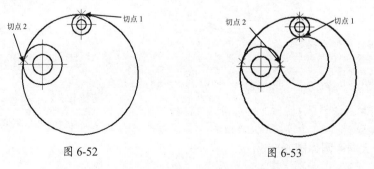

切点 2   切点 1   切点 2   切点 1

图 6-52   图 6-53

05 使用"默认"标签中"修改"面板的"修剪"工具,将多余的线段修剪掉。修剪操作的命令提示如下。

```
命令：TRIM
当前设置：投影 =UCS，边 = 无
选择剪切边 ...
选择对象或 < 全部选择 >：✓
选择要修剪的对象，或按住 Shift 键选择要延伸的对象，或
[ 栏选 (F)| 窗交 (C)| 投影 (P)| 边 (E)| 删除 (R)| 放弃 (U)]：         // 选择要修剪图线
选择要修剪的对象，或按住 Shift 键选择要延伸的对象，或
[ 栏选 (F)| 窗交 (C)| 投影 (P)| 边 (E)| 删除 (R)| 放弃 (U)]：         // 选择要修剪图线
选择要修剪的对象，或按住 Shift 键选择要延伸的对象，或
[ 栏选 (F)| 窗交 (C)| 投影 (P)| 边 (E)| 删除 (R)| 放弃 (U)]：* 取消 *   // 按 Esc 键结束命令
```

06 修剪完成后匹配线型,最后的结果如图 6-54 所示。

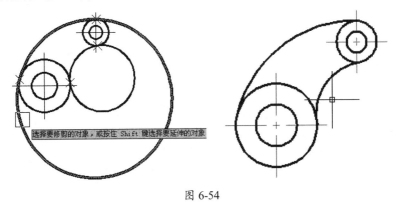

图 6-54

6.5.3 训练三：绘制洗手池

◎ **源文件：无**

◎ **结果文件：综合训练\结果文件\Ch06\洗手池.dwg**

◎ **视频文件：视频\Ch06\绘制洗手池.avi**

通过一个 1000×600 洗手池的绘制,学习 fillet、chamfer、trim 等命令的绘制技巧。

洗手池的绘制主要是画出其内、外轮廓线,可以先绘制出外轮廓线,然后使用 offset 命令绘制内轮廓线,如图 6-55 所示。

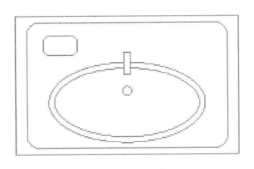

图 6-55

操作步骤

01 新建文件。

02 执行"文件"|"新建"命令，创建一个新的文件。

03 执行"绘图"|"矩形"命令，绘制洗手池台的外轮廓线，如图 6-56 所示。

```
命令：_RECTANG
指定第 1 个角点或 [倒角(C)/标高(E)/圆角(F)/厚度(T)/宽度(W)]:
                                    // 在屏幕上任意选取一点
指定另一个角点或 [尺寸(D)]: @1000,600
```

04 输入 osnap 命令后按 Enter 键，弹出"草图设置"对话框。在"对象捕捉"选项卡中，选中"端点"和"中点"复选框，使用端点和中点对象捕捉模式，如图 6-57 所示。

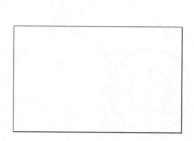

图 6-56

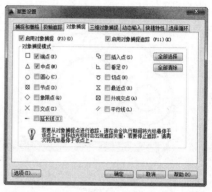

图 6-57

05 输入 ucs 命令后按 Enter 键，改变坐标原点，使新的坐标原点为洗手池台的外轮廓线的左下端点。

```
命令：UCS
当前 UCS 名称：*世界*
输入选项
[新建(N)/移动(M)/正交(G)/上一个(P)/恢复(R)/保存(S)/删除(D)/应用(A)/?/世界(W)]
<世界>: O
指定新原点 <0,0,0>:                 // 对象捕捉到矩形的左下端点
```

06 执行"绘图"|"矩形"命令，绘制洗手池台的内轮廓线，如图 6-58 所示。

```
命令：_RECTANG
指定第 1 个角点或 [倒角(C)/标高(E)/圆角(F)/厚度(T)/宽度(W)]: 50,25
指定另一个角点或 [尺寸(D)]: 950,575
```

07 执行"绘图"|"圆角"命令，修剪洗手池台的内轮廓线，如图 6-59 所示。

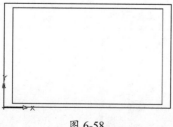

图 6-58

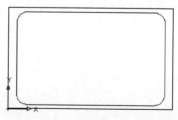

图 6-59

```
命令：_FILLET
当前设置：模式 = 修剪，半径 = 0.0000
选择第 1 个对象或 [多段线(P)/半径(R)/修剪(T)/多个(U)]: R
指定圆角半径 <0.0000>: 60 // 修改倒圆角的半径
```

```
选择第1个对象或 [多段线(P)/半径(R)/修剪(T)/多个(U)]: U              //选择多个模式
选择第1个对象或 [多段线(P)/半径(R)/修剪(T)/多个(U)]:              //选择角的一条边
选择第 2 个对象: //选择角的另外一条边
选择第1个对象或 [多段线(P)/半径(R)/修剪(T)/多个(U)]:              //选择角的一条边
选择第2个对象: //选择角的另外一条边
选择第1个对象或 [多段线(P)/半径(R)/修剪(T)/多个(U)]:              //选择角的一条边
选择第2个对象: //选择角的另外一条边
选择第1个对象或 [多段线(P)/半径(R)/修剪(T)/多个(U)]:              //选择角的一条边
选择第2个对象: //选择角的另外一条边
选择第1个对象或 [多段线(P)/半径(R)/修剪(T)/多个(U)]:
```

技术要点:

"倒圆角"命令能够将一个角的两条直线在角的顶点处形成圆弧,对于圆弧的半径要根据图形的尺寸确定,如果太小,则在图上显示不出来。

08 执行"绘图"|"椭圆"命令,绘制洗手池的外轮廓线,如图 6-60 所示。

```
命令: _ELLIPSE
指定椭圆的轴端点或 [圆弧(A)/中心点(C)]: C
指定椭圆的中心点: 500,225
指定轴的端点: @-350,0
指定另一条半轴长度或 [旋转(R)]: 175
```

技术要点:

椭圆的绘制主要是确定椭圆的中心位置,然后再确定椭圆的长轴和短轴的尺寸即可,当长轴和短轴的尺寸相等时,椭圆就变成了一个圆。

09 执行"修改"|"偏移"命令,绘制洗手池的内轮廓线,如图 6-61 所示。

```
命令: _OFFSET
指定偏移距离或 [通过(T)] <1.0000>: 25
选择要偏移的对象或 <退出>:                           //选择外侧窗户轮廓线
指定点以确定偏移所在一侧:                           //选择偏移的方向
选择要偏移的对象或 <退出>:
```

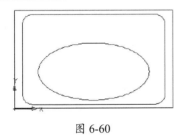

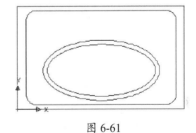

图 6-60   图 6-61

10 执行"绘图"|"矩形"命令,绘制水龙头;执行"绘图"|"圆"命令,绘制排污口,如图 6-62 所示。

```
命令: _RECTANG
指定第 1 个角点或 [倒角(C)/标高(E)/圆角(F)/厚度(T)/宽度(W)]: 485,455
指定另一个角点或 [尺寸(D)]: @30,-100
命令: _CIRCLE
指定圆的圆心或 [三点(3P)/两点(2P)/相切、相切、半径(T)]: 500,275
指定圆的半径或 [直径(D)] <20.0000>:20
```

11 执行"绘图"|"矩形"命令,绘制洗手池上的肥皂盒,并执行"修改"|"倒角"命令,对该肥皂盒进行倒直角处理,如图 6-63 所示。

```
命令: _RECTANG
```

```
指定第1 个角点或 ［倒角 (C) / 标高 (E) / 圆角 (F) / 厚度 (T) / 宽度 (W)］：
指定另一个角点或 ［尺寸 (D)］：@150,-80
命令：  CHAMFER
("修剪"模式) 当前倒角距离 1 = 0.0000，距离 2 = 0.0000
选择第1 条直线或 ［多段线 (P) / 距离 (D) / 角度（A) / 修剪 (T) / 方式 (M) / 多个 (U)］：D
指定第1 个倒角距离 <0.0000>: 15         // 修改倒角的值
指定第2 个倒角距离 <15.0000>：           // 修改倒角的值
选择第1 条直线或 ［多段线 (P) / 距离 (D) / 角度（A) / 修剪 (T) / 方式 (M) / 多个 (U)］：U
选择第1 条直线或 ［多段线 (P) / 距离 (D) / 角度（A) / 修剪 (T) / 方式 (M) / 多个 (U)］：
                                      // 选择倒角的第1 条边
选择第 2 条直线：                       // 选择倒角的另外一条边
选择第1 条直线或 ［多段线 (P) / 距离 (D) / 角度（A) / 修剪 (T) / 方式 (M) / 多个 (U)］：
                                      // 选择倒角的第1 条边
选择第2 条直线：                        // 选择倒角的另外一条边
选择第1 条直线或 ［多段线 (P) / 距离 (D) / 角度（A) / 修剪 (T) / 方式 (M) / 多个 (U)］：
                                      // 选择倒角的第1 条边
选择第2 条直线：                        // 选择倒角的另外一条边
选择第1 条直线或 ［多段线 (P) / 距离 (D) / 角度（A) / 修剪 (T) / 方式 (M) / 多个 (U)］：
```

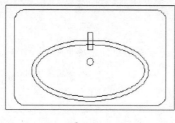

图 6-62

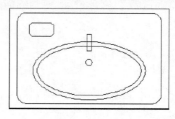

图 6-63

技术要点：

"倒角"命令能够将一个角的两条直线在角的顶点处形成一个截断，对于在两条边上的截断距离要根据
图形的尺寸确定，如果太小了就会在图上显示不出来。

12 执行"修改"|"修剪"命令，绘制水龙头和洗手池轮廓线相交的部分，并最终完成洗手池的绘制，
如图 6-64 所示。

```
命令：  TRIM
当前设置：投影 =UCS，边 = 无
选择剪切边 ...
选择对象：找到 1 个                     // 选中修剪的边界——水龙头
选择对象：
选择要修剪的对象，或按住 Shift 键选择要延伸的对象，或 ［投影 (P) / 边 (E) / 放弃 (U)］：
选择要修剪的对象，或按住 Shift 键选择要延伸的对象，或 ［投影 (P) / 边 (E) / 放弃 (U)］：
选择要修剪的对象，或按住 Shift 键选择要延伸的对象，或 ［投影 (P) / 边 (E) / 放弃 (U)］：
```

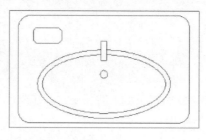

图 6-64

6.6　课后习题

1．直线绘图

用 OFFSET、LINE 及 TRIM 命令绘制如图 6-65 所示的图形。

2．直线、构造线绘图

用 LINE、XLINE、CIRCLE 及 BREAK 等命令绘制如图 6-66 所示的图形。

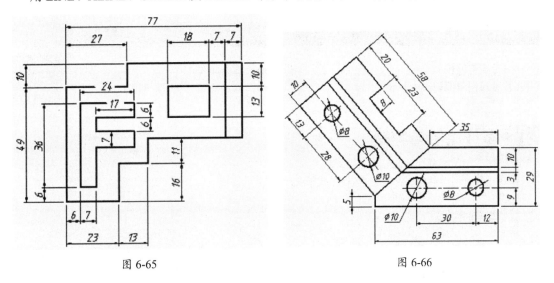

图 6-65　　　　　　　　　　　图 6-66

3．画圆、切线及圆弧连接

用 LINE、CIRCLE 及 TRIM 等命令绘制如图 6-67 所示的图形。

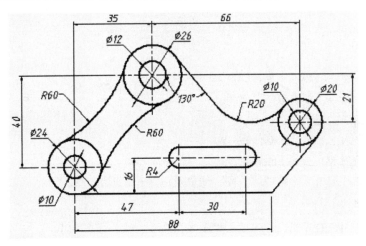

图 6-67

第7章 绘图指令二

前面一章学习了 AutoCAD 2018 简单图形的绘制方法，掌握了基本图形的绘制方法与命令含义。在本章中，我们将学习二维高级图形的绘制指令。

项目分解与视频二维码

◆ 多线绘制与编辑
◆ 多段线绘制与编辑

◆ 样条曲线
◆ 绘制曲线与参照几何图形命令

第 7 章视频

7.1 多线绘制与编辑

多线由多条平行线组成，这些平行线称为"元素"。

7.1.1 绘制多线

"多线"是由两条或两条以上的平行元素构成的复合线对象，并且每个平行线元素的线型、颜色以及间距都是可以设置的，如图 7-1 所示。

图 7-1

技术要点：

在默认设置下，所绘制的多线是由两条平行元素构成的。

执行"多线"命令主要有以下几种方式。

- 执行"绘图"|"多线"命令。
- 在命令行输入 MLINE 后按 Enter 键。
- 使用命令简写 ML 后按 Enter 键。

"多线"命令常被用于绘制墙线、阳台线以及道路和管道线。

动手操作——绘制多线

下面通过绘制闭合的多线，学习使用"多线"命令，操作步骤如下。

01 新建文件。

02 执行"绘图"|"多线"命令，配合点的坐标输入功能绘制多线。命令行操作如下。

```
命令：MLINE
当前设置：对正 = 上，比例 = 20.00，样式 = STANDARD
指定起点或 [对正(J)|比例(S)|样式(ST)]：S✓              // 激活"比例"选项
输入多线比例 <20.00>：120 ✓                           // 设置多线比例
当前设置：对正 = 上，比例 = 120.00，样式 = STANDARD
```

```
指定起点或 [对正(J) | 比例(S) | 样式(ST)]:                    // 在绘图区拾取一点
指定下一点：@0,1800 ↙
指定下一点或 [放弃(U)]: @3000,0 ↙
指定下一点或 [闭合(C) | 放弃(U)]: @0,-1800 ↙
指定下一点或 [闭合(C) | 放弃(U)]: C ↙
```

03 使用视图调整工具调整图形的显示，绘制效果如图 7-2 所示。

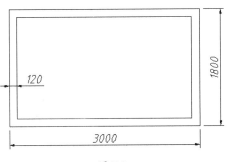

图 7-2

技术要点：

使用"比例"选项，可以绘制不同宽度的多线。默认比例为20个绘图单位。另外，如果用户输入的比例值为负值，那么多条平行线的顺序会发生反转。使用"样式"选项，可以随意更改当前的多线样式；"闭合"选项用于绘制闭合的多线。

　　AutoCAD 共提供了 3 种"对正"方式，即上对正、下对正和中心对正，如图 7-3 所示。如果当前多线的对正方式不符合用户要求，可在命令行中单击"对正（J）"选项，系统出现如下提示。

```
指定起点或 [对正(J) / 比例(S) / 样式(ST)]:  J
输入对正类型 [上(T) / 无(Z) / 下(B)] <上>:              // 提示用户输入多线的对正方式
```

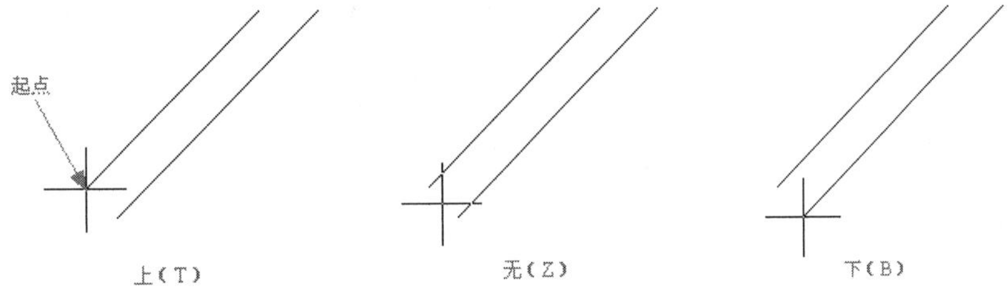

起点

上（T）　　　　　　　　　　无（Z）　　　　　　　　下（B）

图 7-3

7.1.2　编辑多线

　　多线的编辑应用于两条多线的衔接。执行"编辑多线"命令主要有以下几种方式。

● 执行"修改"|"对象"|"多线"命令。

● 在命令行输入 MLEDIT 后按 Enter 键。

动手操作——编辑多线

　　编辑多线的操作步骤如下。

01 新建文件。

02 绘制两条交叉多线，如图 7-4 所示。

03 执行"修改"|"对象"|"多线"命令，打开"多线编辑工具"对话框，如图 7-5 所示。单击"多线编辑工具"面板上的"十字打开"按钮，该对话框自动关闭。

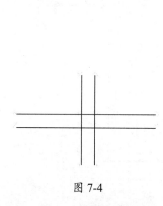

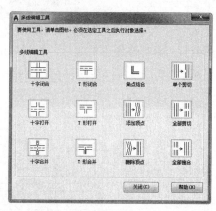

图 7-4   图 7-5

04 根据命令提示操作，操作结果如图 7-6 所示。

```
命令：_MLEDIT
选择第一条多线：                    // 在视图中选择一条多线
选择第二条多线：                    // 在视图中选择另一条多线
```

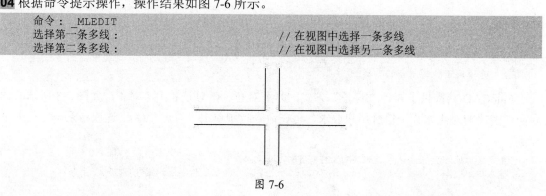

图 7-6

动手操作——绘制建筑墙体

  下面以墙体的绘制实例，讲解多线绘制及多线编辑的步骤，及其绘制方法。如图 7-7 所示为绘制完成的建筑墙体。

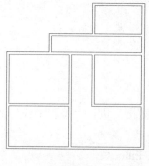

图 7-7

01 新建一个文件。

02 执行 XL（构造线）命令绘制辅助线。绘制出一条水平构造线和一条垂直构造线，组成十字构造线，如图 7-8 所示。

03 执行 XL 命令，利用"偏移"选项将水平构造线分别向上偏移 3000、6500、7800 和 9800，绘制的水平构造线如图 7-9 所示。

```
命令：XL
XLINE 指定点或 [水平 (H) / 垂直 (V) / 角度（A）/ 二等分（B）/ 偏移 (O)]：O
指定偏移距离或 [通过 (T)] <通过>：3000
选择直线对象：
指定向哪侧偏移：
选择直线对象：
命令：
XLINE 指定点或 [水平 (H) / 垂直 (V) / 角度（A）/ 二等分（B）/ 偏移 (O)]：O
指定偏移距离或 [通过 (T)] <2500.0000>：6500
选择直线对象：
指定向哪侧偏移：
选择直线对象：
命令：
XLINE 指定点或 [水平 (H) / 垂直 (V) / 角度（A）/ 二等分（B）/ 偏移 (O)]：O
指定偏移距离或 [通过 (T)] <5000.0000>：7800
选择直线对象：
指定向哪侧偏移：
选择直线对象：
命令：
XLINE 指定点或 [水平 (H) / 垂直 (V) / 角度（A）/ 二等分（B）/ 偏移 (O)]：O
指定偏移距离或 [通过 (T)] <3000.0000>：9800
选择直线对象：
指定向哪侧偏移：
选择直线对象：＊取消＊
```

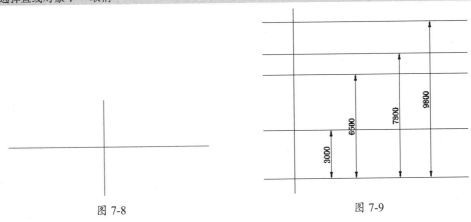

图 7-8　　　　　　　图 7-9

04 用同样的方法绘制垂直构造线，向右偏移依次为 3900、1800、2100 和 4500，结果如图 7-10 所示。

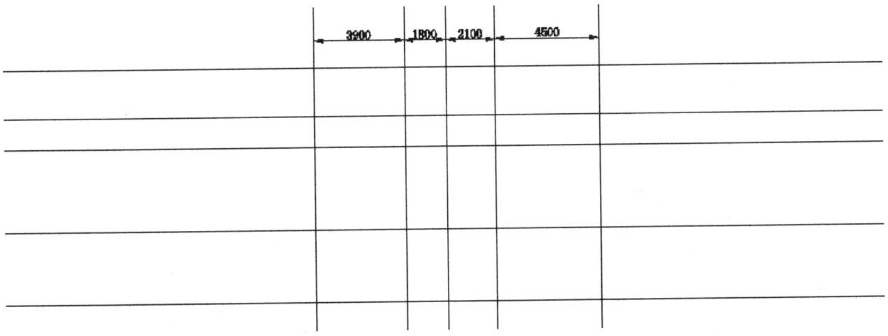

图 7-10

技术要点：

这里也可以执行O（偏移）命令来得到偏移直线。

05 执行 MLST（多线样式）命令，打开"多线样式"对话框，在该对话框中单击"新建"按钮，再打开"创建新的多线样式"对话框，在该对话框的"新样式名"文本框中输入"墙体线"，单击"继续"按钮，如图 7-11 所示。

06 打开"新建多线样式：墙体线"对话框后，进行如图 7-12 所示的设置。

图 7-11

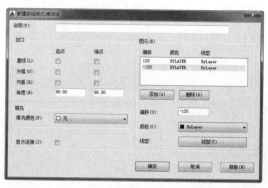

图 7-12

07 绘制多线墙体，结果如图 7-13 所示。命令行操作如下。

```
命令：ML ✓
当前设置：对正 = 上，比例 = 20.00，样式 = STANDARD
指定起点或 [对正 (J) / 比例 (S) / 样式 (ST)]： S ✓
输入多线比例 <20.00>： 1 ✓
当前设置：对正 = 上，比例 = 1.00，样式 = STANDARD
指定起点或 [对正 (J) / 比例 (S) / 样式 (ST)]： J ✓
输入对正类型 [上 (T) / 无 (Z) / 下 (B)] <上>： Z ✓
当前设置：对正 = 无，比例 = 1.00，样式 = STANDARD
指定起点或 [对正 (J) / 比例 (S) / 样式 (ST)]：(在绘制的辅助线交点上指定一点)
指定下一点：(在绘制的辅助线交点上指定下一点)
指定下一点或 [放弃 (U)]：(在绘制的辅助线交点上指定下一点)
指定下一点或 [闭合 (C) / 放弃 (U)]：(在绘制的辅助线交点上指定下一点)
指定下一点或 [闭合 (C) / 放弃 (U)]：C ✓✓
```

08 执行 MLED 命令，打开"多线编辑工具"对话框，如图 7-14 所示。

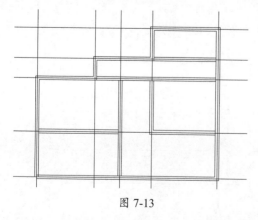

图 7-13

图 7-14

09 选择其中的"T形打开"和"角点结合"选项，对绘制的墙体多线进行编辑，结果如图 7-15 所示。

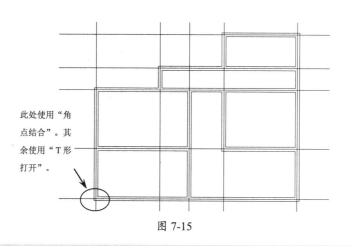

图 7-15

技术要点：

如果编辑多线时不能达到理想的效果，可以将多线分解，然后采用夹点模式进行编辑。

10 至此，建筑墙体绘制完成，最后将结果保存。

7.1.3 创建与修改多线样式

多线的外观由多线样式决定。在多线样式中，用户可以设定多线中线条的数量、每条线的颜色、线型和线间的距离，还能指定多线两个端头的形式，如弧形端头、平直端头等。

执行"多线样式"命令主要有以下几种方式。

- 执行"格式"|"多线样式"命令。
- 在命令行输入 MLSTYLE 后按 Enter 键。

动手操作——创建多线样式

下面通过创建新多线样式来讲解"多线样式"的用法。

01 新建文件。

02 执行 MLSTYLE 命令，打开"多线样式"对话框，如图 7-16 所示。

03 单击 新建(N)... 按钮，打开"创建新的多线样式"对话框。在"新样式名"文本框中输入新样式的名称"样式"，单击"继续"按钮 继续 ，打开"新建多线样式：样式"对话框，如图 7-17 所示。

图 7-16

图 7-17

04 在随后弹出的"新建多线样式：样式"对话框中单击"添加"按钮，可增加新的线，单击"线型"按钮 [线型(T)...] ，可在打开的"选择线型"对话框中加载或者选择所需的线型，如图 7-18 所示。

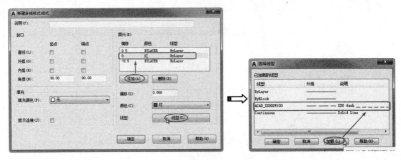

图 7-18

05 在"多线样式"对话框中，单击"置为当前"按钮 [置为当前(U)] ，再单击"确定"按钮 [确定] ，关闭对话框。

06 新建的多线样式如图 7-19 所示。

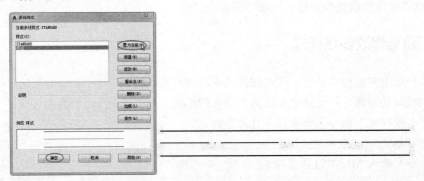

图 7-19

7.2 多段线绘制与编辑

多段线是作为单个对象创建的相互连接的线段序列，它是由直线段、弧线段或两者组合的线段，既可以一起编辑，也可以分别编辑，还可以具有不同的宽度。

7.2.1 绘制多段线

使用"多段线"命令不但可以绘制一条单独的直线段或圆弧，还可以绘制具有一定宽度的闭合或不闭合直线段和弧线序列。

执行"多段线"命令主要有以下几种方法。

- 执行"绘图"|"多段线"命令。
- 单击"绘图"面板中的"多段线"按钮 。
- 在命令行输入简写 PL。

要绘制多段线，执行 PLINE 命令，当指定多段线起点后，命令行操作如下。

指定下一个点或 [圆弧（A）| 半宽 (H)| 长度 (L)| 放弃 (U)| 宽度 (W)]：

命令提示中有5个操作选项，其含义如下。

- 圆弧：若选择此选项（即在命令行输入A），即可创建圆弧对象。
- 半宽：指绘制的线性对象按设置宽度值的一倍，由起点至终点逐渐增大或减小。如绘制一条起点半宽度为5，终点半宽度为10的直线，则绘制的直线起点宽度应为10，终点宽度为20。
- 长度：指定弧线段的弦长。如果上一线段是圆弧，将绘制与上一弧线段相切的新弧线段。
- 放弃：放弃绘制的前一线段。
- 宽度：与"半宽"性质相同，此选项输入的值是全宽度值。

例如，绘制带有变宽度的多线段，命令行操作如下，绘制的多段线如图7-20所示。

```
命令：PLINE
指定起点：50,10
当前线宽为 0.0500
指定下一个点或 [圆弧（A）|半宽(H)|长度(L)|放弃(U)|宽度(W)]：50,60
指定下一点或 [圆弧（A）|闭合(C)|半宽(H)|长度(L)|放弃(U)|宽度(W)]：A
指定圆弧的端点或
[角度(A)|圆心(CE)|闭合(CL)|方向(D)|半宽(H)|直线(L)|半径(R)|第二个点(S)|放弃(U)|
宽度(W)]：W
指定起点宽度 <0.0500>：
指定端点宽度 <0.0500>：1
指定圆弧的端点或
[角度(A)|圆心(CE)|闭合(CL)|方向(D)|半宽(H)|直线(L)|半径(R)|第二个点(S)|放弃(U)|
宽度(W)]：100,60
指定圆弧的端点或
[角度(A)|圆心(CE)|闭合(CL)|方向(D)|半宽(H)|直线(L)|半径(R)|第二个点(S)|放弃(U)|
宽度(W)]：L
指定下一点或 [圆弧（A）|闭合(C)|半宽(H)|长度(L)|放弃(U)|宽度(W)]：W
指定起点宽度 <1.0000>：2
指定端点宽度 <2.0000>：2
指定下一点或 [圆弧（A）|闭合(C)|半宽(H)|长度(L)|放弃(U)|宽度(W)]：100,10
指定下一点或 [圆弧（A）|闭合(C)|半宽(H)|长度(L)|放弃(U)|宽度(W)]：C
```

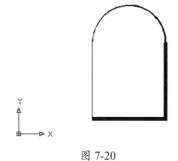

图 7-20

技术要点：

无论绘制的多段线包含多少条直线或圆弧，AutoCAD都把它们作为一个单独的对象处理。

1. "圆弧"选项

此选项用于将当前多段线模式切换为画弧模式，以绘制由弧线组合而成的多段线。在命令行提示下输入A，或在绘图区右击，在弹出的快捷菜单中选择"圆弧"选项，都可激活此选项，系统自动切换到画弧状态，且命令行操作如下。

> "指定圆弧的端点或 [角度（A）|圆心（CE）|闭合（CL）|方向（D）|半宽（H）|直线（L）|半径（R）|第二个点（S）|放弃（U）|宽度（W）]："

各次级选项功能如下。

- 角度：用于指定要绘制圆弧的圆心角。
- 圆心：用于指定圆弧的圆心。
- 闭合：用于用弧线封闭多段线。
- 方向：用于取消直线与圆弧的相切关系，改变圆弧的起始方向。
- 半宽：用于指定圆弧的半宽值。激活此选项后，AutoCAD 将提示用户输入多段线的起点半宽值和终点半宽值。
- 直线：用于切换直线模式。
- 半径：用于指定圆弧的半径。
- 第二个点：用于选择三点画弧方式中的第二个点。
- 宽度：用于设置弧线的宽度值。

2．其他选项

- 闭合：激活此选项后，AutoCAD 将使用直线段封闭多段线，并结束多段线命令。当用户需要绘制一条闭合的多段线时，最后一定要使用此选项功能，才能保证绘制的多段线是完全封闭的。
- 长度：此选项用于定义下一段多段线的长度，AutoCAD 按照上一线段的方向绘制这一段多段线。若上一段是圆弧，AutoCAD 绘制的直线段与圆弧相切。
- 半宽 | 宽度："半宽"选项用于设置多段线的半宽，"宽度"选项用于设置多段线的起始宽度值，起始点的宽度值可以相同，也可以不同。

技术要点：

在绘制具有一定宽度的多段线时，系统变量Fillmode控制着多段线是否被填充。当变量值为1时，绘制的带有宽度的多段线将被填充；变量为0时，带有宽度的多段线将不会填充，如图7-21所示。

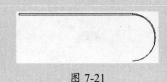

图 7-21

动手操作——绘制楼梯剖面示意图

在本例中将利用 PLINE 命令结合坐标输入的方式绘制如图 7-22 所示直行楼梯剖面示意图，其中，台阶高为 150，宽为 300。读者可结合课堂讲解中所介绍的知识来完成本实例的绘制，其具体操作如下。

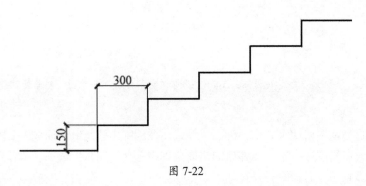

图 7-22

01 新建文件。

02 打开正交，单击"绘图"｜"多段线"按钮，绘制带宽度的多段线。

```
命令：PLINE ✓                          // 激活 PLINE 命令绘制楼梯
指定起点：在绘图区中任意拾取一点        // 指定多段线的起点
指定下一个点或 [圆弧（A）/ 半宽 (H) / 长度 (L) / 放弃 (U) / 宽度 (W)]：@600,0 ✓
                                       // 指定第一点
指定下一点或 [圆弧（A）/ 闭合 (C) / 半宽 (H) / 长度 (L) / 放弃 (U) / 宽度 (W)]：@0,150 ✓
                                       // 指定第二点（绘制楼梯踏步的高）
指定下一点或 [圆弧（A）/ 闭合 (C) / 半宽 (H) / 长度 (L) / 放弃 (U) / 宽度 (W)]：@300,0 ✓
                                       // 指定第三点（绘制楼梯踏步的宽）
指定下一点或 [圆弧（A）/ 闭合 (C) / 半宽 (H) / 长度 (L) / 放弃 (U) / 宽度 (W)]：@0,150 ✓
                                       // 指定下一点
指定下一点或 [圆弧（A）/ 闭合 (C) / 半宽 (H) / 长度 (L) / 放弃 (U) / 宽度 (W)]：@300,0 ✓
                                       // 指定下一点
指定下一点或 [圆弧（A）/ 闭合 (C) / 半宽 (H) / 长度 (L) / 放弃 (U) / 宽度 (W)]：@0,150 ✓
                                       // 指定下一点
指定下一点或 [圆弧（A）/ 闭合 (C) / 半宽 (H) / 长度 (L) / 放弃 (U) / 宽度 (W)]：@300,0 ✓
                                       // 指定下一点，再根据同样的方法绘制楼梯的其余踏步
指定下一点或 [圆弧（A）/ 闭合 (C) / 半宽 (H) / 长度 (L) / 放弃 (U) / 宽度 (W)]：✓
                                       // 按 Enter 键结束绘制
```

03 保存结果。

7.2.2 编辑多段线

执行"编辑多段线"命令主要有以下几种方式。

● 执行"修改"｜"对象"｜"多段线"命令。

● 在命令行输入 PEDIT。

执行 PEDIT 命令，命令行显示如下提示信息。

输入选项 [闭合 (C) | 合并 (J) | 宽度 (W) | 编辑顶点 (E) | 拟合 (F) | 样条曲线 (S) | 非曲线化 (D) | 线型生成 (L) | 放弃 (U)]：

如果选择多个多段线，命令行则显示如下提示信息。

输入选项 [闭合 (C) | 打开 (O) | 合并 (J) | 宽度 (W) | 拟合 (F) | 样条曲线 (S) | 非曲线化 (D) | 线型生成 (L) | 放弃 (U)]：

动手操作——绘制剪刀平面图

运用"多段线"命令绘制把手，使用"直线"命令绘制刀刃，从而完成剪刀的平面图，效果如图 7-23 所示。

图 7-23

01 新建一个文件。

02 执行 PL（多段线）命令，在绘图区中任意位置指定起点后，绘制如图 7-24 所示的多段线，命令行操作如下。

```
命令：_PLINE
指定起点：
当前线宽为 0.0000
指定下一个点或 [圆弧（A）/半宽（H）/长度（L）/放弃（U）/宽度（W）]：A
指定圆弧的端点或
[角度（A）/圆心（CE）/方向（D）/半宽（H）/直线（L）/半径（R）/第二个点（S）/放弃（U）/宽度（W）]：
S
    指定圆弧上的第二个点：@-9,-12.7
    二维点无效。
    指定圆弧上的第二个点：@-9,-12.7
    指定圆弧的端点：@12.7,-9
    指定圆弧的端点或
[角度（A）/圆心（CE）/闭合（CL）/方向（D）/半宽（H）/直线（L）/半径（R）/第二个点（S）/放弃（U）/
宽度（W）]：L
    指定下一点或 [圆弧（A）/闭合（C）/半宽（H）/长度（L）/放弃（U）/宽度（W）]：@-3,19
    指定下一点或 [圆弧（A）/闭合（C）/半宽（H）/长度（L）/放弃（U）/宽度（W）]：✓
```

03 执行 EXPLODE 命令，分解多段线。

04 执行 FILLET 命令，指定圆角半径为 3，对圆弧与直线的下端点进行圆角处理，如图 7-25 所示。

05 执行 L 命令，拾取多段线中直线部分的上端点，确认为直线的第一点，依次输入（@0.8,2）、（@2.8,0.7）、（@2.8,7）、（@-0.1,16.7）、（@-6,-25），绘制多条直线，效果如图 7-26 所示，命令行操作如下。

```
命令：L
LINE 指定第一点：
指定下一点或 [放弃（U）]：@0.8,2
指定下一点或 [放弃（U）]：@2.8,0.7
指定下一点或 [闭合（C）/放弃（U）]：@2.8,7
指定下一点或 [闭合（C）/放弃（U）]：@-0.1,16.7
指定下一点或 [闭合（C）/放弃（U）]：@-6,-25
指定下一点或 [闭合（C）/放弃（U）]：✓
```

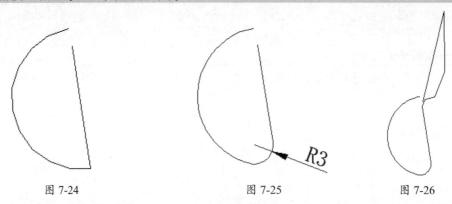

图 7-24   图 7-25   图 7-26

06 执行 FILLET 命令，指定圆角半径为 3，对上一步绘制的直线与圆弧进行圆角处理，如图 7-27 所示。

07 执行 BREAK 命令，在圆弧上的适合位置拾取一点为打断的第一点，拾取圆弧的端点为打断的第二点，效果如图 7-28 所示。

08 执行 O 命令，设置偏移距离为 2，选择偏移对象为圆弧和圆弧旁的直线，分别进行偏移处理，完成后的效果如图 7-29 所示。

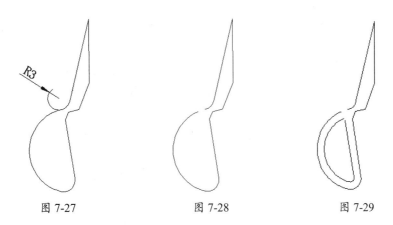

图 7-27　　　　　　　图 7-28　　　　　　　图 7-29

09 执行 FILLET 命令，输入 R，设置圆角半径为 1，选择偏移的直线和外圆弧的上端点，效果如图 7-30 所示。

10 执行 L 命令，连接圆弧的两个端点，结果如图 7-31 所示。

11 执行 MIRROR（镜像）命令，拾取绘图区中所有对象，以通过最下端圆角、最右侧的象限点所在的垂直直线为镜像轴线进行镜像处理，完成后的效果如图 7-32 所示。

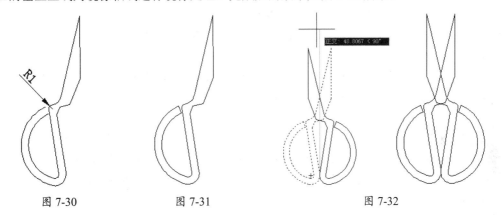

图 7-30　　　　　　　图 7-31　　　　　　　图 7-32

12 执行 TR（修剪）命令，修剪绘图区中需要修剪的线段，如图 7-33 所示。

13 执行 C 命令，在适当的位置绘制直径为 2 的圆，如图 7-34 所示。

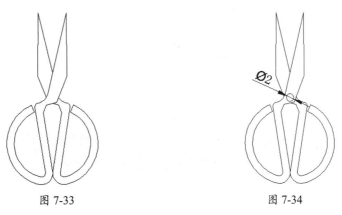

图 7-33　　　　　　　　　　图 7-34

14 至此，剪刀平面图绘制完成了，将完成后的文件保存。

7.3 样条曲线

样条曲线是经过或接近一系列给定点的光滑曲线,它可以控制曲线与点的拟合程度,如图7-35所示。样条曲线可以是开放的, 也可以是闭合的。用户还可以对创建的样条曲线进行编辑。

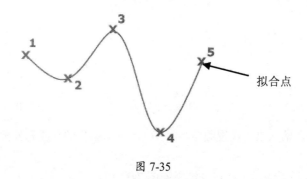

图 7-35

1. 绘制样条曲线

绘制样条曲线就是创建通过或接近选定点的平滑曲线,用户可通过以下方式来执行操作。

- 菜单栏: 执行"绘图"|"样条曲线"命令。
- 面板: 在"默认"标签的"绘图"面板中单击"样条曲线"按钮 。
- 命令行: 输入 SPLINE。

样条曲线的拟合点可通过光标指定,也可在命令行输入精确坐标值。执行 SPLINE 命令,在图形窗口中指定样条曲线的第一点和第二点后,命令行操作如下。

```
命令: _SPLINE
指定第一个点或 [对象(O)]:                    // 指定样条曲线第一点或选择选项
指定下一点:                                  // 指定样条曲线第二点
指定下一点或 [闭合(C) | 拟合公差(F)] <起点切向>:   // 指定样条曲线第三点或选择选项
```

在操作提示中,表示当样条曲线的拟合点有两个时,可以创建闭合曲线(选择"闭合"选项),如图 7-36 所示。

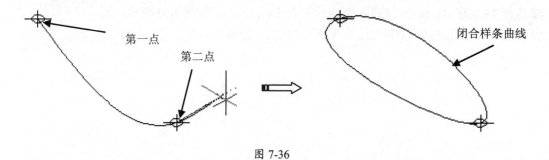

第一点

第二点

闭合样条曲线

图 7-36

还可以选择"拟合公差"选项来设置样条的拟合程度。如果公差设置为0,则样条曲线通过拟合点。输入大于0的公差将使样条曲线在指定的公差范围内通过拟合点,如图7-37 所示。

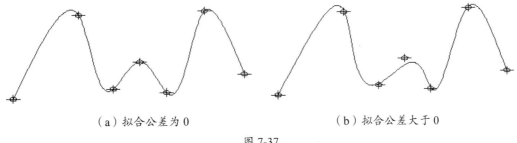

（a）拟合公差为 0 　　　　　　　　　　　（b）拟合公差大于 0

图 7-37

2. 编辑样条曲线

"编辑样条曲线"工具可用于修改样条曲线对象的形状。样条曲线的编辑，除了可以直接在图形窗口中选择样条曲线进行拟合点的移动编辑外，还可通过以下方式来执行此编辑操作。

- 菜单栏：执行"修改"|"对象"|"样条曲线"命令。
- 面板：在"默认"标签的"修改"面板中单击"编辑样条曲线"按钮 ⑤。
- 命令行：输入 SPLINEDIT。

执行 SPLINEDIT 命令并选择要编辑的样条曲线后，命令行操作如下。

> 输入选项 [拟合数据 (F) | 闭合 (C) | 移动顶点 (M) | 精度 (R) | 反转 (E) | 放弃 (U)]：

同时，图形窗口中弹出"输入选项"菜单，如图 7-38 所示。

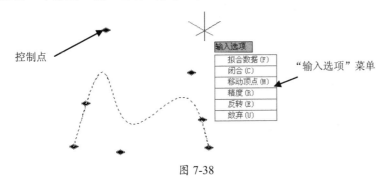

图 7-38

命令提示中或"输入选项"菜单中的选项含义如下。

- 拟合数据：编辑定义样条曲线的拟合点数据，包括修改公差。
- 闭合：将开放样条曲线修改为连续闭合的环。
- 移动顶点：将拟合点移动到新位置。
- 精度：通过添加、权值控制点及提高样条曲线阶数来修改样条曲线定义。
- 反转：修改样条曲线方向。
- 放弃：取消上一步编辑操作。

动手操作——绘制异形轮

下面通过绘制如图 7-39 所示的异形轮轮廓图，熟悉样条曲线的用法。

01 使用"新建"命令创建空白文件。

02 按 F12 键，关闭状态栏上的"动态输入"功能。

03 执行"视图"|"平移"|"实时"命令，将坐标系图标移至绘图区的中央位置。

04 执行"绘图"|"多段线"命令，配合坐标输入法绘制内部轮廓线，命令行操作如下。

```
命令：_PLINE
指定起点：                                    //9.8,0 按 Enter 键
当前线宽为 0.0000
指定下一个点或 [圆弧 (A) / 半宽 (H) / 长度 (L) / 放弃 (U) / 宽度 (W)]:
                                             //9.8,2.5 按 Enter 键
指定下一点或 [圆弧 (A) / 闭合 (C) / 半宽 (H) / 长度 (L) / 放弃 (U) / 宽度 (W)]:
                                             //@-2.73,0 按 Enter 键
指定下一点或 [圆弧 (A) / 闭合 (C) / 半宽 (H) / 长度 (L) / 放弃 (U) / 宽度 (W)]:
                                             //A 按 Enter 键，转入画弧模式
指定圆弧的端点或 [角度（A) / 圆心 (CE) / 闭合 (CL) / 方向 (D) / 半宽 (H) / 直线 (L) / 半径 (R) /
第二个点 (S) / 放弃 (U) / 宽度 (W)]:          //CE 按 Enter 键
指定圆弧的圆心：                               //0,0 按 Enter 键
指定圆弧的端点或 [角度（A) / 长度 (L)]:        //7.07,-2.5 按 Enter 键
指定圆弧的端点或 [角度（A) / 圆心 (CE) / 闭合 (CL) / 方向 (D) / 半宽 (H) / 直线 (L) / 半径 (R) /
第二个点 (S) / 放弃 (U) / 宽度 (W)]:          //L 按 Enter 键，转入画线模式
指定下一点或 [圆弧 (A) / 闭合 (C) / 半宽 (H) / 长度 (L) / 放弃 (U) / 宽度 (W)]:
                                             //9.8,-2.5 按 Enter 键
指定下一点或 [圆弧 (A) / 闭合 (C) / 半宽 (H) / 长度 (L) / 放弃 (U) / 宽度 (W)]:
                                             //C 按 Enter 键，结束命令，绘制结果如图 7-40 所示
```

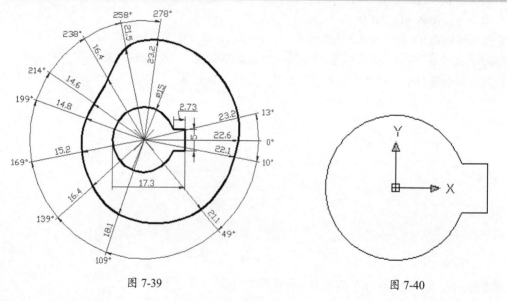

图 7-39   图 7-40

05 单击"绘图"面板中的 ～ 按钮，激活"样条曲线"命令，绘制外轮廓线，命令行操作如下。

```
命令：_SPLINE
指定第一个点或 [对象 (O)]:                          //22.6,0 按 Enter 键
指定下一点：                                        //23.2<13 按 Enter 键
指定下一点或 [闭合 (C) / 拟合公差 (F)] <起点切向>:    //23.2<-278 按 Enter 键
指定下一点或 [闭合 (C) / 拟合公差 (F)] <起点切向>:    //21.5<-258 按 Enter 键
指定下一点或 [闭合 (C) / 拟合公差 (F)] <起点切向>:    //16.4<-238 按 Enter 键
指定下一点或 [闭合 (C) / 拟合公差 (F)] <起点切向>:    //14.6<-214 按 Enter 键
指定下一点或 [闭合 (C) / 拟合公差 (F)] <起点切向>:    //14.8<-199 按 Enter 键
指定下一点或 [闭合 (C) / 拟合公差 (F)] <起点切向>:    //15.2<-169 按 Enter 键
指定下一点或 [闭合 (C) / 拟合公差 (F)] <起点切向>:    //16.4<-139 按 Enter 键
指定下一点或 [闭合 (C) / 拟合公差 (F)] <起点切向>:    //18.1<-109 按 Enter 键
指定下一点或 [闭合 (C) / 拟合公差 (F)] <起点切向>:    //21.1<-49 按 Enter 键
指定下一点或 [闭合 (C) / 拟合公差 (F)] <起点切向>:    //22.1<-10 按 Enter 键
指定下一点或 [闭合 (C) / 拟合公差 (F)] <起点切向>:    //C 按 Enter 键
指定切向：     // 将光标移至如图 7-41 所示的位置单击，以确定切向，绘制结果如图 7-42 所示
```

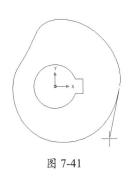

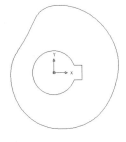

图 7-41   图 7-42

06 最后执行"保存"命令。

动手操作——绘制石作雕花大样

样条曲线可在控制点之间产生一条光滑的曲线，常用于创建形状不规则的曲线，例如波浪线、截交线或汽车设计时绘制的轮廓线等。

下面利用样条曲线和绝对坐标输入法绘制如图 7-43 所示的石作雕花大样图。

01 新建文件，并打开正交功能。

02 单击"直线"按钮 ，起点为（0,0），向右绘制一条长 120 的水平线段。

03 重复"直线"命令，起点仍为（0,0），向上绘制一条长 80 的垂直线段，如图 7-44 所示。

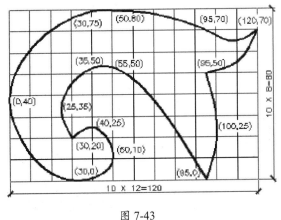

图 7-43

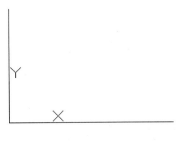

图 7-44

04 单击"阵列"按钮 ，选择长度为 120 的直线为阵列对象，在"阵列创建"选项卡中设置参数，如图 7-45 所示。

图 7-45

05 单击"阵列"按钮▦，选择长度为 80 的直线为阵列对象，在"阵列创建"选项卡中设置参数，如图 7-46 所示。

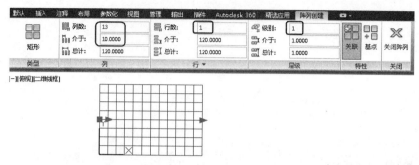

图 7-46

06 单击"样条曲线"按钮，利用绝对坐标输入法依次输入各点坐标，分段绘制样条曲线，如图 7-47 所示。

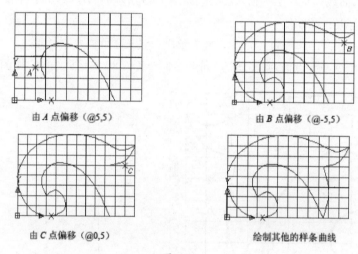

由 A 点偏移（@5,5）　　　　　　　由 B 点偏移（@-5,5）

由 C 点偏移（@0,5）　　　　　　　绘制其他的样条曲线

图 7-47

技术要点：

有时在工程制图中不会给出所有点的绝对坐标，此时可以捕捉网格交点来输入偏移坐标，确定线型形状，图7-47中的提示点为偏移参考点，读者也可试用这种方法来绘制。

7.4　绘制曲线与参照几何图形命令

　　螺旋线属于曲线中较为高级的，而云线则是用来作为绘制参照几何图形时而采用的一种查看、注意方法。

7.4.1　螺旋线（HELIX）

　　螺旋线是空间曲线。螺旋线包括圆柱螺旋线和圆锥螺旋线。当底面直径等于顶面直径时，为圆柱螺旋线；当底面直径大于或小于顶面直径时，就是圆锥螺旋线。

命令执行方式：

- **菜单栏**：执行"绘图"|"螺旋"命令。
- **命令行**：输入 HELIX。
- **快捷键**：HELI。
- **功能区**：在"常用"选项卡的"绘图"面板中单击"螺旋"按钮。

在二维视图中，圆柱螺旋线表现为多条螺旋线重合的圆，如图 7-48 所示。圆锥螺旋线表现为阿基米德螺线，如图 7-49 所示。

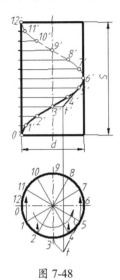

图 7-48

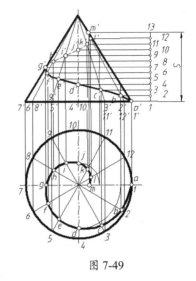

图 7-49

螺旋线的绘制需要确定底面直径、顶面直径和高度（导程）。当螺旋高度为 0 时，为二维的平面螺旋线；当高度值大于 0 时，则为三维的螺旋线。

技术要点：

底面直径和顶面直径的值不能设为0。

执行 HELIX 命令，按命令提示指定螺旋线中心、底面半径和顶面半径后，命令行操作如下。

```
命令：_HELIX
圈数 = 3.0000        扭曲 =CCW
指定底面的中心点：                    //指定底面中心点
指定底面半径或 [直径(D)] <335.7629>；     //指定底面半径或选择选项
指定顶面半径或 [直径(D)] <174.8169>：     //指定顶面半径或选择选项
指定螺旋高度或 [轴端点(A)/圈数(T)/圈高(H)/扭曲(W)] <135.7444>：
                                    //指定螺旋高度或选择选项
```

提示中各选项含义如下。

- **中心点**：指定螺旋线中心点位置。
- **底面半径**：螺旋线底端面半径。
- **顶面半径**：螺旋线顶端面半径。
- **螺旋高度**：螺旋线 Z 向高度。
- **轴端点**：导圆柱或导圆锥的轴端点，轴起点为底面中心点。
- **圈数**：螺旋线的圈数。
- **圈高**：螺旋线的导程。每一圈的高度。

● 扭曲：指定螺旋线的旋向，包括顺时针旋向（右旋）和逆时针旋向（左旋）。

7.4.2 修订云线（REVCLOUD，REVC）

修订云线是由连续圆弧组成的多段线，主要用于在检查阶段提醒用户注意图形的某个部分。在检查或用红线圈阅图形时，可以使用修订云线功能亮显标记，以提高工作效率，如图 7-50 所示。

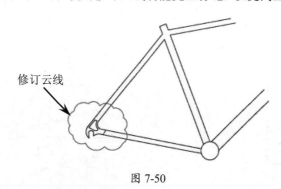

修订云线

图 7-50

命令执行方式：

● 命令行：输入 REVCLOUD。
● 菜单栏：执行"绘图"|"修订云线"命令。
● 快捷键：REVC。
● 功能区：单击"常用"选项卡中"绘图"面板的"修订云线"按钮。

除了可以绘制修订云线外，还可以将其他曲线（如圆、圆弧、椭圆等）转换成修订云线。在命令行输入 REVC 并执行命令后，将显示如下操作提示。

```
命令：_REVCLOUD
最小弧长：0.5000    最大弧长：0.5000              //显示云线当前最小和最大弧长值
指定起点或 [弧长 (A) / 对象 (O) / 样式 (S)] <对象>:        //指定云线的起点
```

命令提示中有多个选项供用户选择，其选项含义如下。

● 弧长：指定云线中弧线的长度。
● 对象：选择要转换为云线的对象。
● 样式：选择修订云线的绘制方式，包括普通和手绘。

技术要点：

REVCLOUD在系统注册表中存储上一次使用的弧长。在具有不同比例因子的图形中使用程序时，用 DIMSCALE的值乘以此值来保持一致。

下面绘制修订云线，学习使用"修订云线"命令。

动手操作——画修订云线

01 新建空白文件。

02 执行"绘图"|"修订云线"命令，或单击"绘图"按钮▣，根据命令行的步骤提示精确绘图。

```
命令：_REVCLOUD
最小弧长：30    最大弧长：30    样式：普通
指定起点或 [弧长 (A) / 对象 (O) / 样式 (S)] <对象>://在绘图区拾取一点作为起点
沿云线路径引导十字光标 ...                    //按住左键，沿着所需闭合路径拖曳鼠标，
                                            即可绘制闭合的云线图形
```

03 绘制结果，如图 7-51 所示。

图 7-51

技术要点：

在绘制闭合的云线时，需要移动光标将云线的端点放在起点处，系统会自动绘制闭合云线。

1. "弧长"选项

"弧长"选项用于设置云线的最小弧和最大弧的长度。当激活此选项后，系统提示用户输入最小弧和最大弧的长度。下面通过具体实例学习该选项的功能。

下面以绘制最大弧长为 25、最小弧长为 10 的云线为例，学习"弧长"选项的应用方法。

动手操作——设置云线的弧长

01 新建空白文件。

02 单击"绘图"按钮◎，根据命令行的步骤提示精确绘图。

```
命令：REVCLOUD
最小弧长：30   最大弧长：30   样式：普通
指定起点或 [弧长（A）/对象（O）/样式（S）] <对象>：A  // 按 Enter 键，激活"弧长"选项
指定最小弧长 <30>:10                            // 按 Enter 键，设置最小弧长度
指定最大弧长 <10>：25                            // 按 Enter 键，设置最大弧长度
指定起点或 [弧长（A）/对象（O）/样式（S）] <对象>：  // 在绘图区拾取一点作为起点
沿云线路径引导十字光标 ...                        // 按住左键，沿着所需闭合路径拖曳鼠标
反转方向 [是（Y）/ 否（N）] <否>：N               // 按 Enter 键，采用默认设置
```

03 修订云线的绘制结果如图 7-52 所示。

图 7-52

2. "对象"选项

"对象"选项用于对非云线图形，如直线、圆弧、矩形以及圆图形等，按照当前的样式和尺寸，将其转化为云线图形，如图 7-53 所示。

另外，在编辑的过程中还可以修改弧线的方向，如图 7-54 所示。

图 7-53　　　　　　　　　　　　　　　　图 7-54

3. "样式"选项

"样式"选项用于设置修订云线的样式。AutoCAD 共提供了"普通"和"手绘"两种样式，默认情况下为"普通"样式。如图 7-55 所示的云线就是在"手绘"样式下绘制的。

图 7-55

7.5　综合训练

本节将学习高级图形指令在机械、建筑和室内设计中的应用技巧和操作步骤。

7.5.1　训练一：绘制房屋横切面

○ **源文件：无**

○ **结果文件：综合训练\结果文件\Ch07\房屋横切面.dwg**

○ **视频文件：视频\Ch07\房屋横切面.avi**

房屋横切面的绘制主要是画出其墙体、柱子、门洞，注意阵列命令的应用，如图 7-56 所示。

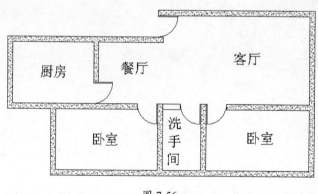

图 7-56

操作步骤

01 执行"文件"|"新建"命令，创建一个新的文件。

02 执行"工具" | "绘图设置"命令，或输入 osnap 命令后按 Enter 键，弹出"草图设置"对话框。在"对象捕捉"选项卡中，选中"端点"和"中点"复选框，使用端点和中点对象捕捉模式，如图 7-57 所示。

03 单击"直线"按钮 /，绘制两条正交直线，然后执行"修改"|"偏移"命令，对正交直线进行偏移，其中竖向偏移的值依次为 2000、2000、3000、2000、5000；水平方向偏移的值依次为 3000、3000、1200，如图 7-58 所示。

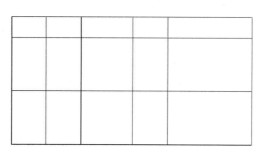

图 7-57 　　　　　　　　　　　　　　　　　图 7-58

04 执行"格式"|"多线样式"命令，弹出"多线样式"对话框，如图 7-59 所示。单击"新建"按钮，在弹出的"创建新的多线样式"对话框中输入"墙体"名称，然后单击"继续"按钮，如图 7-60 所示。

图 7-59 　　　　　　　　　　　　　　　　　图 7-60

05 在"新建多线样式 - 墙体"对话框中，将"偏移"值均设为 120，如图 7-61 所示。单击"确定"按钮，返回"多线样式"对话框，继续单击"确定"按钮即可完成多线样式的设置。

06 执行"绘图"|"多线"命令，沿着轴线绘制墙体草图，如图 7-62 所示。

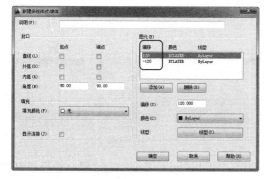

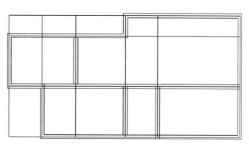

图 7-61 　　　　　　　　　　　　　　　　　图 7-62

```
命令：_MLINE
当前设置：对正 = 上，比例 = 20.00，样式 = 墙体
指定起点或 [对正(J)/比例(S)/样式(ST)]: ST
输入多线样式名或 [?]: 墙体
当前设置：对正 = 上，比例 = 20.00，样式 = 墙体
指定起点或 [对正(J)/比例(S)/样式(ST)]: S
输入多线比例 <20.00>: 1
当前设置：对正 = 上，比例 = 1.00，样式 = 墙体
指定起点或 [对正(J)/比例(S)/样式(ST)]: J
输入对正类型 [上(T)/无(Z)/下(B)] <上>: Z
当前设置：对正 = 无，比例 = 1.00，样式 = 墙体
指定起点或 [对正(J)/比例(S)/样式(ST)]:
指定下一点:
指定下一点或 [放弃(U)]:
指定下一点或 [闭合(C)/放弃(U)]:
```

07 执行"修改"|"对象"|"多线"命令，弹出"多线编辑工具"对话框，如图 7-63 所示。选中其中合适的多线编辑图标，对绘制的多线进行编辑，完成编辑后的图形如图 7-64 所示。

```
命令：_MLEDIT
选择第 1 条多线: // 选择其中一条多线
选择第 2 条多线: // 选择另外一条多线
选择第 1 条多线或 [放弃(U)]:
```

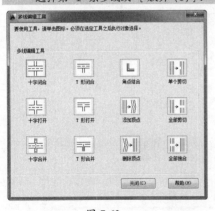

图 7-63

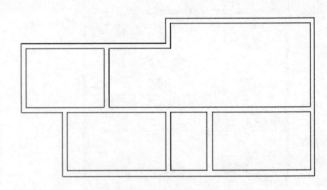

图 7-64

08 执行"插入"|"块"命令，将原来所绘制的门作为一个块插入进来，并修剪门洞，如图 7-65 所示。

09 执行"图案填充"命令，选择 AR-SAND 对剖切到的墙体进行填充，如图 7-66 所示。

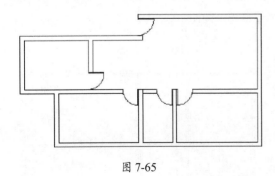

图 7-65

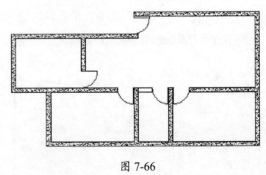

图 7-66

10 执行"绘图"|"文字"|"单行文字"命令，对绘制的墙体横切面进行文字注释，最后绘制的墙体横切面，如图 7-67 所示。

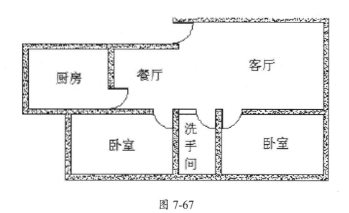

图 7-67

技术要点：

输入文字注释时，必须将输入文字的字体改成能够显示汉字的字体，例如宋体；否则会在屏幕上显示乱码。

7.5.2　训练二：绘制健身器材

◎ **源文件：无**

◎ **结果文件：综合训练\结果文件\Ch07\健身器材.dwg**

◎ **视频文件：视频\Ch07\绘制健身器材.avi**

　　二头肌练习机图形比较简单，主要的形状如图 7-68 所示。此图形呈对称结构，因此在绘制过程中可以先绘制一部分，另一部分采用镜像复制的方法得到即可。

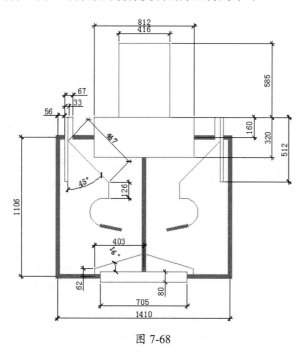

图 7-68

操作步骤

01 新建文件。

02 使用"矩形"命令，绘制如图 7-69 所示的 4 个矩形（其位置可以先任意摆放）。

03 使用"移动"命令，采用极轴追踪的方法将几个矩形的位置重新调整，调整后的结果如图 7-70 所示。

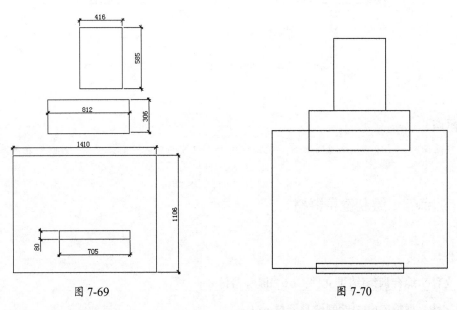

图 7-69　　　　　　　　　　　　　图 7-70

04 使用"分解"命令，将所有矩形进行分解，然后将多余的线进行删除或修剪，结果如图 7-71 所示。

05 使用夹点编辑功能，先拉长 812×306 的矩形边，然后使用"偏移"命令，绘制如图 7-72 所示的 4 条偏移直线。

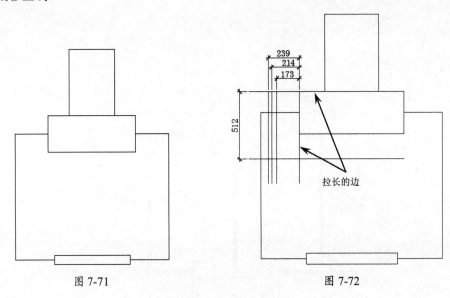

图 7-71　　　　　　　　　　　　　图 7-72

06 选择"修剪"命令修剪偏移直线，结果如图 7-73 所示。

07 选择"直线"和"圆"命令，绘制如图 7-74 的图形。

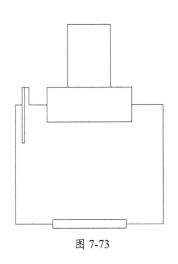

图 7-73

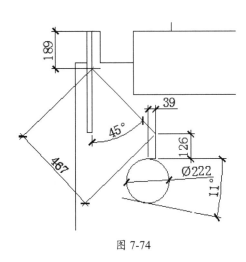

图 7-74

08 修剪图形，结果如图 7-75 所示。

09 选择"镜像"命令，将上一步绘制的图形镜像至另一侧，并将镜像后的图形再次进行修剪处理，最终结果如图 7-76 所示。

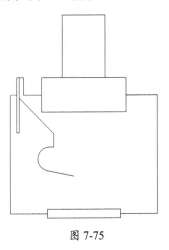

图 7-75

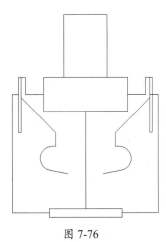

图 7-76

10 执行"格式"|"多线样式"命令，在打开的"创建新的多线样式"对话框中新建"填充"样式，使直线的起点与终点封口，如图 7-77 所示。

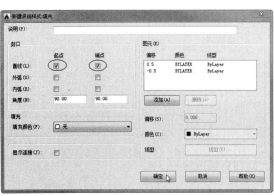

图 7-77

11 执行"绘图"|"多线"命令，然后在绘制的图形中绘制多线，如图 7-78 所示。

12 删除中间的直线，然后对多线进行填充，选择图案为 SOLID，填充后的结果如图 7-79 所示。

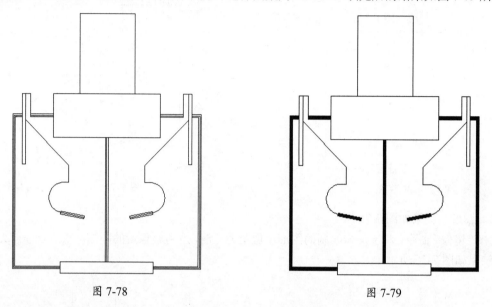

图 7-78　　　　　　　　　　　　　　　　图 7-79

13 至此，二头肌练习机健身器材的图形已绘制完毕，最后将结果进行保存。

技术要点：

使用"宽线（TRACE）"命令可以绘制一定宽度的实体线。在绘制实体线时，当FILL模式处于"开"状态时，宽线将被填充为实体，否则只显示轮廓。

7.6　课后习题

1．绘制天然气灶

通过天然气灶的绘制，学习多段线、修剪、镜像等命令的绘制技巧，如图 7-80 所示。

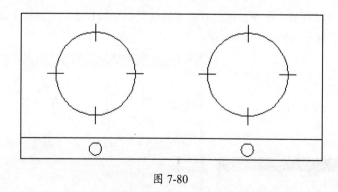

图 7-80

2．绘制空调图形

使用直线、矩形命令绘制如图 7-81 所示的图形，再运用直接复制、镜像复制和阵列复制命令绘制如图 7-82 所示的空调图形。

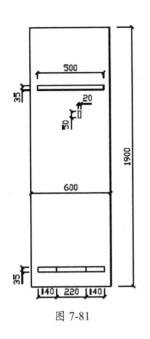

图 7-81

图 7-82

3．绘制楼梯

绘制如图 7-83 所示的楼梯平面图形。

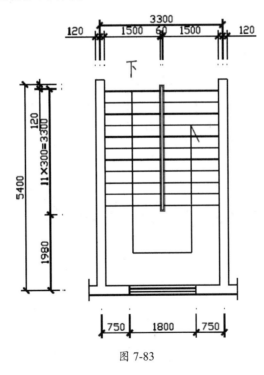

图 7-83

第 8 章　绘图指令三

在上两章学习了点与线的绘制方法的基础上，本章开始学习面的绘制与填充。面是平面绘图中最大的单位。本章可以学习到在 AutoCAD 2018 中，如何将线组成的闭合面转换成一个完整的面域、如何绘制面域以及对面域的填充方式等，还将接触到特殊图形圆环的绘制方法。

项目分解与视频二维码

◆　将图形转换为面域　　　　　　　◆　渐变色填充
◆　填充概述　　　　　　　　　　　◆　区域覆盖
◆　使用图案填充

第 8 章视频

8.1　将图形转换为面域

面域是具有物理特性（例如质心）的二维封闭区域。封闭区域可以是直线、多段线、圆、圆弧、椭圆、椭圆弧和样条曲线的组合，组成面的对象必须闭合或通过与其他对象共享端点而形成闭合的区域，如图 8-1 所示。

图 8-1

面域可应用填充和着色、计算面域或三维实体的质量特性，以及提取设计信息（例如形心）。面域的创建方法有多种，可以使用"面域"命令来创建，也可以使用"边界"命令来创建，还可以使用"三维建模"空间的"并集""交集"和"差集"命令来创建。

8.1.1　创建面域

所谓"面域"，其实就是实体的表面，它是一个没有厚度的二维实心区域，它具备实体模型的一切特性，它不但含有边的信息，还有边界内的信息，可以利用这些信息计算工程属性，如面积、重心和惯性矩等。

执行"面域"命令主要有以下几种方式。

● 执行"绘图"|"面域"命令。

● 单击"绘图"面板中的"面域"按钮 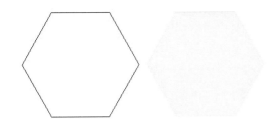。

● 在命令行输入 REGION。

1．将单个对象转成面域

面域不能直接被创建，而是通过其他闭合图形进行转化的。在激活"面域"命令后，只需选择封闭的图形对象即可将其转化为面域，如圆、矩形、正多边形等。

当闭合对象被转化为面域后，看上去并没有什么变化，如果对其进行着色即可区分开，如图 8-2 所示。

图 8-2

2．从多个对象中提取面域

使用"面域"命令，只能将单个闭合对象或由多个首尾相连的闭合区域转化成面域，如果需要从多个相交对象中提取面域，则可以使用"边界"命令，在"边界创建"对话框中，将"对象类型"设置为"面域"，如图 8-3 所示。

图 8-3

8.1.2 对面域进行逻辑运算

1．创建并集面域

"并集"命令用于将两个或两个以上的面域（或实体）组合成一个新的对象，如图 8-4所示。

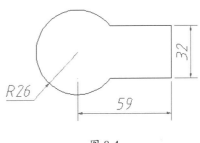

图 8-4

执行"并集"命令主要有以下几种方法。

● 执行"修改"|"实体编辑"|"并集"命令。

● 单击"实体"工具栏中的"并集"按钮 。

● 在命令行输入 UNION。

下面通过创建如图 8-5 所示的组合面域，学习使用"并集"命令。

动手操作——并集面域

01 首先新建空白文件，并绘制半径为 26 的圆。

02 执行"绘图"|"矩形"命令，以圆的圆心作为矩形左侧边的中点，绘制长度为 59，宽度为 32 的矩形，如图 8-5 所示。

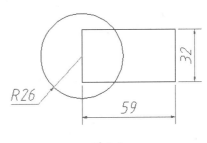

图 8-5

03 执行"绘图"|"面域"命令，根据AutoCAD 命令行操作提示，将刚绘制的两个图形转化为圆形面域和矩形面域。命令行操作如下。

```
命令： REGION
选择对象：                              // 选择刚绘制的圆图形
选择对象：                              // 选择刚绘制的矩形
选择对象：✓                            // 退出命令
已提取 2 个环。
已创建 2 个面域。
```

04 执行"修改"|"实体编辑"|"并集"命令，根据 AutoCAD 命令行的操作提示，将刚创建的两个面域组合，命令行操作如下，结果如图 8-6 所示。

```
命令： UNION
选择对象：                              // 选择刚创建的圆形面域
选择对象：                              // 选择刚创建的矩形面域
选择对象：✓                            // 退出命令，并集
```

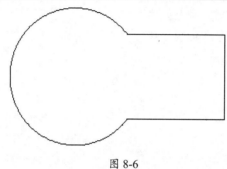

图 8-6

2．创建差集面域

"差集"命令用于从一个面域或实体中，移去与其相交的面域或实体，从而生成新的组合实体。

执行"差集"命令主要有以下几种方法。

- 执行"修改"|"实体编辑"|"差集"命令。
- 单击"实体"工具栏中的"差集"按钮 ⑩。
- 在命令行输入 SUBTRACT。

下面通过上述的圆形面域和矩形面域，学习使用"差集"命令。

动手操作——差集面域

01 单击"实体"工具栏中的"差集"按钮 ⑩，启动"差集"命令。

02 启动"差集"命令后，根据 AutoCAD 命令行操作提示，将圆形面域和矩形面域进行差集运算。命令行操作如下，差集结果如图 8-7 所示。

```
命令： SUBTRACT
选择要从中减去的实体或面域 ...
选择对象：                              // 选择刚创建的圆形面域
选择对象：✓                            // 结束对象的选择
选择要减去的实体或面域 ..
选择对象：                              // 选择刚创建的矩形面域
选择对象：✓                            // 结束命令
```

技术要点：

在执行"差集"命令时，当选择完被减对象后一定要按Enter键，然后再选择需要减去的对象。

图 8-7

3．创建交集面域

"交集"命令用于将两个或两个以上的面域或实体所共有的部分提取出来，组成一个新的图形对象，同时删除公共部分以外的部分。

执行"交集"命令主要有以下几种方法。

● 执行"修改"|"实体编辑"|"交集"命令。

● 单击"实体"工具栏中的"交集"按钮⑩。

● 在命令行输入 INTERSECT。

下面通过对上述创建的圆形面域和矩形面域进行交集，学习使用"交集"命令。

动手操作——交集面域

01 执行"修改"|"实体编辑"|"交集"命令。

02 启动"交集"命令后，根据命令行操作提示，将圆形面域和矩形面域进行交集运算，交集结果如图 8-8 所示。

```
命令：INTERSECT
选择对象：                          // 选择刚创建的圆形面域
选择对象：                          // 选择刚创建的矩形面域
选择对象：✓                        // 退出命令
```

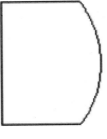

图 8-8

8.1.3 使用 MASSPROP 提取面域质量特性

MASSPROP 命令是对面域进行分析的命令，分析的结果可以存入文件。

在命令行输入 MASSPROP 命令后，打开如图 8-9 所示的窗口，在绘图区选择一个面域，右击，分析结果就显示出来了。

```
选择对象: *取消*
命令: MASSPROP
选择对象: 找到 1 个
选择对象:
---------------        面域        ----------------
面积:              6673.8663
周长:               322.6089
边界框:            X: 1000.6300  --  1071.2119
                   Y: 714.9611   --  814.7258
质心:             X: 1034.1823
                  Y: 765.7809
惯性矩:           X: 3918996164.4267
                  Y: 7140454299.8945
惯性积:           XY: 5285606893.3598
旋转半径:         X: 766.2997
                  Y: 1034.3658
主力矩与质心的 X-Y 方向:
                  I: 2520242.0598 沿 [0.0685 0.9976]
                  J: 5318073.6337 沿 [-0.9976 0.0685]
```

图 8-9

8.2 填充概述

填充是一种使用指定线条图案、颜色来充满指定区域的操作，经常用于表达剖切面和不同类型物体对象的外观纹理等，被广泛应用在绘制机械图、建筑图及地质构造图等各类图形中。图案的填充可以使用预定义填充图案，可以使用当前线型定义简单的线图案，也可以创建更复杂的填充图案，还可以使用实体颜色填充区域。

8.2.1 定义填充图案的边界

图案的填充首先要定义一个填充边界，定义边界的方法包括指定对象封闭的区域中的点、选择封闭区域的对象、将填充图案从工具选项板或设计中心拖动到封闭区域等。填充图形时，程序将忽略不在对象边界内的整个对象或局部对象，如图 8-10 所示。

如果填充线与某个对象（例如文本、属性或实体填充对象）相交，并且该对象被选定为边界集的一部分，则图案填充将围绕该对象填充，如图 8-11 所示。

图 8-10   图 8-11

8.2.2 添加填充图案和实体填充

除通过执行"图案填充"命令填充图案外，还可以通过从工具选项板拖动图案填充。使用工具选项板，可以更快、更方便地工作。执行"工具"|"选项板"|"工具选项板"命令，即可打开工具选项板，然后将"图案填充"选项卡打开，如图 8-12 所示。

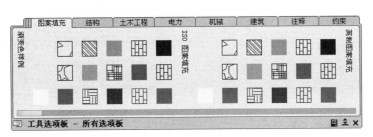

图 8-12

8.2.3 选择填充图案

AutoCAD 程序提供了实体填充及 50 多种行业标准填充图案，可用于区分对象的部件或表示对象的材质，还提供了符合 ISO（国际标准化组织）标准的 14 种填充图案。当选择 ISO 图案时，可以指定笔宽，笔宽决定了图案中的线宽，如图 8-13 所示。

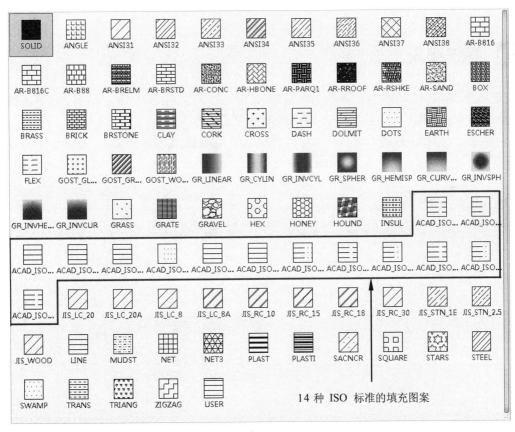

图 8-13

8.2.4 关联填充图案

图案填充随边界的更改自动更新。默认情况下，用"填充图案"命令创建的图案填充区域是关联的，该设置存储在 HPASSOC 系统变量中。

使用 HPASSOC 中的设置，通过从工具选项板或 DesignCEnter™（设计中心）拖动填充图案来创建图案填充。任何时候都可以删除图案填充的关联性，或者使用 HATCH 创建无关联填充。当 HPGAPTOL 系统变量设置为 0（默认值）时，如果编辑会创建开放的边界，将自动删除关联性。使用 HATCH 创建独立于边界的非关联图案填充，如图 8-14 所示。

填充的图案　　　　　　　编辑非关联边界　　　　　　编辑关联边界

图 8-14

8.3 图案填充

使用"图案填充"命令，可在填充封闭区域或在指定边界内进行填充。默认情况下，"图案填充"命令将创建关联图案填充，图案会随边界的更改而更新。

通过选择要填充的对象或通过定义边界并指定内部点来创建图案填充。图案填充边界可以是形成封闭区域的任意对象的组合，例如直线、圆弧、圆和多段线等。

8.3.1 使用图案填充

所谓"图案"，指的就是使用各种图线进行不同的排列组合而构成的图形元素，此类图形元素作为一个独立的整体，被填充到各种封闭的图形区域内，以表达各自的图形信息，如图 8-15 所示。

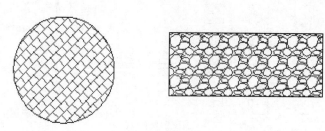

图 8-15

执行"图案填充"命令有以下几种方式。

- 执行"绘图" | "图案填充"命令。
- 单击"绘图"面板中的"图案填充"按钮▨。
- 在命令行输入 BHATCH。

执行上述命令后，功能区将显示"图案填充创建"选项卡，如图 8-16 所示。

图 8-16

该选项卡中包含"边界""图案""特性""原点""选项"等工具面板，介绍如下。

1."边界"面板

"边界"面板主要用于拾取点（选择封闭的区域）、添加或删除边界对象、查看选项集等，如图 8-17 所示。

该面板所包含的按钮含义如下。

● "拾取点"按钮：根据围绕指定点构成封闭区域的现有对象确定边界，面板将暂时关闭，系统将会提示拾取一个点，如图 8-18 所示。

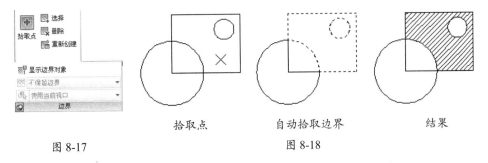

图 8-17　　　　　　　　　　　拾取点　　　　　　自动拾取边界　　　　　　结果

　　　　　　　　　　　　　　　　　　　　　　图 8-18

● "选择"按钮：根据构成封闭区域的选定对象确定边界，面板将暂时关闭，系统将会提示选择对象，如图 8-19 所示。使用"选择"选项时，HATCH 不自动检测内部对象，必须选择选定边界内的对象，以按照当前孤岛检测样式填充这些对象，如图 8-20 所示。

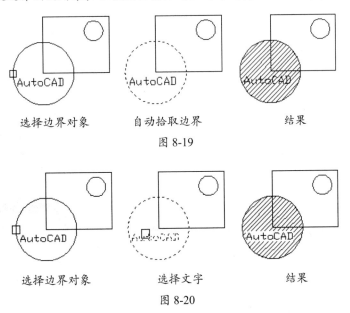

选择边界对象　　　　　　自动拾取边界　　　　　　结果

图 8-19

选择边界对象　　　　　　选择文字　　　　　　结果

图 8-20

技术要点：

在选择对象时，可以随时在绘图区域右击以显示快捷菜单。可以利用此快捷菜单放弃最后一个或所有选定对象、更改选择方式，以及更改孤岛检测样式预览、图案填充或渐变填充。

- "删除"按钮：从边界定义中删除之前添加的任何对象。使用此命令，还可以在填充区域内添加新的填充边界，如图8-21所示。

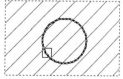
添加边界对象

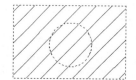
自动拾取的边界

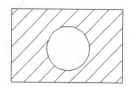
删除结果

图 8-21

- "重新创建"按钮：围绕选定的图案填充或填充对象创建多段线或面域，并使其与图案填充对象相关联。
- "显示边界对象"按钮：暂时关闭面板，并使用当前的图案填充或填充设置显示当前定义的边界。如果未定义边界，则此选项不可用。

2. "图案"面板

"图案"面板的主要作用是定义要应用的填充图案的外观。

"图案"面板中列出可用的预定义图案。上下拖动滑块，可查看更多图案的预览，如图8-22所示。

3. "特性"面板

此面板用于设置图案的特性，如图案的类型、颜色、背景色、图层、透明度、角度、填充比例和笔宽等，如图8-23所示。

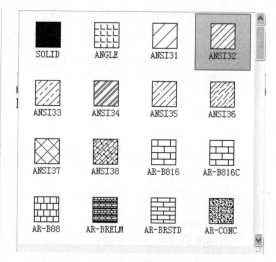

图 8-22

图 8-23

- 图案类型：图案填充的类型有4种，实体、渐变色、图案和用户定义。这4种类型在"图案"面板中也能找到，但在此处选择比较快捷。
- 图案填充颜色：为填充的图案选择颜色，单击列表的下三角按钮▼，展开颜色列表。如果需要选择更多的颜色，可以在颜色列表中选择"选择颜色"选项，将打开"选择颜色"对话框，如图8-24所示。

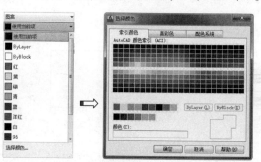

图 8-24

- 背景色：指在填充区域内，除填充图案外的区域颜色设置。
- 图案填充图层替代：从用户定义的图层中为定义的图案指定当前图层。如果用户没有定义图层，则此列表中仅仅显示 AutoCAD 默认的图层 0 和图层 Defpoints。
- 相对于图纸空间：在图纸空间中，此选项被激活。此选项用于设置相对于在图纸空间中图案的比例，选择此选项，将自动更改比例，如图 8-25 所示。

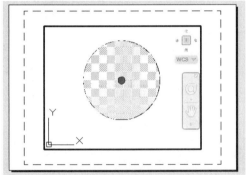

图 8-25

- 交叉线：当图案类型为"用户定义"时，"交叉线"选项被激活，如图 8-26 所示为使用交叉线的前后对比。

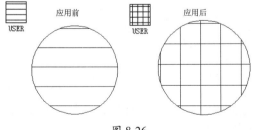

图 8-26

- ISO 笔宽：基于选定笔宽缩放 ISO 预定义图案（此选项等同于填充比例功能），仅当用户指定了 ISO 图案时才可以使用此选项。

- 填充透明度：设定新图案填充或填充的透明度，替代当前对象的透明度。
- 填充角度：指定填充图案的角度（相对当前 UCS 坐标系的 X 轴），设置角度的图案如图 8-27 所示。

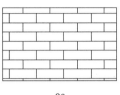
0°

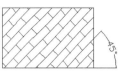
45°

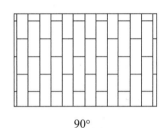
90°

图 8-27

- 填充图案比例：放大或缩小预定义或自定义图案，如图 8-28 所示。

比例为 0.5

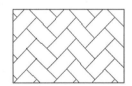
比例为 1.0

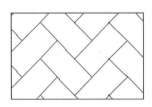
比例为 1.5

图 8-28

4. "原点"面板

该面板主要用于控制填充图案生成的起始位置。当某些图案填充（例如砖块图案）需要与图案填充边界上的一点对齐时，默认情况下，所有图案填充原点都对应于当前的 UCS 原点。"原点"面板中各选项如图 8-29 所示。

图 8-29

- 设定原点：单击此按钮，在图形区中可直接指定新的图案填充原点。
- 左下、右下、左上、右上和中心：根据图案填充对象边界的矩形范围来定义新原点。
- 存储为默认原点：将新图案填充原点的值存储在 HPORIGIN 系统变量中。

5. "选项"面板

"选项"面板主要用于控制几个常用的图案填充或填充选项，"选项"面板如图8-30所示。

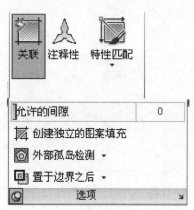

图 8-30

该面板中的选项含义如下。

- 关联：控制图案填充或填充的关联，关联的图案填充或填充在用户修改其边界时将会更新。
- 注释性：指定图案填充的注释性。
- 创建独立的图案填充：控制当指定了几个单独的闭合边界时，是创建单个图案填充对象，还是创建多个图案填充对象。当创建了两个或两个以上的填充图案时，此选项才可用。

- 孤岛检测：填充区域内的闭合边界称为"孤岛"，控制是否检测孤岛。如果不存在内部边界，则指定孤岛检测样式没有意义。孤岛检测有4种方式：普通、外部、忽略和无，如图8-31～图8-34所示。

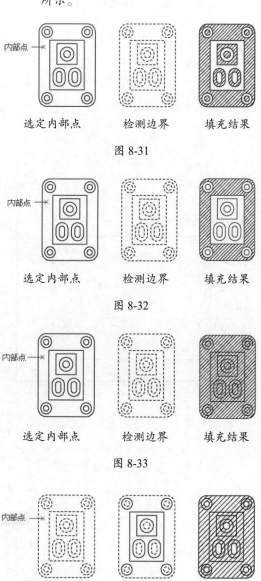

图 8-31

图 8-32

图 8-33

图 8-34

- 绘图次序：为图案填充或填充指定绘图次序。图案填充可以放在所有其他对象之后、所有其他对象之前、图案填充边

界之后或图案填充边界之前。在下拉列
表中含有"不指定""后置""前置""置
于边界之后"和"置于边界之前"选项。

- "图案填充和渐变色"对话框：当在"选
  项"面板的右下角单击▣按钮时，会弹
  出"图案填充创建和渐变色"对话框，
  如图 8-35 所示。此对话框与 AutoCAD
  2014 之前的版本中的填充图案功能对
  话框相同。

图 8-35

8.3.2 创建无边界的图案填充

在特殊情况下，有时不需要显示填充图案的边界，用户可使用以下几种方法创建不显示图案填充边界的图案填充。

- 使用"图案填充"命令创建图案填充，然后删除全部或部分边界对象。
- 使用"图案填充"命令创建图案填充，确保边界对象与图案填充不在同一图层上，然后关闭或冻结边界对象所在的图层，这是保持图案填充关联性的唯一方法。
- 可以用创建为修剪边界的对象修剪现有的图案填充，修剪图案填充后，删除这些对象。
- 可以通过在命令提示下使用 HATCH 的"绘图"选项指定边界点来定义图案填充边界。
例如，只通过填充图形中较大区域的一小部分，来显示较大区域被图案填充，如图 8-36 所示。

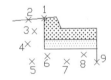

图 8-36

动手操作——图案填充

下面通过一个小例子来学习如何使用图案填充。

01 打开"动手操作 \ 源文件 \Ch08\ex-1.dwg"文件。

02 在"默认"选项卡的"绘图"面板中单击"图案填充"按钮▨，功能区显示"图案填充创建"面板。

03 在面板中进行如下设置：选择类型"图案"、选择图案 ANSI31、角度为 90、比例为 0.8，设置完成后单击"拾取点"按钮▨，如图 8-37 所示。

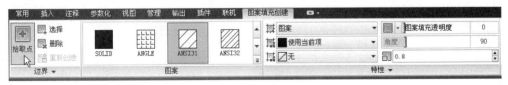

图 8-37

04 在图形中的 6 个点上进行选择，拾取点后按 Enter 键确认，如图 8-38 所示。

05 在"图案填充创建"面板中单击关闭"图案填充创建"按钮，程序自动填充所选择的边界，如图 8-39 所示。

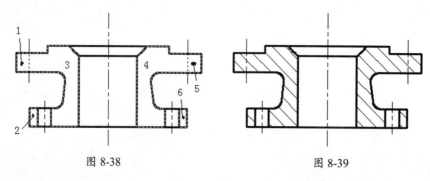

图 8-38　　　　　　　　　　　　　　　图 8-39

8.4　渐变色填充

渐变填充在一种颜色的不同灰度之间或两种颜色之间使用过渡，渐变填充提供光源反射到对象上的外观，可用于增强演示图形。

8.4.1　设置渐变色

渐变色填充是通过"图案填充和渐变色"对话框中"渐变色"选项卡的选项来设置、创建的。"渐变色"选项卡如图 8-40 所示。

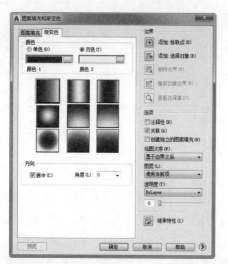

图 8-40

用户可通过以下方式来打开渐变色的填充创建选项。

- 菜单栏：执行"绘图"|"渐变色"命令。

- 面板：在"默认"标签的"绘图"面板中单击"渐变色"按钮▦。
- 命令行：输入 GRADIENT。

"渐变色"选项卡包含多个选项组，其中"边界""选项"等选项组在"图案填充创建"选项卡中已详细介绍过，这里不再重复叙述。下面主要介绍"颜色"和"方向"选项组的功能。

1."颜色"选项组

"颜色"选项组主要控制渐变色填充的颜色对比、颜色的选择等。选项组包括"单色"和"双色"颜色显示选项。

- "单色"选项：指定使用从较深着色到较浅色调平滑过渡的单色填充。选择该选项，将显示带有"浏览"按钮[...]和"暗""明"滑块的颜色样本，如图 8-41 所示。

图 8-41

● "双色"选项：指定在两种颜色之间平滑过渡的双色渐变填充。选择"双色"选项时，将显示颜色1和颜色2的带有"浏览"按钮…的颜色样本，如图8-42所示。

图 8-42

● 颜色样本：指定渐变填充的颜色。单击"浏览"按钮…，以显示"选择颜色"对话框，从中可以选择AutoCAD颜色索引（ACI）颜色、真彩色或配色系统颜色，如图8-43所示。

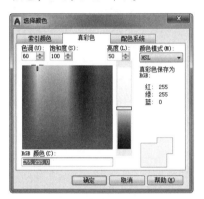

图 8-43

2. 渐变图案预览

渐变填充预览显示用户所设置的9种颜色固定图案，这些图案包括线性扫掠状、球状和抛物面状图案，如图8-44所示。

图 8-44

3. "方向"选项组

该选项组指定渐变色的角度及其是否对称，选项卡所包含的选项含义如下。

● 居中：指定对称的渐变配置。如果没有选定此选项，渐变填充将朝左上方变化，创建光源在对象左边的图案，如图8-45所示。

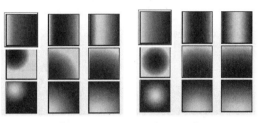

没有居中　　　　　　居中

图 8-45

● 角度：指定渐变填充的角度，相对当前UCS指定的角度，如图8-46所示。此选项指定的渐变填充角度与图案填充指定的角度互不影响。

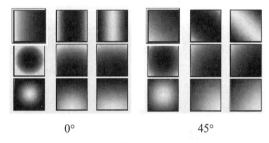

0°　　　　　　　　45°

图 8-46

8.4.2　创建渐变色填充

接下来以一个实例来说明渐变色填充的操作过程。本例将渐变填充颜色设为"双色"，并自选颜色、设置角度。

动手操作——创建渐变色

01 打开"动手操作 \ 源文件 \Ch08\ex-2.dwg"文件。

02 在"默认"标签的"绘图"面板中单击"渐变色"按钮，弹出"图案填充创建"选项卡。

03 在"特性"选项区中设置以下参数：在颜色1的颜色样本列表中单击"更多颜色"按钮，在随后弹出"选择颜色"对话框的"真彩色"选项卡中输入色调为267、饱和度为93、亮度为77，单击"确定"后关闭该对话框，如图8-47所示。

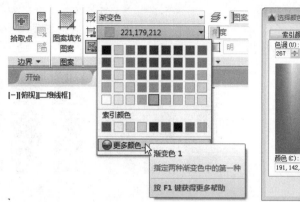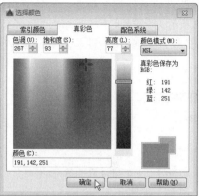

图 8-47

04 在"原点"面板中单击"居中"按钮；并设置角度为30，如图8-48所示。

图 8-48

05 在图形中选取一点作为渐变填充的位置点，如图8-49所示。单击即可进行渐变填充，结果如图8-50所示。

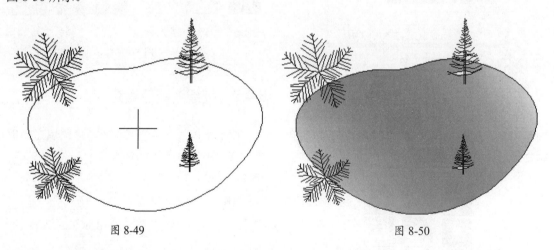

图 8-49　　　　　　　　　　　　　　　　　　　图 8-50

8.5　区域覆盖

　　区域覆盖对象是一块多边形区域，它可以使用当前背景色屏蔽底层的对象。此区域由区域覆盖边框进行绑定，可以打开此区域进行编辑，也可以关闭此区域进行打印。使用区域覆盖对象可以在现有对象上生成一个空白区域，用于添加注释或详细的蔽屏信息，如图8-51所示。

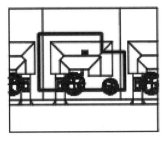

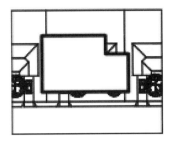

绘制多段线　　　　　　　擦除多段线内的对象　　　　　　擦除边框

图 8-51

用户可通过以下方式来执行此操作。

- 菜单栏：执行"绘图"|"区域覆盖"命令。
- 面板：在"默认"标签的"绘图"面板中单击"区域覆盖"按钮。
- 命令行：输入 WIPEOUT。

执行 WIPEOUT 命令，命令行操作如下。

```
命令：WIPEOUT
指定第一点或 [边框 (F) / 多段线 (P)] < 多段线 >：
```

操作提示下的选项含义如下。

- 第一点：根据一系列点确定区域覆盖对象的多边形边界。
- 边框：确定是否显示所有区域覆盖对象的边。
- 多段线：根据选定的多段线，确定区域覆盖对象的多边形边界。

技术要点：

如果使用多段线创建区域覆盖对象，则多段线必须闭合，只包括直线段且宽度为零。

下面以实例来说明区域覆盖对象的创建过程。

动手操作——创建区域覆盖

01 打开"动手操作 \ 源文件 \Ch08\ex-3.dwg"文件。

02 在"默认"标签的"绘图"面板中单击"区域覆盖"按钮，然后按命令行的提示进行操作。

```
命令：WIPEOUT
指定第一点或 [边框 (F) / 多段线 (P)] < 多段线 >：✓      // 选择选项或按 Enter 键
选择闭合多段线：                                        // 选择多段线
是否要删除多段线？[是 (Y) / 否 (N)] < 否 >：✓
```

03 创建区域覆盖对象的过程及结果如图 8-52 所示。

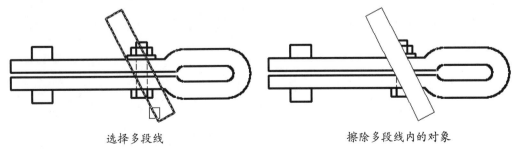

选择多段线　　　　　　　　　　　擦除多段线内的对象

图 8-52

8.6 综合训练

下面利用两个案例来说明面域与图案填充的综合应用过程。

8.6.1 训练一：利用面域绘制图形

◎ **源文件：无**

◎ **结果文件：综合训练\结果文件\Ch08\利用面域绘制图形.dwg**

◎ **视频文件：视频\Ch08\利用面域绘制图形.avi**

本例通过绘制如图 8-53 所示的两个零件图形，主要对"边界""面域"和"并集"等命令进行综合练习和巩固。

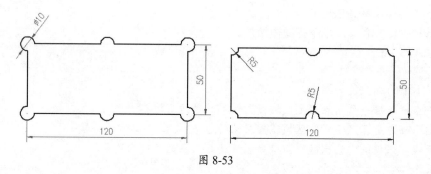

图 8-53

操作步骤

01 创建空白文件。

02 使用快捷键 DS 激活"草图设置"命令，设置对象的捕捉模式为端点捕捉和圆心捕捉。

03 执行"图形界限"命令，设置图形界限为 240×100，并将其最大化显示。

04 执行"矩形"命令，绘制长度为 120、宽度为 50 的矩形，命令行操作如下。

```
命令：_RECTANG
指定第一个角点或 [倒角 (C)/标高 (E)/圆角 (F)/厚度 (T)/宽度 (W)]:
                                    // 在绘图区拾取一点
指定另一个角点或 [面积 (A)/尺寸 (D)/旋转 (R)]: @120,50
                                    // 按 Enter 键，绘制结果如图 8-54 所示
```

05 单击"圆"◎按钮，激活"圆"命令，绘制直径为 10 的圆，命令行操作如下。

```
命令：_CIRCLE
指定圆的圆心或 [三点 (3P)/两点 (2P)/切点、切点、半径 (T)]:
                                    // 捕捉矩形左下角点作为圆心
指定圆的半径或 [直径 (D)]: D         // 按 Enter 键
指定圆的直径: 10                     // 按 Enter 键，绘制结果如图 8-55 所示
```

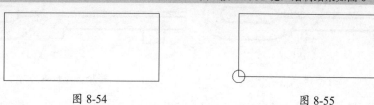

图 8-54   图 8-55

06 重复执行"圆"命令，分别以矩形其他3个角点和两条水平边的中点作为圆心，绘制直径为10的5个圆，结果如图8-56所示。

07 执行"绘图"|"边界"命令，打开如图8-57所示的"边界创建"对话框。

08 采用默认设置，单击左上角的"拾取点"按钮◙，返回绘图区，在命令行"拾取内部点："的提示下，在矩形内部拾取一点，此时系统自动分析出一个闭合的虚线边界，如图8-58所示。

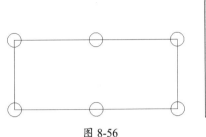

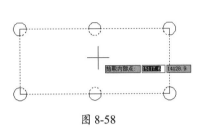

图8-56　　　　　　　　图8-57　　　　　　　　图8-58

09 继续在命令行"拾取内部点："的提示下，按Enter键结束命令，创建一个闭合的多段线边界。

10 按M键激活"移动"命令，使用"点选"的方式选择刚创建的闭合边界，将其外移，结果如图8-59所示。

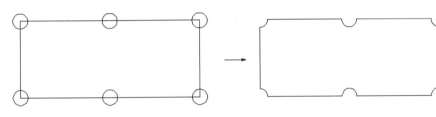

图8-59

11 执行"绘图"|"面域"命令，将6个圆和矩形转换为面域，命令行操作如下。

```
命令：REGION
选择对象：              // 拉出如图8-60所示的窗交选择框
选择对象：              // 按Enter键，结果所选择的6个圆和1个矩形被转换为面域
已提取 7 个环。
已创建 7 个面域。
```

12 执行"修改"|"实体编辑"|"并集"命令，将刚创建的7个面域合并，命令行操作如下。

```
命令：UNION
选择对象：              // 使用"框选"方式选择7个面域
选择对象：              // 按Enter键，结束命令，合并后的结果如图8-61所示
```

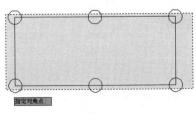

图8-60　　　　　　　　　　　　　　图8-61

8.6.2 训练二：为图形填充图案

◎ **源文件：无**

◎ **结果文件：综合训练\结果文件\Ch08\为图形填充图案.dw**

◎ **视频文件：视频\Ch08\图案填充.avi**

本例通过绘制如图 8-62 所示的地面拼花图例，主要对夹点编辑、图案填充等知识进行综合练习和巩固。

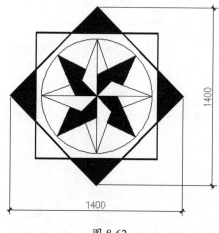

图 8-62

操作步骤

01 快速创建空白文件。

02 执行"圆"命令，绘制直径为 900 的圆和圆的垂直半径，如图 8-63 所示。

03 在无命令执行的前提下选择垂直线段，使其夹点显示。

04 以半径上侧的点作为基点，对其进行夹点编辑。命令行操作如下。

```
命令：                                        // 进入夹点编辑模式
** 拉伸 **
指定拉伸点或 [基点（B）/复制 (C)/放弃 (U)/退出 (X)]：   // 按 Enter 键，进入夹点移动模式
** 移动 **
指定移动点或 [基点（B）/复制 (C)/放弃 (U)/退出 (X)]：   // 按 Enter 键，进入夹点旋转模式
** 旋转 **
指定旋转角度或 [基点（B）/复制 (C)/放弃 (U)/参照 (R)/退出 (X)]：   //C 按 Enter 键
** 旋转 （多重）**
指定旋转角度或 [基点（B）/复制 (C)/放弃 (U)/参照 (R)/退出 (X)]：   //20 按 Enter 键
** 旋转 （多重）**
指定旋转角度或 [基点（B）/复制 (C)/放弃 (U)/参照 (R)/退出 (X)]：   //-20 按 Enter 键
** 旋转 （多重）**
指定旋转角度或 [基点（B）/复制 (C)/放弃 (U)/参照 (R)/退出 (X)]：
                // 按 Enter 键，退出夹点编辑模式，编辑结果如图 8-64 所示
```

技术要点：

使用夹点旋转命令中的"多重"功能，可以在夹点旋转对象的同时，将源对象复制。

05 以半径下侧的点作为夹基点，对半径夹点旋转 45°，并对其进行复制，结果如图 8-65 所示。

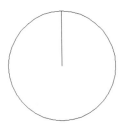

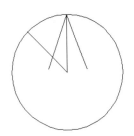

图 8-63　　　　　　　　　　图 8-64　　　　　　　　　　图 8-65

06 选择如图 8-66 所示的直线，以圆心作为夹基点，对其夹点旋转复制 –45°，结果如图 8-67 所示。

07 将旋转复制后的直线移动到指定交点上，结果如图 8-68 所示。

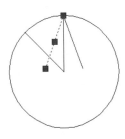

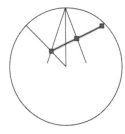

图 8-66　　　　　　　　　　图 8-67　　　　　　　　　　图 8-68

08 使用夹点拉伸功能，对直线进行编辑，然后删除多余直线，结果如图 8-69 所示。

09 使用"阵列"命令，对编辑出的花格单元进行环列阵列，阵列份数为 8，结果如图 8-70 所示。

10 执行"绘图"|"正多边形"命令，绘制外接圆半径为 500 的正四边形，如图 8-71 所示。

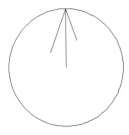

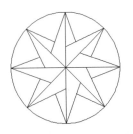

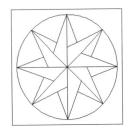

图 8-69　　　　　　　　　　图 8-70　　　　　　　　　　图 8-71

11 将矩形进行旋转复制，对正四边形旋转复制 45°，如图 8-72 所示。

12 执行"特性"命令，选择两个正四边形，修改全局宽度为 8，结果如图 8-73 所示。

13 执行"绘图"|"图案填充"命令，为地花填充如图 8-74 所示的实体图案。

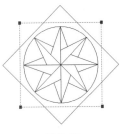

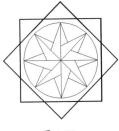

图 8-72　　　　　　　　　　图 8-73　　　　　　　　　　图 8-74

8.7 课后习题

1. 利用面域绘制图形

（1）利用面域造型法绘制如图 8-75 所示的图形。

（2）利用面域造型法绘制如图 8-76 所示的图形。

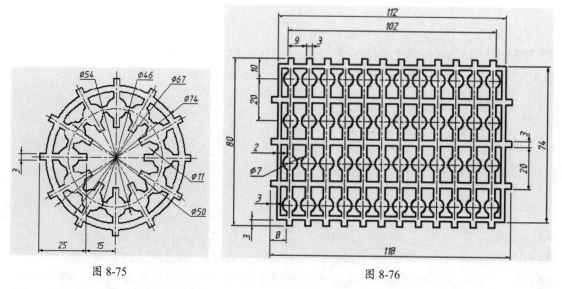

图 8-75

图 8-76

2. 填充剖面图案及阵列对象

用 LINE、CIRCLE 及 ARRAY 等命令绘制如图 8-77 所示的图形。

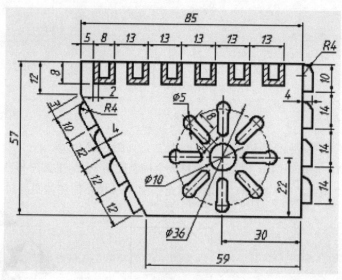

图 8-77

第9章 图形编辑指令一

在 AutoCAD 中，单纯地使用绘图命令或绘图工具只能绘制一些基本的图形对象，为了绘制复杂图形，很多情况下都必须借助于图形编辑命令。AutoCAD 2018 提供了众多的图形编辑命令，如复制、移动、旋转、镜像、偏移、阵列、拉伸及修剪等。使用这些命令，可以修改已有图形或通过已有图形构造新的复杂图形。

项目分解与视频二维码

◆ 使用夹点编辑图形　　　　　　　◆ 移动指令
◆ 删除指令　　　　　　　　　　　◆ 复制指令

第9章视频

9.1 使用夹点编辑图形

使用"夹点"可以在不调用任何编辑命令的情况下，对需要进行编辑的对象进行修改。只要单击所要编辑的对象后，当对象上出现若干个夹点时，单击其中一个夹点作为编辑操作的基点，这时该点会以高亮显示，表示已成为基点。在选取基点后，即可使用 AutoCAD 的夹点功能对相应的对象进行拉伸、移动、旋转等编辑操作。

9.1.1 夹点定义和设置

当单击所要编辑的图形对象后，被选中图形的特征点（如端点、圆心、象限点等）将显示为蓝色的小方块，这些小方块被称为"夹点"。夹点有两种状态——未激活状态和被激活状态。单击某个未激活的夹点，该夹点被激活，以红色的实心小方框显示，这种处于被激活状态的夹点称为"热夹点"。

不同对象特征点的位置和数量也不相同。表 9-1 中给出了 AutoCAD 中常见对象特征点的规定。

表 9-1　图形对象的特征点

对象类型	特征点的位置	对象类型	特征点的位置
直线	两个端点和中点	圆	4 个象限点和圆心
多段线	直线段的两端点、圆弧段的中点和两端点	椭圆	4 个顶点和中心点
构造线	控制点及线上邻近两点	椭圆弧	端点、中点和中心点
射线	起点及射线上的一个点	文字	插入点和第二个对齐点
多线	控制线上的两个端点	段落文字	各顶点
圆弧	两个端点和中点		

执行"工具"|"选项"命令，打开"选项"对话框，可通过"选项"对话框的"选择集"选项卡来设置夹点的各种参数，如图 9-1 所示。

在"选择集"选项卡中包含了对夹点选项的设置，这些设置主要有以下几种。

- 夹点尺寸：确定夹点小方块的大小，可通过调整滑块的位置来设置。
- 夹点颜色：单击该按钮，可打开"夹点颜色"对话框，如图 9-2 所示。在此对话框中可对夹点未选中、悬停、选中几种状态以及夹点轮廓的颜色进行设置。

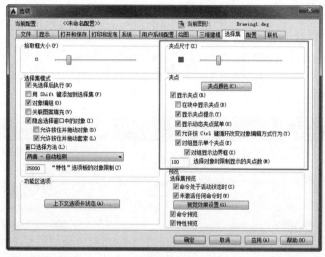

图 9-1

图 9-2

- 显示夹点：设置 AutoCAD 的夹点功能是否有效。"显示夹点"复选框下面有几个复选框。用于设置夹点显示的具体内容。

9.1.2 利用"夹点"拉伸对象

在选择基点后，命令行将出现以下提示。

```
**  拉伸  **
指定拉伸点或 [ 基点（B）/ 复制（C）/ 放弃（U）/ 退出（X）]：
```

"拉伸"各选项的解释如下。

- 基点（B）：是重新确定拉伸基点。选择此选项，AutoCAD 将接着提示指定基点，在此提示下指定一个点作为基点来执行拉伸操作。
- 复制（C）：允许用户进行多次拉伸操作。选择该选项，允许用户进行多次拉伸操作。此时用户可以确定一系列的拉伸点，以实现多次拉伸。
- 放弃（U）：可以取消上一次操作。
- 退出（X）：退出当前的操作。

技术要点：

默认情况下，通过输入点的坐标或者直接用鼠标拾取点拉伸后，AutoCAD 将把对象拉伸或移动到新的位置。因为对于某些夹点，移动时只能移动对象而不能拉伸对象，如文字、块、直线中点、圆心、椭圆中心和点对象上的夹点。

动手操作——拉伸图形

01 打开"动手操作 \ 源文件 \Ch09\ex-1.dwg"文件，如图 9-3 所示。

02 选中图中的圆形，然后拖动夹点至新位置，如图 9-4 所示。

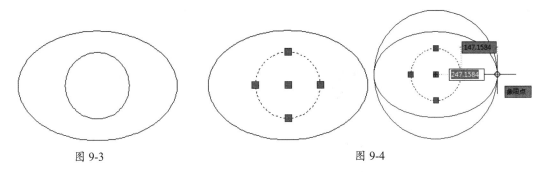

图 9-3   图 9-4

03 拉伸后的结果如图 9-5 所示。

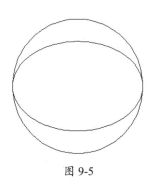

图 9-5

9.1.3 利用"夹点"移动对象

移动对象仅是位置上的平移，对象的方向和大小并不会改变。要精确移动对象，可使用捕捉模式、坐标、夹点和对象捕捉模式。在夹点编辑模式下确定基点后，在命令行输入 MO，按 Enter 键进入移动模式，命令行将显示如下提示信息。

```
** 移动 **
指定移动点或 [基点（B）/复制 (C) / 放弃 (U) / 退出 (X)]:
```

通过输入点的坐标或拾取点的方式来确定平移对象的目的点后，即可以基点为平移的起点，以目的点为终点将所选对象平移到新位置，如图 9-6 所示。

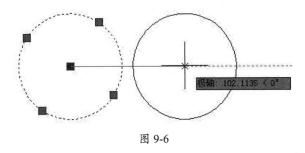

图 9-6

9.1.4 利用"夹点"旋转对象

在夹点编辑模式下，确定基点后，在命令行输入 RO，按 Enter 键进入旋转模式，命令行将显示如下提示信息。

> ** 旋转 **
> 指定旋转角度或 [基点（B）/ 复制 (C) / 放弃 (U) / 参照 (R) / 退出 (X)]:

默认情况下，输入旋转的角度值后或通过拖动方式确定旋转角度后，即可将对象绕基点旋转指定的角度。"旋转"效果如图 9-7 所示。

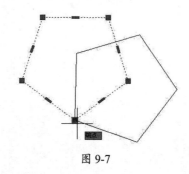

图 9-7

9.1.5 利用"夹点"比例缩放

在夹点编辑模式确定基点后，在命令行输入 SC 进入缩放模式，命令行将显示如下提示信息。

> ** 比例缩放 **
> 指定比例因子或 [基点（B）/ 复制 (C) / 放弃 (U) / 参照 (R) / 退出 (X)]:

默认情况下，当确定了缩放的比例因子后，AutoCAD 将相对于基点进行缩放对象操作。

动手操作——缩放图形

01 打开"动手操作 \ 源文件 \Ch09\ 缩放图形 .dwg"文件，如图 9-8 所示。

02 选中所有图形，然后指定缩放基点，如图 9-9 所示。

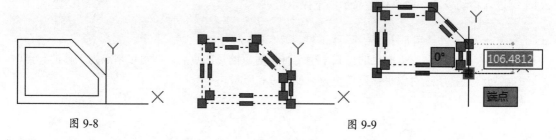

图 9-8   图 9-9

03 在命令行输入 SC，执行命令后再输入"指定比例因子或"为 2，如图 9-10 所示。

04 按 Enter 键，完成图形的缩放，如图 9-11 所示。

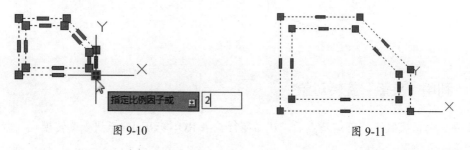

图 9-10   图 9-11

当比例因子大于 1 时放大对象；当比例因子大于 0 而小于 1 时缩小对象。

9.1.6 利用"夹点"镜像对象

"镜像"对象是只按镜像线改变图形的，镜像效果如图 9-12 所示。

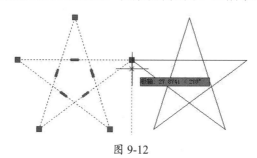

图 9-12

镜像在夹点编辑模式下确定基点后，在命令行输入 MI 进入镜像模式，命令行将显示如下提示信息。

```
** 镜像 **
指定第二点或 [基点 (B) / 复制 (C) / 放弃 (U) / 退出 (X)]：
```

默认情况下，夹点镜像操作是将选中的对象进行对称，仅当在命令行中选择"复制（C）"选项后，才会创建出镜像对象。

技术要点：

当比例因子大于 1 时放大对象；当比例因子大于 0 而小于 1 时缩小对象。

在 AutoCAD 2018 中，不仅可以使用夹点来移动、旋转、对齐对象，还可以通过"修改"菜单中的相关命令来实现。下面来讲解"修改"菜单中的"删除""移动""复制"命令。

9.2 删除指令

"删除"是非常常用的一个命令，用于删除画面中不需要的对象。"删除"命令的执行方式主要有以下几种。

- 执行"修改"|"删除"命令。
- 在命令行输入 ERASE 后按 Enter 键。
- 单击"修改"面板中的"删除"按钮 。
- 选择对象，按 Delete 键。

执行"删除"命令后，命令行将显示如下提示信息。

```
命令： ERASE
选择对象：找到 1 个                    // 指定删除的对象↙
选择对象：↙                          // 结束选择
```

9.3 移动指令

移动指令包括移动对象和旋转对象两个指令，也是复制指令的一种特殊情形。

9.3.1 移动对象

移动对象是指对象的重定位，可以在指定方向上按指定距离移动对象，对象的位置发生了改变，但方向和大小不变。

执行"移动"命令主要有以下几种方式。

- 执行"修改"|"移动"命令。
- 单击"修改"面板中的"移动"按钮 ✛。
- 在命令行输入 MOVE 后按 Enter 键。

执行"移动"命令后，命令行将显示如下提示信息。

```
命令：_MOVE
选择对象：找到 1 个↙                          // 指定移动对象
选择对象：
指定基点或 [位移(D)] <位移>：
指定第二个点或 <使用第一个点作为位移>：
```

如图 9-13 所示为移动俯视图的操作。

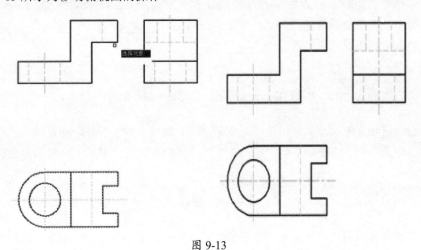

图 9-13

9.3.2 旋转对象

"旋转"命令用于将选择对象围绕指定的基点旋转一定的角度。在旋转对象时，输入的角度为正值，系统将按逆时针方向旋转；输入的角度为负值，将按顺时针方向旋转。

执行"旋转"命令主要有以下几种方式。

- 执行"修改"|"旋转"命令。
- 单击"修改"面板中的 ○ 按钮。
- 在命令行输入 ROTATE 后按 Enter 键。
- 使用命令简写 RO 后按 Enter 键。

动手操作——旋转对象

01 打开"动手操作 \ 源文件 \Ch09\ 旋转对象 .dwg"文件，如图 9-14 所示。

02 选中图形中需要旋转的部分图线，如图 9-15 所示。

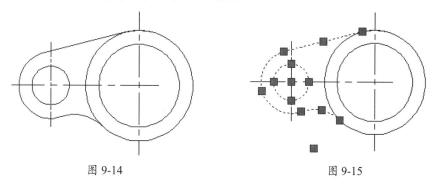

图 9-14　　　　　　　　　　　　　　　　图 9-15

03 单击"修改"面板上的 按钮，激活"旋转"命令，然后指定大圆的圆心作为旋转的基点，如图9-16所示。

04 在命令行输入 c，然后再输入旋转角度为 180，按 Enter 键即可创建如图 9-17 所示的旋转复制对象。

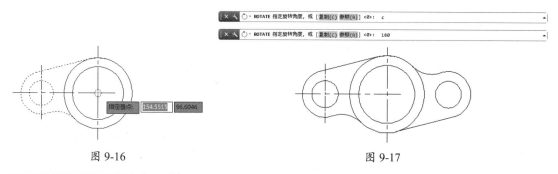

图 9-16　　　　　　　　　　　　　　　　图 9-17

技术要点：

"参照"选项用于将对象进行参照旋转，即指定一个参照角度和新角度，两个角度的差值就是对象的实际旋转角度。

9.4　复制指令

在 AutoCAD 中，单纯地使用绘图命令或绘图工具只能绘制一些基本的图形对象。为了绘制复杂图形，很多情况下都必须借助于图形编辑命令。AutoCAD 2018 提供了众多的图形编辑命令，使用这些命令，可以修改已有图形或通过已有图形构造新的复杂图形。

9.4.1　复制对象

"复制"命令用于对已有的对象复制出副本，并放置到指定的位置。复制出的图形尺寸、形状等保持不变，唯一发生改变的就是图形的位置。

执行"复制"命令主要有以下几种方式。

- 执行"修改"|"复制"命令。
- 单击"修改"面板中的"复制"按钮
  ![]。
- 在命令行输入 COPY 后按 Enter 键。
- 使用命令简写 CO 后按 Enter 键。

动手操作——复制对象

一般情况下，通常使用"复制"命令创建结构相同，位置不同的复合结构，下面通过典型的操作实例学习此命令。

01 新建一个空白文件。

02 首先执行"椭圆"和"圆"命令，配合象限点捕捉功能，绘制如图 9-18 所示的椭圆和圆。

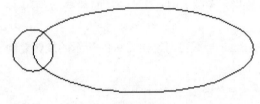

图 9-18

03 单击"修改"面板中的"复制"按钮![]，选中小圆图形进行多重复制，如图 9-19 所示。

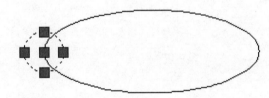

图 9-19

04 将小圆的圆心作为基点，然后将椭圆的象限点作为指定点复制小圆，如图 9-20 所示。

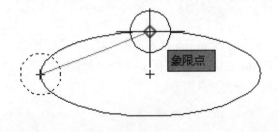

象限点

图 9-20

05 重复操作，在椭圆余下的象限点上复制小圆，最后的结果如图 9-21 所示。

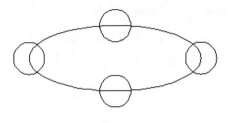

图 9-21

9.4.2 镜像对象

"镜像"命令用于将选择的图形以镜像线对称复制。在镜像过程中，源对象可以保留，也可以删除。

执行"镜像"命令主要有以下几种方式。

- 执行"修改"|"镜像"命令。
- 单击"修改"面板中的"镜像"按钮
  ![]。
- 在命令行输入 MIRROR 后按 Enter 键。
- 使用命令简写 MI 后按 Enter 键。

动手操作——镜像对象

绘制如图 9-22 所示的图形。该图形是上下对称的，可利用 MIRROR 命令来绘制。

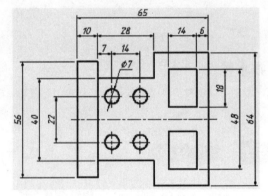

图 9-22

01 创建中心线层，设置图层颜色为蓝色，线型为 CEnter，线宽为默认。设定线型全局比例因子为 0.2。

02 打开极轴追踪、对象捕捉及自动追踪功能。指定极轴追踪角度增量为 90°，设定对象捕捉方式为"端点""交点"及"圆心"，设置仅沿正交方向自动追踪。

03 画两条作图基准线 A、B，A 线的长度约为 50，B 线的长度约为 80。绘制平行线 C、D、E 等，如图 9-23 左图所示（此图为截取的部分图，所以感觉 A 比 B 短）。

```
命令：_OFFSET
指定偏移距离或 <6.0000>: 10                 // 输入平移距离
选择要偏移的对象，或 <退出>:                 // 选择线段 A
指定要偏移的那一侧上的点:                     // 在线段 A 的右边单击一点
选择要偏移的对象，或 <退出>:                 // 按 Enter 键结束
```

04 向右平移线段 A 至 D，平移距离为 38。

05 向右平移线段 A 至 E，平移距离为 65。

06 向上平移线段 B 至 F，平移距离为 20。

07 向上平移线段 B 至 G，平移距离为 28。

08 向上平移线段 B 至 H，平移距离为 32。

09 修剪多余线条，结果如图 9-23 右图所示。

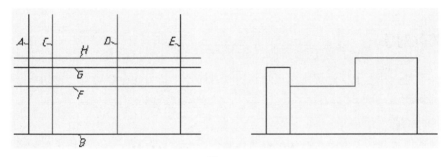

图 9-23

10 画矩形和圆。

```
命令：_RECTANG
指定第一个角点或 [倒角(C)/标高(E)/圆角(F)/厚度(T)/宽度(W)]: FROM
                                           // 使用正交偏移捕捉
基点:                                       // 捕捉交点 I
<偏移>: @-6,-8                              // 输入 J 点的相对坐标
指定另一个角点: @-14,-18                     // 输入 K 点的相对坐标
命令：_CIRCLE 指定圆的圆心或 [三点(3P)/两点(2P)/相切、相切、半径(T)]: FROM
                                           // 使用正交偏移捕捉
基点:                                       // 捕捉交点 L
<偏移>: @7,11                               // 输入 M 点的相对坐标
指定圆的半径或 [直径(D)]: 3.5               // 输入圆半径
```

11 再绘制圆的定位线，结果如图 9-24 所示。

12 复制圆，再镜像图形。

```
命令：_COPY
选择对象：指定对角点：找到 3 个             // 选择对象 N
选择对象：                                   // 按 Enter 键
指定基点或 [位移(D)] <位移>:               // 单击一点
指定第二点或 <使用第一点作为位移>: 14       // 向右追踪并输入追踪距离
指定第二个点:                                // 按 Enter 键结束
命令：_MIRROR                               // 镜像图形
选择对象：指定对角点：找到 14 个            // 选择上半部分图形
选择对象：                                   // 按 Enter 键
指定镜像线的第一点:                          // 捕捉端点 O
指定镜像线的第二点:                          // 捕捉端点 P
是否删除源对象? [是(Y)/否(N)] <N>:          // 按 Enter 键结束
```

13 将线段 OP 及圆的定位线修改到中心线层上，结果如图 9-25 所示。

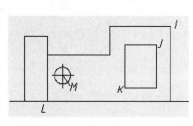

图 9-24

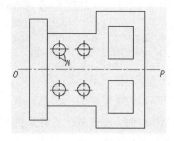

图 9-25

技术要点：

如果对文字进行镜像时，其镜像后的文字可读性取决于系统变量MIRRTEX的值，当变量值为1时，镜像文字不具有可读性；当变量值为0时，镜像后的文字具有可读性。

9.4.3 阵列对象

"阵列"是一种用于创建规则图形结构的复合命令，使用此命令可以创建均布结构或聚心结构的复制图形。

1. 矩形阵列

所谓"矩形阵列"，就是指将图形对象按照指定的行数和列数，以"矩形"的排列方式进行大规模复制。

执行"矩形阵列"命令主要有以下几种方式。

- 执行"修改"|"阵列"|"矩形阵列"命令。
- 单击"修改"面板中的"矩形阵列"按钮。
- 在命令行输入 ARRAYRECT 后按 Enter 键。

执行"矩形阵列"命令后，命令行操作如下。

```
命令： ARRAYRECT
选择对象： 找到 1 个                         // 选择阵列对象
选择对象：✓                               // 确认选择
类型 = 矩形   关联 = 是
为项目数指定对角点或 [基点（B）/角度（A）/计数（C）] <计数>：
                                        // 拉出一条斜线，如图 9-26 所示
指定对角点以间隔项目或 [间距（S）] <间距>：      // 调整间距，如图 9-27 所示
按 Enter 键接受或 [关联（AS）/基点（B）/行（R）/列（C）/层（L）/退出（X）] <退出>：✓
                                        // 确认，并打开如图 9-28 所示的快捷菜单
```

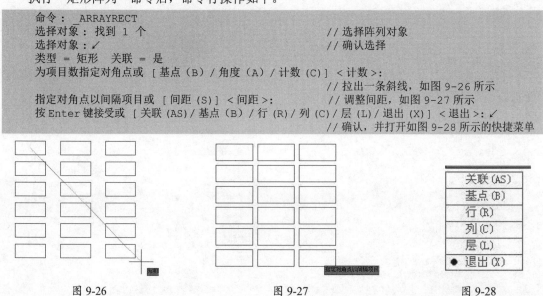

图 9-26　　　　　　　　　　图 9-27　　　　　　　　　　图 9-28

技术要点：

矩形阵列的"角度"选项用于设置阵列的角度，使阵列后的图形对象沿着某一角度倾斜，如图9-29所示。

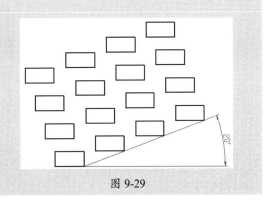

图 9-29

2．环形阵列

所谓"环形阵列"是指将图形对象按照指定的中心点和阵列数目，成"圆形"排列。

执行"环形阵列"命令主要有以下几种方式。

- 执行"修改"|"阵列"|"环形阵列"命令。
- 单击"修改"面板中的"环形阵列"按钮🔛。
- 在命令行输入 ARRAYPOLAR 后按 Enter 键。

动手操作——环形阵列

下面通过一个小例子来学习"环形阵列"命令。

01 新建空白文件。

02 执行"圆"和"矩形"命令，配合象限点捕捉绘制图形，如图 9-30 所示。

03 执行"修改"|"阵列"|"环形阵列"命令，选择矩形作为阵列对象，然后选择圆心作为阵列中心点，激活并打开"阵列创建"选项卡。

04 在此选项卡中设置"项目数"为 10，"介于"为 36，如图 9-31 所示。

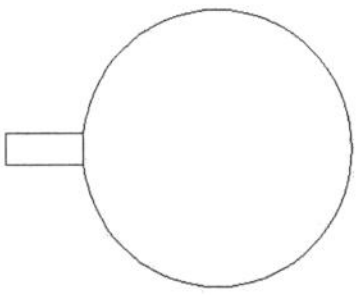

图 9-30

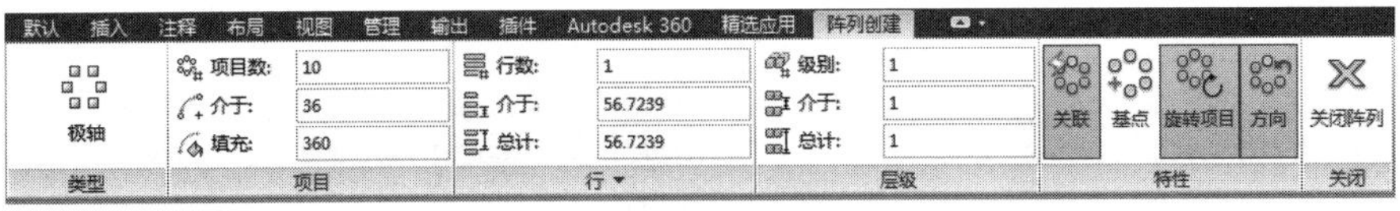

图 9-31

05 最后单击"关闭阵列"按钮，完成阵列。操作结果如图 9-32 所示。

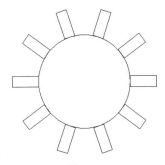

图 9-32

技术要点：

"旋转项目（ROT）"用于设置环形阵列对象时，对象本身是否绕其基点旋转。如果设置不旋转复制项目，那么阵列出的对象将不会绕基点旋转，如图9-33所示。

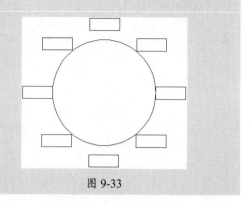

图 9-33

3. 路径阵列

"路径阵列"是将对象沿着一条路径进行排列的，排列形态由路径形态而定。

动手操作——路径阵列

下面通过一个小例子来讲解"路径阵列"的操作方法。

01 绘制一个圆。

02 执行"修改"|"阵列"|"路径阵列"命令，激活"路径阵列"命令，命令行操作如下。

```
命令：ARRAYPATH
选择对象：找到 1 个                      //选择"圆"图形
选择对象：✓                            //确认选择
类型 = 路径  关联 = 是
选择路径曲线：                          //选择弧形
输入沿路径的项数或 ［方向(O)/表达式(E)］<方向>：15   //输入复制的数量
指定沿路径的项目之间的距离或 ［定数等分(D)/总距离(T)/表达式(E)］<沿路径平均定数等分
(D)>：✓                              //定义密度，如图 9-34 所示
按 Enter 键接受或 ［关联(AS)/基点(B)/项目(I)/行(R)/层(L)/对齐项目(A)/Z 方向(Z)/
退出(X)］<退出>：✓                    //自动弹出快捷菜单，如图 9-35 所示
```

03 操作结果如图 9-36 所示。

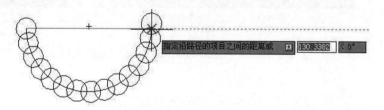

图 9-34

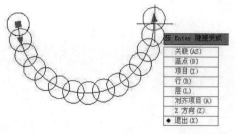

图 9-35

图 9-36

9.4.4 偏移对象

"偏移"命令用于将图线按照一定的距离或指定的通过点,进行偏移选择的图形对象。

执行"偏移"命令主要有以下几种方式。

- 执行"修改"|"偏移"命令。
- 单击"修改"面板中的"偏移"按钮 ⚏。
- 在命令行输入 OFFSET 后按 Enter 键。
- 使用命令简写 O 后按 Enter 键。

1. 将对象距离偏移

不同结构的对象,其偏移结果也会不同。例如在对圆、椭圆等对象偏移后,对象的尺寸发生了变化,而对直线偏移后,其尺寸则保持不变。

动手操作——利用"偏移"绘制底座局部视图

底座局部剖视图如图 9-37 所示。本例主要利用直线偏移命令 OFFSET 将各部分定位,再通过倒角命令(CHAMFER)、圆角命令(FILLET)、修剪命令(TRIM)、样条曲线命令(SPLINE)和图案填充命令(BHATCH)完成此图。

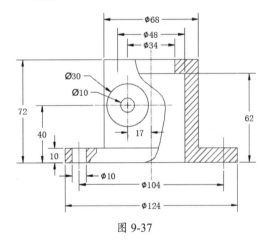

图 9-37

01 新建空白文件,并设置中心线图层、细实线层和轮廓线图层。

02 将"中心线"层设置为当前层。单击"直线"按钮 ⟋,绘制一条竖直的中心线。将"轮廓线"层设置为当前层。重复"直线"命令,绘制一条水平的轮廓线,结果如图 9-38 所示。

03 单击"偏移"按钮 ⚏,将水平轮廓线向上偏移,偏移距离分别为 10、40、62、72。重复"偏移"命令,将竖直中心线分别向两侧偏移 17、34、52、62。再将竖直中心线向右偏移 24。选取偏移后的直线,将其所在层修改为"轮廓线"层,得到的结果如图 9-39 所示。

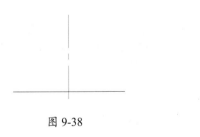

图 9-38

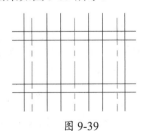

图 9-39

技术要点：

在选择偏移对象时，只能以点选的方式选择对象，且每次只能偏移一个对象。

04 单击"样条曲线"按钮～，绘制中部的剖切线，命令行提示与操作如下，结果如图 9-40 所示。

```
命令：_SPLINE
指定第一个点或 [对象(O)]:
指定下一点：
指定下一点或 [闭合(C)/拟合公差(F)] <起点切向>:
指定下一点或 [闭合(C)/拟合公差(F)] <起点切向>:
指定下一点或 [闭合(C)/拟合公差(F)] <起点切向>:
指定起点切向：
指定端点切向：
```

05 单击"修剪"按钮⊁，修剪相关图线，修剪编辑后的结果如图 9-41 所示。

06 单击"偏移"按钮⊘，将线段 1 向两侧分别偏移 5 并修剪。转换图层，将图线线型进行转换，结果如图 4-42 所示。

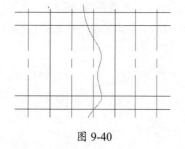

图 9-40

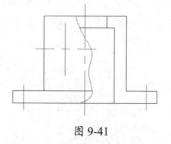

图 9-41

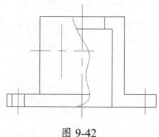

图 9-42

07 单击"样条曲线"按钮～，绘制中部的剖切线并进行修剪，结果如图 9-43 所示。

08 单击"圆"按钮⊙，以中心线交点为圆心，分别绘制半径为 15 和 5 的同心圆，结果如图 9-44 所示。

09 将"细实线"层设置为当前层。单击"图案填充"按钮▨，打开"图案填充创建"选项卡，选择"用户定义"类型，选择角度为 45°，间距为 3。分别打开和关闭"双向"复选框，选择相应的填充区域。确认后进行填充，结果如图 9-45 所示。

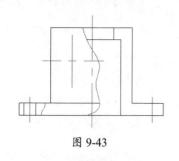

图 9-43

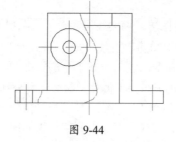

图 9-44

图 9-45

2. 将对象定点偏移

所谓"定点偏移"，是指为偏移对象指定一个通过点，并进行偏移对象。

动手操作——定点偏移对象

此种偏移通常需要配合"对象捕捉"功能，下面通过实例学习定点偏移的操作方法。

01 打开"动手操作 \ 源文件 \Ch09\ex-4.dwg"文件，如图 9-46 所示。

02 单击"修改"面板中的"偏移"按钮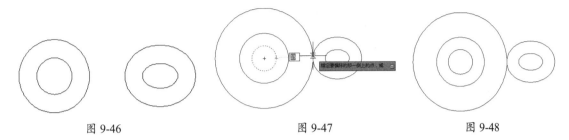，激活"偏移"命令，对小圆进行偏移，使偏移出的圆与大椭圆相切，如图 9-47 所示。

03 偏移结果如图 9-48 所示。

图 9-46	图 9-47	图 9-48

技术要点：

"通过"选项用于按照指定的通过点偏移对象，所偏移出的对象将通过事先指定的目标点。

9.5　综合训练

本章主要介绍了 AutoCAD 2018 二维图形编辑的相关命令及使用方法。接下来在本节中将以几个典型的图形绘制实例来说明图形编辑命令的应用方法及使用过程，以帮助读者快速掌握本章所学的重点知识。

9.5.1　训练一：绘制法兰盘

◎ **源文件：综合训练\源文件\Ch09\基准中心线.dwg**

◎ **结果文件：综合训练\结果文件\Ch09\绘制法兰盘.dwg**

◎ **视频文件：视频\Ch09\绘制法兰盘.avi**

二维的法兰盘图形是以多个同心圆和圆阵列组共同组成的，如图 9-49 所示。

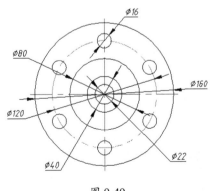

图 9-49

绘制法兰盘，可使用"偏移"命令来快速创建同心圆，然后使用"阵列"命令创建出直径相同的圆阵列组。

操作步骤

01 打开源文件"基准中心线 .dwg"。

02 在基准线中心绘制一个直径为 22 的基圆，命令行操作如下。

```
命令：CIRCLE
指定圆的圆心或 [三点 (3P) / 两点 (2P) / 切点、切点、半径 (T)]：        // 指定圆心
指定圆的半径或 [直径 (D)]：D ✓                                       // 输入 D
指定圆的直径 <0.00>：22 ✓                                            // 指定圆的直径
```

03 操作过程及结果如图 9-50 所示。

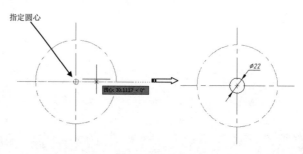

图 9-50

04 使用"偏移"命令，以基圆作为要偏移的对象，创建偏移距离为 9 的同心圆。在"常规"选项卡的"修改"面板中单击"偏移"按钮，命令行操作如下。

```
命令：_OFFSET
当前设置：删除源 = 否   图层 = 源   OFFSETGAPTYPE=0                  // 设置显示
指定偏移距离或 [通过 (T) / 删除 (E) / 图层 (L)] < 通过 >：9 ✓        // 输入偏移距离值
选择要偏移的对象，或 [退出 (E) / 放弃 (U)] < 退出 >：                 // 指定基圆
指定要偏移的那一侧上的点，或 [退出 (E) / 多个 (M) / 放弃 (U)] < 退出 >：// 指定偏移侧
选择要偏移的对象，或 [退出 (E) / 放弃 (U)] < 退出 >：✓
```

05 操作过程及结果如图 9-51 所示。

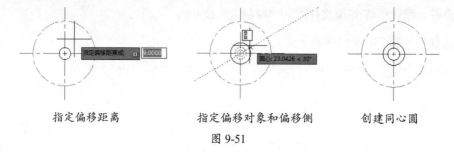

指定偏移距离　　　　　　指定偏移对象和偏移侧　　　　　创建同心圆

图 9-51

技术要点：

要执行相同的命令，可直接按Enter键。

06 使用"偏移"命令，以基圆作为要偏移的对象，创建偏移距离为 29 的同心圆。在"常规"选项卡的"修改"面板中单击"偏移"按钮，命令行操作如下。

```
命令：_OFFSET
当前设置：删除源 = 否   图层 = 源   OFFSETGAPTYPE=0                  // 设置显示
指定偏移距离或 [通过 (T) / 删除 (E) / 图层 (L)] <9.0>：29 ✓         // 输入偏移距离值
选择要偏移的对象，或 [退出 (E) / 放弃 (U)] < 退出 >：                 // 指定基圆
指定要偏移的那一侧上的点，或 [退出 (E) / 多个 (M) / 放弃 (U)] < 退出 >：// 指定偏移侧
选择要偏移的对象，或 [退出 (E) / 放弃 (U)] < 退出 >：✓
```

07 操作过程及结果如图 9-52 所示。

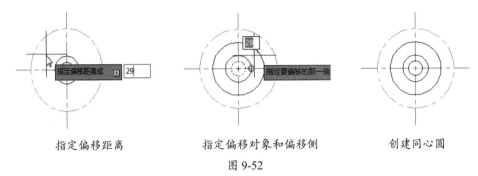

| 指定偏移距离 | 指定偏移对象和偏移侧 | 创建同心圆 |

图 9-52

08 使用"偏移"命令，以基圆作为要偏移的对象，创建偏移距离为 69 的同心圆。在"常规"选项卡的"修改"面板中单击"偏移"按钮，命令行操作如下。

```
命令：_OFFSET
当前设置：删除源 = 否   图层 = 源   OFFSETGAPTYPE=0                    // 设置显示
指定偏移距离或 ［通过 (T) / 删除 (E) / 图层 (L)］ <29.0>：69 ✓       // 输入偏移距离值
选择要偏移的对象，或 ［退出 (E) / 放弃 (U)］ <退出>：               // 指定基圆
指定要偏移的那一侧上的点，或 ［退出 (E) / 多个 (M) / 放弃 (U)］ <退出>  // 指定偏移侧
选择要偏移的对象，或 ［退出 (E) / 放弃 (U)］ <退出>：✓
```

09 操作过程及结果如图 9-53 所示。

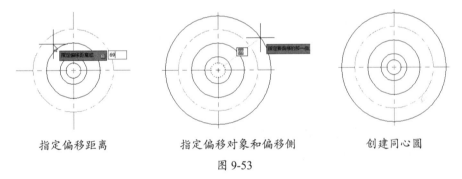

| 指定偏移距离 | 指定偏移对象和偏移侧 | 创建同心圆 |

图 9-53

10 使用"圆"命令，在圆定位线与基准线的交点上绘制一个直径为 16 的小圆，命令行操作如下。

```
命令：CIRCLE
CIRCLE 指定圆的圆心或 ［三点 (3P) / 两点 (2P) / 切点、切点、半径 (T)］：// 指定圆心
指定圆的半径或 ［直径 (D)］ <11.0>：D ✓                          // 输入 D
指定圆的直径 <22.0>：16 ✓                                       // 输入直径
```

11 操作过程及结果如图 9-54 所示。

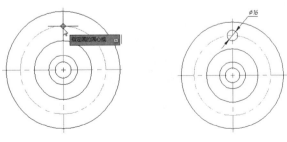

图 9-54

12 使用"阵列"命令，以小圆为要阵列的对象，创建总数为 6 个的环形阵列圆。在"修改"面板中单击"环形阵列"按钮，然后按命令行提示进行操作，阵列的结果如图 9-55 所示。

```
命令：ARRAYPOLAR
选择对象：找到 1 个
选择对象：                                        // 选择小圆
类型 = 极轴   关联 = 是
指定阵列的中心点或 [基点 (B) / 旋转轴 (A)]：            // 指定大圆圆心
输入项目数或 [项目间角度 (A) / 表达式 (E)] <4>：6 ✓
指定填充角度 (+= 逆时针、-= 顺时针) 或 [表达式 (EX)] <360>：✓
按 Enter 键接受或 [关联 (AS) / 基点 (B) / 项目 (I) / 项目间角度 (A) / 填充角度 (F) / 行 (ROW) /
层 (L) / 旋转项目 (ROT) / 退出 (X)]
<退出>：✓
```

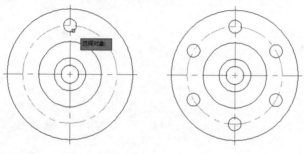

图 9-55

13 至此，本例的二维图形编辑命令的应用及操作就完成了。

9.5.2　训练二：绘制机制夹具

◎ **源文件：无**

◎ **结果文件：综合训练\结果文件\Ch09\绘制机制夹具.dwg**

◎ **视频文件：视频\Ch09\绘制机制夹具.avi**

　　本例机制夹具图形的绘制主要由圆、圆弧、直线等图素构成，如图 9-56 所示。图形基本元素可使用"直线"和"圆弧"工具来绘制，再结合"偏移""修剪""旋转""圆角""镜像""延伸"等命令来辅助完成其余特征，这样即可提高图形绘制效率。

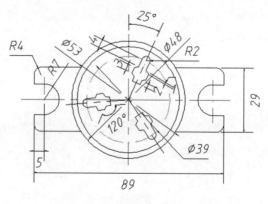

图 9-56

操作步骤

01 新建一个空白文件

02 绘制中心线，如图 9-57 所示。

03 使用"偏移"命令，绘制出直线图素的大致轮廓，其命令行操作如下。

```
命令： OFFSET
当前设置：删除源 = 否   图层 = 源   OFFSETGAPTYPE=0                      // 设置显示
指定偏移距离或 ［通过 (T) / 删除 (E) / 图层 (L)］ <通过>：44.5 ↙        // 输入偏移距离
选择要偏移的对象，或 ［退出 (E) / 放弃 (U)］ <退出>：                   // 指定偏移对象
指定要偏移的那一侧上的点，或 ［退出 (E) / 多个 (M) / 放弃 (U)］ <退出>： // 指定偏移侧
选择要偏移的对象，或 ［退出 (E) / 放弃 (U)］ <退出>：↙                 // 指定偏移对象
命令：↙
OFFSET
当前设置：删除源 = 否   图层 = 源   OFFSETGAPTYPE=0                      // 设置显示
指定偏移距离或 ［通过 (T) / 删除 (E) / 图层 (L)］ <44.5000>：5 ↙        // 输入偏移距离
选择要偏移的对象，或 ［退出 (E) / 放弃 (U)］ <退出>：                   // 指定偏移对象
指定要偏移的那一侧上的点，或 ［退出 (E) / 多个 (M) / 放弃 (U)］ <退出>： // 指定偏移侧
选择要偏移的对象，或 ［退出 (E) / 放弃 (U)］ <退出>：↙                 // 指定偏移对象
命令：↙
OFFSET
当前设置：删除源 = 否   图层 = 源   OFFSETGAPTYPE=0                      // 设置显示
指定偏移距离或 ［通过 (T) / 删除 (E) / 图层 (L)］ <5.0000>：14.5 ↙      // 输入偏移距离
选择要偏移的对象，或 ［退出 (E) / 放弃 (U)］ <退出>：                   // 指定偏移对象
指定要偏移的那一侧上的点，或 ［退出 (E) / 多个 (M) / 放弃 (U)］ <退出>： // 指定偏移侧
选择要偏移的对象，或 ［退出 (E) / 放弃 (U)］ <退出>：                   // 指定偏移对象
指定要偏移的那一侧上的点，或 ［退出 (E) / 多个 (M) / 放弃 (U)］ <退出>： // 指定偏移侧
选择要偏移的对象，或 ［退出 (E) / 放弃 (U)］ <退出>：↙                 // 指定偏移对象
命令：↙
OFFSET
当前设置：删除源 = 否   图层 = 源   OFFSETGAPTYPE=0                      // 设置显示
指定偏移距离或 ［通过 (T) / 删除 (E) / 图层 (L)］ <14.5000>：7 ↙        // 输入偏移距离
选择要偏移的对象，或 ［退出 (E) / 放弃 (U)］ <退出>：                   // 指定偏移对象
指定要偏移的那一侧上的点，或 ［退出 (E) / 多个 (M) / 放弃 (U)］ <退出>： // 指定偏移侧
选择要偏移的对象，或 ［退出 (E) / 放弃 (U)］ <退出>：                   // 指定偏移对象
指定要偏移的那一侧上的点，或 ［退出 (E) / 多个 (M) / 放弃 (U)］ <退出>： // 指定偏移侧
选择要偏移的对象，或 ［退出 (E) / 放弃 (U)］ <退出>：↙                 // 指定偏移对象
```

04 绘制的偏移直线如图 9-58 所示。

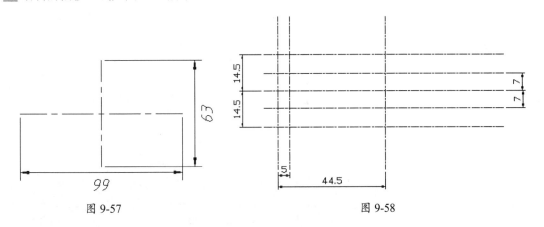

图 9-57   图 9-58

05 创建一个圆，然后以此圆作为偏移对象，再创建两个偏移对象，命令行操作如下。

```
命令： _CIRCLE
指定圆的圆心或 ［三点 (3P) / 两点 (2P) / 切点、切点、半径 (T)］：        // 指定圆心
```

```
指定圆的半径或 [直径 (D)] <0.0000>: D ↙                              // 输入 D
指定圆的直径 <0.0000>: 39 ↙                                         // 输入圆的直径
命令: _OFFSET
当前设置: 删除源 = 否  图层 = 源  OFFSETGAPTYPE=0                      // 设置显示
指定偏移距离或 [通过 (T) / 删除 (E) / 图层 (L)] <3.5000>: 4.5 ↙        // 输入偏移距离
选择要偏移的对象, 或 [退出 (E) / 放弃 (U)] <退出>:                     // 指定直径为 39 的圆
指定要偏移的那一侧上的点, 或 [退出 (E) / 多个 (M) / 放弃 (U)] <退出>:  // 指定偏移侧
选择要偏移的对象, 或 [退出 (E) / 放弃 (U)] <退出>: ↙
命令: ↙
OFFSET
当前设置: 删除源 = 否  图层 = 源  OFFSETGAPTYPE=0                      // 设置显示
指定偏移距离或 [通过 (T) / 删除 (E) / 图层 (L)] <4.5000>: 2.5 ↙        // 输入偏移距离
选择要偏移的对象, 或 [退出 (E) / 放弃 (U)] <退出>:                     // 指定直径为 48 的圆
指定要偏移的那一侧上的点, 或 [退出 (E) / 多个 (M) / 放弃 (U)] <退出>:  // 指定偏移侧
选择要偏移的对象, 或 [退出 (E) / 放弃 (U)] <退出>: ↙
```

06 创建的圆和偏移圆如图 9-59 所示。

07 使用 "修剪" 命令，将绘制的直线和圆修剪，结果如图 9-60 所示。

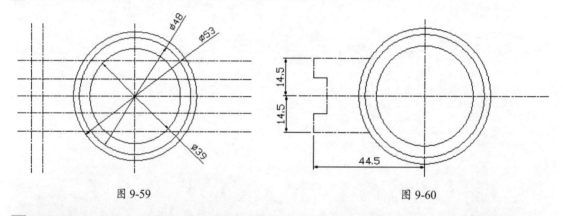

图 9-59　　　　　　　　　　　　　　　　图 9-60

08 使用 "圆角" 命令，对直线倒圆，命令行操作如下。

```
命令: _FILLET
当前设置: 模式 = 不修剪, 半径 =0.0000                                              // 设置显示
选择第一个对象或 [放弃 (U) / 多段线 (P) / 半径 (R) / 修剪 (T) / 多个 (M)]: R ↙      // 输入 R
指定圆角半径 <0.0000>: 3.5 ↙                                                       // 输入圆角半径
选择第一个对象或 [放弃 (U) / 多段线 (P) / 半径 (R) / 修剪 (T) / 多个 (M)]: T ↙      // 选择选项
输入修剪模式选项 [修剪 (T) / 不修剪 (N)] <不修剪>: T ↙                             // 选择选项
选择第一个对象或 [放弃 (U) / 多段线 (P) / 半径 (R) / 修剪 (T) / 多个 (M)]:         // 选择圆角边 1
选择第二个对象, 或按住 Shift 键选择要应用角点的对象: ↙                             // 选择圆角边 2
命令: ↙
FILLET
当前设置: 模式 = 修剪, 半径 =3.5000                                               // 设置显示
选择第一个对象或 [放弃 (U) / 多段线 (P) / 半径 (R) / 修剪 (T) / 多个 (M)]:         // 指定圆角边 1
选择第二个对象, 或按住 Shift 键选择要应用角点的对象:                              // 指定圆角边 2
命令: ↙
FILLET
当前设置: 模式 = 修剪, 半径 =3.5000                                               // 设置显示
选择第一个对象或 [放弃 (U) / 多段线 (P) / 半径 (R) / 修剪 (T) / 多个 (M)]: R ↙     // 选择选项
指定圆角半径 <3.5000>: 7 ↙                                                        // 输入圆角半径
选择第一个对象或 [放弃 (U) / 多段线 (P) / 半径 (R) / 修剪 (T) / 多个 (M)]:         // 指定圆角边 1
选择第二个对象, 或按住 Shift 键选择要应用角点的对象: ↙                            // 指定圆角边 2
```

09 倒圆结果如图 9-61 所示。

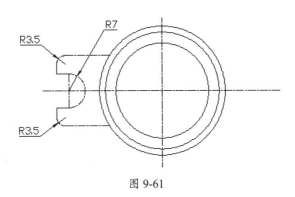

图 9-61

10 利用夹点来拖动如图 9-62 所示的直线。

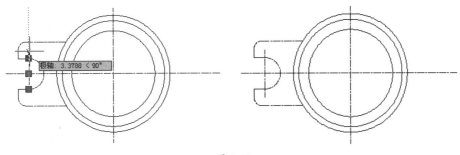

图 9-62

11 使用"镜像"命令将选中的对象镜像到圆中心线的另一侧，命令行操作如下。

```
命令： MIRROR
选择对象：指定对角点：找到 10 个                // 选择要镜像的对象
选择对象：✓
指定镜像线的第一点：指定镜像线的第二点：        // 指定镜像第一点和第二点
要删除源对象吗？ [是 (Y) / 否 (N)] <N>：✓
```

12 镜像操作的结果如图 9-63 所示。

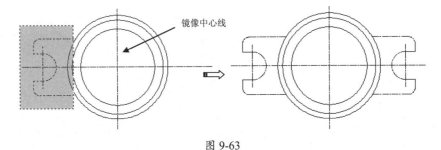

图 9-63

13 绘制一条斜线，命令行操作如下，绘制的斜线如图 9-64 所示。

```
命令： _LINE  指定第一点：                      // 指定起点
指定下一点或 [放弃 (U)]：<65 ✓                 // 输入替代角度
角度替代：65
指定下一点或 [放弃 (U)]：                       // 指定直线终点
指定下一点或 [放弃 (U)]：✓
```

14 打开"极轴追踪"，并在"草图设置"对话框的"极轴追踪"选项卡中将增量角设为 90°，并在"极轴角侧"选项区域中单击"相对上一段"单选按钮，如图 9-65 所示。

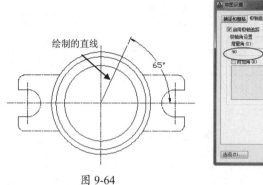

图 9-64　　　　　　　　　　　　　　　图 9-65

15 在斜线的端点处绘制一条垂线，并将垂线移动至如图 9-66 所示的斜线与圆交点上。

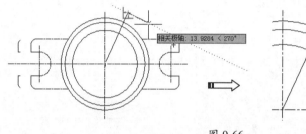

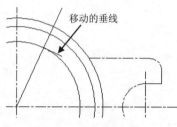

图 9-66

16 使用"偏移"命令，绘制垂线和斜线的偏移对象，命令行操作如下。

```
命令: OFFSET
当前设置: 删除源 = 否  图层 = 源  OFFSETGAPTYPE=0                    // 设置显示
指定偏移距离或 [通过 (T) / 删除 (E) / 图层 (L)] <7.0000>: 2 ↙        // 输入偏移距离
选择要偏移的对象, 或 [退出 (E) / 放弃 (U)] <退出>:                   // 指定偏移对象
指定要偏移的那一侧上的点, 或 [退出 (E) / 多个 (M) / 放弃 (U)] <退出>: // 指定偏移侧
选择要偏移的对象, 或 [退出 (E) / 放弃 (U)] <退出>: ↙
命令: ↙
OFFSET
当前设置: 删除源 = 否  图层 = 源  OFFSETGAPTYPE=0
指定偏移距离或 [通过 (T) / 删除 (E) / 图层 (L)] <2.0000>: 4 ↙        // 输入偏移距离
选择要偏移的对象, 或 [退出 (E) / 放弃 (U)] <退出>:                   // 指定偏移对象
指定要偏移的那一侧上的点, 或 [退出 (E) / 多个 (M) / 放弃 (U)] <退出>: // 指定偏移侧
选择要偏移的对象, 或 [退出 (E) / 放弃 (U)] <退出>: ↙
命令: ↙
OFFSET
当前设置: 删除源 = 否  图层 = 源  OFFSETGAPTYPE=0
指定偏移距离或 [通过 (T) / 删除 (E) / 图层 (L)] <4.0000>: 1 ↙        // 输入偏移距离
选择要偏移的对象, 或 [退出 (E) / 放弃 (U)] <退出>:                   // 指定偏移对象
指定要偏移的那一侧上的点, 或 [退出 (E) / 多个 (M) / 放弃 (U)] <退出>: // 指定偏移侧
选择要偏移的对象, 或 [退出 (E) / 放弃 (U)] <退出>: ↙
命令: ↙
OFFSET
当前设置: 删除源 = 否  图层 = 源  OFFSETGAPTYPE=0
指定偏移距离或 [通过 (T) / 删除 (E) / 图层 (L)] <1.0000>: 3 ↙        // 输入偏移距离
选择要偏移的对象, 或 [退出 (E) / 放弃 (U)] <退出>:                   // 指定偏移对象
指定要偏移的那一侧上的点, 或 [退出 (E) / 多个 (M) / 放弃 (U)] <退出>: // 指定偏移侧
选择要偏移的对象, 或 [退出 (E) / 放弃 (U)] <退出>: ↙
命令: ↙
OFFSET
当前设置: 删除源 = 否  图层 = 源  OFFSETGAPTYPE=0
```

```
指定偏移距离或［通过(T)/删除(E)/图层(L)］<3.0000>: 1↙        //输入偏移距离
选择要偏移的对象，或［退出(E)/放弃(U)］<退出>:              //指定偏移对象
指定要偏移的那一侧上的点，或［退出(E)/多个(M)/放弃(U)］<退出>: //指定偏移侧
选择要偏移的对象，或［退出(E)/放弃(U)］<退出>: ↙
命令: ↙
OFFSET
当前设置: 删除源=否  图层=源  OFFSETGAPTYPE=0
指定偏移距离或［通过(T)/删除(E)/图层(L)］<1.0000>: 2↙        //输入偏移距离
选择要偏移的对象，或［退出(E)/放弃(U)］<退出>:              //指定偏移对象
指定要偏移的那一侧上的点，或［退出(E)/多个(M)/放弃(U)］<退出>: //指定偏移侧
选择要偏移的对象，或［退出(E)/放弃(U)］<退出>: ↙
```

17 绘制的偏移对象结果如图 9-67 所示。

18 使用"修剪"命令将偏移对象修剪，修剪结果如图 9-68 所示。

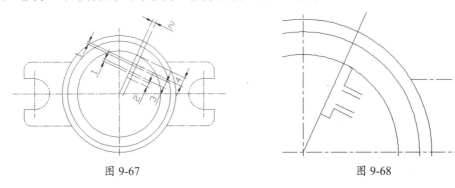

图 9-67　　　　　　　　　　　　　　图 9-68

19 使用"旋转"命令，将修剪后的两条直线进行旋转但不复制，命令行操作如下。

```
命令: _ROTATE
UCS 当前的正角方向: ANGDIR=逆时针  ANGBASE=0    //设置显示
选择对象: 找到 1 个                           //选择旋转对象1
选择对象: ↙
指定基点:                                    //指定旋转基点
指定旋转角度，或［复制(C)/参照(R)］<0>: 30↙   //输入旋转角度
命令: ↙
ROTATE
UCS 当前的正角方向: ANGDIR=逆时针  ANGBASE=0
选择对象: 找到 1 个                           //选择旋转对象2
选择对象: ↙
指定基点:                                    //指定旋转基点
指定旋转角度，或［复制(C)/参照(R)］<30>: -30↙ //输入旋转角度
```

20 旋转结果如图 9-69 所示。

21 将旋转后的直线进行修剪，然后绘制一条直线以连接，结果如图 9-70 所示。

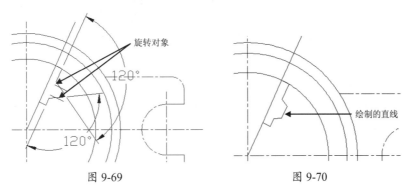

图 9-69　　　　　　　　　　　　　　图 9-70

22 使用"镜像"命令，将修剪后的直线镜像到斜线的另一侧，如图 9-71 所示，然后使用"圆角"命令创建圆角，如图 9-72 所示。

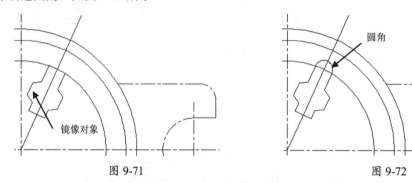

图 9-71   图 9-72

23 使用"旋转"命令，将镜像对象、镜像中心线及圆角进行旋转复制，命令行操作如下。

```
命令： _ROTATE
UCS 当前的正角方向：  ANGDIR= 逆时针   ANGBASE=0          // 设置提示
选择对象：指定对角点：找到 19 个                            // 选择旋转对象
选择对象：↙
指定基点：                                               // 指定基点
指定旋转角度，或 [复制(C)/参照(R)] <330>: C↙            // 输入 C
旋转一组选定对象。
指定旋转角度，或 [复制(C)/参照(R)] <330>: 120 ↙         // 输入旋转角度
命令：↙
ROTATE
UCS 当前的正角方向：  ANGDIR= 逆时针   ANGBASE=0
选择对象：找到 19 个                                      // 选择旋转对象
选择对象：↙
指定基点：                                               // 指定基点
指定旋转角度，或 [复制(C)/参照(R)] <120>: C↙            // 输入 C
旋转一组选定对象。
指定旋转角度，或 [复制(C)/参照(R)] <120>: ↙
```

24 旋转对象后的结果如图 9-73 所示。

25 最后使用"特性匹配"工具将中心点画线设为统一的格式，将所有实线格式也统一。最终完成结果如图 9-74 所示。

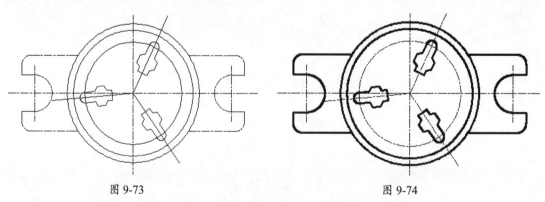

图 9-73   图 9-74

9.5.3　训练三：绘制房屋横切面

〇 **源文件：无**

〇 **结果文件：综合训练\结果文件\Ch09\房屋横切面.dwg**

〇 **视频文件：视频\Ch09\绘制房屋横切面.avi**

　　房屋横切面的绘制主要是画出其墙体、柱子、门洞，注意阵列命令的应用，如图 9-75 所示。

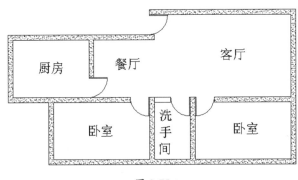

图 9-75

操作步骤

01 执行"文件"|"新建"命令，创建一个新的文件。

02 执行"工具"|"绘图设置"命令，或输入 osnap 命令后按 Enter 键，弹出"草图设置"对话框。在"对象捕捉"选项卡中，选中"端点"和"中点"复选框，使用端点和中点对象捕捉模式，如图 9-76 所示。

03 单击"直线"按钮╱，绘制两条正交直线，然后执行"修改"|"偏移"命令，对正交直线进行偏移，其中竖向偏移的值依次为 2000、2000、3000、2000、5000；水平方向偏移的值依次为 3000、3000、1200，如图 9-77 所示。

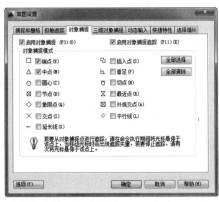

图 9-76

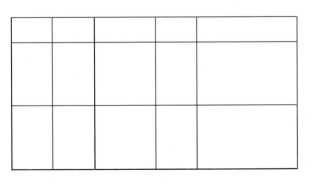

图 9-77

04 执行"格式"|"多线样式"命令，弹出"多线样式"对话框，如图 9-78 所示。单击"新建"按钮，在弹出的"创建新的多线样式"对话框中输入"墙体"名称，然后单击"继续"按钮，如图 9-79 所示。

图 9-78　　　　　　　　　　　　　　　　　　　　　图 9-79

05 在"新建多线样式 - 墙体"对话框中，将"偏移"的值都设置为120，如图 9-80 所示。单击"确定"按钮，返回"多线样式"对话框，继续单击"确定"按钮即可完成多线样式的设置。

06 执行"绘图"|"多线"命令，沿着轴线绘制墙体草图，如图 9-81 所示。

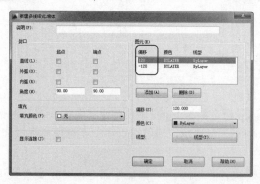

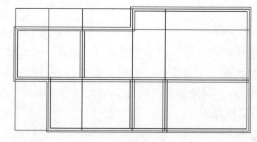

图 9-80　　　　　　　　　　　　　　　　　　　　　图 9-81

命令行操作如下：

```
命令： _MLINE
当前设置： 对正 = 上，比例 = 20.00，样式 = 墙体
指定起点或 [对正 (J) / 比例 (S) / 样式 (ST)]: ST
输入多线样式名或 [?]: 墙体
当前设置： 对正 = 上，比例 = 20.00，样式 = 墙体
指定起点或 [对正 (J) / 比例 (S) / 样式 (ST)]: S
输入多线比例 <20.00>: 1
当前设置： 对正 = 上，比例 = 1.00，样式 = 墙体
指定起点或 [对正 (J) / 比例 (S) / 样式 (ST)]: J
输入对正类型 [上 (T) / 无 (Z) / 下（B）] <上>: Z
当前设置： 对正 = 无，比例 = 1.00，样式 = 墙体
指定起点或 [对正 (J) / 比例 (S) / 样式 (ST)]:
指定下一点：
指定下一点或 [放弃 (U)]:
指定下一点或 [闭合 (C) / 放弃 (U)]:
```

07 执行"修改"|"对象"|"多线"命令，弹出"多线编辑工具"对话框，如图 9-82 所示。选中其中合适的多线编辑图标，对绘制的多线进行编辑，完成编辑后的图形如图 9-83 所示。

命令行操作如下：

```
命令： _MLEDIT
选择第 1 条多线： // 选择其中一条多线
选择第 2 条多线： // 选择另一条多线
选择第 1 条多线或 [ 放弃 (U)] :
```

图 9-82

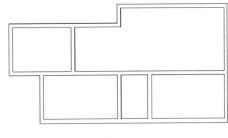

图 9-83

08 执行"插入"|"块"命令，将原来所绘制的门作为一个块插入进来，并修剪门洞，如图 9-84 所示。

09 选择"图案填充"命令，选择 AR-SAND 对剖切到的墙体进行填充，如图 9-85 所示。

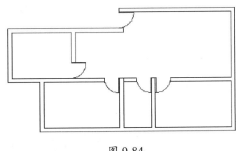

图 9-84

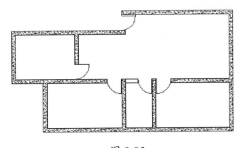

图 9-85

10 执行"绘图"|"文字"|"单行文字"命令，对绘制的墙体横切面进行文字注释，最后绘制的墙体横切面，如图 9-86 所示。

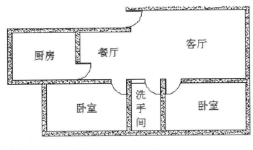

图 9-86

技术要点：

输入文字注释时，必须将输入文字的字体更改成能够显示汉字的字体，例如宋体，否则会在屏幕上显示乱码。

9.6 课后习题

1．绘制挂轮架

利用直线、圆弧、圆、复制、镜像等命令，绘制如图 9-87 所示的挂轮架。

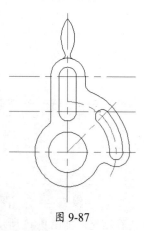

图 9-87

2．绘制曲柄

利用直线、圆、复制等命令，绘制如图 9-88 所示的曲柄图形。

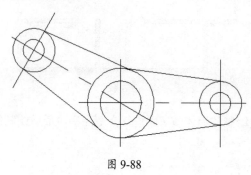

图 9-88

3．绘制天然气灶

通过天然气灶的绘制，学习多段线、修剪、镜像等命令的绘制技巧，如图 9-89 所示。

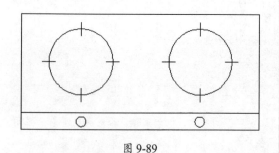

图 9-89

4．绘制空调图形

使用直线、矩形命令绘制如图 9-90 所示的图形，再运用直接复制、镜像复制和阵列复制命令绘制出如图 9-91 所示的空调图形。

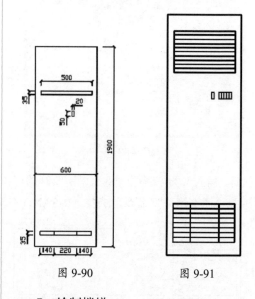

图 9-90　　　　图 9-91

5．绘制楼梯

绘制如图 9-92 所示的楼梯平面图形。

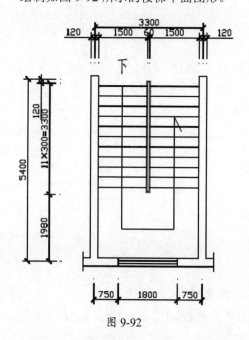

图 9-92

第 *10* 章　图形编辑指令二

在 AutoCAD 中，单纯地使用绘图命令或绘图工具只能绘制一些基本的图形对象。为了绘制复杂图形，很多情况下都必须借助图形编辑命令。AutoCAD 2018 提供了众多的图形编辑命令，如复制、移动、旋转、镜像、偏移、阵列、拉伸及修剪等。使用这些命令，可以修改已有图形或通过已有图形构造新的复杂图形。

项目分解与视频二维码

◆ 修改指令
◆ 分解与合并指令

◆ 编辑对象特性

第 10 章视频

10.1　修改指令

在 AutoCAD 2018 中，可以使用"修剪"和"延伸"命令缩短或拉长对象，并与其他对象的边相接，也可以使用"缩放""拉伸"和"拉长"命令，在一个方向上调整对象的大小或按比例放大或缩小对象。

10.1.1　缩放对象

"缩放"命令用于将对象进行等比例放大或缩小，使用此命令可以创建形状相同、大小不同的图形结构。

执行"缩放"命令主要有以下几种方式。

- 执行"修改"|"缩放"命令。
- 单击"修改"面板中的"缩放"按钮。
- 在命令行输入 SCALE 后按 Enter 键。
- 使用命令简写 SC 后按 Enter 键。

动手操作——图形的缩放

下面通过具体实例学习使用"缩放"命令。

01 首先新建空白文件。

02 按 C 键激活"圆"命令，绘制直径为 200 的圆，如图 10-1 所示。

03 单击"修改"面板中的按钮，激活"缩放"命令，将圆图形等比缩小 0.5 倍，命令行操作如下。

```
命令：_SCALE
选择对象：                                      // 选择刚绘制的圆
选择对象：✓                                     // 结束对象的选择
指定基点：                                      // 捕捉圆的圆心
指定比例因子或 [ 复制 (C) / 参照 (R)] <1.0000>:0.5 ✓   // 输入缩放比例
```

04 缩放结果如图 10-2 所示。

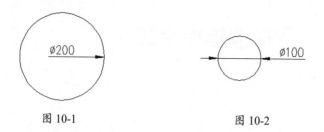

图 10-1   图 10-2

技术要点：

在等比例缩放对象时，如果输入的比例因子大于1，对象将被放大；如果输入的比例因子小于1，对象将被缩小。

10.1.2 拉伸对象

"拉伸"命令用于将对象进行不等比缩放，进而改变对象的尺寸或形状，如图 10-3 所示。

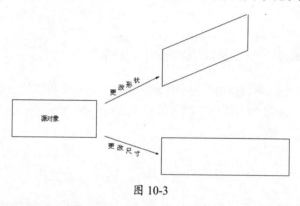

图 10-3

执行"拉伸"命令主要有以下几种方式。

- 执行"修改"|"拉伸"命令。
- 单击"修改"面板中的"拉伸"按钮。
- 在命令行输入 STRETCH 后按 Enter 键。
- 使用命令简写 S 后按 Enter 键。

动手操作——拉伸对象

通常用于拉伸的对象有直线、圆弧、椭圆弧、多段线、样条曲线等。下面通过将某矩形的短边尺寸拉伸为原来的两倍，而长边尺寸拉伸为 1.5 倍，学习使用"拉伸"命令。

01 新建空白文件。

02 使用"矩形"命令绘制一个矩形。

03 单击"修改"面板中的"拉伸"按钮，激活"拉伸"命令，将矩形的水平边拉长，命令行操作如下。

```
命令：_STRETCH
以交叉窗口或交叉多边形选择要拉伸的对象 ...
选择对象：                      // 拉出如图 10-4 所示的窗交选择框
选择对象：✓                     // 结束对象的选择
指定基点或 [ 位移 (D) ] < 位移 >：   // 捕捉矩形的左下角点，作为拉伸的基点
指定第二个点或 < 使用第一个点作为位移 >：  // 捕捉矩形下侧边中点作为拉伸目标点
```

04 拉伸结果如图 10-5 所示。

图 10-4　　　　　　　　　　　　　　图 10-5

技术要点：

如果所选择的图形对象完全处于选择框内，那么拉伸的结果只能是图形对象相对于原位置上的平移。

05 按 Enter 键，重复"拉伸"命令，将矩形的宽度拉伸 2 倍，命令行操作如下。

```
命令： _STRETCH
以交叉窗口或交叉多边形选择要拉伸的对象...
选择对象：                              // 拉出如图 10-6 所示的窗交选择框
选择对象：✓                            // 结束对象的选择
指定基点或 [ 位移 (D)] < 位移 >：       // 捕捉矩形的左下角点，作为拉伸的基点
指定第二个点或 < 使用第一个点作为位移 >：
                                       // 捕捉矩形左上角点作为拉伸目标点
```

06 拉伸结果如图 10-7 所示。

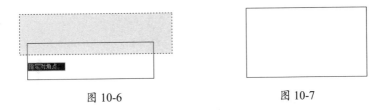

图 10-6　　　　　　　　　　　　　　图 10-7

10.1.3　修剪对象

"修剪"命令用于修剪对象上指定的部分，不过在修剪时，需要事先指定一个边界。

执行"修剪"命令主要有以下几种方式。

- 执行"修改"|"修剪"命令。
- 单击"修改"面板中的"修剪"按钮⊹。
- 在命令行输入 TRIM 后按 Enter 键。
- 使用命令简写 TR 后按 Enter 键。

1．常规修剪

在修剪对象时，边界的选择最关键，而边界必须与修剪对象相交，或与其延长线相交，才能成功修剪对象。因此，系统为用户设定了两种修剪模式，即"修剪模式"和"不修剪模式"，默认模式为"不修剪模式"。

动手操作——对象的修剪

下面通过具体实例，学习默认模式下的修剪操作。

01 新建一个空白文件。

02 使用画线命令绘制如图 10-8（左）所示的两条图线。

03 单击"修改"面板中的"修剪"按钮 ╱-，激活"修剪"命令，对水平直线进行修剪，命令行操作如下。

```
命令：_TRIM
当前设置：投影 =UCS，边 = 无
选择剪切边 ...
选择对象或 <全部选择>：              // 选择倾斜直线作为边界
选择对象：✓                         // 结束边界的选择
选择要修剪的对象，或按住 Shift 键选择要延伸的对象，或 [ 栏选 (F) / 窗交 (C) / 投影式 (P) / 边 (E) /
删除 (R) / 放弃 (U)]：              // 在水平直线的右端单击，定位需要删除的部分
选择要修剪的对象，或按住 Shift 键选择要延伸的对象，或 [ 栏选 (F) / 窗交 (C) / 投影 (P) / 边 (E) /
删除 (R) / 放弃 (U)]：✓           // 结束命令
```

04 修剪结果如图 10-8（右）所示。

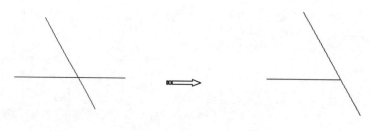

图 10-8

技术要点：

当修剪多个对象时，可以使用"栏选"和"窗交"两种选项功能，而"栏选"方式需要绘制一条或多条栅栏线，所有与栅栏线相交的对象都会被选择，如图10-9和图10-10所示。

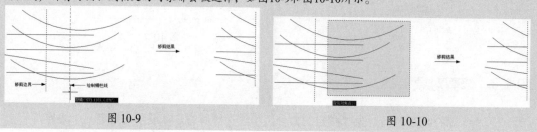

| 图 10-9 | 图 10-10 |

2. "隐含交点"下的修剪

所谓"隐含交点"，指的是边界与对象没有实际的交点，而是边界被延长后，与对象存在一个隐含交点。

对"隐含交点"下的图线进行修剪时，需要更改默认的修剪模式，即将默认模式更改为"修剪模式"。

动手操作——隐含交点下的修剪

01 使用"直线"工具绘制如图 10-11 所示的两条图线。

02 单击"修改"面板中的"修剪"按钮 ╱-，激活"修剪"命令，对水平图线进行修剪，命令行操作如下。

```
命令：_TRIM
当前设置：投影 =UCS，边 = 无
选择剪切边 ...
选择对象或 <全部选择>：✓                    // 选择绘制的倾斜图线
选择对象：
```

　　　　选择要修剪的对象，或按住 Shift 键选择要延伸的对象，或［栏选 (F)/窗交 (C)/投影 (P)/边 (E)/
删除 (R)/放弃 (U)］:E✓　　　　　　　　　　　　　　//激活"边"选项
　　　　输入隐含边延伸模式［延伸 (E)/不延伸 (N)］<不延伸>:E✓
　　　　　　　　　　　　　　　　　　　　　　　　//设置修剪模式为延伸模式
　　　　选择要修剪的对象，或按住 Shift 键选择要延伸的对象，或［栏选 (F)/窗交 (C)/投影 (P)/边 (E)/
删除 (R)/放弃 (U)］:　　　　　　　　　　　　　　//在水平图线的右端单击
　　　　选择要修剪的对象，或按住 Shift 键选择要延伸的对象，或［栏选 (F)/窗交 (C)/投影 (P)/边 (E)/
删除 (R)/放弃 (U)］:✓　　　　　　　　　　　　　//结束修剪命令

03 图线的修剪结果如图 10-12 所示。

图 10-11　　　　　　　　　　　　　　　　　　　　　　图 10-12

技术要点：

　　"边"选项用于确定修剪边的隐含延伸模式，其中"延伸"选项表示剪切边界可以无限延长，边界与被
剪实体不必相交；"不延伸"选项指剪切边界只有与被剪实体相交时才有效。

10.1.4　延伸对象

　　"延伸"命令用于将对象延伸至指定的边界上，也可用于延伸的对象有直线、圆弧、椭圆弧、
非闭合的二维多段线和三维多段线以及射线等。

　　执行"延伸"命令主要有以下几种方式。

- 执行"修改"|"延伸"命令。
- 单击"修改"面板中的"延伸"按钮─⁄。
- 在命令行输入 EXTEND 后按 Enter 键。
- 使用命令简写 EX 后按 Enter 键。

1. 常规延伸

　　在延伸对象时，也需要为对象指定边界。指定边界时，有两种情况，一种是对象被延长后与
边界有一个实际的交点，另一种就是与边界的延长线相交于一点。

　　为此，AutoCAD 提供了两种模式，即"延伸模式"和"不延伸模式"，系统默认模式为"不
延伸模式"。

动手操作——对象的延伸

01 使用"直线"工具绘制如图 10-13（左）所示的两条图线。

02 执行"修改"|"延伸"命令，对垂直图线进行延伸，使之与水平图线垂直相交，命令行操作如下。

　　　　命令：　EXTEND
　　　　当前设置：投影 =UCS，边 = 无
　　　　选择边界的边 ...
　　　　选择对象或 <全部选择>:　　　　　　　　　　//选择水平图线作为边界
　　　　选择对象：✓　　　　　　　　　　　　　　//结束边界的选择
　　　　选择要延伸的对象，或按住 Shift 键选择要修剪的对象，或［栏选 (F)/窗交 (C)/投影 (P)/边 (E)/
放弃 (U)］:　　　　　　　　　　　　　　　　//在垂直图线的下端单击

> 选择要延伸的对象，或按住 Shift 键选择要修剪的对象，或 [栏选 (F)/窗交 (C)/投影 (P)/边 (E)/放弃 (U)]：↙   // 结束命令

03 结果垂直图线的下端被延伸，如图 10-13（右）所示。

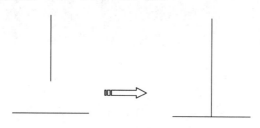

图 10-13

技术要点：

在选择延伸对象时，要在靠近延伸边界的一端选择需要延伸的对象，否则对象将不被延伸。

2. "隐含交点"下的延伸

所谓"隐含交点"，指的是边界与对象延长线没有实际的交点，而是边界被延长后，与对象延长线存在一个隐含交点。

对"隐含交点"下的图线进行延伸时，需要更改默认的延伸模式，即将默认模式更改为"延伸模式"。

动手操作——隐含模式下的延伸

01 使用画线命令绘制如图 10-14（左）所示的两条图线。

02 执行"修改"|"延伸"命令，将垂直图线的下端延长，使之与水平图线的延长线相交，命令行操作如下。

```
命令：_EXTEND
当前设置：投影 =UCS，边 =无
选择边界的边 ...
选择对象：                    // 选择水平的图线作为延伸边界
选择对象：↙                  // 结束边界的选择
选择要延伸的对象，或按住 Shift 键选择要修剪的对象，或 [栏选 (F)/窗交 (C)/投影 (P)/边 (E)/
放弃 (U)]：E↙                // 激活"边"选项
输入隐含边延伸模式 [延伸 (E)/不延伸 (N)] <不延伸>：E↙
                            // 设置模式为延伸模式
选择要延伸的对象，或按住 Shift 键选择要修剪的对象，或 [栏选 (F)/窗交 (C)/投影 (P)/边 (E)/
放弃 (U)]：                  // 在垂直图线的下端单击
选择要延伸的对象，或按住 Shift 键选择要修剪的对象，或 [栏选 (F)/窗交 (C)/投影 (P)/边 (E)/
放弃 (U)]：↙                // 结束命令
```

03 延伸效果如图 10-14（右）所示。

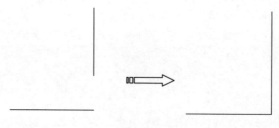

图 10-14

技术要点：

"边"选项用来确定延伸边的方式。"延伸"选项将使用隐含的延伸边界来延伸对象，而实际上边界和延伸对象并没有真正相交，AutoCAD会假想将延伸边延长，然后再延伸；"不延伸"选项确定边界不延伸，而只有边界与延伸对象真正相交后才能完成延伸操作。

10.1.5　拉长对象

"拉长"命令用于将对象进行拉长或缩短，在拉长的过程中，不仅可以改变线对象的长度，还可以更改弧对象的角度。

执行"拉长"命令主要有以下几种方式。

- 执行"修改"|"拉长"命令。
- 在命令行输入 LENGTHEN 后按 Enter 键。
- 使用命令简写 LEN 后按 Enter 键。

1. 增量拉长

所谓"增量拉长"，是指按照事先指定的长度增量或角度增量，拉长或缩短对象。

动手操作——拉长对象

01 首先新建空白文件。

02 使用"直线"工具绘制长度为 200 的水平直线，如图 10-15（上）所示。

03 执行"修改"|"拉长"命令，将水平直线水平向右拉长 50 个单位，命令行操作如下。

```
命令：_LENGTHEN
选择对象或 [增量(DE)/百分数(P)/全部(T)/动态(DY)]:DE ↙
                                    // 激活"增量"选项
输入长度增量或 [角度(A)] <0.0000>:50 ↙     // 设置长度增量
选择要修改的对象或 [放弃(U)]:          // 在直线的右端单击
选择要修改的对象或 [放弃(U)]: ↙        // 退出命令
```

04 拉长结果如图 10-15（下）所示。

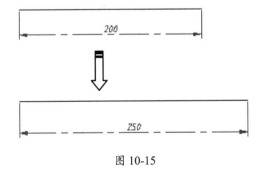

图 10-15

技术要点：

如果把增量值设置为正值，系统将拉长对象，反之，缩短对象。

2. 百分数拉长

所谓"百分数"拉长，是指以总长的百分比值进行拉长或缩短对象，长度的百分数值必须为正且非零。

动手操作——用百分数拉长对象

01 新建空白文件。

02 使用"直线"工具绘制任意长度的水平图线，如图 10-16（上）所示。

03 执行"修改"|"拉长"命令，将水平图线拉长 200%，命令行操作如下。

```
命令：_LENGTHEN
选择对象或 [增量(DE)/百分数(P)/全部(T)/动态(DY)]：P↙        // 激活"百分比"选项
输入长度百分数 <100.0000>:200↙                          // 设置拉长的百分比值
选择要修改的对象或 [放弃(U)]：                             // 在线段的一端单击
选择要修改的对象或 [放弃(U)]：↙                           // 结束命令
```

04 拉长结果如图 10-16（下）所示。

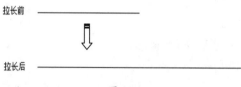

图 10-16

技术要点：

当长度百分比值小于100时，将缩短对象；长度的百分比值大于100时，将拉伸对象。

3. 全部拉长

所谓"全部拉长"，是指根据一个总长度或者总角度进行拉长或缩短对象。

动手操作——将对象全部拉长

01 新建空白文件。

02 使用"直线"命令绘制任意长度的水平图线，如图 10-17（上）所示。

03 执行"修改"|"拉长"命令，将水平图线拉长为 500 个单位，命令行操作如下。

```
命令：_LENGTHEN
选择对象或 [增量(DE)/百分数(P)/全部(T)/动态(DY)]:T↙     // 激活"全部"选项
指定总长度或 [角度(A)] <1.0000)>:500↙                  // 设置总长度
选择要修改的对象或 [放弃(U)]：                           // 在线段的一端单击
选择要修改的对象或 [放弃(U)]：↙                         // 退出命令
```

04 结果源对象的长度被拉长为 500，如图 10-17（下）所示。

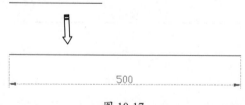

图 10-17

技术要点：

如果原对象的总长度或总角度大于所指定的总长度或总角度，结果原对象将被缩短；反之，将被拉长。

4. 动态拉长

所谓"动态拉长"，是指根据图形对象的端点位置动态改变其长度。激活"动态"选项功能之后，

AutoCAD 将端点移动到所需的长度或角度，另一端保持固定，如图 10-18 所示。

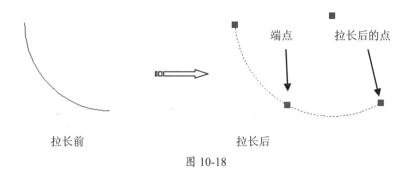

端点
拉长后的点
拉长前
拉长后

图 10-18

10.1.6 倒角对象

"倒角"命令，是指使用一条线段连接两个非平行的图线，用于倒角的图线一般包括直线、多段线、矩形、多边形等，不能倒角的图线包括圆、圆弧、椭圆和椭圆弧等。下面将学习几种常用的倒角功能。

执行"倒角"命令主要有以下几种方式。

- 执行"修改"|"倒角"命令。
- 单击"修改"面板中的"倒角"按钮 。
- 在命令行输入 CHAMFER 后按 Enter 键。
- 使用命令简写 CHA 后按 Enter 键。

1．距离倒角

所谓"距离倒角"，是指直接输入两条图线上的倒角距离，进行倒角图线。

动手操作——距离倒角

01 首先新建空白文件。

02 绘制如图 10-19（左）所示的两条图线。

03 单击"修改"面板中的"倒角"按钮 ，激活"倒角"命令，对两条图线进行距离倒角，命令行操作如下。

```
命令：_CHAMFER
（"修剪"模式）当前倒角距离 1 = 0.0000，距离 2 = 0.0000
选择第一条直线或 [放弃 (U) / 多段线 (P) / 距离 (D) / 角度（A）/ 修剪 (T) / 方式 (E) / 多个 (M)]：
D ✓                                  //激活"距离"选项
指定第一个倒角距离 <0.0000>:40 ✓     //设置第一倒角长度
指定第二个倒角距离 <25.0000>:50 ✓    //设置第二倒角长度
选择第一条直线或 [放弃 (U) / 多段线 (P) / 距离 (D) / 角度（A）/ 修剪 (T) / 方式 (E) / 多个 (M)]：
                                     //选择水平线段
选择第二条直线，或按住 Shift 键选择要应用角点的直线：        //选择倾斜线段
```

技术要点：

在此操作提示中，"放弃"选项用于在不中止命令的前提下，撤销上一步操作；"多个"选项用于在执行一次命令时，可以对多个图线进行倒角操作。

04 距离倒角的结果如图 10-19（右）所示。

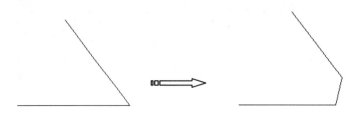

图 10-19

2．角度倒角

所谓"角度倒角"，是指通过设置一条图线的倒角长度和倒角角度，为图线进行倒角。

动手操作——图形的角度倒角

01 新建空白文件。

02 使用"直线"工具绘制如图 10-20（左）所示的两条垂直图线。

03 单击"修改"面板中的"倒角"按钮 ，激活"倒角"命令，对两条图形进行角度倒角，命
令行操作如下。

```
命令：_CHAMFER
（"修剪"模式）当前倒角长度 = 15.0000，角度 = 10
选择第一条直线或 [放弃 (U) /多段线 (P) /距离 (D) /角度（A）/修剪 (T) /方式 (E) /多个 (M)]: A
指定第一条直线的倒角长度 <15.0000>: 30
指定第一条直线的倒角角度 <10>: 45
选择第一条直线或 [放弃 (U) /多段线 (P) /距离 (D) /角度（A）/修剪 (T) /方式 (E) /多个 (M)]:
选择第二条直线，或按住 Shift 键选择直线以应用角点或 [距离 (D) /角度（A）/方法 (M)]:
```

04 角度倒角的结果如图 10-20（右）所示。

图 10-20

3．多段线倒角

"多段线"选项用于为整条多段线的所有相邻元素边进行同时倒角操作。在为多段线进行倒
角操作时，可以使用相同的倒角距离值，也可以使用不同的倒角距离值。

动手操作——多段线倒角

01 使用"多段线"命令绘制如图 10-21（左）所示的多段线。

02 单击"修改"面板中的"倒角"按钮，激活"倒角"命令，对多段线进行倒角，命令行操作如下。

```
命令： _CHAMFER
（"修剪"模式） 当前倒角距离 1 = 0.0000，距离 2 = 0.0000
选择第一条直线或 [放弃(U)/多段线(P)/距离(D)/角度(A)/修剪(T)/方式(E)/多个(M)]:D↙
                                        //激活"距离"选项
指定第一个倒角距离 <0.0000>:30 ↙        //设置第一倒角长度
指定第二个倒角距离 <50.0000>:20 ↙        //设置第二倒角长度
选择第一条直线或 [放弃(U)/多段线(P)/距离(D)/角度(A)/修剪(T)/方式(E)/多个(M)]:
P ↙                                     //激活"多段线"选项
选择二维多段线或 [距离(D)/角度(A)/方法(M)]:    //选择刚才绘制的多段线
6 条直线已被倒角
```

03 6 条直线被多段线倒角的结果如图 10-21（右）所示。

图 10-21

4. 设置倒角模式

"修剪"选项用于设置倒角的修剪状态。系统提供了两种倒角边的修剪模式，即"修剪"和"不修剪"。当倒角模式设置为"修剪"时，被倒角的两条直线被修剪到倒角的端点，系统默认的模式为"修剪模式"；当倒角模式设置为"不修剪"时，那么用于倒角的图线将不被修剪，如图 10-22 所示。

图 10-22

技术要点：

系统变量 Trimmode 控制倒角的修剪状态。当 Trimmode=0 时，系统保持对象不被修剪；当 Trimmode=1 时，系统支持倒角的修剪模式。

10.1.7　倒圆角对象

所谓"倒圆角"，是指使用一段给定半径的圆弧光滑连接两条图线，一般情况下，用于倒圆角的图线有直线、多段线、样条曲线、构造线、射线、圆弧和椭圆弧等。

执行"圆角"命令主要有以下几种方式。

- 执行"修改"|"圆角"命令。
- 单击"修改"面板中的"圆角"按钮。
- 在命令行输入 FILLET 后按 Enter 键。
- 使用命令简写 F 后按 Enter 键。

动手操作——直线与圆弧倒圆角

01 新建空白文件。

02 使用"直线"和"圆弧"命令绘制如图 10-23（左）所示的直线和圆弧。

03 单击"修改"面板中的◯按钮，激活"圆角"命令，对直线和圆弧倒圆角，命令行操作如下。

```
命令：_FILLET
当前设置：模式 = 修剪，半径 = 0.0000
选择第一个对象或 [放弃 (U) / 多段线 (P) / 半径 (R) / 修剪 (T) / 多个 (M)]：R✓
                                    // 激活"半径"选项
指定圆角半径 <0.0000>:100✓
选择第一个对象或 [放弃 (U) / 多段线 (P) / 半径 (R) / 修剪 (T) / 多个 (M)]：// 选择倾斜线段
选择第二个对象，或按住 Shift 键选择要应用角点的对象：        // 选择圆弧
```

04 图线的圆角效果如图 10-23（右）所示。

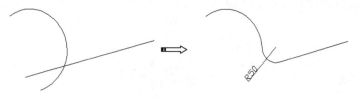

图 10-23

技术要点：

"多个"选项用于为多个对象进行圆角处理，不需要重复执行命令。如果用于圆角的图线处于同一图层中，那么圆角也处于同一图层上；如果两圆角对象不在同一图层中，那么圆角将处于当前图层。同样，圆角的颜色、线型和线宽也都遵守这一规则。

技术要点：

"多段线"选项用于对多段线每相邻元素进行圆角处理，激活此选项后，AutoCAD将以默认的圆角半径对整条多段线相邻各边进行圆角操作，如图10-24所示。

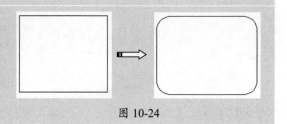

图 10-24

与"倒角"命令相同，"圆角"命令也存在两种圆角模式，即"修剪"和"不修剪"，以上各例都是在"修剪"模式下进行圆角的，而"非修剪"模式下的圆角效果如图 10-25 所示。

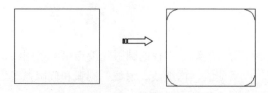

图 10-25

技术要点：

用户也可通过系统变量Trimmode设置圆角的修剪模式。当系统变量的值设为0时，对象不被修剪；当设置为1时，表示圆角后进行修剪对象。

10.2　分解与合并指令

在 AutoCAD 中，可以将一个对象打断为两个或两个以上的对象，对象之间可以有间隙；也可以将一个多段线分解为多个对象；还可以将多个对象合并为一个对象；更可以选择对象并删除。上述操作所涉及的命令包括删除对象、打断对象、合并对象和分解对象。

10.2.1　打断对象

所谓"打断对象"，是指将对象打断为相连的两部分，或打断并删除图形对象上的一部分。

执行"打断"命令主要有以下几种方式。

- 执行"修改"|"打断"命令。
- 单击"修改"面板中的"打断"按钮 。
- 在命令行输入 BREAK 后按 Enter 键。
- 使用命令简写 BR 后按 Enter 键。

使用"打断"命令可以删除对象上任意两点之间的部分

动手操作——打断图形

01 新建空白文件。

02 使用"直线"命令绘制长度为 500 的图线。

03 单击"修改"面板中的 按钮，配合点的捕捉和输入功能，在水平图线上删除 150 个单位的距离，命令行操作如下。

```
命令：_BREAK
选择对象：                           // 选择刚绘制的线段
指定第二个打断点 或 [第一点(F)]:F ✓    // 激活"第一点"选项
指定第一个打断点：                    // 捕捉线段的中点作为第一断点
指定第二个打断点:@150,0 ✓            // 定位第二断点
```

技术要点：

"第一点"选项用于重新确定第一断点。由于在选择对象时不可能拾取到准确的第一点，所以需要激活该选项，以重新定位第一断点。

04 打断结果如图 10-26 所示。

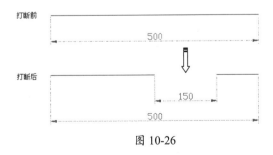

图 10-26

10.2.2　合并对象

所谓"合并对象"，是指将同角度的两条或多条线段合并为一条线段，还可以将圆弧或椭圆

弧合并为一个整圆和椭圆，如图 10-27 所示。

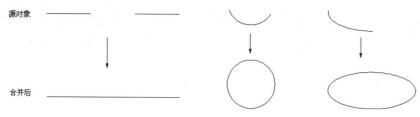

图 10-27

执行"合并"命令主要有以下几种方式。

- 执行"修改"|"合并"命令。
- 单击"修改"面板中的"合并"按钮 ┼┼ 。
- 在命令行输入 JOIN 后按 Enter 键。
- 使用命令简写 J 后按 Enter 键。

下面进行将两线段合并为一条线段、将圆弧合并为一个整圆、将椭圆弧合并为一个椭圆的练习。

动手操作——图形的合并

01 使用"直线"命令绘制两条线段。

02 执行"修改"|"合并"命令，将两条线段合并为一条线段，如图 10-28 所示。

图 10-28

03 执行"绘图"|"圆弧"命令，绘制一段圆弧。

04 重复执行"修改"|"合并"命令，将圆弧合并为圆，如图 10-29 所示。

图 10-29

05 执行"绘图"|"圆弧"命令，绘制一段椭圆弧。

06 重复执行"修改"|"合并"命令，将椭圆弧合并为椭圆，如图 10-30 所示。

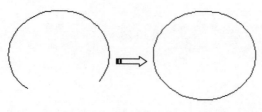

图 10-30

10.2.3　分解对象

"分解"命令用于将组合对象分解成各自独立的对象，以方便对分解后的各对象进行编辑。

执行"分解"命令主要有以下几种方式。

- 执行"修改"|"分解"命令。
- 单击"修改"面板中的"分解"按钮🗗。
- 在命令行输入 EXPLODE 后按 Enter 键。
- 使用命令简写 X 后按 Enter 键。

经常用于分解的组合对象有矩形、正多边形、多段线、边界以及一些图块等。在激活命令后，只需选择需要分解的对象按 Enter 键即可将对象分解。如果是对具有一定宽度的多段线进行分解，AutoCAD 将忽略其宽度并沿多段线的中心放置分解多段线，如图 10-31 所示。

图 10-31

技术要点：

AutoCAD 一次只能删除一个编组级，如果一个块包含一个多段线或嵌套块，那么对该块的分解就首先分解出该多段线或嵌套块，然后再分别分解该块中的各个对象。

10.3　编辑对象特性

10.3.1　"特性"选项板

在 AutoCAD 2018 中，可以利用"特性"选项板修改选定对象的完整特性。

打开"特性"选项板主要有以下几种方式。

- 执行"修改"|"特性"命令。
- 执行"工具"|"对象特性管理器"命令。

执行"特性"命令后，系统将打开"特性"选项板，如图 10-32 所示。

技术要点：

当选取多个对象时，"特性"选项板中将显示这些对象的公共特性。

选择对象与"特性"选项板显示内容的解释如下。

- 在没有选取对象时，"特性"选项板将显示整个图纸的特性。
- 选择了一个对象，"特性"选项板将列出该对象的全部特性及其当前设置。
- 选择同一类型的多个对象，"特性"选项板列出这些对象的共有特性及当前设置。
- 选择不同类型的多个对象，在"特性"选项板中只列出这些对象的基本特性以及它们的当前设置。

在"特性"选项板中单击"快速选择"按钮，将打开"快速选择"对话框，如图 10-33 所示，用户可以通过该对话框快速创建选择集。

图 10-32

图 10-33

10.3.2　特性匹配

"特性匹配"是一个使用非常方便的编辑工具，它对编辑同类对象非常有用。它将源对象的特性，包括颜色、图层、线型、线型比例等，全部赋予目标对象。

执行"修改"|"特性匹配"命令主要有以下几种方式。

- 在"标准"面板中单击"特性匹配" 按钮。
- 在命令行输入 MATCHPROP 后按 Enter 键。
- 使用简写命令 MA 后按 Enter 键。

执行"特性匹配"命令后，命令栏的操作如下。

```
命令：'_MATCHPROP
选择源对象：                          //选择一个图形作为源对象
当前活动设置：  颜色图层 线型 线型比例 线宽 透明度 厚度 打印样式 标注 文字
图案填充 多段线 视口 表格材质 阴影显示 多重引线
选择目标对象或 [设置(S)]：            //将源对象的属性赋予所选的目标
```

如果在该提示下直接选择对象，所选对象的特性将由源对象的特性替代。如果在该提示下输入选项 S，这时将打开如图 10-34 所示的"特性设置"对话框，使用该对话框可以设置要匹配的选项。

图 10-34

10.4 综合训练

本章前面几节主要介绍了 AutoCAD 2018 与二维图形编辑相关命令及使用方法。接下来在本节中将以几个典型的图形绘制实例来说明图形编辑命令的应用方法及使用过程，以帮助读者快速掌握本章所学的重点知识。

10.4.1 训练一：将辅助线转化为图形轮廓线

◎ **引入素材：综合训练\源文件\Ch10\零件主视图.dwg**

◎ **结果文件：综合训练\结果文件\Ch10\将辅助线转化为图形轮廓线.dwg**

◎ **视频文件：视频\Ch10\将辅助线转化为图形轮廓线.avi**

下面通过绘制如图 10-35 所示的某零件剖视图，对作图辅助线及线的修改编辑工具进行综合练习和巩固。

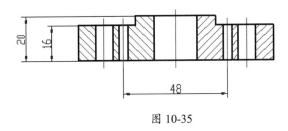

图 10-35

操作步骤

01 打开源文件"零件主视图.dwg"。

02 启用状态栏上的"对象捕捉"功能，并设置捕捉模式为端点捕捉、圆心捕捉和交点捕捉。

03 展开"图层"工具栏上的"图层控制"列表，选择"轮廓线"作为当前图层。

04 执行"绘图"|"构造线"命令，绘制一条水平的构造线作为定位辅助线，命令行操作如下。

```
命令： _XLINE
指定点或 [水平(H)/垂直(V)/角度(A)/二等分(B)/偏移(O)]：
                            //H 按 Enter 键，激活"水平"选项
指定通过点：                 // 在俯视图上侧的适当位置拾取一点
指定通过点：                 // 按 Enter 键，绘制结果如图 10-36 所示
```

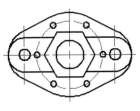

图 10-36

05 按 Enter 键，重复执行"构造线"命令，绘制其他定位辅助线，具体操作如下。

```
命令：                                          // 按 Enter 键，重复执行命令
XLINE
指定点或 [ 水平 (H) / 垂直 (V) / 角度（A）/ 二等分（B）/ 偏移 (O)]：
                                               //O 按 Enter 键，激活"偏移"选项
指定偏移距离或 [ 通过 (T)] ＜通过＞：            //16 按 Enter 键，设置偏移距离
选择直线对象：                                  // 选择刚绘制的水平辅助线
指定向哪侧偏移：                                // 在水平辅助线上侧拾取一点
选择直线对象：                                  // 按 Enter 键，结果如图 10-37 所示
命令：                                          // 按 Enter 键，重复执行命令
XLINE
指定点或 [ 水平 (H) / 垂直 (V) / 角度（A）/ 二等分（B）/ 偏移 (O)]：
                                               //O 按 Enter 键，激活"偏移"选项
指定偏移距离或 [ 通过 (T)] ＜通过＞：            //4 按 Enter 键，设置偏移距离
选择直线对象：                                  // 选择刚绘制的水平辅助线
指定向哪侧偏移：                                // 在水平辅助线上侧拾取一点
选择直线对象：                                  // 按 Enter 键，结果如图 10-38 所示
```

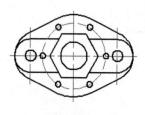

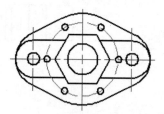

图 10-37

图 10-38

06 再次执行"构造线"命令，配合对象的捕捉功能，分别通过俯视图各位置的特征点，绘制如图 10-39 所示的垂直定位辅助线。

07 综合使用"修改"菜单中的"修剪"和"删除"命令，对刚绘制的水平和垂直辅助线进行修剪编辑，删除多余图线，将辅助线转化为图形轮廓线，结果如图 10-40 所示。

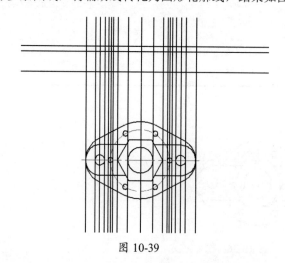

图 10-39

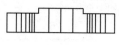

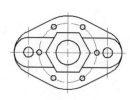

图 10-40

08 在无命令执行的前提下，选择如图 10-41 所示的图线，使其夹点显示。

09 在"图层"工具栏上的"图层控制"列表中选择"点画线"，将夹点显示的图线图层修改为"点画线"。

10 按 Esc 键取消对象的夹点显示状态，结果如图 10-42 所示。

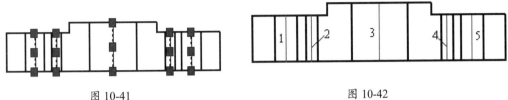

图 10-41   图 10-42

11 执行"修改" | "拉长"命令，将各位置中心线进行两端拉长，命令行操作如下。

```
命令：LENGTHEN
选择对象或 [增量(DE)/百分数(P)/全部(T)/动态(DY)]:
                                      //DE 按 Enter 键，激活"增量"选项
输入长度增量或 [角度(A)] <0.0>:       //3 按 Enter 键，设置拉长的长度
选择要修改的对象或 [放弃(U)]:         //在中心线 1 的上端单击
选择要修改的对象或 [放弃(U)]:         //在中心线 1 的下端单击
选择要修改的对象或 [放弃(U)]:         //在中心线 2 的上端单击
选择要修改的对象或 [放弃(U)]:         //在中心线 2 的下端单击
选择要修改的对象或 [放弃(U)]:         //在中心线 3 的上端单击
选择要修改的对象或 [放弃(U)]:         //在中心线 3 的下端单击
选择要修改的对象或 [放弃(U)]:         //在中心线 4 的上端单击
选择要修改的对象或 [放弃(U)]:         //在中心线 4 的下端单击
选择要修改的对象或 [放弃(U)]:         //在中心线 5 的上端单击
选择要修改的对象或 [放弃(U)]:         //在中心线 5 的下端单击
选择要修改的对象或 [放弃(U)]:         //按 Enter 键，拉长结果如图 10-43 所示
```

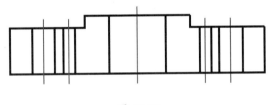

图 10-43

12 将"剖面线"设置为当前图层，执行"绘图" | "图案填充"命令，在弹出的"图案填充创建"选项卡中设置填充参数，如图 10-44 所示。

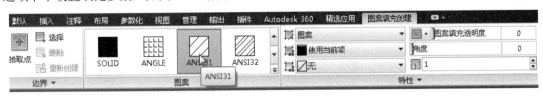

图 10-44

13 为剖视图填充剖面图案，填充结果如图 10-45 所示。

14 重复执行"图案填充"命令，将填充角度设置为 90，其他参数保持不变，继续对剖视图填充剖面图案，最终的填充效果如图 10-46 所示。

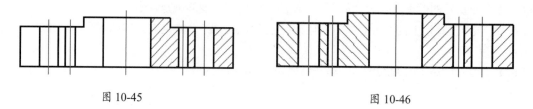

图 10-45   图 10-46

15 最后执行"文件"|"另存为"命令，将当前图形另存为"将辅助线转化为图形轮廓线 .dwg"。

10.4.2　训练二：绘制凸轮

◎ **源文件：无**

◎ **结果文件：综合训练\结果文件\Ch10\凸轮.dwg**

◎ **视频文件：视频\Ch10\凸轮.avi**

下面通过绘制如图 10-47 所示的异形轮轮廓图，对相关知识进行综合练习和应用。

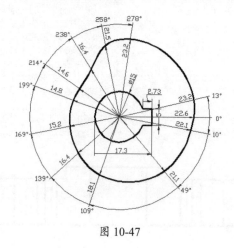

图 10-47

操作步骤

01 使用"新建"命令创建空白文件。

02 按 F12 键，关闭状态栏上的"动态输入"功能。

03 执行"视图"|"平移"|"实时"命令，将坐标系图标移至绘图区的中央位置。

04 执行"绘图"|"多段线"命令，配合坐标输入法绘制内部轮廓线，命令行操作如下。

```
命令：_PLINE
指定起点：                      //9.8,0 按 Enter 键
当前线宽为 0.0000
指定下一个点或 [ 圆弧（A）/ 半宽 (H)/ 长度 (L)/ 放弃 (U)/ 宽度 (W)]:
                              //9.8,2.5 按 Enter 键
指定下一点或 [ 圆弧（A）/ 闭合 (C)/ 半宽 (H)/ 长度 (L)/ 放弃 (U)/ 宽度 (W)]:
                              //@-2.73,0 按 Enter 键
指定下一点或 [ 圆弧（A）/ 闭合 (C)/ 半宽 (H)/ 长度 (L)/ 放弃 (U)/ 宽度 (W)]:
                              //A 按 Enter 键，转入画弧模式
指定圆弧的端点或 [ 角度（A）/ 圆心 (CE)/ 闭合 (CL)/ 方向 (D)/ 半宽 (H)/ 直线 (L)/ 半径 (R)/
第二个点 (S)/ 放弃 (U)/ 宽度 (W)]:    //CE 按 Enter 键
```

指定圆弧的圆心：　　　　　　　　　　　　　//0,0 按 Enter 键
指定圆弧的端点或 [角度（A）/ 长度（L）]：　　//7.07,-2.5 按 Enter 键
指定圆弧的端点或 [角度（A）/ 圆心（CE）/ 闭合（CL）/ 方向（D）/ 半宽（H）/ 直线（L）/ 半径（R）/
第二个点（S）/ 放弃（U）/ 宽度（W）]：　　　　//L 按 Enter 键，转入画线模式
指定下一点或 [圆弧（A）/ 闭合（C）/ 半宽（H）/ 长度（L）/ 放弃（U）/ 宽度（W）]：
　　　　　　　　　　　　　　　　　　　　　//9.8,-2.5 按 Enter 键
指定下一点或 [圆弧（A）/ 闭合（C）/ 半宽（H）/ 长度（L）/ 放弃（U）/ 宽度（W）]：
　　　　　　　　　　　　　　　　//C 按 Enter 键，结束命令，绘制结果如图 10-48 所示

05 单击"绘图"面板中的 ～ 按钮，激活"样条曲线"命令，绘制外轮廓线，命令行操作如下。

命令：_SPLINE
指定第一个点或 [对象（O）]：　　　　　　　　//22.6,0 按 Enter 键
指定下一点：　　　　　　　　　　　　　　　//23.2<13 按 Enter 键
指定下一点或 [闭合（C）/ 拟合公差（F）] < 起点切向 >：　//23.2<-278 按 Enter 键
指定下一点或 [闭合（C）/ 拟合公差（F）] < 起点切向 >：　//21.5<-258 按 Enter 键
指定下一点或 [闭合（C）/ 拟合公差（F）] < 起点切向 >：　//16.4<-238 按 Enter 键
指定下一点或 [闭合（C）/ 拟合公差（F）] < 起点切向 >：　//14.6<-214 按 Enter 键
指定下一点或 [闭合（C）/ 拟合公差（F）] < 起点切向 >：　//14.8<-199 按 Enter 键
指定下一点或 [闭合（C）/ 拟合公差（F）] < 起点切向 >：　//15.2<-169 按 Enter 键
指定下一点或 [闭合（C）/ 拟合公差（F）] < 起点切向 >：　//16.4<-139 按 Enter 键
指定下一点或 [闭合（C）/ 拟合公差（F）] < 起点切向 >：　//18.1<-109 按 Enter 键
指定下一点或 [闭合（C）/ 拟合公差（F）] < 起点切向 >：　//21.1<-49 按 Enter 键
指定下一点或 [闭合（C）/ 拟合公差（F）] < 起点切向 >：　//22.1<-10 按 Enter 键
指定下一点或 [闭合（C）/ 拟合公差（F）] < 起点切向 >：　//C 按 Enter 键
指定切向：// 将光标移至如图 10-49 所示的位置并单击，以确定切向，绘制结果如图 10-50 所示

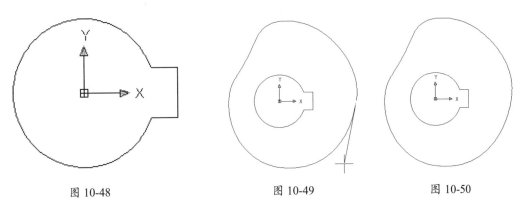

图 10-48　　　　　　　　　　图 10-49　　　　　　　　　图 10-50

06 最后执行"保存"命令，将图形存为"凸轮 .dwg"。

10.4.3　训练三：绘制定位板

◎ **源文件：无**

◎ **结果文件：综合训练\结果文件\Ch10\定位板.dwg**

◎ **视频文件：视频\Ch10\绘制定位板.avi**

　　绘制如图 10-51 所示的定位板，按照尺寸 1：1 进行绘制，不需要标注尺寸。绘制平面图形是按照一定的顺序来绘制的，对于那些定形和定位尺寸齐全的图线，我们称它们为"已知线段"，应该首先绘制，尺寸不齐全的线段后绘制。

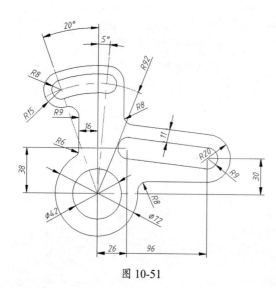

图 10-51

操作步骤

01 新建一个空白文件。

02 设置图层。执行"格式"|"图层"命令，打开"图层特性管理器"面板。

03 新建两个图层：第一图层命名为"轮廓线"，线宽属性为 0.3mm，其余属性默认；第二图层命名为"中心线"，颜色设为红色，线型加载为 CEnter，其余属性默认。

04 将"中心线"层设置为当前层。单击"绘图"面板中的"直线"按钮，绘制中心线，结果如图 10-52 所示。

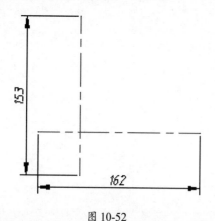

图 10-52

05 单击"偏移"按钮，将竖直中心线向右分别偏移 26 和 96，如图 10-53 所示。

06 再单击"偏移"按钮，将水平中心线，向上分别偏移 30 和 38，如图 10-54 所示。

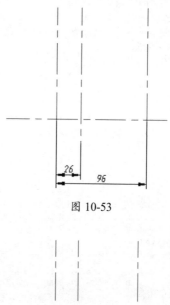

图 10-53

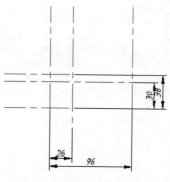

图 10-54

07 绘制两条重合于竖直中心线的直线，然后单击"旋转"按钮，分别旋转 −5° 和 20°，如图 10-55 所示。

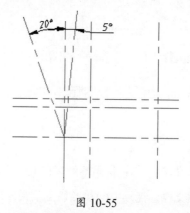

图 10-55

08 单击"圆"按钮，绘制一个半径为 92 的圆，绘制结果如图 10-56 所示。

09 将"轮廓线"层设置为当前层。单击"圆"按钮，分别绘制出直径为 72、42 的两个圆，

半径为 8 的两个圆，半径为 9 的两个圆，半径
为 15 的两个圆，半径为 20 的一个圆，如图
10-57 所示。

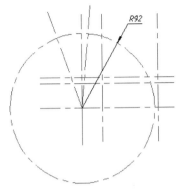

图 10-56

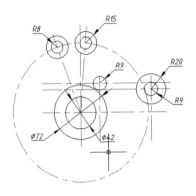

图 10-57

10 单击"圆弧"按钮 ，绘制 3 条公切线连
接上面两个圆。使用"直线"工具利用对象捕
捉功能，绘制两条圆半径为 9 的公切线，如图
10-58 所示。

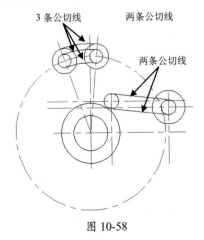

图 10-58

11 使用"偏移"工具绘制两条偏移直线，如图
10-59 所示。

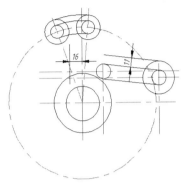

图 10-59

12 使用"直线"工具利用对象捕捉功能，绘
制两条如图 10-60 所示的公切线。

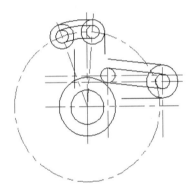

图 10-60

13 单击"绘图"面板中的"相切、相切、半径"
按钮 ，分别绘制相切于 4 条辅助直线半径为
9、半径为 6、半径为 8、半径为 8 的 4 个圆，
绘制结果如图 10-61 所示。

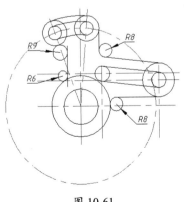

图 10-61

14 最后使用"修剪"工具将多余图线修剪，结果如图 10-62 所示。

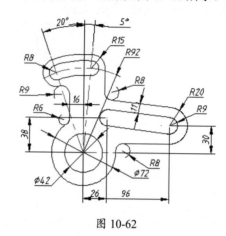

图 10-62

15 按 Ctrl+Shift+S 快捷键，将图形另存为"定位板 .dwg"。

10.4.4 训练四：绘制垫片

◎ **源文件：无**

◎ **结果文件：综合训练\结果文件\Ch10\垫片.dwg**

◎ **视频文件：视频\Ch10\绘制垫片.avi**

绘制如图 10-63 所示中的垫片，按照尺寸 1∶1 进行绘制。

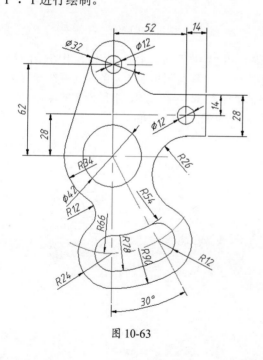

图 10-63

操作步骤

01 新建一个空白文件。

02 设置图层。执行"格式"|"图层"命令，打开"图层特性管理器"面板。

03 新建 3 个图层，如图 10-64 所示。

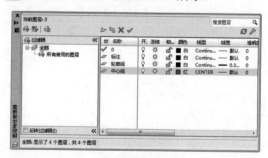

图 10-64

04 将"中心线"层设置为当前层，然后单击"绘图"面板中的"直线"按钮，绘制中心线，结果如图 10-65 所示。

05 单击"偏移"按钮，将水平中心线向上分别偏移 28 和 62，竖直中心线向右分别偏移 52 和 66，结果如图 10-66 所示。

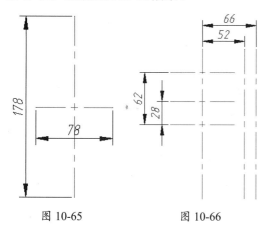

图 10-65　　　　　图 10-66

06 利用"直线"工具绘制一条倾斜角度为 30°的直线，如图 10-67 所示。

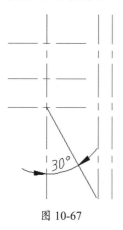

图 10-67

技术要点：

在绘制倾斜直线时，可以按Tab键切换图形区中坐标输入的文本框，以此确定直线的长度和角度，如图10-68所示。

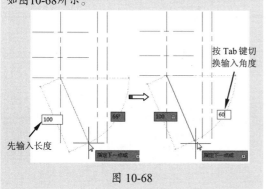

图 10-68

07 单击"圆"按钮◎，绘制一个直径为 132 的辅助圆，结果如图 10-69 所示。

08 再利用"圆"工具，绘制如图 10-70 所示的 3 个小圆。

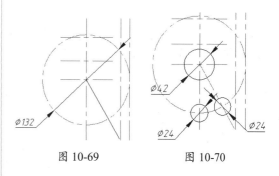

图 10-69　　　　　图 10-70

09 利用"圆"工具，绘制如图 10-71 所示的 3 个同心圆。

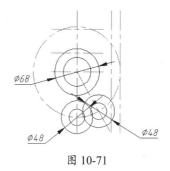

图 10-71

10 使用"起点、端点、半径"工具，依次绘制出如图 10-72 所示的 3 条圆弧。

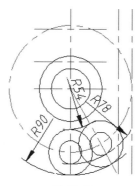

图 10-72

技术要点：

利用"起点、端点、半径"命令绘制同时与其他两个对象都相切时，需要输入TAN命令，使其起点、端点与所选的对象相切。

命令行中的命令提示如下。

```
命令：_ARC
指定圆弧的起点或 [圆心(C)]：TAN ↙
到
指定圆弧的第二个点或 [圆心(C)/端点(E)]：_E          //指定圆弧起点
指定圆弧的端点：TAN ↙                              //指定圆弧端点
到
指定圆弧的圆心或 [角度(A)/方向(D)/半径(R)]：_R 指定圆弧的半径：78 ↙
```

11 为了后续观察图形的需要，使用"修剪"工具将多余的图线修剪掉，如图 10-73 所示。

12 单击"圆"按钮⊙，绘制两个直径为 12 的圆和一个直径为 32 的圆，如图 10-74 所示。

13 使用"直线"工具绘制一条公切线，如图 10-75 所示。

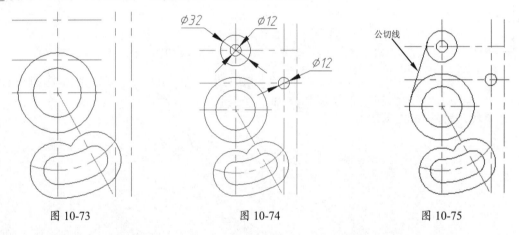

图 10-73   图 10-74   图 10-75

14 使用"偏移"工具绘制两条辅助线，然后连接两条辅助线，如图 10-76 所示。

15 单击"绘图"面板中的"相切、相切、半径"按钮⊙，分别绘制半径为 26、16、12 的相切圆，如图 10-77 所示。

16 使用"修剪"工具修剪多余图线，最终结果如图 10-78 所示。

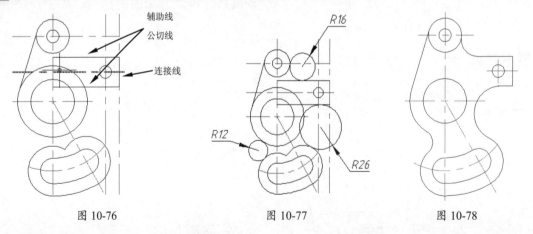

图 10-76   图 10-77   图 10-78

10.5 课后习题

（1）绘制如图 10-79 所示的平面图形。

（2）绘制如图10-80所示的平面图形。

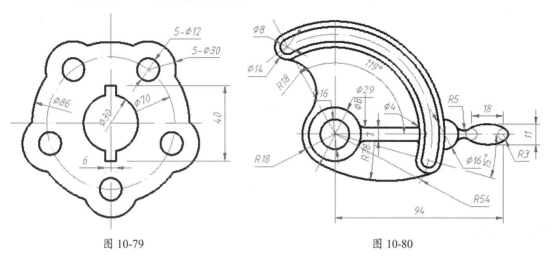

图 10-79　　　　　　　　　　　　图 10-80

（3）绘制如图10-81所示的平面图形。

（4）绘制如图10-82所示的平面图形。

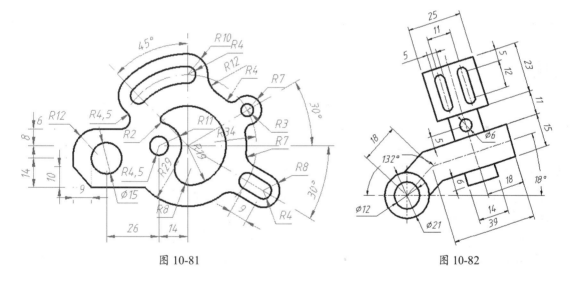

图 10-81　　　　　　　　　　　　图 10-82

第 *11* 章 插入指令

在绘制图形时，如果图形中有大量相同或相似的内容，或者所绘制的图形与已有的图形文件相同，则可以把要重复绘制的图形创建成块（也称为"图块"），并根据需要为块创建属性，指定块的名称、用途及设计者等信息，在需要时直接插入它们，从而提高绘图效率。

用户也可以把已有的图形文件，以参照的形式插入到当前图形中（即外部参照），或是通过 AutoCAD 设计中心浏览、查找、预览、使用和管理 AutoCAD 图形、块、外部参照等不同的资源文件。

项目分解与视频二维码

◆ 块与外部参照概述
◆ 创建块
◆ 块编辑器
◆ 动态块

◆ 块属性
◆ 使用外部参照
◆ 剪裁外部参照与光栅图像

第 11 章视频

11.1　块与外部参照概述

块与外部参照有相似的地方，但它们的主要区别是：一旦插入了块，该块就永久性地插入到当前图形中，成为当前图形的一部分，而以外部参照方式将图形插入到某一图形（称为"主图形"）后，被插入图形文件的信息并不直接加入到主图形中，主图形只是记录参照的关系。在功能区中，用于创建块和参照的"插入"选项卡如图 11-1 所示。

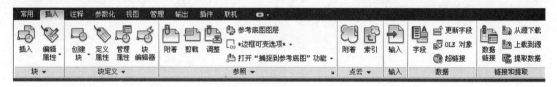

图 11-1

11.1.1　块定义

块可以是绘制在几个图层上的不同颜色、线型和线宽特性的对象组合。尽管块总是在当前图层上，但块参照保存了有关包含在该块中对象的原图层、颜色和线型特性的信息。

块的定义方法主要有以下几种。

● 合并对象以在当前图形中创建块定义。
● 使用"块编辑器"将动态行为添加到当前图形中的块定义。
● 创建一个图形文件，随后将它作为块插入到其他图形中。
● 使用若干种相关块定义创建一个图形文件以用作块库。

11.1.2 块的特点

在 AutoCAD 中，使用块可以提高绘图速度、节省存储空间、便于修改图形，能够为块添加属性，还可以控制块中的对象是保留其原特性还是继承当前的图层、颜色、线型或线宽设置。例如，在机械装配图中，常用的螺帽、螺钉、弹簧等标准件都可以定义为块，在定义成块时，需指定块名、块中对象、块插入基点和块插入单位等。如图 11-2 所示为零件装配部件图。

图 11-2

1. 提高绘图效率

使用 AutoCAD 绘图时，常常要绘制一些重复出现的图形对象，若是把这些图形对象定义成块而保存起来，再次绘制该图形时即可插入定义的块，这样就避免了大量、重复性工作，从而提高制图效率。

2. 节省存储空间

AutoCAD 要保存图中每一个对象的相关信息，如对象的类型、位置、图层、线型及颜色等，这些信息占据了大量的存储空间。如果在一幅图中绘制大量的相同图形，势必会造成软件运行缓慢，但把这些相同的图形定义成块，需要该图形时直接插入即可，从而节省了磁盘空间。

3. 便于修改图形

一幅工程图往往要经过多次修改。如在机械设计中，旧的国家标准（GB）用虚线表示螺栓的内径，而新的 GB 则用细实线表示，如果对旧图纸上的每一个螺栓按新 GB 来修改，既费时又不方便。但如果原来各螺栓是通过插入块的方法绘制的，那么只要简单地修改定义的块，图中所有块图形都会相应地修改。

4. 可以添加属性

很多块还要求有文字信息以进一步解释其用途。AutoCAD 允许为块创建这些文字属性，而且还可以在插入的块中显示或不显示这些属性，也可以从图中提取这些信息并将它们传送到数据库中。

11.2 创建块

块是由一个或多个对象组成的对象集合，常用于绘制复杂、重复的图形。一旦一组对象组合成块，即可根据绘图需要将这组对象插入到图中任意指定位置，而且还可以按不同的比例和旋转角度插入。本节将着重介绍创建块、插入块、删除块、存储并参照块、嵌套块、间隔插入块、多重插入块及创建块库等内容。

11.2.1 块的创建

通过选择对象、指定插入点然后为其命名，可创建块定义。用户可以创建自己的块，也可以使用设计中心或工具选项板中提供的块。

用户可通过以下方式来执行此操作。

- 菜单栏：执行"绘图"|"块"|"创建块"命令。
- 面板：在"常用"选项卡的"块"面板中单击"创建块"按钮 。
- 面板：在"插入"选项卡的"块定义"面板中单击"创建块"按钮 。
- 命令行：输入 BEDIT。

执行"创建块"命令，程序将弹出"块定义"对话框，如图 11-3 所示。

图 11-3

该对话框中各选项含义如下。

- 名称：指定块的名称。名称最多可以包含 255 个字符，包括字母、数字、空格，以及操作系统或程序未作他用的任何特殊字符。

注意：

不能用 DIRECT、LIGHT、AVE_RENDER、RM_SDB、SH_SPOT和OVERHEAD作为有效的块名称。

- "基点"选项区：指定块的插入基点。默认值是（0，0，0）。

注意：

此基点是图形插入过程中旋转或移动的参照点。

- 在屏幕上指定：在屏幕窗口上指定块的插入基点。
- "拾取点"按钮 ：暂时关闭对话框以使用户能在当前图形中拾取插入基点。
- X：指定基点的 X 轴坐标值。
- Y：指定基点的 Y 轴坐标值。
- Z：指定基点的 Z 轴坐标值。

- "设置"选项区：指定块的设置。
  - 块单位：指定块参照插入单位。
  - "超链接"按钮：单击此按钮，打开"插入超链接"对话框，使用该对话框将某个超链接与块定义相关联，如图 11-4 所示。

图 11-4

- 在块编辑器中打开：选中此复选框，将在块编辑器中打开当前的块定义。
- "对象"选项区：指定新块中要包含的对象，以及创建块之后如何处理这些对象，是保留还是删除选定的对象或者是将它们转换成块实例。
  - 在屏幕上指定：在屏幕中选择块包含的对象。
  - "选择对象"按钮 ：暂时关闭"块定义"对话框，允许用户选择块对象。完成选择对象后，按 Enter 键重新打开"块定义"对话框。
  - "快速选择"按钮 ：单击此按钮，将打开"快速选择"对话框，该对话框可以定义选择集，如图 11-5 所示。

图 11-5

> ➤ 保留：创建块以后，将选定对象保留在图形中作为区别对象。
> ➤ 转换为块：创建块后，将选定对象转换成图形中的块实例。
> ➤ 删除：创建块后，从图形中删除选定的对象。
> ➤ 未选定对象：此区域将显示选定对象的数目。

- "方式"选项区：指定块的生成方式。
  > ➤ 注释性：指定块为注释性。单击信息图标可以了解有关注释性对象的更多信息。
  > ➤ 使块方向与布局匹配：指定在图纸空间视口中的块参照方向与布局的方向匹配。如果未选择"注释性"选项，则该选项不可用。
  > ➤ 按统一比例缩放：指定块参照是否按统一比例缩放。
  > ➤ 允许分解：指定块参照是否可以被分解。

每个块定义必须包括块名、一个或多个对象、用于插入块的基点坐标值和所有相关的属性数据。插入块时，将基点作为放置块的参照。

技术要点：

建议用户指定基点位于块中对象的左下角。在以后插入块时将提示指定插入点，块基点与指定的插入点对齐。

下面以实例来说明块的创建方法。

动手操作——块的创建

01 打开"动手操作\源文件\Ch11\ex-1.dwg"文件。

02 在"插入"选项卡的"块"面板中单击"创建块"按钮，打开"块定义"对话框。

03 在"名称"文本框内输入块的名称"链齿轮"，然后单击"拾取点"按钮，如图11-6所示。

图 11-6

04 程序将暂时关闭对话框，在绘图区域中指定图形的中心点作为块插入基点，如图11-7所示。

图 11-7

05 指定基点后，程序再打开"块定义"对话框。单击该对话框中的"选择对象"按钮，切换到图形窗口，使用窗口选择的方法全部选中窗口中的图形元素，然后按Enter键返回"块定义"对话框，

06 此时，在"名称"文本框旁边生成块图标。接着在对话框的"说明"选项区中输入块的说明文字，如输入"齿轮分度圆直径12，齿数18、压力角20等字样。再保留其余选项默认设置，最后单击"确定"按钮，完成块的定义，如图11-8所示。

图 11-8

技术要点：

创建块时，必须先输入要创建块的图形对象，否则显示"块-未选定任何对象"选择信息提示框，如图11-9所示。如果新块名与已有块重名，程序将显示"重新定义块"信息提示框，要求用户更新进行块定义或参照，如图11-10所示。

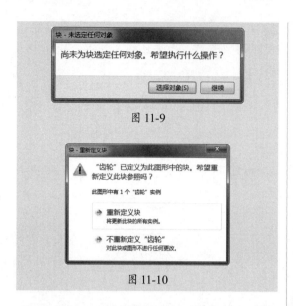

图 11-9

图 11-10

11.2.2 插入块

插入块时，需要创建块参照并指定它的位置、比例和旋转角度。插入块操作将创建一个称作"块参照"的对象，因为参照了存储在当前图形中的块定义。

用户可通过以下方式来执行此操作。

- 面板：在"插入"选项卡的"块"面板中单击"插入"按钮 。
- 命令行：输入 IBSERT。

执行 IBSERT 命令，程序将弹出"插入"对话框，如图 11-11 所示。

图 11-11

该对话框中各选项卡、选项的含义如下。

- "名称"列表：在该列表中指定要插入块的名称，或指定要作为块插入文件的名称。

- "浏览"按钮：单击此按钮，打开"选择图形文件"对话框（标准的文件选择对话框），从中可选择要插入的块或图形文件。
- 路径：显示块文件的浏览路径。
- 使用地理数据进行定位：插入将地理数据作为参照的图形。
- "插入点"选项区：控制块的插入点。
  - ➢ 在屏幕上指定：用定点设备指定块的插入点。
- "比例"选项区：指定插入块的缩放比例。如果指定负的 X、Y、Z 比例因子，则插入块的镜像图像。

技术要点：

如果插入的块所使用的图形单位与为图形指定的单位不同，则块将自动按照两种单位相比的等价比例因子进行缩放。

- ➢ 在屏幕上指定：用定点设备指定块的比例。
- ➢ 统一比例：为 X、Y、Z 坐标指定单一的比例值。为 X 指定的值也反映在 Y 和 Z 的值中。
- "旋转"选项区：在当前 UCS 中指定插入块的旋转角度。
  - ➢ 在屏幕上指定：用定点设备指定块的旋转角度。
  - ➢ 角度：设置插入块的旋转角度。
- "块单位"选项区：显示有关块单位的信息。
  - ➢ 单位：显示块的单位。
  - ➢ 比例：显示块的当前比例因子。
- 分解：分解块并插入该块的各个部分。选中"分解"复选框时，只可以指定统一的比例因子。

块的插入方法较多，主要有以下几种：通过"插入"对话框插入块、在命令行输入 -insert 命令、在工具选项板单击块工具。

1. 通过"插入"对话框插入块

凡用户自定义的块或块库，都可以通过"插入"对话框插入到其他图形文件中。将一个完整的图形文件插入到其他图形中时，图形信息将作为块定义复制到当前图形的块表中，后续插入参照具有不同位置、比例和旋转角度的块定义，如图 11-12 所示。

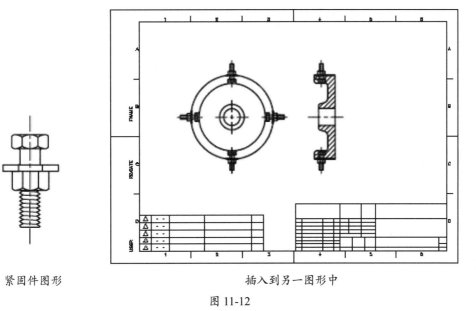

紧固件图形　　　　　　　　　　　　　　　　插入到另一图形中

图 11-12

2．命令行输入 -INSERT 命令

如果在命令行提示下输入 -INSERT 命令，将显示以下命令操作提示。

```
命令: -INSERT
输入块名或 [?] <上一个>:                          // 输入块名
单位: 毫米   转换: 1.00000000                     // 显示转换单位和比例
指定插入点或 [基点(B)//比例(S)//X//Y//Z// 旋转(R)]:   // 指定插入点或输入选项
输入 X 比例因子，指定对角点，或 [角点(C)//XYZ(XYZ)] <1>:   // 输入 X 缩放因子
输入 Y 比例因子或 <使用 X 比例因子>:                // 输入 Y 缩放因子
指定旋转角度 <0>:                                 // 输入块旋转角度
```

操作提示下的选项含义如下。

- 输入块名：如果在当前编辑任务期间已经在当前图形中插入了块，则最后插入块的名称作为当前块出现在提示中。
- 指定插入点：指定块或图形的位置，此点与块定义时的基点重合。
- 基点：将块临时放置到其当前所在的图形中，并允许在将块参考拖动到位时为其指定新基点，这不会影响为块参照定义的实际基点。
- 比例：设置 X、Y 和 Z 轴的比例因子。
- X/Y/Z：设置 X、Y、Z 的比例因子。
- 旋转：设置块插入的旋转角度。
- 指定对角点：指定缩放比例的对角点。

动手操作——插入块

下面以实例来说明在命令行中输入 -insert 命令插入块的操作过程。

01 打开"动手操作 \ 源文件 \Ch11\ex-2.dwg"文件。

02 在命令行输入 -insert 命令，并按 Enter 键执行命令。

03 插入块时，将块放大为原来的 1.1 倍，并旋转 45°，命令行操作如下。

```
命令: -INSERT
输入块名或 [?] <扳手>: ✓
单位: 毫米    转换: 1.00000000                           // 转换单位信息
指定插入点或 [基点(B)//比例(S)//X//Y//Z// 旋转(R)]: S✓    // 输入 S 选项
指定 XYZ 轴的比例因子 <1>: 1.1✓                         // 输入比例因子
指定插入点或 [基点(B)//比例(S)//X//Y//Z// 旋转(R)]: R✓    // 输入 F 选项
指定旋转角度 <0>: 45✓                                   // 输入旋转角度
指定插入点或 [基点(B)//比例(S)//X//Y//Z// 旋转(R)]:       // 指定插入点
```

04 插入块的操作过程及结果如图 11-13 所示。

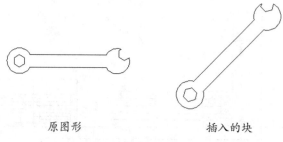

原图形   插入的块

图 11-13

3. 在工具选项板单击块工具

在 AutoCAD 中，工具选项板上的所有工具都是定义的块，从工具选项板中拖动的块将根据块和当前图形中的单位比例自动进行缩放。例如，如果当前图形使用 m 作为单位，而块使用 cm，则单位比例为 1m/100cm。将块拖动至图形时，该块将按照 1/100 的比例插入。

对于从工具选项板中拖动来进行放置的块，在放置后必须经常旋转或缩放以适应需要。从工具选项板中拖动块时可以使用对象捕捉，但不能使用栅格捕捉。在使用该工具时，可以为块或图案填充工具设置辅助比例来替代常规比例设置。

在工具选项板中单击块工具或拖动块来创建的图形，如图 11-14 所示。

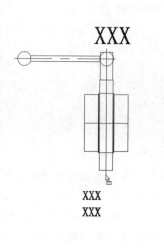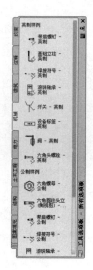

图 11-14

技术要点：

如果源块或目标图形中的"拖放比例"设置为"无单位"，可以使用"选项"对话框的"用户系统配置"选项区中的"源内容单位"和"目标图形单位"选项来设置。

11.2.3　删除块

要删除未使用的块定义并减小图形尺寸，在绘图过程中可使用"清理"命令。"清理"命令主要是删除图形中未使用的命名项目，例如块定义和图层。

用户可通过以下方式来执行此操作。

- 菜单栏：执行"文件"|"图形实用程序"|"清理"命令。
- 命令行：输入 PURGE。

输入 PURGE，程序将弹出"清理"对话框，如图 11-15 所示。

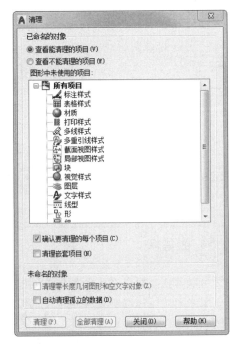

图 11-15

该对话框显示可被清理的项目。对话框中各选项的含义如下。

- 查看能清理的项目：切换树状图以显示当前图形中可以清理的命名对象的概要。
- 查看不能清理的项目：切换树状图以显示当前图形中不能清理的命名对象的概要。
- "图形中未使用的项目"选项区：列出当前图形中未使用的、可被清理的命名对象。可以通过单击加号或双击对象类型，列出任意对象类型的项目。通过选择要清理的项目来清理项目。
- 确认要清理的每个项目：清理项目时显示"清理-确认清理"对话框，如图 11-16 所示。

图 11-16

- 清理嵌套项目：从图形中删除所有未使用的命名对象，即使这些对象包含在其他未使用的命名对象中或被这些对象所参照。

在该对话框的"图形中未使用的项目"列表中选择"块"选项，然后单击"清理"按钮，定义的块将被删除。

11.2.4 存储并参照块

每个图形文件都具有一个称作"块定义表"的不可见数据区域。块定义表中存储着全部的块定义，包括块的全部关联信息。在图形中插入块时，所参照的就是这些块定义。

如图 11-17 所示的图例是 3 个图形文件的概念性表示。每个矩形表示一个单独的图形文件，并分为两个部分：较小的部分表示块定义表，较大的部分表示图形中的对象。

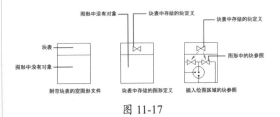

图 11-17

插入块时即插入了块参照，不仅是将信息从块定义复制到绘图区域，而是在块参照与块定义之间建立了链接。因此，如果修改块定义，所有的块参照也将自动更新。

当用户使用 BLOCK 命令定义一个块时，该块只能在存储该块定义的图形文件中使用。为了能在别的文件中再次引用块，必须使用 WBLOCK 命令，即打开"写块"对话框进行文件的存放设置。"写块"对话框如图 11-18 所示。

图 11-18

"写块"对话框将显示不同的默认设置，这取决于是否选定了对象、是否选定了单个块或是否选定了非块的其他对象。该对话框中各选项含义如下：

- "块"单选按钮：指明存入图形文件的是块。此时用户可以从列表中选择已定义块的名称。
- "整个图形"单选按钮：将当前图形文件看作一个块，将该块存储于指定的文件中。
- "对象"单选按钮：将选定对象存入文件，此时要求指定块的基点，并选择块所包含的对象。
- "基点"选项区：指定块的基点。默认值是（0,0,0）。
  - ➤ "拾取点"按钮：暂时关闭对话框以使用户能在当前图形中拾取插入基点。
  - ➤ "对象"选项区：设置用于创建块对象上的块创建的效果。
  - ➤ "选择对象"按钮：临时关闭该对话框以便选择一个或多个对象以保存至文件。
  - ➤ "快速选择"按钮：单击此按钮，打开"快速选择"对话框，从中可以过滤选择集。
  - ➤ "保留"单选按钮：将选定对象另存为文件后，在当前图形中仍保留它们。

- ➤ "转换为块"单选按钮：将选定对象另存为文件后，在当前图形中将它们转换为块。在"块"的列表中指定为"文件名"中的名称。
- ➤ "从图形中删除"单选按钮：将选定对象另存为文件后，从当前图形中删除。
- ➤ 未选定对象：该区域显示未选定对象或选定对象的数目。
- "目标"选项区：指定文件的新名称和新位置，以及插入块时所用的测量单位。
  - ➤ "文件名和路径"列表：指定目标文件的路径，单击其右侧的"浏览"按钮 ，显示"浏览文件夹"对话框。
  - ➤ "插入单位"列表：设置将此处创建的块文件插入其他图形时所使用的单位。该列表中包括多种可选单位。

11.2.5 嵌套块

使用嵌套块，可以在几个部件外创建单个块。使用嵌套块可以简化复杂块定义的组织方式。例如，可以将一个机械部件的装配图作为块插入，该部件包括机架、支架和紧固件，而紧固件又是由螺钉、垫片和螺母组成的块，如图 11-19 和图 11-20 所示。

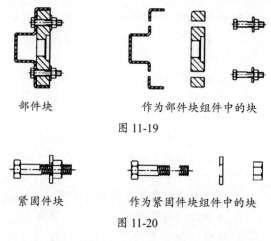

部件块　　　　作为部件块组件中的块

图 11-19

紧固件块　　　作为紧固件块组件中的块

图 11-20

嵌套块的唯一限制是不能插入参照自身的块。

11.2.6　间隔插入块

在命令行输入 DIVIDE（定数等分）或者 MEASURE（定距等分），可以将点对象或块沿对象的长度或周长等间距排列，也可以将点对象或块在对象上指定间距处放置。

11.2.7　多重插入块

多重插入块就是在矩形阵列中插入一个块的多个引用。在插入过程中，MINSERT 命令不能像使用 INSERT 命令那样在块名前使用"*"号来分解块对象。

下面以实例来说明多重插入块的操作过程。

动手操作——多重插入块

本例中插入块的块名称为"螺纹孔"，基点为孔中心，如图 11-21 所示。

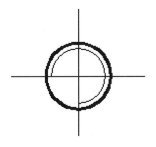

图 11-21

01 打开"动手操作 \ 源文件 \Ch11\ex-3.dwg"文件。

02 在命令行输入 MINSERT，然后将"螺纹孔"块插入到图形中，命令行操作如下。

```
命令: MINSERT
输入块名或 [?] <螺纹孔>:                                        // 输入块名
单位: 毫米   转换: 1.00000000                                   // 转换信息提示
指定插入点或 [基点 (B) // 比例 (S)//X//Y//Z// 旋转 (R)]:         // 指定插入基点
输入 X 比例因子,指定对角点, 或 [角点 (C)//XYZ(XYZ)] <1>: ✓     // 输入 X 比例因子
输入 Y 比例因子或 <使用 X 比例因子>: ✓                          // 输入 Y 比例因子
指定旋转角度 <0>: ✓                                            // 输入块旋转角度
输入行数 (---) <1>: 2 ✓                                        // 输入行数
输入列数 (|||) <1>: 4 ✓                                        // 输入列数
输入行间距或指定单位单元 (---): 38 ✓                            // 输入行间距
指定列间距 (|||): 23 ✓                                         // 输入列间距
```

03 将块插入图形中的过程及结果如图 11-22 所示。

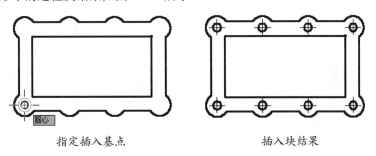

指定插入基点　　　　　　　　　　　　插入块结果

图 11-22

11.2.8 创建块库

块库是存储在单个图形文件中的块定义的集合。在创建插入块时，用户可以使用 Autodesk 或其他厂商提供的块库或自定义块库。

通过在同一图形文件中创建块，可以组织一组相关的块定义。使用这种方法的图形文件称为块、符号或库。这些块定义可以单独插入正在其中工作的任何图形。除块几何图形之外，还可以包括提供块名的文字、创建日期、最后修改的日期，以及任何特殊的说明或约定。

下面以实例来说明块库的创建过程。

动手操作——创建块库

01 打开"动手操作 \ 源文件 \Ch11\ex-4.dwg"文件，打开的图形如图 11-23 所示。

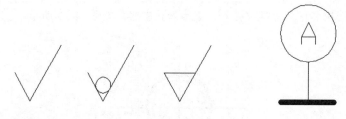

图 11-23

02 首先为 4 个代表粗糙度的符号及基准代号的小图形创建块定义，名称分别为"粗糙度符号 -1""粗糙度符号 -2""粗糙度符号 -3"和"基准代号"。添加的说明分别是"基本符号，可用任何方法获得""基本符号，表面用不去除材料的方法获得""基本符号，表面用去除材料的方法获得"和"此基准代号的基准要素为线或面"。其中，创建"基准代号"块图例如图 11-24 所示。

03 在命令行输入 ADCEnter（设计中心），打开"设计中心"面板。从该面板中可看见创建的块库，块库中包含了先前创建的 4 个块及其说明，如图 11-25 所示。

图 11-24

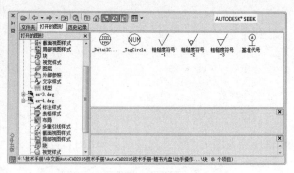

图 11-25

11.3　块编辑器

在 AutoCAD 2018 中，用户可使用"块编辑器"来创建块定义和添加动态行为。用户可通过以下方式来执行此操作。

- 菜单栏：执行"工具"|"块编辑器"命令。

- 面板：在"插入"选项卡的"块定义"
  面板中单击"块编辑器"按钮。
- 命令行：输入 BEDIT。

输入 BEDIT，程序将弹出"编辑块定义"
对话框，如图 11-26 所示。

在该对话框的"要创建或编辑的块"文本
框内输入新的块名称，例如 A。单击"确定"
按钮，程序自动显示"块编辑器"选项卡，同
时打开"块编写选项板"面板。

图 11-26

11.3.1 "块编辑器"选项卡

功能区"块编辑器"上下文选项卡和"块编写"选项板还提供了绘图区域，用户可以像在程
序的主绘图区域中一样，在此区域绘制和编辑几何图形，并可以指定块编辑器绘图区域的背景色。
"块编辑器"选项卡如图 11-27 所示。"块编写"选项板如图 11-28 所示。

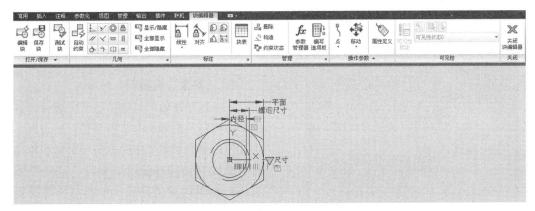

图 11-27

图 11-28

技术要点：

用户可使用"块编辑器"选项卡或"块编辑器"中的大多数命令。如果用户输入了块编辑器中不允许执
行的命令，命令提示上将显示一条消息。

下面以实例来说明利用块编辑器来编辑块定义的操作过程。

动手操作——创建粗糙度符号块

01 打开"动手操作\源文件\Ch11\ex-5.dwg"文件，在图形中插入的块如图 11-29 所示。

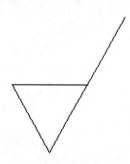

图 11-29

02 在"插入"选项卡的"块"面板中单击"块编辑器"按钮，打开"编辑块定义"对话框。在该对话框的列表中选择"粗糙度符号 -3"，并单击"确定"按钮，如图 11-30 所示。

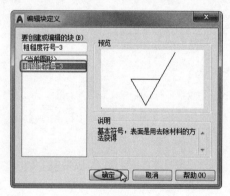

图 11-30

03 随后程序打开"块编辑器"选项卡。使用 LINE 命令和 CIRCLE 命令在绘图区域中原图形的基础上添加一条直线（长度为 10）和一个圆（直径为 2.4），如图 11-31 所示。

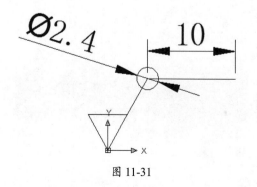

图 11-31

04 单击"打开 / 保存"面板上的"保存块"按钮，将编辑的块定义保存，单击"关闭"面板中的"关闭块编辑器"按钮，退出块编辑器。

11.3.2 块编写选项板

块编写选项板上有 4 个块编写选项："参数""动作""参数集"和"约束"，如图 11-32 所示。块编写选项板可通过单击"块编辑器"选项卡中"工具"面板的"块编写选项板"按钮，来打开或关闭。

图 11-32

1. "参数"选项卡

"参数"选项卡可提供用于向块编辑器中的动态块定义中添加参数的工具。参数用于指定几何图形在块参照中的位置、距离和角度。将参数添加到动态块定义中时，该参数将定义块的一个或多个自定义特性。该选项如图 11-32 所示。

2. "动作"选项卡

"动作"选项卡提供用于向块编辑器中的动态块定义中添加动作的工具，如图 11-33 所示。动作定义了在图形中操作块参照的自定义特性时动态块参照的几何图形将如何移动变化。

图 11-33

3．"参数集"选项卡

"参数集"选项卡提供用于在块编辑器中向动态块定义中添加一个参数和至少一个动作的工具，如图11-34所示。将参数集添加到动态块中时，动作将自动与参数相关联。将参数集添加到动态块中后，双击黄色警告图标，然后按照命令提示将该动作与几何图形选择集相关联。

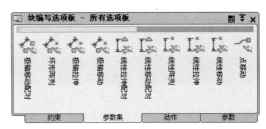

图 11-34

4．"约束"选项卡

"约束"选项卡中的各选项用于图形的位置约束。这些选项与块编辑器的"几何"面板中的约束选项相同。

11.4 动态块

如果向块定义中添加了动态行为，也就为块几何图形增添了灵活性和智能性。动态块参照并非图形的固定部分，用户在图形中进行操作时可以对其进行修改或操作。

11.4.1 动态块概述

动态块具有灵活性和智能性，用户在操作时可以轻松地更改图形中的动态块参照。这使用户可以根据需要在位调整块，而不用搜索另一个块以插入或重定义现有的块。

通过"块编辑器"选项卡的功能，将参数和动作添加到块，或者将动态行为添加到新的或现有的块定义中，如图11-35所示。块编辑器内显示了一个定义块，该块包含一个标有"距离"的线性参数，其显示方式与标注类似，此外还包含一个拉伸动作，该动作显示有一个发亮螺栓和一个"拉伸"选项。

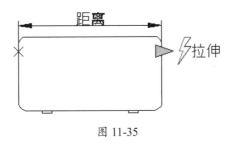

图 11-35

向块中添加参数和动作可以使其成为动态块。如果向块中添加了这些元素，也就为块几何图形增添了灵活性和智能性。

11.4.2 向块中添加元素

用户可以在块编辑器中向块定义中添加动态元素（参数和动作）。特殊情况下，除几何图形外，动态块中通常包含一个或多个参数和动作。

"参数"表示通过指定块中几何图形的位置、距离和角度来定义动态块的自定义特性；"动作"表示定义在图形中操作动态块参照时，该块参照中的几何图形将如何移动或修改。

添加到动态块中的参数类型决定了添加的夹点类型，每种参数类型仅支持特定类型的动作。表 11-1 显示了参数、夹点和动作之间的关系。

表 11-1　参数、夹点和动作之间的关系

参数类型	夹点类型	说　　明	与参数关联的动作
点	■	在图形中定义一个 X 和 Y 位置。在块编辑器中，外观类似于坐标标注	移动、拉伸
线性	▶	可显示两个固定点之间的距离、约束夹点沿预设角度的移动。在块编辑器中，外观类似于对齐标注	移动、缩放、拉伸、阵列
极轴	■	可显示两个固定点之间的距离并显示角度值。可以使用夹点和"特性"选项板来共同更改距离值和角度值。在块编辑器中，外观类似于对齐标注	移动、缩放、拉伸、极轴拉伸、阵列
XY	■	可显示出距参数基点的 X 距离和 Y 距离。在块编辑器中，显示为一对标注（水平标注和垂直标注）	移动、缩放、拉伸、阵列
旋转	●	可定义角度。在块编辑器中，显示为一个圆	旋转
翻转	➡	翻转对象。在块编辑器中，显示为一条投影线。可以围绕这条投影线翻转对象。将显示一个值，该值显示出块参照是否已被翻转	翻转
对齐	▶	可定义 X 和 Y 位置及一个角度。对齐参数总是应用于整个块，并且无须与任何动作相关联。对齐参数允许块参照自动围绕一个点旋转，以便与图形中的另一对象对齐。对齐参数会影响块参照的旋转特性。在块编辑器中，外观类似于对齐线	无（此动作隐藏在参数中）
可见性	▽	可控制对象在块中的可见性。可见性参数总是应用于整个块的，并且无须与任何动作相关联。在图形中单击夹点可以显示块参照中所有可见性状态的列表。在块编辑器中，显示为带有关联夹点的文字	无（此动作是隐含的，并且受可见性状态的控制）
查询	▽	定义一个可以指定或设置为计算用户定义的列表或表中的值的自定义特性。该参数可以与单个查寻夹点相关联。在块参照中单击该夹点可以显示可用值的列表。在块编辑器中，显示为带有关联夹点的文字	查询
基点	■	在动态块参照中相对于该块中的几何图形定义一个基点无法与任何动作相关联，但可以归属于某个动作的选择集。在块编辑器中，显示为带有十字光标的圆	无

注意：参数和动作仅显示在块编辑器中。将动态块参照插入到图形中时，将不会显示动态块定义中包含的参数和动作。

11.4.3　创建动态块

在创建动态块之前，应当了解其外观以及在图形中的使用方式。确定当操作动态块参照时，块中的哪些对象会更改或移动，另外，还要确定这些对象将如何更改。

下面以实例来说明创建动态块操作过程。本例将创建一个可旋转、可调整大小的动态块。

动手操作——创建动态块

01 在"插入"选项卡的"块"面板中单击"块编辑器"按钮，打开"编辑块定义"对话框。在该对话框中输入新块名"动态块"，并单击"确定"按钮，如图 11-36 所示。

02 在"常用"选项卡中，使用"绘图"面板中的LINE命令创建图形，然后使用"注释"面板中的"单行文字"命令在图形中添加单行文字，如图 11-37 所示。

图 11-36

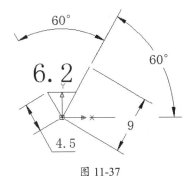

图 11-37

技术要点：

在块编辑器处于激活状态下，仍然可使用功能区上其他选项卡中的功能命令来绘制图形。

03 添加点参数。在"块编写选项板"面板的"参数"选项卡中单击"点参数"按钮，然后按命令行提示进行操作。

```
命令：BPARAMETER 点
指定参数位置或 ［名称(N)//选项卡(L)//链(C)//说明(D)//选项板(P)］：L↙
                                        //输入选项
输入位置特性选项卡 <位置>：基点↙            //输入选项卡名称
指定参数位置或 ［名称(N)//选项卡(L)//链(C)//说明(D)//选项板(P)］：
                                        //指定参数位置
指定选项卡位置：                        //指定选项卡位置
```

04 操作过程及结果如图 11-38 所示。

指定参数位置　　　　　　　　指定选项卡位置　　　　　　　　结果

图 11-38

05 添加线性参数。在"块编写选项板"面板的"参数"选项中单击"线性参数"按钮，然后按命令行的提示进行操作。

```
命令：_BPARAMETER 线性
指定起点或 ［名称(N)//选项卡(L)//链(C)//说明(D)//基点(B)//选项板(P)//值集(V)］：
L↙
输入距离特性选项卡 <距离>：拉伸↙
```

> 指定起点或 [名称 (N) // 选项卡 (L) // 链 (C) // 说明 (D) // 基点（B）// 选项板 (P) // 值集 (V)]:
> 指定端点:
> 指定选项卡位置:

06 操作过程及结果如图 11-39 所示。

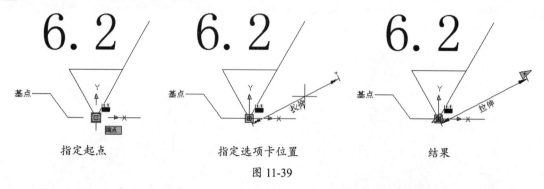

指定起点　　　　　　　　指定选项卡位置　　　　　　　　结果

图 11-39

07 添加旋转参数。在"块编写选项板"面板的"参数"选项卡中单击"旋转参数"按钮，然后按命令行提示进行操作。

> 命令：BPARAMETER 旋转
> 指定基点或 [名称 (N) // 选项卡 (L) // 链 (C) // 说明 (D) // 选项板 (P) // 值集 (V)]：L↙
> 输入旋转特性选项卡 <角度>：旋转↙
> 指定基点或 [名称 (N) // 选项卡 (L) // 链 (C) // 说明 (D) // 选项板 (P) // 值集 (V)]：
> 指定参数半径：3 ↙
> 指定默认旋转角度或 [基准角度（B）] <0>：270 ↙
> 指定选项卡位置:

08 操作过程及结果如图 11-40 所示。

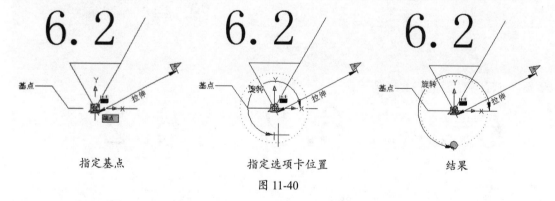

指定基点　　　　　　　　指定选项卡位置　　　　　　　　结果

图 11-40

09 添加缩放动作。在"块编写选项板"面板的"动作"选项中单击"缩放动作"按钮，然后按命令行的提示进行操作。

> 命令：_BACTIONTOOL 缩放
> 选择参数：↙
> 指定动作的选择集
> 选择对象：找到 1 个
> 选择对象：找到 1 个，总计 2 个
> 选择对象：找到 1 个，总计 3 个
> 选择对象：找到 1 个，总计 4 个
> 选择对象：↙
> 指定动作位置或 [基点类型（B）]:

10 操作过程及结果如图 11-41 所示。

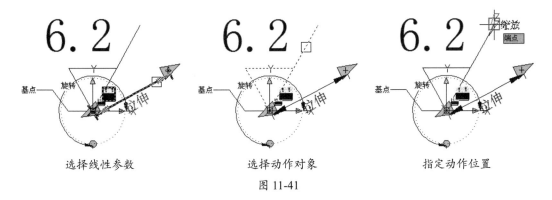

选择线性参数　　　　　　选择动作对象　　　　　　指定动作位置

图 11-41

技术要点：

双击动作选项卡，还可以继续添加动作对象。

11 添加旋转动作。在"块编写选项板"面板的"动作"选项卡中单击"旋转动作"按钮↻，然后按命令行的提示进行操作。

```
命令： BACTIONTOOL 旋转
选择参数： ✓                        // 选择旋转参数
指定动作的选择集
选择对象： 找到 1 个                  // 选择动作对象 1
选择对象： 找到 1 个，总计 2 个        // 选择动作对象 2
选择对象： 找到 1 个，总计 3 个        // 选择动作对象 3
选择对象： 找到 1 个，总计 4 个        // 选择动作对象 4
选择对象： ✓
指定动作位置或 [基点类型（B）]：      // 指定动作位置
```

12 操作过程及结果如图 11-42 所示。

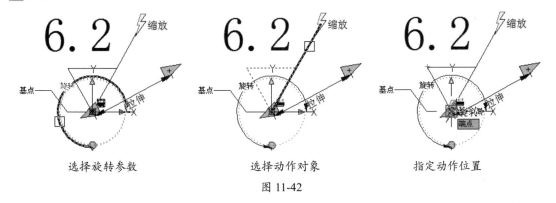

选择旋转参数　　　　　　选择动作对象　　　　　　指定动作位置

图 11-42

技术要点：

用户可以通过自定义夹点和自定义特性来操控动态块参照。例如，选择一个动作，右击执行快捷菜单中的"特性"命令，打开"特性"选项板来添加夹点或动作对象。

13 单击"管理"面板中的"保存"按钮，将定义的动态块保存，然后单击"关闭块编辑器"按钮退出块编辑器。

14 使用"插入"选项卡中"块"面板的"插入点"工具，在绘图区域中插入动态块。单击块，然后使用夹点来缩放块或旋转块，如图 11-43 所示。

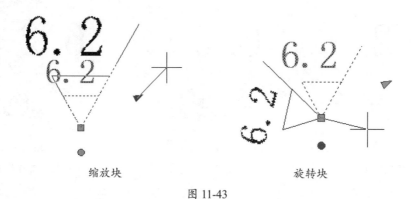

缩放块　　　　　　　　　　旋转块

图 11-43

11.5　块属性

　　块属性是附属于块的非图形信息，是块的组成部分，是可包含在块定义中的文字对象。在定义一个块时，属性必须预先定义而后再选定。通常属性用于在块的插入过程中进行自动注释。如图 11-44 所示的图中显示了具有 4 种特性（类型、制造商、型号和价格）的块。

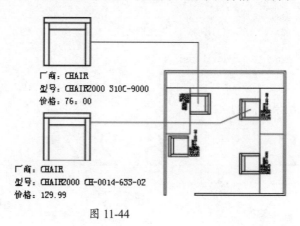

图 11-44

11.5.1　块属性的特点

　　在 AutoCAD 中，用户可以在图形绘制完成后（甚至在绘制完成前），使用 ATTEXT 命令将块属性数据从图形中提取出来，并将这些数据写入一个文件中，这样即可从图形数据库文件中获取块数据信息了。块属性具有以下特点。

- 块属性由属性标记名和属性值两部分组成。
- 定义块前，应先定义该块的每个属性，即规定每个属性的标记名、属性提示、属性默认值、属性的显示格式（可见或不可见）及属性在图中的位置等。
- 定义块时，应将图形对象和表示属性定义的属性标记名一起用来定义块对象。
- 插入有属性的块时，系统将提示用户输入需要的属性值。插入块后，属性用它的值表示。
- 插入块后，用户可以改变属性的显示可见性，对属性做修改，把属性单独提取出来写入文件，以供统计、制表使用，还可以与其他高级语言或数据库进行数据通信。

11.5.2 定义块属性

要创建带有属性的块，可以先绘制希望作为块元素的图形，然后创建希望作为块元素的属性，最后同时选中图形及属性，将其统一定义为块或保存为块文件。

块属性是通过"属性定义"对话框来设置的。用户可通过以下方式打开该对话框。

- 菜单栏：执行"绘图"|"块"|"定义属性"命令。
- 面板：在"插入"选项卡的"块定义"面板中单击"定义属性"按钮 。
- 命令行：输入 ATTDEF。

输入 ATTDEF，弹出"属性定义"对话框，如图 11-45 所示。

图 11-45

该对话框中各选项含义如下。

- "模式"选项区：在图形中插入块时，设置与块关联的属性值。
  - ➢ 不可见：指定插入块时不显示或打印属性值。
  - ➢ 固定：设置属性的固定值。
  - ➢ 验证：插入块时，提示验证属性值是否正确。
  - ➢ 预设：插入包含预设属性值的块时，将属性设置为默认值。
  - ➢ 锁定位置：锁定块参照中属性的位置。解锁后，属性可以相对于使用夹点编辑的块的其他部分移动，并且可以调整多行文字属性的大小。
  - ➢ 多行：指定属性值可以包含多行文字。选定此选项后，可以指定属性的边界宽度。

- "插入点"选项区：指定属性位置。输入坐标值或者选择"在屏幕上指定"，并使用定点设备根据与属性关联的对象指定属性的位置。
  - ➢ 在屏幕上指定：使用定点设备相对于要与属性关联的对象指定属性的位置。
- "属性"选项区：设置块属性的数据。
  - ➢ 标记：标识图形中每次出现的属性。

  - ➢ 默认：设置默认的属性值。
- "文字设置"选项区：设置属性文字的对正、样式、高度和旋转。
  - ➢ 对正：指定属性文字的对正。
  - ➢ 文字样式：指定属性文字的预定义样式。
  - ➢ 注释性：选中此选项，指定属性为注释性。
  - ➢ 文字高度：设置文字的高度。
  - ➢ 旋转：设置文字的旋转角度。
  - ➢ 边界宽度：换行前，指定多行文字属性中文字行的最大长度。
- 在上一个属性定义下对齐：将属性标记直接置于之前定义的属性的下面。如果之前没有创建属性定义，则此选项不可用。

动手操作——定义块属性

下面通过一个实例说明如何创建带有属性定义的块。在机械制图中，表面粗糙度的值有 0.8、1.6、3.2、6.3、12.5、25、50 等，用户可以在表面粗糙度图块中将粗糙度值定义为属性，当每次插入表面粗糙度时，AutoCAD 将自动提示用户输入表面粗糙度的数值。

01 打开"动手操作\源文件\Ch11\ex-6.dwg"文件，图形如图 11-46 所示。

图 11-46

02 执行"格式"|"文字样式"命令，在弹出的对话框的"字体名"下拉列表中选择 tex.shx 选项，并选中"使用大字体"复选框，接着在"大字体"列表中选择 gbcbig.shx 选项，最后依次单击"应用"和"关闭"按钮，如图 11-47 所示。

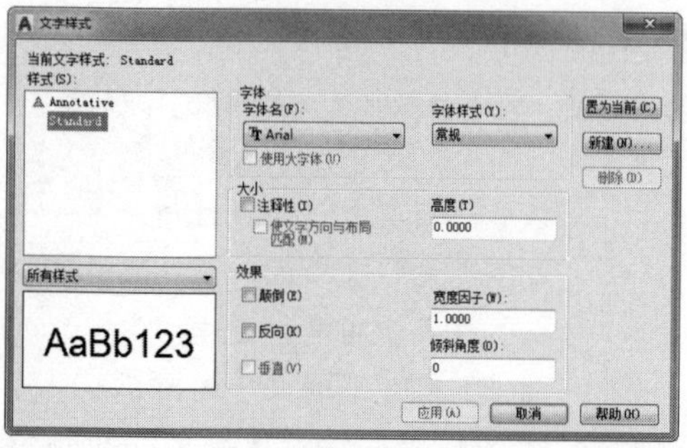

图 11-47

03 执行"绘图"|"块"|"定义属性"命令，打开如图 11-48 所示的"属性定义"对话框。在"标记"和"提示"文本框中输入相关内容，并单击"确定"按钮关闭该对话框。最后在绘图区域的图形上单击，以确定属性的位置，结果如图 11-49 所示。

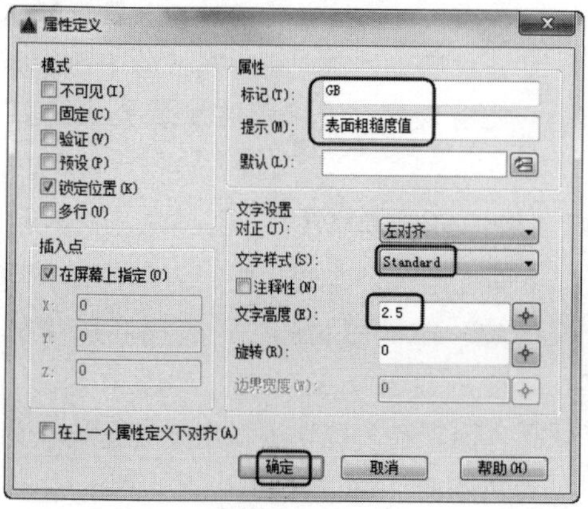

图 11-48

图 11-49

04 执行"绘图"|"块"|"创建"命令，打开"块定义"对话框。在"名称"编辑框中输入"表面粗糙度符号"，并单击"选择对象"按钮，在绘图窗口选中全部对象（包括图形元素和属性），然后单击"拾取点"按钮，在绘图区的适当位置单击以确定块的基点，最后单击"确定"按钮，如图 11-50 所示。

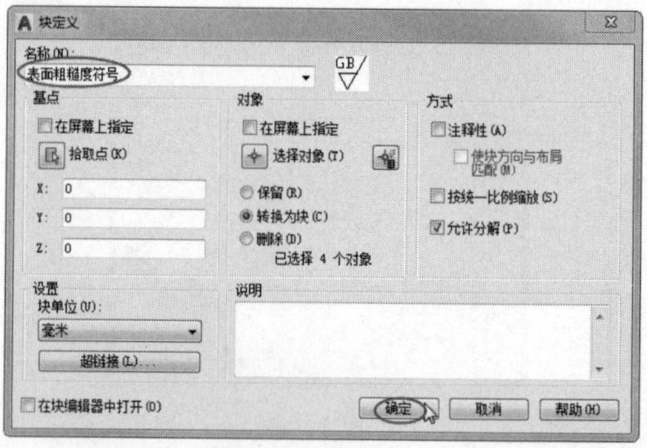

设置块参数

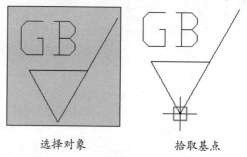

选择对象　　　　拾取基点

图 11-50

05 随后弹出"编辑属性"对话框。在该对话框的"表面粗糙度值"文本框中输入新值 3.2，单击"确定"按钮后，块中的文字 GB 则自动变成实际值 3.2，从图 11-51 中可以看出，GB 属性标记已被此处输入的具体属性值所取代。

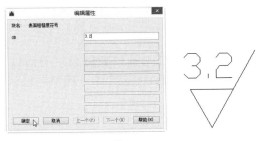

图 11-51

技术要点：

此后，每插入一次定义属性的块，命令行提示中都将提示用户输入新的表面粗糙度值。

11.5.3 编辑块属性

对于块属性，用户可以像修改其他对象一样对其进行编辑。例如，单击选中块后，系统将显示块及属性夹点，单击属性夹点即可移动属性的位置，如图 11-52 所示。

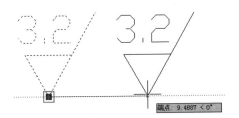

图 11-52

要编辑块的属性，可执行"修改"|"对象"|"属性"|"单个"命令，然后在图形区域中选择属性块，弹出"增强属性编辑器"对话框，如图 11-53 所示。在该对话框中可以修改块的属性值、属性的文字选项，属性所在图层，以及属性的线型、颜色和线宽等。

图 11-53

若执行"修改"|"对象"|"属性"|"块属性管理器"命令，然后在图形区域中选择属性块，将弹出"块属性管理器"对话框，如图 11-54 所示。

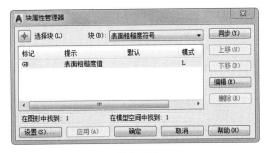

图 11-54

该对话框的主要功能如下。

- 可利用"块"下拉列表选择要编辑的块。
- 在属性列表中选择属性后，单击"上移"或"下移"按钮，可以移动属性在列表中的位置。
- 在属性列表中选择某属性后，单击"编辑"按钮，将打开如图 11-55 所示的对话框，用户可以在该对话框中修改属性模式、标记、提示与默认值、属性的文字选项、属性所在图层，以及属性的线型、颜色和线宽等。

图 11-55

- 在属性列表中选择某属性后，单击"删除"按钮，可以删除选中的属性。

11.6 外部参照

外部参照是指在一个图形中对另一个外部图形的引用。外部参照有两种基本用途：通过外部参照，参照图形中所做的修改将反映在当前图形中；附着的外部参照链接至另一图形，并不真正插入。因此，使用外部参照可以生成图形，而不会显著增加图形文件的大小。

使用外部参照图形，可以使用户获得良好的设计效果，其表现如下。

- 通过在图形中参照其他用户的图形，协调用户之间的工作，从而与其他设计师所做的修改保持同步。用户也可以使用组成图形装配一个主图形，主图形将随工程的开发而被修改。
- 确保显示参照图形是最新版本。打开图形时，将自动重载每个参照图形，从而反映参照图形文件的最新状态。
- 请勿在图形中使用参照图形中已存在的图层名、标注样式、文字样式和其他命名元素。
- 当工程完成并准备归档时，将附着的参照图形和当前图形永久合并（绑定）到一起。

技术要点：

与块参照相同，外部参照在当前图形中以单个对象的形式存在。但是，必须首先绑定外部参照才能将其分解。

11.6.1 使用外部参照

外部参照与块在很多方面都很类似，其不同点在于块的数据存储于当前图形中，而外部参照的数据存储于一个外部图形中，当前图形数据库中仅存放外部文件的一个引用。

用户可通过以下方式来执行此操作。

- 菜单栏：执行"插入"|"外部参照"命令。
- 功能区：在"插入"选项卡的"参照"面板中单击"附着"按钮。
- 命令行：输入 EXTERNALREFERENCES。

执行"外部参照"命令，程序弹出"外部参照"选项板，如图 11-56 所示。

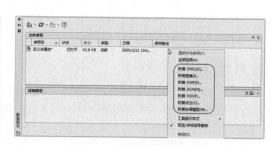

图 11-56

通过该选项板，用户可以从外部加载 DWG、DXF、DGN 和图像等文件。单击选项板上的"附着"按钮，将打开"选择参照文件"对话框，用户可以通过该对话框选择要作为外部参照的图形文件。

选定文件后，单击"打开"按钮，程序则弹出如图 11-57 所示的"附着外部参照"对话框。用户可以在该对话框中，选择引用类型（附加或覆盖），加入图形时的插入点、比例和旋转角度，以及是否包含路径。

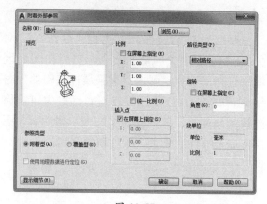

图 11-57

"附着外部参照"对话框中各选项含义如下。

- 名称：附着了一个外部参照之后，该外部参照的名称将出现在列表里。当在列表中选择了一个附着的外部参照时，它的路径将显示在"保存路径"或"位置"中。

- 浏览：单击"浏览"按钮以显示"选择参照文件"对话框，可以从中为当前图形选择新的外部参照。
- 附着型：将图形作为外部参照附着时，会将该参照图形链接到当前图形。打开或重载外部参照时，对参照图形所做的任何修改都会显示在当前图形中。
- 覆盖型：覆盖外部参照用于在网络环境中共享数据。通过覆盖外部参照，无须通过附着外部参照来修改图形，便可以查看图形与其他编组中图形的相关方式。
- "插入点"选项区：指定所选外部参照的插入点。
  ➢ 在屏幕上指定：显示命令提示并使X、Y和Z比例因子选项不可用。
- "比例"选项区：指定所选外部参照的比例因子。
  ➢ 统一比例：选中此选项，使Y和Z的比例因子等于X的比例因子。
- "旋转"选项区：为外部参照引用指定旋转角度。
  ➢ 角度：指定外部参照实例插入到当前图形时的旋转角度。
- "块单位"选项区：显示有关块单位的信息。

11.6.2 外部参照管理器

参照管理器是一个独立的应用程序，它可以使用户轻松地管理图形文件和附着参照。其中包括图形、图像、字体和打印样式等由AutoCAD或基于AutoCAD产品生成的内容，还能够很容易地识别和修正图形中未解决的参照。

在 Windows 操作系统中执行"开始"|"所有程序"|Autodesk|AutoCAD 2018-Simplifide Chinese|"参照管理器"命令，即可打开"参

照管理器"窗口，如图11-58所示。

图 11-58

参照管理器分为两个窗格。左侧窗格用于选定图形和它们参照的外部文件的树状视图。树状视图帮助用户在右侧窗格中查找和添加内容，这称为"参照列表"。该列表显示了用户选择和编辑的保存参照路径信息。用户还可以控制树状视图的显示样式，并可以在树状视图中单击加号或减号来展开或收拢项目或节点。

如果要向参照管理器树状视图添加一个图形，可以单击窗口上的"添加图形"按钮，然后在打开的对话框中，浏览要打开文件的位置，选择文件后，单击"打开"按钮，会弹出如图11-59所示的"添加外部参照"信息提示对话框。

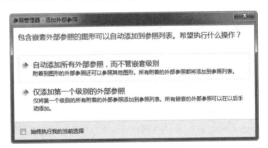

图 11-59

技术要点：

若选中该对话框的"始终执行我的当前选择"复选框，则第二次添加外部参照时不会再弹出此对话框。

单击"添加外部参照"信息提示对话框中的"自动添加所有外部参照，而不管嵌套级别"按钮后，用户所选择的外部参照图形将被添加至"参照管理器"窗口中，如图11-60所示。

图 11-60

若要在添加的外部参照图形中再添加外部参照，则在该图形上右击，在弹出的快捷菜单中选择"添加图形"命令即可，如图 11-61 所示。

图 11-61

11.6.3　附着外部参照

附着外部参照是指将图形作为外部参照附着时，将该参照图形链接到当前图形；打开或重载外部参照时，对参照图形所做的任何修改都会显示在当前图形中。

用户可通过以下方式来执行此操作。

- 菜单栏：执行"插入"|"外部参照"命令。
- 命令行：输入 XATTACH。

执行"附着外部参照"命令，所弹出的操作对话框及使用外部参照的操作过程与执行 EXTERNALREFERENCES 命令的操作过程是完全相同的。

当外部参照附着到图形时，应用程序窗口的右下角（状态栏托盘）将显示一个外部参照图标，如图 11-62 所示。

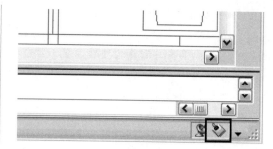

图 11-62

11.6.4　拆离外部参照

要从图形中彻底删除 DWG 参照（外部参照），需要拆离它们而不是删除。因为删除外部参照不会删除与其关联的图层定义。

执行"插入"|"外部参照"命令，然后在打开的"外部参照"选项板中选择外部参照图形，右击并选择快捷菜单中的"拆离"命令，即可将外部参照拆离，如图 11-63 所示。

图 11-63

11.6.5　外部参照应用实例

外部参照在 AutoCAD 图形中广泛使用。当打开和编辑包含外部参照的文件时，用户将发现改进的性能。为了获得更好的性能，AutoCAD 使用多线程，同时运行一些外部参照处理而不是按加载序列处理外部参照。

下面以实例来说明利用外部参照增强工作，首先在图形中添加一个带有相对路径的外部参照，然后打开外部参照进行更改。

动手操作——外部参照的应用

01 打开"动手操作\源文件\Ch11\ex-7.dwg"文件，打开的图纸如图 11-64 所示。

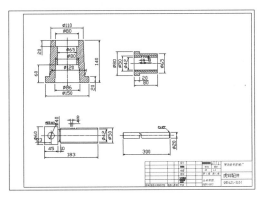

图 11-64

02 在"插入"选项卡的"参照"面板中单击"附着"按钮，打开"选择参照文件"对话框。选择本例的"图纸 -2.dwg"文件，并单击"打开"按钮。

03 弹出"附着外部参照"对话框，在该对话框的"路径类型"列表中选择"相对路径"选项，保留其余选项默认的设置，单击"确定"按钮，如图 11-65 所示。

图 11-65

04 关闭对话框后，在图纸右上角放置外部参照图形，如图 11-66 所示。

技术要点：

可先任意放置参照图形，然后使用"移动"命令将其移动至合适位置即可。

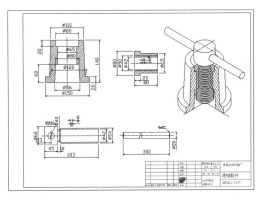

图 11-66

05 在状态栏中单击"管理外部参照"按钮，弹出"外部参照"选项板。在"文件参照"列表中选择"图纸 -2"文件，右击并选择快捷菜单中的"打开"命令，如图 11-67 所示。

图 11-67

06 从选项板的"文件信息"列表中可看见参照名为"图纸 -2"的图形处于打开状态，如图 11-68 所示。

图 11-68

07 将外部参照图形的颜色设为红色，并显示线宽，修改完成后将图形保存并关闭该文件。随后返回"图纸 -1.dwg"文件的图形窗口中，窗口右下角则显示文件修改信息提示，在信息提示框中单击"重载图纸 -2"链接，如图 11-69 所示。

图 11-69

08 此时，外部参照图形的状态由"已打开"变为"已加载"。最后关闭"外部参照"选项板，完成外部参照图形的编辑，如图 11-70 所示。

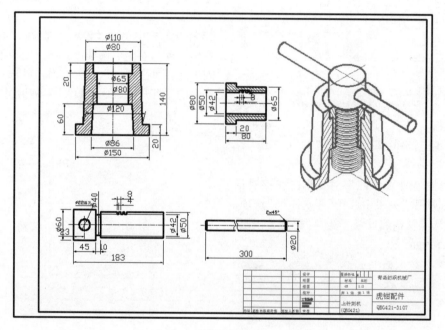

图 11-70

11.7 剪裁外部参照与光栅图像

在 AutoCAD 2018 中，用户可以指定剪裁边界以显示外部参照和块插入的部分；可以使用链接图像路径将对光栅图像文件的参照附着到图像文件中，图像文件可以从 Internet 上访问；附着外部参照图像后，用户还可以进行剪裁图像、调整图像、图像质量控制、控制图像边框大小等操作。

11.7.1 剪裁外部参照

剪裁外部参照是 AutoCAD 中经常用到的一种处理外部参照的工具。剪裁边界可以定义外部参照的一部分，外部参照在剪裁边界内的部分仍然可见，而不显示边界外的图形。参照图形本身不发生任何改变，如图 11-71 所示。

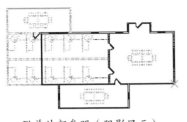
附着外部参照（阴影显示）

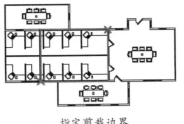
指定剪裁边界

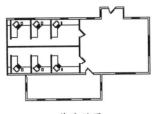
剪裁结果

图 11-71

用户可通过以下方式来执行此操作。

- 快捷菜单：选定外部参照后，在绘图区右击，在弹出的快捷菜单中选择"剪裁外部参照"命令。
- 菜单栏：执行"修改"|"剪裁"|"外部参照"命令。
- 面板：在"插入"选项卡的"参照"面板中单击"剪裁外部参照"按钮 。
- 命令行：输入 XCLIP。

输入 XCLIP，命令行操作如下。

```
命令：_XCLIP
选择对象：找到 1 个
选择对象：↙
输入剪裁选项
[开 (ON) // 关 (OFF) // 剪裁深度 (C) // 删除 (D) // 生成多段线 (P) // 新建边界 (N)] <新建边界>：
剪裁选项
外部模式 - 边界外的对象将被隐藏。
指定剪裁边界或选择反向选项：                    // 指定边界
[选择多段线 (S) // 多边形 (P) // 矩形 (R) // 反向剪裁 (I)] <矩形>：        // 输入反向选项
```

操作提示中各选项含义如下。

- 开：显示剪裁边界外的部分或者全部外部参照。
- 关：关闭显示剪裁边界外的部分或者全部外部参照。
- 剪裁深度：在外部参照或块上设置前剪裁平面和后剪裁平面，程序将不显示由边界和指定深度所定义的区域外的对象。

注意：

剪裁深度应用在平行于剪裁边界的方向上，与当前UCS无关。

- 删除：删除剪裁平面。
- 生成多段线：剪裁边界由多段线生成。
- 新建边界：重新创建或指定剪裁边界。可以使用矩形、多边形或多段线。
- 选择多段线：选择多段线作为剪裁边界。
- 多边形：选择多边形作为剪裁边界。
- 矩形：选择矩形作为剪裁边界。
- 反向剪裁：反转剪裁边界的模式。如隐藏边界外（默认）或边界内的对象。

下面以实例来说明使用"剪裁外部参照"命令来剪裁外部参照的过程。

动手操作——剪裁外部参照

01 打开"动手操作\源文件\Ch11\ex-8.dwg"文件，使用的外部参照为如图 11-72 所示虚线部分的图形。

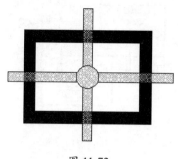

图 11-72

02 执行"修改"|"剪裁"|"外部参照"命令，然后将外部参照进行剪裁。命令行操作如下。

```
命令: XCLIP
选择对象: 找到 1 个
选择对象: ✓
输入剪裁选项
[开 (ON) // 关 (OFF) // 剪裁深度 (C) // 删除 (D) // 生成多段线 (P) // 新建边界 (N)] <新建边界>:
✓
外部模式 - 边界外的对象将被隐藏。
指定剪裁边界或选择反向选项:
[选择多段线 (S) // 多边形 (P) // 矩形 (R) // 反向剪裁 (I)] <矩形>: R ✓
指定第一个角点:
指定对角点:
已删除填充边界关联性。
```

03 剪裁外部参照的过程及结果如图 11-73 所示。

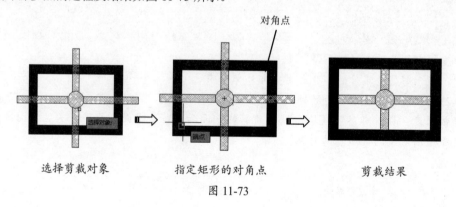

选择剪裁对象　　　　指定矩形的对角点　　　　剪裁结果

图 11-73

11.7.2　光栅图像

　　光栅图像由一些称为"像素"的小方块或点的矩形栅格组成，光栅图像参照了特有的栅格上的像素。例如，产品零件的实景照片由一系列表示外观的着色像素组成，如图 11-74 所示。

　　光栅图像与其他许多图形对象一样，可以进行复制、移动或剪裁，也可以使用夹点模式修改图像、调整图像的对比度、使用矩形或多边形剪裁图像或将图像用作修剪操作的剪切边。

　　在 AutoCAD 2018 中，程序支持的图像文件格式包含了主要技术成像应用领域中最常用的格式，这些应用领域有：计算机图形、文档管理、工程、映射和地理信息系统（GIS）。图像可以是两色、8 位灰度、8 位颜色或 24 位颜色的图像。

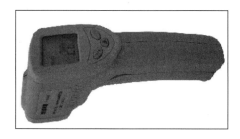

图 11-74

技术要点：

AutoCAD 2018不支持16位颜色深度的图像。

11.7.3 附着图像

与其他外部参照图形一样，光栅图像也可以使用链接图像路径，将参照附着到图像文件中或者放到图形文件中。附着的图像并不是图形文件的实际组成部分。

用户可通过以下方式来执行此操作。

- 菜单栏：执行"插入"|"光栅图像参照"命令。
- 功能区：在"插入"选项卡的"参照"面板中单击"附着"按钮 。
- 命令行：输入 IMAGEATTACH。

技术要点：

在"插入"选项卡的"参照"面板中单击"附着"按钮 ，如果选择图像文件那么就变成附着图像，若选择其他文件，就变成了附着外部参照。

执行"光栅图像参照"命令，程序将弹出"选择参照文件"对话框，如图 11-75 所示。

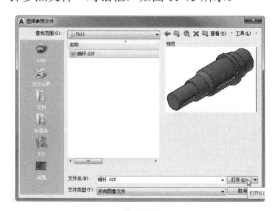

图 11-75

在图像路径中选择要附着的图像文件后，单击"打开"按钮，会弹出"附着图像"对话框，如图 11-76 所示。该对话框与"外部参照对话框"的选项内容相差无几，除少了"参照类型"选项卡外，还增加了"显示细节"选项。而其余选项含义都是相同的。

图 11-76

单击"显示细节"按钮后，该对话框下方则显示图像信息，如图 11-77 所示。

图 11-77

下面以实例来说明在当前图形中附着外部图像的操作过程。

动手操作——附着外部图像操作

01 打开"动手操作\源文件\Ch11\ex-9.dwg"文件，打开的图形如图 11-78 所示。

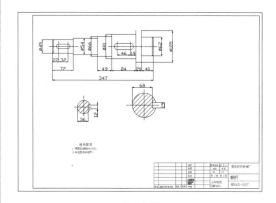

图 11-78

02 执行"插入"|"光栅图像参照"命令，然后通过打开的"选择参照文件"对话框，选择"动手操作 \ 源文件 \Ch11\ 蜗杆 .gif"文件，并单击"打开"按钮，如图 11-79 所示。

图 11-79

03 随后弹出"附着图像"对话框，保留该对话框所有选项的默认设置，单击"确定"按钮关闭对话框。

04 按命令行中的提示来操作。

```
命令：_IMAGEATTACH
指定插入点 <0，0>：                                    // 指定图像插入点
基本图像大小：宽：1.000000，高：0.695946，MILLIMETERS    // 图像信息显示
指定比例因子 <1>：200 ✓                                // 输入比例因子
```

05 执行上述操作后，从外部附着图像的结果如图 11-80 所示。

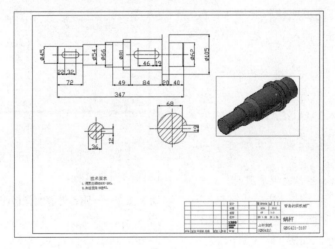

图 11-80

11.7.4 调整图像

附着外部图像后，可使用"调整图像"命令更改图形中光栅图像的几个显示特性（如亮度、对比度和淡入度），以便于查看或实现特殊效果。

用户可通过以下方式来执行此操作。

* 菜单栏：执行"修改"|"对象"|"图像"|"调整"命令。
* 功能区：在"插入"选项卡的"参照"面板中单击"调整"按钮。
* 快捷菜单：选中图像，右击并选择快捷菜单中的"图像"|"调整"命令。
* 命令行：输入 IMAGEADJUST。

在图形区选中图像后，执行 IMAGEADJUST 命令，将弹出"图像调整"对话框，如图 11-81 所示。

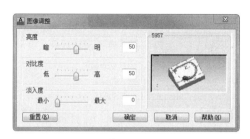

图 11-81

该对话框各选项区及选项的含义如下。

- "亮度"选项区：控制图像的亮度，从而间接控制图像的对比度。取值范围在 0 ~ 100 之间。此值越大，图像就越亮，增大对比度时变成白色的像素点也会越多。左移滑块将减小该值，右移滑块将增大该值。

- "对比度"选项区：控制图像的对比度，从而间接控制图像的褪色效果。取值范围在 0 ~ 100 之间。此值越大，每个像素就会在更大限度上被强制使用主要颜色或次要颜色。左移滑块将减小该值，右移滑块将增大该值。

- "淡入度"选项区：控制图像的褪色效果。取值范围在 0 ~ 100 之间。值越大，图像与当前背景色的混合程度就越高。值为 100 时，图像完全溶进背景。改变屏幕的背景色可以将图像褪色至新的颜色。打印时，褪色的背景色为白色。左移滑块将减小该值，右移滑块将增大该值。

- "重置"按钮：将亮度、对比度和淡入度重置为默认设置（亮度为 50、对比度为 50 和淡入度为 0）。

技术要点：

两色图像不能调整亮度、对比度或淡入度。显示时图像淡入为当前屏幕的背景色，打印时淡入为白色。

11.7.5 图像边框

"图像边框"工具可以隐藏图像边界，隐藏图像边界可以防止打印或显示边界，还可以防止使用定点设备选中图像，以确保不会因误操作而移动或修改图像。

隐藏图像边界时，剪裁图像仍然显示在指定的边界界限内，只有边界会受到影响。显示和隐藏图像边界将影响图形中附着的所有图像。

用户可通过以下方式来执行此操作。

- 菜单栏：执行"修改"|"对象"|"图像"|"边框"命令。
- 命令行：输入 IMAGEFRAME。

执行 IMAGEADJUST 命令，命令行操作如下。

```
命令：IMAGEFRAME
输入图像边框设置 [0//1//2] <1>：
```

操作提示中的选项含义如下。

- 0：不显示和打印图像边框。

- 1：显示并打印图像边框，该设置为默认设置。
- 2：显示图像边框但不打印。

技术要点：

通常情况下未显示图像边框时，不能使用SELECT命令的"拾取"或"窗口"选项选择图像。但是，重执行IMAGECLIP命令会临时打开图像边框。

下面以实例来说明图像边框隐藏的操作过程。

动手操作——图像边框的隐藏

01 打开"动手操作\源文件\Ch11\ex-10.dwg"文件。

02 执行"修改"|"对象"|"图像"|"边框"命令，然后按命令行操作提示进行操作。

```
命令: IMAGEFRAME
输入图像边框设置 [0//1//2] <1>: 0↙
```

03 输入 0 并执行操作后，结果如图 11-82 所示。

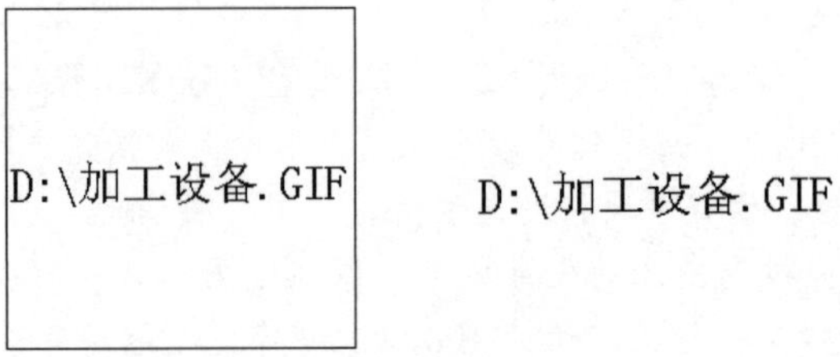

D:\加工设备.GIF   D:\加工设备.GIF

图 11-82

11.8 综合训练——标注零件图表面粗糙度

○ **引入素材：综合训练\源文件\Ch11\图形.dwg**

○ **结果文件：综合训练\结果文件\Ch11\标注零件图表面粗糙度.dwg**

○ **视频文件：视频\Ch11\标注零件图表面粗糙度.avi**

本例通过为零件标注粗糙度符号，主要对"定义属性""创建块""写块""插入"等命令进行综合练习和巩固。本例效果如图 11-83 所示。

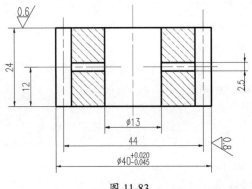

图 11-83

操作步骤

01 打开源文件"图形.dwg",如图 11-84 所示。

02 启动"极轴追踪"功能,并设置增量角为 30°。

03 在命令行输入 PL,激活"多段线"命令,然后绘制如图 11-85 所示的粗糙度符号。

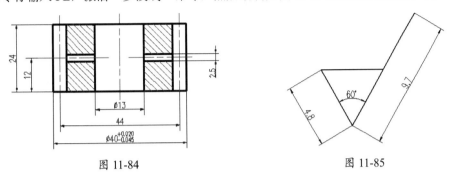

图 11-84　　　　　　　　　　　图 11-85

04 执行"绘图"|"块"|"定义属性"命令,打开"定义属性"对话框,然后设置属性参数,如图 11-86 所示。

05 单击"确定"按钮,捕捉如图 11-87 所示的端点作为属性插入点,插入结果如图 11-88 所示。

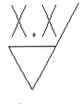

图 11-86　　　　　　　图 11-87　　　　　　　图 11-88

06 按 M 键激活"移动"命令,将属性垂直下移 0.5 个绘图单位,结果如图 11-89 所示。

07 单击"块"面板中的"创建"按钮,激活"创建块"命令,以如图 11-90 所示的点作为块的基点,将粗糙度符号和属性一起定义为内部块,块参数设置如图 11-91 所示。

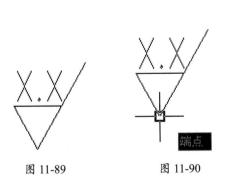

图 11-89　　　　图 11-90　　　　　　　图 11-91

08 单击"插入"按钮,激活"插入块"命令,在打开的"插入"对话框中设置参数,如图 11-92 所示。

图 11-92

09 单击"确定"按钮返回绘图区，在插入粗糙度属性块的同时，为其输入粗糙度值。命令行操作如下。

```
命令：_INSERT
指定插入点或 [基点（B）// 比例（S）// 旋转（R）]：
                            // 捕捉如图 11-93 所示的中点作为指定插入点
输入属性值
输入粗糙度值：<0.6>：       // 按 Enter 键，结果如图 11-94 所示
```

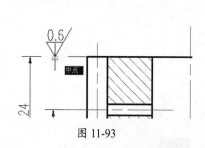

图 11-93

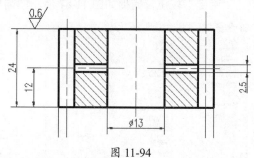

图 11-94

10 按 I 键激活"插入块"命令，在弹出的"插入"对话框中，设置参数如图 11-95 所示。

图 11-95

11 单击"确定"按钮返回绘图区，根据命令行的操作提示，在插入粗糙度属性块的同时，为其输入粗糙度值。命令行操作如下。

```
命令：_INSERT
指定插入点或 [基点（B）// 比例（S）// 旋转（R）]：
                            // 捕捉如图 11-96 所示的中点作为指定插入点
输入属性值
输入粗糙度值：<0.6>：       // 按 Enter 键，结果如图 11-97 所示
```

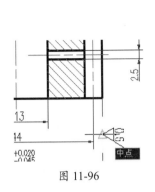

图 11-96

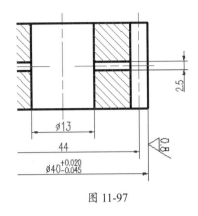

图 11-97

12 调整视图，使图形全部显示，最终效果如图 11-98 所示。

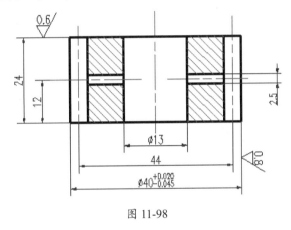

图 11-98

11.9 课后习题

1. 标注粗糙度符号

用 WBLOCK 命令将如图 11-99 所示的两个表面粗糙度符号分别创建为带属性的图块，块名分别为 Ra+ 和 Ra-，并将创建的两个图块插入如图 11-100 所示的轴套图形中。

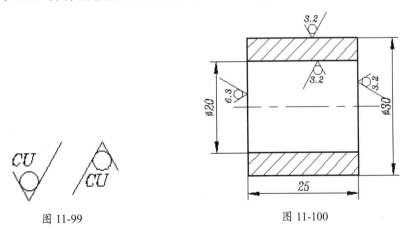

图 11-99

图 11-100

2. 创建电路图中的块

绘制如图 11-101 所示的电路图，要求将电阻和电容创建为带属性的图块，块名分别为 R 和 C。

电子元件参考尺寸

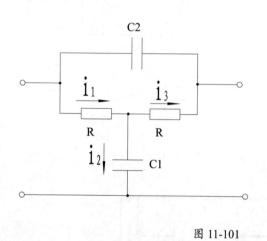

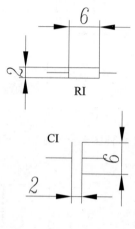

图 11-101

第 *12* 章 AutoCAD 2018 设计中心

本章将详细介绍 AutoCAD 2018 设计中心和工具选项板的基本功能操作。

设计中心是可以管理块参照、外部参照和其他内容（例如图层定义、布局和文字样式）的功能选项板。

项目分解与视频二维码

◆ 设计中心简介
◆ 利用设计中心制图

◆ 使用设计中心访问、添加内容
◆ CAD标准样板

第 12 章视频

12.1 设计中心简介

AutoCAD 2018 为用户提供了一个直观、高效的"设计中心"控制面板。通过设计中心，用户可以组织对图形、块、图案填充和其他图形内容的访问；可以将源图形中的任何内容拖动到当前图形中；还可以将图形、块和填充拖动到工具选项板上；源图形可以位于用户的计算机、网络位置或网站上。另外，如果打开了多个图形，则可以通过设计中心，在图形之间复制和粘贴其他内容（如图层定义、布局和文字样式），从而简化绘图过程。

通过使用设计中心来管理图形，用户还可以获得以下帮助。

- 可以方便地浏览用户计算机、网络驱动器和网页上的图形内容（例如图形或符号库）。
- 在定义表中查看块或图层对象的定义，然后将定义插入、附着、复制和粘贴到当前图形中。
- 重定义块。
- 可以创建常用图形、文件夹和 Internet 网址的快捷方式。
- 向图形中添加外部参照、块和填充等内容。
- 在新窗口中打开图形文件。
- 将图形、块和填充拖动到工具选项板上以便于访问。

如果在绘制复杂的图形时，所有绘图人员遵循一个共同的标准，那么绘图时的协调工作将变得十分容易。CAD 标准就是为命名对象（例如图层和文本样式）定义的一个公共特性集。定义一个标准后，可以用样板文件的形式存储这个标准。创建样板文件后，还可以将该样板文件与图形文件相关联，借助该样板文件检查图形文件是否符合标准。

12.1.1 设计中心主界面

通过设计中心窗口，用户可以控制设计中心的大小、位置和外观。用户可通过以下命令方式来打开设计中心窗口。

- 菜单栏：执行"工具"|"选项板"|"设计中心"命令。
- 功能区：在"视图"选项卡的"选项"面板中单击"设计中心"按钮▦。
- 命令行：输入 ADCENTER。

通过执行"设计中心"命令，打开如图 12-1 所示的设计中心界面。

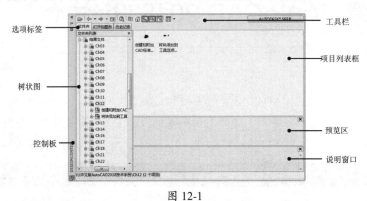

图 12-1

默认情况下，AutoCAD 设计中心固定在绘图区的左侧，主要由控制板、树状图、项目列表框、预览区和说明窗口组成。

1. 工具栏

工具栏中包含常用的工具命令按钮，如图 12-2 所示。

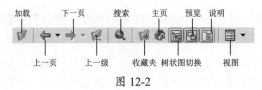

图 12-2

工具栏中各按钮含义如下。

- 加载：单击此按钮，将打开"加载"对话框，通过"加载"对话框浏览本地和网络驱动器或 Web 上的文件，然后选择内容加载到内容区域。
- 上一页：返回历史记录列表中最近一次的位置。
- 下一页：返回历史记录列表中下一次的位置。
- 上一级：显示当前容器的上一级容器的内容。
- 搜索：单击此按钮，将打开"搜索"对话框，用户从中可以指定搜索条件，以便在图形中查找图形、块和非图形对象。
- 收藏夹：在内容区域中显示"收藏夹"文件夹的内容。

技术要点：

要在"收藏夹"中添加项目，可以在内容区域或树状图中的项目上右击，然后单击"添加到收藏夹"按钮。要删除"收藏夹"中的项目，可以使用快捷菜单中的"组织收藏夹"选项，然后使用快捷菜单中的"刷新"选项。DesignCEnter文件夹将被自动添加到收藏夹中。此文件夹包含具有可以插入在图形中的特定组织块的图形。

- 主页：显示设计中心主页中的内容。
- 树状图切换：显示和隐藏树状视图。如果绘图区域需要更多的空间，需要隐藏树状图，树状图隐藏后，可以使用内容区域浏览容器并加载内容。

注意：

在树状图中使用"历史记录"列表时，"树状图切换"按钮不可用。

- 预览：显示和隐藏内容区域窗格中选定项目的预览。
- 说明：显示和隐藏内容区域窗格中选定项目的文字说明。
- 视图：为加载到内容区域中的内容提供不同的显示格式。

2．选项卡

设计中心面板中有 3 个选项卡，"文件夹""打开的图形"和"历史记录"。

- "文件夹"选项卡：显示计算机或网络驱动器（包括"我的电脑"和"网上邻居"）中文件和文件夹的层次结构。
- "打开的图形"选项卡：显示当前工作任务中打开的所有图形，包括最小化的图形。
- "历史记录"选项卡：显示最近在设计中心打开文件的列表。

3．树状图

树状图显示计算机和网络驱动器上的文件与文件夹的层次结构、打开图形的列表、自定义内容以及上次访问过的位置的历史记录，如图 12-3 所示。选择树状图中的项目以便在内容区域中显示其内容。

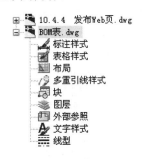

图 12-3

技术要点：

sample\designcEnter文件夹中的图形包含可插入在图形中的特定组织块。这些图形称为"符号库图形"。使用设计中心顶部的工具栏按钮可以访问树状图选项。

4．控制板

设计中心上的控制板包括 3 个控制按钮：

"特性""自动隐藏"和"关闭"。

- 特性：单击此按钮，弹出设计中心"特性"菜单，如图 12-4 所示。可以进行移动、缩放、隐藏设计中心选项板。

图 12-4

- 自动隐藏：单击此按钮，可以控制设计中心选项板的显示或隐藏。
- 关闭：单击此按钮，将关闭设计中心选项板。

12.1.2　设计中心的构成

设计中心选项板上的设计中心主要由左边的树状图和 3 个功能选项卡构成，如图 12-5 所示。

图 12-5

接下来介绍这些选项卡的作用及含义。

1．文件夹

"文件夹"选项卡显示导航图标的层次结构，包括网络和计算机、Web 地址（URL）、计算机驱动器、文件夹，以及图形和相关的支持文件、外部参照、布局、图案填充样式和命名的对象。

单击树状图中的项目，在内容区中显示其内容。单击加号（+）或减号（-）可以显示或隐藏层次结构中的其他层次。双击某个项目可以显示其下一层次的内容。在树状图中右击将显示带有若干相关选项的快捷菜单。

2．打开的图形

"打开的图形"选项卡中显示当前打开的图形列表。单击某个图形文件，然后单击列表中的一个定义表，可以将图形文件的内容加载到内容区中，如图 12-6 所示。

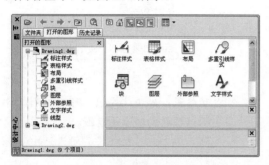

图 12-6

3．历史记录

"历史记录"选项卡显示"设计中心"中以前打开过的文件列表。双击列表中的某个图形文件，可以在"文件夹"选项卡的树状视图中定位此图形文件，并将其内容加载到内容区中。该选项卡的内容，如图 12-7 所示。

图 12-7

12.2　利用设计中心制图

在"设计中心"选项板中，可以将项目列表或者"查找"对话框中的内容直接拖放到打开的图形中，还可以将内容复制到剪贴板上，然后再粘贴到图形中。根据插入内容的类型，还可以选择不同的方法。

12.2.1　以块形式插入图形文件

在"设计中心"选项板中，可以将一个图形文件以块的形式插入到当前已打开的图形中。首先在项目列表中找到要插入的图形文件，然后选中它，并将其拖至当前图形中。此时系统将按照所选图形文件的单位与当前图形文件图形单位的比例缩放图形。

也可以右击要插入的图形文件，然后将其拖至当前图形。释放鼠标后，系统将弹出一个快捷菜单，从中选择"插入为块"命令，如图12-8 所示。

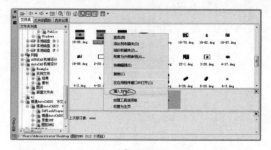

图 12-8

随后程序将打开"插入"对话框，用户可以利用该对话框，设置块的插入点坐标、缩放比例和旋转角度，如图 12-9 所示。

图 12-9

12.2.2 附着为外部参照

在"设计中心"中，可以通过多种方式在内容区中打开图形：使用快捷菜单、拖动图形同时按住 Ctrl 键，或将图形图标拖至绘图区域的图形区外的任意位置。图形名被添加到设计中心的历史记录表中，以便在将来的任务中快速访问。

使用快捷菜单时，可以将图形文件以外部参照形式在当前图形中插入，即在图 12-8 所示的快捷菜单中，选择"附着为外部参照"命令即可，此时程序将打开"外部参照"对话框，用户可以通过该对话框设置参照类型、插入点坐标、缩放比例与旋转角度等，如图 12-10 所示。

图 12-10

12.3 使用设计中心访问、添加内容

用户可通过"设计中心"访问并打开图形文件，还可以通过"设计中心"向加载的当前图形中添加内容。在"设计中心"窗口中，左侧的树状图和 3 个设计中心选项卡可以帮助用户查找内容并将内容加载到内容区中，也可以在内容区中添加所需的新内容。

12.3.1 通过设计中心访问内容

设计中心窗口左侧的树状图和 3 个设计中心选项卡可以帮助用户查找内容并将内容显示在项目列表中。用户可以执行以下操作，通过设计中心访问内容。

- 修改设计中心显示的内容的源。
- 在设计中心更改"主页"按钮的文件夹。
- 在设计中心中向收藏文件夹中添加项目。
- 在设计中心中显示收藏文件夹的内容。
- 组织设计中心收藏文件夹。

例如，在设计中心树状图中选择一个图形文件，右击并选择快捷菜单中的"设为主页"命令，然后在工具栏中单击"主页"按钮 ，在项目列表中将显示该图形文件的所有 AutoCAD 设计内容，如图 12-11 所示。

图 12-11

技术要点：

每次打开"设计中心"选项板时，单击"主页"按钮，将显示先前设置的主页图形文件或文件夹。

12.3.2 通过设计中心添加内容

在"设计中心"选项板上，通过打开的项目列表，可以对项目内容进行操作。双击项目列表中的项目，可以按层次顺序显示详细信息。例如，双击图形将显示若干图标，包括代表块的图标，双击"块"图标将显示图形中每个块的图像，如图 12-12 所示。

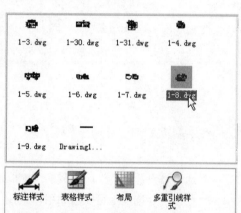

图 12-12

通过设计中心，用户可以向图形中添加内容，可以更新块定义，还可以将设计中心中的项目添加到工具选项板中。

1. 向图形添加内容

用户可以使用以下方法在项目列表中向当前图形添加内容。

- 将某个项目拖至某个图形的图形区，按照默认设置（如果有）将其插入。
- 在内容区中的某个项目上右击，将显示包含若干选项的快捷菜单。

双击块图标将显示"插入"对话框，双击"图案填充"将显示"边界图案填充"对话框，如图 12-13 所示。

图 12-13

2. 更新块定义

与外部参照不同，当更改块定义的源文件时，包含此块的图形的块定义并不会自动更新。通过设计中心，可以决定是否更新当前图形中的块定义。

技术要点：

块定义的源文件可以是图形文件或符号库图形文件中的嵌套块。

在项目列表中的块上或图形文件上右击，然后在弹出的快捷菜单中选择"仅重定义"或"插入并重定义"命令，可以更新选定的块，如图 12-14 所示。

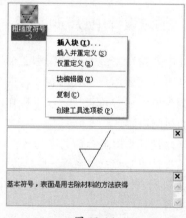

图 12-14

3. 将设计中心内容添加到工具选项板

用户可以将"设计中心"中的"图形""块"和"图案填充"添加到当前的工具选项板中。

向工具选项板中添加图形时，如果将它们拖至当前图形中，那么被拖动的图形将作为块被插入。

技术要点：

可以从内容区中选择多个块或图案填充，并将它们添加到工具选项板中。

下面以实例来说明将设计中心内容添加到工具选项板的步骤。

动手操作——将块添加到工具选项板中

01 执行"工具"|"选项板"|"设计中心"命令，打开"设计中心"选项板。

02 在"文件夹"选项卡的树状图中，选中"动手操作\源文件\Ch12"文件夹，在项目列表中显示该文件夹中的所有图形文件，如图12-15所示。

图 12-15

03 在项目列表中选中项目，右击，在弹出的快捷菜单中选择"创建工具选项板"命令，弹出"工具选项板"面板，新的工具选项板将包含所选项目中的图形、块或图案填充，如图12-16所示。

图 12-16

04 在新的"粗糙度符号"选项卡中右击，在

弹出的快捷菜单中选择"重命名选项板"命令，然后将该选项板命名为"粗糙度符号-3"，按 Enter 键完成工具选项板的创建，如图12-17所示。

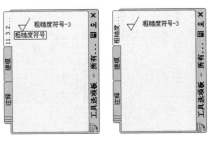

图 12-17

12.3.3　搜索指定内容

"设计中心"选项板工具栏中的"搜索"工具，可以指定搜索条件以便在图形中查找图形、块和非图形对象，以及搜索保存在桌面上的自定义内容。

单击"搜索"按钮，弹出"搜索"对话框，如图12-18所示。

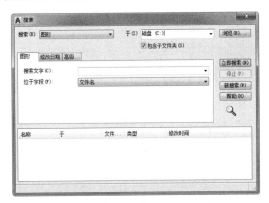

图 12-18

该对话框中各选项含义如下。

- 搜索：指定搜索路径。若要输入多个路径，需要用分号隔开，或者在下拉列表中选择路径。
- 于：搜索范围包括搜索路径中的子文件夹。
- "浏览"按钮：单击该按钮，在"浏览文件夹"对话框中显示树状图，从中可以指定要搜索的硬盘驱动器和文件夹。
- 包含子文件夹：搜索范围包括搜索路径中的子文件夹。
- "图形"选项卡：显示与"搜索"列表中指定的内容类型相对应的搜索字段。可以使用通配符来扩展或限制搜索范围。
  - 搜索文字：指定要在指定字段中搜索的字符串，使用星号和问号通配符可扩大搜索范围。
  - 位于字段：指定要搜索的特性字段。对于图形，除"文件名"外的所有字段均来自"图形特性"对话框中输入的信息。

技术要点：

此选项可在"图形"和"自定义内容"选项卡中找到。由第三方应用程序开发的自定义内容可能不为使用"搜索"对话框的搜索提供字段。

- "修改日期"选项卡：查找在一段特定时间内创建或修改的内容，如图 12-19 所示。

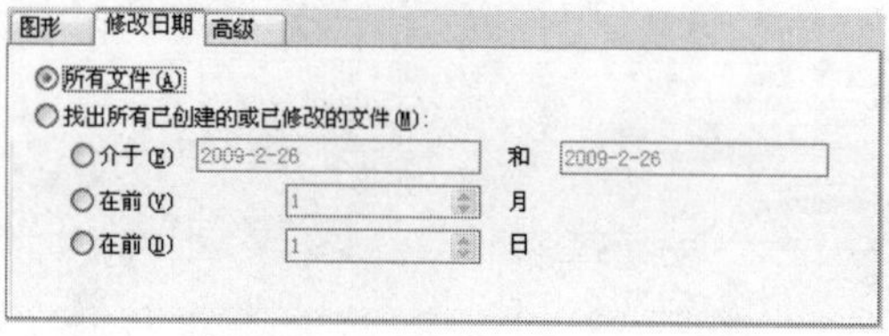

图 12-19

- 所有文件：查找满足其他选项卡上指定条件的所有文件，不考虑创建或修改日期。
- 找出所有已创建的或已修改的文件：查找在特定时间范围内创建或修改的文件。查找的文件同时满足该选项和其他选项上指定的条件。

- 介于…和…：查找在指定的日期范围内创建或修改的文件。
- 在前…月：查找在指定的月数内创建或修改的文件。
- 在前…日：查找在指定的天数内创建或修改的文件。
- "高级"选项卡：查找图形中的内容，只有选定"名称"框中的"图形"后，该选项才可用，如图 12-20 所示。

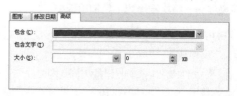

图 12-20

- 包含：指定要在图形中搜索的文字类型。
- 包含文字：指定要搜索的文字。
- 大小：指定文件大小的最小值或最大值。

在"搜索"对话框的"搜索"列表中选择一个类型"图形"，并在"于"列表中选择一个包含 AutoCAD 图形的文件夹，再单击"立即搜索"按钮，程序自动将该文件夹下的所有图形文件都列在下方的搜索结果列表中，如图 12-21 所示。通过拖动搜索结果列表中的图形文件，可将其拖至设计中心的项目列表中。

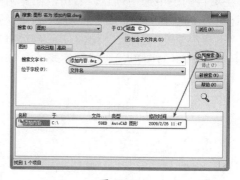

图 12-21

12.4 CAD 标准样板

为维护图形文件的一致性，可以创建标准文件以定义常用属性。标准是为命名对象（例如图层和文字样式）定义一组常用特性。为了增强一致性，用户或 CAD 管理员可以创建、应用和核查图形中的标准。因为标准可使其他人容易对图形做出解释，在合作环境下，许多人都致力于创建一个图形，所以标准特别有用。

用户可以为存储在一个标准样板文件中的图层、线型、尺寸标注和文字样式创建标准；也可以使用 DWS 文件来运行一个图形或者图形集的检查，修复或者忽略标准文件和当前图形之间的不一致，如图 12-22 所示。

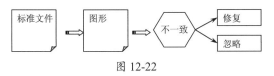

图 12-22

CAD 标准样板是一个 CAD 管理器在其产品环境中，用来创建和管理标准的 CAD 工具。当与标准发生冲突时，CAD 标准功能的许多用户界面提供了一个状态栏图标通知以及气泡式通知。

一旦创建了一个标准文件（DWS），就能将它与当前图形关联，并且校验图形与 CAD 标准之间是依从关系，如图 12-23 所示。

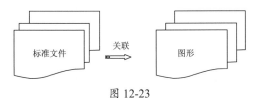

图 12-23

用户可以用一个图形样板文件（DWT）开始新的图形。CAD 标准样板文件（DWS）由有经验的 AutoCAD 用户创建，通常是基于 DWT 文件的，但是也可以基于一个图形文件（DWG）。利用 DWS 文件，用户能够检查当前图形文件，检查它与标准的依从关系，如图 12-24 所示。

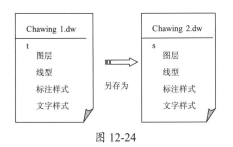

图 12-24

DWS 文件至少包含图层、线型、标注样式和文字样式。更复杂的标准样板还包括系统变量设置和图形单位。一旦用户创建了 CAD 标准样板，"配置标准"对话框将作为一个标准管理器，用户可以进行以下操作。

- 指定 CAD 标准样板。
- 在用户计算机上标识插入模块。
- 检查 CAD 标准冲突。
- 评估、忽略或者应用解决方案。

下面以实例来说明创建和附加 CAD 标准样板的步骤。在本例中，用户基于图层、线型以及其他规定创建一个图形样板文件 *.dwt，然后将这个图形样板保存为一个标准样板 *.dws，最后附加这个标准样板给一个图形 *.dwg。

动手操作——创建和附加 CAD 标准样板

01 在快速工具栏中单击"新建"按钮，弹出"选择样板文件"对话框，选择基于 AutoCAD 的 acad.dwt 样板文件并打开，如图 12-25 所示。

图 12-25

02 在"默认"选项卡的"图层"面板中单击"图层特性"按钮，在打开的"图层特性管理器"选项板中单击"新建图层"按钮，依次创建 5 个新图层，然后关闭该选项板，如图 12-26 所示。

03 在图层 1 的"线型"列表中单击，弹出"选择线型"对话框，单击"加载"按钮，如图 12-27 所示。

图 12-26

图 12-27

04 在弹出的"加载或重载线型"对话框中按住 Ctrl 键，从 acad.lin 文件的"可用线型"列表中选择两个线型：BORDER 和 DASHDOT2，然后单击"确定"按钮，如图 12-28 所示。

图 12-28

05 在"选择线型"对话框的"已加载的线型"列表中选择 DASHDOT2 线型，并单击"确定"按钮，图层1的默认线型变为 DASHDOT2 线型，如图 12-29 所示。

06 同理，将图层2中的线型更改为 BORDER，如图 12-30 所示。

图 12-29

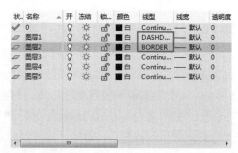

图 12-30

07 在"默认"选项卡的"注释"面板中单击"标注样式"按钮，然后在打开的"标注样式管理器"对话框中，单击"新建"按钮，在弹出的"创建新标注样式"对话框中输入新样式名称"机械标准标注"，如图 12-31 所示。

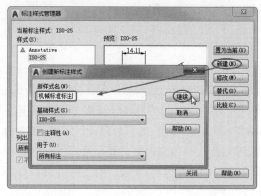

图 12-31

08 在弹出的"新建标注样式"对话框的"符号和箭头"选项卡中，分别设置"第一个"和"第二个"箭头为"建筑标记"选项，如图 12-32 所示。单击"确定"按钮，关闭"标注样式管理器"对话框。

图 12-32

09 在"注释"面板的"选择标注样式"列表中选择"机械标准标注"选项，如图 12-33 所示。

图 12-33

10 单击"注释"面板中的"文字样式"按钮，弹出"文字样式"对话框。单击"新建"按钮，即可打开"新建文字样式"对话框，在"样式名"文本框中输入"标准样式 -1"，然后单击"确定"按钮，如图 12-34 所示。

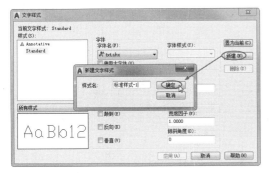

图 12-34

11 从"字体名"列表中选择 simplex.shx 字体，然后在"效果"选项卡中指定"宽度比例"为0.75。使用相同的方法，创建另一个名为"标准样式 -2"的文字样式，并且使用 simplex.shx 字体与 0.50 的宽度比例。单击"应用"按钮，关闭该对话框，如图 12-35 所示。

12 执行"文件"|"另存为"命令，以AutoCAD 图形样板文件类型 *.dwt 保存文件，并且将该文件命名为"标准图形样板"。AutoCAD 将这个文件保存在 Template 目录中，如图 12-36 所示。

图 12-35

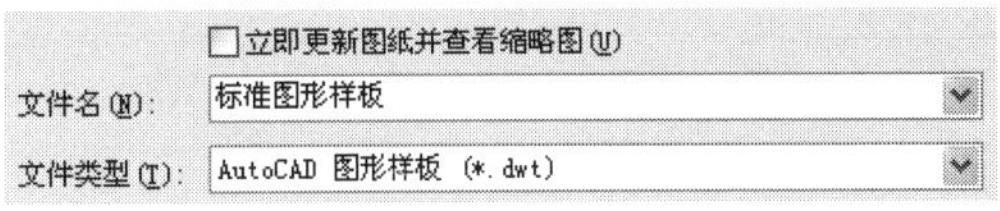

图 12-36

13 在弹出的"样板说明"对话框中输入 Office drawing template-DWT，并单击"确定"按钮。程序自动保存样板文件，如图 12-37 所示。

图 12-37

14 同理，执行"文件"|"另存为"命令，从下拉列表中选择 AutoCAD 图形标准样板文件类型 *.dws，然后在"文件名"文本框中输入"标准图形样板"，最后单击"保存"按钮，如图12-38 所示。

图 12-38

15 附加标准文件到图形。打开本例的"实例文件 \ 源文件 \Ch12\ 附加 CAD 样板 .dwg"实例文件，打开的图形如图 12-39 所示。

16 执行"工具"|"CAD 标准"|"配置"命令，弹出"配置标准"对话框。单击该对话框的"添加标准文件"按钮，然后从"选择标准文件"

对话框的 Template 目录中选择标准图形样板 .dws 文件，"配置标准"对话框的"说明"列表中显示了 CAD 标准文件的描述信息。最后单击"确定"按钮，CAD 标准样板文件与当前图形关联，如图 12-40 所示。

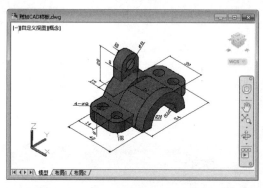

图 12-39

图 12-40

技术要点：

用户可执行"工具"|"CAD标准"|"图层转换器"命令，将当前图形转换为自定义的新图层。

12.5 课后习题

从工具选项板中插入剖面图案，操作提示如下。

（1）打开"练习一 .dwg"文件。

（2）执行"标准"|"选项板"|"工具选项板"命令，打开工具选项板。通过此选项板用"图案填充"选项卡中的 ANSI31 图案填充图形，结果如图 12-41 所示。

（3）用 HATCHEDIT 命令编辑图案的比例及角度，结果如图 12-42 所示。

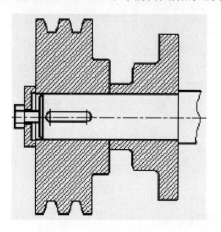

图 12-41

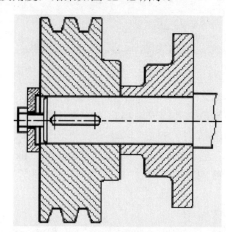

图 12-42

第13章 尺寸标注指令

图形尺寸标注是 AutoCAD 绘图设计工作中的一项重要内容，因为标注显示出了对象的几何测量值、对象之间的距离或角度、部件的位置。AutoCAD 包含了一套完整的尺寸标注命令和实用功能，可以轻松完成图纸中要求的尺寸标注。本章将详细介绍 AutoCAD 2018 的注释功能和尺寸标注的基本知识、尺寸标注的基本应用。

项目分解与视频二维码

◆ 图纸尺寸标注常识　　　　　◆ 快速标注
◆ 标注样式创建与修改　　　　◆ 其他标注
◆ 基本尺寸标注　　　　　　　◆ 编辑标注

第 13 章视频

13.1 图纸尺寸标注常识

标注显示出了对象的几何测量值、对象之间的距离与角度或者部件的位置，因此，标注图形尺寸时要满足尺寸的合理性。除此之外，用户还要掌握尺寸标注的方法、步骤等。

13.1.1 尺寸的组成

在 AutoCAD 工程图中，一个完整的尺寸标注应由尺寸界线、尺寸线、尺寸数字、箭头及引线等元素组成，如图 13-1 所示。

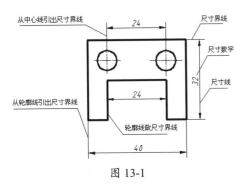

图 13-1

1. 尺寸界线

尺寸界线表明尺寸的界限，用细实线绘制，并应由轮廓线、轴线或对称中心线引出，也可借用图形的轮廓线、轴线或对称中心线。通常

它与尺寸线垂直，必要时允许倾斜。在光滑过渡处标注尺寸时，必须用细实线将轮廓线延长，从它们的交点引出尺寸界线，如图 13-2 所示。

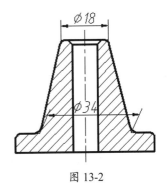

图 13-2

2. 尺寸线

尺寸线表明尺寸的长短，必须用细实线绘制，不能借用图形中的任何图线，一般也不得与其他图线重合或画在延长线上。

3. 尺寸数字

尺寸数字一般在尺寸线的上方，也可在尺

寸线的中断处。水平尺寸的数字字头朝上，垂直尺寸数字字头朝左，倾斜方向的数字字头应保持朝上的趋势，并与尺寸线成75°斜角。

4．箭头

指示尺寸线的端点。尺寸线终端有两种形式——箭头和斜线。箭头适用于各种类型的图样，如图13-3（a）所示。斜线用细实线绘制，当尺寸线的终端采用斜线形式时，尺寸线与尺寸界线必须互相垂直，如图13-3（b）所示。

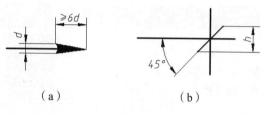

（a）　　　　　　　　（b）

图 13-3

5．引线

形成一个从注释到参照部件的实线前导。根据标注样式，如果标注文字在尺寸界线之间容纳不下，将会自动创建引线。也可以创建引线将文字或块与部件连接起来。

13.1.2　尺寸标注类型

工程图纸中的尺寸标注类型大致分为3类——线性尺寸标注、直径或半径尺寸标注、角度标注。其中线性标注又分为水平标注、垂直标注和对齐标注。接下来对这三类尺寸标注类型做大致介绍。

1．线性尺寸标注

线性尺寸标注包括水平标注、垂直标注和对齐标注，如图13-4所示。

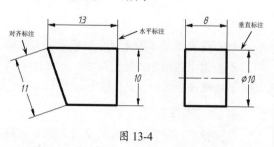

图 13-4

2．直径或半径尺寸标注

一般情况下，整圆或大于半圆的圆弧应标注直径尺寸，并在数字前面加注符号"ϕ"；小于或等于半圆的圆弧应标注为半径尺寸，并在数字前面加上"R"，如图13-5所示。

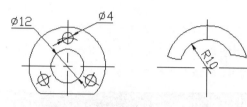

（a）标注直径尺寸　　（b）标注半径尺寸

图 13-5

3．角度尺寸标注

标注角度尺寸时，尺寸界线应沿径向引出，尺寸线是以该角度顶点为圆心的一段圆弧。角度的数字一律字头朝上水平书写，并配置在尺寸线的中断处。必要时也可以引出标注或把数字写在尺寸线旁，如图13-6所示。

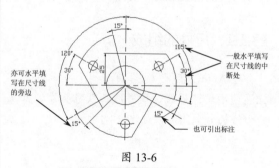

图 13-6

13.1.3　标注样式管理器

在 AutoCAD 中，使用标注样式可以控制标注的格式和外观，建立强制执行的绘图标准，并有利于对标注格式及用途进行修改。标注样式管理器包含新建标注样式、设置线样式、设置符号和箭头样式、设置文字样式、设置调整样式、设置主单位样式、设置单位换算样式、设置公差样式等内容。

标注样式是标注设置的命名集合，可用来控制标注的外观，如箭头样式、文字位置和尺寸公差等。用户可以创建标注样式，以快速指定标注的格式，并确保标注符合行业或项目标准。

创建标注时，标注将使用当前标注样式中的设置。如果要修改标注样式中的设置，则图形中的所有标注将自动使用更新后的样式。用户可以创建与当前标注样式不同的指定标注类型的标准子样式，如果需要，可以临时替代标注样式。

在"注释"选项卡的"标注"面板中单击"标注样式"按钮，弹出"标注样式管理器"对话框，如图13-7所示。

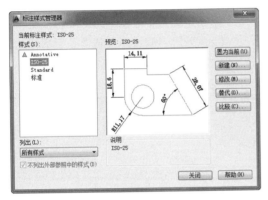

图 13-7

该对话框各选项、命令的含义如下。

- 当前标注样式：显示当前标注样式的名称。默认标注样式为国际标准 ISO-25。当前样式将应用于创建的标注。
- 样式：列出图形中的标注样式，当前样式被亮显。在列表中右击，可显示快捷菜单及选项，可用于设置当前标注样式、重命名样式和删除样式。不能删除当前样式或当前图形使用的样式。样式名前的图标，表示样式是注释性的。

注意：

除非选中"不列出外部参照中的样式"复选框，否则，将使用外部参照命名对象的语法，显示外部参照图形中的标注样式。

- 列出：在"样式"列表中控制样式显示。

技术要点：

如果要查看图形中所有的标注样式，需选择"所有样式"选项。如果只希望查看图形中标注当前使用的标注样式，则选择"正在使用的样式"选项。

- 不列出外部参照中的样式：如果选中此复选框，在"列出"下拉列表中将不显示"外部参照图形的标注样式"选项。
- 说明：主要说明"样式"列表中与当前样式相关的选定样式。如果说明超出给定的空间，可以单击窗格并使用箭头键向下滚动。
- 置为当前：将"样式"列表中选定的标注样式设置为当前标注样式。当前样式将应用于用户所创建的标注。
- 新建：单击此按钮，可在弹出的"新建标注样式"对话框中创建新的标注样式。
- 修改：单击此按钮，可在弹出的"修改标注样式"对话框中修改当前的标注样式。
- 替代：单击此按钮，可在弹出的"替代标注样式"对话框中设置标注样式的临时替代值。替代样式将作为未保存的更改结果显示在"样式"列表中。
- 比较：单击此按钮，可在弹出的"比较标注样式"对话框中比较两个标注样式的所有特性。

13.2 标注样式创建与修改

多数情况下，用户完成图形的绘制后需要创建新的标注样式来标注图形尺寸，以满足各种各样的设计需要。在"标注样式管理器"对话框中单击"新建（N）"按钮，弹出"创建新标注样式"对话框，如图13-8所示。

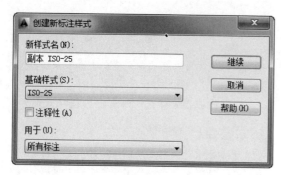

图 13-8

此对话框的选项含义如下。

- 新样式名：指定新的样式名。
- 基础样式：设置作为新样式的基础样式。对于新样式，仅修改那些与基础特性不同的特性。
- 注释性：通常用于注释图形的对象有一个特性称为"注释性"。使用此特性，可以自动完成缩放注释的过程，从而使注释能够以正确的大小在图纸上打印或显示。
- 用于：创建一种仅适用于特定标注类型的标注子样式。例如，可以创建一个 Stndard 标注样式的版本，该样式仅适用于直径标注。

在"创建新标注样式"对话框中完成系列选项的设置后，单击"继续"按钮，再弹出"新建标注样式：副本 ISO-25"对话框，如图 13-9 所示。

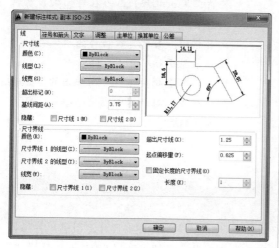

图 13-9

在此对话框中用户可以定义新标注样式的特性，最初显示的特性是在"创建新标注样式"对话框中所选择的基础样式的特性。"新建标注样式：副本 ISO-25"对话框包括 7 个功能选项卡：线、符号和箭头、文字、调整、主单位、换算单位和公差。

1. "线"选项卡

"线"选项卡的主要功能是设置尺寸线、尺寸界线、箭头和圆心标记的格式和特性。该选项卡包含两个功能选项组（尺寸线和尺寸界线）和一个设置预览区。

2. "符号和箭头"选项卡

"符号和箭头"选项卡的主要功能是设置箭头、圆心标记、弧长符号和半径折弯标注的格式和位置。该选项卡包含"箭头""圆心标记""折断标注""弧长符号""半径折弯标注"和"线性折弯标注"选项组等。

"符号和箭头"选项卡的功能选项如图 13-10 所示。

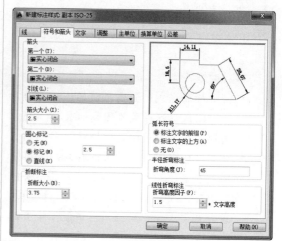

图 13-10

3. "文字"选项卡

"文字"选项卡主要用于设置标注文字的格式、位置和对齐方式。该选项卡的设置、控制功能选项如图 13-11 所示。"文字"选项卡中包含"文字外观""文字位置"和"文字对齐"选项组。

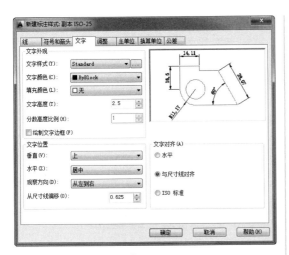

图 13-11

图 13-13

4."调整"选项卡

"调整"选项卡的主要作用是控制标注文字、箭头、引线和尺寸线的位置。"调整"选项卡中包含"调整选项""文字位置""标注特征比例"和"优化"选项组,如图13-12所示。

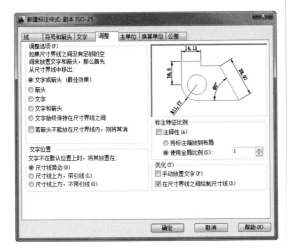

图 13-12

5."主单位"选项卡

"主单位"选项卡的主要功能是设置主标注单位的格式和精度,并设置标注文字的前缀和后缀。该选项卡包含"线性标注"和"角度标注"选项组。"主单位"选项卡如图13-13所示。

6."换算单位"选项卡

"换算单位"选项卡的主要功能是设置标注测量值中换算单位的显示及其格式和精度。该选项卡包括"显示换算单位""消零"和"位置"选项组,如图13-14所示。

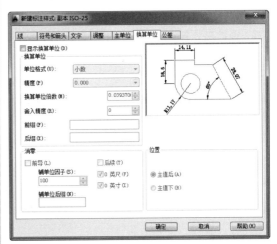

图 13-14

技术要点:

"显示换算单位"选项组和"消零"选项组中的选项含义与前面介绍的"主单位"选项卡中的"线性标注"选项组中的选项含义相同,这里就不重复叙述了。

7. "公差"选项卡

"公差"选项卡的主要功能是设置标注文字中公差的格式和显示方式。该选项卡包括"公差格式"和"换算单位公差"选项组，如图13-15所示。

图 13-15

13.3 基本尺寸标注

AutoCAD 2018 提供了非常全面的基本尺寸标注工具，这些工具包括线性尺寸标注、角度标注、半径或直径标注、弧长标注、坐标标注和对齐标注等。

13.3.1 线性尺寸标注

线性尺寸标注工具包含了水平和垂直标注，线性标注可以水平或垂直放置。

用户可通过以下方式执行此操作。

- 菜单栏：执行"标注"|"线性"命令。
- 功能区：在"注释"选项卡的"标注"面板中单击"线性"按钮。
- 命令行：输入 DIMLINEAR。

1. 水平标注

尺寸线与标注文字始终保持水平放置的尺寸标注就是水平标注。在图形中任选两点作为尺寸界线的原点，程序自动以水平标注方式作为默认的尺寸标注，如图13-16所示。将尺寸界线沿竖直方向移动至合适位置，即确定尺寸线中心点位置，随后即可生成水平尺寸标注，如图13-17所示。

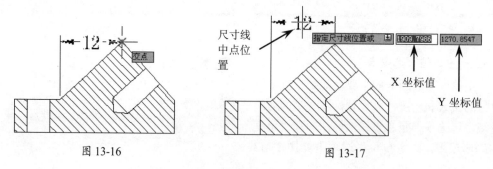

图 13-16   图 13-17

执行"线性"命令，并在图形中指定了尺寸界线的原点或要标注的对象后，在命令行中显示如下操作提示：

```
命令： DIMLINEAR
指定第一条尺寸界线原点或 <选择对象>：          // 指定标注原点 1
指定第二条尺寸界线原点：                      // 指定标注原点 2
指定尺寸线位置或
[ 多行文字 (M) / 文字 (T) / 角度（A）/ 水平 (H) / 垂直 (V) / 旋转 (R)]：      // 标注选项
```

2．垂直标注

尺寸线与标注文字始终保持竖直方向放置的尺寸标注就是垂直标注。将尺寸线沿水平方向进行移动，或在命令行输入 V 命令，即可创建垂直标注，如图 13-18 所示。

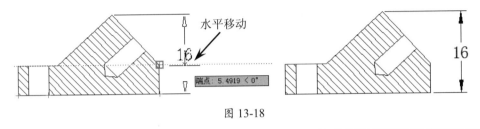

图 13-18

技术要点：

垂直标注的命令行命令提示与水平标注的命令提示相同。

13.3.2　角度标注

角度标注用来测量选定的对象或 3 个点之间的角度。可选择的测量对象包括圆、直线、圆弧和指定顶点，如图 13-19 所示。

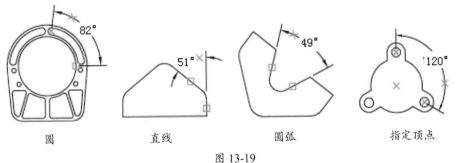

圆　　　　　　　直线　　　　　　　圆弧　　　　　　指定顶点

图 13-19

用户可通过以下方式执行此操作。

- 菜单栏：执行"标注"|"角度"命令。
- 功能区：在"注释"选项卡的"标注"面板中单击"角度"按钮△。
- 命令行：输入 DIMANGULAR。

执行"角度"命令，并在图形窗口中选择标注对象，命令行操作如下。

```
命令： _DIMANGULAR
选择圆弧、圆、直线或 <指定顶点>：                  // 指定直线 1
选择第二条直线：                               // 指定直线 2
指定标注弧线位置或 [ 多行文字 (M) / 文字 (T) / 角度（A）/ 象限点 (Q)]：    // 标注选项
```

命令操作提示包含 4 个选项，其含义如下。

- 指定标注弧线位置：指定尺寸线的位置并确定绘制尺寸界线的方向。指定位置后，

DIMANGULAR 命令将结束。

- 多行文字：编辑用于标注的多行文字，可添加前缀和后缀。
- 文字：用户自定义文字，生成的标注测量值显示在尖括号中。
- 角度：修改标注文字的角度。
- 象限点：指定标注应锁定到的象限。打开象限行为后，将标注文字放置在角度标注外时，尺寸线会延伸超过尺寸界线。

技术要点：

可以相对于现有角度标注创建基线和连续角度标注。基线和连续角度标注小于或等于180°。要获得大于180°的基线和连续角度标注，可以使用夹点编辑拉伸现有基线或连续标注的尺寸尺寸界线的位置。

13.3.3 半径或直径标注

当标注对象为圆弧或圆时，需要创建半径或直径标注。一般情况下，整圆或大于半圆的圆弧应标注直径尺寸，小于或等于半圆的圆弧应标注为半径尺寸，如图 13-20 所示。

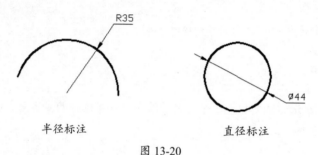

半径标注   直径标注

图 13-20

1. 半径标注

半径标注工具用来测量选定圆或圆弧的半径值，并显示前面带有字母 R 的标注文字。用户可通过以下方式执行此操作。

- 菜单栏：执行"标注"|"半径"命令。
- 功能区：在"注释"选项卡的"标注"面板中单击"半径"按钮◎。
- 命令行：输入 DIMRADIUS。

执行 DIMRADIUS 命令，再选择圆弧来标注，命令行操作如下。

```
命令： DIMRADIUS
选择圆弧或圆：                                      // 选择标注的圆弧
标注文字 = 35
指定尺寸线位置或 [多行文字 (M)／文字 (T)／角度（A）]：        // 标注选项
```

2. 直径标注

直径标注工具用来测量选定圆或圆弧的直径，并显示前面带有直径符号 φ 的标注文字。用户可通过以下方式执行此操作。

- 菜单栏：执行"标注"|"直径"命令。
- 功能区：在"注释"选项卡的"标注"面板中单击"直径"按钮◎。
- 命令行：输入 DIMDIAMETER。

对圆弧进行标注时，半径或直径标注不需要直接沿圆弧放置。如果标注位于圆弧末尾之后，则沿标注的圆弧的路径绘制尺寸界线，或者不绘制延伸线。取消（关闭）尺寸界线后，半径标注或直径标注的尺寸线将通过圆弧的圆心（而不是按照延伸线）进行绘制，如图13-21所示。

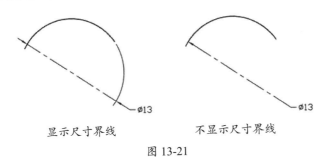

显示尺寸界线   不显示尺寸界线

图 13-21

13.3.4 弧长标注

弧长标注用于测量圆弧或多段线弧线段上的距离。默认情况下，弧长标注在标注文字的上方或前面，将显示圆弧符号"⌒"，如图13-22所示。

用户可通过以下方式执行此操作。

- 菜单栏：执行"标注"|"弧长"命令。
- 功能区：在"注释"选项卡的"标注"面板中单击"弧长"按钮 。
- 命令行：输入 DIMARC。

执行 DIMARC 命令，选择弧线段作为标注对象，命令行操作如下。

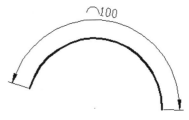

图 13-22

```
命令：DIMARC
选择弧线段或多段线弧线段：                    // 选择弧线段
指定弧长标注位置或 [多行文字(M)/文字(T)/角度（A）/部分(P)/引线(L)]：
                                          // 弧长标注选项
```

13.3.5 坐标标注

坐标标注主要用于测量从原点（基准）到要素（如部件上的一个孔）的水平或垂直距离。这种标注保持特征点与基准点的精确偏移量，从而避免增大误差。一般的坐标标注如图13-23所示。

用户可通过以下方式执行此操作。

- 菜单栏：执行"标注"|"坐标"命令。
- 功能区：在"注释"选项卡的"标注"面板中单击"坐标"按钮 。
- 命令行：输入 DIMORDINATE。

执行 DIMORDINATE 命令，命令行操作如下。

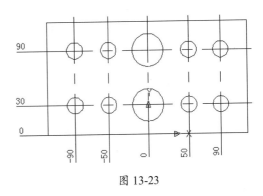

图 13-23

```
命令：_DIMORDINATE
指定点坐标：
指定引线端点或 [X 基准(X)/Y 基准(Y)/多
行文字(M)/文字(T)/角度（A）]：
```

操作提示中各标注选项的含义如下。

- 指定引线端点：使用点坐标和引线端点的坐标差确定是 X 坐标标注，还是 Y 坐标标注。如果 Y 坐标的坐标差较大，标注就测量 X 坐标，否则就测量 Y 坐标。
- X 基准：测量 X 坐标并确定引线和标注文字的方向。确定时将显示"引线端点"提示，从中可以指定端点，如图 13-24 所示。
- Y 基准：测量 Y 坐标并确定引线和标注文字的方向，如图 13-25 所示。

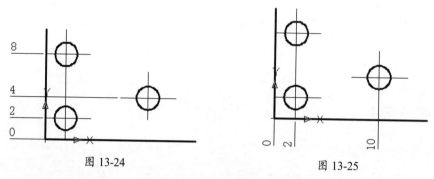

图 13-24　　　　　　　图 13-25

- 多行文字：编辑用于标注的多行文字，可添加前缀和后缀。
- 文字：用户自定义文字，生成的标注测量值显示在尖括号中。
- 角度：修改标注文字的角度。

在创建坐标标注之前，需要在基点或基线上先创建一个用户坐标系，如图 13-26 所示。

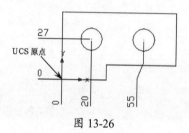

图 13-26

13.3.6　对齐标注

当标注对象为倾斜的直线时，可使用"对齐"标注。对齐标注可以创建与指定位置或对象平行的标注，如图 13-27 所示。

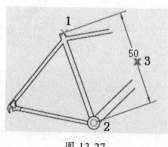

图 13-27

用户可通过以下方式执行此操作。

- 菜单栏：执行"标注"|"对齐"命令。
- 功能区：在"注释"选项卡的"标注"面板中单击"对齐"按钮 。
- 命令行：输入 DIMALIGNED。

执行 DIMALIGNED 命令后，命令行操作如下。

```
命令：DIMALIGNED
指定第一条尺寸界线原点或 <选择对象>：        // 指定标注起点
指定第二条尺寸界线原点：                      // 指定标注终点
指定尺寸线位置或
[多行文字(M)/文字(T)/角度(A)]：             // 指定尺寸线及文字位置或输入选项
```

13.3.7　折弯标注

当标注不能表示实际尺寸，或者圆弧或圆的中心无法在实际位置显示时，可使用折弯标注来表达。在 AutoCAD 2018 中，折弯标注包括半径折弯标注和线性折弯标注。

1．半径折弯标注

当圆弧或圆的中心位于布局之外，并且无法在其实际位置显示时，使用 DIMJOGGED 命令可以创建半径折弯标注，半径折弯标注也称为"缩放的半径标注"。

用户可通过以下方式执行此操作。

- 菜单栏：执行"标注"|"折弯"命令。
- 工具栏：在"注释"选项卡的"标注"面板中单击"折弯"按钮 。
- 命令行：输入 DIMJOGGED。

创建半径折弯标注，需要指定圆弧、图示中心位置、尺寸线位置和折弯线位置。执行 DIMJOGGED 命令后，命令行操作如下。

```
命令：_DIMJOGGED
选择圆弧或圆：                                    // 选择标注对象
指定图示中心位置：                                // 指定折弯标注新圆心
标注文字 = 34.62
指定尺寸线位置或 [多行文字(M)/文字(T)/角度(A)]：   // 指定标注文字位置或输入选项
指定折弯位置：                                    // 指定折弯线中点
```

半径折弯标注的典型图例如图 13-28 所示。

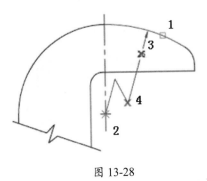

图 13-28

技术要点：

图13-28中的点1表示选择圆弧时的光标位置；点2表示新圆心位置；点3表示标注文字的位置；点4表示折弯中点位置。

2. 线性折弯标注

折弯线用于表示不显示实际测量值的标注值。将折弯线添加到线性标注，即线性折弯标注。通常，折弯标注的实际测量值小于显示的值。

用户可通过以下方式执行此操作。

- 菜单栏：执行"标注"|"折弯线性"命令。
- 功能区：在"注释"选项卡的"标注"面板中单击"折弯线性"按钮。
- 命令行：输入 DIMJOGLINE。

通常，在线性标注或对齐标注中可添加或删除折弯线，如图 13-29 所示。线性折弯标注中的折弯线表示所标注对象中的折断，标注值表示实际距离，而不是图形中测量的距离。

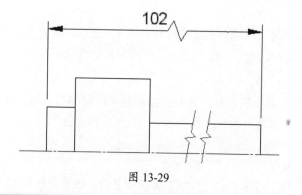

图 13-29

> **技术要点：**
>
> 折弯由两条平行线和一条与平行线成40°角的交叉线组成。折弯的高度由标注样式的线性折弯大小值决定。

13.3.8 折断标注

使用折断标注可以使标注、尺寸界线或引线不显示，还可以在标注和尺寸界线与其他对象的相交处打断或恢复标注和尺寸界线，如图 13-30 所示。

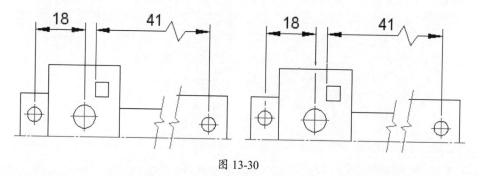

图 13-30

用户可通过以下方式执行此操作：

- 菜单栏：执行"标注"|"标注打断"命令。
- 功能区：在"注释"选项卡的"标注"面板中单击"打断"按钮。
- 命令行：输入 DIMBREAK。

13.3.9　倾斜标注

倾斜标注可使线性标注的尺寸界线倾斜，也可旋转、修改或恢复标注文字。用户可通过以下方式执行此操作。

- 菜单栏：执行"标注"|"倾斜"命令。
- 功能区：在"注释"选项卡的"标注"面板中单击"倾斜"按钮 ⊞。
- 命令行：输入 DIMEDIT。

执行 DIMEDIT 命令后，命令行操作如下。

```
命令：_DIMEDIT
输入标注编辑类型 [默认 (H)/新建 (N)/旋转 (R)/倾斜 (O)] <默认>：    //标注选项
```

命令行中的"倾斜"选项将创建线性标注，其尺寸界线与尺寸线方向垂直。当尺寸界线与图形的其他要素冲突时，"倾斜"选项将很有用处，如图 13-31 所示。

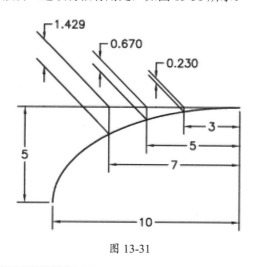

图 13-31

动手操作——常规尺寸的标注

二维锁钩轮廓图形如图 13-32 所示。

01 打开"动手操作 \ 源文件 \Ch13\ 锁钩轮廓 .dwg"文件。

02 在"注释"选项卡的"标注"面板中单击"标注样式"按钮 ，弹出"标注样式管理器"对话框，单击该对话框中的"新建"按钮，弹出"创建新标注样式"对话框，在该对话框的"新样式名"文本框内输入"机械标注"字样，然后单击"继续"按钮，进入下一步，如图 13-33 所示。

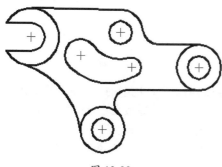

图 13-32

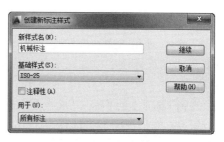

图 13-33

03 在随后弹出的"新建标注样式：机械标注"对话框中做如下选项设置：在"线"选项卡中设置基线间距为7.5、超出尺寸线为2.5；在"箭头和符号"选项卡中设置箭头大小为3.5；在"文字"选项卡中设置文字高度为5、从尺寸线偏移为1、文字对齐采用"ISO标准"；在"主单位"选项卡中设置精度为0.0、小数分隔符为"."（句点），如图13-34所示。

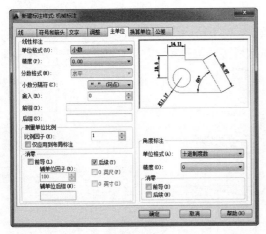

图 13-34

04 在"注释"选项卡的"标注"面板中单击"线性"按钮，然后在如图13-35所示的图形处选择两个点作为线性标注尺寸界线的原点，并完成该标注。

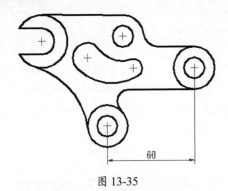

图 13-35

05 同理，继续使用"线性"标注工具对其余的主要尺寸进行标注，标注完成的结果如图13-36所示。

06 在"注释"选项卡的"标注"面板中单击"半径"按钮，然后在图形中选择小于180°的圆弧进行标注，结果如图13-37所示。

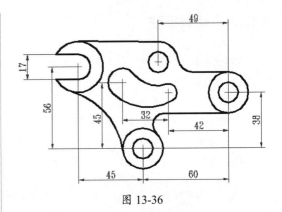

图 13-36

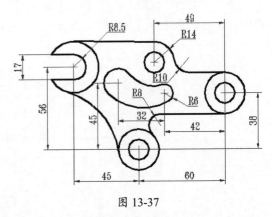

图 13-37

07 在"注释"选项卡的"标注"面板中单击"折弯"按钮，然后选择如图13-38所示的圆弧进行半径折弯标注。

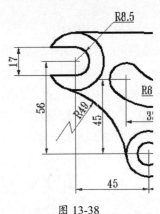

图 13-38

08 在"注释"选项卡的"标注"面板中单击"打断"按钮，然后按命令行的操作提示选择"手动"选项，并选择如图13-39所示的线性标注上的两点作为打断点，并最终完成该打断标注。

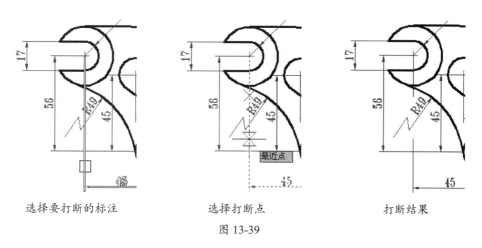

| 选择要打断的标注 | 选择打断点 | 打断结果 |

图 13-39

09 在"注释"选项卡的"标注"面板中单击"直径"按钮◎，然后在图形中选择大于180°的圆弧和整圆进行标注，本实例图形标注完成的结果如图 13-40 所示。

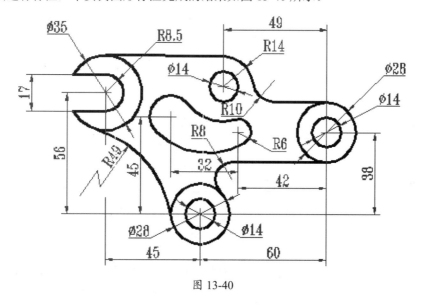

图 13-40

13.4 快速标注

当图形中存在连续的线段、并列的线条或相似的图样时，可使用 AutoCAD 2018 提供的快速标注工具来完成标注，以此来提高标注的效率。快速标注工具包括"快速标注""基线标注""连续标注"和"等距标注"。

13.4.1 快速标注

"快速标注"就是对选择的对象创建一系列的标注。这一系列的标注可以是一系列连续标注、一系列并列标注、一系列基线标注、一系列坐标标注、一系列半径标注，或者一系列直径标注，如图 13-41 所示为多段线的快速标注。

用户可通过以下方式来执行此操作。

- 菜单栏：执行"标注"|"快速标注"命令。
- 功能区：在"注释"选项卡的"标注"面板中单击"快速标注"按钮。
- 命令行：输入 QDIM。

执行 QDIM 命令后，命令行操作如下。

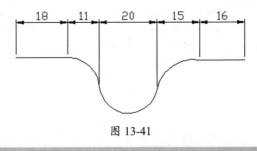

图 13-41

```
命令：_QDIM
选择要标注的几何图形：找到 1 个
选择要标注的几何图形：
指定尺寸线位置或 ［连续 (C) / 并列 (S) / 基线（B）/ 坐标 (O) / 半径 (R) / 直径 (D) / 基准点 (P) /
编辑 (E) / 设置 (T)］ <连续>：
```

13.4.2　基线标注

"基线标注"是从上一个标注或选定标注的基线处创建的线性标注、角度标注或坐标标注，如图 13-42 所示。

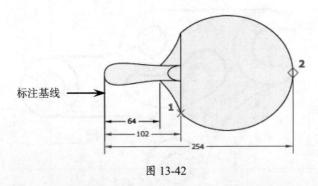

图 13-42

技术要点：

可以通过标注样式管理器、"直线"选项卡和"基线间距"（DIMDLI系统变量）设置基线标注之间的默认间距。

用户可通过以下方式来执行此操作。

- 菜单栏：执行"标注"|"基线"命令。
- 功能区：在"注释"选项卡的"标注"面板中单击"基线"按钮。
- 命令行：输入 DIMBASELINE。

如果当前任务中未创建任何标注，将提示用户选择线性标注、坐标标注或角度标注，以用作基线标注的基准，提示如下。

```
命令：_DIMBASELINE
选择基准标注：
需要线性、坐标或角度关联标注。                         // 选择对象提示
```

当选择的基准标注是线性标注或角度标注时，命令行将显示以下操作提示。

```
命令：_DIMBASELINE
指定第二条尺寸界线原点或 ［放弃 (U) / 选择 (S)］ <选择>：      // 指定标注起点或输入选项
```

13.4.3 连续标注

"连续标注"是从上一个标注或选定标注的第二条尺寸界线处开始，创建线性标注、角度标注或坐标标注，如图13-43所示。

用户可通过以下方式执行此操作。

- 菜单栏：执行"标注"|"连续"命令。
- 功能区：在"注释"选项卡的"标注"面板中单击"连续"按钮⊞。
- 命令行：输入DIMCONTINUE。

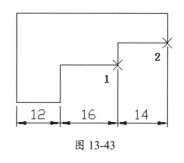

图 13-43

连续标注将自动排列尺寸线。连续标注的标注方法与基线标注的方法相同，因此不再重复介绍。

13.4.4 等距标注

"等距标注"可自动调整平行的线性标注之间的间距，或共享一个公共顶点的角度标注之间的间距。尺寸线之间的间距相等，还可以通过使用间距值0来对齐线性标注或角度标注。

用户可通过以下方式执行此操作。

- 菜单栏：执行"标注"|"标注间距"命令。
- 功能区：在"注释"选项卡的"标注"面板中单击"等距标注"按钮🔳。
- 命令行：输入DIMSPACE。

执行DIMSPACE命令，命令行操作如下。

```
命令：_DIMSPACE
选择基准标注：            // 选择平行线性标注或角度标注，以从基准标注均匀隔开，并按Enter键
选择要产生间距的标注：            // 指定标注
输入值或 [自动（A）] <自动>：            // 输入间距值或输入选项
```

例如，间距值为5mm的等距标注，如图13-44所示。

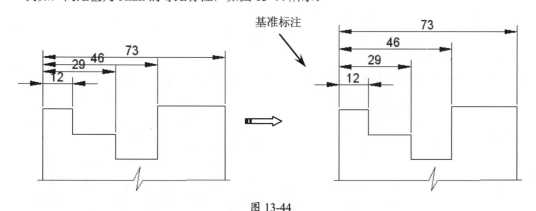

图 13-44

动手操作——快速标注范例

标注完成的法兰零件图如图13-45所示。

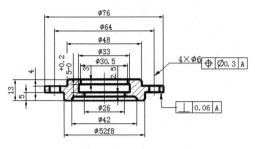

图 13-45

01 打开"动手操作 \ 源文件 \Ch13\ 法兰零件 .dwg"。

02 在"注释"选项卡的"标注"面板中单击"标注样式"按钮，打开"标注样式管理器"对话框。单击该对话框中的"新建"按钮，弹出"创建新标注样式"对话框，在该对话框的"新样式名"文本框内输入新样式名"机械标注 1"，并单击"继续"按钮，如图 13-46 所示。

图 13-46

03 在随后弹出的"新建标注样式：机械标注 1"对话框中进行如下设置：在"文字"选项卡中设置文字高度为 3.5、从尺寸线偏移为 1、文字对齐采用"ISO 标准"；在"主单位"选项卡中设置精度为 0.0、小数分隔符为"."（句点）、前缀输入 %%c，如图 13-47 所示。

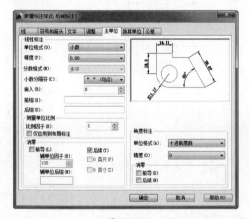

图 13-47

04 设置完成后单击"确定"按钮，关闭对话框，程序自动将"机械标注 1"样式设为当前样式。使用"线性"标注工具，标注如图 13-48 所示的尺寸。

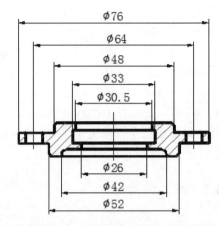

图 13-48

05 在"注释"选项卡的"标注"面板中单击"标注样式"按钮，打开"标注样式管理器"对话框。在"样式"列表中选择 ISO-25，然后单击"修改"按钮，如图 13-49 所示。

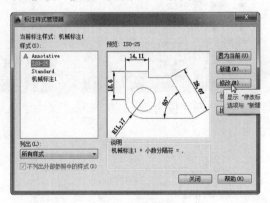

图 13-49

06 在弹出的"修改标注样式"对话框中进行如下修改：在"文字"选项卡中设置文字高度为 3.5、从尺寸线偏移为 1、文字对齐采用"与尺寸线对齐"；在"主单位"选项卡中设置精度为 0.0、小数分隔符为"."（句点）。

07 使用"线性"标注工具，标注如图 13-50 所示的尺寸。

08 在"注释"选项卡的"标注"面板中单击"标注样式"按钮，打开"标注样式管理器"对话框。在"样式"列表中选择 ISO-25，然后单击"替代"按钮，打开"替代当前样式"对话框。并在"公差"选项卡的"公差格式"选项组中设置方式为"极限偏差"、上偏差输入值为 0.2。完成后单击"确定"按钮，完成替代样式设置。

09 使用"线性"标注工具，标注如图 13-51 所示的尺寸。

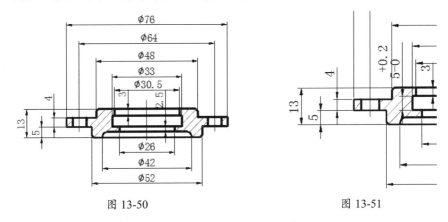

图 13-50   图 13-51

10 在"注释"选项卡的"标注"面板中单击"折断标注"按钮，并按命令行的操作提示选择"手动"选项，选择如图 13-52 所示的线性标注上的两点作为打断点，完成折断标注。

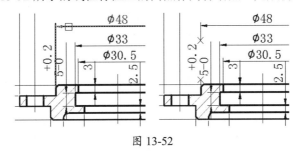

图 13-52

11 使用"编辑标注"工具编辑 ϕ52 的标注文字，命令行操作如下。

```
命令：DIMEDIT
输入标注编辑类型 [默认(H)/新建(N)/旋转(R)/倾斜(O)] <默认>：N↙
选择对象：找到 1 个                // 选择要编辑文字的标注
选择对象：↙
```

编辑文字的过程及结果如图 13-53 所示。

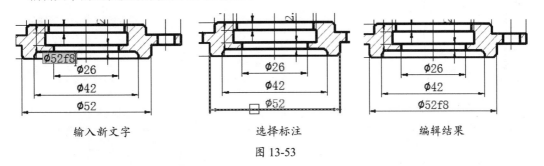

输入新文字   选择标注   编辑结果

图 13-53

技术要点：

直径符号 ϕ，可输入符号%%c替代。

12 在"注释"选项卡的"多重引线"面板中单击"多重引线样式管理器"按钮▤，打开"多重引线样式管理器"对话框，并单击"修改"按钮，弹出"修改多重引线样式"对话框。在"内容"选项卡下的"引线连接"选项区的"连接位置 - 左"下拉列表中选择"最后一行加下画线"选项，完成后单击"确定"按钮，如图13-54所示。

13 使用"多重引线"工具，创建第一个引线标注。过程及结果如图13-55所示，命令行操作如下。

图 13-54

```
命令：MLEADER
指定引线箭头的位置或 ［引线基线优先 (L) / 内容优先 (C) / 选项 (O)］ <选项>：
指定引线基线的位置：                      // 指定基线位置并单击
```

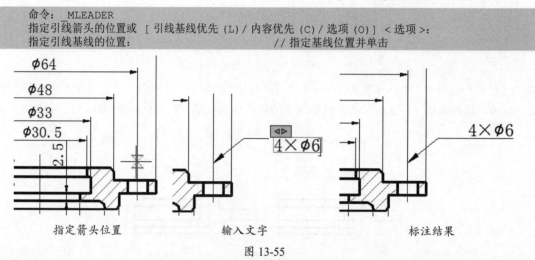

指定箭头位置　　　　　　输入文字　　　　　　标注结果

图 13-55

14 使用"多重引线"工具，创建第二个引线标注，但不标注文字，如图13-56所示。

15 在"标注"面板中单击"公差"按钮▦，然后在随后弹出的"形位公差"对话框中设置附加符号、公差值1及公差值2，如图13-57所示。

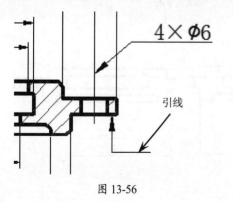

图 13-56

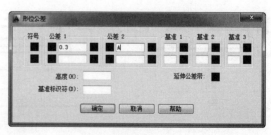

图 13-57

16 公差设置完成后，将特征框置于第一引线标注上，如图13-58所示。

17 同理，在另一条引线上也创建如图13-59所示的形位公差标注。

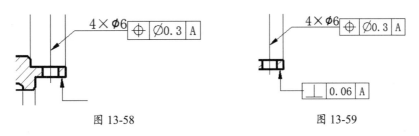

图 13-58   图 13-59

18 至此，本例的零件图形的尺寸标注全部完成，结果如图 13-60 所示。

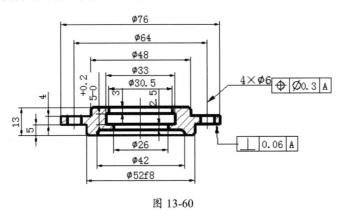

图 13-60

13.5 其他标注

在 AutoCAD 2018 中，除基本尺寸标注和快速标注工具外，还有用于特殊情况下的图形标注或注释，如形位公差标注、引线标注及尺寸公差标注等，介绍如下。

13.5.1 形位公差标注

形位公差表示特征的形状、轮廓、方向、位置和跳动的允许偏差。

形位公差一般由形位公差代号、形位公差框、形位公差值及基准代号组成，如图 13-61 所示。

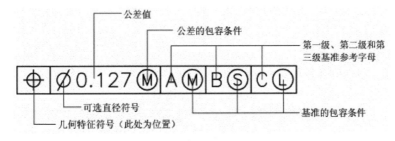

图 13-61

用户可通过以下方式执行此操作。

- 菜单栏：执行“标注”|“公差”命令。
- 功能区：在“注释”选项卡的“标注”面板中单击“公差”按钮。
- 命令行：输入 TOLERANCE。

执行 TOLERANCE 命令，弹出"形位公差"对话框，如图 13-62 所示。在该对话框中可以设置公差值和修改符号。

在该对话框中，单击"符号"选项组中的黑色小方格，将打开如图 13-63 所示的"附加符号"对话框。在该对话框中可以选择附加符号，当确定好符号后单击该符号即可。

在"形位公差"对话框中单击"基准 1"选项组后面的黑色小方格，将打开如图 13-64 所示的"附加符号"对话框。在该对话框中可以选择包容条件，当确定好包容条件后单击该附加符号即可。

图 13-62

图 13-63

图 13-64

表 13-1 中给出了国家标准规定的各种形位公差符号及其含义。

表 13-1　附加符号含义

符 号	含 义	符 号	含 义
⌖	位置度	⧄	平面度
◎	同轴度	○	圆度
⚌	对称度	—	直线度
//	平行度	⌒	面轮廓度
⊥	垂直度	⌒	线轮廓度
∠	倾斜度	↗	圆跳度
⌀	圆柱度	↗↗	全跳度

表 13-2 给出了与形位公差有关的材料控制符号及其含义。

表 13-2　附加符号

符 号	含 义
Ⓜ	材料的一般中等状况
Ⓛ	材料的最大状况
Ⓢ	材料的最小状况

13.5.2 多重引线标注

引线是连接注释和图形对象的一条带箭头的线，用户可从图形的任意点或对象上创建引线。引线可由直线段或平滑的样条曲线组成，注释文字就放在引线末端，如图 13-65 所示。

直线引线　　　　　　　　样条曲线引线

图 13-65

多重引线对象或多重引线可先创建箭头，也可先创建尾部或内容。如果已使用多重引线样式，则可以从该样式创建多重引线。

13.6 编辑标注

当标注的尺寸界线、文字和箭头与当前图形文件中的几何对象重叠时，用户可能不想显示这些标注元素或者要进行适当的位置调整，通过更改、替换标注尺寸样式或者编辑标注的外观，可以使图纸更加清晰、美观，增强可读性。

1. 修改与替代标注样式

要对当前样式进行修改，但又不想创建新的标注样式，此时可以修改当前标注样式或创建标注样式替代。执行"标注"|"标注样式"命令，在弹出的"标注样式管理器"对话框中选择 Standard 标注样式，再单击右侧的"修改"按钮，打开如图 13-66 所示"修改标注样式：Standard"对话框。在该对话框中可以调整、修改样式，包括尺寸界线、公差、单位及其可见性。

若创建标注样式替代，替代标注样式后，AutoCAD 将在标注样式名下显示"＜样式替代＞"，如图 13-67 所示。

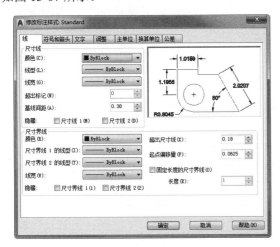

图 13-66

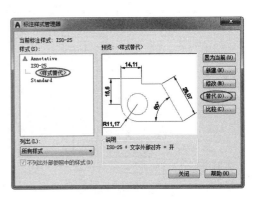

图 13-67

2．尺寸文字的调整

尺寸文字的位置调整可通过移动夹点来实现，也可利用快捷菜单来调整标注的位置。在利用移动夹点来调整尺寸文字的位置时，先选中要调整的标注，单击按住夹点直接拖曳进行移动即可，如图 13-68 所示。

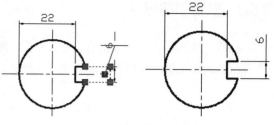

图 13-68

右击，利用快捷菜单命令来调整文字位置时，先选择要调整的标注，右击，在弹出的快捷菜单中选择"标注文字位置"命令，然后再从下拉列表中选择一条适当的命令，如图 13-69 所示。

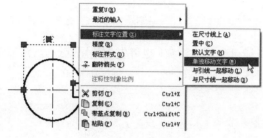

图 13-69

3．编辑标注文字

有时需要将线性标注修改为直径标注，这就需要对标注的文字进行编辑，AutoCAD 2018 提供了标注文字的编辑功能。

用户可以采用以下方式执行命令。

* 工具栏：在"标注"工具栏中单击"编辑标注"按钮。
* 菜单栏：执行"修改"|"对象"|"文字"|"编辑"命令。
* 命令行：输入 DIMEDIT 命令。

执行"编辑标注"命令后，可以通过在功能区弹出的"文字编辑器"选项卡，对标注文字进行编辑。如图 13-70 所示为编辑标注文字的前后对比效果。

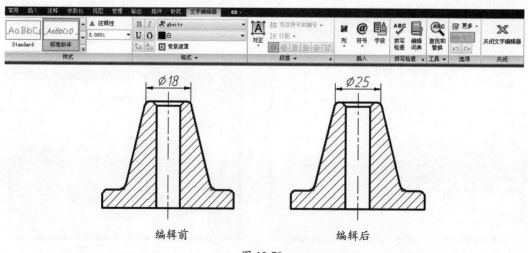

图 13-70

13.7 综合训练

为了便于读者能熟练应用基本尺寸标注工具标注零件图形，特以两个机械零件图的图形尺寸标注为例，说明零件图尺寸标注的方法。

13.7.1 训练一：标注曲柄零件尺寸

◎ **引入素材：综合训练\源文件\Ch13\曲柄零件尺寸.dwg**

◎ **结果文件：综合训练\结果文件\Ch13\标注曲柄零件尺寸.dwg**

◎ **视频文件：视频\Ch13\标注曲柄零件尺寸.avi**

本实例主要讲解尺寸标注综合方法。机械图中的尺寸标注包括线性尺寸标注、角度标注、引线标注、粗糙度标注等。

该图形中除了前面介绍过的尺寸标注外，又增加了对齐尺寸 48 的标注。通过对本例的学习，不但可以进一步巩固在前面使用过的标注命令及表面粗糙度、形位公差的标注方法，同时还将掌握对齐标注命令。标注完成的曲柄零件如图 13-71 所示。

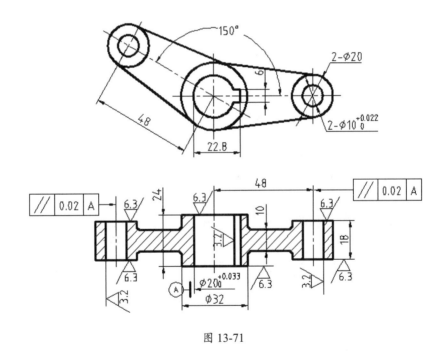

图 13-71

操作步骤

1. 创建一个新层 bz 用于尺寸标注

01 单击"标准"工具栏中的"打开"按钮，在弹出的"选择文件"对话框中，选取前面保存的图形文件"曲柄零件.dwg"，单击"确定"按钮，则该图形显示在绘图窗口中，如图 13-72 所示。

02 单击"图层"工具栏中的"图层特性管理器"按钮，打开"图层特性管理器"对话框。

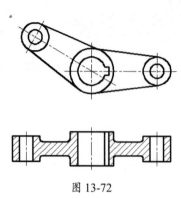

图 13-72

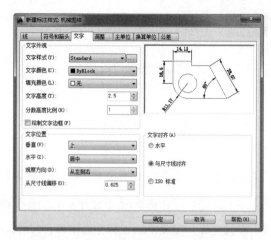

图 13-74

03 方法同前，创建一个新层 bz，线宽为 0.09mm，其他设置不变，用于标注尺寸，并将其设置为当前层。

04 设置文字样式 SZ。执行"格式"｜"文字样式"命令。打开"文字样式"对话框，方法同前，创建一个新的文字样式 SZ。

2. 设置尺寸标注样式

单击"标注"工具栏中的"标注样式"按钮，设置标注样式。方法同前，在打开的"标注样式管理器"对话框中，单击"新建"按钮，创建新的标注样式"机械图样"，用于标注图样中的线性尺寸。

01 单击"继续"按钮，对"新建标注样式：机械图样"对话框中的各个选项卡进行设置，如图 13-73 ～ 图 13-75 所示。设置完成后，单击"确定"按钮。选取"机械图样"，单击"新建"按钮，分别设置直径及角度标注样式。

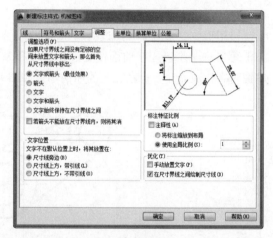

图 13-75

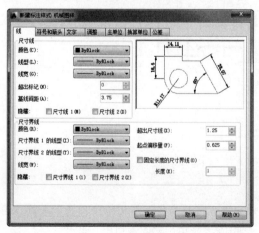

图 13-73

02 同理，再依次建立直径标注样式、半径标注样式、角度标注样式等标注样式。其中，在建立直径标注样式时，需要在"调整"选项卡中选中"标注时手动放置文字"复选框，在"文字"选项卡中的"文字对齐"选项区，选取"ISO标准"；在角度标注样式的"文字"选项卡中的"文字对齐"选项区中，选取"水平"。其他选项卡的设置均不变。

03 在"标注样式管理器"对话框中，选取"机械图样"标注样式，单击"置为当前"按钮，将其设置为当前标注样式。

3. 标注曲柄视图中的线性尺寸

01 单击"标注"工具栏中的"线线"按钮，方法同前，从上至下依次标注曲柄主视图及俯视图中的线性尺寸 6、22.8、48、18、10、ϕ20 和 ϕ32。

02 在标注尺寸 ϕ20 时，需要输入％％c20{\h0.7x;\s+0.033^0;}。

03 单击"标注"工具栏中的"编辑标注文字"按钮，命令行操作如下。

```
命令：_DIMTEDIT
选择标注：                      // 选取曲柄俯视图中的线性尺寸 24
为标注文字指定新位置或 ［左对齐 (L) / 右对齐 (R) / 居中 (C) / 默认 (H) / 角度（A）］：
                              // 拖动文字到尺寸界线外部
```

04 单击"标注"工具栏中的"编辑标注文字"按钮，选取俯视图中的线性尺寸 10，将其文字拖至适当位置，结果如图 13-76 所示。

05 单击"标注"工具栏中的"标注样式"按钮，在打开的"标注样式管理器"的样式列表中选择"机械图样"，单击"替代"按钮。

06 打开"替代当前样式"对话框，方法同前。在"线"选项卡的"隐藏"选项区中，选中"尺寸线 2"复选框；在"符号和箭头"选项卡的"箭头"选项区中，将"第二个"设置为"无"，如图 13-77 所示。

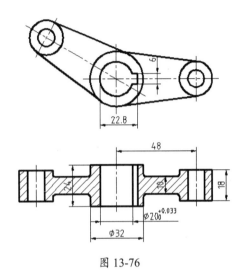

图 13-76

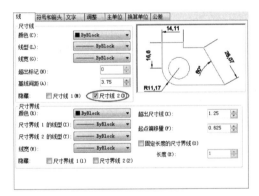
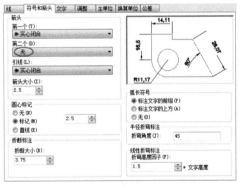

图 13-77

07 单击"标注"工具栏中的"标注更新"按钮，更新该尺寸样式，命令行操作如下。

```
命令：-DIMSTYLE
当前标注样式：                   // 机械标注样式    注释性：否
输入标注样式选项
［注释性 (AN) / 保存 (S) / 恢复 (R) / 状态 (ST) / 变量 (V) / 应用（A）/?］<恢复>：
                              // APPLY
选择对象：                       // 选取俯视图中的线性尺寸 $\phi$20
选择对象：↙
```

08 单击"标注"工具栏中的"标注更新"按钮，选取更新的线性尺寸，将其文字拖至适当位置，结果如图 13-78 所示。

09 单击"标注"工具栏中的"对齐"按钮，标注对齐尺寸 48，结果如图 13-79 所示。

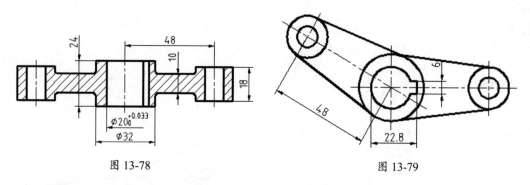

图 13-78   图 13-79

4．标注曲柄主视图中的角度尺寸等

01 单击"标注"工具栏中的"角度标注"按钮◢，标注角度尺寸为150°。

02 单击"标注"工具栏中的"直径标注"按钮◙，标注曲柄水平臂中的直径尺寸为2φ10及2φ20。在标注尺寸2φ20时，需要输入标注文字2φ◇；在标注尺寸为2φ10时，需要输入标注文字2φ◇。

03 单击"标注"工具栏中的"标注样式"按钮◢，在打开的"标注样式管理器"的样式列表中选择"机械图样"，单击"替代"按钮。

04 系统打开"替代当前样式"对话框，方法同前，进入"主单位"选项卡，将"线性标注"选项区中的"精度"值设置为0.000；进入"公差"选项卡，在"公差格式"选项区中，将"方式"设置为"极限偏差"，设置"上偏差"为0.022，下偏差为0，"高度比例"为0.7，设置完成后单击"确定"按钮。

05 单击"标注"工具栏中的"标注更新"按钮◳，选取直径尺寸2φ10，即可为该尺寸添加尺寸偏差，结果如图13-80所示。

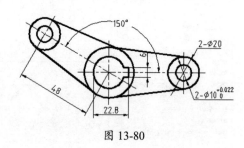

图 13-80

5．标注曲柄俯视图中的表面粗糙度

01 首先绘制表面粗糙度符号，如图13-81所示。

02 执行"格式"｜"文字样式"命令，打开"文字样式"对话框，在其中设置标注的粗糙度值的文字样式，如图13-82所示。

图 13-81

图 13-82

03 在命令行输入 DDATTDEF，执行后打开"属性定义"对话框，如图 13-83 所示。按照图中所示填写与设置。

04 填写完毕后，单击"拾取点"按钮，此时返回绘图区域，用鼠标拾取图 13-81 中的点 A，即 Ra 符号的右下角，此时返回"属性定义"对话框，单击"确定"按钮完成属性的设置。

05 在功能区的"插入"选项卡中单击"创建块"按钮，打开"块定义"对话框，按照图中所示进行填写与设置，如图 13-84 所示。

图 13-83　　　　　　　　　　　　　　　　　　　　图 13-84

06 填写完毕后，单击"拾取点"按钮，此时返回绘图区域，用鼠标拾取图 13-81 中的点 B，此时返回"块定义"对话框。单击"选择对象"按钮，选择图 13-81 所示的图形，此时返回"块定义"对话框，最后单击"确定"按钮完成块定义。

07 在功能区的"插入"选项卡中单击"插入"按钮，打开"插入"对话框，在"名称"下拉列表中选择"粗糙度"选项，如图 13-85 所示。

08 单击"确定"按钮，此时的命令行操作如下。

图 13-85

```
指定插入点或 [基点（B）/比例（S）/X/Y/Z/旋转（R）]:    //捕捉曲柄俯视图中左臂上线的最近点，
                                                              作为指定插入点
指定旋转角度 <0>:                                      //输入要旋转的角度
输入属性值
请输入表面粗糙度值 <1.6>:                              //6.3✓输入表面粗糙度的值6.3
```

09 单击"修改"工具栏中的"复制"按钮，选取标注的表面粗糙度，将其复制到俯视图右边需要标注的地方，结果如图 13-86 所示。

10 单击"修改"工具栏中的"镜像"按钮，选取插入的表面粗糙度图块，分别以水平线及竖直线为镜像线，进行镜像操作，并且镜像后不保留源对象。

11 单击"修改"工具栏中的"复制"按钮，选取镜像后的表面粗糙度，将其复制到俯视图下部需要标注的地方，结果如图 13-87 所示。

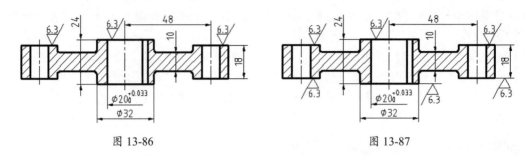

图 13-86   图 13-87

12 单击"绘图"面板中的"插入块"按钮 ，打开"插入块"对话框，插入"粗糙度"图块。重复"插入块"命令，标注曲柄俯视图中的其他表面粗糙度，结果如图 13-88 所示。

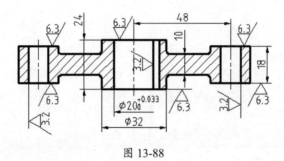

图 13-88

6．标注曲柄俯视图中的形位公差

01 在标注表面及形位公差之前，首先需要设置引线的样式，然后再标注表面及形位公差。在命令行中输入 QLEADER，命令行操作如下。

```
命令:QLEADER✓
指定第一个引线点或 [设置(S)] <设置>: S✓
```

02 选择该选项后，AutoCAD 打开如图 13-89 所示的"引线设置"对话框，在其中选择一项公差，即把引线设置为公差类型。设置完毕后，单击"确定"按钮，返回命令行，命令行操作如下。

```
指定第一个引线点或 [设置(S)] <设置>: (用鼠标指定引线的第一个点)
指定下一点: (用鼠标指定引线的第二个点)
指定下一点: (用鼠标指定引线的第三个点)
```

图 13-89

03 此时，AutoCAD 自动打开"形位公差"对话框，如图 13-90 所示，单击"符号"黑框，打开"符号"对话框，用户可在其中选择需要的符号，如图 13-91 所示。

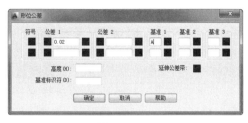

图 13-90

图 13-91

04 填写完"形位公差"对话框后，单击"确定"按钮，则返回绘图区域，完成形位公差的标注。

05 方法同前，标注俯视图左边的形位公差。

06 创建基准符号块，首先绘制基准符号，如图 13-92 所示。

07 在命令行输入 DDATTDEF 后，打开"属性定义"对话框，按照如图 13-93 所示进行填写和设置。

图 13-92

图 13-93

08 填写完毕后，单击"确定"按钮，此时返回绘图区域，拾取图中的圆心，创建基准符号块。

09 单击"绘图"面板中的"创建块"按钮，打开"块定义"对话框，按照如图 13-94 所示进行填写和设置。

10 填写完毕后单击"拾取点"按钮，此时返回绘图区域，拾取图中的水平直线的中点，此时返回"块定义"对话框，单击"选择对象"按钮，选择图形，返回"块定义"对话框，最后单击"确定"按钮完成块定义。

11 单击"绘图"面板中的"插入块"按钮，打开"插入"对话框，在"名称"下拉列表中选择"基准符号"选项，如图 13-95 所示。

图 13-94

图 13-95

12 单击"确定"按钮，此时命令行操作如下。

指定插入点或 ［基点（B）/ 比例 (S)/X/Y/Z/ 旋转 (R)］：	// 在尺寸 Φ20 左边尺寸界线的 左部适当位置拾取一点

13 单击"修改"工具栏中的"旋转"按钮◎，选取插入的"基准符号"图块，将其旋转 90°。

14 选取旋转后的"基准符号"图块，右击，在打开的如图 13-96 所示的快捷菜单中选择 "编辑属性"命令，打开"增强属性编辑器"对话框，进入"文字选项"选项卡，如图 13-97 所示。

图 13-96

图 13-97

15 将旋转角度修改为 0，最终的标注结果如图 13-98 所示。

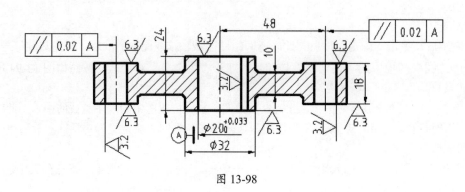

图 13-98

13.7.2 训练二：标注泵轴尺寸

◎ **引入素材：综合训练\源文件\Ch13\泵轴.dwg**

◎ **结果文件：综合训练\结果文件\Ch13\标注泵轴零件.dwg**

◎ **视频文件：视频\Ch13\标注泵轴零件.avi**

　　本例着重介绍编辑标注文字位置命令的使用方法以及表面粗糙度的标注方法，同时，对尺寸偏差的标注进行进一步的巩固练习。标注完成的泵轴如图 13-99 所示。

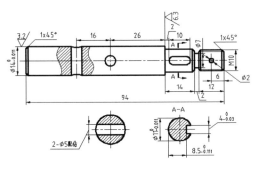

图 13-99

操作步骤

1．标注设置

01 打开源文件"泵轴 .dwg"，如图 13-100 所示。

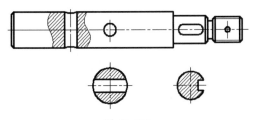

图 13-100

02 创建一个新层 bz 用于尺寸标注，单击"图层"工具栏中的"图层特性管理器"按钮，打开"图层特性管理器"对话框。方法同前，创建一个新层 bz，线宽为 0.09mm，其他设置不变，用于标注尺寸，并将其设置为当前层。

03 设置文字样式 SZ。执行"格式"|"文字样式"命令，弹出"文字样式"对话框，方法同前，创建一个新的文字样式 SZ。

04 设置尺寸标注样式，单击"标注"工具栏中的"标注样式"按钮，设置标注样式。方法同前，在打开的"标注样式管理器"对话框中，单击"新建"按钮，创建新的标注样式"机械图样"，用于标注图样中的尺寸。

05 单击"继续"按钮，对打开的"新建标注样式：机械图样"对话框中的各个选项卡进行设置，如图 13-101 ~ 图 3-103 所示，不再设置其他标注样式。

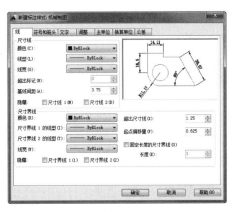

图 13-101

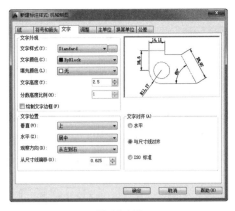

图 13-102

图 13-103

2．标注尺寸

01 在"标注样式管理器"对话框中，选取"机械图样"标注样式，单击"置为当前"按钮，将其设置为当前标注样式。

02 标注泵轴视图中的基本尺寸，单击"标注"

工具栏中的"线型标注"按钮⊟，方法同前，标注泵轴主视图中的线性尺寸 m10、φ7 及 6。

03 单击"标注"工具栏中的"基线标注"按钮⊟，方法同前，以尺寸 6 的右端尺寸线为基线，进行基线标注，标注尺寸 12 及 94。

04 单击"标注"工具栏中的"连续标注"按钮⊞，选取尺寸 12 的左端尺寸线，标注连续尺寸 2 及 14。

05 单击"标注"工具栏中的"线型标注"按钮⊟，标注泵轴主视图中的线性尺寸 16，方法同前。

06 单击"标注"工具栏中的"连续标注"按钮⊞，标注连续尺寸 26、2 及 10。

07 单击"标注"工具栏中的"直径标注"按钮◎，标注泵轴主视图中的直径尺寸 φ2。

08 单击"标注"工具栏中的"线性标注"按钮⊟，标注泵轴剖面图中的线性尺寸"2φ5 配钻"，此时应输入标注文字"2φ%% c5 配钻"。

09 单击"标注"工具栏中的"线性标注"按钮⊟，标注泵轴剖面图中的线性尺寸 8.5 和 4，结果如图 13-104 所示。

10 修改泵轴视图中的基本尺寸。命令行操作如下。

```
命令：DIMTEDIT ✓
选择标注：                        //选择主视图中的尺寸 2
指定标注文字的新位置或 [左(L)/右(R)/中心(C)/默认(H)/角度(A)]：
                                 //拖动鼠标，在适当位置处单击，确定新的标注文字的位置
```

11 方法同前，单击"标注"工具栏中的"标注样式"按钮☑，分别修改泵轴视图中的尺寸"2-φ5 配钻"及 2，结果如图 13-105 所示。

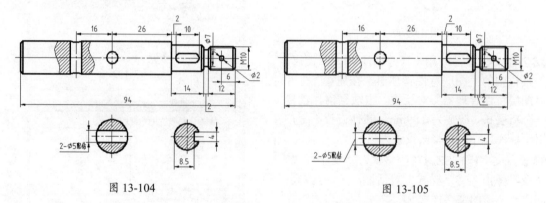

图 13-104　　　　　　　　　　　　　　　　　　　　图 13-105

12 用重新输入标注文字的方法，标注泵轴视图中带尺寸偏差的线性尺寸。命令行操作如下。

```
命令：DIMLINEAR ✓
指定第一条尺寸界线原点或 <选择对象>：    //捕捉泵轴主视图左轴段的左上角点
指定第二条尺寸界线原点：              //捕捉泵轴主视图左轴段的左下角点
指定尺寸线位置或 [多行文字(M)/文字(T)/角度(A)/水平(H)/垂直(V)/旋转(R)]：T ✓
输入标注 <14>：%% C14{\H0.7X;\S0^-0.011;} ✓
指定尺寸线位置或 [多行文字(M)/文字(T)/角度(A)/水平(H)/垂直(V)/旋转(R)]：
                                 //拖动鼠标，在适当位置处单击
标注文字 =14
```

13 标注泵轴剖面图中的尺寸 φ11，输入标注文字 %% c11{\h0.7x;\ s0^φ0.011;}，结果如图 13-106 所示。

14 用标注替代的方法，为泵轴剖面图中的线性尺寸添加尺寸偏差，单击"标注"工具栏中的"标注样式"按钮☑，在打开的"标注样式管理器"的样式列表中选择"机械图样"选项，单击"替代"按钮。

15 打开"替代当前样式"对话框,方法同前,进入"主单位"选项卡,将"线性标注"选项区中的"精度"值设置为0.000;进入"公差"选项卡,在"公差格式"选项区中,将"方式"设置为"极限偏差",设置"上偏差"为0,"下偏差"为0.111,"高度比例"为0.7,设置完成后单击"确定"按钮。

16 单击"标注"工具栏中的"标注更新"按钮,选取剖面图中的线性尺寸8.5,即可为该尺寸添加尺寸偏差。

17 继续设置替代样式。设置"公差"选项卡中的"上偏差"为0,下偏差为0.030。单击"标注"工具栏中的"标注更新"按钮,选取线性尺寸4,即可为该尺寸添加尺寸偏差,结果如图13-107所示。

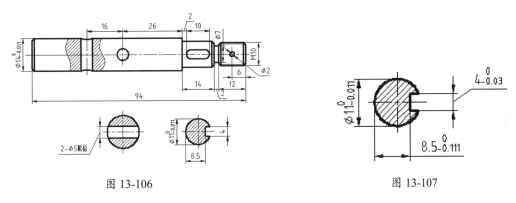

图 13-106　　　　　　　　　　　　　　　　图 13-107

18 标注主视图中的倒角尺寸,单击"标注"工具栏中的"标注样式"按钮,设置同前。

3．标注粗糙度

01 标注泵轴主视图中的表面粗糙度。在功能区的"插入"选项卡中单击"插入"按钮,打开"插入"对话框,如图13-108所示,单击"浏览"按钮,选取前面保存的块图形文件"粗糙度"。在"比例"选项区中,选中"统一比例"复选框,设置比例为1,单击"确定"按钮,命令行操作如下。

```
指定插入点或 [基点（B）/ 比例（S）/ 旋转（R）]:
                    // 捕捉尺寸 Φ14 上端尺寸界线的最近点，作为指定插入点
输入属性值
请输入表面粗糙度值 <1.6>: 3.2✓    // 输入表面粗糙度的值 3.2，结果如图 13-109 所示
```

图 13-108

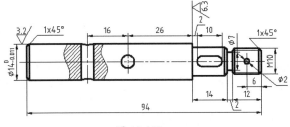

图 13-109

02 单击"绘图"面板中的"直线"按钮,捕捉尺寸26右端尺寸界线的上端点,绘制竖直线。

03 单击"绘图"面板中的"插入块"按钮,插入"粗糙度"图块,设置均同前,此时,输入属性值为6.3。

04 单击"修改"工具栏中的"镜像"按钮▲，将刚刚插入的图块，以水平线为镜像线进行镜像操作，并且镜像后不保留源对象。

05 单击"修改"工具栏中的"旋转"按钮○，选取镜像后的图块，将其旋转 90°。

06 单击"修改"工具栏中的"镜像"按钮▲，将旋转后的图块以竖直线为镜像线进行镜像操作，并且镜像后不保留源对象。

07 标注泵轴剖面图的剖切符号及名称，执行"标注"｜"多重引线"命令，用多重引线标注命令，从右向左绘制剖切符号中的箭头。

08 将"轮廓线"层设置为当前层，单击"绘图"面板中的"直线"按钮✍，捕捉带箭头引线的左端点，向下绘制一小段竖直线。

09 在命令行输入 text，或者执行"绘图"｜"文字"｜"单行文字"命令，在适当位置单击，输入文字 A。

10 单击"修改"工具栏中的"镜像"按钮▲，将输入的文字及绘制的剖切符号，以水平中心线为镜像线进行镜像操作。方法同前，在泵轴剖面图上方输入文字 A-A，结果如图 13-110 所示。

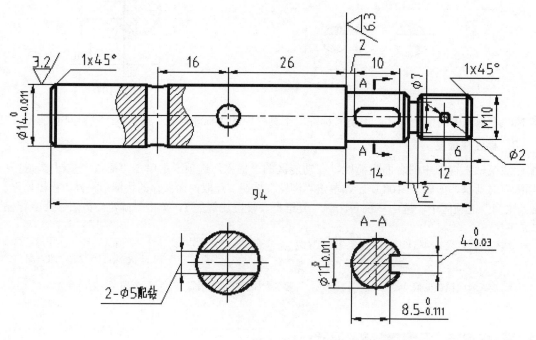

图 13-110

13.8 课后习题

1. 标注阀体底座零件图形

利用线性标注、直径标注、半径标注完成阀体底座零件图形的标注，如图 13-111 所示。标注字体选用 gbeitc.shx。

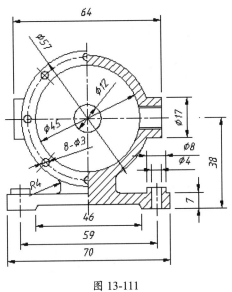

图 13-111

2．标注螺钉固定架图形

利用半径标注、线性标注、角度标注完成螺钉固定架图形的标注，如图 13-112 所示。

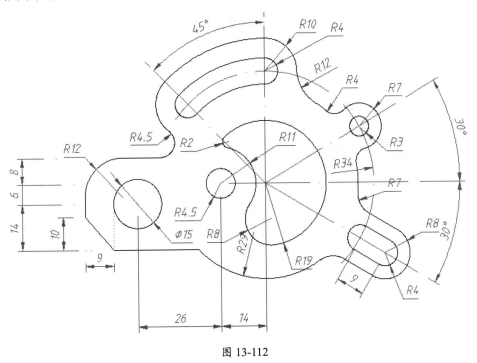

图 13-112

第 *14* 章　文字与表格指令

标注尺寸后，还要添加说明文字和明细表格，这样才算一幅完整的工程图。本章将着重介绍 AutoCAD 2018 文字和表格的添加与编辑方法，并让读者详细了解文字样式、表格样式的编辑方法。

项目分解与视频二维码

◆　文字概述　　　　　　　　　　　◆　多行文字
◆　使用文字样式　　　　　　　　　◆　符号与特殊符号
◆　单行文字　　　　　　　　　　　◆　表格的创建与编辑

第 14 章视频

14.1　文字概述

文字注释是 AutoCAD 图形中很重要的图形元素，也是机械制图、建筑工程图等制图中不可或缺的重要组成部分。在一个完整的图样中，通常都包括一些文字注释，从而标注图样中的一些非图形信息。例如，机械图形中的技术要求、装配说明、标题栏信息、选项卡，以及建筑工程图中的材料说明、施工要求等。

文字注释功能可通过在"文字"面板、"文字"工具栏中选择相应命令进行调用，也可通过执行"绘图"|"文字"子菜单中的命令。"文字"面板如图 14-1 所示。"文字"工具栏如图 14-2 所示。

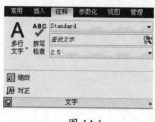

图 14-1

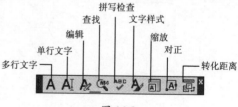

图 14-2

图形注释文字包括单行文字和多行文字。对于不需要多种字体或多行的简短项，可以创建单行文字。对于较长、较复杂的内容，可以创建多行或段落文字。

在创建单行或多行文字前，要指定文字样式并设置对齐方式，文字样式设置文字对象的默认特征。

14.2　使用文字样式

在 AutoCAD 中，所有文字都有与之相关联的文字样式。文字样式包括文字"字体""字型""高度""宽度系数""倾斜角""反向""倒置"以及"垂直"等参数。在图形中输入文字时，当前的文字样式决定输入文字的字体、字号、角度、方向和其他文字特征。

14.2.1 创建文字样式

在创建文字注释和尺寸标注时，AutoCAD
通常使用当前的文字样式，用户也可根据具体
要求重新设置文字样式或创建新的样式。文字
样式的新建、修改是通过"文字样式"对话框
来实现的，如图14-3所示。

用户可通过以下方式来打开"文字样式"
对话框。

图 14-3

- 菜单栏：执行"格式"|"文字样式"命令。
- 工具栏：单击"文字样式"按钮 🗛。
- 面板：在"常用"选项卡的"注释"面板中单击"文字样式"按钮 🗛。
- 命令行：输入 STYLE。

"字体"选项卡用于设置字体名、字体格式及字体样式等属性。其中，"字体名"下拉列表
中列出 FONTS 文件夹中所有注册的 TrueType 字体和所有编译的形（SHX）字体的字体族名。"字
体样式"选项指定字体格式，如粗体、斜体等。"使用大字体"复选框用于指定亚洲语言的大
字体文件，只有在"字体名"列表下选择带有 shx 后缀的字体文件，该复选框才被激活，如选择
iso.shx。

14.2.2 修改文字样式

修改多行文字对象的文字样式时，已更新的设置将应用到整个对象中，单个字符的某些格式
可能不会被保留，或者会保留。例如，颜色、堆叠和下画线等格式将继续使用原格式，而粗体、
字体、高度及斜体等格式，将随着修改的格式而发生改变。

通过修改设置，可以在"文字样式"对话框中修改现有的样式，也可以更新使用该文字样式
的现有文字来反映修改的效果。

技术要点：

某些样式设置对多行文字和单行文字对象的影响不同。例如，修改"颠倒"和"反向"选项对多行文字
对象无影响，修改"宽度因子"和"倾斜角度"对单行文字无影响。

14.3 单行文字

对于不需要多种字体或多行的简短项，可以创建单行文字。使用"单行文字"命令创建文本时，
可创建单行的文字，也可创建出多行文字，但
创建的多行文字的每一行都是独立的，可对其
进行单独编辑，如图14-4所示。

AutoCAD 2018

图 14-4

14.3.1 创建单行文字

单行文字可输入单行文本，也可输入多行文本。在文字创建过程中，在图形窗口中选择一个点作为指定文字的起点，并输入文本文字，通过按 Enter 键来结束每一行，若要停止命令，则按 Esc 键。单行文字的每行文字都是独立的对象，可以重新定位、调整格式或进行其他修改。

用户可通过以下方式执行此操作。

- 菜单栏：执行"绘图"|"文字"|"单行文字"命令。
- 工具栏：单击"单行文字"按钮**A**。
- 面板：在"注释"选项卡的"文字"面板中单击"单行文字"按钮**A**。
- 命令行：输入 TEXT。

执行 TEXT 命令，命令行操作如下。

```
命令：TEXT
当前文字样式："STANDARD"  文字高度：2.5000  注释性：否  // 文字样式设置
指定文字的起点或 [ 对正 (J) / 样式 (S)]:                // 文字选项
```

上述操作提示中的选项含义下。

- 指定文字的起点：指定文字对象的起点。当指定文字起点后，命令行再显示"指定高度<2.5000>："，若要另行输入高度值，直接输入即可创建指定高度的文字。若使用默认高度值，后按 Enter 键即可。
- 对正：控制文字的对齐方式。
- 样式：指定文字样式，文字样式决定文字字符的外观。使用此选项，需要在"文字样式"对话框中新建文字样式。

在操作提示中若选择"对正"选项，接着命令行会显示如下提示。

```
输入选项
[ 对齐（A）/ 布满 (F) / 居中 (C) / 中间 (M) / 右对齐 (R) / 左上 (TL) / 中上 (TC) / 右上 (TR) / 左中
(ML) / 正中 (MC) / 右中 (MR) / 左下 (BL) / 中下 (BC) / 右下 (BR)]:
```

此操作提示下的各选项含义如下。

- 对齐：通过指定基线端点来指定文字的高度和方向，如图 14-5 所示。
- 布满：指定文字按照由两点定义的方向和一个高度值布满一个区域。此选项只适用于水平方向的文字，如图 14-6 所示。

图 14-5

技术要点：

对于对齐文字，字符的大小根据其高度按比例调整。文字字符串越长，字符越矮。

图 14-6

- 居中：以基线的水平中心对齐文字，此基线是由用户给出的点指定的，另外居中文字还可以调整其角度，如图 14-7 所示。
- 中间：文字在基线的水平中点和指定高度的垂直中点上对齐，中间对齐的文字不保持在基线上，如图 14-8 所示（"中间"选项也可使文字旋转）。

其他的选项所表示的文字对正方式如图 14-9 所示。

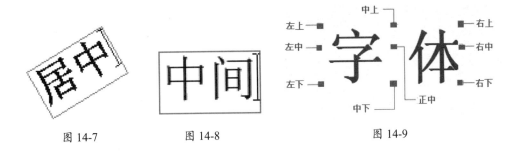

图 14-7 图 14-8 图 14-9

14.3.2 编辑单行文字

编辑单行文字包括编辑文字的内容、对正方式及缩放比例。用户可通过执行"修改"|"对象"|"文字"子菜单中的相应命令来编辑单行文字。编辑单行文字的命令如图 14-10 所示。

用户也可以在图形区中双击要编辑的单行文字，然后重新输入内容。

图 14-10

1. "编辑"命令

"编辑"命令用于编辑文字的内容。执行"编辑"命令后，选择要编辑的单行文字，即可在激活的文本框中重新输入文字，如图 14-11 所示。

2. "比例"命令

"比例"命令用于重新设置文字的图纸高度、匹配对象和比例因子，如图 14-12 所示。

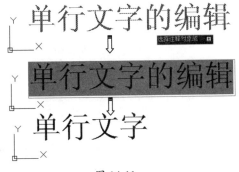

图 14-11

图 14-12

命令行操作如下。

```
SCALETEXT
选择对象：找到 1 个
选择对象：找到 1 个 (1 个重复)，总计 1 个
选择对象：
输入缩放的基点选项
 [现有 (E) / 左对齐 (L) / 居中 (C) / 中间 (M) / 右对齐 (R) / 左上 (TL) / 中上 (TC) / 右上 (TR) / 左中 (ML) / 正中 (MC) / 右中 (MR) / 左下 (BL
```

) / 中下 (BC) / 右下 (BR)] <现有>: C
指定新模型高度或 [图纸高度 (P) / 匹配对象 (M) / 比例因子 (S)] <1856.7662>:
1 个对象已更改

3. "对正"命令

"对正"命令用于更改文字的对正方式。执行"对正"命令，选择要编辑的单行文字后，图形区显示对齐菜单。命令行操作如下。

```
命令: _JUSTIFYTEXT
选择对象: 找到 1 个
选择对象:
输入对正选项
[左对齐 (L) / 对齐 (A) / 布满 (F) / 居中 (C) / 中间 (M) / 右对齐 (R) / 左上 (TL) / 中上 (TC) / 右
上 (TR) / 左中 (ML) / 正中 (MC) / 右中 (MR)
/ 左下 (BL) / 中下 (BC) / 右下 (BR)] <居中>:
```

14.4 多行文字

"多行文字"又称为"段落文字"，是一种更易于管理的文字对象，可以由两行以上的文字组成，而且各行文字都是作为一个整体处理的。在机械制图中，常使用多行文字功能创建较为复杂的文字说明，如图样的技术要求等。

14.4.1 创建多行文字

在 AutoCAD 2018 中，多行文字创建与编辑功能得到了增强。用户可通过以下方式执行此操作。

- 菜单栏：执行"绘图" | "文字" | "多行文字"命令。
- 工具栏：单击"多行文字"按钮 A。
- 面板：在"注释"选项卡的"文字"面板中单击"多行文字"按钮 A。
- 命令行：输入 MTEXT。

执行 MTEXT 命令，命令行显示的操作信息提示用户需要在图形窗口中指定两点作为多行文字的输入起点与段落对角点。指定点后，程序会自动打开"文字编辑器"选项卡和"在位文字编辑器"，"文字编辑器"选项卡如图 14-13 所示。

图 14-13

AutoCAD 在位文字编辑器如图 14-14 所示。

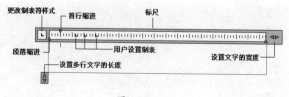

图 14-14

"文字编辑器"选项卡包括"样式"面板、"格式"面板、"段落"面板、"插入"面板、"拼写检查"面板、"工具"面板、"选项"面板和"关闭"面板。

1. "样式"面板

"样式"面板用于设置当前多行文字样式、注释性和文字高度。面板中包含3个命令：选择文字样式、注释性、选择和输入文字高度，如图14-15所示。

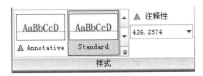

图 14-15

面板中各命令含义如下。

- 文字样式：向多行文字对象应用文字样式。如果用户没有新建文字样式，单击"展开"按钮 ，在弹出的样式列表中选择可用的文字样式。
- 注释性：单击"注释性"按钮 ，打开或关闭当前多行文字对象的注释性。
- 功能区组合框 - 文字高度：按图形单位设置新文字的字符高度或修改选定文字的高度。用户可在文本框内输入新的文字高度来替代当前文本高度。

2. "格式"面板

"格式"面板用于字体的大小、粗细、颜色、下画线、倾斜、宽度等格式设置，面板中的命令如图14-16所示。

图 14-16

面板中各命令的含义如下。

- 粗体：开启或关闭选定文字的粗体格式。此选项仅适用于使用 TrueType 字体的字符。
- 斜体：打开或关闭新文字或选定文字的斜体格式。此选项仅适用于使用 TrueType 字体的字符。
- 下画线：打开或关闭新文字或选定文字的下画线。
- 上画线：打开和关闭新文字或选定文字的上画线。
- 选择文字的字体：为新输入的文字指定字体或改变选定文字的字体。单击下拉三角按钮，即可弹出文字字体列表，如图14-17所示。

图 14-17

- 选择文字的颜色：指定新文字的颜色或更改选定文字的颜色。单击下拉三角按钮，即可弹出字体颜色下拉列表，如图14-18所示。

图 14-18

- 倾斜角度：确定文字是向前倾斜的还是向后倾斜的。倾斜角度表示的是相对于90°角方向的偏移角度。输入一个 –85 ~ 85 的数值使文字倾斜。倾斜角度的值为正时文字向右倾斜；倾斜角度的值为负时文字向左倾斜。

- 追踪：增大或减小选定字符之间的空间。1.0 是常规间距。设置为大于 1.0 可增大间距，设置为小于 1.0 可减小间距。

- 宽度因子：扩展或收缩选定字符。1.0 代表此字体中字母的常规宽度。

3. "段落"面板

"段落"面板包含设置段落的对正、行距、段落格式、段落对齐，以及段落的分布和编号等功能。在"段落"面板右下角单击■按钮，会弹出"段落"对话框，如图 14-19 所示。"段落"对话框可以为段落和段落的第一行设置缩进。指定制表位和缩进，控制段落对齐方式、段落间距和段落行距等。

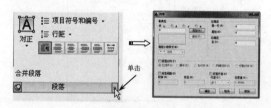

图 14-19

面板中各命令的含义如下。

- 对正：单击"对正"按钮，弹出文字对正方式菜单，如图 14-20 所示。

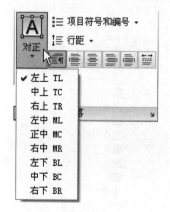

图 14-20

- 行距：单击此按钮，显示程序提供的默认间距值菜单，如图 14-21 所示。选择菜单上的"更多"命令，则弹出"段落"对话框，在该对话框中设置段落行距。

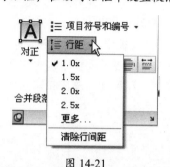

图 14-21

技术要点：

行距是多行段落中文字的上一行底部和下一行顶部之间的距离。在 AutoCAD 2007 及早期版本中，并不是所有针对段落和段落行距的新选项都受到支持。

- 项目符号和编号：单击此按钮，显示用于创建列表的选项菜单，如图 14-22 所示。

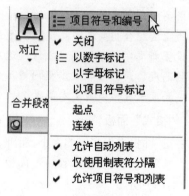

图 14-22

- 左对齐、居中、右对齐、分布对齐：设置当前段落或选定段落的左、中或右文字边界的对正和对齐方式。包含在一行的末尾输入的空格，并且这些空格会影响行的对正。

- 合并段落：当创建多行的文字段落时，选择要合并的段落，此命令被激活，然后选择此命令，多段落文字变成只有一个段落的文字，如图 14-23 所示。

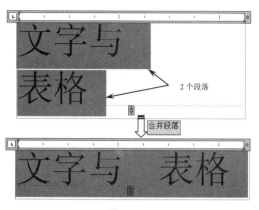

图 14-23

4．"插入"面板

"插入"面板主要用于插入字符、列、字段的设置。"插入"面板如图14-24所示。

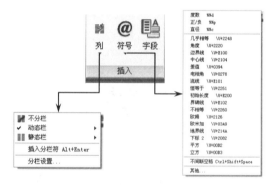

图 14-24

面板中的命令含义如下。

- 符号：在光标位置插入符号或不间断空格，也可以手动插入符号。单击此按钮，弹出符号菜单。
- 字段：单击此按钮，打开"字段"对话框，从中可以选择要插入到文字中的字段。
- 列：单击此按钮，显示栏菜单，该菜单提供3个栏选项："不分栏""静态栏"和"动态栏"。

5．"拼写检查""工具"和"选项"面板

3个命令执行面板主要用于字体的查找和替换、拼写检查，以及文字的编辑等，如图14-25所示。

图 14-25

面板中各命令的含义如下。

- 查找和替换：单击此按钮，可弹出"查找和替换"对话框，如图14-26所示。在该对话框中输入文字以查找并替换。

图 14-26

- 拼写检查：打开或关闭"拼写检查"功能。在文字编辑器中输入文字时，使用该功能可以检查拼写错误。例如，在输入有拼写错误的文字时，该段文字下将以红色虚线标记，如图14-27所示。

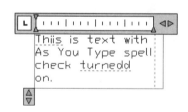

图 14-27

- 放弃↶：放弃在"多行文字"选项卡中执行的操作，包括对文字内容或文字格式的更改。
- 重做↷：重做在"多行文字"选项卡中执行的操作，包括对文字内容或文字格式的更改。
- 标尺：在编辑器顶部显示标尺。拖动标尺末尾的箭头，可更改多行文字对象的宽度。
- 更多：单击此按钮，显示其他文字选项列表。

6. "关闭"面板

"关闭"面板上只有一个选项命令，即"关闭文字编辑器"命令，执行该命令，将关闭在位文字编辑器。

···

动手操作——创建多行文字

···

下面以实例来说明图纸中多行文字的创建过程。

01 打开"动手操作 \ 源文件 \Ch14\ex-1.dwg"文件。

02 在"文字"面板中单击"多行文字"按钮 A，然后按命令行的提示进行操作。

```
命令：_MTEXT
当前文字样式："STANDARD"  文字高度：2.5  注释性：否
指定第一角点：                    // 指定多行文字的角点 1
指定对角点或 [ 高度 (H) / 对正 (J) / 行距 (L) / 旋转 (R) / 样式 (S) / 宽度 (W) / 栏 (C) ]：
                                   // 指定多行文字的角点 2
```

03 按提示进行操作，指定的角点如图 14-28 所示。

04 打开在位文字编辑器后，输入如图 14-29 所示的文本。

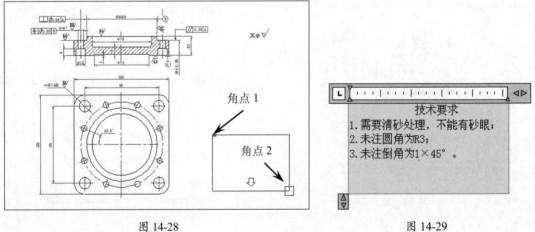

图 14-28   图 14-29

05 在文字编辑器中选择"技术要求"4 个字，然后在"多行文字"选项卡的"样式"面板中输入新的文字高度值 4，并按 Enter 键，字体高度随之发生改变，如图 14-30 所示。

06 在"关闭"面板中单击"关闭文字编辑器"按钮，退出文字编辑器，并完成多行文字的创建，如图 14-31 所示。

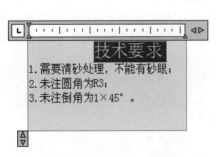

图 14-30

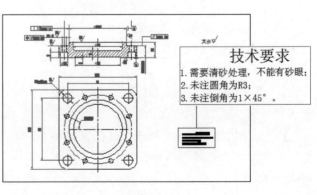

图 14-31

14.4.2 编辑多行文字

多行文字的编辑，可通过执行“修改”|“对象”|“文字”|“编辑”命令，或者在命令行输入 DDEDIT，并选择创建的多行文字，打开多行文字编辑器，然后修改并编辑文字的内容、格式、颜色等特性来实现。

用户也可以在图形窗口中双击多行文字，以此打开文字编辑器。

下面以实例来说明多行文字的编辑方法。本例是在原多行文字的基础上再添加文字，并改变文字的高度和颜色。

动手操作——编辑多行文字

01 打开“动手操作\源文件\Ch14\多行文字.dwg”文件。

02 在图形窗口中双击多行文字，打开文字编辑器，如图 14-32 所示。

AutoCAD 2018多行文字的输入
以适当的大小在水平方向显示文字，以便以后可以轻松地阅读和
编辑文字，否则文字将难以阅读。

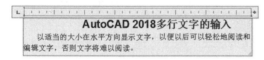

图 14-32

03 选择多行文字中的“AutoCAD 2018 多行文字的输入”字段，将其高度设为 70，颜色设为红色，取消“粗体”字体，如图 14-33 所示。

AutoCAD 2018多行文字的输入
以适当的大小在水平方向显示文字，以便以后可以轻松地阅读和
编辑文字，否则文字将难以阅读。

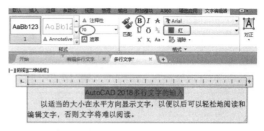

图 14-33

04 选择其余的文字，加上下画线，字体设为斜体，如图 14-34 所示。

AutoCAD 2018多行文字的输入
以适当的大小在水平方向显示文字，以便以后可以轻松地
阅读和编辑文字，否则文字将难以阅读。

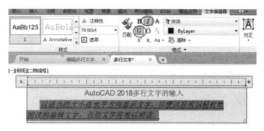

图 14-34

05 单击“关闭”面板中的“关闭文字编辑器”按钮，退出文字编辑器。创建的多行文字如图 14-35 所示。

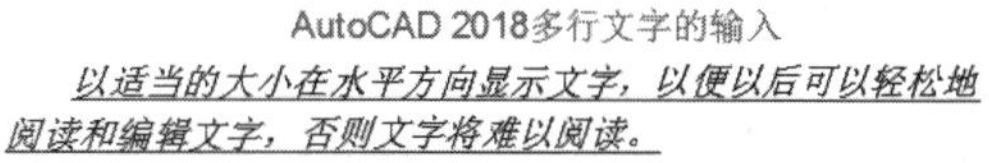

AutoCAD 2018多行文字的输入
以适当的大小在水平方向显示文字，以便以后可以轻松地
阅读和编辑文字，否则文字将难以阅读。

图 14-35

06 最后将创建的多行文字另存为“编辑多行文字”。

14.5 符号与特殊字符

在工程图标注中，往往需要标注一些特殊的符号和字符。例如度的符号“°”、公差符号 ± 或直径符号 ϕ，用键盘不能直接输入。因此，AutoCAD 通过输入控制代码或 Unicode 字符串可以输入这些特殊字符或符号。

AutoCAD 常用标注符号的控制代码、字符串及符号如表 14-1 所示。

表 14-1 AutoCAD 常用标注符号

控 制 代 码	字 符 串	符 号
%%c	\U+2205	直径（ϕ）
%%d	\U+00B0	度（°）
%%p	\U+00B1	公差（±）

若要插入其他的数学、数字符号，可在展开的"插入"面板中单击"符号"按钮，或在快捷菜单中选择"符号"命令，也可以在文本编辑器中输入适当的 Unicode 字符串。如表 14-2 所示为其他常见的数学、数字符号及字符串。

表 14-2　数学、数字符号及字符串

名　称	符　号	Unicode 字符串	名　称	符　号	Unicode 字符串
约等于	≈	\U+2248	界碑线	ℳ	\U+E102
角度	∠	\U+2220	不相等	≠	\U+2260
边界线	ℬ	\U+E100	欧姆	Ω	\U+2126
中心线	℄	\U+2104	欧米加	Ω	\U+03A9
增量	△	\U+0394	地界线	ℙ	\U+214A
电相位	φ	\U+0278	下标 2	5_2	\U+2082
流线	ℱ	\U+E101	平方	5^2	\U+00B2
恒等于	≘	\U+2261	立方	5^3	\U+00B3
初始长度	⟲	\U+E200			

用户还可以通过利用 Windows 提供的软键盘来输入特殊字符，先将 Windows 的文字输入法设为"智能 ABC"，右击"定位"按钮，然后在弹出的快捷菜单中选择"符号软键盘"命令，打开软键盘后，即可输入需要的字符，如图 14-36 所示。打开的"数学符号"软键盘如图 14-37所示。

图 14-36　　　　　　　　　　　　　　　　　图 14-37

14.6　表格的创建与编辑

表格是由包含注释（以文字为主，也包含多个块）的单元构成的矩形阵列。在 AutoCAD 2018 中，可以使用"表格"命令建立表格，还可以从其他应用软件，如 Microsoft Excel 中直接复制表格，并将其作为 AutoCAD 表格对象粘贴到图形中。此外，还可以输出来自 AutoCAD 的表格数据，以供在 Microsoft Excel 或其他应用程序中使用。

14.6.1 新建表格样式

表格样式控制一个表格的外观，用于保证标准的字体、颜色、文本、高度和行距。可以使用默认的表格样式，也可以根据需要自定义表格样式。

创建新的表格样式时，可以指定一个起始表格。起始表格是图形中用作设置新表格样式格式的样例表格。一旦选定表格，用户即可指定要从此表格复制到表格样式的结构和内容。表格样式是在"表格样式"对话框中创建的，如图14-38所示。

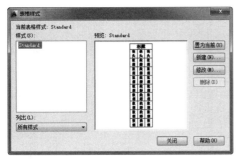

图 14-38

用户可通过以下方式打开此对话框。

- 菜单栏：执行"格式"|"表格样式"命令。
- 面板：在"注释"选项卡的"表格"面板中单击"表格样式"按钮。
- 命令行：输入 TabLESTYLE。

执行 TabLESTYLE 命令，程序弹出"表格样式"对话框。单击该对话框的"新建"按钮，再弹出"创建新的表格样式"对话框，如图14-39所示。

图 14-39

输入新的表格样式名后，单击"继续"按钮，即可在随后弹出的"新建表格样式"对话框中设置相关选项，以此创建新表格样式，如图14-40所示。

图 14-40

"新建表格样式"对话框包含4个功能选项区和一个预览区域。接下来将对各选项区做详细介绍。

1．"起始表格"选项区

该选项区使用户可以在图形中指定一个表格用作样例来设置此表格样式的格式。选择表格后，可以指定要从该表格复制到表格样式的结构和内容。

单击"选择一个表格用作此表格样式的起始表格"按钮，程序暂时关闭对话框，用户在图形窗口中选择表格后，会再次弹出"新建表格样式"对话框。单击"从此表格样式中删除起始表格"按钮，可以将表格从当前指定的表格样式中删除。

2．"常规"选项区

该选项区用于更改表格的方向。在选项区的"表格方向"下拉列表中，包括"向上"和"向下"两个方向选项，如图14-41所示。

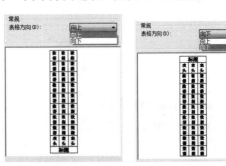

表格方向向上　　　　表格方向向下

图 14-41

3."单元样式"选项区

该选项区可定义新的单元样式或修改现有单元样式，也可以创建任意数量的单元样式。选项区中包含 3 个小的选项卡：常规、文字、边框，如图 14-42 所示。

"常规"选项卡　　　"文字"选项卡

"边框"选项卡

图 14-42

"常规"选项卡主要设置表格的背景颜色、对齐方式、表格的格式、类型，以及页边距的设置等；"文字"选项卡主要设置表格中文字的高度、样式、颜色、角度等特性；"边框"选项卡主要设置表格的线宽、线型、颜色以及间距等特性。

在单元样式下拉列表中，列出了多个表格样式，以便用户自行选择合适的表格样式，如图 14-43 所示。

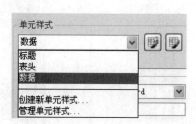

图 14-43

单击"创建新单元样式"按钮，可在弹出的"创建新单元样式"对话框中输入新名称，

以创建新样式，如图 14-44 所示。

图 14-44

若单击"管理单元样式"按钮，则弹出"管理单元样式"对话框，该对话框显示当前表格样式中的所有单元样式并使用户可以创建或删除单元样式，如图 14-45 所示。

图 14-45

4."单元样式预览"选项区

该选项区显示当前表格样式设置效果的样例。

14.6.2 创建表格

表格是在行和列中包含数据的对象。创建表格对象，首先要创建一个空表格，然后在其中添加要说明的内容。

用户可通过以下方式来执行此操作。

- 菜单栏：执行"绘图"|"表格"命令。
- 面板：在"注释"选项卡的"表格"面板中单击"表格"按钮。
- 命令行：输入 TabLE。

执行 TabLE 命令，弹出"插入表格"对话框，如图 14-46 所示。该对话框包括"表格样式"选项区、"插入选项"选项区、"预览"选项区、

"插入方式"选项区、"列和行设置"选项区和"设置单元样式"选项区,各选项区的内容及含义如下。

- 表格样式:在要从中创建表格的当前图形中选择表格样式。通过单击下拉列表旁边的按钮,可以创建新的表格样式。
- 插入选项:指定插入选项的方式。包括"从空表格开始""自数据连接"和"自图形中的对象数据"方式。
- 预览:显示当前表格样式的样例。
- 插入方式:指定表格位置。包括"指定插入点"和"指定窗口"方式。
- 列和行设置:设置列和行的数目和大小。
- 设置单元样式:对于那些不包含起始表格的表格样式,需要指定新表格中行的单元样式。

图 14-46

技术要点:

表格样式的设置尽量按照IOS国际标准或国家标准进行。

动手操作——创建表格

01 新建文件。

02 在"注释"选项卡的"表格"面板中单击"表格样式"按钮，弹出"表格样式"对话框。再单击该对话框中的"新建"按钮,弹出"创建新的表格样式"对话框,并在该对话框中输入新的表格样式名称"表格",如图14-47所示。

03 单击"继续"按钮,弹出"新建表格样式"对话框。在该对话框的"单元样式"选项区的"文字"选项卡中,设置"文字颜色"为红色,

在"边框"选项卡中设置所有边框颜色为"蓝色",并单击"所有边框"按钮，将设置的表格特性应用到新表格样式中,如图14-48所示。

图 14-47

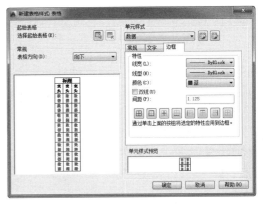

图 14-48

04 单击"新建表格样式"对话框的"确定"按钮,再单击"表格样式"对话框的"关闭"按钮,完成新表格样式的创建,如图14-49所示。此时,新建的表格样式被自动设为当前样式。

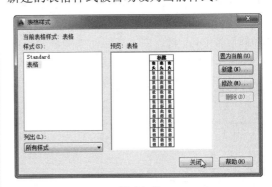

图 14-49

05 在"表格"面板中单击"表格"按钮，弹出"插入表格"对话框,在"列和行设置"选项中设置列数为7和数据行数为4,如图14-50所示。

06 保留该对话框其余选项的默认设置,单击

“确定”按钮，关闭对话框。然后在图形区中指定一个点作为表格的放置位置，即可创建一个 7 列 4 行的空表格，如图 14-51 所示。

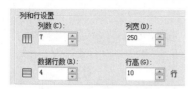

图 14-50

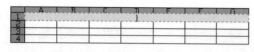

图 14-51

07 插入空表格后，同时程序自动打开文字编辑器及“多行文字”选项卡。利用文字编辑器在空表格中输入文字，如图 14-52 所示。将主题文字高度设为 60，其余文字高度为 40。

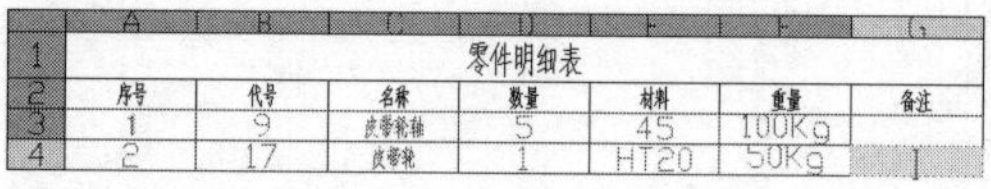

图 14-52

技术要点：

在输入文字过程中，可以使用Tab键或方向键在表格的单元格上、下、左、右移动，双击某个单元格，可对其进行文本编辑。

若输入的字体没有在单元格中间，可使用“段落”面板中的“正中”工具来对中文字。

08 最后按 Enter 键，完成表格对象的创建，结果如图 14-53 所示。

零件明细表						
序号	代号	名称	数量	材料	重量	备注
1	9	皮带轮轴	5	45	100Kg	
2	17	皮带轮	1	HT20	50Kg	

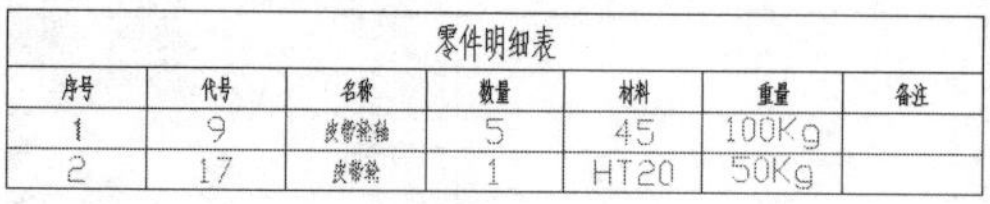

图 14-53

14.6.3 修改表格

表格创建完成后，用户可以单击或双击该表格上的任意网格线以选中该表格，然后通过使用“特性”选项板或夹点来修改该表格。单击表格线显示的表格夹点如图 14-54 所示。

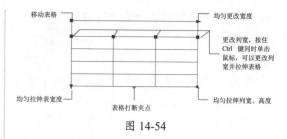

图 14-54

双击表格线显示的“特性”面板和属性面板，如图 14-55 所示。

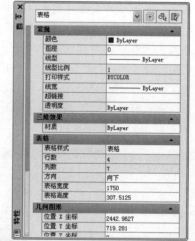

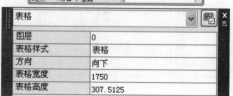

图 14-55

1．修改表格的行与列

用户在更改表格的高度或宽度时，只有与所选夹点相邻的行或列才会更改，表格的高度或宽度均保持不变，如图 14-56 所示。

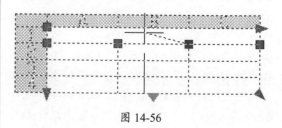

图 14-56

使用列夹点时按 Ctrl 键可根据行或列的大小按比例编辑表格的大小，如图 14-57 所示。

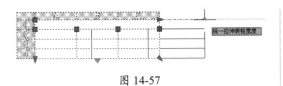

图 14-57

2. 修改单元表格

若要修改单元表格，可在单元表格内单击以选中，单元边框的中央将显示夹点。拖曳单元上的夹点可以使单元及其列或行更宽或更窄，如图 14-58 所示。

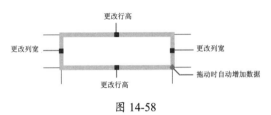

图 14-58

技术要点：

选择一个单元，再按F2键可以编辑该单元格内的文字。

若要选择多个单元，单击第一个单元格后，在多个单元上拖动。或者按住 Shift 键并在另一个单元内单击，也可以同时选中这两个单元以及它们之间的所有单元，如图 14-59 所示。

 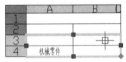

图 14-59

3. 打断表格

当表格太多时，可以将包含大量数据的表格打断成主要和次要的表格片断。使用表格底部的表格打断夹点，可以使表格覆盖图形中的多列或操作已创建的不同表格部分。

动手操作——打断表格

01 打开"动手操作 \ 源文件 \Ch14\ex-2.dwg"文件。

02 单击表格线，然后拖动表格打断夹点向表格上方拖动至如图 14-60 所示的位置。

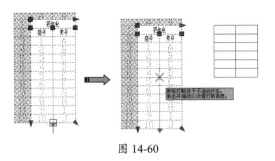

图 14-60

03 在合适位置处单击，原表格被分成两个表格，但两部分表格之间仍有关联关系，如图 14-61 所示。

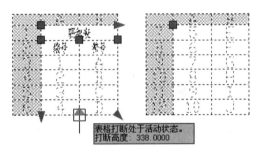

图 14-61

技术要点：

被分隔出去的表格，其行数为原表格总数的一半。如果将打断点移动至少于总数一半的位置时，将会自动生成3个及3个以上的表格。

04 此时，若移动一个表格，则另一个表格也随之移动，如图 14-62 所示。

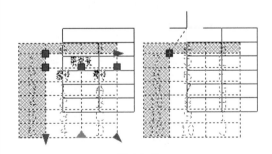

图 14-62

05 右击，在弹出的快捷菜单中选择"特性"命令，弹出"特性"面板。在该面板"表格打断"选项组的"手动位置"列表中选择"是"选项，如图 14-63 所示。

06 关闭"特性"面板，移动单个表格，另一个表格则不移动，如图 14-64 所示。

图 14-63

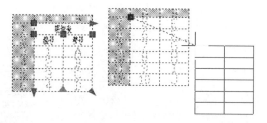

图 14-64

07 最后将打断的表格保存。

14.6.4 功能区"表格单元"选项卡

在功能区处于活动状态时单击某个单元表格，功能区将显示"表格单元"选项卡，如图 14-65 所示。

图 14-65

1. "行"面板与"列"面板

"行"面板与"列"面板主要是编辑行与列的，如插入行与列或删除行与列。"行"面板与"列"面板如图 14-66 所示。

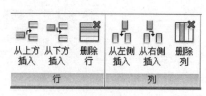

图 14-66

面板中的选项含义如下。

- 从上方插入：在当前选定单元格或行的上方插入行，如图 14-67（a）所示。
- 从下方插入：在当前选定单元格或行的下方插入行，如图 14-67（b）所示。
- 删除行：删除当前选定行。
- 从左侧插入：在当前选定单元格或行的左侧插入列，如图 14-67（c）所示。
- 从右侧插入：在当前选定单元格或行的右侧插入列，如图 14-67（d）所示。
- 删除列：删除当前选定列。

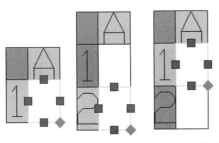

原单元格　　（a）在上方插入行　　（b）在下方插入行

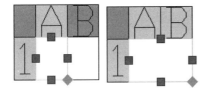

（c）在左侧插入列　　（d）在右侧插入列

图 14-67

2. "合并"面板、"单元样式"面板和"单元格式"面板

"合并"面板、"单元样式"面板和"单元格式"面板的主要功能是合并和取消合并单元、编辑数据格式和对齐、改变单元边框的外观、锁定和解锁编辑单元，以及创建和编辑单元样式。3 个面板的工具命令如图 14-68 所示。

图 14-68

面板中的选项含义如下。

- 合并单元：当选择多个单元格后，该命令被激活。执行此命令，将选定单元格合并为一个大单元格中，如图 14-69 所示。

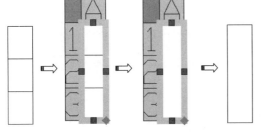

图 14-69

- 取消合并单元：对之前合并的单元格取消合并。
- 匹配单元：将选定单元格的特性应用到其他单元格。
- "单元样式"列表：列出包含在当前表格样式中的所有单元格样式。单元格样式标题、表头和数据通常包含在任意表格样式中，且无法删除或重命名。
- 背景填充：指定填充颜色。选择"无"或选择一种背景色，或者选择"选择颜色"命令，以打开"选择颜色"对话框，如图 14-70 所示。

图 14-70

- 编辑边框：设置选定单元格的边界特性。单击此按钮，将弹出如图 14-71 所示的"单元边框特性"对话框。

图 14-71

- "对齐方式"列表：对单元格内的内容指定对齐方式。内容相对于单元格的顶

部边框和底部边框进行居中对齐、上对齐或下对齐。内容相对于单元的左侧边框和右侧边框居中对齐、左对齐或右对齐。

- 单元锁定：锁定单元内容和／或格式（无法进行编辑）或对其解锁。
- 数据格式：显示数据类型列表（"角度""日期""十进制数"等），从而设置表格行的格式。

3. "插入"面板和"数据"面板

"插入"面板和"数据"面板上的工具命令所起的主要作用是插入块、字段和公式、将表格链接至外部数据等。"插入"面板和"数据"面板上的工具命令如图 14-72 所示。

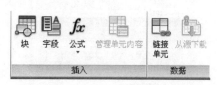

图 14-72

面板中所包含的工具命令的含义如下。

- 块：将块插入当前选定的表格单元中，单击此按钮，将弹出"在表格单元中插入块"对话框，如图 14-73 所示。通过单击"浏览"按钮，查找创建的块。单击"确定"按钮即可将块插入单元格。

图 14-73

- 字段：将字段插入当前选定的表格单元中。单击此按钮，将弹出"字段"对话框，如图 14-74 所示。

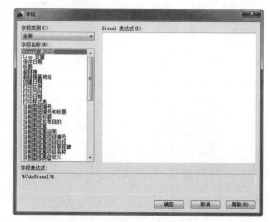

图 14-74

- 公式：将公式插入当前选定的单元格中，公式必须以等号（＝）开始。用于求和、求平均值和计数的公式将忽略空单元格以及未解析为数值的单元。

技术要点：

如果在算术表达式中的任何单元为空，或者包含非数字数据，则其公式将显示错误（#）。

- 管理单元内容：显示选定单元的内容。可以更改单元内容的次序以及单元内容的显示方向。
- 链接单元：将数据从在 Microsoft Excel 中创建的电子表格链接至图形中的表格。
- 从源下载：更新由已建立的数据链接中的已更改数据参照的表格单元中的数据。

14.7 综合训练——创建图纸表格

◎ 引入素材：综合训练\初始文件\Ch14\蜗杆零件图. dwg

◎ 结果文件：综合训练\结果文件\Ch14\创建图纸表格.dwg

◎ 视频文件：视频\Ch14\创建图纸表格.avi

本节将通过为一张机械零件图样添加文字及制作明细表格的过程，来复习前面几节中所涉及的文字样式、文字编辑、添加文字、表格制作等内容。本例的蜗杆零件图样如图 14-75 所示。

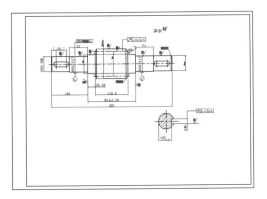

图 14-75

本例操作的过程是，首先为图样添加技术要求等说明文字，然后创建并编辑表格，最后在空表格中添加文字。

14.7.1　训练一：添加多行文字

零件图样的技术要求是通过多行文字来输入的，创建多行文字时，可利用默认的文字样式，最后可利用"多行文字"选项卡中的工具来编辑多行文字的样式、格式、颜色、字体等。
操作步骤

01 打开"综合训练 \ 源文件 \Ch14 \ 蜗杆零件图 .dwg"文件。

02 在"注释"选项卡的"文字"面板中单击"多行文字"按钮 A，然后在图样中指定两个点以放置多行文字，如图 14-76 所示。

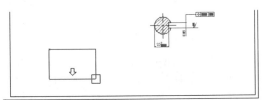

图 14-76

03 指定点后，程序打开文字编辑器。在文字编辑器中输入文字，如图 14-77 所示。

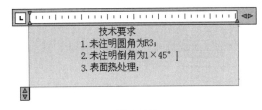

图 14-77

04 在"多行文字"选项卡中，设置"技术要求"字体高度为 8，字体颜色为红色，并加粗。将下面几点要求的字体高度设为 6，字体颜色为蓝色，如图 14-78 所示。

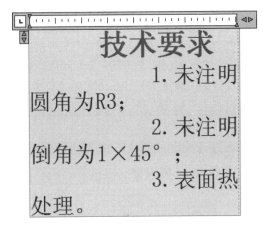

图 14-78

05 单击文字编辑器中标尺上的"设置文字宽度"按钮 ◀▶（按住不放），将标尺宽度拉长到合适尺寸，使文字在一行中显示，如图 14-79 所示。

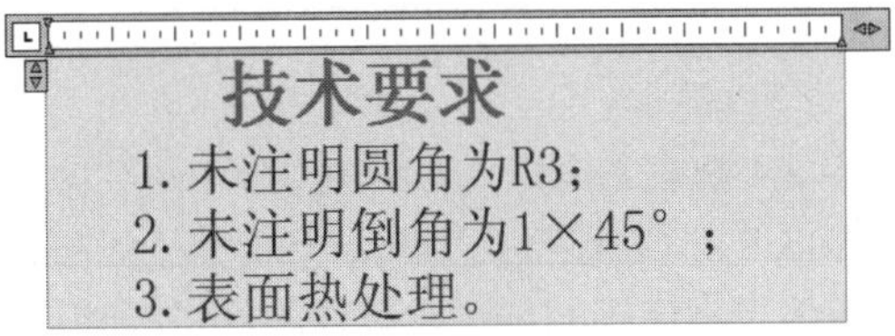

技术要求
1. 未注明圆角为R3；
2. 未注明倒角为1×45°；
3. 表面热处理。

图 14-79

06 单击空白处，完成图样中技术要求的输入。

14.7.2　训练二：创建空表格

根据零件图样的要求，需要制作两个空表格对象，一是用作技术参数明细表，再则是标题栏。创建表格之前，还需创建新表格样式。

01 在"注释"选项卡的"表格"面板中单击"表格样式"按钮，弹出"表格样式"对话框。单击该对话框中的"新建"按钮，弹出"创建新的表格样式"对话框，并在该对话框输入新的表格样式名称为"表格 样式1"，如图14-80所示。

图 14-80

02 单击"继续"按钮，弹出"新建表格样式"对话框。在该对话框的"单元样式"选项卡的"文字"选项区中，设置"文字颜色"为蓝色，在"边框"选项卡中设置所有边框颜色为"红色"，并单击"所有边框"按钮，将设置的表格特性应用到新表格样式中，如图14-81所示。

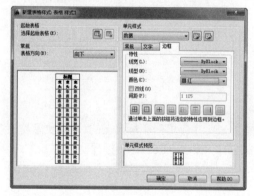

图 14-81

03 单击"新建表格样式"对话框的"确定"按钮，接着再单击"表格样式"对话框的"关闭"按钮，完成新表格样式的创建，新建的表格样式被自动设为当前样式。

04 在"表格"面板中单击"表格"按钮，弹出"插入表格"对话框，在"列和行设置"选项区中设置列数10、数据行数5、列宽30、行高2。在"设置单元样式"选项区中设置所有行单元的样式为"数据"，如图14-82所示。

图 14-82

05 保留其余选项的默认设置，单击"确定"按钮，关闭对话框。然后在图纸中的右下角指定一个点并放置表格，再单击"关闭"面板中的"关闭文字编辑器"按钮，退出文字编辑器。创建的空表格，如图14-83所示。

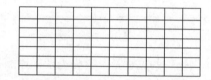

图 14-83

06 使用夹点编辑功能，单击表格线，修改空表格的列宽，并将表格边框与图纸边框对齐，如图14-84所示。

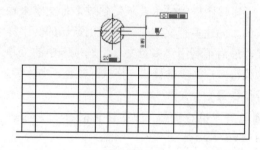

图 14-84

07 在单元格中单击，并打开"表格"选项卡。选择多个单元格，再使用"合并"面板上的"合并全部"命令，将选中的多个单元格合并，最终合并完成的结果如图14-85所示。

08 在"表格"面板中单击"表格"按钮，弹出"插入表格"对话框，在"列和行设置"选项卡中设置列数为3、数据行数为9、列宽为30、行高为2。在"设置单元样式"选项区中设置所有行单元的样式为"数据"，如图14-86所示。

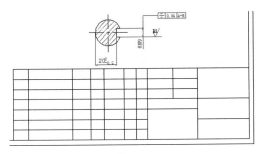

图 14-85

图 14-86

09 保留其余选项的默认设置，单击"确定"按钮，关闭对话框。然后在图纸中的右上角指定一点并放置表格，再单击"关闭"面板中的"关闭文字编辑器"按钮，退出文字编辑器。创建的空表格如图 14-87 所示。

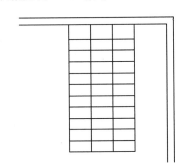

图 14-87

10 使用夹点编辑功能，修改空表格的列宽，如图 14-88 所示。

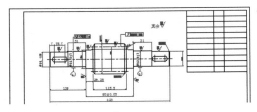

图 14-88

14.7.3 训练三：输入字体

当空表格创建和修改完成后，即可在单元格内输入文字了。

01 在要输入文字的单元格内单击，即可打开文字编辑器。

02 利用文字编辑器在标题栏的空表格中需要添加文字的单元格内输入文字，小文字的高度均为 8，大文字的高度为 12，如图 14-89 所示。在技术参数明细表的空表格内输入文字，如图 14-90 所示。

					设计		图样标记	S	
					制图		材料	比例	红星机械厂
					描图		45	1:02:00	
					校对		共1张	第1张	蜗杆
					工艺复核				
						修整复核	上针刺机		
标记		更改内容和依据		更改人	日期	审核	(QBG-421)	QBG421-3109

图 14-89

A	B	C
蜗杆类型		阿基米德
蜗杆头数	Z1	1
轴向模数	m	4
直径系数	q	10
轴面齿形角	a	20°
螺旋线升角		5° 42′ 38″
螺旋线方向		右
轴向齿距累积公差	±f_p	±0.020
轴向齿距极限偏差	f_{pt}	0.0340
齿新公差	f_{ft}	0.032

图 14-90

03 添加文字后的表格，如图 14-91 所示。

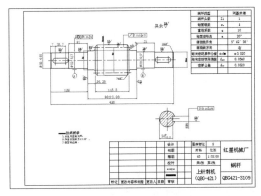

图 14-91

04 最后将结果保存。

14.8　课后练习

利用多行文字命令，为斜齿轮零件图书写技术要求，如图 14-92 所示。

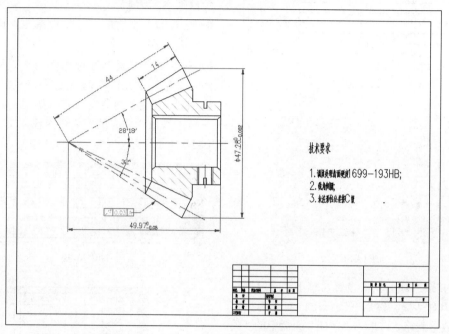

图 14-92

第 **15** 章 参数化绘图指令

图形的参数化设计是整个机械设计行业的整体趋势，其中就包括了 3D 建模和二维驱动设计。在本章中，我们将学习到 AutoCAD 2018 带给用户的设计新理念——参数化设计功能。

项目分解与视频二维码

◆ 图形参数化绘图概述
◆ 几何约束功能
◆ 尺寸驱动约束功能
◆ 约束管理

第 15 章视频

15.1 图形参数化绘图概述

参数化图形是一项用于具有约束的设计的技术。参数化约束是应用至二维几何图形的关联和限制。在 AutoCAD 2018 中，参数化约束包括几何约束和标注约束。如图 15-1 所示为功能区中"参数化"选项卡中的约束命令。

图 15-1

15.1.1 几何约束

在绘图过程中，AutoCAD 2018 与旧版本软件最大的区别就是在于：用户不用再考虑图线的精确位置。

为了提高工作效率，先绘制几何图形的大致形状后，再通过几何约束进行精确定位，以达到设计要求。

几何约束就是控制物体在空间中的 6 个自由度，而在 AutoCAD 2018 的"草图与注释"空间中可以控制对象的两个自由度，即平面内的 4 个方向。在三维建模空间中有 6 个自由度。

自由度

一个自由的物体，它对3个相互垂直的坐标系来说，有6种活动可能性，其中3种是移动，另3种是转动。习惯上把这种活动的可能性称为"自由度"，因此空间中任意自由物体共有6个自由度，如图15-2所示。

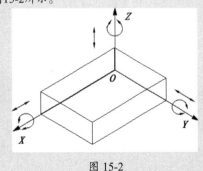

图 15-2

15.1.2　标注约束

"标注约束"不同于简单的尺寸标注，它不仅可以标注图形，还能靠尺寸驱动来改变图形，如图 15-3 所示。

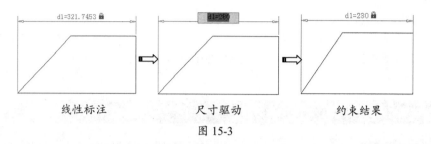

线性标注　　　　　　尺寸驱动　　　　　　约束结果

图 15-3

15.2　几何约束功能

"几何约束"条件一般用于定位对象和确定对象之间的相互关系。"几何约束"一般分为"手动约束"和"自动约束"。

在 AutoCAD 2018 中，"几何约束"的类型共有 12 种，如表 15-1 所示。

表 15-1　AutoCAD 2018 的几何约束类型

图标	说明	图标	说明	图标	说明	图标	说明
	重合		共线		同心		固定
	平行		垂直		水平		竖直
	相切		平滑		对称		相等

15.2.1　手动几何约束

表 15-1 中列出的"几何约束"类型为"手动约束类型"，也就是需要用户指定要约束的对象，下面介绍约束类型。

1. 重合约束

"重合约束"是约束两个点重合，或者约束一个点使其在曲线上，如图 15-4 所示。对象上的点会根据对象类型而有所不同，例如直线上可以选择中点或端点。

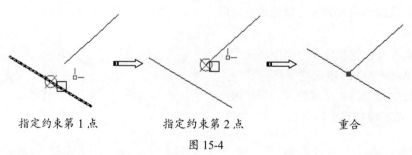

指定约束第 1 点　　　　　指定约束第 2 点　　　　　重合

图 15-4

技术要点：

在某些情况下，应用约束时选择两个对象的顺序十分重要。通常，所选的第2个对象会根据第1个对象进行调整。例如，应用"重合约束"时，选择的第2个对象将调整为重合于第1个对象。

2. 平行约束

"平行约束"是约束两个对象相互平行。即第 2 个对象与第 1 个对象平行或具有相同角度，如图 15-5 所示。

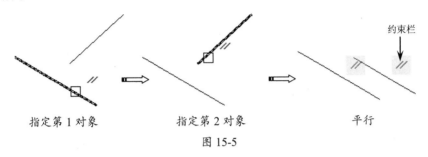

指定第 1 对象　　　　指定第 2 对象　　　　平行

图 15-5

3. 相切约束

"相切约束"主要约束直线和圆、圆弧，或者在圆之间、圆弧之间进行相切约束，如图 15-6 所示。

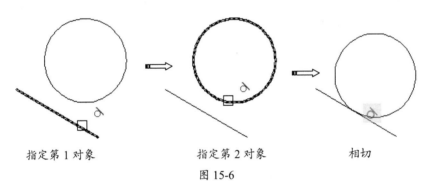

指定第 1 对象　　　　指定第 2 对象　　　　相切

图 15-6

4. 共线约束

"共线约束"是约束两条或两条以上的直线在同一条无限长的线上，如图 15-7 所示。

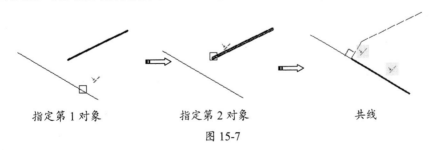

指定第 1 对象　　　　指定第 2 对象　　　　共线

图 15-7

5. 平滑约束

"平滑约束"是约束一条样条曲线与其他如直线、样条曲线或圆弧、多短线等对象 G2 连续，如图 15-8 所示。

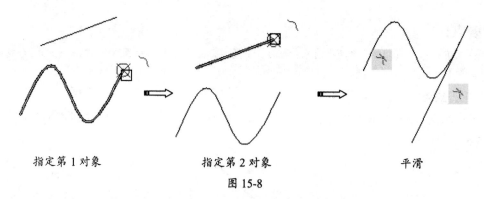

指定第 1 对象　　　　　　　指定第 2 对象　　　　　　　平滑

图 15-8

技术要点：

所约束的对象必须是样条曲线为第1约束。

6. 同心约束

"同心约束"是约束圆、圆弧和椭圆，使其圆心在同一点上，如图 15-9 所示。

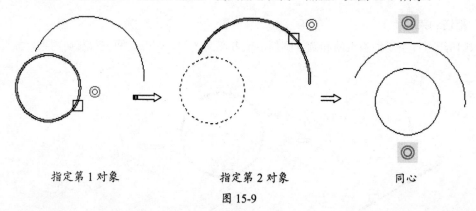

指定第 1 对象　　　　　　　指定第 2 对象　　　　　　　同心

图 15-9

7. 水平约束

"水平约束"是约束一条直线或两个点，使其与 UCS 的 X 轴平行，如图 15-10 所示。

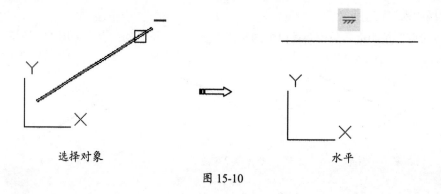

选择对象　　　　　　　　　　　　　　　水平

图 15-10

8. 对称约束

"对称约束"使选定的对象以直线对称。对于直线，将直线的角度设为对称（而非使其端点对称）。对于圆弧和圆，将其圆心和半径设为对称（而非使圆弧的端点对称），如图 15-11 所示。

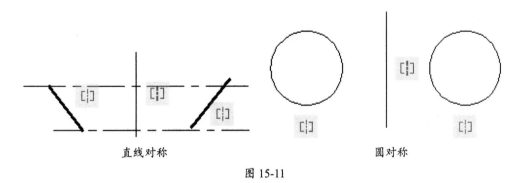

直线对称　　　　　　　　　　　圆对称

图 15-11

9. 固定约束

此约束类型是将选定的对象固定在某个位置上，从而使其不被移动。将"固定约束"应用于对象上的点时，会将节点锁定在位，如图 15-12 所示。

图 15-12

10. 竖直约束

"竖直约束"与"水平约束"是相垂直的一对约束，它是将选定对象（直线或一对点）与当前 UCS 中的 Y 轴平行，如图 15-13 所示。

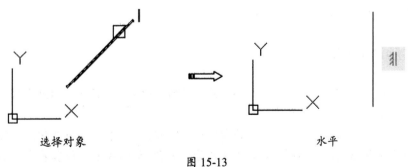

选择对象　　　　　　　　　　　水平

图 15-13

11. 垂直约束

"垂直约束"是将两条直线或多段线的线段相互垂直（始终保持在90°），如图 15-14 所示。

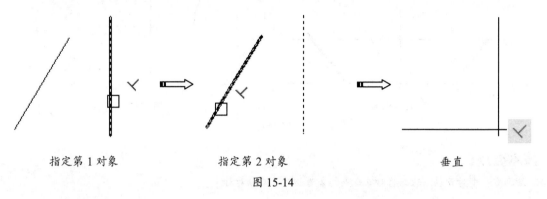

指定第 1 对象　　　　　　　　　指定第 2 对象　　　　　　　　　垂直

图 15-14

12. 相等约束

"相等约束"是约束两条直线或多段线的线段等长，约束圆、圆弧的半径相等，如图 15-15 所示。

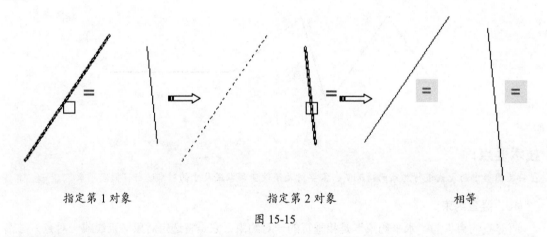

指定第 1 对象　　　　　　　　　指定第 2 对象　　　　　　　　　相等

图 15-15

技术要点：

可以连续拾取多个对象，以使其与第1个对象相等。

15.2.2　自动几何约束

"自动几何约束"用来对选取的对象自动添加几何约束集合。此工具有助于查看图形中各元素的约束情况，并以此做出约束修改。

例如，有两条直线看似相互垂直，但需要验证。因此在"几何"面板中单击"自动约束"按钮，然后选取两条直线，随后程序自动约束对象，如图 15-16 所示。可以看出，图形区中没有显示"垂直约束"的符号，表明两条直线并相互垂直。

要使两直线垂直，须使用"垂直约束"。

使用"约束设置"对话框中的"自动约束"选项卡，可在指定的公差集内将"几何约束"应用至几何图形的选择集。

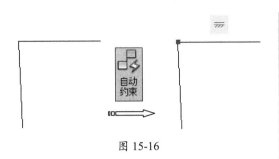

图 15-16

15.2.3　约束设置

"约束设置"对话框是向用户提供的控制"几何约束""标注约束"和"自动约束"设置的工具。在"参数化"选项卡的"几何"面板右下角单击"约束设置,几何"按钮，会弹出"约束设置"对话框,如图 15-17 所示。

图 15-17

该对话框中包含 3 个选项卡:几何、标注和自动约束。

1. "几何"选项卡

"几何"选项卡控制约束栏上约束类型的显示。选项卡中各选项及按钮的含义如下。

- 推断几何约束:选中此复选框,在创建和编辑几何图形时推断几何约束。
- 约束栏显示设置:此选项组用来控制约束栏(图 15-17 中所显示的约束符号)的显示。取消选中,在应用几何约束时将不显示约束栏,反之则显示。

- 全部选择:单击此按钮,将选中所有选项。
- 全部清除:单击此按钮,将清除全部选中。
- 仅为处于当前平面中的对象显示约束栏:选中此选项,仅为当前平面上受几何约束的对象显示约束栏,此选项主要用于三维建模空间。
- 约束栏透明度:设定图形中约束栏的透明度。
- 将约束应用于选定对象后显示约束栏:选中此复选框,手动应用约束后或使用 AUTOCONSTRAIN 命令时显示相关约束栏。
- 选定对象时显示约束栏:临时显示选定对象的约束栏。

2. "标注"选项卡

"标注"选项卡用来控制标注约束的格式与显示设置,如图 15-18 所示。

图 15-18

选项卡中各选项及按钮含义如下。

- 标注名称格式:为应用"标注约束"时显示的文字指定格式。标注名称格式包括"名称""值"和"名称和表达式"3种,如图 15-19 所示。

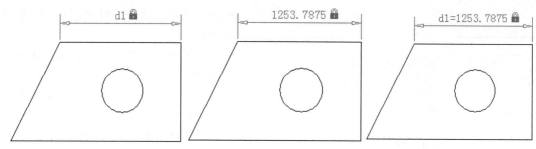

图 15-19

- 为注释性约束显示锁定图标：针对已应用注释性约束的对象显示锁定图标。
- 为选定对象显示隐藏的动态约束：显示选定时已设定为隐藏的动态约束。

3. "自动约束"选项卡

此选项卡主要控制应用于选择集的约束，以及使用 AUTOCONSTRAIN 命令时约束的应用顺序，如图 15-20 所示。

此选项卡中各选项和按钮的含义如下。

图 15-20

- 上移：将所选的约束类型向列表上面移动。
- 下移：将所选的约束类型向列表下面移动。
- 全部选择：选择所有几何约束类型以进行自动约束。
- 全部清除：全部清除所选几何约束类型。
- 重置：单击此按钮，将返回默认设置。
- 相切对象必须共用同一交点：指定两条曲线必须共用一个点（在距离公差内指定），以便应用相切约束。
- 垂直对象必须共用同一交点：指定直线必须相交或者一条直线的端点必须与另一条直线或直线的端点重合（在距离公差内指定）。
- 公差：设定可接受的公差值，以确定是否可以应用约束。"距离"公差应用于重合、同心、相切和共线约束。"角度"公差应用于水平、竖直、平行、垂直、相切和共线约束。

15.2.4 几何约束的显示与隐藏

绘制图形后，为了不影响后续的设计工作，用户还可以使用 AutoCAD 2018 "几何约束"的显示与隐藏功能，将约束栏显示或隐藏。

1. 显示/隐藏

此功能用于手动选择可显示或隐藏的"几何约束"。例如将图形中某一直线的"几何约束"隐藏，其命令行操作如下。

```
命令： CONSTRAINTBAR
选择对象：找到 1 个
选择对象：✓
输入选项 [ 显示 (S) / 隐藏 (H) / 重置 (R)] < 显示 >:H
```

隐藏"几何约束"的过程及结果如图 15-21 所示。

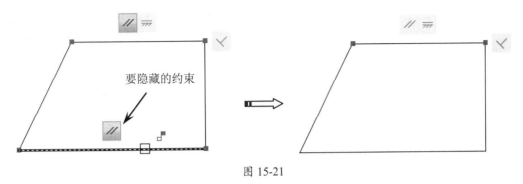

要隐藏的约束

图 15-21

同理，需要将图形中隐藏的"几何约束"单独显示，可在命令行中输入 S 选项。

2．全部显示

"全部显示"功能将使隐藏的所有"几何约束"同时显示。

3．全部隐藏

"全部隐藏"功能将使图形中的所有"几何约束"同时隐藏。

15.3 尺寸驱动约束功能

"标注约束"功能用来控制图形的大小与比例，也就是驱动尺寸来改变图形。它们可以约束以下内容。

- 对象之间或对象上的点之间的距离。
- 对象之间或对象上的点之间的角度。
- 圆弧和圆的大小。

AutoCAD 2018 的标注约束类型与图形注释功能中的尺寸标注类型类似，它们之间有以下几个不同之处。

- 标注约束用于图形的设计阶段，而尺寸标注通常在文档阶段进行创建。
- 标注约束驱动对象的大小或角度，而尺寸标注由对象驱动。
- 默认情况下，标注约束并不是对象，仅以一种标注样式显示，在缩放操作过程中保持相同大小，且不能输出到设备。

技术要点：

如果需要输出具有标注约束的图形或使用标注样式，可以将标注约束的形式从动态更改为注释性。

15.3.1 标注约束类型

"标注约束"会使几何对象之间或对象上的点之间保持指定的距离和角度。AutoCAD 2018 的"标注约束"类型共有 8 种，见表 15-2。

表 15-2　AutoCAD 2018 的标注约束类型

图标	说明	图标	说明
线性	根据尺寸界线原点和尺寸线的位置创建水平、垂直或旋转约束	角度	约束直线段或多段线段之间的角度、由圆弧或多段线圆弧扫掠得到的角度，或对象上 3 个点之间的角度
水平	约束对象上的点或不同对象上两个点之间的 X 距离	半径	约束圆或圆弧的半径
竖直	约束对象上的点或不同对象上两个点之间的 Y 距离	直径	约束圆或圆弧的直径
对齐	约束对象上的点或不同对象上两个点之间连线的平行距离	转换	将关联标注转换为标注约束

各标注约束的图解，如图 15-22 所示。

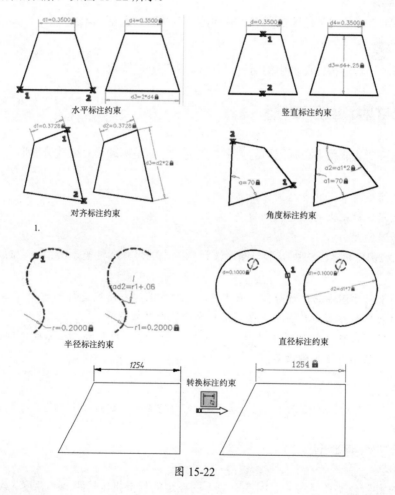

图 15-22

15.3.2　约束模式

"标注约束"功能有两种模式："动态约束"模式和"注释性约束"模式。

1．动态约束模式

此模式允许用户编辑尺寸。默认情况下，标注约束是动态的，它们对于常规参数化图形和设计任务来说非常理想。

动态约束具有以下特征。

- 缩小或放大时保持大小相同。
- 可以在图形中轻松实现全局打开或关闭。
- 使用固定的预定义标注样式进行显示。
- 自动放置文字信息，并提供三角形夹点，可以使用这些夹点更改标注约束的值。
- 打印图形时不显示。

2．注释性约束模式

希望标注约束具有以下特征时，注释性约束会非常有用。

- 缩小或放大时大小发生变化。
- 随图层单独显示。
- 使用当前标注样式显示。
- 提供与标注上的夹点具有类似功能的夹点功能。
- 打印图形时显示。

15.3.3　标注约束的显示与隐藏

"标注约束"的显示与隐藏功能，与前面介绍的几何约束的显示与隐藏操作是相同的，这里不再赘述。

15.4　约束管理

AutoCAD 2018还提供了约束管理功能，这也是"几何约束"和"标注约束"的辅助功能，包括"删除约束"和"参数管理器"。

15.4.1　删除约束

当用户需要对参数化约束做出更改时，就会使用此功能来删除约束。例如，在已经进行垂直约束的两条直线上再做平行约束，这是不允许的，因此只能先行删除垂直约束再对其进行平行约束。

技术要点：

删除约束与隐藏约束在本质上是有区别的。

15.4.2　参数管理器

"参数管理器"控制图形中使用的关联参数。在"管理"面板中单击"参数管理器"按钮 *fx*，弹出"参数管理器"选项板，如图 15-23 所示。

在选项板的"过滤器"选项区域中列出了图形的所有参数组。单击"创建新参数组"按钮▽，可以添加参数组列。

在选项板右侧的用户参数列表中则列出了当前图形中用户创建的"标注约束"。单击"创建新的用户参数"按钮🔧，可以创建新的用户参数组。

在用户参数列表中可以创建、编辑、重命名、编组和删除关联变量。要编辑某个参数变量，双击即可。

选择"参数管理器"选项板中的"标注约束"时，图形中将亮显关联的对象，如图15-24所示。

图 15-23

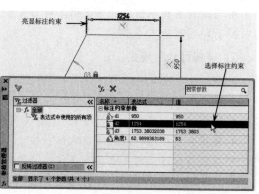

图 15-24

技术要点：

如果参数为处于隐藏状态的动态约束，则选中单元时将临时显示并亮显动态约束。亮显时并未选中对象，亮显只是直观地标识受标注约束的对象。

15.5 综合训练——参数化绘图

◎ 引入素材：综合训练\源文件\Ch15\CAD样板.dwg

◎ 结果文件：综合训练\结果文件\Ch15\减速器透视孔盖.dwg

◎ 视频文件：视频\Ch15\绘制减速器透视孔盖.avi

参数化功能是便捷绘图、提高绘图效率的强大功能。前面详解了参数化功能的基本命令，下面辅以实例操作来说明如何快捷地绘制图形。

本节以减速器透视孔盖的参数化绘制实例重新进行讲解、操作。

减速器透视孔盖虽然有多种类型，一般都以螺纹结构固定。如图15-25所示为减速器上的油孔顶盖。

本例中，我们完全颠覆以前的图形绘制方法。总体思路是：先任意绘制所有的图形元素（包括中心线、矩形、圆、直线等），然后标注约束各图形元素，最后几何约束各图形元素。

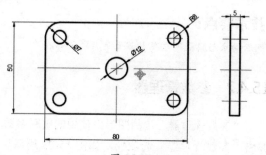

图 15-25

操作步骤

01 调用用户自定义的图纸样板文件。

02 使用"矩形""直线""圆"工具，绘制如图 15-26 所示的多个图形元素。

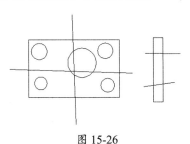

图 15-26

技术要点：

绘制的图形元素，其定位尽量与原图形类似。

03 在"参数化"选项卡的"标注"面板中单击"注释性约束模式"按钮。

04 使用"线性"标注约束工具，将两个矩形按如图 15-25 所示的尺寸进行约束，标注约束结果如图 15-27 所示。

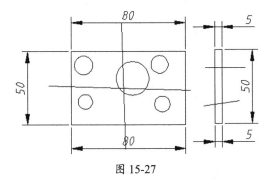

图 15-27

05 再使用"线性"标注约束工具，将中心线进行约束，标注约束结果如图 15-28 所示。

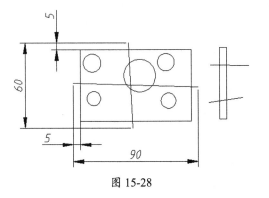

图 15-28

06 使用"直径"标注约束，对 5 个圆进行约束，结果如图 15-29 所示。

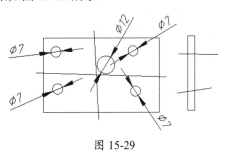

图 15-29

07 暂不进行标注约束。使用"水平"和"竖直"约束类型，约束矩形、中心线和侧视图中的两条直线，结果如图 15-30 所示。

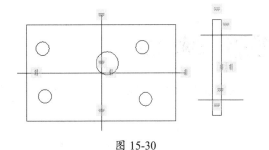

图 15-30

08 使用标注约束中的"线性"类型，标注中心线和两条直线，结果如图 15-31 所示。

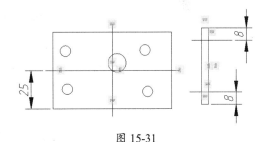

图 15-31

09 对大矩形和小矩形应用"共线"约束，使其在同一水平位置上，如图 15-32 所示。

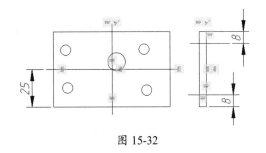

图 15-32

10 应用"重合"约束大圆,使其与中心线的中点重合,然后使用"圆角"命令对大矩形倒圆,如图 15-33 所示。

11 使用"同心"约束,将 4 个小圆与 4 个倒圆角的圆心重合。最后将侧视图中的直线删除,并拉长中心线,修改中心线的线性为 CEnter,结果如图 15-34 所示。

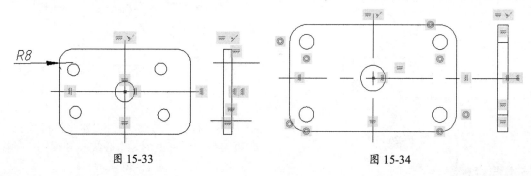

图 15-33   图 15-34

12 至此,完成图形的绘制。

15.6 课后习题

利用参数化约束功能,绘制如图 15-35 所示的零件图形。

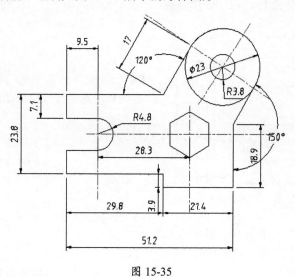

图 15-35

第 16 章　图层与特性指令

　　图层与图形特性是 AutoCAD 2018 中的重要内容，本章将介绍图层的基础知识、应用和控制图层的方法，最后还将介绍图形的特性，从而使读者能够全面地了解并掌握图层和图形特性的功能。

项目分解与视频二维码

◆ 图层指令
◆ 控制图层

◆ 图形特性

第 16 章视频

16.1　图层指令

　　图层是 AutoCAD 提供的一个管理图形对象的工具，用户可以根据图层对图形几何对象、文字、标注等进行归类处理，使用图层来管理它们，不仅能使图形的各种信息清晰、有序、便于观察，而且也会给图形的编辑、修改和输出带来很大的方便。图层相当于图纸绘图中使用的重叠图纸，如图 16-1 所示。

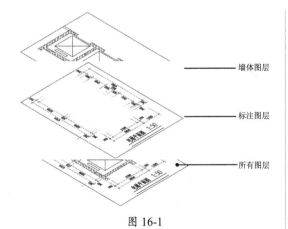

墙体图层

标注图层

所有图层

图 16-1

　　AutoCAD 2018 提供了多种图层管理工具，这些工具包括图层特性管理器、图层工具等，其中图层工具中又包含如"将对象的图层置于当前""上一个图层""图层漫游"等功能。接下来将图层管理、图层工具等功能做简要介绍。

16.1.1　图层特性管理器

　　AutoCAD 提供了图层特性管理器，利用该工具可以很方便地创建图层以及设置其基本属性。用户可通过以下方式打开"图层特性管理器"对话框。

- 执行"格式"|"图层"命令。
- 在"默认"标签的"图层"面板中单击"图层特性"按钮。
- 在命令行输入 LAYER。

　　打开的"图层特性管理器"对话框，如图 16-2 所示。新的"图层特性管理器"提供了更加直观的管理和访问图层的方式。在该对话框的右侧新增了图层列表框，用户在创建图层时可以清楚地看到该图层的从属关系及属性，同时还可以添加、删除和修改图层。

图 16-2

"图层特性管理器"对话框中所包含的按钮、选项的功能介绍如下。

1. 新建特性过滤器

"新建特性过滤器"的主要功能是根据图层的一个或多个特性创建图层过滤器。单击"新建特性过滤器器"按钮，弹出"图层过滤器特性"对话框，如图 16-3 所示。

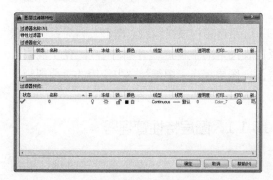

图 16-3

在"图层特性管理器"对话框的树状图中选定图层过滤器后，将在列表视图中显示符合过滤条件的图层。

2. 新建组过滤器

"新建组过滤器"的主要功能是创建图层过滤器，其中包含选择并添加到该过滤器的图层。

3. 图层状态管理器

"图层状态管理器"的主要功能是显示图形中已保存的图层状态列表。单击"图层状态管理器"按钮，弹出"图层状态管理器"对话框（也可执行"格式"|"图层状态管理器"命令），如图 16-4 所示。用户通过该对话框可以新建、重命名、编辑和删除图层状态。

图 16-4

"图层状态管理器"对话框的选项、功能按钮含义如下。

- 图层状态：列出已保存在图形中的命名图层状态、保存它们的空间（模型空间、布局或外部参照）、图层列表是否与图形中的图层列表相同以及可选说明。
- 不列出外部参照中的图层状态：控制是否显示外部参照中的图层状态。
- 关闭图层状态中未找到的图层：恢复图层状态后，可以关闭未保存设置的新图层，以使图形看起来与保存命名图层状态时一样。
- 将特性作为视口替代应用：将图层特性替代应用于当前视口。仅当布局视口处于活动状态并访问图层状态管理器时，此选项才可用。
- 更多恢复选项：控制"图层状态管理器"对话框中其他选项的显示。
- 新建：为在图层状态管理器中定义的图层状态指定名称和说明。
- 保存：保存选定的命名图层状态。
- 编辑：显示选定的图层状态中已保存的所有图层及其特性，视口替代特性除外。
- 重命名：为图层重命名。
- 删除：删除选定的命名图层状态。
- 输入：显示标准的文件选择对话框，从中可以将之前输出的图层状态（LAS）文件加载到当前图形。

- 输出：显示标准的文件选择对话框，从中可以将选定的命名图层状态保存到图层状态（LAS）文件中。
- 恢复：将图形中所有图层的状态和特性设置恢复为之前保存的状态（仅恢复使用复选框指定的图层状态和特性设置）。

4. 新建图层

"新建图层"工具用来创建新图层。单击"新建图层"按钮，列表中将显示名为"图层1"的新图层，图层名文本框处于编辑状态。新图层将继承图层列表中当前选定图层的特性（颜色、开或关状态等），如图16-5所示。

图 16-5

5. 所有视口中已冻结的新图层

"所有视口中已冻结的新图层"工具用来创建新图层，然后在所有现有布局视口中将其冻结。单击"在所有视口中都被冻结的新图层"按钮，列表中将显示名为"图层2"的新图层，图层名文本框处于编辑状态。该图层的所有特性被冻结，如图16-6所示。

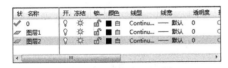

图 16-6

6. 删除图层

"删除图层"工具只能删除未被参照的图层。图层0和DEFPOINTS、包含对象（包括块定义中的对象）的图层、当前图层以及依赖外部参照的图层是不能被删除的。

7. 设为当前

"设为当前"工具是将选定图层设置为当前图层。将某个图层设置为当前图层后，在列表中该图层的状态呈"√"显示，然后用户即可在图层中创建图形对象了。

8. 树状图

在"图层特性管理器"对话框中的树状图可以显示图形中图层和过滤器的层次结构列表，如图16-7所示。顶层节点（全部）显示图形中的所有图层。单击窗格中的"收拢图层过滤器"按钮，即可将树状图窗格收拢，再单击此按钮，则展开树状图窗格。

图 16-7

9. 列表视图

列表视图显示了图层和图层过滤器及其特性和说明。如果在树状图中选定了一个图层过滤器，则列表视图将仅显示该图层过滤器中的图层。树状图中的"全部"过滤器将显示图形中的所有图层和图层过滤器。当选定某一个图层特性过滤器并且没有符合其定义的图层时，列表视图将为空。要修改选定过滤器中某一个选定图层或所有图层的特性，可以单击该特性的图标。当图层过滤器中显示了混合图标或"多种"时，表明在过滤器的所有图层中，该特性互不相同。

"图层特性管理器"对话框的列表视图如图16-8所示。

图 16-8

列表视图中各项目含义如下。

- 状态：指示项目的类型（包括图层过滤器、正在使用的图层、空图层或当前图层）。

- 名称：显示图层或过滤器的名称。当选择一个图层名称后，再按 F2 键即可编辑图层名。

- 开：打开或关闭选定图层。单击"电灯泡"形状的符号按钮💡，即可将选定图层打开或关闭。当💡符号呈亮色时，图层已打开；当💡符号呈暗灰色时，图层已关闭。

- 冻结：冻结所有视口中选定的图层，包括"模型"选项卡。单击❄按钮，可冻结或解冻图层，图层冻结后将不会显示、打印、消隐、渲染或重生成冻结图层上的对象。当❄符号呈亮色时，图层已解冻；当❄符号呈暗灰色时，图层已冻结。

- 锁定：锁定和解锁选定图层。图层被锁定后，将无法更改图层中的对象。单击🔓按钮（此符号表示锁已打开），图层被锁定，单击🔒符号按钮（此符号表示为锁已关闭），图层被解除锁定。

- 颜色：更改与选定图层关联的颜色。默认状态下，图层中对象的颜色呈黑色，单击"颜色"按钮■，弹出"选择颜色"对话框，如图 16-9 所示。在此对话框中用户可选择任意颜色来显示图层中的对象元素。

图 16-9

- 线型：更改与选定图层关联的线型。选择线型名称（如 Continuous），则会弹出"选择线型"对话框，如图 16-10 所示。单击"选择线型"对话框的"加载"按钮，再弹出"加载或重载线型"对话框，如图 16-11 所示。在此对话框中，用户可选择任意线型来加载，使图层中的对象线型为加载的线型。

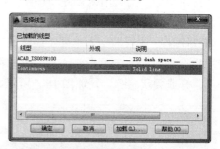

图 16-10

图 16-11

- 线宽：更改与选定图层关联的线宽。选择线宽的名称后（如"—默认"），弹出"线宽"对话框，如图 16-12 所示。通过该对话框，来选择适合图形对象的线宽值。

图 16-12

- 透明度：控制图层的透明度。
- 打印样式：更改与选定图层关联的打印样式。
- 打印：控制是否打印选定图层中的对象。
- 新视口冻结：在新布局视口中冻结选定图层。
- 说明：描述图层或图层过滤器。

16.1.2 图层工具

图层工具是 AutoCAD 向用户提供的图层创建和编辑的管理工具。执行"格式"|"图层工具"命令，即可打开"图层工具"子菜单，如图 16-13 所示。

图 16-13

图层工具子菜单上的工具命令除在"图层特性管理器"对话框中已介绍的打开或关闭图层、冻结或解冻图层、锁定或解锁图层、删除图层外，还包括上一个图层、图层漫游、图层匹配、更改为当前图层、将对象复制到新图层、图层隔离、将图层隔离到当前视口、取消图层隔离及图层合并等工具，接下来将介绍这些图层工具。

1. 上一个图层

"上一个图层"工具是用来放弃对图层设置所做的更改，并返回上一个图层状态。用户

可通过以下方式执行此操作。

- 菜单栏：执行"格式"|"图层工具"|"上一个图层"命令。
- 面板：在"默认"标签的"图层"面板中单击"上一个"按钮。
- 命令行：输入 LAYERP。

2. 图层漫游

"图层漫游"工具的作用是显示选定图层上的对象，并隐藏所有其他图层上的对象。用户可通过以下方式执行此操作。

- 菜单栏：执行"格式"|"图层工具"|"图层漫游"命令。
- 面板：在"默认"标签的"图层"面板中单击"图层漫游"按钮。
- 命令行：输入 LAYWALK。

在"默认"标签的"图层"面板中单击"图层漫游"按钮后，则弹出"图层漫游"对话框，如图 16-14 所示。通过该对话框，用户可在图形窗口中选择对象或选择图层进行显示、隐藏。

图 16-14

3. 图层匹配

"图层匹配"工具的作用是更改选定对象所在的图层，使之与目标图层相匹配。用户可通过以下方式执行此操作。

- 菜单栏：执行"格式"|"图层工具"|"图层匹配"命令。
- 面板：在"默认"标签的"图层"面板中单击"图层匹配"按钮。
- 命令行：输入 LAYMCH。

4. 更改为当前图层

"更改为当前图层"工具的作用是将选定

对象所在的图层更改为当前图层。用户可通过以下方式执行此操作。

- 菜单栏：执行"格式"|"图层工具"|"更改为当前图层"命令。
- 面板：在"默认"标签的"图层"面板中单击"更改为当前图层"按钮。
- 命令行：输入 LAYCUR。

5．将对象复制到新图层

"将对象复制到新图层"工具的作用是将一个或多个对象复制到其他图层。用户可通过以下方式执行此操作。

- 菜单栏：执行"格式"|"图层工具"|"将对象复制到新图层"命令。
- 面板：在"默认"标签的"图层"面板中单击"将对象复制到新图层"按钮。
- 命令行：输入 COPYTOLAYER。

6．图层隔离

"图层隔离"工具的作用是隐藏或锁定除选定对象所在图层外的所有图层。用户可通过以下方式执行此操作。

- 菜单栏：执行"格式"|"图层工具"|"图层隔离"命令。
- 面板：在"默认"标签的"图层"面板中单击"图层隔离"按钮。
- 命令行：输入 LAYISO。

7．将图层隔离到当前视口

"将图层隔离到当前视口"工具的作用是冻结除当前视口以外的所有布局视口中的选定图层。用户可通过以下方式执行此操作。

- 菜单栏：执行"格式"|"图层工具"|"将图层隔离到当前窗口"命令。
- 面板：在"默认"标签的"图层"面板中单击"将图层隔离到当前窗口"按钮。
- 命令行：输入 LAYVPI。

8．取消图层隔离

"取消图层隔离"工具的作用是恢复使用 LAYISO（图层隔离）命令隐藏或锁定的所有图层。用户可通过以下方式执行此操作。

- 菜单栏：执行"格式"|"图层工具"|"取消图层隔离"命令。
- 面板：在"默认"标签的"图层"面板中单击"取消图层隔离"按钮。
- 命令行：输入 LAYUNISO。

9．图层合并

"图层合并"工具的作用是将选定图层合并到目标图层中，并将以前的图层从图形中删除。用户可通过以下方式来执行此操作。

- 菜单栏：执行"格式"|"图层工具"|"图层合并"命令。
- 面板：在"默认"标签的"图层"面板中单击"图层合并"按钮。
- 命令行：输入 LAYMRG。

动手操作——利用图层绘制电梯间平面图

电梯间平面图如图 16-15 所示。

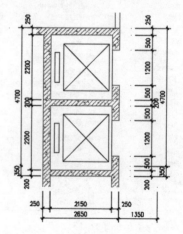

图 16-15

01 执行"文件"|"新建"命令，弹出"启动"对话框，单击"使用向导"按钮并选择"快速设置"选项，如图 16-16 所示。

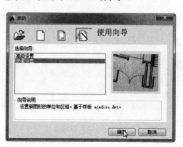

图 16-16

02 单击"确定"按钮，关闭对话框，弹出"快速设置"对话框，选择"建筑"选项。单击"下一步"按钮，设置图形界限，如图 16-17 所示，单击"完成"按钮，创建新的图形文件。

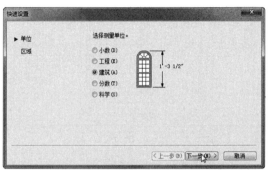

图 16-17

03 使用"视图"命令调整绘图窗口的显示范围，使图形能够被完全显示。

04 执行"格式"｜"图层"命令，弹出"图层特性管理器"对话框，单击"新建图层"按钮创建所需的新图层，并设置图层的名称和颜色等，双击墙体图层，将图层设置为当前图层，如图 16-18 所示。

图 16-18

05 选择"直线"工具，按 F8 键，打开"正交"模式，绘制一条垂直方向和一条水平方向的线段，效果如图 16-19 所示。

图 16-19

06 选择"偏移"工具偏移线段图形，如图 16-20 所示。选择"修剪"工具将线段图形修剪，制作出墙体效果，如图 16-21 所示。

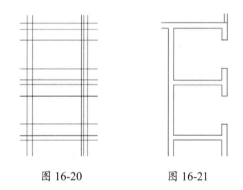

图 16-20　　　　　图 16-21

07 在"图层"工具栏的图层列表中选择电梯图层，设置电梯图层为当前图层。用"直线"工具在电梯门口位置绘制一条线段，将图形连接起来，如图 16-22 所示。再使用与前面相同的偏移复制和修剪方法，绘制出一部电梯的图形效果，如图 16-23 所示。

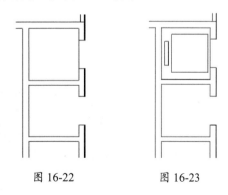

图 16-22　　　　　图 16-23

08 使用"直线"工具捕捉矩形的端点，在图形内部绘制交叉线标记电梯图形，如图 16-24 所示。

09 使用"复制"工具 选择所绘制的电梯图形，复制到下面的电梯井空间中，效果如图 16-25 所示。用"直线"工具 绘制线段将墙体图形封闭，如图 16-26 所示。

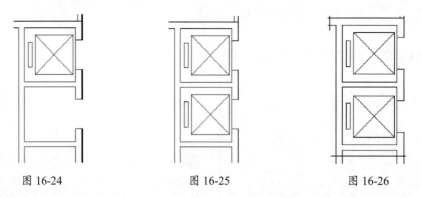

图 16-24　　　　　　　　　图 16-25　　　　　　　　　图 16-26

10 在"图层"工具栏的图层列表中选择填充图层，设置填充图层为当前图层。

11 选择"图案填充"工具 ，弹出"填充图案创建"选项卡，选择 AR-CONC 图案，并对图形填充进行设置，如图 16-27 所示。

图 16-27

12 重新调用"图案填充"命令，选择 ANSI31 图案，并对图形填充进行设置，如图 16-28 所示。

图 16-28

13 选择之前绘制用来封闭选择区域的线段，按 Delete 键，将线段删除，完成电梯间平面图的绘制，如图 16-29 所示。

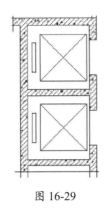

图 16-29

16.2 控制图层

在绘图过程中，如果绘图区中的图形过于复杂，将不便于对图形进行操作，此时可以使用图层功能将暂时不用的图层关闭或冻结，以便进行图形操作。

16.2.1 打开/关闭图层

本节主要学习打开和关闭图层的方法，通过本节的学习，读者可以掌握如何关闭暂时不需要显示的图层，以及如何打开被关闭的图层。

1. 关闭暂时不用的图层

在 AutoCAD 中，可以将图层中的对象暂时隐藏起来，或将图层中隐藏的对象显示出来。隐藏图层中的图形将不能被选择、编辑、修改和打印。

默认情况下，所有的图层都处于打开状态，通过以下两种方法可以关闭图层。

- 在"图层特性管理器"面板中单击要关闭图层前方的 💡 图标，此时，该图标将变为 💡 状态，表示该图层已关闭，如图 16-30 所示。

图 16-30

- 在"默认"选项卡的"图层"面板中单击"图层控制"下拉列表中的"开/关图层"图标 💡，此时，该图标将变为 💡 状态，表示该图层已关闭，如图 16-31 所示。

图 16-31

技术要点：

如果关闭的图层是当前层，将打开询问对话框，在该对话框中选择"关闭当前图层"选项即可。如果不小心对当前层执行了关闭操作，可以在打开的对话框中单击"使当前图层保持打开状态"链接，如图16-32所示。

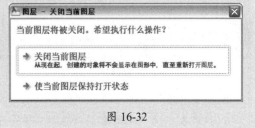

图 16-32

2. 打开被关闭的图层

打开图层的操作与关闭图层的操作相似。当图层被关闭后，在"图层特性管理器"对话框中单击图层前面的"打开"图标🔆，或在"图层"面板中单击"图层控制"下拉列表中的"开/关图层"图标🔆，可以打开被关闭的图层，此时在图层前面的图标🔆将转变为🔆状态。

16.2.2　冻结/解冻图层

本节主要学习冻结和解冻图层的方法，通过本节的学习，读者可以掌握如何冻结暂时不需要修改的图层，以及如何解冻被冻结的图层。

1. 冻结不修改的图层

在绘图操作中，可以对图层中不需要进行修改的对象进行冻结处理，以避免这些图形受到错误操作的影响，另外，还可以缩短绘图过程中系统生成图形的时间，从而提高计算机运行的速度，因此在绘制复杂图形时冻结图层非常重要。被冻结后的图层对象将不能被选择、编辑、修改和打印。

默认情况下，所有图层都处于解冻状态，可以通过以下两种方法将图层冻结。

- 在"图层特性管理器"对话框中选择要冻结的图层，单击该图层前面的"冻结"图标☼，同时，该图标☼将变为❄状态，表示该图层已经被冻结，如图 16-33 所示。

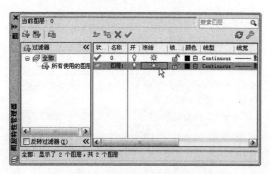

图 16-33

- 在"图层"面板中单击"图层控制"下拉列表中的"在所有视口冻结/解冻图

层"图标❄，如图 16-34 所示，图层前面的☼图标将变为❄状态，表示该图层已经被冻结。

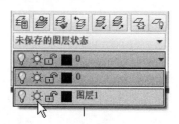

图 16-34

2. 解冻被冻结的图层

解冻图层的操作与冻结图层的操作相似。当图层被冻结后，在"图层特性管理器"对话框中单击图层前面的"解冻"图标❄，或在"图层"面板中单击"图层控制"下拉列表中的"在所有视口中冻结/解冻"图标❄，可以解冻被冻结的图层，此时在图层前面的❄图标将变为☼状态。

16.2.3　锁定/解锁图层

本节主要学习锁定和解锁图层的方法，通过本节的学习，读者可以掌握如何锁定暂时不需要修改的图层，以及如何解锁被锁定的图层。

1. 锁定不修改的图层

在 AutoCAD 中，锁定图层可以将该图层中的对象锁定。锁定图层后，图层上的对象仍然处于显示状态，但是用户无法对其进行选择和编辑修改等操作。

默认情况下，所有的图层都处于解锁状态，可以通过以下两种方法将图层锁定。

- 在"图层特性管理器"对话框中选择要锁定的图层，单击该图层前面的"锁定"图标🔓，图标🔓将变为🔒状态，表示该图层已经被锁定，如图 16-35 所示。
- 在"图层"面板中单击"图层控制"下拉列表中的"锁定/解锁图层"图标🔓，图层前面的🔓图标将变为🔒状态，表示该图层已经被锁定，如图 16-36 所示。

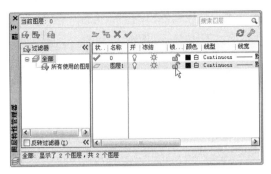

图 16-35

图 16-36

2．解锁被锁定的图层

解锁图层的操作与锁定图层的操作相似。当图层被锁定后，在"图层特性管理器"对话框中单击图层前面的"解锁"图标🔓，或在"图层"面板中单击"图层控制"下拉列表中的"锁定/解锁图层"图标🔓，可以解锁被锁定的图层，此时在图层前面的🔒图标将变为🔓状态。

动手操作——图层基本操作

01 打开"动手操作\源文件\Ch16\建筑结构图.dwg"文件，如图 16-37 所示。进入"常用"选项卡，在"图层"面板中单击"图层特性"按钮🖼，如图 16-38 所示。

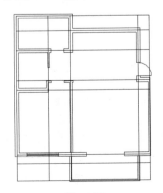

图 16-37

图 16-38

02 在打开的"图层特性管理器"对话框中创建"墙体""门窗"和"轴线"3 个图层，各个图层的特性，如图 16-39 所示。

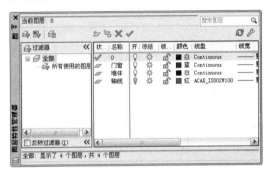

图 16-39

03 关闭"图层特性管理器"对话框，然后在建筑结构图中选择所有的轴线对象，如图 16-40 所示。

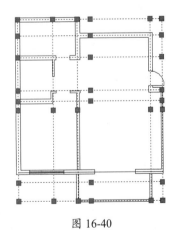

图 16-40

04 在"图层"面板中单击"图层控制"下拉按钮，在弹出的下拉列表中选择"轴线"图层，如图 16-41 所示。

05 按 Esc 键取消图形的选中状态，然后选择建筑结构图中的门窗图形，如图 16-42 所示。

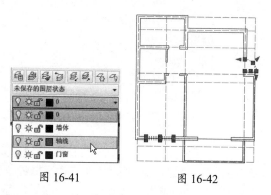

图 16-41　　　　　　图 16-42

06 在"图层"面板中单击"图层控制"下拉按钮，在弹出的下拉列表中选择"门窗"图层，如图 16-43 所示，然后按 Esc 键取消图形的选中状态。

07 在"图层"面板中单击"图层控制"下拉按钮，在弹出的下拉列表中单击"轴线"图层前面的"开/关图层"图标 ♀，将"轴线"图层关闭，如图 16-44 所示。

08 选择建筑结构图中的所有墙体图形，然后在"图层"面板中单击"图层控制"下拉按钮，在弹出的下拉列表中选择"墙体"图层，如图 16-45 所示。

09 按 Esc 键取消图形的选中状态，完成对图形的修改，如图 16-46 所示。

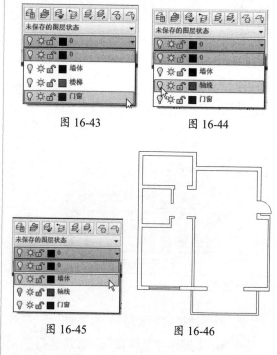

图 16-43　　　　　　图 16-44

图 16-45　　　　　　图 16-46

16.3　图形特性

　　前面学习了在图层中赋予图层各种属性的方法，在实际制图过程中也可以直接为实体对象赋予需要的特性。设置对象的特性通常包括线型、线宽和颜色。

16.3.1　修改对象特性

　　绘制的每个对象都具有其特性。某些特性是基本特性，适用于大多数对象，例如图层、颜色、线型和打印样式。有些特性是特定于某个对象的特性，例如，圆的特性包括半径和面积，直线的特性包括长度和角度。

技术要点：

如果将特性值设置为 BYLAYER，则将为对象指定与其所在图层相同的值。例如，如果将在图层 0 上绘制的直线的颜色指定为 BYLAYER，并将图层 0 的颜色指定为红色，则该直线的颜色将为红色。如果将特性设置为一个特定值，则该值将替代为图层设置的值。例如，如果将在图层 0 上绘制的直线的颜色指定为蓝色，并将图层 0 的颜色指定为红色，则该直线的颜色将为蓝色。

　　大多数图形的基本特性可以通过图层指定给对象，也可以直接指定给对象。直接指定特性给对象需要在"特性"面板中实现，在"常用"选项卡的"特性"面板中，包括了对象颜色、线宽、线型、打印样式和列表等列表控制栏，选择要修改的对象后，单击"特性"面板中的相应控制按钮，然后在弹出的下拉列表中选择需要的特性，即可修改对象的特性，如图 16-47 所示。

图 16-47

单击"特性"面板右下方的"特性"按钮圆，将打开"特性"选项板，在该选项板中可以修改选择对象的完整特性。如果在绘图区选择了多个对象，"特性"选项板中将显示这些对象的共同特性，如图 16-48 所示。

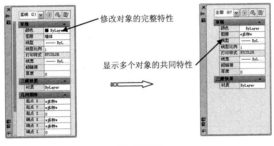

图 16-48

16.3.2 匹配对象特性

使用"特性匹配"命令，可以将一个对象所具有的特性复制给其他对象，可以复制的特性包括颜色、图层、线型、线型比例、厚度和打印样式，有时也包括文字、标注和图案填充特性。

在功能区"默认"选项卡的"特性"面板中单击"特性匹配"按钮圆后，系统将提示"选择源对象："，此时需要用户选择已具有所需要特性的对象，选择源对象后，系统将提示"选择目标对象或［设置（S）］："，此时选择应用源对象特性的目标对象即可，如图 16-49 所示。

在执行"特性匹配"命令的过程中，当系统提示"选择目标对象或［设置（S）］："时输入 S 并按空格键进行确定或者单击"设置（S）"选项，将打开"特性设置"对话框，在该对话框中可以选择需要复制的特性，其中包括基本特性和特殊特性两种，如图 16-50 所示。

图 16-49

图 16-50

动手操作——特性匹配操作

01 打开"动手操作\源文件\Ch16\面盆平面图.dwg"文件，如图16-51所示。选择图形中的圆角矩形，如图16-52所示。

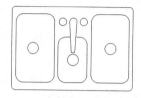

图 16-51

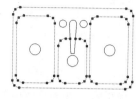

图 16-52

02 单击"特性"面板右下方的"特性"按钮🔲，打开"特性"选项板，如图16-53所示。单击"颜色控制"下拉按钮，在弹出的下拉列表中选择"蓝"选项，如图16-54所示。

03 单击"线宽控制"下拉按钮，在弹出的下拉列表中选择"0.30mm"选项，如图16-55所示。

图 16-53

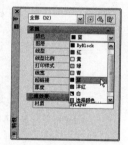

图 16-54

图 16-55

04 按Esc键取消图形的选中状态，然后重新选择其他图形，如图16-56所示。

05 在"特性"面板中单击"颜色控制"下拉按钮，在弹出的下拉列表中选择"红"选项，如图16-57所示。

06 单击"特性"面板中的"关闭"按钮❌关闭"特性"面板，完成对线条特性的修改，如图16-58所示。

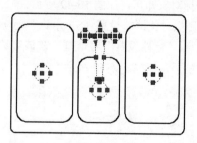

图 16-56

图 16-57

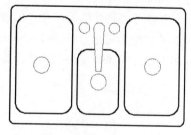

图 16-58

16.4 课后习题

1. 绘制客厅立面图

新建样板文件。设置图限、图形单位、文字样式、尺寸标注样式、线型及打印样式等，然后绘制如图 16-59 所示的客厅立面图。

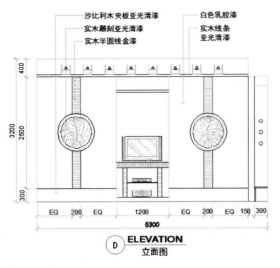

图 16-59

2. 绘制楼梯立面图

新建样板文件。设置图限、图形单位、文字样式、尺寸标注样式、线型及打印样式等，然后绘制如图 16-60 所示的楼梯立面图。

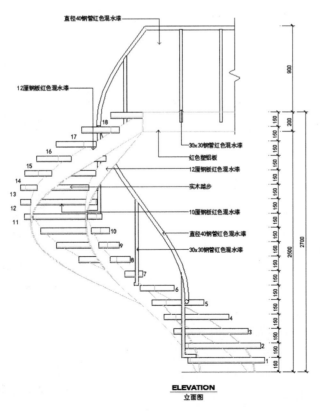

图 16-60

第 *17* 章 管理图形数据

AutoCAD 2018 提供了图形和应用程序之间的数据交换功能，还提供了图形输入与输出接口。不仅可以将其他应用程序中处理好的数据传送给 AutoCAD，以显示其图形，还可以将 AutoCAD 中绘制好的图形打印出来，或者把它们的信息传送给其他应用程序。

此外，为适应互联网的快速发展，使用户能够快速、有效地共享设计信息，AutoCAD 2018 强化了其互联网功能，使其与互联网相关的操作更加方便、高效，可以创建 Web 格式的文件（DWF），以及发布 AutoCAD 图形文件到网页。

项目分解与视频二维码

◆ 利用剪贴板粘贴数据
◆ 链接和嵌入数据

◆ 从图形或电子表格中提取数据
◆ 在Internet上共享图形文件

第 17 章视频

17.1 利用剪贴板粘贴数据

在 AutoCAD 中，用户可以利用 Windows 剪贴板的粘贴功能，将其他应用程序的数据文件粘贴到图形中，如文本文档、电子表格、幻灯片和动画图像等。

17.1.1 粘贴为块

"粘贴为块"是将剪贴板中复制或剪切的对象以块的方式粘贴到图形区域中。在以后创建相同对象时，可将粘贴为块的对象使用"插入"命令，插入到新的图形中。

用户可通过以下方式执行此操作。

- 菜单栏：执行"编辑"|"粘贴为块"命令。
- 快捷菜单：不选择任何对象，右击并选择快捷菜单中的"粘贴为块"命令。
- 命令行：输入 PASTECLIP。
- 快捷键：Ctrl+Shift+V。

执行 PASTECLIP 后，命令行提示需要指定块的插入点，然后即可将剪贴板上的对象以块的方式插入到图形中。

下面以实例来说明粘贴为块的操作过程。

动手操作——粘贴为块的操作

01 打开"动手操作\源文件\Ch17\ex-1.dwg"文件。

02 在图形窗口中选择图形，然后按快捷键 Ctrl+C 复制到剪贴板中，如图 17-1 所示。

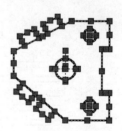

图 17-1

03 不选择任何图形的情况下，右击并选择快捷菜单中的"粘贴为块"命令，如图 17-2 所示。

图 17-2

04 在图形窗口中指定一点作为块的插入点，单击后将块插入到图形中，如图17-3所示。

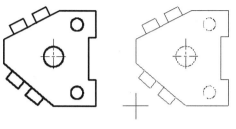

图 17-3

05 在"块和参照"选项卡的"块"面板中单击"插入点"按钮，在打开的"插入"对话框中可看见自定义块名称的块，如图17-4所示。

图 17-4

17.1.2 粘贴为超链接

"粘贴为超链接"命令用于将剪贴板中的外部链接对象粘贴到图形中。

用户可通过以下方式执行此操作。

- 菜单栏：执行"编辑"|"粘贴为超链接"命令。
- 命令行：输入 PASTEASHYPERLINK。

技术要点：

当剪贴板中包含外部链接数据时，该命令才可用。例如，在Word程序中复制一段文字，在AutoCAD中，"粘贴为超链接"命令被自动激活。

超链接提供了一种简单而有效的方式，可快速将各种文档（例如其他图形、BOM 表或工程计划）与图形相关联。

17.1.3 粘贴到原坐标

"粘贴到原坐标"命令可以将复制到剪贴板的对象，以与原图形中使用的相同坐标粘贴到图形中。用户可通过以下方式执行此操作。

- 菜单栏：执行"编辑"|"粘贴到原坐标"命令。
- 快捷菜单：选择"粘贴到原坐标"命令。
- 命令行：输入 PASTEORIG。

技术要点：

仅当剪贴板包含来自当前图形以外的图形的AutoCAD数据时，"粘贴到原坐标"命令才有效。

17.1.4 选择性粘贴

使用"选择性粘贴"命令可以将链接对象或嵌入对象从剪贴板插入到图形中。如果将粘贴的信息转换为 AutoCAD 格式，对象将作为块参照插入。

用户可通过以下方式执行此操作。

- 菜单栏：执行"编辑"|"选择性粘贴"命令。
- 命令行：输入 PASTESPEC。

执行PASTESPEC命令，弹出"选择性粘贴"对话框，如图17-5所示。

图 17-5

该对话框选项的含义如下。

- 来源：显示包含已复制信息的文档名称，还显示已复制文档的特定部分。
- 粘贴：将剪贴板内容粘贴到当前图形中作为内嵌对象。

- 粘贴链接：将剪贴板链接数据内容粘贴到当前图形中。当剪贴板中包含外部程序的数据时，该命令被激活，如图 17-6 所示。

图 17-6

17.2 链接和嵌入数据

对象链接和嵌入（OLE）是 Windows 的一个功能，用于将不同应用程序的数据合并到一个文档中。例如，可以创建包含 AutoCAD 图形的 Adobe InDesign 布局，或者创建包含全部或部分 Microsoft Excel 电子表格的 AutoCAD 图形。

链接对象是对其他文档中信息的引用，如果需要在多个文档中使用同一信息，即可链接对象。因此，即使修改了原始信息，只需更新链接即可更新包含 OLE 对象的文档，也可以将链接设置为自动更新，如图 17-7 所示。

嵌入的 OLE 对象是一份来自其他文档的信息。当嵌入对象时，其与源文档之间没有链接，对源文档所做的修改也不反映在目标文档中，如图 17-8 所示。

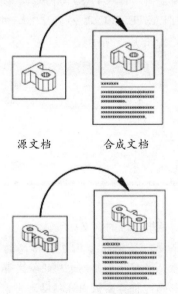

源文档　　　合成文档

已修改的源文档　未修改的合成文档

图 17-7

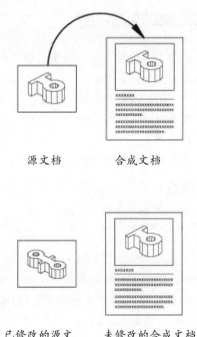

源文档　　　合成文档

已修改的源文　　未修改的合成文档

图 17-8

17.2.1 输入 OLE 对象（选择性粘贴）

当用户将信息从其他文档链接到图形中时，信息将随源文档中的信息一起更新。输入 OLE 对象后，用户可进行更新链接、重建链接和中断链接的操作。

1．在图形中链接 OLE 对象

若要链接 OLE 对象，需另行打开源程序文件，如 Microsoft Word，然后在 Word 中输入相关文字信息，并将其复制到剪贴板中。最后在 AutoCAD 中执行"编辑"|"粘贴为超级链接"命令，即可将 OLE 对象粘贴到图形中。

下面以实例来说明在图形中链接 OLE 对象的操作过程。

动手操作——链接 OLE 对象

01 启动源程序软件 Word，并在文档中输入文字，如图 17-9 所示。

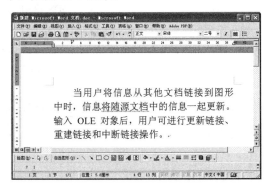

图 17-9

02 将 Word 中的文字全部复制到剪贴板中。打开 AutoCAD 文件，然后执行"编辑"|"选择性粘贴"命令，弹出"选择性粘贴"对话框。在该对话框中单击"粘贴链接"单选按钮，并单击"确定"按钮，如图 17-10 所示。

图 17-10

03 在图形窗口中指定一点以放置 OLE 链接对象，如图 17-11 所示。

图 17-11

2．更新链接

可以设置当链接文档中的信息改变时自动或手动更新链接。默认情况下，将自动更新链接。使用 OLELINKS（OLE 链接）命令来指定自动或手动更新。执行"编辑"|"OLE 链接"命令，或者在命令行输入 OLELINKS，执行命令后将弹出"链接"对话框，如图 17-12 所示。

图 17-12

技术要点：

> 如果图形中不存在现有的 OLE 链接，则"编辑"菜单上的"OLE 链接"命令将不可用并且不会弹出"链接"对话框。

该对话框的选项含义如下。

- 取消：取消更新链接。
- 立即更新：立即更新选定的链接。
- 打开源：打开源文件并亮显链接到 AutoCAD 图形的部分。
- 更改源：显示"更改源"对话框（标准文件对话框），从中可以指定其他源文件。如果源是文件中的一个选择（而不是整个文件），则"项目名称"显示代表该选择的字符串。
- 断开链接：切断对象与原始文件之间

的链接。将图形中的对象修改为 WMF（Windows 图元文件格式），即使将来修改了源文件，该格式也不受影响。

3. 重建链接和中断链接

当源文档的位置改变或重命名时，需要重建链接。重建链接时，在"链接"对话框中选择"更改源"选项即可重建 OLE 链接。

中断链接并不会删除已插入的图形信息，但是，会删除与链接文档的链接。当不再需要更新信息时可以断开链接。若要中断链接，则在"链接"对话框中选择"断开链接"选项即可。

17.2.2 嵌入 OLE 对象（粘贴）

与链接对象不同的是，嵌入 OLE 对象是将信息从其他文档嵌入到图形中时，信息不会随源文档中的信息一起更新。通过将对象复制到剪贴板，然后再粘贴到图形文件，可以将对象嵌入到图形中。例如，可将使用其他应用程序创建的公司徽标嵌入图形中，如图 17-13 所示。

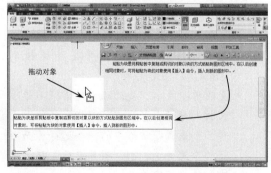

图 17-13

若 AutoCAD 和另一种应用程序同时打开，且都处于运行状态，可从另一个程序中拖动对象到 AutoCAD 中，如图 17-14 所示。

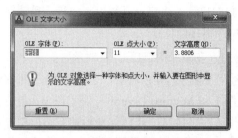

图 17-14

拖动 OLE 对象到 AutoCAD 时，AutoCAD 会弹出"OLE 文字大小"对话框，通过该对话框可以设置 OLE 文字大小、字体和高度，如图 17-15 所示。

图 17-15

17.2.3 输出 OLE 对象（复制链接）

OLE 对象的输出是 OLE 对象输入的逆向过程，即在 AutoCAD 中复制图形到剪贴板中，然后在另一个应用程序中粘贴复制的图形。

将当前视图复制到剪贴板中以便链接到其他 OLE 应用程序，可执行"编辑"|"复制链接"命令。剪贴板中的内容可作为 OLE 对象粘贴到文档中，如图 17-16 所示。

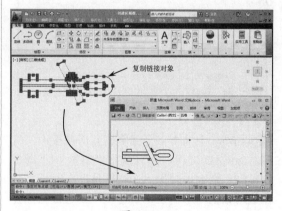

图 17-16

17.2.4 编辑 OLE 对象

在 AutoCAD 中编辑 OLE 对象。拖曳夹点可以将 OLE 对象的边框放大或缩小，还可以平移，但缩小边框时不能超过原有边框的大小，如图 17-17 所示。

图 17-17

技术要点：

如果旋转OLE对象或OLE对象不在平面视图中时，将临时隐藏OLE对象的内容，而只显示边框。由于夹点显示在边框上，如果没有显示边框则无法进行夹点编辑。边框的显示可通过修改OLEFRAME变量实现。

若要编辑 OLE 对象，通过双击对象以打开源程序，在源程序中编辑输入或嵌入的 OLE 对象。当 AutoCAD 是源应用程序时，可从目标应用程序或在源程序中编辑链接图形。

技术要点：

嵌入文档的AutoCAD图形只能在目标应用程序（如Word）中编辑，若在AutoCAD程序中编辑原始图形，将不会影响该图形嵌入到的文档。

17.3 从图形或电子表格中提取数据

在 AutoCAD 2018 中，用户可以使用数据提取向导，从图形对象中提取特性信息，包括块及其属性，以及图形特性（例如图形名和概要信息）。提取的数据可以与 Microsoft Excel 电子表格中的信息链接，也可以输出到表格或外部文件中。

17.3.1 数据提取向导

使用数据提取向导选择数据源（图形），用户可以从选定的对象中提取特性数据，也可以将数据输出到表格或外部文件。

用户可通过以下方式执行此操作。

- 菜单栏：执行"工具"|"数据提取"命令。
- 命令行：输入 DATAEXTRACTION。

执行 DATAEXTRACTION 命令后，将弹出"数据提取-开始"对话框，如图 17-18 所示。

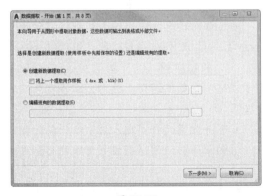

图 17-18

此对话框中各选项的含义如下。

- 创建新数据提取：创建新的数据提取并

将其保存到 .dxe 文件中。

- 将上一个提取用作样板：使用以前保存在数据提取 DXE 文件或属性提取样板 BLK 文件中的设置。单击"浏览"按钮，可在标准文件选择对话框中选择文件。
- 编辑现有的数据提取：可让用户修改现有的数据，提取 DXE 文件。

单击该对话框的"下一步"按钮，弹出"将数据提取另存为"对话框，选择一个目标文件夹并命名，然后关闭该对话框。程序再弹出"数据提取 - 定义数据源"对话框，如图 17-19 所示。

图 17-19

此对话框中各选项的含义如下。

- 图形／图纸集：使"添加文件夹"和"添加图形"按钮可用于指定提取的图形和文件夹。提取的图形和文件夹列在"图形文件"视图中。

- 包括当前图形：将当前图形包含在数据提取中。如果还提取其他图形，则当前图形可以为空（不包含对象）。

- 在当前图形中选择对象：从当前图形中可以选择对象来进行数据提取。

- 添加文件夹：单击此按钮，将打开"添加文件夹选项"对话框，可以在其中指定要在数据提取中包含的文件夹。

- 添加图形：单击此按钮，打开"选择文件"对话框，用户可以在其中指定要在数据提取中包含的图形。

- 删除：从数据提取中删除"图形文件和文件夹"列表中列出的图形或文件夹。

- 设置：单击此按钮，弹出"数据提取-其他设置"对话框，可以在其中指定数据提取设置。

在"数据提取-定义数据源"对话框中单击"添加图形"按钮，然后在图形文件路径中打开。再单击"下一步"按钮，将弹出"数据提取-选择对象"对话框，如图 17-20 所示。

图 17-20

在"数据提取-选择对象"对话框的"对象"列表中选中一个源对象的复选框后，再单击"下一步"按钮，弹出"数据提取-选择特性"对话框，如图 17-21 所示。

图 17-21

该对话框控制要提取的对象、块和图形特性。在列表头上右击并使用快捷菜单中的选项选中或取消选中所有项目、反转选择集，或编辑显示名称。单击列表头可反转排序、调整列的大小。

单击"下一步"按钮，弹出"数据提取-优化数据"对话框，如图 17-22 所示。

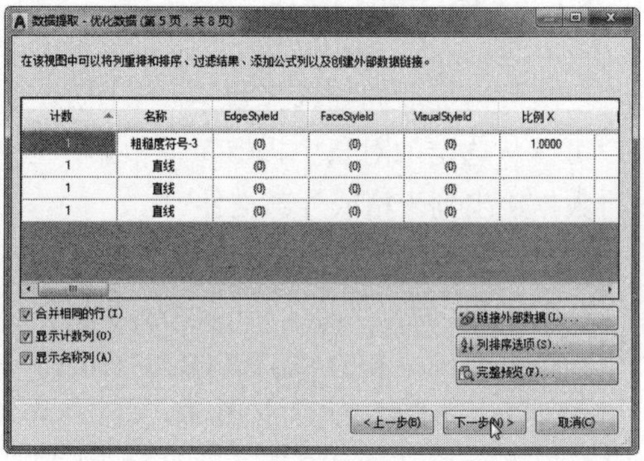

图 17-22

通过该对话框，可以修改数据提取处理表的结构，可以对列进行重排序、过滤结果、添加公式列和脚注行，以及创建 Microsoft Excel 电子表格中数据的链接。该对话框各选项的含义如下。

- 合并相同的行：在表格中按行编组相同的记录，使用所有聚集对象的总和更新计数列。

- 显示计数列：显示栅格中的计数列。

- 显示名称列：显示栅格中的名称列。

- 链接外部数据：单击此按钮，打开"链接外部数据"对话框，可以在其中创建提取的图形数据和 Excel 电子表格中数据之间的链接。

- 列排序选项：单击此按钮，显示"排序列"对话框，可以在其中对多个列中的数据排序。
- 完整预览：在文本窗口中显示最终输出的完整预览，包括已链接的外部数据。

单击"数据提取-优化数据"对话框的"下一步"按钮，弹出"数据提取-选择输出"对话框，如图 17-23 所示。在该对话框中可指定要将数据提取至的输出类型。"将数据提取处理表插入图形"选项是指创建填充提取数据的表格；"将数据输出至外部文件"选项是指创建数据提取文件，可用的文件格式包括 Microsoft Excel（XLS）、逗号分隔的文件格式（CSV）、Microsoft Access（MDB）和 Tab 分隔的文件格式（TXT）。

图 17-23

单击"下一步"按钮，弹出"数据提取-表格样式"对话框，如图 17-24 所示。该对话框控制数据提取处理表的外观。

图 17-24

"数据提取-表格样式"对话框中各选项的含义如下。

- 选择要用于已插入表格的表格样式：单击"表格样式"按钮，显示"表格样式"对话框，从中定义新的表格样式。
- 将表格样式中的表格用于标签行：创建数据提取处理表，使其顶部一组行包含选项卡单元，底部一组标签行包含表头和脚注单元。
- 手动设置表格：用于手动输入标题以及指定标题、表头和数据单元样式。
- 输入表格的标题：指定表的标题。
- 标题单元样式：指定标题单元的样式。
- 表头单元样式：指定表头行的样式。
- 数据单元样式：指定数据单元的样式。
- 将特性名称用作其他列标题：包括列表头并使用"显示名称"作为表头行。

单击"数据提取-表格样式"对话框的"下一步"按钮，最后弹出"数据提取-完成"对话框，当数据提取向导的所有数据都设置完成后，单击"完成"按钮，完成从外部数据的提取操作，如图 17-25 所示。

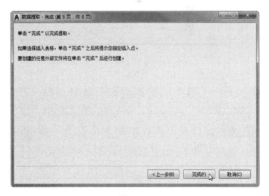

图 17-25

在图形区域中指定点以放置提取的外部数据，如图 17-26 所示为向外部提取数据的表单。

计数	名称	半径	标题	材质	超链接	超链接基地址	打印样式	关键字	厚度	面积	图层
1	圆	10.0000		ByLayer			ByLayer		0.0000	314.1593	0
1	圆	15.0000		ByLayer			ByLayer		0.0000	706.8583	0

图 17-26

17.3.2 输出提取数据

在 AutoCAD 中，不仅从外部可以提取数据至图形中，还可以将提取的数据输出到表格或外部文件。在数据提取向导中的"数据提取选择输出"对话框中，用户可以将提取的数据输出到数据提取处理表、外部文件或同时输出到两者上。

下面以实例来说明输出提取数据的操作过程。

动手操作——输出提取的数据

01 打开"动手操作 \ 源文件 \Ch17\ex-2.dwg"文件，打开的数据图形如图 17-27 所示。

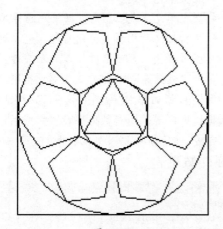

图 17-27

02 执行"工具"|"数据提取"命令，弹出"数据提取-开始"对话框。单击该对话框的"下一步"按钮，打开"将数据提取另存为"对话框，通过该对话框将提取数据保存到自定义的路径中，然后单击"保存"按钮退出该对话框。

03 单击下一个对话框的"下一步"按钮，直至打开"数据提取-选择对象"对话框，选中"对象"列表下的两个复选框，并连续单击依次打开的对话框的"下一步"按钮，直至弹出"数据提取-选择输出"对话框。选中"将数据输出至外部文件"复选框，然后单击"浏览"按钮，为输出文件选择一个存放路径，最后单击该对话框的"下一步"按钮，如图 17-28 所示。

图 17-28

技术要点：

若同时选中"将数据提取处理表插入图形"复选框，那么在AutoCAD图形中也会插入相同的数据表格。由于本例操作的是数据的输出，因此这里就不需要选中了。

04 最后单击"数据提取-完成"对话框的"完成"按钮，完成提取数据的输出操作。在提取数据Excel 电子表格存放路径中打开该文件，即可看见创建的提取数据表格，如图 17-29 所示。

图 17-29

技术要点：

在输出文件时，还可选择TXT、MDB、CSV等格式来保存文件。

17.3.3 修改数据提取表

用户可以通过更改格式、添加行或列，或者编辑单元中的数据以对数据提取处理表进行修改。任何格式、结构或数据更改都将在表格更新后保留。例如，如果为表头行添加着色或更改某些列中文字的格式，则这些更改在表格更新后都不会丢失。

默认情况下，数据提取处理表中的所有单元都处于锁定状态而无法编辑，但对于格式更改则处于解锁状态。通过访问表格的快捷菜单，用户可以对用于数据和格式编辑的单元进行解锁或锁定，如图 17-30 所示。

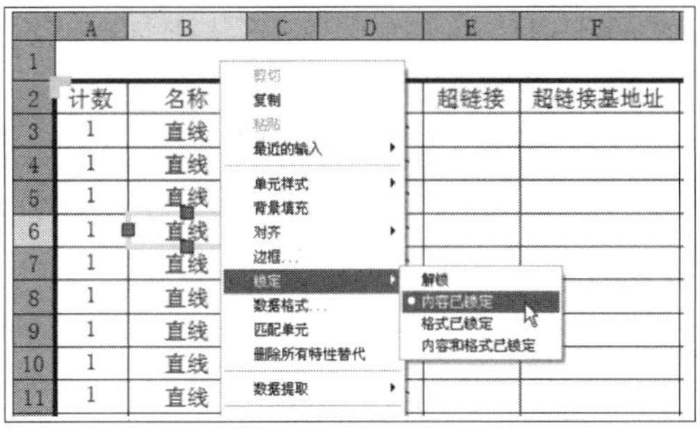

图 17-30

17.4　在 Internet 上共享图形文件

用户可以访问和存储 Internet 上的图形以及相关文件。使用此功能，必须安装 Microsoft Internet Explorer 6.1 Service Pack 1（或更高版本），并拥有访问 Internet 或 Intranet 的权限。

国际上通常采用 DWF（Drawing Web Format，图形网络格式）图形文件格式来发布、输出、导入，以及在外部浏览器中浏览 DWF 文件。

17.4.1　启动 Internet 访问

要将文件保存到 Internet 站点，用户操作系统必须对存储文件的目录具有足够的访问权限。若没有，则与网络管理员或 Internet 服务提供商（ISP）联系，以获得足够的访问权限。

在命令行输入 BROWSER 或 INETLOCA-TION 命令，可指定新的 Internet 地址，执行命令后，即可打开想要打开的 Internet 网页，如图 17-31 所示。

图 17-31

17.4.2　在图形中添加超链接

超链接提供了一种简单而有效的方式，可快速将各种文档（例如其他图形、BOM 表或工程计划）与图形相关联。超链接可以指向存储在本地、网络驱动器或 Internet 上的文件，也可以指向图形中的命名位置（例如视图）。

用户可通过以下方式执行此操作。

- 菜单栏：执行"插入"|"超链接"命令。
- 命令行：输入 HYPERLINK。

在图形窗口中选择要插入超链接的对象后，执行 HYPERLINK 命令，弹出"插入超链接"对话框，如图 17-32 所示。

图 17-32

该对话框包括3个选项卡：现有文件或Web页、此图形的视图和电子邮件地址。

1. "现有文件或Web页"选项卡

该选项卡的作用是创建到现有文件或Web页的超链接。选项卡中各选项的含义如下。

- 显示文字：指定超链接的说明。当文件名或URL对识别所链接文件的内容不是很有帮助时，此说明很有用。

技术要点：

Uniform Resource Locator（URL）统一资源定位符，是用于完整地描述Internet上网页和其他资源的地址的一种标识方法。Internet上的每一个网页都具有一个唯一的名称标识，通常称为URL地址，这种地址可以是本地磁盘，也可以是局域网上的某一台计算机，更多的是Internet上的站点。简单来说，URL就是Web地址，俗称"网址"。

- 输入文件或Web页名称：指定要与超链接关联的文件或Web页。该文件可存储在本地、网络驱动器或者Internet或Intranet上。
- 最近使用的文件：显示最近链接的文件列表，可从中选择一个进行链接。
- 浏览的页面：显示最近浏览过的Web页列表，可从中选择一个进行链接。
- 插入的链接：显示最近插入的超链接列表，可从中选择一个进行链接。
- 文件：打开"浏览Web-选择超链接"对话框，从中可以浏览到需要与超链接相关联的文件。
- Web页：打开浏览器，从中可导航到要与超链接关联的Web页。
- 目标：打开"选择文档中的位置"对话框，可从中选择链接到图形中的命名位置。
- 超链接使用相对路径：为超链接设置相对路径。选择此选项，链接文件的完整路径不与超链接一起存储。
- 将DWG超链接转换为DWF：指定将图形发布或打印到DWF文件时，DWG超链接将转换为DWF文件超链接。

2. "此图形的视图"选项卡

该选项卡的作用是指定当前图形中链接目标命名视图。"此图形的视图"选项卡的功能选项如图17-33所示。在"选择此图形的视图"列表框中，显示当前图形中命名视图的可扩展树状图，选择一个视图进行链接。

图 17-33

3. "电子邮件地址"选项卡

该选项卡的作用是指定链接目标电子邮件地址。执行超链接时，将使用默认的系统邮件程序创建新邮件。"电子邮件地址"选项卡如图17-34所示。

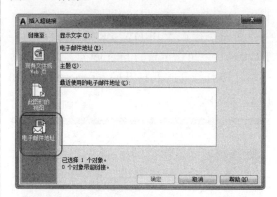

图 17-34

4. 插入超链接实例

下面以实例来说明创建指向另一个文件的完整超链接的过程。

动手操作——插入超链接

01 打开"动手操作\源文件\Ch17\ex-3.dwg"文件，打开的图形如图17-35所示。

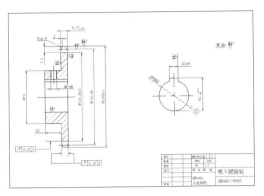

图 17-35

02 首先选中全部的图形，然后执行"插入"|"超链接"命令，弹出"插入超链接"对话框。单击"文件"按钮，并通过弹出的"浏览 Web-选择超链接"对话框打开"BOM 表 .dwg"文件，如图 17-36 所示。

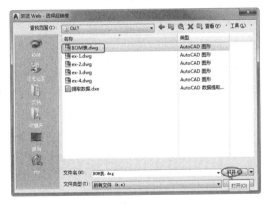

图 17-36

03 在"插入超链接"对话框中单击"确定"按钮，完成超链接文件的插入操作，如图 17-37 所示。

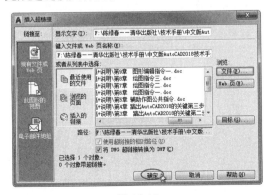

图 17-37

04 在图形窗口中，光标移动至图形边缘，则显示一个超链接符号。选中图形（其中一个图素也可），右击并选择菜单中的"超链接"|"打开"|".BOM 表 .dwg"命令，即可打开该图形的超链接文件，如图 17-38 所示。

节距	p	15.875
滚子直径	d_r	10.16
齿数	Z	25
量柱测量距	M_R	$136.57_{-0.25}^{0}$
量柱直径	d_R	$10.16_{0}^{+0.01}$
齿形		按GB1244-85制造

图 17-38

技术要点：

要打开与超链接相关联的文件，必须将 PICKFIRST 系统变量设为1。

17.4.3　输出 DWF 文件

DWF 是 Design Web Format™ 的简写名，它是由 Autodesk 开发的一种开放、安全的文件格式，DWF 使用户能够将丰富的二维和三维设计数据（例如动画、有限元分析和贴图信息）以及其他与项目相关文件合并成的一种简单、高度压缩的文件。DWF 文件可以帮助用户强化团队协作，轻松地在规模更大的团队中交换信息。在 AutoCAD 中打开二维或三维图形，然后选择"文件"|"输出"命令，程序弹出"输出数据"对话框，如图 17-39 所示。通过该对话框将图形文件以 DWF 格式保存。

图 17-39

保存后的 DWF 格式文件，需使用 AutoCAD 2018 的 Design Review 2018（图纸查看工具）应用程序打开，如图 17-40 所示。

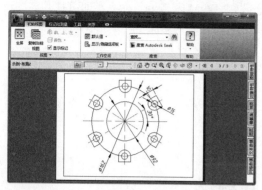

图 17-40

技术要点：

用户也可以使用Internet浏览器来打开DWF文件。

17.4.4 发布 Web 页

使用"网上发布"向导，即使不熟悉 HTML 编码，也可以快速、轻松地创建精彩的格式化网页。创建网页后，可以将其发布到 Internet 或 Intranet 上。

用户可通过以下方式执行此操作。

- 菜单栏：执行"文件"|"网上发布"命令。
- 命令行：输入 PUBLISHTOWEB。

根据命令行提示的方法，用户可以方便地使用"网上发布"向导来创建网页。

- 样板：可以选择 4 个样板中的一个作为网页，也可以自定义样板。
- 主题：可以将主题应用到选择的样板中。也可以使用主题在网页中修改颜色和字体。
- i-drop：可以在网页中激活拖放功能。页面访问者可以将图形文件拖至程序的任务中。

下面以实例来说明 Web 页的创建方法。

动手操作——Web 页的创建

01 打开"动手操作 \ 源文件 \Ch17\ex-4.dwg"

文件，打开的图形如图 17-41 所示。

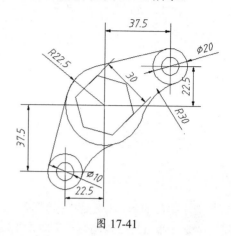

图 17-41

02 执行"文件"|"网上发布"命令，弹出"网上发布-开始"对话框，单击该对话框中的"下一步"按钮，如图 17-42 所示。

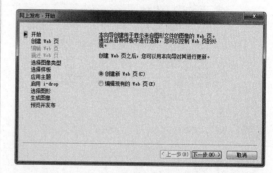

图 17-42

03 弹出"网上发布-创建 Web 页"对话框，在该对话框中输入新的 Web 页名称和说明，并指定 Web 页保存路径，然后单击"下一步"按钮，如图 17-43 所示。

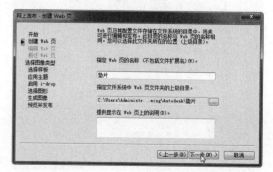

图 17-43

04 在弹出的"网上发布-选择图像类型"对话

框中，选择图像类型为 DWFx，并单击"下一步"按钮，如图 17-44 所示。

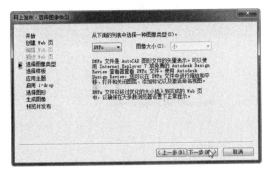

图 17-44

05 在弹出的"网上发布-选择样板"对话框中，选择"图形列表"样板，然后单击"下一步"按钮，如图 17-45 所示。

图 17-45

06 在弹出的"网上发布-应用主题"对话框中，选择"经典"主题，然后单击"下一步"按钮，如图 17-46 所示。

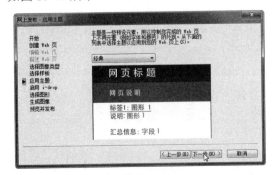

图 17-46

07 在弹出的"网上发布-启用 i-dorp"对话框中取消选中"启用 i-dorp"复选框，然后单击"下一步"按钮，如图 17-47 所示。

图 17-47

08 弹出"网上发布-选择图形"对话框，在对该话框中单击"添加"按钮，将图形添加至图像列表中，然后单击"下一步"按钮，如图 17-48 所示。

图 17-48

09 在随后弹出的"网上发布-生成图像"对话框中单击"重新生成所有图像"单选按钮，单击"下一步"按钮，如图 17-49 所示。

图 17-49

10 最后弹出"网上发布-预览并发布"对话框，如图 17-50 所示。

11 单击该对话框中的"预览"按钮，可打开即将生成的 Web 页进行预览，如图 17-51 所示。

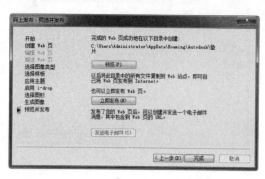

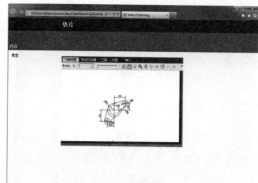

图 17-50 　　　　　　　　　　　　　　　　　图 17-51

12 单击"网上发布 - 预览并发布"对话框的"立即发布"按钮，随后弹出"发布 Web"对话框，通过该对话框将生成的 Web 页保存。最后单击"网上发布 - 预览并发布"对话框的"完成"按钮，结束操作。

技术要点：

在Web页保存路径中打开acwebpublish.htm文件，即可显示该网页。

17.5 课后习题

利用 AutoCAD 的数据交换功能引用外部图形，操作提示如下。

（1）打开源文件 ex-1A.dwg。

（2）用 XATTACH 命令引用文件 ex-1A.dwg，再用 MOVE 命令移动图形，使两个图形"装配"在一起，如图 17-52 所示。

（3）打开 ex-1B.dwg 文件，修改并保存图形，如图 17-53 所示。

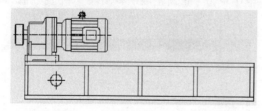

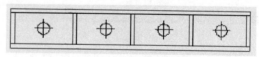

图 17-52 　　　　　　　　　　　　　　　　图 17-53

（4）切换到源文件 ex-1A.dwg，用 XREF 命令重新加载源文件 ex-1B.dwg，结果如图 17-54 所示。

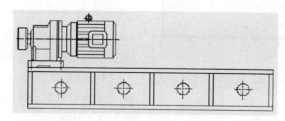

图 17-54

第3部分

第18章 AutoCAD 机械制图实战

机械制图是一门探讨绘制机械图样的理论、方法和技术的基础课程。用图形来表达思想，分析事物，研究问题，交流经验，具有形象、生动、轮廓清晰和一目了然的优点，弥补了有声语言和文字描述的不足。

本章将对机械制图的相关知识和 AutoCAD 2018 软件在机械制图中的应用案例做详细介绍。

项目分解与视频二维码

◆ AutoCAD在机械设计中的应用
◆ 机械制图的国家标准
◆ 在AutoCAD中绘制机械轴测图

◆ 在AutoCAD中绘制机械零件图
◆ 在AutoCAD中绘制机械装配图

第 18 章视频

18.1 AutoCAD 在机械设计中的应用

机械设计中，制图是设计过程中的重要工作之一。无论一个机械零件多么复杂，一般均能用图形准确地将其表达出来。设计者通过图形来表达设计对象，而制造者则通过图形来了解设计要求，制造设计对象。

一般来说，构成一个零件的图形均是由直线、曲线等图形元素构成的。利用 AutoCAD 完全能够满足机械制图过程中的各种绘图要求。例如，利用 AutoCAD，可以方便地绘制直线、圆、圆弧、等边多边形等基本图形对象；可以对基本图形进行各种编辑，以构成各种复杂图形。

除此之外，AutoCAD 还具有手工绘图无法比拟的优点。例如，可以将常用图形，如符合国家标准的轴承、螺栓、螺母、螺钉、垫圈等分别建成图形库，当希望绘制这些图时，直接将它们插入即可，不再需要根据手册来绘图；当一张图纸上有多个相同图形，或者所绘图形对称于某一轴线时，利用复制、镜像等功能，能够快速地从已有图形得到其他图形；可以方便地将已有零件图组装成装配图，就像实际装配零件一样，从而验证零件尺寸是否正确，是否会出现零件之间的干涉等问题；利用 AutoCAD 提供的复制等功能，可以方便地通

过装配图拆画零件图；当设计系列产品时，可以方便地根据已有图形派生出新图形；国家机械制图标准对机械图形的线条宽度、文字样式等均有明确规定，利用 AutoCAD 则完全能够满足这些标准要求。

如图 18-1 所示为利用 AutoCAD 2018 绘制的机械零件工程图。

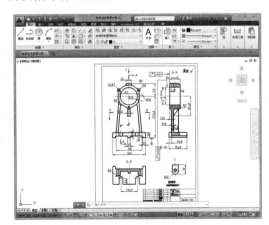

图 18-1

18.2 机械制图的国家标准

图样是工程技术界的共同语言，为了便于指导生产和对外进行技术交流，国家标准对图样上的有关内容做出了统一的规定，每位从事技术工作的人员都必须掌握并遵守。国家标准（简称"国标"）的代号为 GB。

本节仅就图幅格式、标题栏、比例、字体、图线、尺寸注法等一般规定予以介绍，其余的内容将在以后的章节中逐一叙述。

18.2.1 图纸幅面及格式

一幅标准图纸的幅面、图框和标题栏，必须按照国标来确定和绘制。

1. 图纸的幅面

绘制技术图样时，应优先采用表 18-1 中所规定的图纸基本幅面。

表 18-1　图纸基本幅面

幅面代号		A0	A1	A2	A3	A4
幅面尺寸 B×L		841mm×1189m	594m×841m	420m×594m	297m×420m	210m×297m
周边尺寸 c e	e	25				
	c	10			5	
	a	20		10		

如果必要，可以对幅面加长。加长后的幅面尺寸是由基本幅面的短边成倍数增加后得出的。加长后的幅面代号记作：基本幅面代号×倍数。如 A4 × 3，表示按 A4 图幅短边 210mm 加长两倍，即加长后图纸尺寸为 297 × 630。

2. 图框格式

在图纸上必须用细实线画出表示图幅大小的纸边界线；用粗实线画出图框，其格式分为不留装订边和留有装订边两种，但同一产品的图样只能采用一种格式。

不留装订边的图纸，其图框格式如图 18-2 所示。

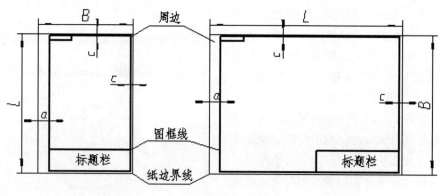

图 18-2

留有装订边的图纸，其图框格式如图 18-3 所示。

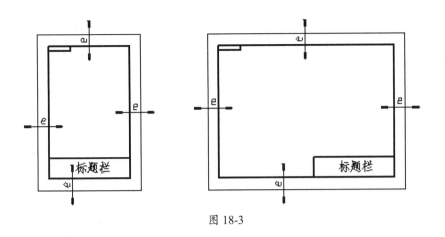

图 18-3

18.2.2　标题栏

每张技术图样中均应画出标题栏。标题栏的格式和尺寸按 GB/T 10609.1-2008 的规定，一般由更改区、签字区、其他区（如材料、比例、重量）、名称及代号区（单位名称、图样名称、图样代号）等组成。

通常工矿企业工程图的标题栏格式，如图 18-4 所示。

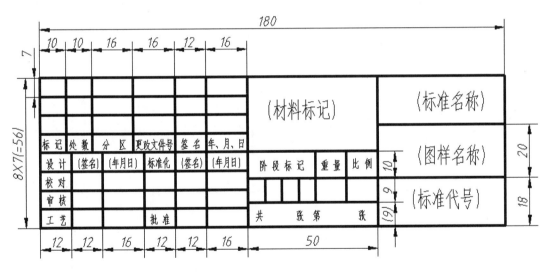

图 18-4

而一般在学校的制图作业中采用简化标题栏格式及尺寸，但必须注意的是标题栏中文字的书写方向即为读图的方向。

18.2.3　图纸比例

机械图中的图形与其实物相应要素的线性尺寸之比称为"比例"。比值为 1 的比例，即 1 ∶ 1 称为"原值比例"，比例大于 1 的比例称为"放大比例"，比例小于 1 的比例则称为"缩小比例"。绘制图样时，采用 GB/T 规定的比例。如表 18-2 所示的是 GB/T 规定比例值：分原值、放大、缩小。

表 18-2　图样比例

种　　类	优　先　值	允　许　值
原值比例	1：1	2.5：1　4：1 $2.5×10^n：1$　$4×10^n：1$
放大比例	2：1　　　5：1 $1×10^n：1$　　$2×10^n：1$　　$5×10^n：1$	
缩小比例	1：2　　　1：5 $1：1×10^n$　　$1：2×10^n$　　$1：5×10^n$	1：1.5　1：2.5　1：3　1：4　1：6 $1：1.5×10^n$　$1：2.5×10^n$　$1：3×10^n$ $1：4×10^n$　　$1:6×10^n$

通常应选用表 18-2 中的优先比例值，必要时，可选用表中的允许比例值。

绘制图样时，应尽可能按机件的实际大小（即 1：1 的比例）画出，以便直接从图样上看出机件的实际大小。对于大而简单的机件，可采用缩小比例，而对于小而复杂的机件，宜采用放大的比例。

必须指出，无论采用何种比例画图，标注尺寸时都必须按照机件原有的尺寸大小标注（即尺寸数字是机件的实际尺寸），如图 18-5 所示。

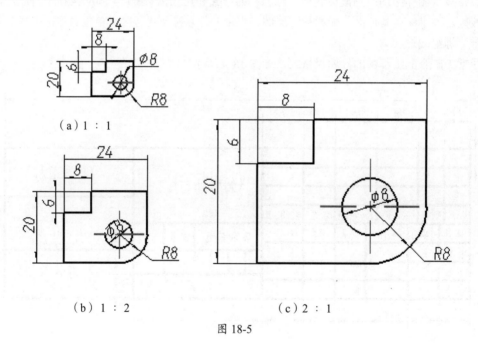

（a）1：2　　　　　　　　　（b）1：2　　　　　　（c）2：1

图 18-5

18.2.4　字体

图形中除图形外，还需用汉字、字母、数字等来标注尺寸和说明机件在设计、制造、装配时的各项要求。

在图样中书写汉字、字母、数字时必须做到：字体工整、笔画清楚、间隔均匀、排列整齐。字体高度（用 h 表示）的公称尺寸系列为 1.8、2.5、3.5、5、7、10、14、20（mm）等，如需要书写更大的字，其字体高度应按 $\sqrt{2}$ 的比率递增。字体高度代表字体的号数，如 7 号字的高度为 7mm。

为了保证图样中的字体大小一致、排列整齐，初学时应打格书写。如图18-6和图18-7所示的是图样上常见字体的书写示例。

字体端正笔划清楚
排列整齐间隔均匀

图18-6　　　　　　　　　　　　　　　图18-7

18.2.5　图线

国标所规定的基本线型共有15种。以实线为例，基本线型可能出现的变形如表18-3所示。其余各种基本线型视需要而定可用同样的方法变形表示。

图线分为粗线、中粗线、细线；画图时，根据图形的大小和复杂程度，图线宽度d可在0.13、0.18、0.25、0.35、0.5、0.7、1、1.4、2（mm）数系（该数系的公比为$1：\sqrt{2}$中选取。粗线、中粗线、细线的宽度比率为4：2：1。由于图样复制中所存在的困难，应尽量避免采用0.18以下的图线宽度。

机械图中常用图线的名称、型式、宽度及用途如表18-3所示。

表18-3　图线的名称、型式、宽度及其用途

图线名称	图线型式	图线宽度	图线应用举例（见图18-8）
粗实线	——————————	b	可见轮廓线；可见过渡线
虚线	— — — — — —	约b/3	不可见轮廓线；不可见过渡线
细实线	———————	约b/3	尺寸线、尺寸界线、剖面线、重合断面的轮廓线及指引线
波浪线	∿∿∿	约b/3	断裂处的边界线等
双折线	⌐⌐⌐	约b/3	断裂处的边界线
细点画线	—·—·—·—	约b/3	轴线、对称中心线等
粗点画线	—·—·—·—	b	有特殊要求的线或表面的表示线
双点画线	—··—··—	约b/3	极限位置的轮廓线、相邻辅助零件的轮廓线等

技术要点：

表中虚线、细点画线、双点画线的线段长度和间隔的数值可供参考，粗实线的宽度应根据图形的大小和复杂程度选取，一般取0.7mm。

如图18-8所示为各种型式图线的应用示例。

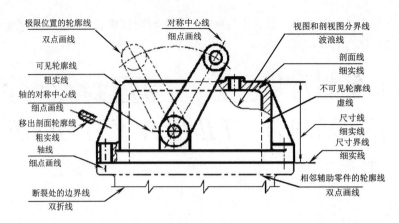

图 18-8

绘制图样时，应注意：

- 同一图样中，同类图线的宽度应基本一致。虚线、点画线及双点画线的线段长短间隔应各自大致相等。
- 两条平行线之间的距离应不小于粗实线宽度的两倍，其最小距离不得小于 0.7mm。
- 虚线及点画线与其他图线相交时，都应以线段相交，不应在空隙或短画处相交；当虚线是粗实线的延长线时，粗实线应画到分界点，而虚线应留有空隙；当虚线圆弧和虚线直线相切时，虚线圆弧的线段应画到切点，而虚线直线需留有空隙。
- 绘制圆的对称中心线（细点画线）时，圆心应为线段的交点。点画线和双点画线的首末两端应是线段而不是短画，同时其两端应超出图形的轮廓线 3 ~ 5mm。在较小的图形上绘制点画线或双点画线有困难时，可用细实线代替。

18.2.6　尺寸标注

图形只能表达机件的形状，而机件的大小则由标注的尺寸确定。

机械图样中，尺寸的标注应遵循以下原则。

- 机件的真实大小应以图样上所注的尺寸数值为依据，与图形的大小及绘图的准确度无关。
- 图样中的尺寸，以毫米为单位时，无须标注计量单位的代号或名称，如采用其他单位，则必须注明。
- 图样中所注尺寸是该图样所示机件最后完工时的尺寸，否则应另加说明。
- 机件的每一个尺寸，一般只标注一次，并应标注在反映该结构最清晰的图形上。

一个完整的尺寸应由尺寸界线、尺寸线、尺寸线终端和尺寸数字 4 个要素组成，如图 18-9 所示。

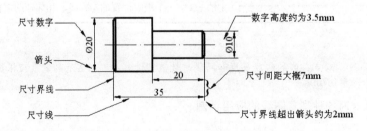

图 18-9

1. 尺寸界线

尺寸界线用细实线绘制，并应由图形的轮廓线、轴线或对称中心线处引出。也可利用轮廓线、轴线或对称中心线做尺寸界线。尺寸界线一般应与尺寸线垂直，并超出尺寸线终端2mm左右。

2. 尺寸线

尺寸线用细实线绘制。尺寸线必须单独画出，不能与图线重合或在其延长线上。

尺寸线终端有两种形式，如图18-10所示，箭头适用于各种类型的图样，箭头尖端与尺寸界线接触，不得超出也不得离开。

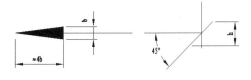

图 18-10

斜线用细实线绘制，图中 h 为字体高度。当尺寸线终端采用斜线形式时，尺寸线与尺寸界线必须相互垂直，并且同一图样中只能采用一种尺寸线终端形式。

3. 尺寸数字

线性尺寸的数字一般应注写在尺寸线的上方，也允许注写在尺寸线的中断处，同一图样内大小一致，位置不够可引出标注。尺寸数字

不可被任何图线所通过，否则必须把图线断开，见图18-11中的尺寸 32 和 φ32。

水平方向的尺寸数字字头朝上；垂直方向的尺寸数字，字头朝左；倾斜方向的尺寸数字其字头保持有朝上的趋势。但在30°范围内应尽量避免标注尺寸，如图18-11（a）所示；当无法避免时，可参照图18-11（b）的形式标注；在注写尺寸数字时，数字不可被任何图线所通过，当不可避免时，必须把图线断开，图18-11（c）所示。

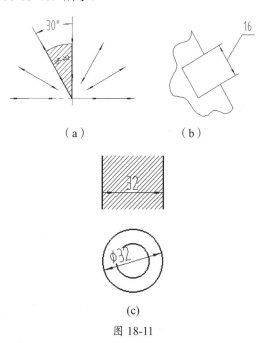

图 18-11

18.3　在 AutoCAD 中绘制机械轴测图

轴测图是将物体连同其参考直角坐标系，沿不平行于任一坐标面的方向，用平行投影法将其投射在单一投影面上所得到的具有立体感的三维图形。该投影面称为"轴测投影面"，物体的长、宽、高 3 个方向的坐标轴 OX,OY,OZ 在轴测图中的投影 O1X1,O1Y1,O1Z1 称为"轴测轴"。

轴测图根据投射线方向与轴测投影面的不同位置，可分为正轴测图（如图18-12所示）和斜轴测图（如图18-13所示）两大类，每类按轴向变形系数又分为 3 种，即正等轴测图、正二轴测图、正三轴测图、斜等轴测图、斜二轴测图和斜三轴测图。

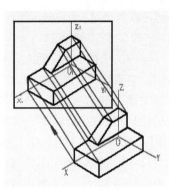

图 18-12

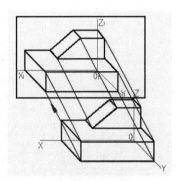

图 18-13

绘制轴测图一般可采用坐标法、切割法和组合法 3 种常用方法。

- 坐标法：对于完整的立体，可采用沿坐标轴方向测量，按坐标轴画出各顶点位置之后，再连线绘图的方法，这种绘制测绘图的方法称为"坐标法"。
- 切割法：对于不完整的立体，可先画出完整形体的轴测图，再利用切割的方法画出不完整的部分。
- 组合法：对于复杂的形体，可将其分成若干个基本形状，在相应位置上逐个画出之后，再将各部分形体组合起来

虽然正投影图能够完整、准确地表示实体的形状和大小，是实际工程中的主要表达图，但由于其缺乏立体感，从而导致读图有一定的难度。而轴测图正好弥补了正投影图的不足，能够反映实体的立体形状。轴测图不能对实体进行完全的表达，也不能反映实体各个面的实形。在 AutoCAD 中所绘制的轴测图并非真正

意义上的三维立体图形，不能在三维空间中进行观察，它只是在二维空间中绘制的立体图形。

18.3.1　设置绘图环境

在 AutoCAD 2018 中绘制轴测图，需要对制图环境进行设置，以便能更好地绘图。绘图环境的设置主要是轴测捕捉设置、极轴追踪设置和轴测平面设置。

1．轴测捕捉设置

在 AutoCAD 2018 的"草图与注释"空间中，执行"工具"|"绘图设置"命令，弹出"草图设置"对话框。

在该对话框的"捕捉和栅格"选项卡中选择捕捉类型为"等轴测捕捉"，然后设定栅格的 Y 轴间距为 10，并开启光标捕捉，如图 18-14 所示。

图 18-14

单击"草图设置"对话框中的"确定"按钮，完成轴测捕捉的设置。设置后光标的形状也发生了变化，如图 18-15 所示。

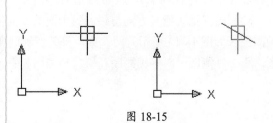

图 18-15

2．极轴追踪设置

在"草图设置"对话框的"极轴追踪"选项卡中，选中"启用极轴追踪"复选框，在"增量角"列表中选择30选项，完成后单击"确定"按钮，如图18-16所示。

图18-16

3．切换轴测平面

在实际的轴测图绘制过程中，常会在轴测图的不同轴测平面上绘制所需的图线，所以需要在轴测图的不同轴测平面中进行切换。例如，执行ISOPLANE命令或按F5键即可切换设置如图18-17所示的轴测平面。

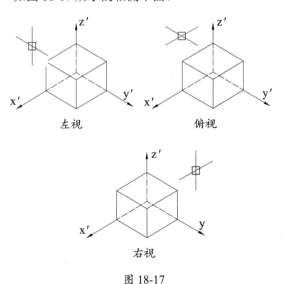

图18-17

18.3.2　轴测图的绘制方法

在AutoCAD中，用户可使用多种方法来绘制正等轴测图的图元。如利用坐标输入或打开"正交模式"绘制直线、定位轴测图中的实体、轴测平面内画平行线、轴测圆的投影、文本的书写、尺寸的标注等。

1．直线的绘制

直线的绘制可利用输入标注点的方式来创建，也可打开"正交模式"来绘制。

输入标注点的方式如下。

- 绘制与X轴平行且长50的直线，极坐标角度应输入30°，如@50<30。
- 与Y轴平行且长50的直线，极坐标角度应输入150°，如@50<150。
- 与Z轴平行且长50的直线，极坐标角度应输入90°，如@50<90。

所有不与轴测轴平行的线，则必须先找出直线上的两个点，然后连线，如图18-18所示。

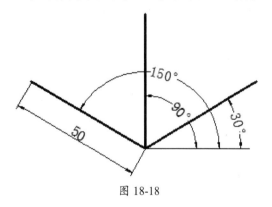

图18-18

例如，在轴测模式下，在状态栏打开"正交模式"，然后绘制的一个长度为10的正方体。

动手操作——绘制正方体

01 启用轴测捕捉模式，在状态栏中单击"正交模式"按钮。默认情况下，当前轴测平面为左视平面。

02 在命令行执行 LINE 命令，接着在图形区中指定直线起点，然后按命令行提示进行操作，绘制的矩形如图 18-19 所示。

```
命令 _LINE 指定第一点：                          // 指定直线起点
指定下一点或 [放弃(U)]：<正交 开>  <等轴测平面 左视>：10✓   // 输入第 1 条直线长度
指定下一点或 [放弃(U)]：10✓                        // 输入第 2 条直线长度
指定下一点或 [闭合(C)// 放弃(U)]：10✓              // 输入第 3 条直线长度
指定下一点或 [闭合(C)// 放弃(U)]：C✓
```

技术要点：

在直接输入直线长度时，需要指定直线方向。例如绘制水平方向的直线，光标先在水平方向上移动，并确定好直线延伸方向，然后再输入直线长度。

03 按 F5 键切换到俯视平面。执行 LINE 命令，指定矩形右上角顶点作为起点，并按命令行的提示来操作。绘制的矩形如图 18-20 所示。

```
命令：_LINE 指定第一点： <等轴测平面 俯视>        // 指定起点
指定下一点或 [放弃(U)]：10✓                      // 输入第 1 条直线长度
指定下一点或 [放弃(U)]：10✓                      // 输入第 2 条直线长度
指定下一点或 [闭合(C)// 放弃(U)]：10✓            // 输入第 3 条直线长度
指定下一点或 [闭合(C)// 放弃(U)]：C
```

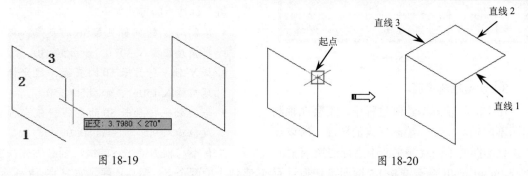

图 18-19   图 18-20

04 再按 F5 键切换到右视平面。执行 LINE 命令，指定上平面矩形右下角顶点作为起点，并按命令行的提示操作。绘制完成的正方体如图 18-21 所示。

```
命令：_LINE 指定第一点： <等轴测平面 右视>        // 指定起点
指定下一点或 [放弃(U)]：10✓                      // 输入第 1 条直线的长度
指定下一点或 [放弃(U)]：10✓                      // 输入第 2 条直线的长度
指定下一点或 [闭合(C)// 放弃(U)]：10✓            // 输入第 3 条直线的长度
指定下一点或 [闭合(C)// 放弃(U)]：C
```

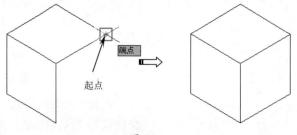

图 18-21

2. 定位轴测图中的实体

如果在轴测图中定位其他已知图元，必须启用"极轴追踪"，并将角度增量设定为 30°，这样才能从已知对象开始沿 30°、90° 或 150° 方向追踪。

动手操作——定位轴测图中的实体

01 首先执行 L 命令，在正方体轴测图底边选取一点作矩形起点，如图 18-22 所示。

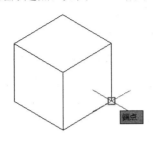

图 18-22

02 启用"极轴追踪"，绘制长度为 5 的直线，如图 18-23 所示。

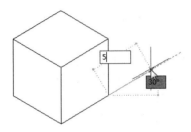

图 18-23

03 依次创建 3 条直线，完成矩形的绘制，如图 18-24 所示。

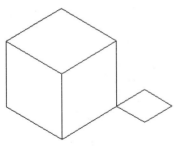

图 18-24

3．轴测图面内的平行线

在轴测面内绘制平行线，不能直接用"偏移"命令，因为偏移的距离是两线之间的垂直距离，而沿 30°方向之间的距离却不等于垂直距离。

为了避免错误，在轴测面内画平行线，一般采用"复制"或"偏移"命令中的 T 选项（通过），也可以结合自动捕捉、自动追踪及正交

状态来作图，这样可以保证所画直线与轴测轴的方向一致，如图 18-25 所示。

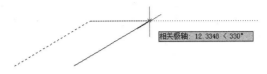

图 18-25

4．轴测圆的投影

圆的轴测投影是椭圆，当圆位于不同的轴测面时，投影椭圆长、短轴的位置是不同的。绘制轴测圆的方法与步骤如下。

（1）打开轴测捕捉模式。

（2）选择画圆的投影面，如左视平面、右视平面或俯视平面。

（3）使用椭圆的"轴，端点"命令，并选择"等轴测图"选项。

（4）指定圆心或半径，完成轴测圆的创建。

技术要点：

绘图之前一定要利用轴测面转换工具，切换到与圆所在的平面对应的轴测面，这样才能使椭圆看起来像是在轴测面内，否则将显示不正确。

在轴测图中经常要画线与线之间的圆滑过渡，如倒圆角，此时过渡圆弧也要变为椭圆弧。方法是：在相应的位置上画一个完整的椭圆，然后使用修剪工具剪除多余的线段，如图 18-26 所示。

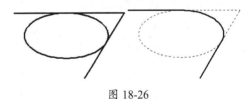

图 18-26

5．轴测图的文本书写

为了使用某个轴测面中的文本看起来像是在该轴测面内，必须根据各轴测面的位置特点将文字倾斜某个角度，以使它们的外观与轴测图协调，否则立体感不强。

在新建文字样式中，将文字的角度设为 30°或 –30°。

在轴测面上各文本的倾斜规律如下。

- 在左轴测面上，文本需采用 –30° 倾斜角，同时旋转 –30° 。
- 在右轴测面上，文本需采用 30° 倾斜角，同时旋转 30° 。
- 在顶轴测面上，平行于 X 轴时，文本需采用 –30° 倾斜角，旋转角为 30° ；平行于 Y 轴时需采用 30° 倾斜角，旋转角为 –30° 。

技术要点：

文字的倾斜角与文字的旋转角是不同的两个概念，前者是在水平方向左倾（0° ～–90° ）或右倾（0° ～90° ）的角度，后者是绕以文字起点为原点进行0～360° 的旋转，也就是在文字所在的轴测面内旋转。

18.3.3 轴测图的尺寸标注

为了让某个轴测面内的尺寸标注看起来像是在这个轴测面内，就需要将尺寸线、尺寸界线倾斜某一个角度，以使它们与相应的轴测平行。同时，标注文本也必须设置为倾斜某一角度的形式，才能使文本的外观具有立体感。

下面介绍几种轴测图尺寸标注的方法。

1. 倾斜 30° 的文字样式设置方法

打开"文字样式"对话框，按如图 18-27 所示的步骤设置文字样式。

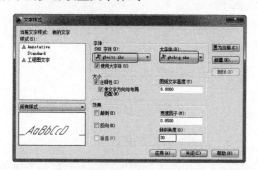

图 18-27

单击"新建"按钮，创建名为"工程图文字"的新样式。

在"文字"对话框中选择 gbeitc.shx 字体，选中"使用大字体"复选框后再选择 gbcbig.

shx 大字体，在下方的"倾斜角度"文本框中输入 30。

最后单击"应用"按钮即可创建倾斜 30° 的文字样式。同理，倾斜 –30° 的文字样式设置方法与此相同。

2. 调整尺寸界线与尺寸线的夹角

一般轴测图的标注需要调整文字与标注的倾斜角度。标注轴测图时，首先使用"对齐"标注工具来标注。

- 当尺寸界线与 X 轴平行时，倾斜角度为 30° 。
- 当尺寸界线与 Y 轴平行时，倾斜角度为 –30° 。
- 当尺寸界线与 Z 轴平行时，倾斜角度为 90° 。

如图 18-28 所示，首先使用"对齐"标注工具来标注 30° 和 –30° 的轴测尺寸（垂直角度则使用"线性标注"工具标注即可），然后使用"编辑标注"工具设置标注的倾斜角度。将标注尺寸 30 倾斜 30° ，将标注尺寸 40 倾斜 –30° ，即可得如图 18-29 所示的结果。

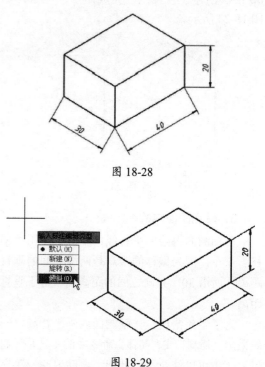

图 18-28

图 18-29

3．圆和圆弧的正等轴测图尺寸标注

圆和圆弧的正等轴测图为椭圆和椭圆弧，不能直接用半径或直径标注命令完成标注，可采用先画圆，然后标注圆的直径或半径，再修改尺寸数值的方法来处理，以此达到标注椭圆的直径或椭圆弧的半径的目的，如图18-30所示。

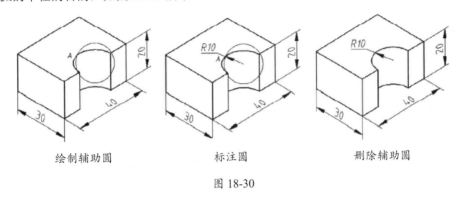

| 绘制辅助圆 | 标注圆 | 删除辅助圆 |

图 18-30

18.4　在 AutoCAD 中绘制机械零件图

表达零件的图样称为"零件工作图"，简称"零件图"，它是制造和检验零件的重要技术文件。在机械设计、制造的过程中，人们常使用机械零件的零件工程图来辅助制造、检验生产流程，并用以测量零件尺寸参考。

18.4.1　零件图的作业及内容

作为生产基本技术文件的零件图，引导提供生产零件所需的全部技术资料，如结构形式、尺寸大小、质量要求、材料及热处理等，以便生产管理部门据此组织生产和检验成品质量。

一张完整的零件图应包括下列基本内容。

- 一组图形：用视图、剖视、断面及其他规定画法来正确、完整、清晰地表达零件的各部分形状和结构。
- 尺寸：正确、完整、清晰、合理地标注零件的全部尺寸。
- 技术要求：用符号或文字来说明零件在制造、检验等过程中应达到的一些技术要求，如表面粗糙度、尺寸公差、形状和位置公差、热处理要求等。技术要求的文字一般注写在标题栏上方图纸的空白处。
- 标题栏：标题栏位于图纸的右下角，应

填写零件的名称、材料、数量、图的比例以及设计、描图、审核人的签字、日期等各项内容。

完整的零件图如图18-31所示。

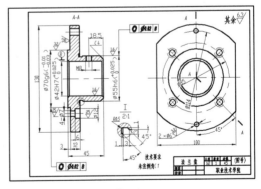

图 18-31

18.4.2　零件图的技术要求

现代化的机械工业，要求机械零件具有互

换性，这就必须合理地保证零件的表面粗糙度、尺寸精度以及形状和位置的精度。为此，我国已经制定了相应的国家标准，在生产中必须严格执行和遵守。下面分别介绍国家标准《GB/T 1031-2009 产品几何技术规范（GPS）表面结构、轮廓法、表面粗糙度参数及其数字》《GB/T 1800.1-2009 产品几何技术规范（GPS）极限与配合 第 1 部分：公差、偏差和配合基础》《GB/T 1182-2008 产品几何技术规范（GPS）几何公差、形状、方向、位置和跳动公差标注》的基本内容。

1. 表面粗糙度

表面具有较小间距和峰谷所组成的微观几何形状的特征称为"表面粗糙度"。评定零件表面粗糙度的主要评定参数是轮廓算术平均偏差，用 Ra 来表示。

（1）表面粗糙度的评定参数

表面粗糙度是衡量零件质量的标准之一，它对零件的配合、耐磨性、抗腐蚀性、接触刚度、抗疲劳强度、密封性和外观都有影响。目前在生产中评定零件表面质量的主要参数是轮廓算术平均偏差。它是在取样长度 1 内，轮廓偏距 y 绝对值的算术平均值，用 Ra 表示，如图 18-32 所示。

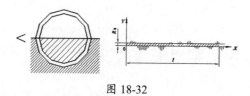

图 18-32

用公式可表示为：

$$R_a = \frac{1}{\tau}\int_0^\tau |y(x)|\, dx \qquad \text{或} \qquad R_a \approx \frac{1}{n}\sum_{i-i}^n |yi|$$

（2）表面粗糙度符号

表面粗糙度的符号及其意义见表 18-4。

表 18-4　表面粗糙度符号

符号	意义	符号尺寸
∨	基本符号，单独使用该符号是没有意义的	
∨	基本符号上加一短画，表示是用去除材料的方法获得表面粗糙度，例如，车、铣、钻、磨、剪切、抛光腐蚀、电火花加工等	
∨	基本符号上加一小圆，表示表面粗糙度是用不去除材料的方法获得的，例如锻、铸、冲压、变形、热扎、冷扎、粉末冶金等，或是用于保持原供应状态的表面	

（3）表面粗糙度的标注

在图样上每个表面一般只标注一次；符号的尖端必须从材料外指向表面，其位置一般注在可见轮廓线、尺寸界线、引出线或它们的延长线上；代号中数字方向应与国标规定的尺寸数字方向相同。当位置狭小或不便标注时，代号可以引出标注，如图 18-33 所示。

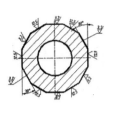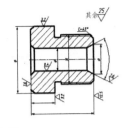

图 18-33

特殊情况下，键槽工作面、倒角、圆角的表面粗糙度代号可以简化标注，如图 18-34 所示。

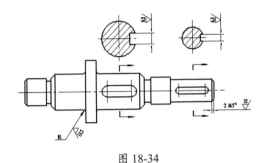

图 18-34

2. 极限与配合

极限与配合是尺寸标注中的一项重要内容。由于加工制造的需要，要给尺寸一个允许变动的范围，这是需要极限与配合的原因之一。

（1）零件的互换性概念

在同一批规格大小相同的零件中，任取其中一件，而不需加工就能装配到机器上去，并能保证使用要求，这种性质称为"互换性"。

（2）极限与配合

每个零件制造都会产生误差，为了使零件具有互换性，对零件的实际尺寸规定一个允许的变动范围，这个范围要保证相互配合零件之间形成一定的关系，以满足不同的使用要求，这就形成了"极限与配合"的概念。

（3）极限与配合的术语及定义

在加工过程中，不可能把零件的尺寸做得绝对准确。为了保证互换性，必须将零件尺寸的加工误差限制在一定的范围内，规定出加工尺寸的可变动量。说明公差的有关术语，如图 18-35 所示。

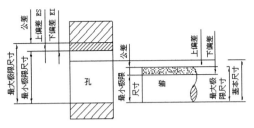

图 18-35

图中公差的各相关术语的定义如下。

- **基本尺寸**：根据零件强度、结构和工艺性要求，设计确定的尺寸。
- **实际尺寸**：通过测量所得到的尺寸。
- **极限尺寸**：允许尺寸变化的两个界限值。它以基本尺寸为基数来确定。两个界限值中较大的一个称为"最大极限尺寸"；较小的一个称为"最小极限尺寸"。
- **尺寸偏差（简称偏差）**：某一尺寸减其相应的基本尺寸所得的代数差。
- **尺寸公差（简称公差）**：允许实际尺寸的变动量。

提示：

尺寸公差=最大极限尺寸−最小极限尺寸=上偏差−下偏差。

- **公差带和公差带图**：公差带表示公差大小和相对于零线位置的一个区域。零线是确定偏差的一条基准线，通常以零线表示基本尺寸。为了便于分析，一般将尺寸公差与基本尺寸的关系，按放大比例画成简图，称为"公差带图"。公差带图可以直观地表示公差的大小及公差带相对于零线的位置，如图 18-36 所示。

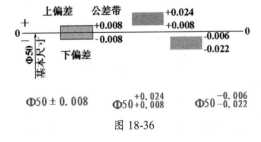

图 18-36

- **公差等级**：确定尺寸精确的等级。国家标准将公差等级分为 20 级：IT01、

IT0、IT1~IT18。IT 表示标准公差，公差等级的代号用阿拉伯数字表示。IT01~IT18，精度等级依次递减。

- 标准公差：用以确定公差带大小的任意公差。标准公差是基本尺寸的函数。对于一定的基本尺寸，公差等级越高，标准公差值越小，尺寸的精确程度越高。基本尺寸和公差等级相同的孔与轴，它们的标准公差值相等。

- 基本偏差：用以确定公差带相对于零线位置的上偏差或下偏差。一般是指靠近零线的那个偏差，如图 18-37 所示。

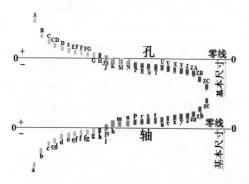

图 18-37

- 孔、轴的公差带代号：由基本偏差与公差等级代号组成，并且要用同一号文字书写。

（4）配合制

基本尺寸相同、相互结合的孔和轴公差带之间的关系，称为"配合"。配合分以下 3 种类型。

- 间隙配合：具有间隙(包括最小间隙为 0)的配合。

- 过盈配合：具有间隙(包括最小过盈为 0)的配合。

- 过渡配合：可能具有间隙或过盈的配合。

国家标准规定了两种配合制：基孔制和基轴制。

基孔制配合是基本偏差为一定的孔的公差带与不同基本偏差的轴的公差带形成各种配合的一种制度。基孔制配合中的孔为基准孔，代号为 H。基准孔的下偏差为 0，只有上偏差，

如图 18-38 所示。

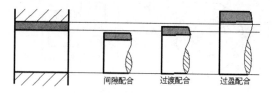

图 18-38

基轴制配合是基本偏差为一定的轴的公差带与不同基本偏差孔的公差带形成各种配合的一种制度。基轴制配合中的轴为基准轴，代号为 h。基准轴的上偏差为 0，只有下偏差，如图 18-39 所示。

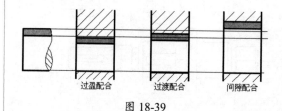

图 18-39

（5）极限与配合的标注

在零件图中，极限与配合的标注方法，如图 18-40 所示。

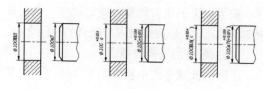

图 18-40

在装配图中，极限与配合的标注方法，如图 18-41 所示。

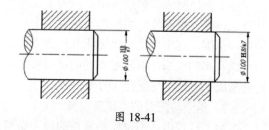

图 18-41

3. 形位公差

零件加工时，不仅会产生尺寸误差，还会产生形状和位置误差。零件表面的实际形状对其理想形状所允许的变动量，称为"形状误

差"；零件表面的实际位置对其理想位置所允许的变动量，称为"位置误差"。形状和位置公差简称形位公差。

（1）形位公差代号

形位公差代号和基准代号如图18-42所示。若无法用代号标注时，允许在技术要求中用文字说明。

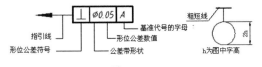

图18-42

（2）形位公差的标注

标注形状公差和位置公差时，标准中规定应用框格标注。公差框格用细实线画出，可画成水平的或垂直的，框格高度是图样中尺寸数字高度的两倍，它的长度视需要而定。框格中的数字、字母、符号与图样中的数字等高。如图18-43所示给出了形状公差和位置公差的框格形式。

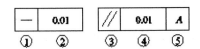

①—形状公差符号；②—公差值；③—位置公差符号；
④—位置公差带的形状及公差值；⑤—基准

图18-43

当基准或被测要素为轴线、球心或中心平面时，基准符号、箭头应与相应要素的尺寸线对齐，如图18-44所示。

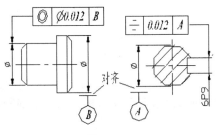

图18-44

用带基准符号的指引线将基准要素与公差框格的另一端相连，如图18-45（a）所示。当标注不方便时，基准代号也可由基准符号、圆圈、连线和字母组成。基准符号用加粗的短画表示；圆圈和连线用细实线绘制，连线必须与基准要素垂直。基准符号所靠近的部位包括：

- 当基准要素为素线或表面时，基准符号应靠近该要素的轮廓线或引出线标注，并应明显地与尺寸线箭头错开，如图18-45（a）所示。
- 当基准要素为轴线、球心或中心平面时，基准符号应与该要素的尺寸线箭头对齐，如图18-45（b）所示。
- 当基准要素为整体轴线或公共中心面时，基准符号可直接靠近公共轴线（或公共中心线）标注，如图18-45（c）所示。

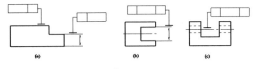

图18-45

（3）形位公差的标注实例

如图18-46所示是在一张零件图上标注形状公差和位置公差的实例。

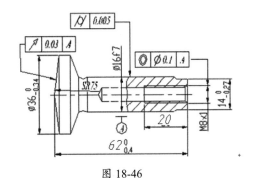

图18-46

动手操作——绘制齿轮零件图

齿轮类零件主要包括圆柱和圆锥型齿轮，其中直齿圆柱齿轮是应用非常广泛的齿轮，它常用于传递动力、改变转速和运动方向，如图18-47所示为直齿圆柱齿轮的零件图，图纸幅面为A3（420mm×297mm），按比例1:1进行绘制。

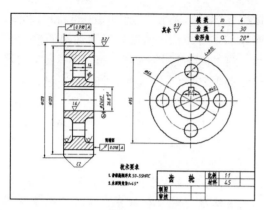

图 18-47

对于标准的直齿圆柱齿轮的画法，按照国家标准规定：在剖视图中，齿顶线、齿根线用粗实线绘制，分度线用点画线绘制。下面来具体讲述。

4．齿轮零件图的绘制

01 打开"动手操作\源文件\Ch18\A3横向.dwg"样板文件。

02 将"中心线"层置为当前层，执行"直线"命令，绘制出中心线。执行"偏移"命令，指定偏移距离为60，画出分度线。执行"圆"命令，画出4个 φ15 圆孔的定位圆 φ66，如图18-48 所示。

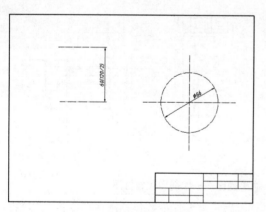

图 18-48

03 将"粗实线"层置为当前层，执行"圆"命令，绘制出齿轮的结构圆，如图18-49 所示。

04 执行"直线"命令，画出键槽结构，执行"修剪"命令，修剪多余的图线，效果如图18-50 所示。

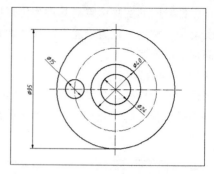

图 18-49

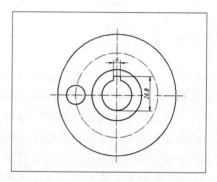

图 18-50

05 执行"复制"命令，利用"对象捕捉"中捕捉"交点"的功能捕捉圆孔的位置（中心线与定位圆的交点），画出另外3个尺寸为 φ15 的圆孔，如图18-51 所示。

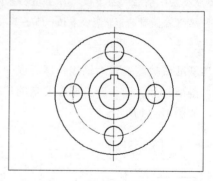

图 18-51

06 执行"直线"命令，在轴线上指定起画点，按尺寸画出齿轮轮齿部分图形的上半部分，如图18-52 所示。

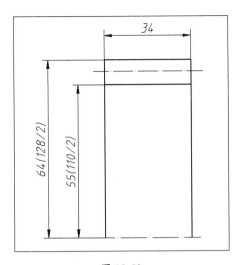

图 18-52

07 利用"对象捕捉"和"极轴"功能，在主视图上按尺寸画结构圆的投影，如图 18-53 所示，完成后的效果如图 18-54 所示。

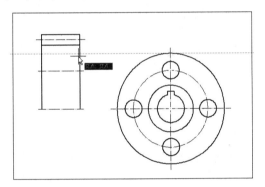

图 18-53

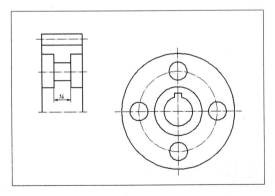

图 18-54

08 执行"圆角"命令，绘制 R5 的圆角；执行"倒角"命令，绘制 2×45° 的角，如图 18-55 所示。

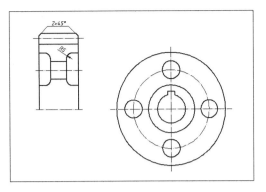

图 18-55

09 重复执行"圆角"和"倒角"命令，完成圆角和倒角的绘制。

10 执行"镜像"命令，通过镜像操作，得到对称的下半部分图形，如图 18-56 所示。

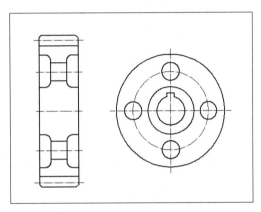

图 18-56

11 执行"直线"命令，利用"对象捕捉"功能，绘制出轴孔和键槽在主视图上的投影，如图 18-57 所示。

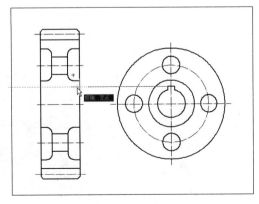

图 18-57

12 执行"图案填充"命令，弹出"图案填充创建"对话框，选择填充图案 ANSI31，绘制出主视图的剖面线，如图 18-58 所示。

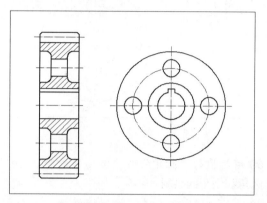

图 18-58

5. 标注尺寸和文本注写

01 在"标柱"工具栏的"样式名"下拉列表中，将"直线"标柱样式置为当前样式，选取"标注"工具栏上的"直径"工具，标注尺寸 $\phi 95$、$\phi 66$、$\phi 40$、$\phi 15$；选取"标注"工具栏上的"半径"工具，标注尺寸 R15。

02 选取"标注"工具栏中的"线性"工具，标注出线性尺寸。

03 使用替代标注样式的方法，标注带公差的尺寸。

04 使用定义属性并创建块的方法，标注粗糙度（不去除材料方法的表面粗糙度代号可单独画出）。

05 标注倒角尺寸。根据国家标准规定：45°倒角用字母 C 表示，标注形式如 C2。

06 使用"快速引线"命令（qleader）的方法，标注形位公差的尺寸。

07 齿轮的零件图，不仅要用图形来表达，而且要把有关齿轮的一些参数用列表的形式注写在图纸的右上角，用"汉字"文本样式进行文本注写。

技术要点：

零件图中的齿轮参数只是需要注写的一部分，用户可根据国家标准进行绘制。

08 用"汉字"文本样式注写技术要求和填写标题栏，完成齿轮零件图的绘制。

18.5 在 AutoCAD 中绘制机械装配图

表示机器或部件的图样称为"装配图"。表示一台完整机器的装配图称为"总装配图"；表示机器某个部件的装配图称为"部件装配图"。总装配图一般只表示各部件之间的相对关系以及机器（设备）的整体情况。装配图可以用投影图或轴测图表示。如图 18-59 所示为球阀的总装配结构图。

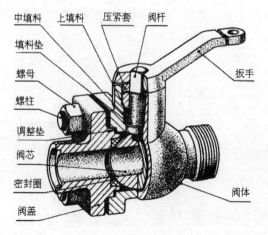

图 18-59

18.5.1 装配图的作用及内容

装配图是机器设计中设计意图的反映,是机器设计、制造过程中的重要技术依据。装配图的作用有以下几个方面。

- 进行机器或部件设计时,首先要根据设计要求画出装配图,表示机器或部件的结构和工作原理。
- 生产、检验产品时,依据装配图将零件装成产品,并按照图样的技术要求检验产品。
- 使用、维修时,要根据装配图了解产品的结构、性能、传动路线、工作原理等,从而决定操作、保养和维修的方法。
- 在技术交流时,装配图也是不可缺少的资料。因此,装配图是设计、制造和使用机器或部件的重要技术文件。

从球阀的装配图中可知装配图应包括以下内容。

- 一组视图:表达各组成零件的相互位置、装配关系和连接方式,以及部件(或机器)的工作原理和结构特点等。
- 必要的尺寸:包括部件或机器的规格(性能)尺寸、零件之间的配合尺寸、外形尺寸、部件或机器的安装尺寸和其他重要尺寸等。
- 技术要求:说明部件或机器的性能、装配、安装、检验、调整或运转的技术要求,一般用文字写出。
- 标题栏、零部件序号和明细栏:与零件图相同,无法用图形或不使用图形表示的内容需要用技术要求加以说明。如有关零件或部件在装配、安装、检验、调试以及正常工作中应当达到的技术要求,常用符号或文字进行标注。

例如,球阀装配结构中,在各密封件装配前必须浸透油;装配滚动轴承允许采用机油加热进行组装,油的温度不得超过100℃;零件在装配前必须清洗干净;装配后应按设计和工艺规定进行空载试验。试验时不应有冲击、噪

声,温升和渗漏不得超过有关标准规定;齿轮装配后,齿面的接触斑点和侧隙应符合GB/T 10095和GB/T 11365的规定等。球阀的装配图,如图18-60所示。

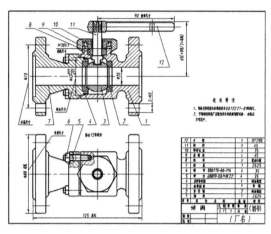

图 18-60

18.5.2 装配图的尺寸标注

装配图上的尺寸应标注清晰、合理,零件上的尺寸不一定全部标出,只要求标注与装配有关的几种尺寸。一般常注的有性能(规格)尺寸、装配尺寸、安装尺寸、外形尺寸,以及其他重要尺寸等。

1. 性能(规格)尺寸

规格尺寸或性能尺寸是机器或部件设计时要求的尺寸,(图18-60中)尺寸 $\phi20$,它关系到阀体的流量、压力和流速。

2. 装配尺寸

装配尺寸包括保证有关零件间配合性质的尺寸、保证零件间相对位置的尺寸、装配时进行加工的尺寸,如图18-61所示的装配剖视图中, $\phi13F8/h6$ 表明转子与轴的配合为间隙配合,采用的是基轴制。

3. 安装尺寸

机器或部件安装到基础或其他设备上时所必需的尺寸,(图18-60所示)尺寸 $M36\times2$,它是阀与其他零件的连接尺寸。

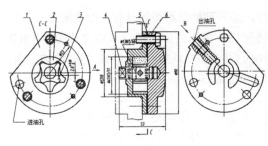

图 18-61

4. 外形尺寸

外形尺寸指机器或部件整体的总长、总高、总宽。它是运输、包装和安装必须提供的尺寸，如厂房建设、包装箱的设计制造、运输车辆的选用都涉及机器的外形尺寸。外形尺寸也是用户选购的重要数据之一。

5. 其他重要尺寸

其他重要尺寸指在设计中经过计算而确定的尺寸，如运动零件的极限位置尺寸、主要零件的重要尺寸等。

上述 5 种尺寸在一张装配图上不一定同时出现，有的一个尺寸也可能包含几种含义。应根据机器或部件的具体情况和装配图的作用具体分析，从而合理地标注出装配图的尺寸。

动手操作——绘制固定架装配图

固定架装配体结构比较简单，包括固定座、顶杆、顶杆套和旋转杆 4 个部件。本例将利用 Windows 的复制、粘贴功能来绘制固定架的装配图。绘制步骤与前面装配图的绘制步骤相同。

6. 绘制零件图

由于固定架的零件较少，零件图可以绘制在一张图纸中，如图 18-62 所示。

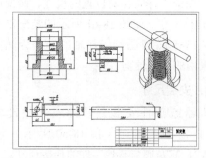

图 18-62

7. 利用 Windows 剪贴板复制、粘贴对象

利用 Windows 剪贴板的复制、粘贴功能来绘制装配图的过程为：首先将零件图中的主视图复制到剪贴板，然后选择创建好的样板文件并打开，最后将剪贴板上的图形用"粘贴为块"工具粘贴到装配图中。

01 打开"动手操作\源文件\Ch18\ex-1.dwg"文件。

02 在打开的零件图形中，按 Ctrl+C 快捷键将固定座视图的图线完全复制（尺寸不复制）。

03 在"快速访问"工具栏中单击"新建"按钮，在打开的"选择样板"对话框中选择用户自定义的"A4 竖放"文件并打开。

技术要点：

图纸样板文件在本书素材的 example 文件夹中。

04 在新图形文件的窗口中，右击并选择快捷菜单中的"粘贴为块"工具，如图 18-63 所示。

图 18-63

05 在图纸中指定一个合适位置来放置固定座图形，如图 18-64 所示。

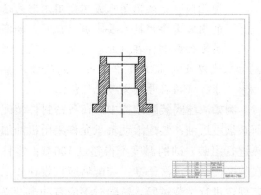

图 18-64

06 同理，通过"窗口"菜单，将固定架零件图打开，并复制其他的零件图到剪贴板上，粘贴为块时，任意放置在图纸中，如图 18-65 所示。

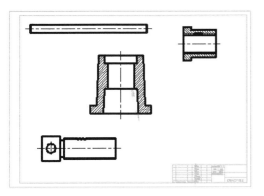

图 18-65

07 使用"旋转"和"移动"工具，将其余零件移动到固定座零件上。完成结果如图 18-66 所示。

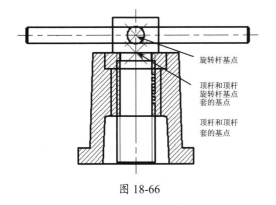

旋转杆基点

顶杆和顶杆旋转杆基点套的基点

顶杆和顶杆套的基点

图 18-66

8．修改图形和填充图案

在装配图中，外部零件的图线遮挡了内部零件图形，需要使用"修剪"工具将其修剪。顶杆和顶杆套螺纹配合部分的线型也要进行修改。另外，装配图中剖面符号的填充方向一致，也要进行修改。

01 使用"分解"工具，将装配图中所有的图块分解成单个图形元素。

02 使用"修剪"工具，将后面装配图形与前面装配图形重叠部分的图线修剪，修剪结果如图 18-67 所示。

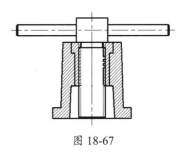

图 18-67

03 将顶杆套的填充图案删除，然后使用"样条曲线"工具，在顶杆的螺纹结构上绘制样条曲线，并重新填充 ANSI31 图案，如图 18-68 所示。

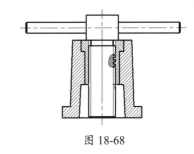

图 18-68

9．编写零件序号和标注尺寸

本例中固定架装配图的零件序号编写与机座装配图是完全一样的，因此详细过程就不过多介绍了。编写的零件序号和完成标注尺寸的固定架装配图，如图 18-69 所示。

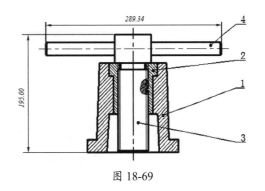

图 18-69

10．填写明细栏和标题栏

创建明细栏表格，在表格中填写零件的编号、零件名称、数量、材料及备注等。绘制明细栏后，为装配图中的图线指定图层，最后再填写标题栏及技术要求。完成的结果如图18-70所示。

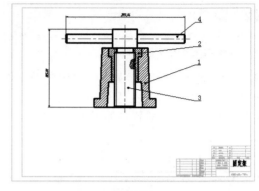

图 18-70

18.6 综合训练

下面进行 AutoCAD 2018 机械制图的综合训练。

18.6.1 训练一：绘制固定座零件轴测图

◎ **引入素材：综合训练\源文件\Ch18\固定座零件图.dwg**

◎ **结果文件：综合训练\结果文件\Ch18\固定座零件轴测图.dwg**

◎ **视频文件：视频\Ch18\绘制固定座零件轴测图.avi**

固定座零件的零件视图与轴测图如图18-71所示。轴测图的图形尺寸将由零件视图参考画出。

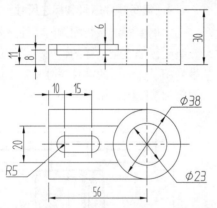

图 18-71

固定座零件是一个组合体，轴测图绘制可采用堆叠法，即从下往上叠加绘制。因此，绘制的步骤是首先绘制下面的长方体，接着绘制有槽的小长方体，最后绘制中空的圆柱体部分。

操作步骤

01 打开源文件"固定座零件图.dwg"。

02 启用轴测捕捉模式，在状态栏中单击"正交模式"按钮，默认情况下，当前轴测平面为左视平面。

技术要点：

轴测图的绘图环境设置参考18.3.1节中所介绍的方法来操作，此处就不再重复讲解了。

03 切换轴测平面至俯视平面，在状态栏中单击"正交模式"按钮。使用"直线"命令在图形窗口中绘制长 56、宽 38 的矩形。命令行操作如下，绘制的矩形如图 18-72 所示。

```
命令： _LINE 指定第一点：                        // 指定直线起点，即第 1 点
指定下一点或 [放弃 (U)]：56 ✓               // 输入第 2 点，在第 1 点的 X 正方向
指定下一点或 [放弃 (U)]：38 ✓               // 输入第 3 点，在第 2 点的 Y 正方向
指定下一点或 [闭合 (C) // 放弃 (U)]：56 ✓    // 输入第 4 点，在第 3 点的 X 负方向
指定下一点或 [闭合 (C) // 放弃 (U)]：C ✓     // 输入 C，闭合直线
```

04 切换轴测平面至左视或右视平面。执行"复制"命令，将矩形复制并向 Z 轴正方向移动距离为 8。命令行操作如下，复制的对象如图 18-73 所示。

```
命令： _COPY
选择对象：指定对角点：找到 4 个 ✓            // 框选矩形
选择对象：
当前设置：复制模式 = 单个
指定基点或 [位移 (D) // 模式 (O) // 多个 (M)] <位移>： ✓         // 指定移动基点
指定第二个点或 <使用第一个点作为位移>：8 ✓                      // 输入移动距离
```

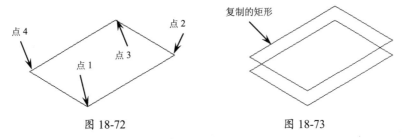

图 18-72   图 18-73

05 执行"直线"命令，绘制 3 条直线并将两个矩形连接，如图 18-74 所示。

技术要点：

在绘制直线时，一定要让光标在极轴追踪的捕捉线上，并确定好直线延伸的方向。以此输入直线长度值，才能得到想要的直线。

06 切换轴测平面至俯视平面。使用"直线"命令在复制的矩形上绘制一条中心线，长为 50。执行"复制"命令，在中心线两侧复制出移动距离为 10 的直线，如图 18-75 所示。

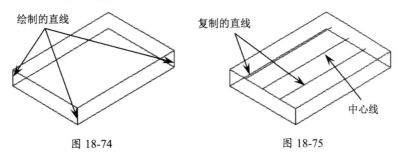

图 18-74   图 18-75

07 继续执行"复制"命令，将上矩形左侧的一条边向右复制两条直线，移动距离分别为 10 和 25。这两条直线为槽的圆弧中心线，如图 18-76 所示。

08 使用椭圆工具的"轴,端点"命令,在中心线的交点上绘制半径为5的椭圆(仍然在俯视平面内),命令行操作如下。绘制的椭圆如图 18-77 所示。

```
命令:  ELLIPSE
指定椭圆轴的端点或 [圆弧(A)// 中心点(C)// 等轴测圆(I)]: I ↙      // 输入 I 选项
指定等轴测圆的圆心:                                          // 指定椭圆圆心
指定等轴测圆的半径或 [直径(D)]: 5 ↙                          // 输入椭圆半径值
```

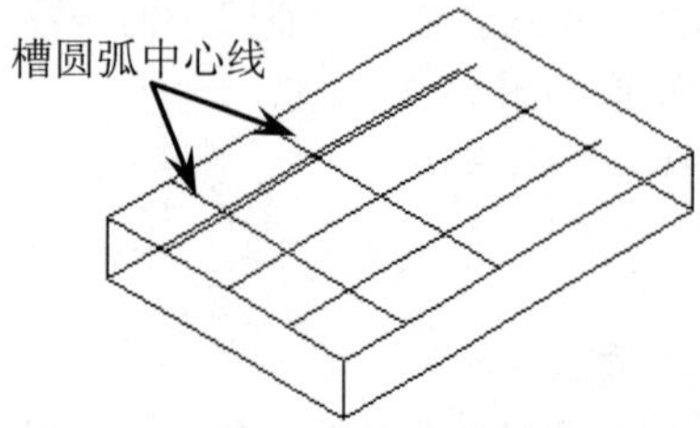

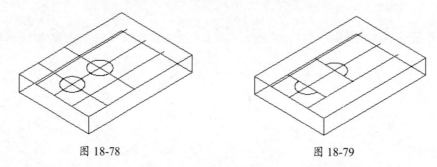

图 18-76 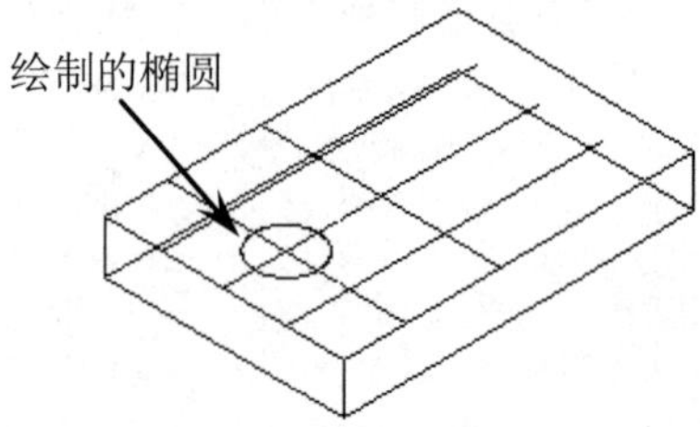　　　　　　　　　　　　　　　　图 18-77

09 同理,在另一个交点上创建相同半径的椭圆,如图 18-78 所示。

10 执行"修剪"命令,将多余的线剪掉,修剪结果如图 18-79 所示。

图 18-78　　　　　　　　　　　　　　　　图 18-79

11 执行"直线"命令,将椭圆弧连接,如图 18-80 所示。

12 切换轴测平面至左视平面。执行"移动"命令,将连接起来的椭圆弧、复制线及中心线向 Z 轴的正方向移动 3mm。再执行"复制"命令,仅将连接的椭圆弧向 Z 轴负方向移动 6mm,并执行"修剪"命令将多余图线修剪,结果如图 18-81 所示。

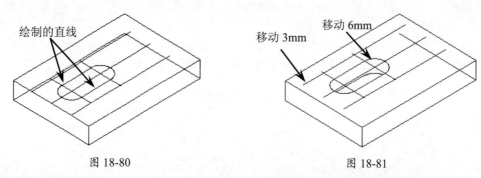

图 18-80　　　　　　　　　　　　　　　　图 18-81

13 切换轴测平面至俯视平面。执行"直线"命令,在左侧绘制 4 条直线段以连接复制的直线,并修剪多余图线,如图 18-82 所示。

14 执行"直线"命令,在下矩形的右边中点上绘制长度为 50 的直线,此直线为大椭圆的中心线,如图 18-83 所示。

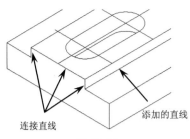

连接直线　　　　　添加的直线

图 18-82

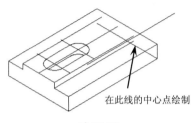

在此线的中心点绘制

图 18-83

15 使用椭圆工具的"轴，端点"命令，并选择 I （等轴测图）选项，在如图 18-84 的中心线与边线交点上绘制半径为 19 的椭圆。

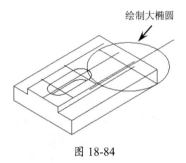

绘制大椭圆

图 18-84

16 切换轴测平面至左视平面。执行"复制"命令，将大椭圆和中心线向 Z 轴正方向移动 30，如图 18-85 所示。

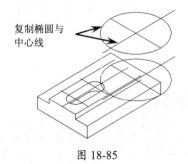

复制椭圆与中心线

图 18-85

17 执行"直线"命令，在椭圆的象限点上绘制两条直线以连接大椭圆，如图 18-86 所示。

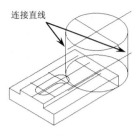

连接直线

图 18-86

18 执行"复制"命令，将下方的大椭圆向 Z 轴正方向分别移动 8 和 11，并得到两个复制的大椭圆，如图 18-87 所示。

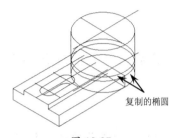

复制的椭圆

图 18-87

19 执行"修剪"命令，将图形中多余的图线修剪，结果如图 18-88 所示。

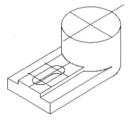

图 18-88

20 执行"直线"命令，在修剪后的椭圆弧上绘制一条直线垂直连接两个椭圆弧。切换轴测平面至俯视平面，然后使用椭圆工具的"轴，端点"命令，在最上方的中心线交点上绘制半径为 11.5 的椭圆，如图 18-89 所示。

绘制直线

图 18-89

21 使用夹点来调整中心线的长度，然后将中心线的线型设为 CEnter，再将其余实线加粗（0.3mm）。至此轴测图绘制完成，结果如图 18-90 所示。

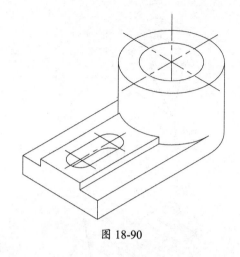

图 18-90

18.6.2　训练二：绘制高速轴零件图

◎ **引入素材：无**

◎ **结果文件：综合训练\结果文件\Ch18\高速轴零件图.dwg**

◎ **视频文件：视频\Ch18\绘制高速轴零件图.avi**

本节以一个高速轴的绘制为例，讲解机械零件中零件轴的绘制方法，高速轴采用齿轮轴设计，如图 18-91 所示。高速轴呈现上下对称特征，通过 AutoCAD 的镜像功能，可使绘图变得更为简单。

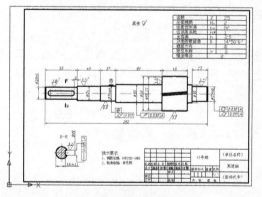

图 18-91

操作步骤

1. 绘制轴轮廓

01 新建文件。

02 设置好绘图的环境，包括将图幅设置为 A3 图纸，设置绘图比例为 1：1，创建"汉字"和"数字与字母"文本样式，创建"直线"标注样式，创建图层，绘制图框和标题栏等，如图 18-92 所示为创建的图层效果。

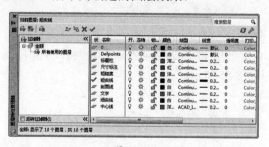

图 18-92

技术要点：

可以将"阀体零件"文件另存为一个副本，然后删除其中的阀体图形再进行绘制，这样就省去了对绘图环境的重复设置。

03 设置"中心线"层为当前层，执行"直线"命令，绘制出一条中心线。

04 设置"粗实线"层为当前层，执行"直线"命令，绘制一条竖直线。执行"偏移"命令，经过多次偏移操作得到各条直线，如图18-93所示。

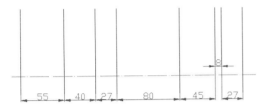

图 18-93

05 执行"偏移"命令，偏移出水平直线，共有5条直线，偏移距离依次为10、12、12.5、15、29，如图18-94所示。

图 18-94

06 选中5条水平直线，更换它们的图层为"粗实线"层，执行"修剪"命令，先选择所有的竖直线，然后修剪竖直线之间的多余直线，如图18-95所示。

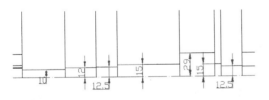

图 18-95

07 执行"删除"和"修剪"命令，删除和修剪其余的多余线，得到如图18-96所示的图形。

图 18-96

08 执行"圆角"命令，绘制出圆角，执行"倒角"命令，绘制出倒角，如图18-97所示。

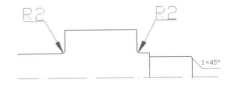

图 18-97

09 执行"直线"命令，绘制出齿轮的分度圆线，如图18-98所示，执行"倒角"命令，绘制出倒角。

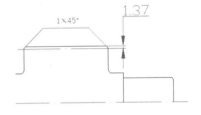

图 18-98

10 执行"倒角"命令，绘制出轴左端的倒角，执行"直线"命令，添补直线，如图18-99所示。

图 18-99

11 执行"镜像"命令，对上半轴进行镜像，得到整根轴的轮廓，如图18-100所示。

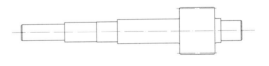

图 18-100

技术要点：

绘制机械图形时，利用很简单的绘图命令即可将图形的大体轮廓绘制出来，然后再利用局部缩放功能对一些细节部分进行补充绘制，这样利于对图形的整体设计，也能比较容易地判断一些细节尺寸的分部位置，如前例中圆弧的绘制与两端倒角的绘制。

2. 绘制轴细部

01 局部放大高速轴左端，执行"偏移"命令，进行偏移操作，绘制高速轴左端的8×45键槽，偏移尺寸如图 18-101 所示。

02 执行"圆"命令，绘制出两个半径为 4 的圆。执行"直线"命令，绘制连接两圆的两条水平切线，如图 18-102 所示。

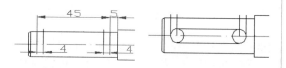

图 18-101   图 18-102

03 执行"删除"命令，删除偏移操作绘制的辅助线，绘制键槽的直线。执行"修剪"命令，修剪圆中多余的半个圆弧。设置"中心线"图层为当前图层，执行"直线"命令，绘制出键槽的中心线，键槽完成图如图 18-103 所示。

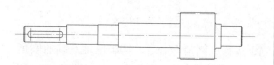

图 18-103

04 如图 18-104 所示，绘制出两条中心线，确定绘制高速轴键槽剖面的中心。

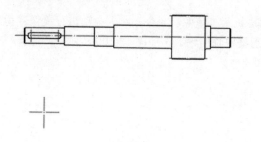

图 18-104

05 局部放大绘制键槽剖面的区域。执行"圆"命令，绘制 $\phi20$ 的圆。执行"偏移"命令，偏移出辅助直线，用于绘制键槽部分，如图 18-105 所示。

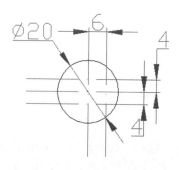

图 18-105

06 执行"修剪"命令，修剪多余线和圆弧。

07 设置"剖面线"层为当前图层，执行"图案填充"命令，对键槽剖视图进行填充，如图 18-106 所示。

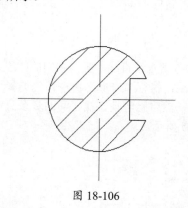

图 18-106

技术要点：

填充的具体操作和设置可以参见本章"阀体零件"的绘制，或者可以查看第2章中的相关内容。

18.6.3   训练三：绘制球阀装配图

◎ **引入素材：综合训练\源文件\Ch18\CAD工程图样板（A4）.dwg**

◎ **结果文件：综合训练\结果文件\Ch18\球阀装配图.dwg**

◎ **视频文件：视频\Ch18\绘制球阀装配图.avi**

本例以零件图形文件插入的拼画方法来绘制球阀装配图。绘制装配图前，还需设置绘图环境。

若用户在样板文件中已经设置好图层、文字样式、标注样式及图幅、标题栏等，那么在绘制装配图时，直接打开样板文件即可。装配图的绘制分5个部分来完成：绘制零件图、插入零件图形、修改图形、编写零件序号和标注尺寸，以及填写明细栏、标题栏和技术要求。

本例球阀装配图绘制完成的效果图如图18-107所示。

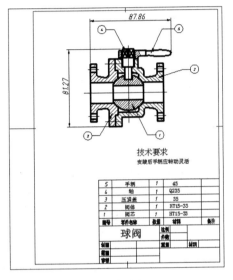

图 18-107

1．绘制零件图

参照本书前面章节介绍的零件图绘制方法，绘制出球阀装配体的单个零件图，如阀体零件图、阀芯零件图、压紧盖零件图、手柄零件图和轴零件图。本例装配图的零件图形已全部绘制完成，如图18-108所示。

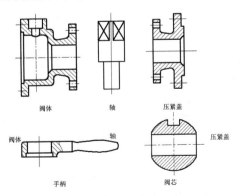

图 18-108

2．插入图形

使用INSERT（插入块）工具可以将球阀的多个零件文件直接插入样板图形，插入后的零件图形以块的形式存在于当前图形中。

操作步骤

01 在"快速访问"工具栏中单击"新建"按钮，然后在打开的"选择文件"对话框中，选择用户自定义的图形样板文件"CAD工程图样板（A4）"并打开。

02 执行INSERT命令，弹出"插入"对话框，如图18-109所示。

图 18-109

03 单击该对话框中的"浏览"按钮，通过弹出的"选择图形文件"对话框，打开"阀体"文件，如图18-110所示。保留"插入"对话框其余选项的默认设置，再单击"确定"按钮，关闭对话框。

图 18-110

04 插入零件图形的结果如图18-111所示。

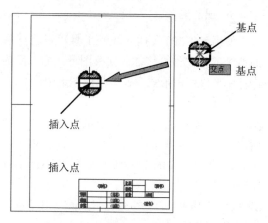

图 18-111

05 按照同样的操作方法，依次将球阀装配体的其他零件图形插入样板，结果如图 18-112 所示。

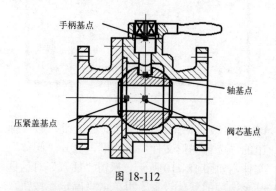

图 18-112

技术要点：

插入零件图形的顺序应该按照实际装配的顺序来进行，例如，阀芯→阀体→压紧盖→轴→手柄。

在为其他零件图形指定基点时，最好选择图形中的中心线与中心线的交点或尺寸基准与中心线的交点，以此作为插入基点比较合理，否则还要通过"移动"命令来调整零件图形在整个装配图中的位置。

3. 修改图形和填充图案

在装配图中，按零件由内向外的位置关系观察图形，将遮挡内部零件图形的外部图形图线删除。例如，阀体的部分图线与阀芯重叠，这就需要将阀体的部分图线删除。

01 使用"分解"工具，将装配图中所有的图块分解成单个图形元素。

02 使用"修剪"工具，将后面的装配图形与前面装配图形的重叠部分的图线修剪，修剪结果如图 18-113 所示。

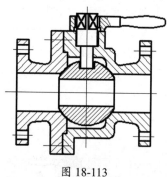

图 18-113

03 由于手柄与阀体相连，且填充图案的方向一致，可修改其填充图案的角度。双击手柄的填充图案，然后在弹出的"图案填充编辑"对话框的"图案填充"选项卡中，修改填充图案的角度为 0，然后单击"确定"按钮，完成图案的修改，如图 18-114 所示。

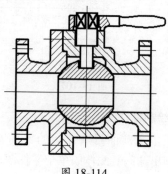

图 18-114

4. 编写零件序号并标注尺寸

球阀的零件图装配完成后，即可编写零件序号并进行尺寸标注了。装配图尺寸的标注仅是标注整个装配结构的总长、总宽和总高。

01 编写零件序号之前，要修改多重引线样式，以便符合要求。执行"格式"|"多重引线样式"命令，打开"多重引线样式管理器"对话框。

02 单击"多重引线样式管理器"对话框的"修改"按钮，弹出"修改多重引线样式"对话框。在"内容"选项卡的"多重引线类型"下拉列表中选择"块"类型，然后在"源块"列表中选择"圆"选项，最后单击"确定"按钮，完成多重引线样式的修改，如图 18-115 所示。

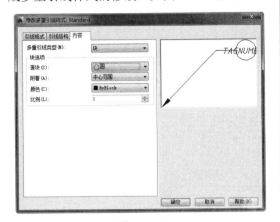

图 18-115

03 执行"标注"|"多重引线"工具，按装配顺序依次在装配图中为零件编号，并为装配图标注总体长度和宽度，完成结果如图 18-116 所示。

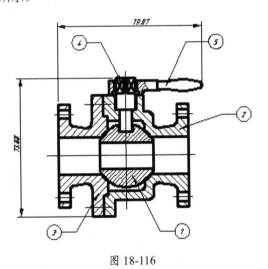

图 18-116

5. 填写明细栏、标题栏和技术要求

按零件序号的多少来创建明细栏表格，然后在表格中填写零件的编号、零件名称、数量、材料及备注等。绘制明细栏后，为装配图中的图线指定图层，最后再填写标题栏及技术要求。

最终完成的球阀装配图如图 18-117 所示。

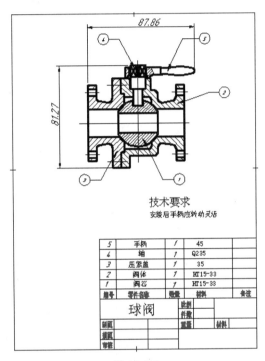

图 18-117

18.7　课后习题

1. 绘制正等轴测图

利用正等轴测图的绘制方法，绘制如图 18-118 所示的正等轴测视图。

2. 绘制齿轮泵泵体零件图

利用零件图读图与识图知识，绘制如图 18-119 所示的齿轮泵泵体零件图。

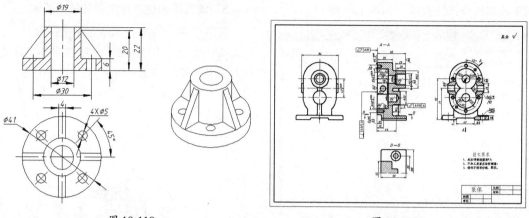

图 18-118   图 18-119

3. 绘制变速箱装配图

利用装配图的读图与识图知识和绘图技巧，绘制如图 18-120 所示的变速箱装配图。

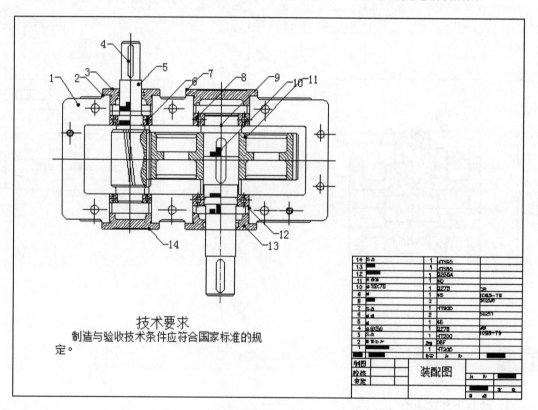

图 18-120

第19章 AutoCAD 建筑制图实战

在国内，AutoCAD 软件在建筑设计中的应用非常广泛，掌握该软件是每个建筑学子必不可少的技能。为了能使读者顺利地学习和掌握这些知识和技能，在正式讲解之前有必要对建筑设计工作的特点、建筑设计过程，以及 AutoCAD 在此过程中大致充当的角色有一个初步了解。此外，无论是手工制图还是计算机制图，都要运用常用的建筑制图知识，遵照国家有关制图标准、规范来进行。因此，在正式讲解 AutoCAD 制图之前，有必要对这部分知识和要点做一个简要回顾。

项目分解与视频二维码

◆ 建筑工程制图基本常识
◆ AutoCAD建筑制图的尺寸标注
◆ 在AutoCAD中绘制建筑平面图

◆ 在AutoCAD中绘制建筑立面图
◆ 在AutoCAD中绘制建筑剖面图

第19章视频

19.1 建筑工程制图基本常识

建筑设计图纸是交流设计思想、传达设计意图的技术文件。尽管各种 CAD 软件功能强大，但它们毕竟不是专门为建筑设计定制的软件，一方面需要在用户的正确操作下才能实现其绘图功能，另一方面需要用户在遵循统一制图规范，在正确的制图理论及方法的指导下来操作，才能生成合格的图纸。因此，即使在当今大量采用计算机绘图的形势下，仍然有必要掌握基本绘图知识。

19.1.1 建筑制图概念

建筑图纸是建筑设计人员用来表达设计思想、传达设计意图的技术文件，是方案投标、技术交流和建筑施工的要件。建筑制图是根据正确的制图理论及方法，按照国家统一的建筑制图规范，将设计思想和技术特征清晰、准确地表现出来。建筑图纸包括方案图、初设图、施工图等类型。国家标准《房屋建筑制图统一标准》（GB/T 50001-2017）、《总图制图标准》（GB/T 50103-2010）和《建筑制图标准》（GB/T 50104-2010）是建筑专业手工制图和计算机制图的依据。

1. 建筑制图的方式

建筑制图有手工制图和计算机制图两种方式。手工制图又分为徒手绘制和工具绘制两种。

手工制图应该是建筑师必须掌握的技能，也是学习各种绘图软件的基础。手工制图体现出一种绘图素养，直接影响图面的质量，而其中的徒手绘画，则往往是建筑师职场上的闪光点和敲门砖，所以不可偏废。采用手工绘图的方式可以绘制全部的图纸文件，但是需要花费大量的精力和时间。计算机制图是指操作计算机绘图软件画出所需图形，并形成相应的图形电子文件，可以进一步通过绘图仪或打印机将图形文件输出，形成具体图纸的过程。它快速、便捷，便于文档存储，便于图纸的重复利用，可以大大提高设计效率。因此，目前手绘主要用在方案设计的前期，而后期成品方案图以及初设图、施工图都采用计算机绘制完成。

2．建筑制图程序

建筑制图的程序是与建筑设计的程序相对应的。从整个设计过程来看，遵循方案图、初设图、施工图的顺序来进行。后面阶段的图纸在前一阶段的基础上做深化、修改和完善。就每个阶段来看，一般遵循平面、立面、剖面、详图的过程来绘制。至于每种图样的制图程序，将在后面章节结合 AutoCAD 操作来讲解。

19.1.2　建筑制图的要求及规范

要设计建筑工程图，就要遵循建筑设计制图的国家相关标准。下面我们来学习建筑制图的规范。

1．图幅

图幅即图面的大小，分为横式和立式两种。根据国家标准的规定，按图面的长和宽的大小确定图幅的等级。建筑常用的图幅有 A0（也称 0 号图幅，其余类推）、A1、A2、A3 及 A4，每种图幅的尺寸见表 19-1 所示。

表 19-1　图幅标准（mm）

幅面代号 尺寸代号	A0	A1	A2	A3	A4
B×L	841×1189	594×841	420×594	297×420	210×297
c	10			5	
a	25				

需要微缩复制的图纸，其一个边上应附有一段准确米制尺度，4 个边上均附有对中标志，米制尺度的总长应为 100mm，分格应为 10mm。对中标志应画在图纸各边长的中点处，线宽应为 0.35mm，伸入框内应为 5mm。

A0～A3 图纸可以在长边加长，但短边一般不应加长，加长尺寸如表 19-2 所示。如有特殊需要，可采用 B×L=841×891 或 1189×1261 的幅面。

表 19-2　图纸长边加长尺寸（mm）

图幅	长边尺寸	长边加长后尺寸
A0	1189	1486、1635、1783、1932、2080、2230、2378
A1	841	1051、1261、1471、1682、1892、2102
A2	594	743、891、1041、1189、1338、1486、1635、1783、1932、2080
A3	420	630、841、1051、1261、1471、1682、1892

2．标题栏

标题栏包括设计单位名称、工程名称、签字、图名及图号等内容。一般标题栏格式如图 19-1 所示，如今不少设计单位采用自己个性化的标题栏格式，但是仍必须包括这几项内容。

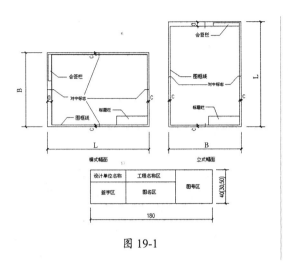

图 19-1

3．会签栏

会签栏是为各工种负责人审核后签名用的表格，它包括专业、姓名、日期等内容，如图19-2所示。对于不需要会签的图纸，可以不设此栏。

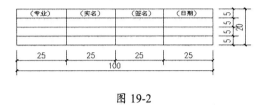

图 19-2

4．线型要求

建筑图纸主要由各种线条构成，不同的线型表示不同的对象和不同的部位，代表着不同的含义。为使图面能够清晰、准确、美观地表达设计思想，工程实践中采用了一套常用的线型，并规定了它们的适用范围，如表19-3所示。

表 19-3　常用线型及适用范围

名　称		线　　型	线宽	适　用　范　围
实 线	粗		b	建筑平面图、剖面图、构造详图的被剖切主要构件截面轮廓线；建筑立面图外轮廓线；图框线；剖切线。总图中的新建建筑物轮廓
	中		0.5b	建筑平、剖面中被剖切的次要构件的轮廓线；建筑平、立、剖面图构配件的轮廓线；详图中的一般轮廓线
	细		0.25b	尺寸线、图例线、索引符号、材料线及其他细部刻画用线等
虚 线	中		0.5b	主要用于构造详图中不可见的实物轮廓；平面图中的起重机轮廓；拟扩建的建筑物轮廓
	细		0.25b	其他不可见的次要实物轮廓线
点划线	细		0.25b	轴线、构配件的中心线、对称线等
折断线	细		0.25b	省画图样时的断开界限
波浪线	细		0.25b	构造层次的断开界线，有时也表示省略画出时的断开界限

图线宽度b，宜从下列线宽中选取：2.0、1.4、1.0、0.7、0.5、0.35mm。不同的b值，产生不同的线宽组。在同一张图纸内，各不同线宽组中的细线，可以统一采用较细的线宽组中的细线。对于需要微缩的图纸，线宽不宜≤0.18mm。

5. 尺寸标注

尺寸标注的一般原则如下。

- 尺寸标注应力求准确、清晰、美观大方。同一张图纸中，标注风格应保持一致。
- 尺寸线应尽量标注在图样轮廓线以外，从内到外依次标注从小到大的尺寸，不能将大尺寸标在内，而小尺寸标在外，如图 19-3 所示。

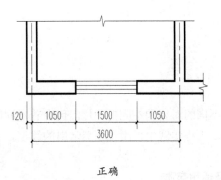

正确

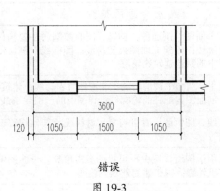

错误

图 19-3

- 最内一道尺寸线与图样轮廓线之间的距离不应小于 10mm，两道尺寸线之间的距离一般为 7 ~ 10mm。
- 尺寸界线朝向图样的端头，距图样轮廓的距离应≥2mm，不宜直接与之相连。
- 在图线拥挤的地方，应合理安排尺寸线的位置，但不宜与图线、文字及符号相交；可以考虑将轮廓线用作尺寸界线，但不能作为尺寸线。
- 室内设计图中连续重复的构配件等，当不易标明定位尺寸时，可在总尺寸的控制下，定位尺寸不用数值而用"均分"

或 EQ 字样表示，如图 19-4 所示。

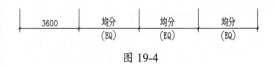

图 19-4

6. 文字说明

在一幅完整的图纸中用图线方式表现得不充分和无法用图线表示的地方，就需要进行文字说明，例如设计说明、材料名称、构配件名称、构造做法、统计表及图名等。文字说明是图纸内容的重要组成部分，制图规范对文字标注中的字体、字的大小、字体字号搭配等方面做了一些具体规定。

（1）一般原则

字体端正、排列整齐、清晰准确、美观大方，避免过于个性化的文字标注。

（2）字体

一般标注推荐采用仿宋字，大标题、图册封面、地形图等的汉字，也可书写成其他字体，但应易于辨认。字型示例如下。

- 仿宋：建筑（小四）、建筑（四号）、建筑（二号）
- 黑体：建筑（四号）、建筑（小二）
- 楷体：建筑（小三）、建筑（二号）
- 字母、数字及符号：0123456789abcdefghijk%@ 或 0123456789abcdefghijk%@

（3）字的大小

标注的文字高度要适中。同一类型的文字采用同一大小的字。较大的字用于较概括性的说明内容，较小的字用于较细致的说明内容。文字的字高，应从如下尺寸中选用：3.5、5、7、10、14、20mm。如需书写更大的字，其高度应按$\sqrt{2}$的比值递增。注意字体及大小搭配的层次感。

7. 常用图示标志

（1）详图索引符号及详图符号

平、立、剖面图中，在需要另设详图表示的部位，标注一个索引符号，以表明该详图的位置，这个索引符号即详图索引符号。详图索引符号采用细实线绘制，圆圈直径为 10mm。如图 19-5 所示，图中（d）、（e）、（f）、（g）用于索引剖面详图，当详图就在本张图纸时，采用（a），详图不在本张图纸时，采用（b）、（c）、（d）、（e）、（f）、（g）、（h）的形式。

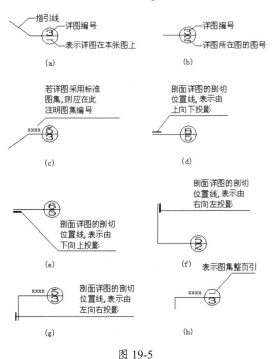

图 19-5

详图符号即详图的编号，用粗实线绘制，圆圈直径为 14mm，如图 19-6 所示。

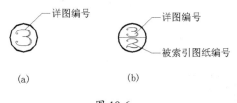

图 19-6

（2）引出线

由图样引出一条或多条线段指向文字说明，该线段就是引出线。引出线与水平方向的夹角一般为 0º、30º、45º、60º、90º，常见的引出线形式如图 19-7 所示。图中（a）、（b）、（c）、（d）为普通引出线，（e）、（f）、（g）、（h）为多层构造引出线。使用多层构造引出线时，应注意构造分层的顺序应与文字说明的分层顺

序一致。文字说明可以放在引出线的端头，如图 19-7（a）～（h）所示，也可放在引出线水平段之上，如图 19-7（i）所示。

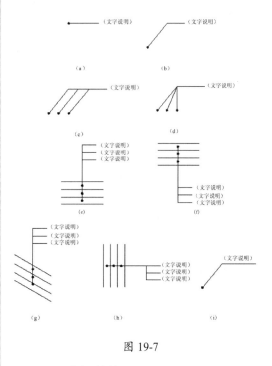

图 19-7

（3）内视符号

内视符号标注在平面图中，用于表示室内立面图的位置及编号，建立平面图和室内立面图之间的联系。内视符号的形式如图 19-8 所示。图中立面图编号可用英文字母或阿拉伯数字表示，黑色的箭头指向表示的立面方向；图 19-8（a）为单向内视符号，图 19-8（b）为双向内视符号，图 19-8（c）为四向内视符号，A、B、C、D 顺时针标注。

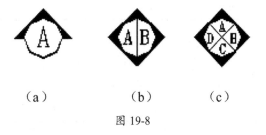

图 19-8

其他符号图例统计，见表 19-4 所示。

表 19-4　建筑常用符号图例

符　号	说　明	符　号	说　明
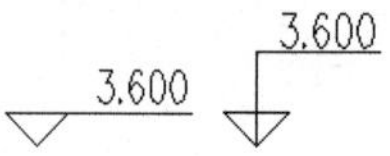 3.600　　3.600	标高符号，线上数字为标高值，单位为 m 左侧示例在标注位置比较拥挤时采用	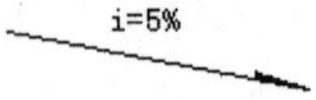 i=5%	表示坡度
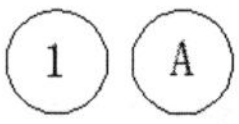 ① Ⓐ	轴线号	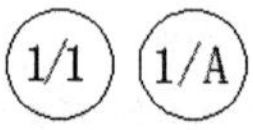 1/1　1/A	附加轴线号
1　　1	标注剖切位置的符号，标数字的方向为投影方向，1 与剖面图的编号 1-1 对应	2　　2	标注绘制断面图的位置，标数字的方向为投影放向，2 与断面图的编号 2-2 对应
	对称符号。在对称图形的中轴位置画此符号，可以省画另一半图形		指北针
	方形坑槽		圆形坑槽
	方形孔洞		圆形孔洞
@	表示重复出现的固定间隔，例如双向木格栅 @500	Φ	表示直径，如 φ30
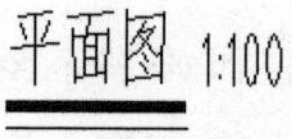 平面图 1:100	图名及比例	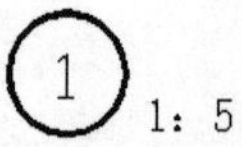 ① 1：5	索引详图名及比例
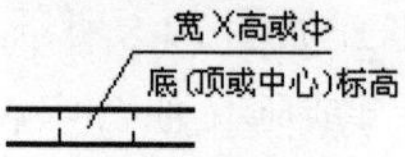 宽×高或φ 底（顶或中心）标高	墙体预留洞	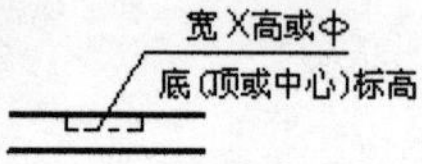 宽×高或φ 底（顶或中心）标高	墙体预留槽
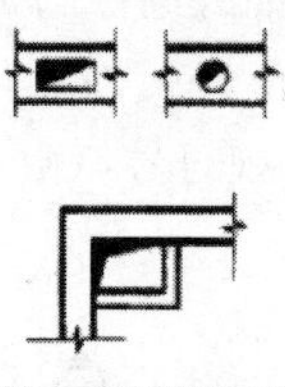	烟道	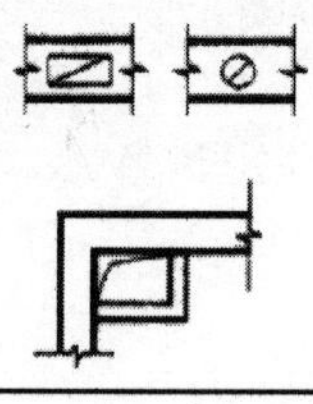	通风道

8. 常用材料符号

建筑图中经常应用材料图例来表示材料，在无法用图例表示的地方，也采用文字说明。为了方便读者，我们将常用的图例汇总，如表 19-5 所示。

表 19-5　常用材料图例

材料图例	说　明	材料图例	说　明
	自然土壤		夯实土壤

续表

材料图例	说　明	材料图例	说　明
	毛石砌体		普通转
	石材		砂、灰土
	空心砖		松散材料
	混凝土		钢筋混凝土
	多孔材料		金属
	矿渣、炉渣		玻璃
	纤维材料		防水材料 上下两种根据绘图比例大小选用
	木材		液体，需要注明液体名称

9. 常用绘图比例

下面列出常用绘图比例，根据实际情况灵活使用。

（1）总图：1：500、1：1000、1：2000。

（2）平面图：1：50、1：100、1：150、1：200、1：300。

（3）立面图：1：50、1：100、1：150、1：200、1：300。

（4）剖面图：1：50、1：100、1：150、1：200、1：300。

（5）局部放大图：1：10、1：20、1：25、1：30、1：50。

（6）配件及构造详图：1：1、1：2、1：5、1：10、1：15、1：20、1：25、1：30、1：50。

19.1.3　建筑制图的内容及编排顺序

建筑制图的内容包括：总图、平面图、立面图、剖面图、构造详图和透视图、设计说明、图纸封面、图纸目录等。

图纸编排顺序一般应为图纸目录、总图、建筑图、结构图、给水排水图、暖通空调图、电气图等。对于建筑专业，一般顺序为目录、施工图设计说明、附表（装修做法表、门窗表等）、平面图、立面图、剖面图、详图等。

19.2　AutoCAD 建筑制图的尺寸标注

建筑图样上标注的尺寸具有以下独特的元素：尺寸界线、尺寸线、尺寸起止符号和标注文字（尺寸数字），对于圆标注还有圆心标记和中心线，如图 19-9 所示。

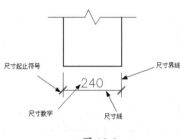

图 19-9

《房屋建筑制图统一标准》GB/T 50001-2017 中对建筑制图中的尺寸标注有着详细的规定。下面分别介绍规范对尺寸界线、尺寸线、尺寸起止符号和标注文字（尺寸数字）的一些要求。

1.　尺寸界线、尺寸线及尺寸起止符号

● 尺寸界线应用细实线绘制，一般应与被注长度垂直，其一端应离开图样轮廓线不小于 2mm，另一端宜超出尺寸线 2 ~ 3mm。图样轮廓线可用作尺寸界线，如图 19-10 所示。

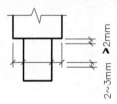

图 19-10

● 尺寸线应用细实线绘制，应与被注长度平行。图样本身的任何图线均不得用作尺寸线。因此尺寸线应调整好位置，避免与图线重合。

● 尺寸起止符号一般用中粗斜短线绘制，其倾斜方向应与尺寸界线成顺时针 45°角，长度宜为 2 ~ 3mm。半径、直径、角度与弧长的尺寸起止符号，宜用箭头表示，如图 19-11 所示。

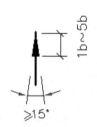

图 19-11

2.　尺寸数字

图样上的尺寸，应以尺寸数字为准，不得从图上直接量取。但建议按比例绘图，这样可以减少绘图错误。图样上的尺寸单位，除标高及总平面以米为单位外，其他必须以毫米为单位。

如图 19-12 所示，尺寸数字的方向，按左图规定注写。若尺寸数字在 30°斜线区内，宜按右图形式注写。

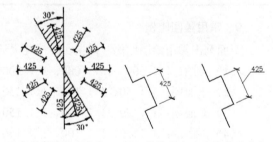

尺寸数字的规定方向　　30°斜线区内尺寸数字的方向

图 19-12

尺寸数字一般应依据其方向注写在靠近尺寸线的上方中部。如没有足够的注写空间，最外边的尺寸数字可注写在尺寸界线的外侧，中间相邻的尺寸数字可错开注写，如图 19-13 所示。

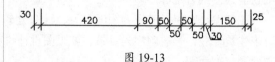

图 19-13

3．尺寸的排列与布置

尺寸宜标注在图样轮廓以外，不宜与图线、文字及符号等相交，如图 19-14 所示。

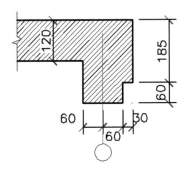

图 19-14

互相平行的尺寸线，应从被注写的图样轮廓线由近向远整齐排列，较小尺寸应离轮廓线较近，较大尺寸应离轮廓线较远，如图 19-15 所示。

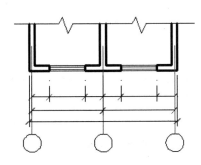

图 19-15

图样轮廓线以外的尺寸线，距图样最外轮廓之间的距离，不宜小于 10mm。平行排列的尺寸线的间距，宜为 7～10mm，并应保持一致。

总尺寸的尺寸界线应靠近所指部位，中间的分尺寸的尺寸界线可稍短，但其长度应相等。

4．半径、直径、球的尺寸标注

半径的尺寸线应一端从圆心开始，另一端画箭头指向圆弧。半径数字前应加注半径符号 R。标注圆的直径尺寸时，直径数字前应加直径符号 φ。在圆内标注的尺寸线应通过圆心，两端画箭头指至圆弧。

如图 19-16 所示为圆、圆弧的半径与直径尺寸标注方法。

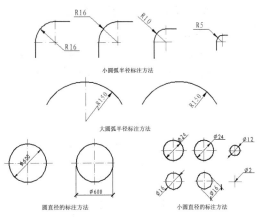

图 19-16

标注球的半径尺寸时，应在尺寸数字前加注符号 SR。标注球的直径尺寸时，应在尺寸数字前加注符号 Sφ。注写方法与圆半径和圆直径的尺寸标注方法相同。

5．角度、弧度、弧长的标注

角度的尺寸线应以圆弧表示。该圆弧的圆心应是该角的顶点，角的两条边为尺寸界线。起止符号应以箭头表示，如没有足够位置画箭头，可用圆点代替，角度数字应按水平方向注写，如图 19-17（a）所示。

标注圆弧的弧长时，尺寸线应以与该圆弧同心的圆弧线表示，尺寸界线应垂直于该圆弧的弦，起止符号用箭头表示，弧长数字上方应加注圆弧符号⌒，如图 19-17（b）所示。

标注圆弧的弦长时，尺寸线应以平行于该弦的直线表示，尺寸界线应垂直于该弦，起止符号用中粗斜短线表示，如图 19-17（c）所示。

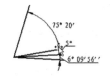

（a）角度标注方法 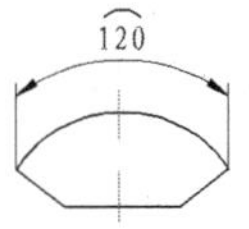　　（b）弧长标注方法

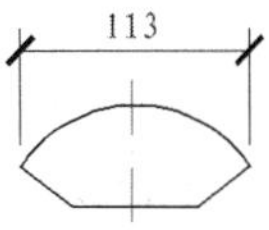

（c）弦长标注方法

图 19-17

6. 薄板厚度、正方形、坡度、非圆曲线等的尺寸标注

- 薄板厚度、正方形、网格法标注曲线尺寸的标注样式，如图 19-18 ～ 图 19-20 所示。

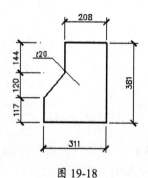

图 19-18

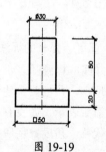

图 19-19

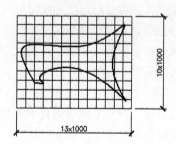

图 19-20

- 坡度的尺寸标注，如图 19-21 所示。

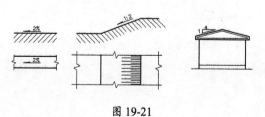

图 19-21

- 坐标法标注曲线的尺寸标注，如图 19-22 所示。

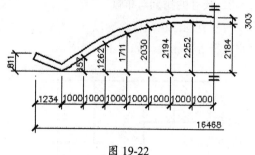

图 19-22

7. 尺寸的简化标注

建筑制图中的简化尺寸标注方法如下。

- 等长尺寸简化标注的方法，如图 19-23 所示。

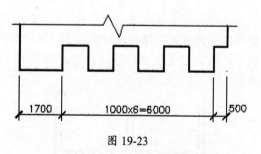

图 19-23

- 相同要素尺寸的标注方法，如图 19-24 所示。

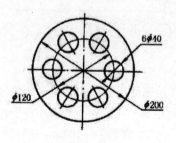

图 19-24

- 对称构件尺寸的标注方法，如图 19-25 所示。

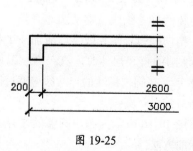

图 19-25

● 相似构件尺寸的标注方法，如图 19-26 所示。

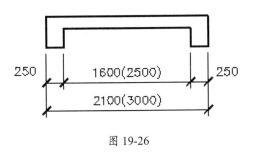

图 19-26

● 相似构配件尺寸的标注方法，如图 19-27 所示。

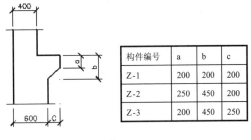

构件编号	a	b	c
Z-1	200	200	200
Z-2	250	450	200
Z-3	200	450	250

图 19-27

19.3　在 AutoCAD 中绘制建筑平面图

建筑平面图是整个建筑平面的真实写照，用于表现建筑物的平面形状、布局、墙体、柱子、楼梯以及门窗的位置等。

19.3.1　建筑平面图的形成与内容

为了便于理解，建筑平面图可用另一种方式表达：用一假想水平剖切平面经过房屋的门窗洞口之间，把房屋剖切开，剖切面剖切房屋实体部分为房屋截面，将此截面位置向房屋底平面作正投影，所得到的水平剖面图即为建筑平面图，如图 19-28 所示。

建筑平面图其实就是房屋各层的水平剖面图。虽然平面图是房屋的水平剖面图，但按习惯不必标注其剖切位置，也不必称其为"剖面图"。

一般情况下，房屋有几层就应画几个平面图，并在图的下方标注相应的图名，如"底层平面图""二层平面图"等。图名下方应加一条粗实线，图名右方标注比例。

建筑平面图主要分以下几种图纸。

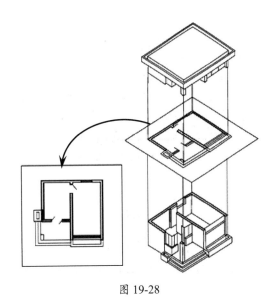

图 19-28

1．标准层平面图

当房屋中间若干层的平面布局、构造情况完全一致时，则可用一个平面图来表达这些相同布局的若干层，称之为"标准层平面图"。对于高层建筑，标准层平面图比较常见。

2．底层平面图

底层平面图（一层平面图）应画出房屋本层相应的水平投影，以及与本栋房屋有关的台阶、花池、散水等的投影，如图 19-29 所示。

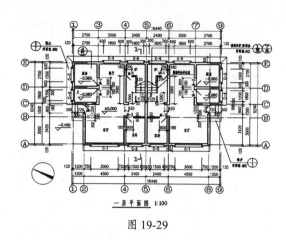

一层平面图 1:100

图 19-29

3. 二层平面图

二层平面图除画出房屋二层范围的投影内容之外，还应画出底层平面图无法表达的雨篷、阳台、窗眉等内容，而对于底层平面图上已表达清楚的台阶、花池、散水等内容就不再画出了，如图 19-30 所示。

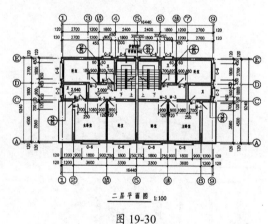

二层平面图 1:100

图 19-30

4. 三层及三层以上平面图

三层及三层以上的平面图则只需画出本层的投影内容及下一层的窗眉、雨篷等这些下一层无法表达的内容，如图 19-31 所示。

5. 屋顶平面图

屋顶平面图主要用来表达房屋屋顶的形状、女儿墙位置、屋面排水方向及坡度、檐沟、水箱位置等的图形，如图 19-32 所示。

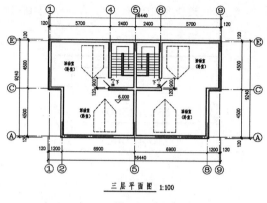

三层平面图 1:100

图 19-31

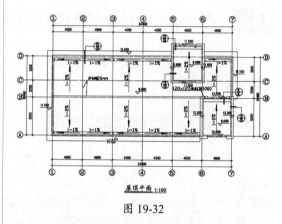

屋顶平面 1:100

图 19-32

6. 局部平面图

当某些楼层的平面布置图基本相同但局部不同时，则这些不同部分可用局部平面图表示。常见的局部平面图有卫生间、盥洗室、楼梯间平面图等，如图 19-33 所示。

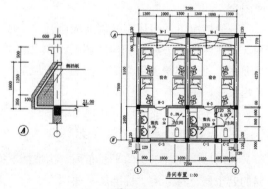

房间布置 1:50

图 19-33

19.3.2　建筑平面图绘制规范

用户在绘制建筑平面图时，无论是绘制底层平面图、楼层平面图、大详平面图、屋顶平面图等，应遵循国家制定的相关规定，使绘制的图形更加符合规范。

1. 比例、图名

绘制建筑平面图的常用比例有 1 ： 50、1 ： 100、1 ： 200 等，而实际工程中则常用 1 ： 100 的比例进行绘制。

平面图下方应注写图名，图名下方应绘一条短粗实线，右侧应注写比例，比例字高宜比图名的字高小，如图 19-34 所示。

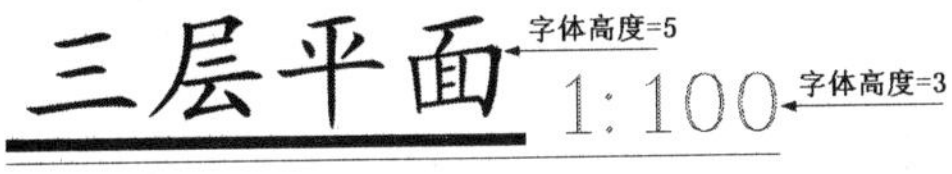

三层平面 1:100
字体高度=5
字体高度=3

图 19-34

技术要点：

如果几个楼层平面布置相同时，也可以只绘制一个"标准层平面图"，其图名及比例的标注如图 19-35所示。

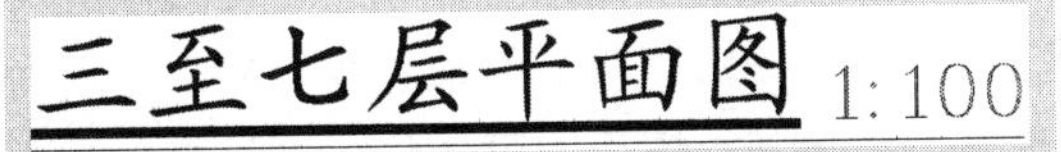

三至七层平面图 1:100

图 19-35

2. 图例

建筑平面图由于比例小，各层平面图中的卫生间、楼梯间、门窗等投影难以详尽表示，所以采用国标规定的图例来表达，而相应的详尽情况则另用较大比例的详图来表达。

建筑平面图的常见图例如图 19-36 所示。

3. 图线

线型比例大致取出图比例倒数的 50%（在 AutoCAD 的模型空间中应按 1 ： 1 进行绘图）。

- 用粗实线绘制被剖切到的墙、柱断面轮廓线。
- 用中实线或细实线绘制没有剖切到的可见轮廓线（如窗台、梯段等）。
- 尺寸线、尺寸界线、索引符号、高程符

号等用细实线绘制，
- 轴线用细单点长画线绘制。

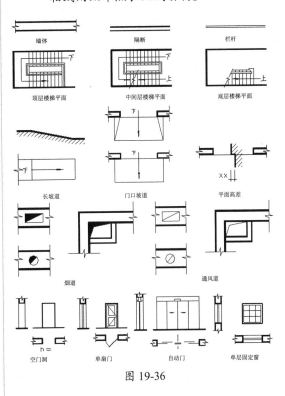

图 19-36

如图 19-37 所示为建筑平面图中的图线表示。

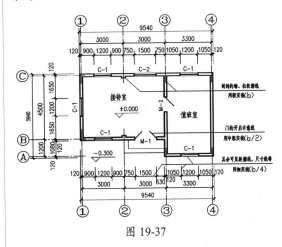

图 19-37

4. 字体

汉字字型优先考虑采用 hztxt.shx 和 hzst.shx；西文优先考虑 romans.shx 和 simplex 或 txt.shx。所有中英文标注宜按表 19-6 执行。

表 19-6　建筑平面图的常用字型

用途	图纸名称	说明文字标题	标注文字	说明文字	总说明	标注尺寸
	中文	中文	中文	中文	中文	中文
字型	St64f.shx	St64f.shx	Hztxt.shx	Hztxt.shx	St64f.shx	Romans.shx
字高	10mm	5mm	3.5mm	3.5mm	5mm	3mm
宽高比	0.8	0.8	0.8	0.8	0.8	0.7

5. 尺寸标注

建筑平面图的标注包括外部尺寸、内部尺寸和标高。

- 外部尺寸：在水平方向和竖直方向各标注 3 道。
- 内部尺寸：标出各房间长、宽方向的净空尺寸，墙厚及与轴线之间的关系、柱子截面、房内部门窗洞口、门垛等细部尺寸。
- 标高：平面图中应标注不同楼地面标高、房间及室外地坪等标高，且是以米为单位，精确到小数点后两位。

6. 剖切符号

剖切位置线长度宜为 6 ～ 10mm，投射方向线应与剖切位置线垂直，画在剖切位置线的同一侧，长度应短于剖切位置线，宜为 4 ～ 6mm。为了区分同一形体上的剖面图，在剖切符号上宜用字母或数字，并注写在投射方向线一侧。

7. 详图索引符号

图样中的某一局部或构件，如需另见详图，应以索引符号标出。索引符号是由直径为 10mm 的圆和水平直径组成的，圆及水平直径均以细实线绘制。详图的位置和编号，应以详图符号表示。详图符号的圆应以直径为 14mm 的粗实线绘制。

8. 引出线

引出线应以细实线绘制，宜采用水平方向的直线、与水平方向成 30°、45°、60°、90° 的直线，或经上述角度再折为水平线。文字说明宜注写在水平线的上方，也可注写在水平线的端部。

9. 指北针

指北针是用来指明建筑物朝向的。圆的直径宜为 24mm，用细实线绘制，指针尾部的宽度宜为 3mm，指针头部应标示"北"或 N。需用较大直径绘制指北针时，指针尾部宽度宜为直径的 1/8。

10. 高程

高程符号用以细实线绘制的等腰直角三角形表示，其高度控制在 3mm 左右。在模型空间绘图时，等腰直角三角形的高度值应是 30mm 乘以出图比例的倒数。

高程符号的尖端指向被标注高程的位置。高程数字写在高程符号的延长线一端，以米为单位，注写到小数点的第 3 位。零点高程应写成 ±0.000，正数高程不用加"+"，但负数高程应注上"－"。

11. 定位轴线及编号

定位轴线确定房屋主要承重构件（墙、柱、梁）的位置及标注尺寸的基线称为"定位轴线"，如图 19-38 所示。

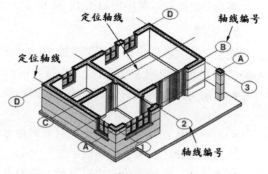

图 19-38

　　定位轴线用细单点长画线表示。定位轴线的编号注写在轴线端部的 $\phi 8 \sim 10$ 的细线圆内。

- 横向轴线：从左至右，用阿拉伯数字标注。
- 纵向轴线：从下向上，用大写拉丁字母进行标注，但不用I、O、Z字母以免与阿拉伯数字0、1、2混淆。一般承重墙柱及外墙编为主轴线，非承重墙、隔墙等编为附加轴线（又称"分轴线"）。

如图19-39所示为定位轴线的编号注写。

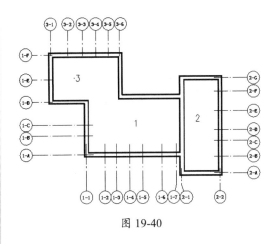

图 19-40

图 19-39

技术要点：

在定位轴线的编号中，分数形式表示附加轴线编号。其中分子为附加编号，分母为前一轴线编号。1或A轴前的附加轴线分母为01或0A。

　　为了让读者便于理解，下面用图形来表达定位轴线的编号形式。定位轴线的分区编号，如图19-40所示；圆形平面定位轴线编号，如图19-41所示；折线形平面定位轴线编号，如图19-42所示。

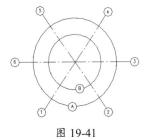

图 19-41

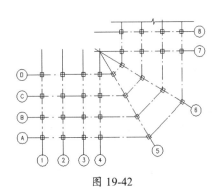

图 19-42

19.4　在 AutoCAD 中绘制建筑立面图

　　本节简要归纳建筑立面图的概念、图示内容、命名方式，以及一般绘制步骤，为下一步结合实例讲解AutoCAD绘制操作作准备。

19.4.1　立面图的形成、用途与命名方式

　　在与建筑立面平行的铅直投影面上所做的正投影图称为"建筑立面图"，简称"立面图"。如图19-43所示，从房屋的4个方向投影所得到的正投影图，就是各向立面图。

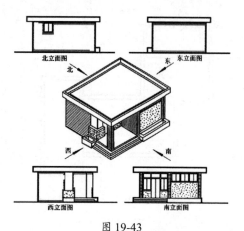

图 19-43

立面图是用来表达室内立面的形状（造型）、室内墙面、门窗、家具、设备等的位置、尺寸、材料和做法等内容的图样，是建筑外装修的主要依据。

立面图的命名方式有以下 3 种。

- 按各墙面的朝向命名：建筑物的某个立面面向那个方向，就称为那个方向的立面图。如东立面图、西立面图、南立面图、北立面图等。
- 按墙面的特征命名：将建筑物反映主要出入口或比较显著地反映外貌特征的那一面称为正立面图，其余立面图依次为背立面图、左立面图和右立面图。
- 用建筑平面图中轴线两端的编号命名：按照观察者面向建筑物从左到右的轴线顺序命名，如①-③立面图、ⓒ-Ⓐ立面图等。

施工图中这三种命名方式都可以使用，但每套施工图只能采用其中的一种方式命名。

19.4.2 建筑立面图的内容及要求

如图 19-44 所示为某住宅建筑的南立面图。

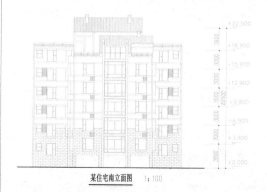

某住宅南立面图 1:100

图 19-44

从图 19-44 可知，建筑立面图应该表达的内容和要求如下。

- 画出室外地面线及房屋的踢脚、台阶、花台、门窗、雨篷、阳台，以及室外的楼梯、外墙、柱、预留孔洞、檐口、屋顶、流水管等。
- 注明外墙各主要部分的标高，如室外地面、台阶、窗台、阳台、雨篷、屋顶等处的标高。
- 一般情况下，立面图上可不注明高度方向尺寸，但对于外墙预留孔洞除注明标高尺寸外，还应注出其大小和定位尺寸。
- 注出立面图中图形两端的轴线及编号。
- 标出各部分构造、装饰节点详图的索引符号。用图例或文字来说明装修材料及方法。

19.5 在 AutoCAD 中绘制建筑剖面图

建筑剖面图是建筑施工图的一部分。在本节中，将对建筑剖面图的基础知识做出概要介绍，使读者了解建筑剖面图的重要性。

建筑剖面图作为建筑设计、施工图纸中的重要组成部分，其设计与平面设计是从两个不同的方面来反映建筑内部空间的关系的，平面设计着重解决内部空间的水平方向的问题，而剖面设计则主要研究竖向空间的处理，两个方面同样都涉及建筑的使用功能、技术经济条件和周围环境等问题。

19.5.1　建筑剖面图的形成与作用

假想用一个或多个垂直于外墙轴线的铅垂副切面，将房屋剖开所得的投影图，称为"建筑剖面图"，简称"剖面图"，如图 19-45 所示。

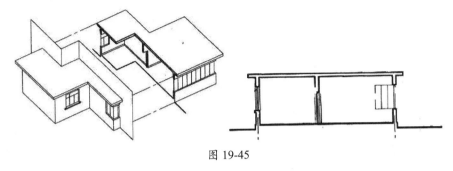

图 19-45

剖面图主要是用来表达室内内部结构、墙体、门窗等的位置、做法、结构和空间关系的图样。

19.5.2　剖切位置及投射方向的选择

根据规范规定，剖面图的剖切部位应根据图纸的用途或设计深度，在平面图上选择空间复杂、能反映全貌、构造特征，以及有代表性的部位剖切。

投射方向一般宜向左或向右，当然也要根据工程情况而定。剖切符号标在底层平面图中，短线的指向为投射方向。剖面图编号标在投射方向一侧，剖切线若有转折，应在转角的外侧加注与该符号相同的编号。

19.6　综合训练

本节详细讲解如何利用 AutoCAD 2018 绘制建筑平面图和建筑立面图。鉴于篇幅的限制，就不再列出剖面图、详图及结构施工图的绘制过程了。

19.6.1　训练一：绘制建筑平面图

◎ **引入素材：综合训练\源文件\Ch19\建筑样板.dwg**

◎ **结果文件：综合训练\结果文件\Ch19\建筑平面图.dwg**

◎ **视频文件：视频\Ch19\绘制建筑平面图.avi**

本实例的制作思路：依次绘制墙体、门窗，最后进行尺寸标注和文字说明。

在绘制墙体的过程中，首先绘制主墙，然后绘制隔墙，最后进行合并调整。绘制门窗，首先在墙上开出门窗洞，然后在门窗洞上绘制门和窗户。绘制建筑设备，充分利用建筑设备图库中的图例，从而提高绘图效率。对于建筑平面图，尺寸标注和文字说明是一个非常重要的部分，建筑各个部分的具体大小和材料作法等都以尺寸标注、文字说明为依据，在本实例中都充分体现了这一点。如图 19-46 所示为某建筑平面图。

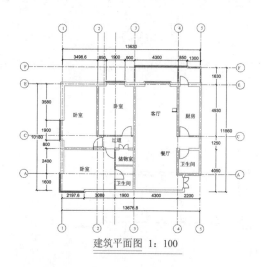

建筑平面图 1：100

图 19-46

操作步骤

1．绘制轴线

01 打开"建筑样板 .dwg"文件。

02 单击"图层"工具栏中的"图层控制"下拉按钮 ✓，选取"轴线"选项，使当前图层为"轴线"。

03 单击"绘图"面板中的"构造线"按钮 ✓，在正交模式中绘制一条竖直构造线和水平构造线，组成"十"字轴线网。

04 单击"绘图"面板中的"偏移"按钮 ▣，

05 将水平构造线连续向上偏移 1600、2400、1250、4930、1630，得到水平方向的轴线。将竖直构造线连续向右偏移 3480、1800、1900、4300、2200，得到竖直方向的轴线。它们和水平辅助线一起构成正交的轴线网，如图 19-47 所示。

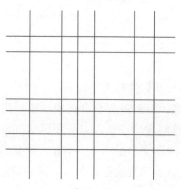

图 19-47

2．绘制墙体

（1）绘制主墙

01 单击"图层"工具栏中的"图层控制"下拉按钮 ✓，选取"墙体"选项，使当前图层为"墙体"。

02 单击"绘图"面板中的"偏移"按钮 ▣，将轴线向两边偏移 180，然后通过"图层"工具栏把偏移的线条更改到"墙体"图层，得到 360mm 宽主墙体的位置，如图 19-48 所示。

图 19-48

03 采用同样的方法绘制 200 宽主墙体。单击"绘图"面板中的"偏移"按钮 ▣，将轴线向两边偏移 100，然后通过"图层"工具栏把偏移得到的线条更改到"墙体"图层，绘制结果如图 19-49 所示。

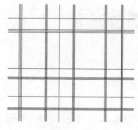

图 19-49

04 单击"修改"工具栏中的"修剪"按钮 ✂，把墙体交叉处多余的线条修剪掉，使墙体连贯，修剪结果如图 19-50 所示。

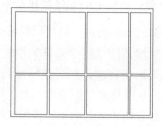

图 19-50

（2）绘制隔墙

隔墙宽为100，主要通过多线来绘制，绘制的具体步骤如下。

01 执行"格式"|"多线样式"命令，弹出"多线样式"对话框，单击"新建"按钮，弹出"创建新的多线样式"对话框，输入新样式名称为100，如图19-51所示。

02 单击"继续"按钮，弹出"新建多线样式：100"对话框，把其中的图元偏移量设为50、–50，如图19-52所示，单击"确定"按钮，返回"多线样式"对话框，选取多线样式100，单击"置为当前"按钮，然后单击"确定"按钮完成隔墙墙体多线的设置。

图 19-51

图 19-52

03 执行"绘图"|"多线"命令，根据命令提示设定多线样式为100，比例为1，对正方式为"无"，根据轴线网格绘制如图19-53所示的隔墙。

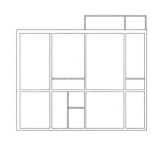

图 19-53

```
命令：MLINE ✓
当前设置：对正 = 上，比例 = 20.00，样式 = 100
指定起点或 [对正(J)/比例(S)/样式(ST)]： ST ✓
输入多线样式名或 [?]： 100 ✓
当前设置：对正 = 上，比例 = 20.00，样式 = 100
指定起点或 [对正(J)/比例(S)/样式(ST)]： S ✓
输入多线比例 <20.00>： 1 ✓
当前设置：对正 = 上，比例 = 1.00，样式 = 100
指定起点或 [对正(J)/比例(S)/样式(ST)]： J ✓
输入对正类型 [上(T)/无(Z)/下(B)] <上>： Z ✓
当前设置：对正 = 无，比例 = 1.00，样式 = 100
指定起点或 [对正(J)/比例(S)/样式(ST)]： (选取起点)
指定下一点： (选取端点)
指定下一点或 [放弃(U)]： ✓
```

（3）修改墙体

目前的墙体还是不连贯的，而且根据功能需要还要进行必要的改造，具体步骤如下。

01 单击"绘图"面板中的"偏移"按钮，将右下角的墙体分别向内偏移1600，结果如图19-54所示。

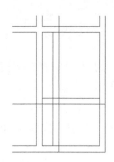

图 19-54

02 单击"修改"工具栏中的"修剪"按钮，把墙体交叉处多余的线条修剪掉，使墙体连贯，修剪结果如图 19-55 所示。

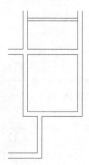

图 19-55

03 单击"修改"工具栏中的"延伸"按钮，把右侧的一些墙体延伸到对面的墙线上，如图 19-56 所示。

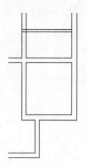

图 19-56

04 单击"修改"工具栏中的"分解"按钮和"修剪"按钮，把墙体交叉处多余的线条修剪掉，使墙体连贯，右侧墙体的修剪结果如图 19-57 所示。分解命令操作如下。

```
命令：EXPLODE ✓
选择对象：（选取一个项目）
选择对象：✓
```

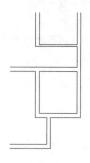

图 19-57

05 采用同样的方法修改整个墙体，使墙体连贯，符合实际功能需要，修改结果如图 19-58 所示。

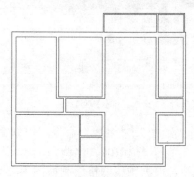

图 19-58

3．绘制门窗

（1）开门窗洞

01 单击"绘图"面板中的"直线"按钮，根据门和窗户的具体位置，在对应的墙上绘制这些门窗的一边。

02 单击"修改"工具栏中的"偏移"按钮，根据各个门和窗户的具体大小，将前边绘制的门窗边界偏移对应的距离，即可得到门窗洞在图上的具体位置，绘制结果如图 19-59 所示。

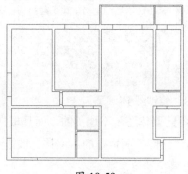

图 19-59

03 单击"修改"工具栏中的"延伸"按钮，将各个门窗洞修剪出来，即可得到全部的门窗洞，绘制结果如图 19-60 所示。

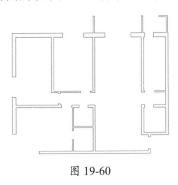

图 19-60

（2）绘制门

01 单击"图层"工具栏中的"图层控制"下拉按钮，选取"门"选项，使当前图层为"门"。

02 单击"绘图"面板中的"直线"按钮，在门上绘制出门板线。

03 单击"绘图"面板中的"圆弧"按钮，绘制圆弧表示门的开启方向，即可得到门的图例。双扇门的绘制结果如图 19-61 所示。单扇门的绘制结果如图 19-62 所示。

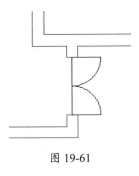

图 19-61

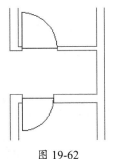

图 19-62

04 继续按照同样的方法绘制所有的门，绘制的结果如图 19-63 所示。

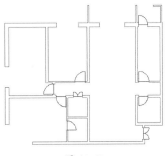

图 19-63

（3）绘制窗

利用"多线"命令，绘制窗户具体步骤如下。

01 单击"图层"工具栏中的"图层控制"下拉按钮，选取"窗"选项，使当前图层为"窗"。

02 执行"格式"|"多线样式"命令，新建多线样式名称为150，如图 19-64 所示。设置图元偏移量分别设为 0、50、100、150，其他采用默认设置，设置结果如图 19-65 所示。

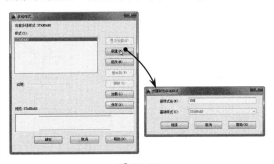

图 19-64

图 19-65

03 单击"绘图"面板中的"矩形"按钮，绘制一个 100×100 的矩形。单击"修改"工具栏中的"复制"按钮，把该矩形复制到各个窗户的外边角处，作为凸出的窗台，结果如图

19-66 所示。

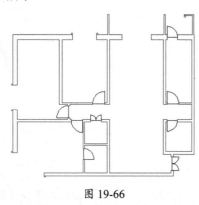

图 19-66

04 单击"修改"工具栏中的"修剪"按钮，修剪掉窗台和墙重合的部分，使窗台和墙合并连通，修剪结果如图 19-67 所示。

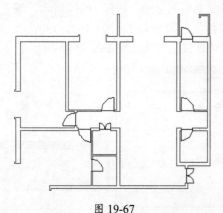

图 19-67

05 执行"绘图"|"多线"命令，根据命令提示，设定多线样式为 150，比例为 1，对正方式为"无"，根据各个角点绘制如图 19-68 所示的窗户。

图 19-68

4．尺寸标注和文字说明

01 单击"图层"工具栏中的"图层控制"下拉按钮，选取"标注"选项，使当前图层为"标注"。

02 执行"标注"|"对齐"命令，进行尺寸标注。

03 利用"单行文字"或"多行文字"命令，标注房间名。建筑标注结果如图 19-69 所示。

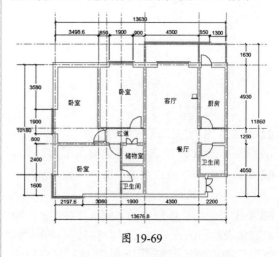

图 19-69

5．轴线编号

要进行轴线间编号，先要绘制轴线，建筑制图上规定使用点画线来绘制轴线。最终绘制完成的建筑平面图，如图 19-70 所示。

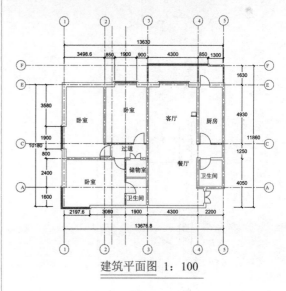

建筑平面图 1：100

图 19-70

19.6.2　训练二：绘制办公楼立面图

◎ **引入素材：综合训练\源文件\Ch19\立面图样板.dwg**

◎ **结果文件：综合训练\结果文件\Ch19\办公楼立面图.dwg**

◎ **视频文件：视频\Ch19\绘制办公楼立面图.avi**

办公大楼立面图比较复杂，主要由底层、4 个标准层和顶层组成，如图 19-71 所示。

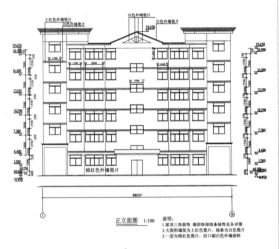

图 19-71

绘制立面图的一般原则是自下而上。由于建筑物的立面现在越来越复杂，需要表现的图形元素也就越来越多。在绘制的过程中，由于建筑物立面相似或相同的图形对象很多，一般需要灵活应用复制、镜像、阵列等操作，才能快速绘制出建筑立面图。

操作步骤

1. 绘制底层立面图

01 打开源文件"立面图样板 .dwg"。

02 单击"图层"工具栏中的"图层控制"下拉按钮，选取"轴线"选项，使当前图层为"轴线"。

03 单击"绘图"面板中的"构造线"按钮，在正交模式下绘制一条竖直构造线和水平构造线，组成"十"字轴线网。

04 单击"绘图"面板中的"偏移"按钮，将

竖直构造线连续向右偏移 3500、2580、3140、1360、1170、750；将水平构造线连续向上偏移 100、2150、750、800、350、350，它们和水平辅助线一起构成正交的轴线网，如图 19-72 所示。

图 19-72

05 单击"图层"工具栏中的"图层控制"下拉按钮，选取"墙"选项，使当前图层为"墙"。

06 单击"绘图"面板中的"偏移"按钮，把左边的两根竖直线往左右两边各偏移 120，得到墙的边界线，如图 19-73 所示。

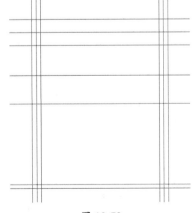

图 19-73

07 单击"绘图"面板中的"多段线"按钮，设定多段线的宽度为 50，根据轴线绘制出墙轮廓，结果如图 19-74 所示。

图 19-74

08 单击"绘图"面板中的"多段线"按钮▷，根据轴线绘制出中间的墙轮廓，结果如图 19-75 所示。

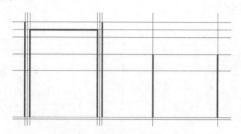

图 19-75

09 单击"绘图"面板中的"直线"按钮✎，沿着中间墙边界绘制两条竖直线长为 1520 的直线，然后单击"修改"工具栏中的"移动"按钮❖，把左边的线向右移动 190，把右边的直线向左移动 190，得到中间的墙体，结果如图 19-76 所示。

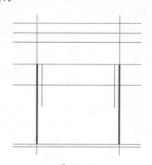

图 19-76

10 单击"绘图"面板中的"多段线"按钮▷，设定多段线的宽度为 20，根据右边的轴线绘制出一条水平直线。单击"修改"工具栏中的"偏移"按钮⊜，把刚才绘制的直线连续向上偏移 100、60、580、60，结果如图 19-77 所示。

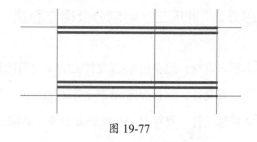

图 19-77

11 单击"修改"工具栏中的"偏移"按钮⊜，把竖直轴线往左边偏移 40，往右边偏移 60。然后使用夹点编辑命令将上边的 4 条直线拉到左边偏移轴线，把下边的一条直线拉到右边偏移轴线，结果如图 19-78 所示。

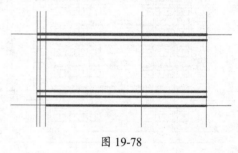

图 19-78

12 单击"绘图"面板中的"多段线"按钮▷，绘制多段线，将左边的偏移直线连接，结果如图 19-79 所示。

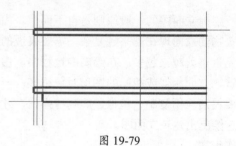

图 19-79

13 单击"修改"工具栏中的"偏移"按钮⊜，把墙边的轴线往外偏移 900。单击"绘图"面板中的"多段线"按钮▷，绘制剖切的斜地面，共 4 段，如图 19-80 所示。

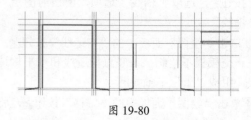

图 19-80

14 单击"图层"工具栏中的"图层控制"下拉按钮☑，选取"屋板"选项，使当前图层为"屋板"。

15 单击"绘图"面板中的"多段线"按钮⊃，设定多段线的宽度为0，在墙上绘制出如图19-81所示的檐边线。

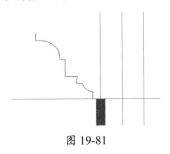

图 19-81

16 单击"修改"工具栏中的"镜像"按钮⚍，镜像得到另一端的檐边线，绘制结果如图19-82所示。

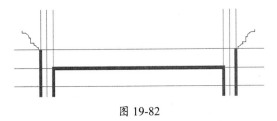

图 19-82

17 单击"绘图"面板中的"直线"按钮☑，捕捉两边檐边线的对称点并绘制直线，绘制结果放大后如图19-83所示，屋板整体结果如图19-84所示。

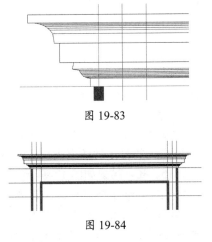

图 19-83

图 19-84

18 单击"图层"工具栏中的"图层控制"下拉按钮☑，选取"窗户"选项，使当前图层为"窗户"。

19 单击"绘图"面板中的"直线"按钮☑，绘制3扇不同规格的窗户，各个窗户的具体规格如图19-85所示。

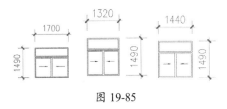

图 19-85

20 单击"修改"工具栏中的"复制"按钮⬚，复制窗户到立面图中，如图19-86所示。其中最左边的是宽为1700的窗户，中间的两都是宽1320，最右边的是宽1440的窗户。

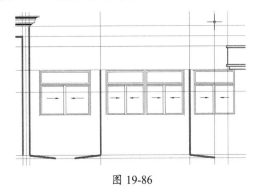

图 19-86

21 单击"修改"工具栏中的"复制"按钮⬚，复制屋板的中间直线部分到窗户上方。单击"修改"工具栏中的"延伸"按钮⊣，把屋板线延伸到两边的墙上，得到中间的屋板，绘制结果如图19-87所示。

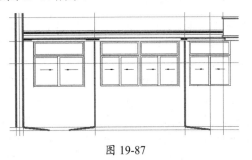

图 19-87

22 单击"绘图"面板中的"直线"按钮☑，在入口屋板上绘制一个凸出的窗户，结果如图19-88所示。

23 单击"图层"工具栏中的"图层控制"下拉按钮▾，选取"门"选项，使当前图层为"门"。

24 单击"绘图"面板中的"直线"按钮✐，根据辅助线绘制入口的大门，绘制结果如图19-89所示。

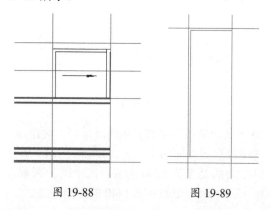

图 19-88 图 19-89

25 单击"绘图"面板中的"直线"按钮✐，按照辅助线把地面线绘制出来。

26 单击"绘图"面板中的"多段线"按钮⤵，指定线的宽度为50，在各个窗户上方和下方绘制矩形窗台。这样底层立面绘制好了，绘制结果如图19-90所示。

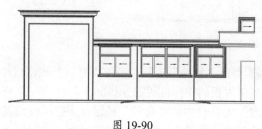

图 19-90

2. 绘制标准层立面图

01 标准层高度为2900。单击"绘图"面板中的"多段线"按钮⤵，绘制一条竖直的线长为2900的多段作为墙的边线。单击"修改"工具栏中的"复制"按钮❀，复制多段线到各个墙边处。单击"绘图"面板中的"直线"按钮✐，绘制两条直线在墙的端部作为顶边上边线。单击"修改"工具栏中的"偏移"按钮△，将顶板上边线向下连续偏移140、20、140，即可得到楼板线。这样标准层框架就绘制好了，绘制结果如图19-91所示。

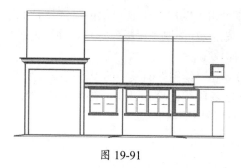

图 19-91

02 单击"修改"工具栏中的"复制"按钮❀，复制宽为1700的窗户到左边的房间立面上，绘制结果如图19-92所示。

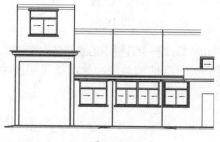

图 19-92

03 单击"修改"工具栏中的"复制"按钮❀，把底层的4个窗户复制到标准层的对应位置，结果如图19-93所示。

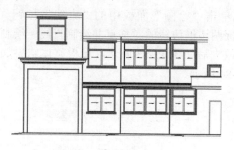

图 19-93

04 绘制标准层右边的窗户。单击"修改"工具栏中的"复制"按钮❀，复制下边只有一半的窗户。单击"修改"工具栏中的"偏移"按钮△，将窗户内的最下边的水平直线向下连续偏移625、40、30，结果如图19-94所示。

05 使用夹点编辑命令把窗户内的直线闭合。单击"绘图"面板中的"多段线"按钮⤵，使用多段线把窗户包围起来，得到窗框，绘制结果如图19-95所示。

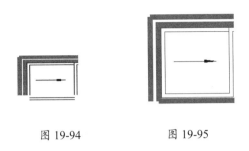

图 19-94　　　　　　　图 19-95

06 单击"修改"工具栏中的"镜像"按钮▲，对前边的绘制结果进行镜像操作，即可得到标准层右边的窗户，绘制结果如图 19-96 所示。

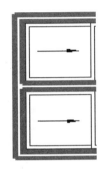

图 19-96

07 标准层绘制好了，绘制结果如图 19-97 所示。

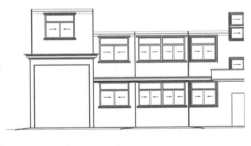

图 19-97

08 单击"修改"工具栏中的"复制"按钮，选中标准层作为复制对象，如图 19-98 所示。

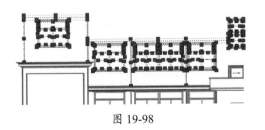

图 19-98

09 捕捉标准层的左下角点作为基准点，不断把标准层复制到标准层的左上角点，总共复制 4 个标准层，加上原来的一个标准层，共有 5 个标准层。绘制结果如图 19-99 所示。

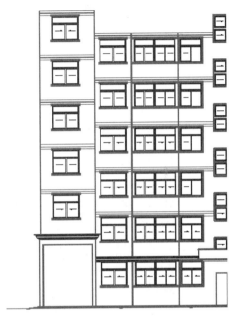

图 19-99

3．绘制顶层立面图

01 单击"修改"工具栏中的"删除"按钮，删除掉顶层立面不需要的图形元素，如右边的窗户和楼板等，结果如图 19-100 所示。

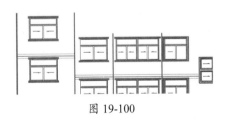

图 19-100

02 单击"绘图"面板中的"多段线"按钮，在顶层上部绘制墙体框架。调出修改工具栏，单击"复制"图标，把底层的檐口边线复制到墙边处，结果如图 19-101 所示。

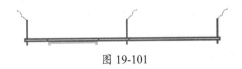

图 19-101

03 单击"修改"工具栏中的"复制"按钮🖫，复制底层的顶板图案到顶层的对应位置。单击"修改"工具栏中的"延伸"按钮🖫，把所有直线延伸到最远的两端，结果如图 19-102 所示。

图 19-102

04 采用同样的方法绘制下一级的顶板，绘制结果如图 19-103 所示。

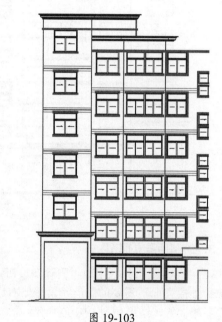

图 19-103

05 单击"绘图"面板中的"直线"按钮🖊，绘制一个三角屋顶，绘制结果如图 19-104 所示。

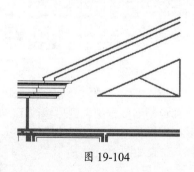

图 19-104

06 单击"修改"工具栏中的"镜像"按钮🔺，选中所有的图形，进行镜像操作，结果如图 19-105 所示。

图 19-105

07 单击"修改"工具栏中的"删除"按钮🖉，删除掉右下角的墙线。单击"修改"工具栏中的"复制"按钮🖫，复制两个小窗户到对应的墙面上。现在，整个墙的立面最终绘制好了，绘制结果如图 19-106 所示。

图 19-106

4．尺寸标注和文字说明

01 单击"图层"工具栏中的"图层控制"下拉按钮🖣，选取"标注"选项，使当前图层为"标注"。

02 单击"绘图"面板中的"直线"按钮🖊，在立面上引出折线。单击"绘图"面板中的"多行文字"按钮🅰，在折线上标出各个立面的材料，这样就得到了建筑外立面图，如图 19-107 和图 19-108 所示。

图 19-107

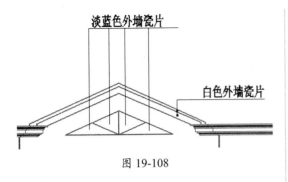

图 19-108

03 执行"标注"｜"对齐"命令，进行尺寸标注，立面内部的标注结果，如图 19-109 所示。

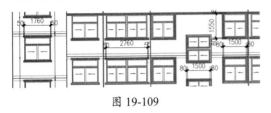

图 19-109

04 执行"标注"｜"对齐"命令，进行尺寸标注，立面外部的标注结果，如图 19-110 所示。

图 19-110

05 单击"绘图"面板中的"直线"按钮，绘制一个标高符号。单击"修改"工具栏中的"复制"按钮，把标高符号复制到各相应处。单击"绘图"面板中的"多行文字"按钮，在标高符号上方标出具体高度值。标注结果如图 19-111 所示。

06 绘制两边的定位轴线编号。单击"绘图"面板中的"圆"按钮，绘制一个小圆作为轴线编号的圆圈。单击"绘图"面板中的"多行文字"按钮，在圆圈内标上文字1，得到1

轴的编号。单击"修改"工具栏中的"复制"按钮，复制一个轴线编号到 13 轴处，并双击其中的文字，把其中的文字改为 15。轴线标注结果如图 19-112 所示。

图 19-111

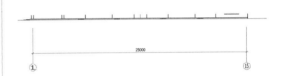

图 19-112

07 单击"绘图"面板中的"多行文字"按钮，在右下角标注如图 19-113 所示的文字。

说明：

1. 屋顶三角装饰 墙面细部线条装饰见各详图
2. 大面积墙面为土红色瓷片，线条为白色瓷片
3. 一层为暗红色瓷片,沿口刷白色外墙涂料

图 19-113

08 单击"绘图"面板中的"多行文字"按钮，在图纸正下方标注上图名，如图 19-114 所示。

正立面图 1:100

图 19-114

09 立面图的最终效果如图 19-115 所示。

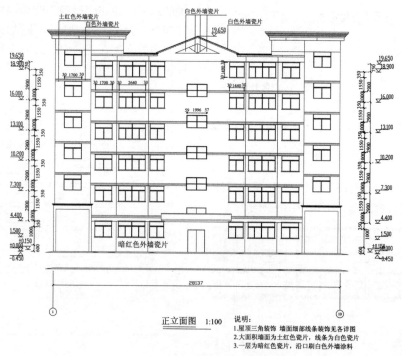

图 19-115

1. 绘制学生宿舍楼一层平面图

通过如图 19-116 所示的某学生宿舍楼建筑平面图的绘制，学习图层、轴线、柱子、墙体和门窗的绘制技巧。主要难点是绘制墙体和门窗，要特别注意多线命令和块命令的应用。

2. 绘制某商住楼立面图

根据本章所学知识，再结合综合训练中所讲述的绘制立面面的方法，绘制如图 19-117 所示的某商住楼立面图。

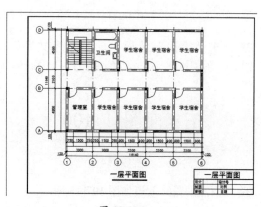

图 19-116

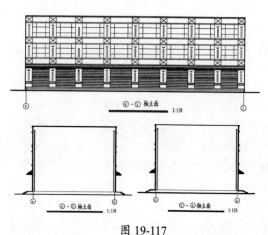

图 19-117

3．绘制檐口详图

本练习以如图19-118所示的檐口节点详图为例，学习建筑详图的绘制方法。涉及的命令主要有偏移、复制、填充等。

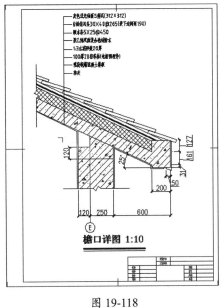

图 19-118

4．绘制基础平面图

本练习通过基础平面图的绘制，学习图层、辅助线、定位轴线、墙体的绘制技巧。结果如图19-119所示。

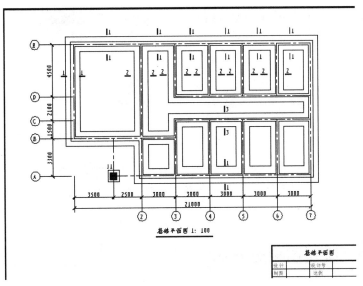

图 19-119

第4部分

第20章 三维建模基础

在本章的学习中，我们将初步了解和掌握 AutoCAD 2018 三维建模空间中的基本功能与操作。

绘制三维模型，应先了解三维建模的基础知识，包括工作空间、设置三维视图、三维模型的查看等知识。

项目分解与视频二维码

◆ 三维基础工作空间
◆ 设置三维视图投影方式
◆ 视图管理器
◆ 三维模型的观察

◆ 视觉样式设置
◆ 三维模型的表现形式
◆ 简单三维图形

第20章视频

20.1 三维基础工作空间

在状态栏中单击"切换工作空间"按钮 ⚙，即可将"二维草图与注释"空间切换到"三维基础"空间。"三维基础"空间的整个工作环境布局与"二维草图与注释"空间类似，工作界面主要由快速访问工具栏、信息中心、菜单栏、功能区、工具选项板、图形窗口（绘图区域）、文本窗口与命令行、状态栏等元素组成，如图 20-1 所示。

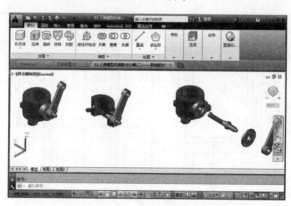

图 20-1

20.2 设置三维视图投影方式

在三维空间中工作时，可以通过控制三维视图的投影方式，展现不同的视觉效果。例如，设置图形的观察视点、图形的投影方向、角度等，可以帮助用户在设计模型时，能直观地了解每个环节，避免设计操作的失误。

20.2.1　设置平行投影视图

在 AutoCAD 2018 中，平行投影视图也称为"预设视图"，是程序默认的投影视图。平行视图包括俯视、仰视、左视、右视、前视、后视、西南等轴测、东南等轴测、东北等轴测和西北等轴测等。这些平行视图不具有任何可编辑特性，但可以将平行视图另存为模型视图，然后再编辑模型视图即可。

技术要点：

在三维空间中查看仅限于工作空间。如果在图纸空间中工作，则不能使用三维查看命令定义图纸空间视图。图纸空间的视图始终为平面视图。

平行视图的工具，可通过以下方式选择。

- 功能区面板：选择"可视化"选项卡中"视图"面板的"俯视"或其他视图命令。
- 菜单栏：执行"视图"|"三维视图"|"俯视"或其他视图命令。
- 图形区：选择在图形区左上角的视图工具列表中的视图工具。
- 命令行：输入 VIEW。

图形区左上角视图工具列表，如图 20-2 所示。

图 20-2

将三维实体模型视图设置为平行投影视图的效果，如图 20-3 所示。

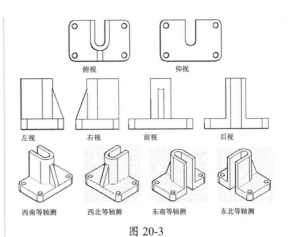

图 20-3

20.2.2　三维导航工具 ViewCube

ViewCube 是在三维工作空间启动图形系统时，显示在窗口右上角的三维导航工具。通过 ViewCube，用户可以在标准视图和等轴测视图之间切换。

ViewCube 显示后，将以不活动状态显示在其中一角（位于模型上方的图形窗口中）。ViewCube 处于不活动状态时，将显示基于当前 UCS 和通过模型的 WCS 定义北向的模型的当前视口。将光标悬停在 ViewCube 上方时，ViewCube 将变为活动状态。用户可以切换至可用预设视图之一、滚动当前视图或更改为模型的主视图，如图 20-4 所示。

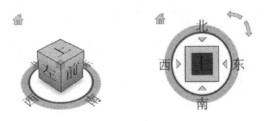

图 20-4

在导航工具位置右击，选择快捷菜单中的"ViewCube 设置"命令，将弹出"ViewCube 设置"对话框，如图 20-5 所示。通过该对话框可控制 ViewCube 导航工具的可见性和显示特性。

图 20-5

20.2.3 通过 ViewCube 更改 UCS

通过 ViewCube 工具，可以将模型的未命名 UCS 更改为随模型一起保存的已命名 UCS，也可以定义新 UCS，如图 20-6 所示。

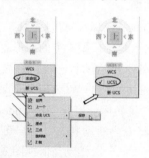

图 20-6

20.2.4 可用的导航工具

导航栏是一种用户界面元素，可以从中访问通用导航工具和特定于产品的导航工具，如图 20-7 所示。

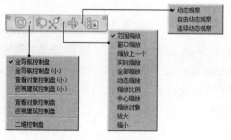

图 20-7

1. 导航控制盘 SteeringWheels

SteeringWheels 是追踪菜单，使用户可以通过单一工具访问各种二维和三维导航工具。SteeringWheels（也称作"控制盘"）将多个常用导航工具结合到一个单一界面中，从而为用户节省了时间。控制盘是任务特定的，通过控制盘可以在不同的视图中导航和设置模型方向。

如图 20-8 所示为各种可用的控制盘。

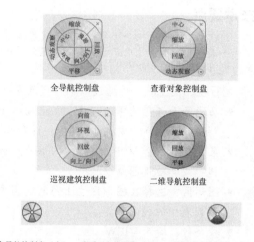

全导航控制盘　　　　查看对象控制盘

巡视建筑控制盘　　　　二维导航控制盘

全导航控制盘（小）　查看对象控制盘（小）　巡视建筑控制盘（小）

图 20-8

2. 重新定位和重新定向导航栏

导航栏的位置和方向可以调整。在导航栏下方展开的菜单中执行"固定位置"|"链接至 ViewCube"命令，然后拖动导航栏至图形区域的任意位置，如图 20-9 所示。

图 20-9

20.3 视图管理器

执行 VIEW 命令，将弹出"视图管理器"对话框，如图 20-10 所示。通过该对话框，可以创建、设置、重命名、修改和删除命名视图（包括模型命名视图）、相机视图、布局视图和预设视图。在视图列表中选择一个视图，右边将显示该视图的特性。

图 20-10

"视图管理器"对话框中包括 3 种视图：模型视图、布局视图和预设视图。该对话框的按钮含义如下。

- 置为当前：恢复选定的视图。
- 新建：单击此按钮，可创建新的平行视图。
- 更新图层：更新与选定的视图一起保存的图层信息，使其与当前工作空间和布局视口中的图层的可见性匹配。
- 编辑边界：显示选定的视图，绘图区域的其他部分以较浅的颜色显示，从而显示命名视图的边界。
- 删除：删除选定的视图。

20.3.1 视点设置

视点就是观察模型的位置点。在绘制二维图形时，用户所做的任何操作都是正对着 XY 平面的。而在三维造型中，有时需要观察模型的左边，有时需要观察模型的前面，并且要在该视点中进行很长一段时间的操作，则可以通过改变视点进行工作。该视点允许用户同时看到 3 个面，为了满足这一要求，AutoCAD 提供了从三维空间的任何方向设置视点的命令。

20.3.2 视点预设

用户可以通过"视点预设"对话框来设置三维模型的观察方向。可以通过以下方式打开此对话框。

- 菜单栏：执行"视图"|"三维视图"|"视点预设"命令。
- 命令行：输入 DDVPOIN。

执行 DDVPOIN 命令，将弹出如图 20-11 所示的"视点预设"对话框。

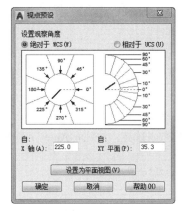

图 20-11

该对话框中各选项的含义如下。

- 设置观察角度：以绝对于世界坐标系 WCS 或相对于用户坐标系 UCS 来设置查看方向。
- 绝对于 WCS：相对于 WCS 设置查看方向。
- 相对于 UCS：相对于当前 UCS 设置查看方向。
- X 轴：指定与 X 轴的角度。
- XY 平面：指定与 XY 平面的角度。
- 设置为平面视图：设置查看角度以相对于选定坐标系显示 XY 平面视图。

定义视点需要两个角度：一个为 XY 平面上的角度，另一个为与 XY 平面的夹角，这两个角度决定了观察者相对于目标点的位置。

在该对话框的视点布置预览中，左边的图形代表视线在 XY 平面上的角度，右边的图形代表视线与 XY 平面的夹角。也可以通过该对话框中的两个文本框来直接定义这两个参数，其初始值反映了当前视线的设置，如图 20-12 所示。

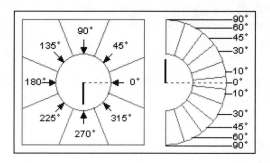

图 20-12

技术要点：

可以在预览区域中利用鼠标任意指定视线在XY平面上的角度值或视线与XY平面的夹角，如图20-13 所示。

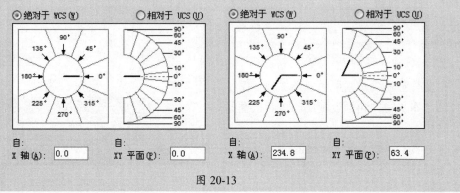

图 20-13

如果单击"设置为平面视图"按钮，则系统将相对于选定坐标系产生平面视图。确定视点方位后，单击"确定"按钮，AutoCAD 将按该视点显示图形。

20.3.3 视点

在三维空间中，为便于观察模型，可以使用 VPOINT 命令任意修改视点的位置。AutoCAD 默认的视点为（0,0,1），即从（0,0,1）点（Z 轴正向上）向（0,0,0）点（原点）观察模型。在机械设计中，XY 平面的正交视图是前视图。

用户可以通过以下方式执行此操作。

- 菜单栏：执行"视图"|"三维视图"|"视点"命令。
- 命令行：输入 VPOINT。

执行 VPOINT 命令，命令行操作如下。

```
命令: VPOINT
当前视图方向:  VIEWDIR=-7.4969,-9.0607,10.9983          // 当前视点坐标
指定视点或 [旋转(R)] <显示指南针和三轴架>:              // 视点选项
```

操作提示中各选项含义如下。

- 指定视点：确定一点作为视点方向，为默认项。确定视点位置后，AutoCAD 将该点与坐标原点的连线方向作为观察方向，并在屏幕上按该方向显示图形的投影。表 20-1 列出了各种平行视图的视点、角度及夹角对应关系。

表 20-1 平行视图的视点、角度及夹角对应关系

平 行 视 图	视 点	在 XY 平面上的角度	与 XY 平面的夹角
俯视	0,0,1	270	90
仰视	0,0,−1	270	90
左视	−1,0,0	180	0
右视	1,0,0	0	0
前视	0,−1,0	270	0
后视	0,1,0	90	0
西南等轴测	−1,−1,1	205	45
东南等轴测	1,−1,1	315	45
东北等轴测	1,1,1	45	45
西北等轴测	−1,1,1	135	45

旋转（R）：使用两个角度指定新的方向。第 1 个角是在 XY 平面中与 X 轴的夹角，第 2 个角是与 XY 平面的夹角，位于 XY 平面的上方或下方，如图 20-14 所示。

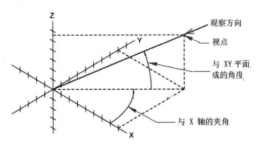

图 20-14

● 显示坐标球和三轴架：如果不输入任何坐标值而后按 Enter 键响应指定视点的提示，那么将出现坐标球和三轴架，如图 20-15 所示。

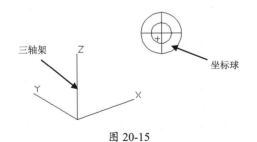

图 20-15

用坐标球和三轴架确定视点的方法为：拖动鼠标使光标在坐标球范围内移动时，三轴架的 X、Y 轴也会绕着 Z 轴转动。三轴架转动的角度与光标在坐标球上的位置相对应。光标位于坐标球的不同位置，相应的视点也不相同。

坐标球的二维表示为：它的中心点为北极（0,0,1），相当于视点位于 Z 轴正方向；内环为赤道（n,n,0）；整个外环为南极（0,0,−1），如图 20-16 所示。当光标位于内环时，相当于视点在球体的上半球体；光标位于内环与外环之间，表示视点在球体的下半球体。

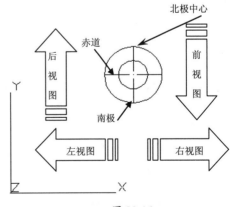

图 20-16

随着光标的移动，三轴架也随着变化，即视点位置发生变化。确定视点位置后按 Enter 键，AutoCAD 将按该视点显示对象。

20.3.4　设置平面视图

平面视图是从正 Z 轴上的一点指向原点（0,0,0）的视图。选择的平面视图可以基于当前用户坐标系、以前保存的用户坐标系或世界坐标系。

用户可以通过以下方式执行此操作。

- 菜单栏：执行"视图"|"三维视图"|"平面视图"命令。
- 命令行：输入 PLAN。

技术要点：

PLAN命令只影响当前工作空间中的视图，在布局空间中不能使用PLAN命令。

执行 PLAN 命令，命令行操作如下。

```
命令：PLAN
输入选项 [当前 UCS(C)/UCS(U)/世界(W)] <当前 UCS>：
```

在操作提示中，各选项的含义如下。

- 当前UCS：该选项表示将在当前视口中生成相对于当前 UCS 的平面视图，如图 20-17（a）所示。
- UCS：该选项表示恢复命名存储的 UCS 平面视图，如图 20-17（b）所示。
- 世界：该选项则生成相对于 WCS 的平面视图，如图 20-17（c）所示。

（a）当前 UCS　　　　（b）UCS　　　　（c）世界坐标

图 20-17

20.4　三维模型的观察

在三维工作空间中绘图时，使用三维模型的观察工具，可以显示不同的视图以便能够在图形中看见和验证三维效果。

使用三维观察和导航工具，可以在图形中导航、为指定视图设置相机，以及创建动画以便与其他人共享设计。可以围绕三维模型进行动态观察、回旋、漫游和飞行、设置相机、创建预览动画以及录制运动路径动画，用户可以将这些内容分发给其他人，以从视觉上传达设计意图。

三维动态观察工具允许用户从不同的角度、高度和距离查看图形中的对象。使用动态观察，用户可以在三维视图中进行受约束的动态观察、自由动态观察和连续动态观察。

20.4.1　受约束的动态观察

使用"受约束的动态观察"工具可以控制在三维空间中进行交互式查看对象。用户可通过以下方式执行此操作。

- 菜单栏：执行"视图"|"动态观察"|"受约束的动态观察"命令。

- 快捷菜单：执行任意三维导航命令，在绘图区域中右击，选择快捷菜单中的"其他导航模式"|"受约束的动态观察1"命令。
- 定点设备：先按住 Shift 键，再按住鼠标滚轮。
- 命令行：3DORBIT。

执行 3DORBIT 命令，显示三维动态观察光标。如果水平拖动光标，相机将平行于世界坐标系 WCS 的 XY 平面移动。如果垂直拖动光标，相机将沿 Z 轴移动，如图 20-18 所示。

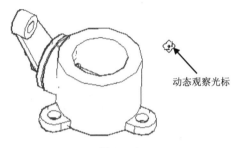

动态观察光标

图 20-18

视图的目标将保持静止，而相机的位置（或视点）将围绕目标移动。好像三维模型正在随着鼠标的拖动而旋转。

技术要点：

3DORBIT命令处于活动状态时，无法编辑对象。

20.4.2 自由动态观察

"自由动态观察"就是不受任何约束的动态观察，用户可通过以下方式执行此操作。

- 菜单栏：执行"视图"|"动态观察"|"自由动态观察"命令。
- 快捷菜单：启动任意三维导航命令，在绘图区域中右击，选择快捷菜单中的"其他导航模式"|"自由动态观察2"命令。
- 定点设备：先按住 Shift+Ctrl 键，再按住鼠标滚轮。
- 命令行：3DFORBIT

执行 3DORBIT 命令，三维自由动态观察

视图显示一个导航球，它被更小的圆分成 4 个区域。相机位置或视点将绕目标移动。目标点是导航球的中心，而不是正在查看的对象的中心，如图 20-19 所示。

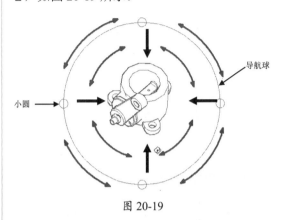

导航球

小圆

图 20-19

技术要点：

图中的单箭头表示单向运动，双向箭头表示可以双向运动。

在自由动态观察模型时，随着光标的位置不同，图标也会发生变化，如图 20-20 所示。几种图标所表示的含义如下：

- 两条直线环绕的球状：在导航球中移动光标时，光标的形状变为外面环绕两条直线的小球状。如果在绘图区域单击并拖动光标，则可围绕对象自由移动。就像光标抓住环绕对象的球体并围绕目标点拖动一样。用此方法可以在水平、垂直或对角方向上拖动。
- 圆形箭头：在导航球外部移动光标时，光标的形状变为圆形箭头。在导航球外部单击并围绕导航球拖动光标，将使视图围绕延长线通过导航球的中心并垂直于屏幕的轴旋转。
- 水平椭圆：当光标在导航球左右两边的小圆上移动时，光标的形状变为水平椭圆。从这些点开始单击并拖动光标将使视图围绕通过导航球中心的垂直轴或 Y 轴旋转。
- 垂直椭圆：当光标在导航球上下两边的小圆上移动时，光标的形状变为垂直椭

圆。从这些点开始单击并拖动光标，将使视图围绕通过导航球中心的水平轴或 X 轴旋转。

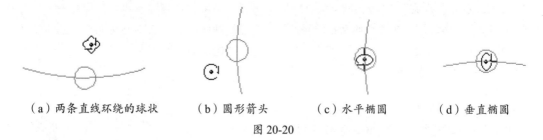

（a）两条直线环绕的球状　　（b）圆形箭头　　（c）水平椭圆　　（d）垂直椭圆

图 20-20

20.4.3　连续动态观察

连续动态观察就是连续运动的自由动态观察。用户可通过以下方式执行此操作。

- 菜单栏：执行"视图"|"动态观察"|"连续动态观察"命令。
- 快捷菜单：启动任意三维导航命令，在绘图区域中右击，选择快捷菜单中的"其他导航模式"|"连续动态观察 3"命令。
- 命令行：3DORBIT。

执行 3DORBIT 命令，在绘图区域中按住鼠标，并向指定方向进行轨迹运动，模型将沿着轨迹方向连续运动，使用户持续动态观察模型。若要停止 3DORBIT 命令，再次单击即可。

技术要点：

连续动态观察运动的速度取决于进行轨迹运动时的初速度。

20.5　视觉样式设置

在三维空间中，模型观察的视觉样式可用来控制视口中边和着色的显示。接下来将着重介绍"视觉样式""视觉样式管理器"和"自定义视觉样式"等内容。

20.5.1　视觉样式

"视觉样式"是一组设置，用来控制视口中边和着色的显示。设置视觉样式，是更改其特性，而不是使用命令和设置系统变量。一旦应用了视觉样式或更改了其设置，即可在视口中查看效果。

AutoCAD 2018 提供了 5 种默认的标准视觉样式：二维线框、三维线框、三维隐藏、真实和概念。如图 20-21 所示。

用户可通过以下方式设置模型的视觉样式。

- 菜单栏：在"视图"|"视觉样式"子菜单中执行相应命令。
- 菜单栏：执行"工具"|"选项板"|"视觉样式"命令，并拖移视觉样式至窗口中。
- 面板：在"可视化"选项卡的"视觉样式"面板中单击相应的按钮。
- 命令行：输入 VISUALSTYLES。

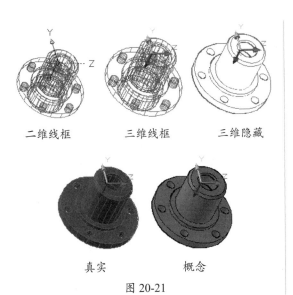

二维线框　　　三维线框　　　三维隐藏

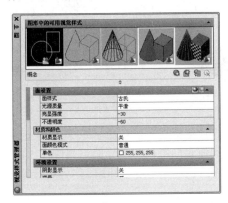

真实　　　　　概念

图 20-21

在着色视觉样式中来回移动模型时，跟随视点的两个平行光源将会照亮面。该默认光源被设计为照亮模型中的所有面，以便从视觉上可以辨别这些面。

20.5.2　视觉样式管理器

视觉样式管理器用于创建和修改视觉样式。执行 VISUALSTYLES 命令，弹出"视觉样式管理器"选项板，如图 20-22 所示。

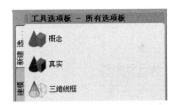

图 20-22

在"视觉样式管理器"选项板中，各选项的含义如下。

- 图形中的可用视觉样式：显示图形中可用的视觉样式的样例图像。选定的视觉样式的面设置、环境设置和边设置将显示在选项板中。选定的视觉样式显示黄色边框。选定的视觉样式的名称显示在选项板的底部。

- "创建新的视觉样式"按钮：单击此按钮，将弹出"创建新的视觉样式"对话框，如图 20-23 所示。在该对话框中可以输入名称和说明。

图 20-23

- "将选定的视觉样式应用于当前视口"按钮：单击此按钮，将选定的视觉样式应用于当前的视口。

- "将选定的视觉样式输出到工具选项板"按钮：为选定的视觉样式创建工具，并将其置于活动工具选项板上，如图 20-24 所示。

图 20-24

- "删除选定的视觉样式"按钮：删除选择的视觉样式。只有创建了新的视觉样式，此命令才被激活。

- 注意：默认的 5 种标准视觉样式或当前的视觉样式则无法被删除。

- "面设置"选项区域：控制模型面在视口中的外观。

- "材质和颜色"选项区域：控制模型面上的材质和颜色的显示。

- "环境设置"选项区域：控制阴影和背景。

- "边设置"选项区域：控制如何显示边。

- "边修改器"选项区域：控制应用到所有边模式（"无"除外）的设置。

20.6 三维模型的表现形式

在 AutoCAD 的三维空间中，通常模型的表达方式只有 3 种，包括线框模型、表面模型和实体模型。

20.6.1 线框模型

线框模型是三维对象的轮廓描述，由描述对象的线段和曲线组成，如图 20-25 所示。

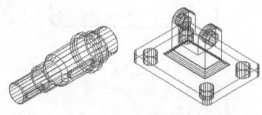

图 20-25

线框模型结构简单，但构成模型的各条线需要分别来绘制。此外，线框模型没有面和体的特征，即不能对其进行面积、体积、重心、转动惯量、惯性矩等的计算，也不能进行消隐、渲染等操作。

20.6.2 表面模型

表面模型用面描述三维对象，它不仅定义了三维对象的边界，而且还定义了表面，即具有面的特征。表面模型的示例如图 20-26 所示。

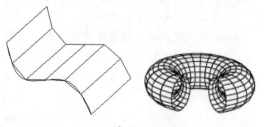

图 20-26

AutoCAD 的表面模型用多边形网格定义表面中的各个小平面，这些小平面组合起来即可近似构成曲面。很显然，多边形网格越密，曲面的光滑程度越高。用户可以直接编辑构成表面模型的各多边形网格。由于表面模型具有面的特征，因此可以对它进行计算面积、消隐、着色、渲染、求两表面交线等操作。

表面模型适合于构造复杂曲面，如模具、发动机叶片、汽车、飞机等复杂零件的表面，以及地形、地貌、矿产资源、自然景物模拟、计算结果显示等。

20.6.3 实体模型

实体模型不仅具有线、面的特征，而且还具有体的特征。对于实体模型，可以直接了解它的特征，如体积、重心、转动惯量、惯性矩等；可以对其进行消隐、剖切、装配干涉检查等操作，还可以对具有基本形状的实体进行并、交、差等布尔运算，以构造复杂的组合体。如图 20-27 所示为实体模型的示例。

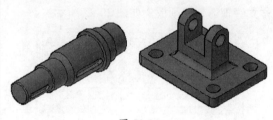

图 20-27

此外，由于着色、渲染等技术的运用，可以使实体表面表现出很好的可视性，因而实体模型还广泛应用于三维动画、广告设计等领域。

20.6.4 三维 UCS

在 AutoCAD 2018 的三维空间中，要有效地进行三维建模，必须控制用户坐标系 UCS。在三维中工作时，用户坐标系对于输入坐标、在二维工作平面上创建三维对象，以及在三维中旋转对象很有用。在三维环境中创建或修改对象时，可以在三维工作空间中移动和重新定向UCS，以简化工作。

20.6.5 定义UCS

使用功能区"视图"选项卡中"坐标"面板的UCS功能，用户可以自定义创建三维模型时所需的UCS。这些功能命令包括"三点""Z轴矢量""原点""对象"及"面"等。

用户可通过以下方式执行相关操作。

- 菜单栏：在"工具"|"新建UCS"子菜单中执行相关命令。
- 面板：在"视图"选项卡的"坐标"面板中单击相关按钮。
- 工具栏：在"UCS"工具栏上单击相关按钮。
- 命令行：输入UCS。

执行UCS命令，命令行操作如下。

```
命令：_UCS
当前 UCS 名称：＊世界＊
指定 UCS 的原点或 ［面(F)/命名(NA)/对象(OB)/上一个(P)/视图(V)/世界(W)/X/Y/Z/Z
轴(ZA)］＜世界＞：
```

在UCS的操作提示中各选项的含义介绍如下。

1. 三点

在操作提示中按默认的UCS选项，或者在"坐标"面板中单击"三点"按钮 ，可以指定新的UCS原点及X、Y轴方向，如图20-28所示。

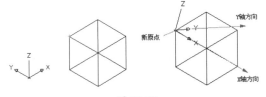

图20-28

技术要点：

如果仅指定一个点，则当前UCS的原点将会移动，但不会更改X、Y和Z轴的方向。

2. 面

选择"面"选项，将使新的UCS与三维实体的选定面对齐。要选择面，在此面的边界内或面的边上单击，被选中的面将亮显，UCS的X轴将与找到的第一个面上的最近边对齐，如图20-29所示。

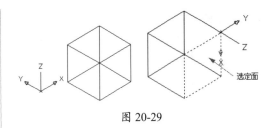

图20-29

3. 命名

选择"命名"选项，可按名称保存并恢复通常使用的UCS方向。用户也可以在"坐标"面板中单击"已命名"按钮 ，然后在随后弹出的UCS对话框中为新建的UCS命名，如图20-30所示。

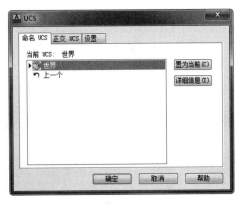

图20-30

4．对象

选择“对象”选项，根据选定三维对象定义新的坐标系。新建 UCS 的 Z 轴正方向与选定对象的拉伸方向相同，如图 20-31 所示。

Z
Y
X
拉伸方向

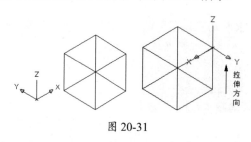

图 20-31

5．上一个

选择“上一个”选项，即可恢复上一个创建的 UCS。程序会保留在图纸空间中创建的最后 10 个坐标系和在工作空间中创建的最后 10 个坐标系。

6．视图

选择“视图”选项，以垂直于观察方向（平行于屏幕)的平面为XY 平面,建立新的坐标系。UCS 原点保持不变，如图 20-32 所示。

Z
Y
X

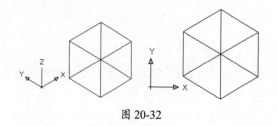

图 20-32

7．世界

选择“世界”选项，将当前用户坐标系设置为世界坐标系。WCS 是所有用户坐标系的基准，不能被重新定义。

8．X/Y/Z

选择 X、Y 或者 Z 选项，可以绕指定轴旋转当前 UCS，如图 20-33 所示。

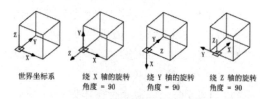

世界坐标系
绕 X 轴的旋转
角度 = 90
绕 Y 轴的旋转
角度 = 90
绕 Z 轴的旋转
角度 = 90

图 20-33

9．Z 轴

选择“Z 轴”选项，可以定义 Z 轴方向来确定 UCS，指定新原点和位于新建 Z 轴正半轴上的点，如图 20-34 所示。

Z
Y
X
Z轴方向
新原点

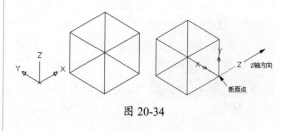

图 20-34

20.6.6 显示 UCS 图标

“显示 UCS 图标”命令用于控制坐标系图标的可见性和位置。如果要显示坐标系图标，可以在命令行输入 UCSICON，或者在“坐标”面板中单击“显示 UCS 图标”按钮，即可显示或隐藏 UCS 图标。

执行 UCSICON 命令，命令行操作如下。

```
命令： _UCSICON
输入选项 [开(ON)/关(OFF)/全部(A)/非原点(N)/原点(OR)/特性(P)] <关>:
```

操作提示中各选项的含义如下：

- 开：在绘图屏幕中显示坐标系图标。
- 关：在绘图屏幕中不显示坐标系图标。
- 全部：如果当前图形屏幕上有多个视口中，选中该选项后，用 UCSICON 命令对坐标系图

标的设置适用于全部视口中的图标，否
则仅适用于当前视口。

- 非原点：无论当前坐标系的坐标原点在
  什么位置，坐标系图标将显示在当前视
  口的左下角。

- 原点：将坐标系图标显示在当前视口的
  坐标原点上。注意如果坐标原点不在当
  前屏幕显示范围内，坐标系图标显示在
  当前视口的左下角。

- 特性：选择该选项，将弹出如图20-35
  所示的"UCS图标"对话框。利用此对

话框，可以方便地设置坐标系图标的样
式、大小及颜色等特性。

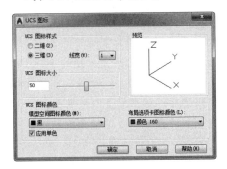

图 20-35

20.7 简单三维图形

在AutoCAD中，实体模型可以由实体和曲面创建，三维对象也可以通过模拟曲面（三维厚度）表示为线框模型或网格模型。本节将介绍创建三维模型所需的简单图形元素，包括三维点和三维多段线。

20.7.1 三维点

绘制三维图形时，免不了要确定三维空间的点。用户可以利用AutoCAD的"对象捕捉"功能捕捉一些特殊的点，如圆心、端点、中心等。还可以通过键盘输入点的坐标，既可以用绝对坐标方式，也可以用相对坐标的方式输入。而且在每一种坐标方式中，又有直角坐标、极坐标、柱面坐标和球面坐标之分。

1. 绝对坐标

点的绝对坐标是指相对于当前坐标原点的坐标，包括以下几种形式。

- 柱坐标：柱坐标是表示三维空间点的另
  一种形式。用3个参数表示，XY距离、
  XY平面角度和Z坐标，如图20-36所示。

技术要点：

其格式为：XY距离<XY平面角度，Z坐标（绝对坐标）或@XY距离<XY平面角度，Z坐标（相对坐标）。例如：（50<60，30＝和（@45<30，60＝都是合理的柱坐标。

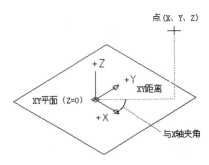

图 20-36

- 球坐标：球坐标用于确定三维空间的点，
  是极坐标的推广。球坐标系具有点到原
  点的XYZ距离、XY平面角度和XY平
  面的夹角3个参数，如图20-37所示。

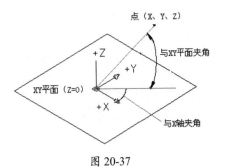

图 20-37

技术要点：

其格式为：XYZ距离＜XY平面角度＜和XY平面的夹角（绝对坐标）或@XYZ距离＜XY平面角度＜和XY平面的夹角（相对坐标）。例如，（120＜80＜60＝和（@100＜60＜45＝都是合理的球坐标。

- 直角坐标：直角坐标用点的 X、Y、Z 坐标值表示，坐标值之间用逗号隔开。例如，要输入一个点，其 X 坐标为 100，Y 坐标为 200，Z 坐标为 300，则在确定点的提示后输入（100,200,300）。绘制二维图形时，点的 Z 坐标为 0，故不需要输入该坐标值。
- 极坐标：极坐标可以用来表示位于当前坐标系 XY 面上的二维点，用相对于坐标原点的距离和与 Z 轴正方向的夹角来表示点的位置。其表示方法为距离＜角度。系统规定 X 轴正向为 0°，Y 轴正向为 90°。例如，某二维点距坐标与原点的距离为 240，坐标系原点与该点的连线相对于坐标系 X 轴正方向的夹角为 30°，那么该点的极坐标为：240＜30。

2. 相对坐标

相对坐标是指相对于当前点的坐标。相对坐标也有直角坐标、极坐标、柱面坐标和球面坐标 4 种形式，其输入格式与绝对坐标相同，但要在坐标的前面加上符号@。

例如，已知当前点的直角坐标为（168,228,-180），如果在输入点的提示后输入@ 100,-45,100，则相当于该点的绝对坐标为（268,183,-80）。

20.7.2　绘制三维多段线

使用 3DPOLY 命令，可以创建能够产生 POLYLINE 对象类型的非平面多段线。三维多段线是作为单个对象创建的直线段相互连接而成的序列。

用户可以通过以下方式执行此操作。

- 菜单栏：执行"绘图"|"三维多段线"命令。
- 面板：在"默认"选项卡的"绘图"面板中单击"三维多段线"按钮 。
- 命令行：输入 3DPOLY。

技术要点：

三维多段线可以不共面，但是不能包括弧线段。

如果要创建三维多段线，执行 3DPOLY 命令后，命令行操作如下。

```
命令：_3DPOLY
指定多段线的起点：                              // 指定起点
指定直线的端点或 [放弃 (U)]：                    // 指定端点 1
指定直线的端点或 [放弃 (U)]：                    // 指定端点 2
指定直线的端点或 [闭合 (C)/放弃 (U)]：C✓          // 输入选项
```

在操作提示下确定多段线的起点位置，还可以继续确定多段线的下一个端点位置，如图 20-38 所示。若选择"闭合（C）"选项，选项封闭三维多段线。也可以通过选择"放弃（U）"选项放弃上次操作，如图 20-39 所示。

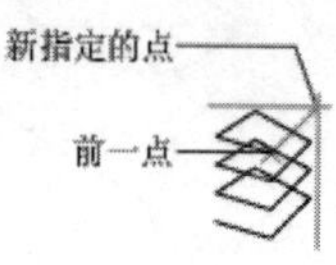

图 20-38

图 20-39

三维多段线的绘制方法及步骤与二维多段线相同，因此这里就不重复介绍了。

用户可使用 PEDIT 命令编辑三维多段线，还可以使用 SPLINEDIT 命令编辑三维样条曲线。

20.7.3 绘制线框模型

线框模型使用直线和曲线来表示真实三维对象的边缘或骨架。绘制线框模型时，关键是要正确绘制出组成线框模型的线段或曲线。

使用线框模型的优点在于：

● 从任何有利位置查看模型。
● 自动生成标准的正交和辅助视图。
● 轻松生成分解视图和透视图。
● 分析空间关系，包括最近角点和边缘之间的最短距离以及干涉检查。
● 减少原型的需求数量。

线框模型仅由描述对象边界的点、直线和曲线组成。由于构成线框模型的每个对象都必须单独绘制和定位，因此，这种建模方式可能最为耗时。

20.8 综合训练——创建线框模型

◎ **引入素材：无**

◎ **结果文件：综合训练\结果文件\Ch20\线框模型.dwg**

◎ **视频文件：视频\Ch20\绘制线框模型.avi**

下面以实例来说明使用二维绘图命令创建线框模型的操作过程，创建结果如图 20-40 所示。

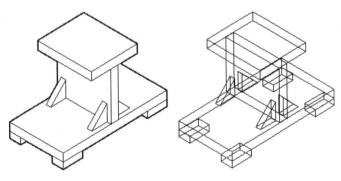

图 20-40

操作步骤

01 创建新图形文件。

02 打开对象捕捉，设定捕捉方式为"端点"和"交点"。

03 执行"视图"|"三维视图"|"东南等轴测"命令，切换到东南轴测视图。

04 绘制长、宽、高分别为 138、270、20 的长方体，再绘制一个长、宽、高为 28、50、15 的长方体，结果如图 20-41 所示。

05 移动及复制小长方体，结果如图 20-42 所示。

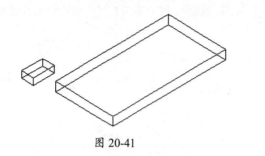

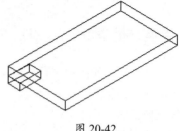

图 20-41

图 20-42

06 绘制长方体 A、B，其尺寸分别为 138×20×120（长、宽、高）和 138×120×20，如图 20-43 所示。

07 移动长方体 A、B，结果如图 20-44 所示。

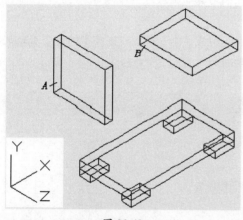

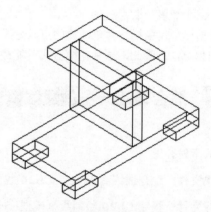

图 20-43

图 20-44

08 绘制楔形体，如图 20-45 所示。命令行操作如下。

```
命令： AI WEDGE
指定角点给楔体表面：                    // 单击一点
指定长度给楔体表面：40                  // 输入楔形体的长度
指定楔体表面的宽度：12                  // 输入楔形体的宽度
指定高度给楔体表面：40                  // 输入楔形体的高度
指定楔体表面绕 Z 轴旋转的角度：-90      // 输入楔形体绕 Z 轴旋转的角度
```

09 移动及复制楔形体，结果如图 20-46 所示。

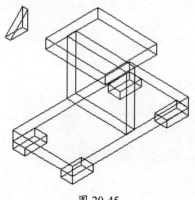

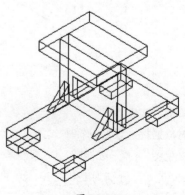

图 20-45

图 20-46

10 创建新坐标系，如图 20-47 所示。命令行操作如下。

```
命令：UCS
[新建 (N) / 移动 (M) / 正交 (G) / 上一个 (P) // 应用（A）/?/ 世界 (W)] < 世界 >：N
                                    // 使用"新建 (N)"选项
指定新 UCS 的原点或 [Z 轴 (ZA) / 三点 (3) / 对象 (OB) /X/Y/Z] <0,0,0>：3
                                    // 使用"三点 (3)"选项
指定新原点 <0,0,0>：               // 捕捉A 点
在正 X 轴范围上指定点：            // 捕捉B 点
在 UCS XY 平面的正 Y 轴范围上指定点：  // 捕捉C 点
```

11 用 MIRROR 命令镜像楔形体，结果如图 20-48 所示。

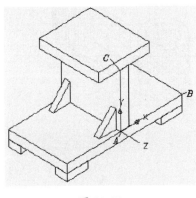

图 20-47

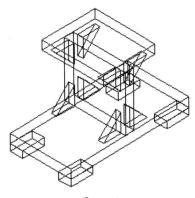

图 20-48

技术要点：

在本例中，利用三维镜像命令时，选择"三点（3）"选项来确定镜像平面，然后打开"对象捕捉"工具栏，单击"捕捉到中点"按钮，依次选取长方体A上的3条竖直棱边的中点，依次完成镜像操作，如图20-49所示。

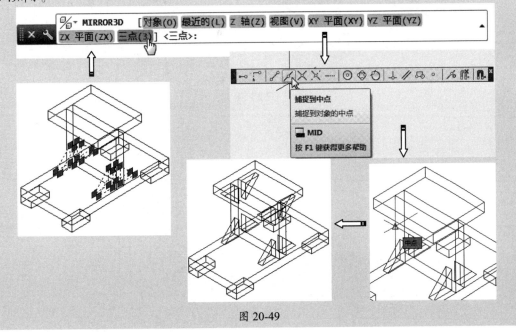

图 20-49

12 最后将结果保存。

20.9 课后习题

1. 练习一

绘制如图 20-50 所示的立体线框模型。

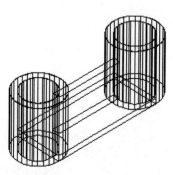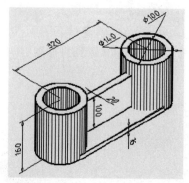

图 20-50

2. 练习二

绘制如图 20-51 所示的立体线框模型。

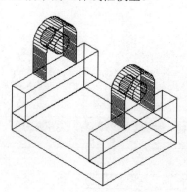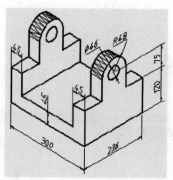

图 20-51

3. 练习三

绘制如图 20-52 所示的立体线框模型。

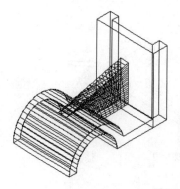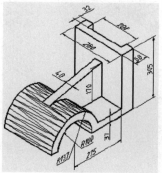

图 20-52

第21章 实体建模指令

AutoCAD 用面来描述三维模型对象，它不仅定义了三维对象的边界，而且还定义了表面，即具有面的特征。实体模型不仅具有线和面的特征，而且还具有体的特征，各实体对象之间可以进行各种布尔运算操作，从而创建复杂的三维实体。

本章将详细介绍实体与曲面定义，以及实体与曲面创建的基础知识，让读者熟悉和了解三维实体和曲面的绘制方法与操作过程。

项目分解与视频二维码

◆ 实体建模概述
◆ 由曲线创建实体或曲面

◆ 创建三维实体图元
◆ 其他实体创建类型

第 21 章视频

21.1 实体建模概述

实体对象表示整个对象的体积。在各类三维建模中，实体的信息最完整，歧义最少。曲面和实体的表现形式，如图 21-1 所示。

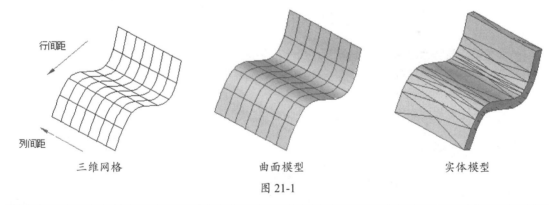

三维网格   曲面模型   实体模型

图 21-1

技术要点：

三维实体和曲面模型的颜色，可通过设置图线颜色来更改。

在三维基础空间中，用户可以通过选择功能区中"实体"选项卡的实体建模工具来创建实体模型，"实体"选项卡如图 21-2 所示。

图 21-2

21.2   **由曲线创建实体或曲面**

在二维环境中绘制的直线、圆弧、椭圆弧、样条曲线、多段线等曲线，可以使用三维建模的"拉伸""扫掠""旋转""放样"等工具来构建任意形状的实体或曲面。

21.2.1   创建拉伸特征

使用"拉伸"命令，可以通过拉伸二维对象创建三维实体或曲面。当图形对象为封闭曲线时，则生成实体，若图形对象为开放的曲线，拉伸则生成曲面，如图 21-3 所示。

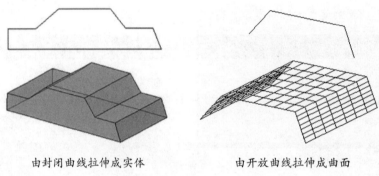

由封闭曲线拉伸成实体   由开放曲线拉伸成曲面

图 21-3

技术要点：

所谓封闭曲线，其必须是多边形、圆、椭圆，以及在绘制时选择"闭合"选项绘制的闭合图线。

用户可通过以下方式执行此操作。

- 菜单栏：执行"绘图"|"建模"|"拉伸"命令。
- 面板：在"常用"选项卡的"建模"面板中单击"拉伸"按钮。
- 命令行：输入 EXTRUDE。

创建拉伸实体或曲面，必须先绘制二维平面对象。执行 EXTRUDE 命令，选择要拉伸的对象后，命令行操作如下。

```
命令：_EXTRUDE
当前线框密度：ISOLINES=50                    // 网格的密度
选择要拉伸的对象：找到 1 个                   // 选择要拉伸的对象
选择要拉伸的对象：
指定拉伸的高度或 [方向(D)/路径(P)/倾斜角(T)]：  // 输入拉伸选项
```

操作提示中各选项含义如下。

- 要拉伸的对象：选择要拉伸的对象，包括开放的直线、圆弧、椭圆弧、多段线、样条曲线等。

技术要点：

不能拉伸包含在块中的对象，也不能拉伸具有相交或自交线段的多段线。

- 拉伸的高度：对象在 Z 轴正负方向上的拉伸长度。
- 方向：通过指定两点来确定拉伸的长度和方向。
- 路径：选择基于指定曲线对象的拉伸路径。路径将移动到轮廓的质心，然后沿选定路径拉伸选定对象的轮廓，以创建实体或曲面，如图 21-4 所示。

- 倾斜角：指拔模的锥角，若输入正角度，将从基准对象逐渐变细地拉伸，而负角度则以基准对象逐渐变粗地拉伸。如图21-5所示。

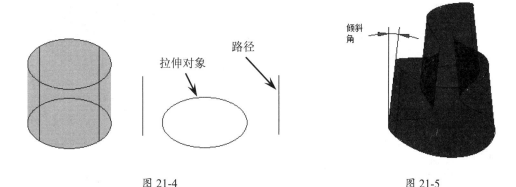

图 21-4   图 21-5

技术要点：

拉伸路径不能与对象处于同一平面，也不能具有高曲率的部分。

动手操作——创建拉伸曲面

01 新建文件。在"草图与注释"空间绘制两段椭圆弧，它们连接成一个整圆。

02 进入"三维建模"空间，将图形视图由俯视图切换到西南轴测图，如图21-6所示。

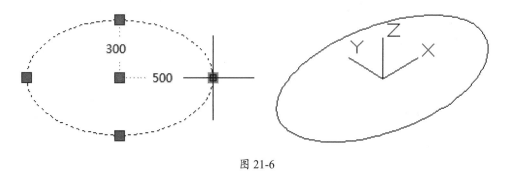

图 21-6

技术要点：

要创建曲面，椭圆不能是一个整圆，必须由两段椭圆弧组合而成。

03 执行 EXTRUDE 命令，然后将图形向 +Z 方向拉伸 50，并倾斜 15°，命令行操作如下。

```
命令：_EXTRUDE
当前线框密度：ISOLINES=4
选择要拉伸的对象：指定对角点：找到 2 个              // 选择要拉伸的对象
选择要拉伸的对象：
指定拉伸的高度或 [方向(D)/路径(P)/倾斜角(T)]：T↙    // 输入 T 选项
指定拉伸的倾斜角度：15↙                             // 输入倾斜角度
值必须非零。
指定拉伸的高度或 [方向(D)/路径(P)/倾斜角(T)]：300↙  // 输入拉伸高度并按 Enter 键
```

04 创建的拉伸曲面如图21-7所示。

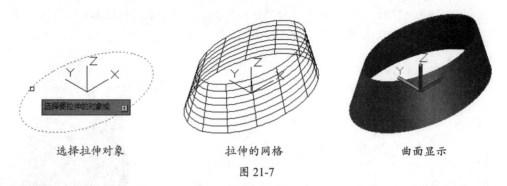

| 选择拉伸对象 | 拉伸的网格 | 曲面显示 |

图 21-7

技术要点:

在指定拉伸高度时，输入正值则向+Z方向拉伸，若输入负值，则向-Z方向拉伸。

21.2.2 创建扫掠特征

使用 SWEEP 命令可以沿路径扫掠开放的平面曲线（轮廓），从而创建实体或曲面。扫掠的路径可以是二维的，也可以是三维的，如图 21-8 所示。在同一平面内，还可以扫掠多个对象以创建扫掠特征。

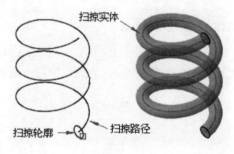

图 21-8

技术要点:

选择要扫掠的对象时，该对象将自动与用作路径的对象对齐。也就是说，扫掠轮廓可以绘制在绘图区域中的任何位置。

用户可通过以下方式执行此操作。

- 菜单栏：执行"绘图"|"建模"|"扫掠"命令。
- 面板：在"常用"选项卡的"建模"面板中单击"扫掠"按钮🔄。
- 命令行：输入 SWEEP。

同样，创建扫掠特征，也要先绘制二维图形对象。执行 EXTRUDE 命令，选择要扫掠的对象后，命令行操作如下。

```
命令: _SWEEP
当前线框密度: ISOLINES=4
选择要扫掠的对象: 找到 1 个                              // 选择扫掠对象
选择要扫掠的对象:
选择扫掠路径或 [对齐(A)/基点(B)/比例(S)/扭曲(T)]:    // 输入扫掠选项
```

操作提示中各选项含义如下：

- 对齐：指定是否对齐轮廓，以使其作为扫掠路径切向的法向。
- 基点：指定要扫掠对象的基点，如果指定的点不在选定对象所在的平面上，则该点将被投影到该平面上。
- 比例：为扫掠操作指定比例因子。
- 扭曲：设置正被扫掠的对象的扭曲角度，扭曲角度指定沿扫掠路径全部长度的旋转量。

下面以实例来说明扫掠实体的创建方法。

动手操作——创建扫掠实体

01 打开"动手操作\源文件\Ch21\ex-1.dwg"文件。

02 执行 SWEEP 命令，然后按命令行的提示进行操作。

```
命令：_SWEEP
当前线框密度：ISOLINES=4
选择要扫掠的对象：找到 1 个                              // 选择扫掠对象
选择要扫掠的对象：↙
选择扫掠路径或 [对齐（A）/基点（B）/比例（S）/扭曲（T）]：   // 指定扫掠路径
```

03 创建扫掠实体的过程及结果如图 21-9 所示。

选择扫掠对象　　　　　　　指定扫掠路径　　　　　　　生成扫掠实体

图 21-9

21.2.3　创建旋转特征

旋转体是通过绕轴旋转开放或闭合对象来创建的。如果旋转闭合对象，程序将生成实体。如果旋转开放对象，则生成曲面。

创建旋转特征可以同时选择多个对象，而旋转的角度可以是 0°～360° 的任意指定角度，如图 21-10 所示。

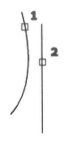 

技术要点：

不能旋转包含在块中的对象，不能旋转具有相交或自交线段的多段线。

图 21-10

用户可通过以下方式执行此操作。

- 菜单栏：执行"绘图"|"建模"|"旋转"命令。
- 面板：在"常用"选项卡的"建模"面板中单击"旋转"按钮。
- 命令行：输入 REVOLVE。

执行 REVOLVE 命令，命令行操作如下。

```
命令：REVOLVE
当前线框密度：ISOLINES=4
选择要旋转的对象：找到1个，总计1个                         // 选择旋转对象
选择要旋转的对象：
指定轴起点或根据以下选项之一定义轴 [对象（O）/X/Y/Z] <对象>：// 定义轴起点或输入选项
指定轴端点：                                             // 定义轴端点
```

| 指定旋转角度或 [起点角度 (ST)] <360>: | // 输入旋转角度 |

操作提示中各选项的含义如下。

- 轴起点：以两点定义直线的方式来指定旋转轴线的起点，轴的正方向从起点指向端点，如图 21-11 所示。
- 轴端点：以两点定义直线的方式来指定旋转轴线的端点。
- 对象：指定图形中现有的对象作为旋转轴，如图 21-12 所示。

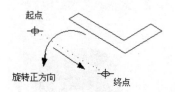

图 21-11

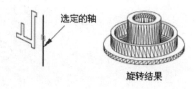

图 21-12

- X（轴）：使用当前 UCS 的正向 X 轴作为旋转轴。
- Y（轴）：使用当前 UCS 的正向 Y 轴作为旋转轴，如图 21-13 所示。

  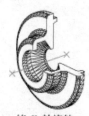

原多段线　　　　　绕 X 轴旋转　　　　　绕 Y 轴旋转

图 21-13

- Z（轴）：使用当前 UCS 的正向 Z 轴作为旋转轴。
- 旋转角度：以指定的角度旋转对象。默认的角度为 360°，正角将按逆时针方向旋转对象，负角将按顺时针方向旋转对象，如图 21-14 所示。
- 起点角度：指定从旋转对象所在平面开始的旋转偏移。

 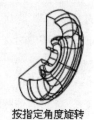

旋转360度　　　　　按指定角度旋转

图 21-14

动手操作——创建旋转实体

01 打开"动手操作 \ 源文件 \Ch21\ex-2.dwg"文件。

02 执行 REVOLVE 命令，选择除图形中最长直线外的其余图线作为旋转对象，并旋转整圆。命令行操作如下。

```
命令：REVOLVE
当前线框密度：ISOLINES=4
选择要旋转的对象：指定对角点：找到 13 个                    // 选择旋转对象
选择要旋转的对象：✓
指定轴起点或根据以下选项之一定义轴 [对象 (O)/X/Y/Z] <对象>：✓   // 选择"对象"选项
选择对象：                                                  // 选择作为轴的对象
指定旋转角度或 [起点角度 (ST)] <360>：✓
```

03 创建旋转实体的过程与结果如图 21-15 所示。

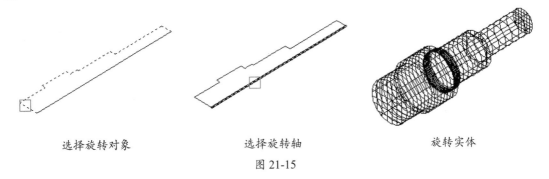

选择旋转对象　　　　　　　　选择旋转轴　　　　　　　　旋转实体

图 21-15

21.2.4　创建放样特征

"放样"就是通过对包含两条或两条以上横截面曲线的一组曲线来创建三维实体或曲面。横截面定义了结果实体或曲面的轮廓（形状）。横截面（通常为曲线或直线）可以是开放的（例如圆弧），也可以是闭合的（例如圆）。创建的放样特征如图 21-16 所示。

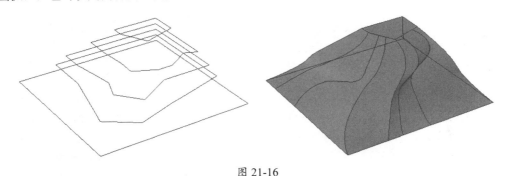

图 21-16

技术要点：

创建放样实体或曲面时，需要至少指定两个或两个以上的横截面。放样时使用的曲线必须全部开放或全部闭合。也就是说，在一组截面中，包含开放曲线又包含闭合曲线。

如果对一组开放的横截面曲线进行放样，则生成曲面，对闭合曲线放样，就生成实体特征。用户可通过以下方式执行此操作。

- 菜单栏：执行"绘图" | "建模" | "放样"命令。
- 面板：在"常用"选项卡的"建模"面板中单击"放样"按钮 。
- 命令行：输入 LOFT。

执行 LOFT 命令，命令行操作如下。

```
命令：LOFT
按放样次序选择横截面：找到 1 个                          // 选择截面 1
按放样次序选择横截面：找到 1 个，总计 2 个                // 选择截面 2
按放样次序选择横截面：↙
输入选项 [导向 (G) / 路径 (P) / 仅横截面 (C)] <仅横截面>：   // 选择放样选项
```

操作提示中各选项含义如下。

- 导向：指定控制放样实体或曲面形状的导向曲线。导向曲线是直线或曲线，可通过将其他线框信息添加至对象来进一步定义实体或曲面的形状，可以使用导向曲线来控制点如何匹配相应的横截面，以防止出现不希望看到的效果（例如，结果实体或曲面中的皱褶），如图 21-17 所示。创建放样曲面或实体所选择的导向曲线数目是任意的。

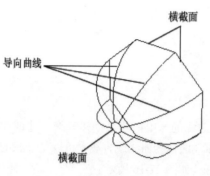

图 21-17

技术要点：

每条导向曲线必须满足一些条件：与每个横截面相交；始于第一个横截面；止于最后一个横截面。

- 路径：指定放样实体或曲面的单一路径。路径曲线必须与横截面的所有平面相交，如图 21-18 所示。

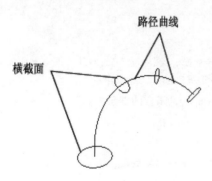

图 21-18

- 仅横截面：选择此选项，将弹出"放样设置"对话框。通过该对话框，用户可以控制放样曲面的直纹、平滑拟合度、法线指向、拔模斜度等选项的设置，如图 21-19 所示。

下面将介绍"放样设置"对话框的选项含义。

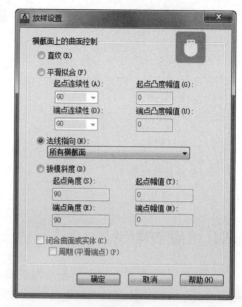

图 21-19

➤ 直纹：指定实体或曲面在横截面之间是直纹（直的）的，并且在横截面处具有鲜明的边界。

➤ 平滑拟合：指定在横截面之间绘制平滑实体或曲面，并且在起点和终点横截面处具有鲜明的边界。

➤ 法线指向：控制实体或曲面在其通过横截面处的曲面法线。该下拉列表中包含"起点横截面""终点横截面""起点和终点横截面"和"所有横截面"选项。"起点横截面"选项表示指定曲面法线为起点横截面的法向；"终点横截面"选项表示指定曲面法线为端点横截面的法向；"起点和终点横截面"选项表示指定曲面法线为起点和终点横截面的法向；"所有横截面"选项表示指定曲面法线为所有横截面的法向。

➤ 拔模斜度：控制放样实体或曲面的第一个和最后一个横截面的拔模斜度和幅值，拔模斜度为曲面的开始方向。如图 21-20 所示为定义 3 种拔模角度的放样实体。

拔模斜度设置为 0 　　　　拔模斜度设置为 90 　　　　拔模斜度设置为 180

图 21-20

> ➤ 起点角度：起点横截面的拔模斜度。
> ➤ 起点幅值：在曲面开始弯向下一个横截面之前，控制曲面到起点横截面在拔模斜度方向上的相对距离。
> ➤ 终点角度：终点横截面拔模斜度。
> ➤ 终点幅值：在曲面开始弯向上一个横截面之前，控制曲面到端点横截面在拔模斜度方向上的相对距离。
> ➤ 闭合曲面或实体：闭合或开放曲面或实体。选中该选项时，横截面应该形成圆环形图案，以便放样曲面或实体可以形成闭合的圆管。该选项在选中"法线指向"选项时不可用。如图 21-21 所示为选中或不选中此复选框时产生的两种放样情况。

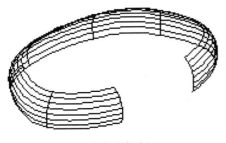

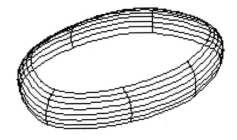

不选中该复选框 　　　　　　　　　　　　　　选中该复选框

图 21-21

● 预览更改：将当前设置应用到放样实体或曲面，然后在绘图区域中预览效果。

下面以实例来说明放样实体的创建方法。

动手操作——创建放样实体

01 打开"动手操作\源文件\Ch21\ex-3.dwg"文件。

02 执行 LOFT 命令，并按命令行的操作提示创建放样实体。命令行操作如下。

```
命令：_LOFT
按放样次序选择横截面：找到 1 个                  // 指定截面 1
按放样次序选择横截面：找到 1 个，总计 2 个        // 指定截面 2
按放样次序选择横截面：找到 1 个，总计 3 个        // 指定截面 3
按放样次序选择横截面：找到 1 个，总计 4 个        // 指定截面 4
按放样次序选择横截面：找到 1 个，总计 5 个        // 指定截面 5
按放样次序选择横截面：✓
输入选项 [导向 (G) / 路径 (P) / 仅横截面 (C)] <仅横截面>：✓
```

创建放样实体的操作过程与结果如图 21-22 所示。

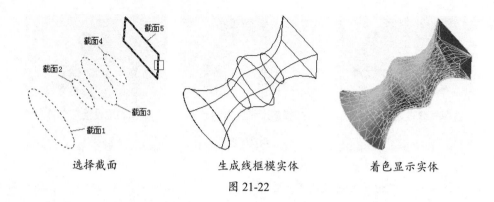

选择截面   生成线框模实体   着色显示实体

图 21-22

21.2.5　创建"按住并拖动"实体

"按住并拖动"实体是指使用"按住并拖动"命令，选择由共面直线或边围成的区域，拖动该区域来创建的实体。使用此命令的方法是在有边界区域内部单击或按 Ctrl+Alt 快捷键，然后选择该区域，随着移动光标，用户要按住或拖动的区域将动态更改并创建一个新的三维实体，如图 21-23 所示。

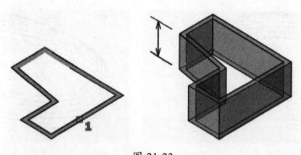

图 21-23

可以按住或拖动的对象类型的有限区域包括：任何可以通过以零间距公差拾取点来填充的区域；由交叉共面和线性几何体（包括边和块中的几何体）围成的区域；由共面顶点组成的闭合多行段、面域、三维面和二维实体；由与三维实体的任何面共面的几何体（包括面上的边）创建的区域。

技术要点：

使用"按住/拖动"命令，只能创建实体，且不能创建带有倾斜度的实体。不能选择开放曲线来创建"按住/拖动"实体或曲面。

用户可通过以下方式执行此操作。

- 面板：在"常用"选项卡的"建模"面板中单击"按住并拖动"按钮 。
- 快捷键：按 Ctrl+Alt 快捷键。
- 命令行：输入 PRESSPULL。

执行 PRESSPULL 命令，命令行操作如下。

```
命令: _PRESSPULL
单击有限区域以进行按住或拖动操作。                                    // 选择有限的区域
已提取 1 个环。
已创建 1 个面域。
```

在操作提示下，选择一个有限的区域，程序自动提取有限区域的边界来创建面域，向 Z 轴的正负方向拖移即可创建实体。

下面以实例来说明放样实体的创建过程。

动手操作——利用"按住并拖动"命令创建实体

01 打开"动手操作 \ 源文件 \Ch21\ex-4.dwg"文件。

02 执行 PRESSPULL 命令，然后按命令行的操作提示来创建第一个"按住并拖动"实体。命令行操作如下。

```
命令： PRESSPULL
单击有限区域以进行按住或拖动操作。✓                    // 选择有限的区域
已提取 1 个环。
已创建 1 个面域。
```

03 创建实体特征的操作过程与结果如图 21-24 所示。

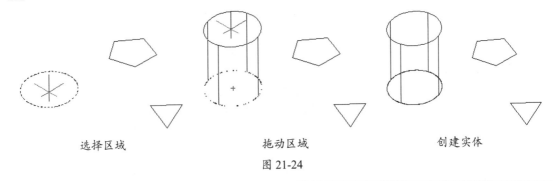

选择区域　　　　　　　　拖动区域　　　　　　　　创建实体

图 21-24

技术要点：

选择有限区域时，需要在图形边界内进行。若选择了边界，则不能创建实体。另外，使用该命令，一次只能选择一个有限区域来创建实体。

04 同理，继续执行 PRESSPULL 命令，创建其余两个实体。完成结果如图 21-25 所示。

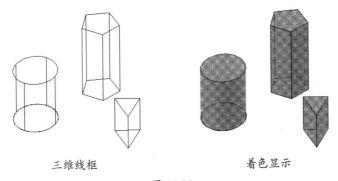

三维线框　　　　　　　　　　着色显示

图 21-25

21.3　创建三维实体图元

在 AutoCAD 中绘制三维模型时，可以通过程序提供的基本实体命令绘制一些简单的实体造型。基本实体包括圆柱体、圆锥体、球体、长方体、棱锥体、楔体和圆环体。这些实体是将来构

造其他复杂实体的基本组成元素，如果与其他绘制和编辑方法相结合使用将能生成用户所需要的所有三维图形。

21.3.1 圆柱体

使用"圆柱体"命令，可以创建三维的实心圆柱体。创建圆柱体的基本方法为指定圆心、圆柱体半径和圆柱体高度，如图 21-26 所示。

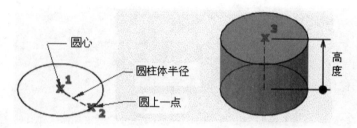

图 21-26

用户可以通过以下方式执行此操作。

- 菜单栏：执行"绘图"|"建模"|"圆柱体"命令。
- 面板：在"常用"选项卡的"建模"面板中单击"圆柱体"按钮⬜。
- 命令行：输入 CYLINDER。

执行 CYLINDER 命令，命令行操作如下。

```
命令：_CYLINDER
指定底面的中心点或 [三点 (3P)/两点 (2P)/切点、切点、半径 (T)/椭圆 (E)]:
                                    // 圆柱体底面选项
指定底面半径或 [直径 (D)]:           // 指定圆柱体底面半径或直径
指定高度或 [两点 (2P)/轴端点（A）]:  // 指定高度或选择选项
```

操作提示中各选项含义如下：

- 底面中心点：底面的圆心。
- 三点：通过指定 3 个点定义圆柱体的底面周长和底面。
- 两点（圆柱体底面选项）：通过指定两个点定义圆柱体的底面直径。
- 切点、切点、半径：定义具有指定半径，且与两个对象相切的圆柱体底面。
- 椭圆：将圆柱体底面定义为椭圆。
- 底面半径或直径：指定圆柱体底面半径或直径。
- 高度：指定圆柱体的高度。
- 两点（高度选项）：以指定两个点的距离来确定圆柱体高度。
- 轴端点：指定圆柱体轴的端点位置，轴端点是圆柱体顶面的中心点。

技术要点：

用户可以通过设置 FACETRES 系统变量来控制着色或隐藏视觉样式的三维曲面实体（例如圆柱体）的平滑度。

下面以实例来说明圆柱体的创建过程。

动手操作——创建圆柱体

01 打开"动手操作 \ 源文件 \Ch21\ex-5.dwg"文件。

02 执行 CYLINDER 命令，并创建一个底面半径为 15、高度为 30 的圆柱体。命令行操作如下。

```
命令：_CYLINDER
指定底面的中心点或 [三点 (3P) / 两点 (2P) / 切点、切点、半径 (T) / 椭圆 (E)]：
                                          // 指定底面中心点
指定底面半径或 [直径 (D)] <15.4600>：15 ✓    // 输入底面半径
指定高度或 [两点 (2P) / 轴端点（A）] <12.2407>：30 ✓  // 输入圆柱高度
```

03 创建圆柱体的过程及结果如图 21-27 所示。

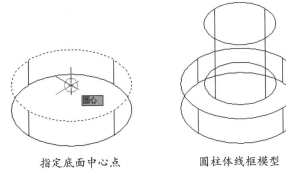

指定底面中心点　　　　　圆柱体线框模型　　　　　圆柱体着色模型

图 21-27

21.3.2　圆锥体

使用"圆柱体"命令，可以以圆或椭圆为底面，并将底面逐渐缩小到一点来创建实体圆锥体。也可以通过逐渐缩小到与底面平行的圆或椭圆平面来创建圆台，如图 21-28 所示。

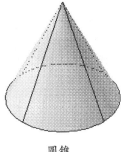

圆锥　　　　　　　　　　　　圆台

图 21-28

用户可以通过以下方式执行此命令。

- 菜单栏：执行"绘图"|"建模"|"圆锥体"命令。
- 面板：在"常用"选项卡的"建模"面板中单击"圆锥体"按钮△。
- 命令行：输入 CONE。

执行 CONE 命令，命令行操作如下。

```
命令：_CONE
指定底面的中心点或 [三点 (3P) / 两点 (2P) / 切点、切点、半径 (T) / 椭圆 (E)]：
                                          // 底面圆选项
指定底面半径或 [直径 (D)]：                 // 指定底面半径或直径
指定高度或 [两点 (2P) / 轴端点（A）/ 顶面半径 (T)]：  // 圆锥高度选项
```

操作提示中各选项含义如下。

- 底面中心点：底面的圆心。
- 三点：通过指定 3 个点来定义圆锥体的底面周长和底面。
- 两点（底面圆选项）：通过指定两个点来定义圆锥体的底面直径。
- 切点、切点、半径：定义具有指定半径，且与两个对象相切的圆锥体底面。
- 椭圆：将圆锥体底面定义为椭圆。
- 底面半径：圆锥体底面的半径。
- 高度：指定圆锥体的高度。
- 两点（高度选项）：指定圆锥体的高度为两个指定点之间的距离。
- 轴端点：指定圆锥体轴的端点位置。轴端点是圆锥体的顶点，或圆台的顶面圆心。
- 顶面半径：创建圆台时指定圆台的顶面半径。

注意：

程序没有预先设置圆锥体参数，创建圆锥体时，各参数的默认值均为先前输入的任意实体的相应参数值。

下面以实例来说明圆锥体的创建过程。

动手操作——创建圆锥体

01 打开 "动手操作 \ 源文件 \Ch21\ex-6.dwg" 文件。

02 执行 CONE 命令，然后在打开的模型上创建一个底面半径为 25、顶面半径为 15、高度为 20 的圆锥体。命令行操作如下。

```
命令：_CONE
指定底面的中心点或 [ 三点 (3P) / 两点 (2P) / 切点、切点、半径 (T) / 椭圆 (E)]:
                                    // 指定底面中心点
指定底面半径或 [ 直径 (D)] <15.0000>: 25 ✓        // 输入底面半径
指定高度或 [ 两点 (2P) / 轴端点（A）/ 顶面半径 (T)] <14.8749>: T ✓   // 选择 T 选项
指定顶面半径 <7.5000>: 15 ✓                  // 输入顶面半径
指定高度或 [ 两点 (2P) / 轴端点（A）] <14.8749>: 20 ✓         // 输入圆锥体高度
```

03 创建圆锥体的过程及结果如图 21-29 所示。

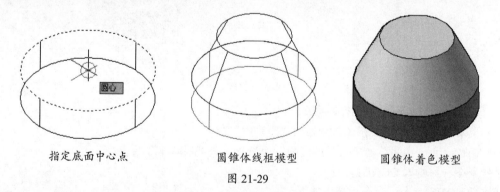

| 指定底面中心点 | 圆锥体线框模型 | 圆锥体着色模型 |

图 21-29

21.3.3 长方体

使用 "长方体" 命令，创建三维实体长方体。长方体的底面始终与当前 UCS 的 XY 平面（工作平面）平行。在 Z 轴方向上可以指定长方体的高度，高度可以为正值或负值，如图 21-30 所示。

用户可以通过以下方式执行此操作。

- 菜单栏：执行"绘图"|"建模"|"长方体"命令。
- 面板：在"常用"选项卡的"建模"面板中单击"长方体"按钮□。
- 命令行：输入 BOX。

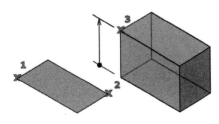

图 21-30

执行 BOX 命令，命令行操作如下。

```
命令：_BOX
指定第一个角点或 [中心 (C)]：              // 指定长方体底面角点或选择选项
指定其他角点或 [立方体 (C) / 长度 (L)]：   // 指定长方体底面对角点或选择选项
指定高度或 [两点 (2P)]：                    // 指定高度或选择选项
```

操作提示中各选项含义如下。

- 第一个角点：指定底面的第一个角点。
- 中心：指定长方体的中心点，如图 21-31 所示。
- 其他角点：指定长方体底面的另一个对角点，如图 21-32 所示。

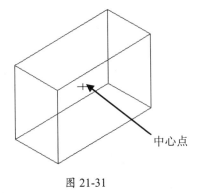

图 21-31

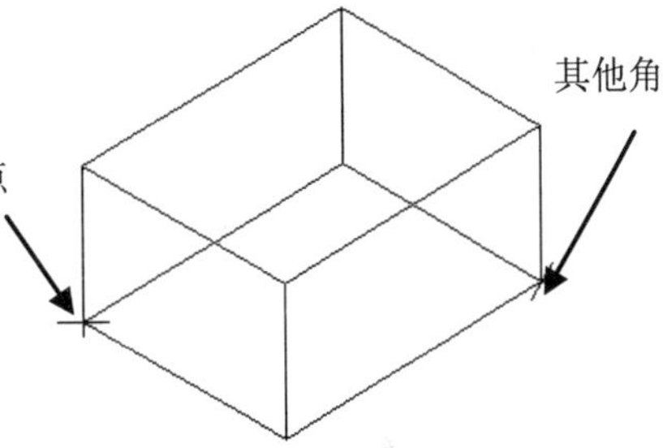

图 21-32

- 立方体：选择此选项，可创建一个长、宽、高均相同的长方体。
- 长度：按照指定长、宽、高创建长方体。长度与 X 轴对应，宽度与 Y 轴对应，高度与 Z 轴对应。
- 高度：指定长方体的高度。
- 两点：指定长方体的高度为两个指定点之间的距离。

动手操作——创建长方体

01 执行 BOX 命令，以指定中心点的选项方式创建长方体。

02 创建长方体的各项参数为：中心点坐标为（0,0,0）、角点坐标为（25,50,0）、高度为20，命令行操作如下。

```
命令：_BOX
指定第一个角点或 [中心 (C)]：C ✓                        // 输入 C 选项
指定中心：0,0,0 ✓                                        // 输入中心点坐标
指定角点或 [立方体 (C) / 长度 (L)]：25,50,0 ✓           // 输入角点坐标
指定高度或 [两点 (2P)] <22.4261>：20 ✓                  // 输入高度值
```

03 创建长方体的过程及结果如图 21-33 所示。

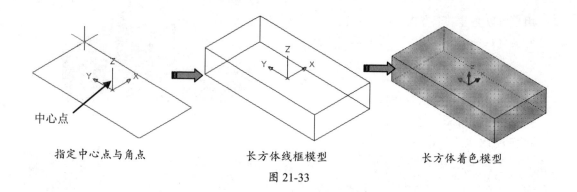

指定中心点与角点　　　　　　　长方体线框模型　　　　　　　长方体着色模型

图 21-33

21.3.4　球体

使用"球体"命令，可以创建三维实心球体。指定圆心和半径或者直径即可创建球体，如图 21-34 所示。

图 21-34

技术要点：

可以通过设置FACETRES系统变量来控制着色或隐藏视觉样式的曲面三维实体（例如球体）的平滑度。

用户可以通过以下方式执行此操作。

- 菜单栏：执行"绘图"|"建模"|"球体"命令。
- 面板：在"常用"选项卡的"建模"面板中单击"球体"按钮◎。
- 命令行：输入 SPHERE。

执行 SPHERE 命令，命令行操作如下。

```
命令：_SPHERE
指定中心点或 [三点 (3P) / 两点 (2P) / 切点、切点、半径 (T)]：   // 选择中心点及其选项
指定半径或 [直径 (D)]：                                        // 指定半径或直径
```

操作提示中各选项含义如下。

- 中心点：球体的中心点。指定圆心后，将放置球体以使其中心轴与当前用户坐标系 UCS 的 Z 轴平行。
- 三点：通过在三维空间的任意位置指定 3 个点来定义球体的圆周，如图 21-35 所示。
- 两点：通过在三维空间的任意位置指定 2 个点来定义球体的圆周，如图 21-36 所示。
- 切点、切点、半径：通过指定半径定义可与两个对象相切的球体。
- 半径或直径：球体的半径或直径。

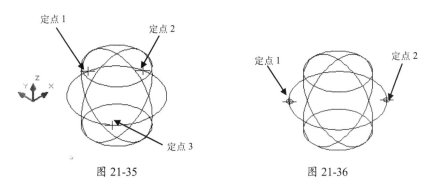

图 21-35   图 21-36

动手操作——创建球体

01 打开"动手操作\源文件\Ch21\ex-7.dwg"文件。

02 执行 SPHERE 命令，然后创建一个半径为 25 的球体，命令行操作如下。

```
命令：SPHERE
指定中心点或 [三点 (3P) / 两点 (2P) / 切点、切点、半径 (T)]：
指定半径或 [直径 (D)]：25
```

03 创建球体的过程及结果如图 21-37 所示。

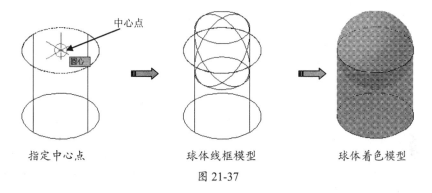

指定中心点   球体线框模型   球体着色模型

图 21-37

21.3.5　棱锥体

使用"棱锥体"命令可以创建三维实体棱锥体。在创建棱锥体的过程中，可以定义棱锥体的侧面数（介于 3～32），还可以指定顶面半径来创建棱台，如图 21-38 所示。

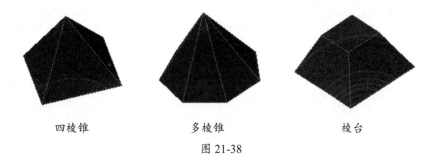

四棱锥   多棱锥   棱台

图 21-38

用户可以通过以下方式执行此操作。

● 菜单栏：执行"绘图"|"建模"|"棱锥体"命令。

- 面板：在"常用"选项卡的"建模"面板中单击"棱锥体"按钮 △。
- 命令行：输入 PYRAMID。

执行 PYRAMID 命令，命令行操作如下。

```
命令： PYRAMID
 4 个侧面  外切
指定底面的中心点或 [边(E)/侧面(S)]：               //指定底面中心点或选择选项
指定底面半径或 [内接(I)] <25.0000>：               //指定底面半径
指定高度或 [两点(2P)/轴端点（A）/顶面半径(T)] <30.0000>：   //指定高度或选择选项
```

技术要点：

最初，默认底面半径未设置任何值。执行绘图命令时，底面半径的默认值始终是先前输入的任意实体图元的底面半径值。

操作提示中各选项含义如下。

- 底面中心点：棱锥体底面外切圆的圆心。
- 边：指定棱锥体底面一条边的长度。
- 侧面：指定棱锥体的侧面数。
- 底面半径：棱锥体底面外切圆的半径。
- 高度：棱锥体高度。
- 两点：将棱锥体的高度指定为两个指定点之间的距离。
- 轴端点：指定棱锥体轴的端点位置，该端点是棱锥体的顶点。
- 顶面半径：指定棱锥体的顶面外切圆半径。

默认情况下，可以通过基点的中心、边的中点和确定高度的另一个点来定义一个棱锥体，如图 21-39 所示。

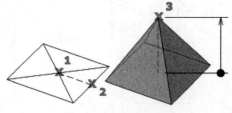

图 21-39

动手操作——创建棱锥体

01 打开"动手操作\源文件\Ch21\ex-8.dwg"文件。

02 执行 PYRAMID 命令，创建一个高度为 10 的棱锥体，命令行操作如下。

```
命令： PYRAMID
 4 个侧面  外切
指定底面的中心点或 [边(E)/侧面(S)]：E √                //输入 E
指定边的第一个端点：                                  //指定边的端点 1
指定边的第二个端点：                                  //指定边的端点 2
指定高度或 [两点(2P)/轴端点（A）/顶面半径(T)] <30.0000>：25 √   //输入棱锥体的高度
```

03 创建棱锥体的过程及结果如图 21-40 所示。

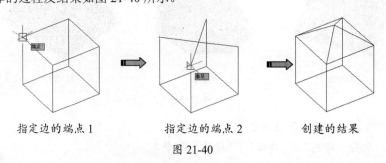

指定边的端点1　　　　　　指定边的端点2　　　　　　创建的结果

图 21-40

21.3.6 圆环体

使用"圆环体"命令可以创建与轮胎内胎相似的环形实体。圆环体由两个半径值定义，一个是圆管的半径，另一个是从圆环体中心到圆管中心的距离。用户可以通过指定圆环体的圆心、半径或直径，以及围绕圆环体的圆管的半径或直径创建圆环体，如图 21-41 所示。

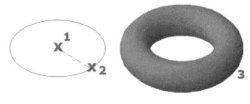

图 21-41

用户可以通过以下方式执行此操作。

- 菜单栏：执行"绘图"|"建模"|"圆环体"命令。
- 面板：在"常用"选项卡的"建模"面板中单击"圆环体"按钮◎。
- 命令行：输入 TORUS。

执行 TORUS 命令，命令行操作如下。

```
命令: _TORUS
指定中心点或 [三点(3P)/两点(2P)/切点、切点、半径(T)]:    // 指定中心点或选择选项
指定半径或 [直径(D)] <21.2132>:                        // 指定半径或直径
指定圆管半径或 [两点(2P)/直径(D)]:                       // 指定圆管半径或选择选项
```

技术要点：

可以通过设置FACETRES系统变量来控制圆环体着色或隐藏视觉样式的平滑度。

操作提示中各选项含义如下。

- 中心点：圆环体的中心点，或者圆环圆心。
- 三点：用指定的 3 个点定义圆环体的圆周。
- 两点：用指定的 2 个点定义圆环体的圆周。
- 切点、切点、半径：使用指定半径定义可与两个对象相切的圆环体。
- 半径：圆环半径。
- 圆管半径：圆环体截面的半径。

21.3.7 楔体

使用"楔体"命令可以创建三维实体的楔体。通过指定楔体底面的两个端点，以及楔体的高度，即可创建实体楔体，如图 21-42 所示。输入正值将沿当前 UCS 的 Z 轴正方向定义高度，输入负值将沿 Z 轴负方向定义高度。

技术要点：

楔体斜面的倾斜方向，始终为UCS的X轴正方向。

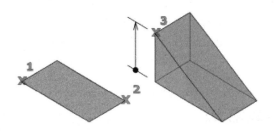

图 21-42

用户可以通过以下方式执行此操作。

- 菜单栏：执行"绘图"|"建模"|"楔体"命令。
- 面板：在"常用"选项卡的"建模"面板中单击"楔体"按钮◻。
- 命令行：输入 WEDGE。

执行 WEDGE 命令，命令行操作如下。

```
命令：_WEDGE
指定第一个角点或 [ 中心 (C)]：              // 指定楔体底面的第一个角点或选择选项
指定其他角点或 [ 立方体 (C) / 长度 (L)]：    // 指定楔体底面的第一角点的对角点或选择选项
指定高度或 [ 两点 (2P)] <10.0000>：        // 指定高度或选择选项
```

操作提示中各选项含义如下。

- 第一个角点：确定楔体底面的第一个顶点。
- 中心：使用指定的圆心创建楔体。
- 其他角点：指定楔体底面的第一角点的对角点。
- 立方体：选择此选项，可创建等边的楔体。
- 长度：按照指定的长、宽、高创建楔体，长度与 X 轴对应，宽度与 Y 轴对应，高度与 Z 轴对应。
- 高度：楔体的高度。
- 两点：指定楔体的高度为两个指定点之间的距离。

21.4 其他实体创建类型

在 AutoCAD 2018 中，程序还提供了其他几种实体或曲面的创建类型，如多段体、平面曲面、从曲面创建实体（在后面介绍）等。接下来将这几种实体或曲面创建类型逐一进行详细介绍。

21.4.1 多段体

使用"多段体"命令可以创建具有固定高度和宽度的直线段和曲线段的墙体，如图 21-43 所示。创建多段体的方法与绘制多段线相同，但需要设置多段体的高度和宽度。

用户可以通过以下方式执行此操作。

- 菜单栏：执行"绘图"|"建模"|"多段体"命令。
- 面板：在"常用"选项卡的"建模"面板中单击"多段体"按钮 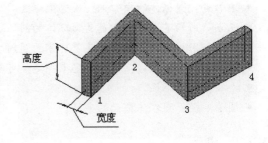。

图 21-43

- 命令行：输入 POLYSOLID。

执行 POLYSOLID 命令，命令行操作如下。

```
命令：_POLYSOLID 高度 = 5.0000，宽度 = 0.25000，对正 = 居中
指定起点或 [ 对象 (O) / 高度 (H) / 宽度 (W) / 对正 (J)] <对象>：
                                    // 指定多段体起点或选择选项
```

技术要点：

可以在命令行中输入 PSOLWIDTH 系统变量来设置实体的默认宽度；输入 PSOLHEIGHT 系统变量来设置实体的默认高度。

操作提示中各选项含义如下。

- 起点：多段体的起点。
- 对象：指定要转换为实体的对象，这些对象包括直线、圆、圆弧和二维多段线。

- 高度：指定实体的高度。
- 宽度：指定实体的宽度。
- 对正：使用该命令定义轮廓时，可以将实体的宽度和高度设置为左对正、右对正或居中，对正方式由轮廓的第一条线段的起始方向决定。

下面以实例来说明多段体的创建过程。

动手操作——创建多段体

01 打开"动手操作\源文件\Ch21\ex-9.dwg"文件。

02 执行 POLYSOLID 命令，然后创建一个高度为 10、宽为 20 的多段体。命令行操作如下。

```
命令：_POLYSOLID 高度 = 5.0000, 宽度 = 0.2500, 对正 = 居中
指定起点或 [对象(O)/高度(H)/宽度(W)/对正(J)] <对象>: H ✓          //输入 H
指定高度 <5.0000>: 10 ✓                                          //输入多段体高度
高度 = 20.0000, 宽度 = 0.2500, 对正 = 居中
指定起点或 [对象(O)/高度(H)/宽度(W)/对正(J)] <对象>: W ✓          //输入 W
指定宽度 <0.2500>: 20 ✓                                          //输入多段体宽度
高度 = 20.0000, 宽度 = 50.0000, 对正 = 居中
指定起点或 [对象(O)/高度(H)/宽度(W)/对正(J)] <对象>: O ✓          //输入 O
选择对象：                                                        //选择二维多段线
```

03 创建的多段体如图 21-44 所示。

选择转换对象　　　　　　　　　　　　　多段体线框模型

图 21-44

技术要点：

创建多段体，其路径就是二维多段线。多段体的宽度始终是以二维多段线为中心线来确定的，如图 21-45 所示。

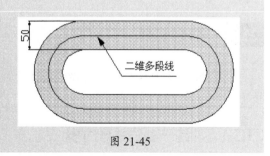

图 21-45

21.4.2　平面曲面

使用"平面曲面"命令可以从图形中现有的对象创建曲面，所包含的转换对象包括：二维实体、面域、体、开放且具有厚度的零宽度多段线、具有厚度的直线、具有厚度的圆弧、三维平面等，如图 21-46 所示。

用户可以通过以下方式执行此操作。

- 菜单栏：执行"绘图"|"建模"|"平面曲面"命令。
- 面板：在"曲面"选项卡的"创建"面板中单击"平面"按钮⊿。
- 命令行：输入 CONVTOSURFACE。

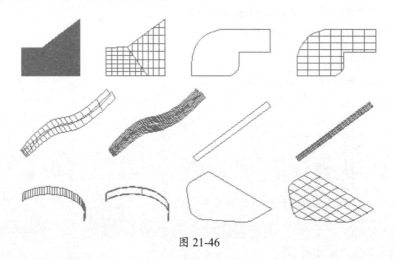

图 21-46

执行 CONVTOSURFACE 命令，命令行操作如下。

```
命令： CONVTOSURFACE
指定第一个角点或 [对象(O)] <对象>：      // 指定平面的第 1 个角点或选择选项
指定其他角点：                           // 指定其对角点
```

技术要点：

设置DELOBJ系统变量，可以控制在创建曲面时是否自动删除选定的对象，或是否提示删除该对象。

操作提示中各选项含义如下。

- 第一个角点：指定四边形平面曲面的第一个角点。
- 对象：指定要转换为平面曲面的对象。
- 其他角点：指定第一角点的对角点。

21.5 综合训练

本节将讲述机械零件三维模型的实体绘制实例，使读者能从中学习和掌握建模方面的绘制技巧。

21.5.1 训练一：法兰盘建模

◎ 引入素材：无

◎ 结果文件：综合训练\结果文件\Ch21\法兰盘.dwg

◎ 视频文件：视频\Ch21\绘制法兰盘.avi

以绘制法兰盘的实例说明二维绘图、编辑工具与三维"旋转""拉伸"等工具的应用技巧。法兰盘的结构如图 21-47 所示。

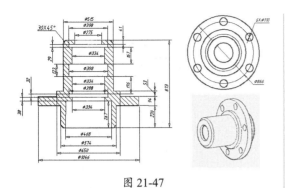

图 21-47

法兰盘零件的绘制方法比较简单，主要结构为回转体，因此可使用"旋转"工具来创建主体，其次孔使用"拉伸"工具创建类似孔实体，并运用"差集"运算将其减除，最后将孔阵列即可。

操作步骤

01 新建文件。

02 在三维空间中将视觉样式设为"二维线框"，并切换为俯视视图。

03 在状态栏打开"正交"模式。使用"直线"工具，绘制如图 21-48 所示的旋转中心线和旋转轮廓线。

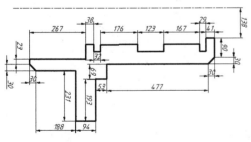

图 21-48

技术要点：

绘制轮廓线时，可采用绝对坐标输入方法，也可以打开"正交"模式绘制一条直线后，将第二条直线的端点所处方向确定后，直接输入直线的长度即可。

04 使用"面域"工具，选择所有轮廓线来创建一个面域。

05 切换"西南等轴测"视图，并使用三维"旋转"工具，选择前面绘制的轮廓线作为旋转对象，再选择中心线作为旋转轴。创建完成的旋转实体如图 21-49 所示。

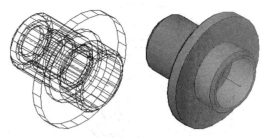

图 21-49

06 执行 UCSMAN（已命名）命令，在弹出的 UCS 对话框的"设置"选项卡中选中"修改 UCS 时更新平面视图"复选框，单击"确定"按钮，关闭对话框并保存设置，如图 21-50 所示。

图 21-50

07 使用"原点"工具，将 UCS 移至中心线的端点上，然后单击 按钮，使 UCS 绕 X 轴旋转 90°，如图 21-51 所示。

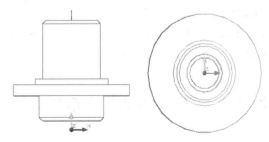

图 21-51

08 使用"圆心，直径"和"直线"工具，绘制直径为 866 的大圆和一条中心线，然后在中心线与大圆交点上绘制直径为 110 的小圆，如图 21-52 所示。

09 使用"阵列"工具，阵列出 6 个小圆，如图 21-53 所示。

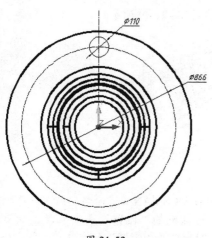

图 21-52

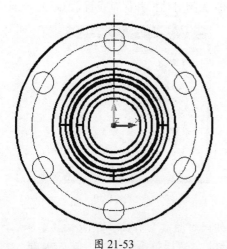

图 21-53

10 删除定位的中心线，并切换"西南等轴测"为视图。使用"按住并拖动"工具，依次选择 6 个小圆作为拖动对象，创建出如图 21-54 所示的"按住并拖动"实体。

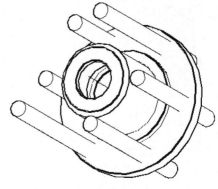

图 21-54

11 使用"差集"工具，选择旋转实体作为求差目标对象，再选择 6 个"按住并拖动"实体作为减除的对象，并完成差集运算，最后将二维图线清除。至此，法兰盘零件创建完成的结果如图 21-55 所示。

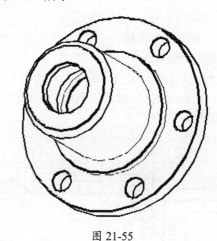

图 21-55

12 最后将图形结果另存为"法兰盘 .dwg"。

21.5.2 训练二：绘制支架零件

○ **引入素材：无**

○ **结果文件：综合训练\结果文件\Ch21\支架零件.dwg**

○ **视频文件：视频\Ch21\绘制支架零件.avi**

通过绘制支架零件图形，熟练应用二维绘图、编辑工具与三维实体绘制、编辑工具，从而创建较复杂的机械零件。

支架零件二维图形及三维模型如图 21-56 所示。

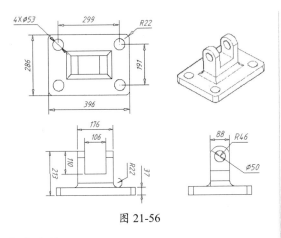

图 21-56

操作步骤

01 新建文件。

02 在三维空间中，将视觉样式设为"二维线框"，并切换"俯视"为视图。

03 使用"直线""圆心，半径""倒圆"和"修剪"工具，绘制出如图 21-57 所示的平面图形。

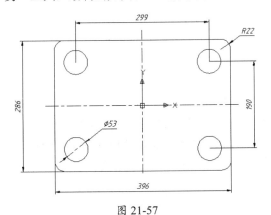

图 21-57

04 使用"面域"工具，选择图形区中所有的图线来创建面域，创建的面域数为 5 个。

技术要点：

若不创建面域，拉伸的就不是实体，只能是曲面。在没有创建面域的情况下，用户也可以使用"按住/拖动"工具来创建实体，但不能创建精确高度的实体。

05 使用"拉伸"工具，选择所有的面域，然后创建 5 个高度为 37 的拉伸实体（一个底座主体和 4 个孔实体），如图 21-58 所示。

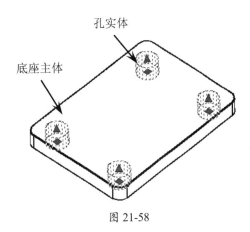

图 21-58

06 使用布尔"差集"工具，选择底座主体作为求差的目标体，再选择 4 个孔实体作为要减除的对象，并完成差集运算。创建完成的支架底座，如图 21-59 所示。

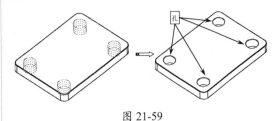

图 21-59

07 将视图切换为左视，然后使用"直线""圆弧"和"修剪"工具，绘制如图 21-60 所示的图形。

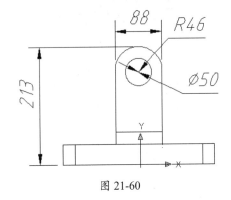

图 21-60

08 使用"面域"工具，选择整个图形来创建面域，面域的个数为 2。

09 切换"西南等轴测"至视图，使用 Y 工具，将 UCS 绕 Y 轴旋转 –90°，如图 21-61 所示。

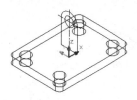 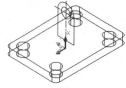

图 21-61

10 使用"拉伸"工具，选择前面绘制的图形进行拉伸，拉伸高度为 88。创建的拉伸实体如图 21-62 所示。

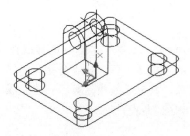

图 21-62

11 使用"差集"工具，将支架主体中的小圆柱体减除，结果如图 21-63 所示。

图 21-63

12 切换"东南等轴测"至视图，将 UCS 移至支架主体孔的中心，并设置 UCS 为世界坐标系，如图 21-64 所示。

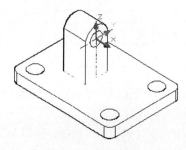

图 21-64

13 使用"长方体"工具，在其工具行操作提示中选择"中心（C）"|"长度（L）"选项，

并选择孔中心点作为长方体的中心点，长方体的长度为 100、宽度为 106、高度为 110。创建的长方体如图 21-65 所示。

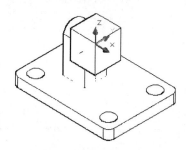

图 21-65

14 使用布尔"差集"工具，选择支架的一半主体作为求差目标体，再选择长方体作为要减除的对象。差集运算后的结果如图 21-66 所示。

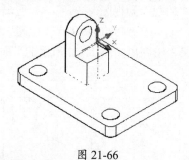

图 21-66

15 使用"三维镜像"工具，选择一半支架主体作为要镜像的对象，然后选择 YZ 平面作为镜像平面。镜像操作的结果如图 21-67 所示。

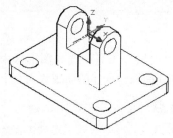

图 21-67

16 使用"并集"工具，将零散的支架主体部分实体和底座实体进行并集运算，合并求和的结果如图 21-68 所示。

17 使用"倒圆"工具将支架主体与底座连接处的边进行倒圆处理，且圆角半径为 22，如图 21-69 所示。

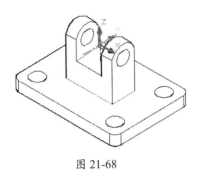

图 21-68

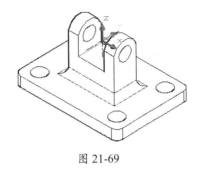

图 21-69

18 至此，支架零件创建完成。

21.6 课后习题

1．练习一

利用拉伸、旋转等命令，绘制如图 21-70 所示的三维零件模型。

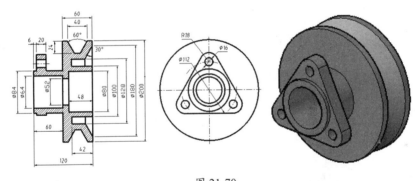

图 21-70

2．练习二

利用旋转、拉伸、按住并拖动、布尔运算等命令，绘制如图 21-71 所示的零件三维模型。

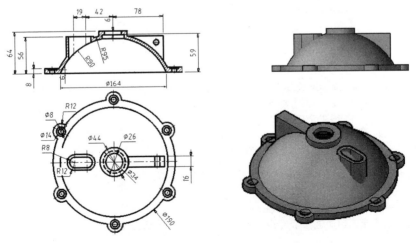

图 21-71

第22章 网格与曲面建模指令

在 AutoCAD 中，用面来描述三维模型对象，它不仅定义了三维对象的边界，而且还定义了表面，即具有面的特征。实体模型不仅具有线和面的特征，还具有体的特征，各实体对象之间可以进行各种布尔运算操作，从而创建复杂的三维实体。

本章将详细介绍实体与曲面定义及实体与曲面创建的基础知识，使读者熟悉和了解三维实体和曲面的绘制方法与操作过程。

项目分解与视频二维码

◆ 曲面概述
◆ 网格曲面

◆ 创建预定义的三维网格

第 22 章视频

22.1 曲面概述

通过定义曲面的边界可以创建平直的或弯曲的曲面，曲面的尺寸和形状由定义它们的边界及确定边界点所采用的公式决定。

三维网格是单一的图形对象，也是曲面以三维线框表示的对象形式。每个网格由一系列横线和竖线组成，可以定义行间距（M）与列间距（N）。

在状态栏中单击"切换工作空间"按钮，选择"三维建模"选项进入三维建模工作空间。在三维建模空间中，用户可以通过选择功能区中"曲面"选项卡的命令来创建曲面模型，"曲面"选项卡如图 22-1 所示，"网格"选项卡如图 22-2 所示。

图 22-1

图 22-2

技术要点：

曲面与网格的区别在于，曲面包含了网格，网格是由面和镶嵌面组成的。

22.2 网格曲面

在机械设计中，经常将实体或曲面模型，利用假想的线或面，将连续介质的内部和边界分割成有限个大小的、有限数目的、离散的单元来进行有限元分析。直观上，模型被划分成"网"状，每个单元称为"网格"。

网格密度控制镶嵌面的数目，它由包含 M×N 个顶点的矩阵定义，类似于由行和列组成的栅格。网格可以是开放的也可以是闭合的，如果在某个方向上网格的起始边和终止边没有接触，则这个网格就是开放的，如图 22-3 所示。

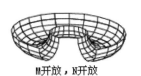 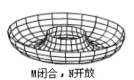  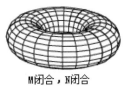

M开放，N开放　　　M闭合，N开放　　　　M开放，N闭合　　　M闭合，N闭合

图 22-3

22.2.1 二维实体填充

"二维实体填充"曲面是以实体填充的方法来创建不规则的三角形或四边形曲面，如图 22-4 所示。用户可通过以下方式执行此操作。

- 命令行：输入 SOLID。

执行 SOLID 命令，命令行操作如下。

```
命令：_SOLID 指定第一点：              // 指定多边形的第 1 点
指定第二点：                          // 指定多边形的第 2 点
指定第三点：                          // 指定多边形的第 3 点
指定第四点或 < 退出 >：               // 指定多边形的第 4 点
指定第三点：                          // 指定相连三角形或相连四边形的第 3 点
指定第四点或 < 退出 >：               // 指定相连四边形的第 4 点
```

第 1 点和第 2 点确定多边形的一条边，第 3 点和第 4 点是确定其余边的顶点。如果第 3 点和第 4 点的位置不同，生成的填充曲面形状也不同，结果如图 22-5 所示。

  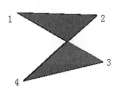 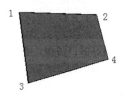

图 22-4 　　　　　　　　　　　　　　　　　　图 22-5

多边形第 3 顶点和第 4 顶点又确定了相连三角形或四边形的固定边，接下来若只指定一个顶点，则创建为相连三角形，若指定两个点，则创建为相连四边形，如图 22-6 所示。

同理，相连多边形的后两点又构成下一填充区域的第一条边，命令行将重复提示输入第 3 点和第 4 点。连续指定第 3 和第 4 点将在单个实体对象中创建更多相连的三角形和四边形。按 Enter 键结束 SOLID 命令。

 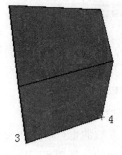

相连三角形　　　　　　相连四边形

图 22-6

22.2.2　三维面

三维面是指在三维空间中的任意位置创建三侧面或四侧面。三维面与二维填充面相似，都是平面曲面。指定 3 个顶点就创建为三侧面，指定 4 个顶点就创建为四侧面，也可以连续创建相连的三侧面或四侧面。

用户可通过以下方式执行此操作。

- 菜单栏：执行"绘图"|"建模"|"网格"|"三维面"命令。
- 命令行：输入 3DFACE。

执行 3DFACE 命令，命令行操作如下。

```
命令：_3DFACE 指定第一点或 [不可见(I)]:          // 指定多侧面的第 1 点
指定第二点或 [不可见(I)]:                        // 指定多侧面的第 2 点
指定第三点或 [不可见(I)] <退出>:                 // 指定多侧面的第 3 点
指定第四点或 [不可见(I)] <创建三侧面>:           // 指定多侧面的第 4 点
指定第三点或 [不可见(I)] <退出>:                 // 指定三侧面或四侧面的第 3 点
指定第四点或 [不可见(I)] <创建三侧面>:           // 指定四侧面的第 4 点
```

操作提示中的"不可见"选项，表示为控制三维面各边的可见性，以便建立有孔对象的正确模型。在确定边的第一点之前输入 i 或 invisible，可以使该边不可见，如图 22-7 所示。

多侧面的第 1 点和第 2 点确定起始边，第 3 点和第 4 点确定其余边的顶点。第 3 点和第 4 点的位置不同，生成的多侧面形状也有所不同，如图 22-8 所示。

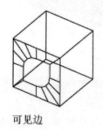   

可见边　　　　　　不可见边　　　　　　　　　　　　

图 22-7　　　　　　　　　　　　图 22-8

创建一个多侧面后，操作提示中将重复提示指定相连多侧面的第 3 点和第 4 点。若只指定一个顶点，则创建为相连三侧面，若指定两个点，则创建为相连四侧面。按 Enter 键可以结束当前 3DFACE 命令，如图 22-9 所示。

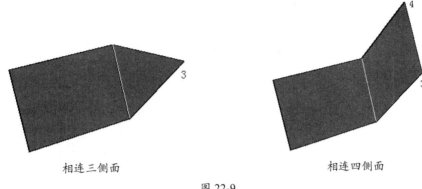

相连三侧面　　　　　　　　　　　　　　　相连四侧面

图 22-9

技术要点：

不可见属性必须在使用任何对象捕捉模式、XYZ过滤器或输入边的坐标之前定义。若要创建规则的多侧面或二维填充曲面，可通过设置图限或者输入点坐标来精确定义顶点。

22.2.3 三维网格

使用"三维网格"命令可以创建自由格式的多边形网格。多边形网格由矩阵定义，其大小由 M（行）和 N（列）的尺寸决定，如图 22-10 所示。

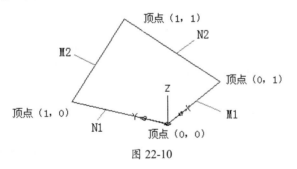

图 22-10

用户可通过以下方式执行此操作。

● 命令行：输入 3DMESH。

执行 3DMESH 命令，命令行操作如下。

```
命令：_3DMESH
输入M方向上的网格数量：              // 输入 2 ～ 256 的整数
输入N方向上的网格数量：              // 输入 2 ～ 256 的整数
为顶点 (0, 0) 指定位置：             // 输入第 1 点坐标
为顶点 (0, 1) 指定位置：             // 输入第 2 点坐标
为顶点 (1, 0) 指定位置：             // 输入第 3 点坐标
为顶点 (1, 1) 指定位置：             // 输入第 4 点坐标
```

操作提示中的选项含义如下。

● 输入 M 方向上的网格数量：指定行的数量，最大值为 256，最小值为 2。

● 输入 N 方向上的网格数量：指定列的数量，最大值为 256，最小值为 2。

- 顶点（0,0）：表示第 1 行与第 1 列相交的顶点坐标（用户来确定），可输入二维或三维坐标。
- 顶点（0,1）：表示第 1 行与第 2 列的交点坐标。
- 顶点（1,0）：表示第 2 行与第 1 列的交点坐标。
- 顶点（1,1）：表示第 2 行与第 2 列的交点坐标。

注意：

三维网格应包含的顶点数必须等于 M×N。

用户可使用"编辑多段线"命令来编辑三维网格，选择"平滑曲面"或"非平滑"选项，可以平滑网格或者使平滑网格变得不平滑，如图 22-11 所示。

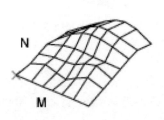

图 22-11

22.2.4 旋转网格

使用"旋转网格"命令通过将路径曲线或轮廓（直线、圆、圆弧、椭圆、椭圆弧、闭合多段线、多边形、闭合样条曲线或圆环）绕指定的轴旋转，创建一个近似于旋转曲面的多边形网格，如图 22-12 所示。

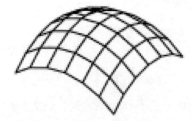

图 22-12

用户可通过以下方式执行此操作。

- 菜单栏：执行"绘图"|"建模"|"网格"|"旋转网格"命令。
- 面板：在"网格"标签的"图元"面板中单击"建模，网格，旋转曲面"按钮 🔘。
- 命令行：输入 REVSURF。

执行 REVSURF 命令，命令行操作如下。

```
命令： REVSURF
当前线框密度：SURFTab1=6  SURFTab2=6          // 提示线框密度
选择要旋转的对象：                            // 选择旋转的轮廓曲线
选择定义旋转轴的对象：                         // 指定旋转轴
指定起点角度 <0>：                           // 指定旋转初始角度
指定包含角 (+= 逆时针，-= 顺时针) <360>：      // 指定旋转终止角度
```

操作提示中各选项含义如下。

- 线宽密度：线框显示的疏密程度（M 和 N 方向）。此值若小，使生成的旋转曲面的截面看似多边形，因此在命令行输入"SURFTab1（M 方向）"或"SURFTab2（N 方向）"变量来设置此值。如图 22-13 所示为旋转曲面线框密度分别为 6 和 50 的效果。

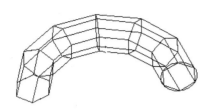
线框密度为 6

线框密度为 50

图 22-13

技术要点：

线框密度越高，曲面就越平滑。

- 要旋转的对象：指路径曲线或轮廓曲线。
- 定义旋转轴的对象：可以选择直线或开放的二维、三维多段线作为旋转轴。
- 起点角度：旋转起点角度。若旋转截面为一个平面图形对象，则起点角度就是起点位置与平面截面之间的夹角。若旋转截面为空间曲线，则起点角度就是曲线顶点位置与初始位置的夹角。
- 包含角：旋转终止角度值。输入 + 号则以逆时针方向旋转轮廓，输入 - 号，则以顺时针方向旋转轮廓。

下面以实例操作来说明旋转曲面的创建过程。

动手操作——创建旋转曲面

01 打开"动手操作 \ 源文件 \Ch22\ex-1.dwg"文件。

02 执行 REVSURF 命令，然后创建旋转起点角度为 0，终止角度为 270 的旋转曲面。操作提示如下。

```
命令：REVSURF
当前线框密度：SURFTab1=50    SURFTab2=50
选择要旋转的对象：                          // 选择轮廓曲线
选择定义旋转轴的对象：                       // 选择旋转轴
指定起点角度 <0>：↙                         // 输入旋转起点角度
指定包含角（+= 逆时针，-= 顺时针）<360>：270 ↙   // 输入旋转终止角度
```

03 创建的旋转曲面如图 22-14 所示。

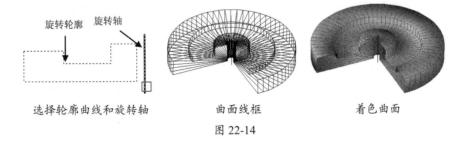

选择轮廓曲线和旋转轴　　　　　曲面线框　　　　　着色曲面

图 22-14

22.2.5　平移曲面

"平移曲面"就是通过将路径曲线或轮廓（直线、圆、圆弧、椭圆、椭圆弧、闭合多段线、多边形、闭合样条曲线或圆环）绕指定的轴旋转创建一个近似于旋转曲面的多边形网格。

使用"平移曲面"命令可以将路径曲线沿方向矢量的方向平移，构成平移曲面，如图 22-15 所示。

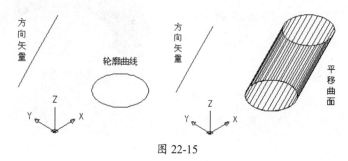

图 22-15

用户可通过以下方式执行此操作。

- 菜单栏：执行"绘图"|"建模"|"网格"|"平移曲面"命令。
- 面板：在"网格"标签的"图元"面板中单击"平移曲面"按钮🔲。
- 命令行：输入 TabSURF。

执行 TabSURF 命令，命令行操作如下。

```
命令：_TabSURF
当前线框密度：SURFTab1=30
选择用作轮廓曲线的对象：                    // 选择轮廓曲线
选择用作方向矢量的对象：                    // 选择方向矢量
```

若用作方向矢量的对象为多段线，仅考虑多段线的第一点和最后一点，而忽略中间的顶点。方向矢量指出形状的拉伸方向和长度。在多段线或直线上选定的端点决定了拉伸的方向，如图 22-16 所示。

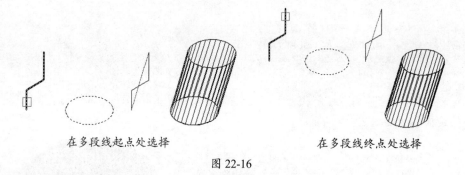

在多段线起点处选择　　　　　　　　　　　在多段线终点处选择

图 22-16

技术要点：

TabSURF 将构造一个 2×N 的多边形网格，其中 N 由 SURFTab1 系统变量确定。网格的 M 方向始终为 2，且沿着方向矢量。N 方向沿着轮廓曲线的方向。

动手操作——创建平移曲面

01 打开"动手操作\源文件\Ch22\ex-2.dwg"文件。

02 执行 TabSURF 命令，命令行操作如下。

```
命令：_TabSURF
当前线框密度：SURFTab1=30
选择用作轮廓曲线的对象：                    / 选择轮廓曲线
选择用作方向矢量的对象：                    / 选择方向矢量对象
```

03 创建的平移曲面如图 22-17 所示。

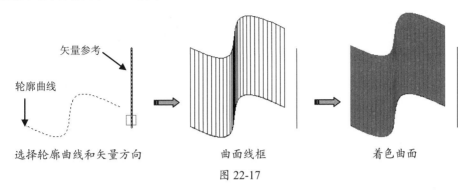

选择轮廓曲线和矢量方向　　　　　曲面线框　　　　　着色曲面

图 22-17

22.2.6　直纹曲面

使用"直纹曲面"命令可以在两条直线或曲线之间创建网格。作为直纹网格"轨迹"的两个对象必须全部开放或全部闭合，点对象可以与开放或闭合对象成对使用。

可以使用以下两个不同的对象定义直纹网格的边界——"直线""点""圆弧""圆""椭圆""椭圆弧""二维多段线""三维多段线"或"样条曲线"，如图 22-18 所示。

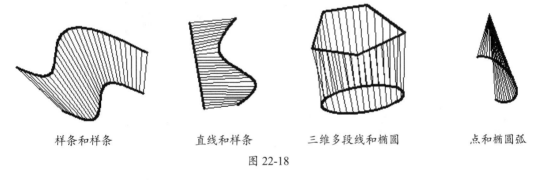

样条和样条　　　　　直线和样条　　　　　三维多段线和椭圆　　　　　点和椭圆弧

图 22-18

用户可通过以下方式执行此操作。

- 菜单栏：执行"绘图"|"建模"|"网格"|"直纹曲面"命令。
- 面板：在"网格"标签的"图元"面板中单击"直纹曲面"按钮 。
- 命令行：输入 RULESURF。

执行 RULESURF 命令，命令行操作如下。

```
命令：_RULESURF
当前线框密度：SURFTab1=30
选择第一条定义曲线：                    // 选择直纹曲线对象1
选择第二条定义曲线：                    // 选择直纹曲线对象2
```

选定的对象用于定义直纹网格的边，该对象可以是点、直线、样条曲线、圆、圆弧或多段线。

技术要点：

如果有一个边界是闭合的，那么另一个边界必须也是闭合的。

对于开放曲线，基于曲线上指定点的位置不同，生成的直纹网格形状也会不同，如图 22-19 所示。

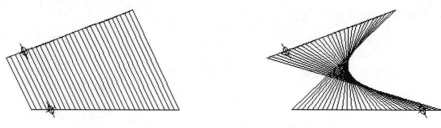

图 22-19

动手操作——创建直纹曲面

01 打开"动手操作 \ 源文件 \Ch22\ex-3.dwg"文件。

02 执行 RULESURF 命令，按照命令行操作提示进行操作，具体提示如下。

```
命令：  RULESURF
当前线框密度：SURFTab1=30
选择用作轮廓曲线的对象：              // 选择轮廓曲线
选择用作方向矢量的对象：              // 选择方向矢量对象
```

03 创建的直纹曲面如图 22-20 所示。

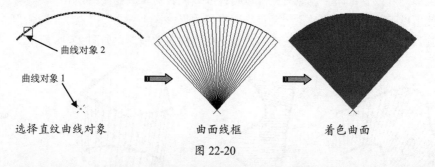

图 22-20

提示：

点对象可以与其他曲线对象任意搭配来创建直纹曲面。

22.2.7 边界曲面

使用"边界曲面"命令可以选择多边曲面的边界来创建"孔斯曲面片"网格，孔斯曲面片是插在 4 个边界之间的双三次曲面（一条 M 方向上的曲线和一条 N 方向上的曲线）。边界可以是圆弧、直线、多段线、样条曲线和椭圆弧，并且必须形成闭合环和共享端点，如图 22-21 所示。

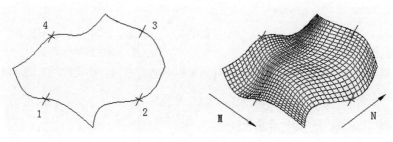

图 22-21

边界曲面的边界可以是直线、圆弧、样条曲线或开放的二维或三维多段线，这些边必须在端点处相交，以形成一个拓扑形式的矩形闭合路径。

用户可通过命令方式执行此操作。

- 菜单栏：执行"绘图"|"建模"|"网格"|"边界曲面"命令。
- 面板：在"网格"标签的"图元"面板中单击"边界曲面"按钮🖉。
- 命令行：输入 EDGESURF。

执行 EDGESURF 命令，命令行操作如下。

```
命令：EDGESURF
当前线框密度：SURFTab1=30    SURFTab2=30
选择用作曲面边界的对象 1：                    // 选择边界曲面的边
选择用作曲面边界的对象 2：
选择用作曲面边界的对象 3：
选择用作曲面边界的对象 4：
```

技术要点：

创建边界曲面的边数只能是4，少或是多都不能创建边界曲面。

可以用任何次序选择这 4 条边。第一条边决定了生成网格的 M 方向，该方向从距选择点最近的端点延伸到另一端。与第一条边相接的两条边形成了网格的 N 方向的边。

下面以实例操作来说明边界曲面的创建过程。

动手操作——创建边界曲

01 打开"动手操作 \ 源文件 \Ch22\ex-4.dwg"文件。

02 执行 EDGESURF 命令，命令行操作如下。

```
命令：EDGESURF
当前线框密度：SURFTab1=30
选择用作轮廓曲线的对象：                       // 选择轮廓曲线
选择用作方向矢量的对象：                       // 选择方向矢量对象
```

03 创建的边界曲面如图 22-22 所示。

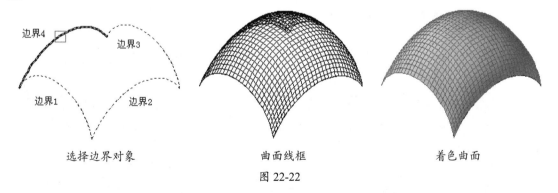

选择边界对象　　　　　　　　　曲面线框　　　　　　　　　着色曲面

图 22-22

22.3　创建预定义的三维网格

在 AutoCAD 中可以执行 3D 命令来绘制三维空间的基本曲面形状，例如长方体、圆锥体、下半球面、上半球面、网格、棱锥体、球体、圆环和楔体等，如图 22-23 所示。

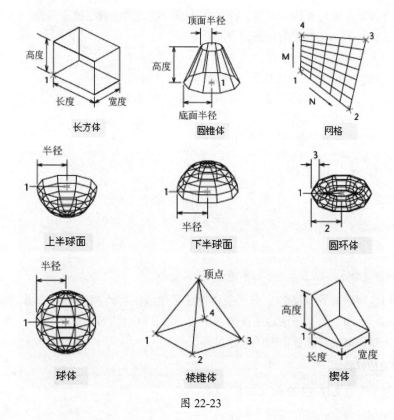

图 22-23

当在命令行输入 MESH 命令后按 Enter 键，将显示如下所示的操作提示信息。

```
命令：MESH
输入选项 [长方体表面（B）/圆锥面（C）/下半球面（DI）/上半球面（DO）/网格（M）/棱锥体（P）/
球面（S）/圆环面（T）/楔体表面（W）]：
```

22.3.1 长方体表面

选择"长方体表面"选项可以创建三维长方体表面多边形网格。选择此选项后，命令行操作如下。

```
命令：MESH
输入选项 [长方体表面（b）/圆锥面（C）/下半球面（DI）/上半球面（DO）/网格（M）/棱锥体（P）/
球面（S）/圆环面（T）/楔体表面（W）]：B
指定角点给长方体：                              //指定长方体的角点
指定长度给长方体：                              //指定长方体的长度
指定长方体表面的宽度或 [立方体（C）]：           //指定长方体的宽度或者选择"立方体"选项
指定高度给长方体：                              //指定长方体的高度
指定长方体表面绕 Z 轴旋转的角度或 [参照（R）]：  //指定旋转角度或者选择"参照"选项
```

- 角点：长方体底面的长边、宽边和高边的交点。
- 长度：长方体表面的长度。
- 宽度：长方体表面的宽度，如图 22-24 所示。

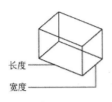

图 22-24

- 立方体：选择此选项，即可创建指定宽度的正方体。例如，长方体表面宽度为50，选择"立方体"选项，随即创建各边均为50的正方体。
- 高度：长方体的高度。
- 绕Z轴的旋转角度：绕长方体表面的第一个指定角点旋转长方体表面。如果输入0，那么长方体表面保持与当前X和Y轴正交，如图22-25所示。

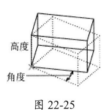

图 22-25

22.3.2 圆锥面

选择"圆锥面"选项可以创建圆锥形状的多边形网格。创建圆锥面，需要知道几个条件：圆锥面底面中心点、底面的半径或直径、顶面的半径或直径、高度，以及曲线线段数等，如图22-26所示。

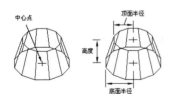

图 22-26

22.3.3 下半球面

选择"下半球面"选项可以创建球状多边形网格的下半部分。创建下半球面需要确定中

心点、球面半径或直径、经线数目和纬线数目，如图22-27所示。

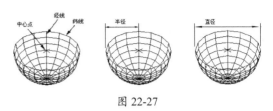

图 22-27

技术要点：

经纬线的数目必须是大于1的值。

22.3.4 上半球面

选择"上半球面"选项可以创建球状多边形网格的上半部分。创建上半球面需要确定中心点、球面半径或直径、经线数目和纬线数目，如图22-28所示。

图 22-28

技术要点：

经纬线的数目必须是大于1的值。

22.3.5 网格

选择"网格"选项可以创建平面网格，其M向和N向的大小决定了沿这两个方向绘制的直线数目。M向和N向与XY平面的X和Y轴类似，如图22-29所示。

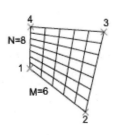

图 22-29

技术要点:

M和N方向上的网格数量必须是2～256之间的值。

22.3.6 棱锥体面

选择"棱锥体"选项可以创建一个棱锥体或四面体表面。创建棱锥体面需要指定棱锥体底面的 4 个角点,以及顶面定点,如图 22-30 所示。

可以将椎体顶点定义为棱,由此可以创建一个楔体面,如图 22-31 所示。

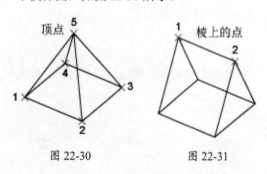

图 22-30   图 22-31

如果将棱锥体底面和顶面都定义为三角形,可以创建五面体表面,如图 22-32 所示。

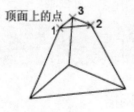

图 22-32

技术要点:

将棱锥体顶点定义为棱时,棱的两个端点的顺序必须和基点的方向相同,以避免出现自交线框。

22.3.7 球面

选择"球面"选项可以创建球状多边形网格。创建球面需要指定球面的中心点,以及球面半径或直径,如图 22-33 所示。

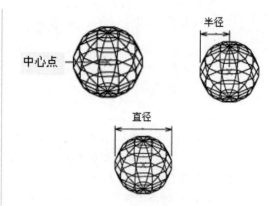

图 22-33

22.3.8 圆环面

选择"圆环面"选项可以创建与当前 UCS 的 XY 平面平行的圆环状多边形网格。创建圆环面需要指定圆环的圆心、圆环体半径或直径、圆管半径或直径、环绕圆管圆周的线段数目和环绕圆环体圆周的线段数目,如图 22-34 所示。

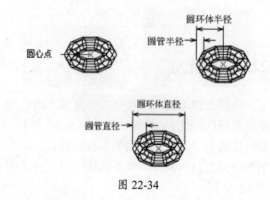

图 22-34

技术要点:

圆环体的圆管半径是指从圆管的中心到其最外边的距离。

22.3.9 楔体面

选择"楔体面"选项可以创建一个直角楔状多边形网格,其斜面沿 X 轴方向倾斜。创建楔体面需要指定角点、楔体长度、楔体表面宽度,以及楔体表面绕 Z 轴旋转的角度,如图 22-35 所示。

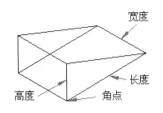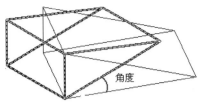

宽度

长度

高度　角点

角度

图 22-35

技术要点：

旋转的基点是楔体表面的角点。如果输入的旋转角度为0，那么楔体表面保持与当前UCS平面正交。

22.4　综合训练——绘制凉亭模型

◎ **引入素材：无**

◎ **结果文件：综合训练\结果文件\Ch22\凉亭.dwg**

◎ **视频文件：视频\Ch22\凉亭.avi**

本节介绍如图 22-36 所示的凉亭的绘制方法。

X

图 22-36

利用"正多边形"和"拉伸"命令生成亭基，利用"多段线"和"拉伸"命令生成台阶，再利用"圆柱体"和"三维阵列"命令绘制立柱，然后利用"多段线"和"拉伸"命令生成连梁，接下来利用"长方体""多行文字""边界风格""旋转""拉伸""三维阵列"等命令生成牌匾和亭顶，利用"圆柱体""并集""多段线""旋转"和"三维阵列"命令生成桌椅，利用"长方体"和"三维阵列"命令绘制长凳，

最后进行赋材和渲染。

22.4.1　训练一：绘制凉亭外体

操作步骤

01 新建图形文件。

02 利用 LIMITS 命令设置图幅为 500×500。

03 将鼠标移到已弹出的工具栏上，右击，打开工具栏快捷菜单，选中"UCS""UCS II""建模""实体编辑""视图""视觉样式"和"渲染"工具栏，使其出现在屏幕上。

04 利用"正多边形"（POLYGON）命令绘制一个边长为 120 的正六边形，然后利用"拉伸"（EXTRUDE）命令将正六边形拉伸成高度为 30 的棱柱体。

05 利用 ZOOM 命令，使场地全部出现在绘图区，然后在命令行输入 DDVIPOINT，切换视角。弹出"视点预置"对话框，如图 22-37 所示。将"与 X 轴的角度："改为 305，将"与 XY 平面的角度："改为 20。单击"确定"按钮关闭对话框。此时的亭基视图如图 22-38 所示。

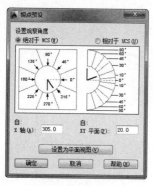

图 22-37

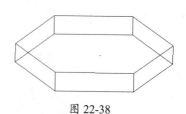

图 22-38

06 使用 UCS 命令建立如图 22-39 所示的新坐标系，然后再次使用 UCS 命令将坐标系绕 Y 轴旋转 −90°，得到如图 22-40 所示的坐标系。

```
命令：UCS ✓
当前 UCS 名称：* 世界 *
指定 UCS 的原点或 [面 (F) / 命名 (NA) / 对象 (OB) / 上一个 (P) / 视图 (V) / 世界 (W) /X/Y/Z/Z
轴 (ZA)] < 世界 >：                         // 输入新坐标系原点，打开目标捕捉功能，用鼠标
                                             选择如图 22-95 所示 1 角点
指定 X 轴上的点或 < 接受 > <309.8549,44.5770,0.0000>：
                                         // 选择如图 22-95 所示的 2 角点
指定 XY 平面上的点或 < 接受 ><307.1689,45.0770,0.0000>：
                                         // 选择如图 22-95 所示的 3 角点
命令：UCS ✓
当前 UCS 名称：* 没有名称 *
指定 UCS 的原点或 [面 (F) / 命名 (NA) / 对象 (OB) / 上一个 (P) / 视图 (V) / 世界 (W) /X/Y/Z/Z
轴 (ZA)] < 世界 >：Y ✓
指定绕 Y 轴的旋转角度 <90>：-90 ✓
```

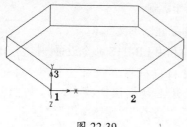

图 22-39

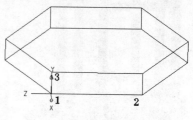

图 22-40

07 利用"多段线"（PLINE）命令绘制台阶横截面轮廓线。多段线起点的坐标为（0,0），其余各点坐标依次为（0,30）、（20,30）、（20,20）、（40,20）、（40,10）、（60,10）、（60,0）和（0,0）。接着利用"拉伸"（EXTRUDE）命令将多段线沿 Z 轴负方向拉伸成宽度为 80 的台阶模型。使用"三维动态观察"工具将视点稍做偏移，拉伸前后的模型分别如图 22-41 和图 22-42 所示。

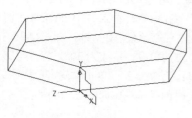

图 22-41

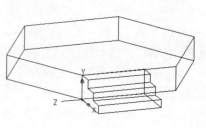

图 22-42

08 利用"移动"（MOVE）命令将台阶移动到与其所在边的中心位置，如图 22-43 所示。

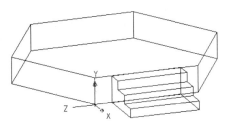

图 22-43

09 建立台阶两侧的滑台模型。利用"多段线"（PLINE）命令绘制出滑台横截面轮廓线，然后利用"拉伸"（EXTRUDE）命令将其拉伸成高度为 20 的三维实体。最后利用"复制"（COPY）命令将滑台复制到台阶的另一侧。

10 利用"并集"（UNION）命令将亭基、台阶和滑台合并为一个整体，结果如图 22-44 所示。

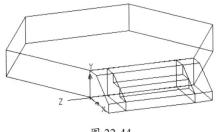

图 22-44

11 利用"直线"（LINE）命令连接正六边形亭基顶面的 3 条对角线作为辅助线。

12 使用 UCS 命令的三点建立新坐标系的方法，建立如图 22-45 所示的新坐标系。

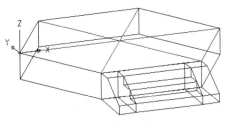

图 22-45

13 绘制凉亭立柱。利用"圆柱体"（CYLINDER）命令绘制一个底面中心坐标在（20,0,0），底面半径为 8，高为 200 的圆柱体。

14 利用"三维阵列"（ARRAY）命令阵列凉亭的 6 根立柱，阵列中心点为前面绘制的辅助线交点，Z 轴为旋转轴。

15 利用 ZOOM 命令使模型全部可见。接着利用"消隐"（HIDE）命令对模型进行消隐，如图 22-46 所示。

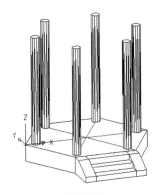

图 22-46

16 绘制连梁。开启"圆心捕捉"功能，利用"多段线"（PLINE）命令连接 6 根立柱的顶面中心，然后利用"偏移"（OFFEST）命令将多段线分别向内和向外偏移 3。利用"删除"（ERASE）命令删除中间的多段线。利用"拉伸"（EXTRUDE）命令将两条多段线分别拉伸成高度为 –15 的实体，然后利用"差集"（SUBTRACT）命令求差集生成连梁。

17 利用"复制"（COPY）命令，将连梁向下移动在距离 25 处复制一次。完成的连梁模型如图 22-47 所示。

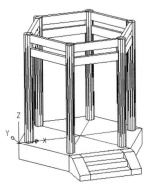

图 22-47

18 绘制牌匾。使用 UCS 命令的三点建立坐标系的方式，建立一个坐标原点在凉亭台阶所在边的连梁外表面的顶部左上角点，X轴与连梁长度方向相同的新坐标系。利用"长方体"（BOX）命令绘制一长为40、高为20、厚为3的长方体，并使用"移动"（MOVE）命令将其移动到连梁的中心位置，如图22-48所示。最后使用"多行文字"（MTEXT）命令在牌匾上题上亭名（例如"东亭"）。

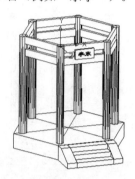

图 22-48

19 利用UCS命令将坐标系绕X轴旋转 –90°。

20 绘制如图22-49所示的辅助线。利用"多段线"（PLINE）命令绘制连接柱顶中心的封闭多段线，利用"直线"（LINE）命令连接柱顶面正六边形的对角线。接着利用"偏移"（OFFEST）命令将封闭多段线向外偏移80。利用"直线"（LINE）命令画一条起点在柱上顶面中心、高为60的竖线，并在竖线顶端绘制一个外切圆半径为10的正六边形。

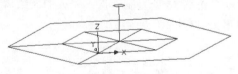

图 22-49

21 利用"直线"（LINE）命令按如图22-50所示连接辅助线，并移动坐标系到点1、2、3所构成的平面上。

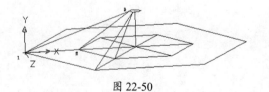

图 22-50

22 利用"圆弧"（ARC）命令在点1、2、3

所构成的平面内绘制一条弧线作为亭顶的一条脊线。然后利用"三维镜像"（MIRRIOR3D）命令将其镜像到另一侧，在镜像时，选择如图22-51所示中边1、边2、边3的中点作为镜像平面上的3点。

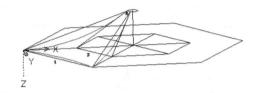

图 22-51

23 将坐标系绕X轴旋转90°，然后利用"圆弧"（ARC）命令在亭顶的底面上绘制弧线，最后将坐标系恢复到先前状态。

24 利用"直线"（LINE）命令连接两条弧线的顶部。利用EDGESURF命令生成曲面，如图22-52所示。4条边界线为上面绘制的3条圆弧线以及连接两条弧线的顶部的直线。

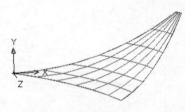

图 22-52

25 绘制亭顶边缘。利用"复制"（COPY）命令将下边缘轮廓线向下复制5，然后使用直线（LINE）命令连接两条弧线的端点，并使用EDGESURF命令生成边缘曲面。

26 绘制亭顶脊线。使用三点方式建立新坐标系，使坐标原点位于脊线的一个端点，且Z轴方向与弧线相切，然后利用"圆"（CIRCLE）命令在其一个端点绘制一个半径为5的圆，最后使用"拉伸"工具将圆按弧线拉伸成实体。

27 绘制挑角。将坐标系绕Y轴旋转90°，利用"圆弧"（CIRCLE）命令绘制一段连接脊线的圆弧，然后按照上一步的方法，在其一端绘制半径为5的圆并将其拉伸成实体。最后利用"球体"（SPHERE）命令在挑角的末端绘制一个半径为5的球体。使用"并集"（UNION）

命令将脊线和挑角连成一个实体，并利用"消隐"（HIDE）命令得到如图 22-53 所示的结果。

图 22-53

28 利用"三维阵列"（3DARRAY）命令将如图 22-53 所示的图形阵列，得到完整的顶面，如图 22-54 所示。

图 22-54

29 绘制顶缨。将坐标系移动到顶部的中心位置，且使 XY 平面在竖直面内。利用"多段线"（PLINE）命令绘制顶缨的半截面。利用"旋转"（REVOLVE）命令绕中轴线旋转生成实体。完成的亭顶外表面如图 22-55 所示。

图 22-55

30 绘制内表面。利用"边界网络"（EDGESURF）命令生成如图 22-56 所示的亭顶内表面，并利用"三维阵列"（3DARRAY）命令将其阵列到整个亭顶，如图 22-57 所示。

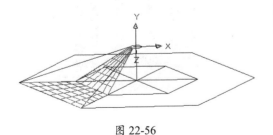

图 22-56

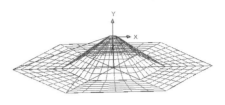

图 22-57

31 利用"消隐"（HIDE）命令消隐模型，如图 22-58 所示。

图 22-58

22.4.2　训练二：绘制凉亭桌椅

操作步骤

01 调用 UCS 命令将坐标系移至亭基的左上角。

02 绘制桌脚，利用"圆柱体"（CYLINDER）命令绘制一个底面中心在亭基上表面中心位置、底面半径为 5、高为 40 的圆柱体。利用 ZOOM 命令，选取桌脚部分放大视图。使用 UCS 命令将坐标系移动到桌脚顶面的圆心处。

03 绘制桌面，利用"圆柱体"（CYLINDER）命令绘制一个底面中心在点（0,0,0）、底面半径为 40、高为 3 的圆柱体。

04 利用"并集"（UNION）命令将桌脚和桌面连成一个整体。

05 利用"消隐"（HIDE）命令对图形进行消隐处理。绘制完成的桌子如图 22-59 所示。

06 利用 UCS 命令移动坐标系至桌脚底部的中心处。

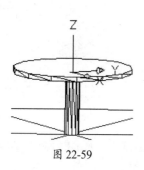

图 22-59

07 利用"圆柱体"（CYLINDER）命令绘制一个中心在点（0,0）处，半径为 50 的辅助圆。

08 利用 UCS 命令将坐标系移动到辅助圆的某一个 4 分点上，并将其绕 X 轴旋转 90°，得到如图 22-60 所示的坐标系。

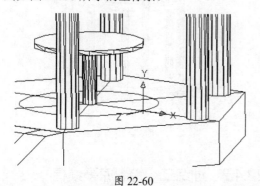

图 22-60

09 利用"多段线"（PLINE）命令绘制椅子的半剖面。过点 (0,0)、(0,25)、(10,25)、(10,24)、(a)、(6,0)、(l)、(c) 绘制多段线。

10 生成椅子实体，利用"旋转"（REVOLVE）命令旋转步骤 9 绘制的多段线。

11 利用"消隐"（HIDE）命令观察选择生成的椅子，如图 22-61 所示。

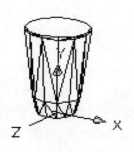

图 22-61

12 利用"三维阵列"（3DARRAY）命令在桌子四周列阵 4 把椅子。

13 利用"删除"（ERASE）命令删除辅助圆。

14 利用"消隐"（HIDE）命令观看建立的椅子模型，如图 22-62 所示。

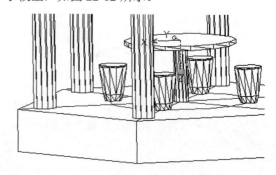

图 22-62

15 利用"长方体"（BOX）命令绘制一个长方体（两个对角顶点分别为（0,-8,0）和（16,8,3）），然后将其向上平移 20。

16 利用"长方体"（BOX）命令绘制凳脚，凳脚高为 20，厚为 3，宽为 16。然后利用"复制"（COPY）命令将其复制到合适的位置。利用"并集"（UNION）命令将凳子脚和凳子面合并成一个实体。

17 利用"三维阵列"（3DARRAY）命令将长凳阵列到其他边，然后删除台阶所在边的长凳。完成的凉亭模型如图 22-63 所示。

图 22-63

22.5　课后练习

1．体育场三维模型

利用相关的三维建模和编辑命令，绘制如图 22-64 所示的体育场三维模型。

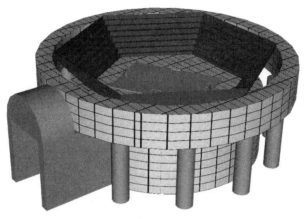

图 22-64

2．音乐厅三维模型

绘制如图 22-65 所示的音乐厅三维模型。

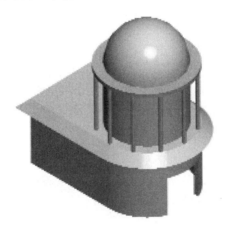

图 22-65

第23章 模型的修改与操作

在 AutoCAD 2018 中，用户可以使用三维编辑命令，在三维建模空间中移动、复制、镜像、对齐以及阵列三维对象，剖切实体以获取实体的截面，编辑它们的面、边或体。本章将着重介绍在三维空间中，三维操作与编辑的高级应用技巧。

项目分解与视频二维码

◆ 基本操作功能
◆ 三维布尔运算

◆ 曲面编辑功能
◆ 实体编辑功能

第 23 章视频

23.1 基本操作功能

AutoCAD 2018 的"三维建模"工作空间的"常用"选项卡的"修改"面板中包括所有的便于快速设计的模型操作和变换工具，例如移动、复制、镜像、对齐、阵列等。操作三维模型，离不开三维空间中的控件工具，这是因为它们都是通过三维夹点来移动、复制、镜像等操作的。

23.1.1 三维小控件工具

三维小控件工具是用于在三维视图中方便地将对象选择集的移动或旋转约束到轴或平面上的图标。AutoCAD 2018 包含 3 种类型的夹点工具：移动控件工具、旋转控件工具和缩放控件工具，如图 23-1 所示。

三维小控件的含义如下：

- 三维移动小控件：沿轴或平面旋转选定的对象。
- 三维旋转小控件：绕指定轴旋转选定的对象。
- 三维缩放小控件：沿指定平面、轴或沿全部 3 条轴统一缩放选定的对象。

技术要点：

仅在已应用三维视觉样式的三维视图中才显示夹点工具。如果当前视觉样式为"二维线框"，使用3DMOVE或3DROTATE命令，程序将自动将视觉样式更改为"三维线框"。

无论何时，用户只要选择三维视图中的对象，图形区中均会显示默认小控件。

如果正在执行小控件操作，则可以重复按空格键以在其他类型的小控件之间循环切换。通过此方法切换小控件时，小控件活动会约束到最初选定的轴或平面上。

此外，在执行小控件操作的过程中，用户还可以在快捷菜单中选择其他类型的小控件。

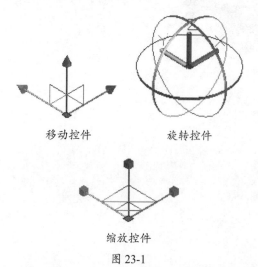

移动控件   旋转控件

缩放控件

图 23-1

23.1.2 三维移动

使用"三维移动"工具，可以在三维视图中显示移动夹点工具，并沿指定方向将对象移动指定距离，如图23-2所示。

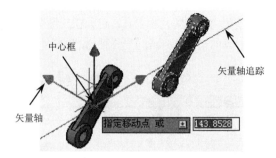

图 23-2

23.1.3 三维旋转

使用"三维旋转"工具，可以在三维视图中显示旋转夹点工具并围绕基点旋转对象。使用旋转夹点工具，可以自由旋转之前选定的对象和子对象，或将旋转目标约束到旋转轴上，如图23-3所示。

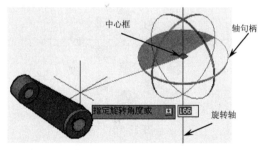

图 23-3

技术要点：

选择旋转夹点工具上的轴句柄，可以确定旋转轴。轴句柄表示了对象旋转的方向。

23.1.4 三维缩放

使用"三维缩放"工具，可以统一更改三维对象的大小，也可以沿指定轴或平面进行更改。

选择要缩放的对象和子对象后，可以约束对象缩放，方法是单击小控件轴、平面或所有3条轴之间的小控件部分。

三维缩放有3种形式：沿轴缩放三维对象、沿平面缩放三维对象和统一缩放对象。

- 沿轴缩放三维对象：将网格对象缩放约束到指定轴。将光标移动到三维缩放小控件的轴上时，将显示表示缩放轴的矢量线。通过在轴变为黄色时单击该轴，可以指定缩放轴，如图23-4所示。

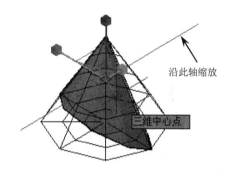

图 23-4

- 沿平面缩放三维对象：将网格对象缩放约束到指定平面。每个平面均由从各自轴控制柄的外端开始延伸的条表示。通过将光标移动到一个条上来指定缩放平面。条变为黄色后，单击该条即可，如图23-5所示。

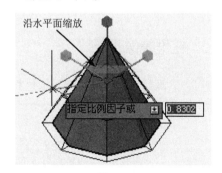

图 23-5

- 统一缩放对象：沿所有轴按统一比例缩放实体、曲面和网格对象。向小控件的中心点移动光标时，亮显的三角形区域指示用户可以单击，以沿全部3条轴缩放选定的对象和子对象，如图23-6所示。

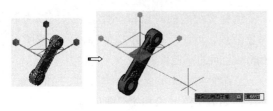

图 23-6

技术要点：

"沿轴缩放"和"沿平面缩放"仅适用于网格的缩放，不适用于实体和曲面。

23.1.5 三维对齐

使用"三维对齐"工具，可以在二维和三维空间中将对象与其他对象对齐，如图 23-7 所示。此工具常用于模型的装配。

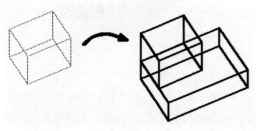

图 23-7

技术要点：

使用三维实体模型时，建议打开动态UCS，以加速对目标平面的选择。

23.1.6 三维镜像

使用"三维镜像"工具，可以通过指定镜像平面来镜像对象，如图 23-8 所示。

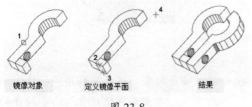

图 23-8

镜像平面可以是以下平面。

- 平面对象所在的平面。

- 通过指定点且与当前 UCS 的 XY、YZ 或 XZ 平面平行的平面。
- 由 3 个指定点（2、3 和 4）定义的平面。

23.1.7 三维阵列

使用"三维阵列"工具，可以在三维空间中创建对象的矩形阵列或环形阵列，如图 23-9 所示。

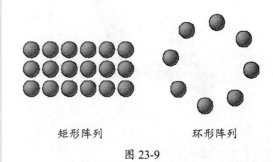

矩形阵列　　　　环形阵列

图 23-9

1. 矩形阵列

"矩形阵列"类型是指，在行（Y 轴）、列（X 轴）和层（Z 轴）矩形阵列中复制对象。且一个阵列必须具有至少两个行、列或层。矩形阵列中各参数示意如图 23-10 所示。

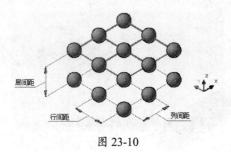

图 23-10

2. 环形阵列

"环形阵列"指绕旋转轴复制对象。环形阵列中各参数示意如图 23-11 所示。

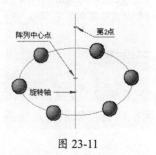

图 23-11

23.2　三维布尔运算

在 AutoCAD 中，使用程序提供的布尔运算工具，可以从两个或两个以上实体对象创建并集对象、差集对象和交集对象，如图 23-12 所示。

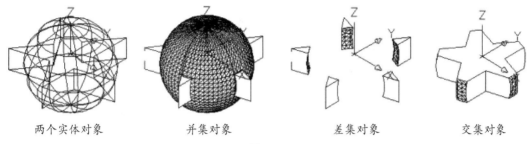

两个实体对象　　　　并集对象　　　　差集对象　　　　交集对象

图 23-12

23.2.1　并集

"并集"运算是通过加法操作来合并选定的三维实体或二维面域，如图 23-13 所示。

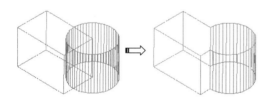

图 23-13

23.2.2　差集

"差集"运算是通过减法操作来合并选定的三维实体或二维面域，如图 23-14 所示。

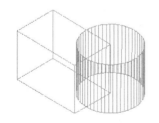

图 23-14

技术要点：

在创建差集对象时，必须先选择要保留的对象。

例如，从第一个选择集中的对象减去第二

个选择集中的对象，然后创建一个新的实体或面域，如图 23-15 所示。

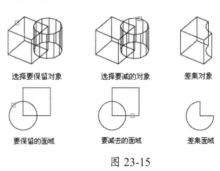

选择要保留对象　　选择要减的对象　　差集对象

要保留的面域　　　要减去的面域　　　差集面域

图 23-15

23.2.3　交集

"交集"运算从重叠部分或区域创建三维实体或二维面域，如图 23-16 所示。

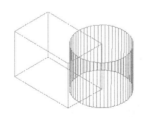

图 23-16

与并集类似，交集的选择集可包含位于任意多个不同平面中的面域或实体。通过拉伸二维轮廓并使它们相交，可以快速创建复杂的模型，如图 23-17 所示。

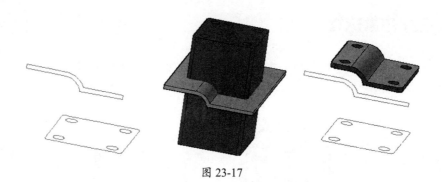

图 23-17

23.3 曲面编辑功能

在三维空间的"曲面"选项卡中，可以使用"拉伸面""移动面""旋转面""偏移面""倾斜面""删除面""复制面"和"着色面"工具，修改三维实体面，使其符合造型设计要求。

1. 拉伸面

选择"拉伸面"选项，可以将选定的三维实体对象的平整面拉伸到指定的高度或沿一条路径拉伸，可以垂直拉伸，也可以按指定斜度进行拉伸，如图 23-18 所示。

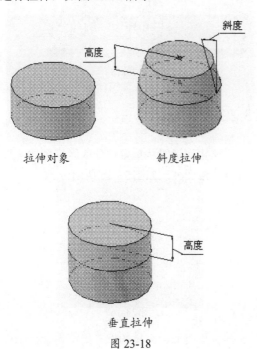

图 23-18

2. 移动面

选择"移动面"选项，可以沿指定的高度或距离移动选定的三维实体对象的面。一次可以选择多个面。在移动面的过程中，指定的基点和移动第二点将定义一个位移矢量，用于指示选定的面移动的距离和方向，如图 23-19 所示。

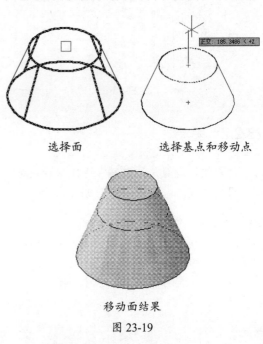

图 23-19

3. 旋转面

选择"旋转面"选项，可以绕指定的轴旋转一个或多个面或实体的某些部分，如图 23-20 所示。

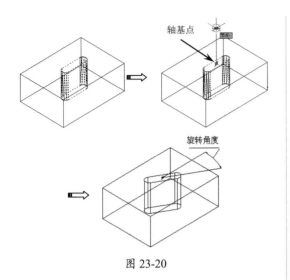

图 23-20

4．偏移面

选择"偏移面"选项，可以按指定的距离或通过指定的点，将面均匀地偏移。正值增大实体尺寸或体积，负值减小实体尺寸或体积。

执行偏移面操作，可以使实体外部面偏移一定距离，也可以在实体内部偏移孔面，如图23-21 所示。

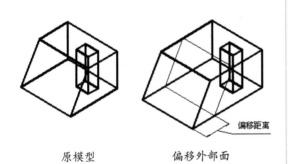

原模型　　　　　　偏移外部面

偏移孔面

图 23-21

5．倾斜面

选择"倾斜面"选项，可以按一个角度将面进行倾斜。倾斜角的旋转方向由选择基点和第二点（沿选定矢量）的顺序决定。如图 23-22 所示为倾斜选定面的过程。

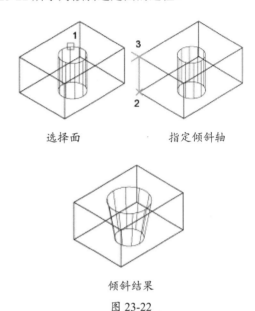

选择面　　　　　　指定倾斜轴

倾斜结果

图 23-22

技术要点：

正角度将向内倾斜选定的面，负角度将向外倾斜面。默认角度为0，可以垂直于平面拉伸面。选择其中所有选定的面，将倾斜相同的角度。

6．删除面

选择"删除面"选项，可以删除选定的面，包括圆角和倒角，如图23-23 所示。

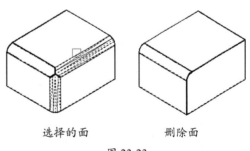

选择的面　　　　　　删除面

图 23-23

技术要点：

对于实体上同时倒圆的3条边，是不能使用"删除面"命令来删除选定面的。

7．复制面

选择"复制面"选项，可以将面复制为面域或体，如图 23-24 所示。

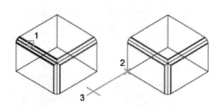

选定面　　　　　　复制基点和第2点

复制面结果

图 23-24

8．着色面

选择"着色面"选项，可以修改选定面的颜色，如图 23-25 所示。

选定的面　　　　　　着色效果

图 23-25

当选择要着色的面后，弹出"选择颜色"对话框，通过该对话框为选定的面选择适合的颜色，如图 23-26 所示。

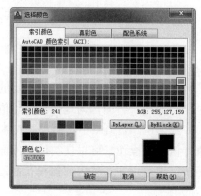

图 23-26

23.4 实体编辑功能

本节继续介绍 AutoCAD 2018 的其他实体编辑功能，包括提取边、压印边、分割实体、抽壳、剖切、转换为实体和转换为曲面等。

1．提取边

使用"提取边"工具，通过从三维实体或曲面中提取边来创建线框。如图 23-27 所示为提取边的操作范例。

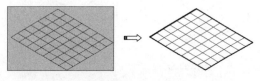

图 23-27

为了能更清楚地观察提取的边框与曲面，将曲面移动一定的距离后，即可看见提取的边框，如图 23-28 所示。

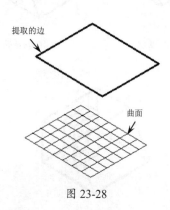

图 23-28

2．压印边

使用"压印边"工具，可以将对象压印到选定的实体上，如图 23-29 所示。

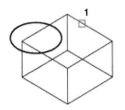 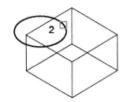

选择实体　　　　　　选择要压印的对象

压印结果

图 23-29

3．复制边

执行 SOLIDEDIT 命令，然后依次选择"边"和"复制"选项，可以复制三维边，选择的所有三维实体边将被复制为直线、圆弧、圆、椭圆或样条曲线，如图 23-30 所示。

选择实体边　　　　　指定复制位移的点

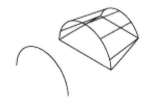

复制的边

图 23-30

4．分割实体

选择"分割实体"命令，可以用不相连的体将一个三维实体对象分割为几个独立的三维实体对象，也就是说，将使用"并集"工具创

建的合并实体分割开，如图 23-31 所示。

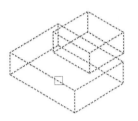 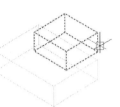

选择合并实体　　　　　分割后的体

图 23-31

当选择的分割对象不是并集对象，而是单个实体时，操作行中将显示"选定的对象中不能有多个块。"信息。

技术要点：

分割实体并不分割形成单一体积的 Boolean 对象，仅是解除不相连实体之间的并集关系。

5．抽壳

"抽壳"是用指定的厚度创建一个空的薄层。选择"抽壳"选项，可以为所有面指定一个固定的薄层厚度。通过选择面可以将这些面排除在壳外。一个三维实体只能有一个壳。通过将现有面偏移出其原位置来创建新的面。

使用"抽壳"工具创建的壳体特征，如图23-32 所示。

选择删除的面　　　　　抽壳偏移 10

抽壳偏移 –10

图 23-32

技术要点：

抽壳操作时，指定正值从圆周外开始抽壳，指定负值从圆周内开始抽壳。

6. 转换为实体

使用"转换为实体"工具，可以将具有厚度的多段线和圆转换为三维实体。转换成实体的对象必须是：具有厚度的统一宽度多段线、闭合的具有厚度的零宽度多段线、具有厚度的圆、直线、文字（仅包含使用 SHX 字体创建为单行文字的对象）、点等，如图 23-33 所示。

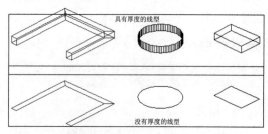

图 23-33

7. 转换为曲面

使用"转换为曲面"工具，可以将以下对象转换为曲面：二维实体、面域、开放的具有厚度的零宽度多段线、具有厚度的直线、具有厚度的圆弧、三维平面等，如图 23-34 所示。

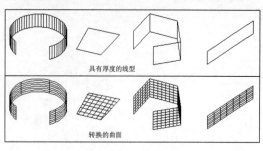

图 23-34

将具有厚度的对象转换为曲面的操作过程与转换为实体的操作过程相同，这里不再赘述。

8. 剖切

在机械设计中，通常一些内部结构比较复杂且无法观察的零件，需要创建出剖切内部结构的剖面视图，使其清晰、直观地表达出零件的特性。使用"剖切"工具，即可通过剖切现有实体来创建新实体。创建剖切实体需要定义剪切平面，AutoCAD 提供了多种方式来定义剪切平面，包括指定点或者选择曲面或平面对象。

使用"剖切"工具剖切实体时，可以保留剖切实体的一半或全部，剖切实体不保留创建它们的原始形式的历史记录，剖切实体保留原实体的图层和颜色特性，如图 23-35 所示。

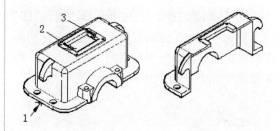

确定剪切平面的 3 个点　　保留对象的一半

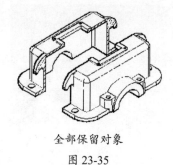

全部保留对象

图 23-35

23.5　综合训练

本节将以机械零件和建筑模型的三维模型高级绘制实例，使读者能从中学习并掌握到三维建模中实体操作、编辑等方面的应用技巧。

23.5.1 训练一：箱体零件建模

◎ **引入素材：无**

◎ **结果文件：综合训练\结果文件\Ch23\箱体零件.dwg**

◎ **视频文件：视频\Ch23\箱体零件.avi**

一般情况下，绘制零件结构较复杂的方法有：由零件内部向外部、由外向内、由上至下，或者由下至上等。但必须清楚的是，哪些是零件的主体，哪些又是零件的子个体，以及绘制这样的实体需要使用什么工具等问题。

本实例的模型为箱体零件，结构相对复杂，如图23-36所示。

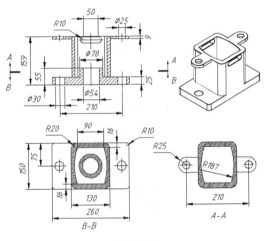

图 23-36

从箱体零件结构图中可知：箱体零件的主要组成部分是底座和底座上面的箱体；次要组成部分包括底座孔、箱体孔和两个护耳。

操作步骤

1. 创建箱体底座

01 新建文件。

02 在三维空间中，设置视觉样式为"二维线框"，并将视图切换为"俯视"。

03 使用"直线""偏移""圆心，半径""倒圆"以及圆弧的"起点、端点、半径"工具，绘制出如图23-37所示的图形。

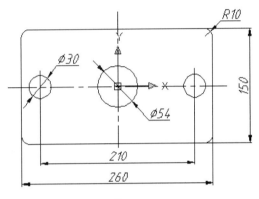

图 23-37

04 使用"面域"工具，选择图形以创建面域。

05 切换至"西南等轴测"视图。使用"拉伸"工具选择面域并进行拉伸，且拉伸高度为25。创建的拉伸实体如图23-38所示。

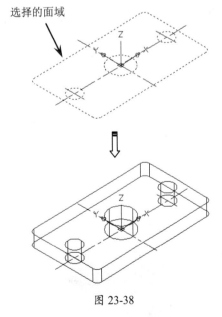

图 23-38

06 使用"差集"工具，将3个孔实体从长方体中减除，差集运算的结果如图23-39所示。

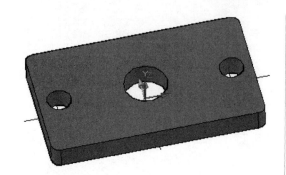

图 23-39

2. 创建箱体主体

01 切换至"仰视"视图，使用"直线""圆心，半径""偏移""修剪"工具，绘制出如图 23-40 所示的图形。

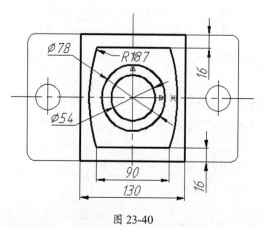

图 23-40

02 使用"面域"工具，选择绘制的图形来创建多个面域。

03 切换至"西南等轴测"视图，使用"拉伸"工具，由外向内先选择两个大的面域进行拉伸，且拉伸高度为 –159，创建的拉伸实体如图 23-41 所示。

拉伸实体

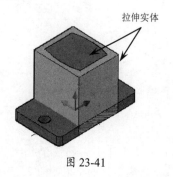

图 23-41

04 使用"差集"工具，选择拉伸的长方体作为求差目标体，再选择中间的实体作为减除对象，以此做并集运算，结果如图 23-42 所示。

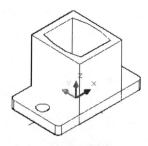

图 23-42

05 同理，使用"拉伸"工具选择两个圆面域并进行拉伸，且拉伸高度为 –55，创建拉伸的实体如图 23-43 所示。

拉伸实体

图 23-43

06 使用"差集"工具，选择拉伸的大圆柱体作为求差目标体，再选择中间的小圆柱体作为减除对象，以此做差集运算，结果如图 23-44所示。

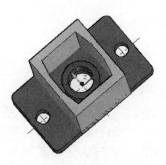

图 23-44

07 使用"并集"工具,将创建的底座部分和箱体主体部分合并。

3. 创建箱体的其余结构

01 切换至"仰视"视图,使用"直线""圆心,半径""偏移"和"修剪"工具,绘制如图23-45所示的图形。

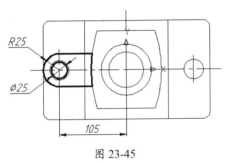

图 23-45

02 使用"面域"工具,选择绘制的图形以创建面域。

03 打开"正交"模式,然后使用"移动"工具,将图形向Z轴正方向移动159,如图23-46所示。

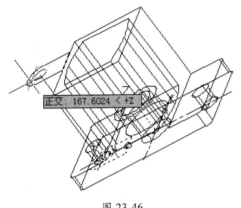

图 23-46

注意:

在复制实体边时,需要切换视图,以查看复制的边是否与绘制的图形为同一平面,若没有在同一平面,将复制的边移动至图形中。

04 切换至"西南等轴测"视图,使用"拉伸"工具选择面域并进行拉伸,且拉伸高度为9,创建的拉伸实体如图23-47所示。

05 使用"差集"工具,从大的拉伸实体中减除小圆柱体,如图23-48所示。

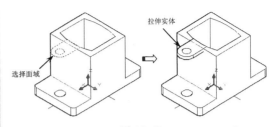

图 23-47

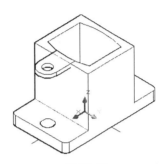

图 23-48

06 使用"三维镜像"工具,以ZY轴作为镜像平面,创建另一个护耳。镜像操作的结果如图23-49所示。

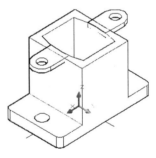

图 23-49

07 使用"并集"工具,将护耳与箱体主体合并。

08 切换至"前视"视图,使用"直线""圆心,半径""偏移"和"镜像"工具,绘制出如图23-50所示的图形。

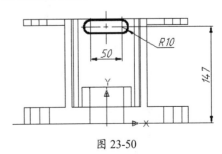

图 23-50

09 切换至"西南等轴测"视图，使用"按住 / 拖动"工具，选择绘制的图形向正、反方向分别进行拖动，以创建出"按住 / 拖动"实体，如图 23-51 所示。

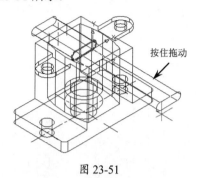

图 23-51

10 使用"差集"工具，将"按住 / 拖动"实体从箱体主体中减除，差集运算的结果如图 23-52 所示。至此，箱体零件图形绘制完成。

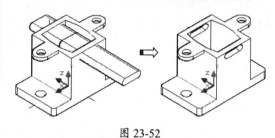

图 23-52

11 最后将结果图形保存。

23.5.2 训练二：摇柄手轮建模

◎ **引入素材：无**

◎ **结果文件：综合训练\结果文件\Ch23\摇柄手轮.dwg**

◎ **视频文件：视频\Ch23\摇柄手轮.avi**

以摇柄手轮的实例说明盘形类零件的三维绘制方法。绘制摇柄手轮会多次使用"扫掠""旋转""三维阵列"等实体绘制和编辑工具。

摇柄手轮的结构示意图如图 23-53 所示。

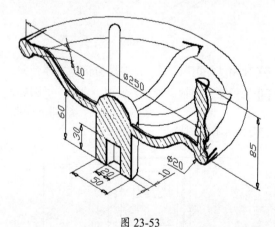

图 23-53

摇柄手轮总体上由主轮轴、固定架、支杆和摇柄等组件构成。其造型难度比较低，创建方法是：先创建主轴，然后绘制固定架和支杆

的扫掠路径，并创建扫掠实体，最后创建回转体摇柄。

操作步骤

01 新建文件。

02 在三维空间中，切换为"西南等轴测"视图。

03 使用"圆柱体"工具，在 UCS 原点创建直径为 50、高度为 60 的圆柱体，如图 23-54 所示。

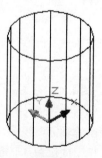

图 23-54

04 使用"球体"工具，在圆柱体顶端面中心点上创建一个直径为 50 的球体，如图 23-55 所示。

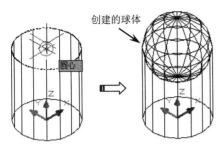
创建的球体

圆心

图 23-55

技术要点：

要使球体以高密度线框显示，在功能区的"可视化"选项卡中需要将视图样式设为"二维线框""无着色"和"镶嵌面边"。

05 使用"并集"工具，合并圆柱体和球体。

06 使用"长方体"工具，并选择"中心"|"长度"选项，然后在 UCS 原点上创建长、宽、高分别为 20、20、60 的长方体。接着使用"差集"工具将长方体从合并的实体中减除，结果如图 23-56 所示。

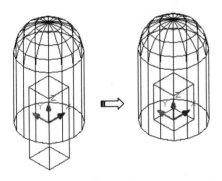

图 23-56

07 切换至"俯视"视图。使用"圆心，直径"工具，绘制用于创建固定架扫掠体的路径圆，该圆的直径为 250。再绘制两个直径分别为 20 和 10 的小圆，用作扫掠截面，如图 23-57 所示。

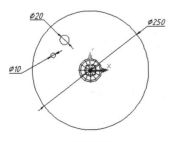

图 23-57

08 将大圆向 Z 轴正方向移动 80。

09 使用"原点"工具，将 UCS 移动至（0，-20，60）。再单击⊠按钮将 Z 轴绕 X 轴旋转 90°，如图 23-58 所示。

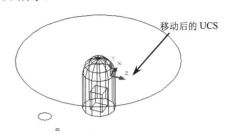
移动后的 UCS

图 23-58

10 使用二维的"样条曲线"工具，以相对坐标输入的方式，使样条曲线通过点（0,0,0）、点（0,0,35）、点（0,10,55）、点（0,25,75）和点（0,20,105）。绘制完成的样条曲线如图 23-59 所示。

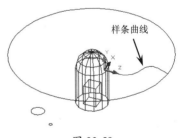
样条曲线

图 23-59

11 使用三维的"扫掠"工具，选择直径为 20 的小圆作为扫掠对象，再选择直径为 250 的大圆作为扫掠路径，创建出固定架扫掠实体，如图 23-60 所示。

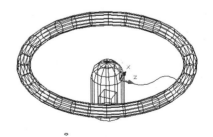

图 23-60

12 同理，再使用"扫掠"工具选择直径为 10 的小圆作为扫掠对象，样条曲线作为扫掠路径，创建出支杆的扫掠实体，如图 23-61 所示。

13 将 UCS 设为世界坐标系。使用"三维阵列"工具创建出阵列数目为 8，阵列中心为 UCS 原点的其他支杆阵列，创建的支杆阵列如图 23-62 所示。工具行操作提示如下。

```
工具：_3DARRAY
选择对象：找到 1 个
选择对象：↙                                    // 选择支杆为阵列对象
输入阵列类型 [矩形 (R) / 环形 (P)] <矩形 >：P↙    // 输入 P
输入阵列中的项目数目：8 ↙                        // 输入阵列的数目
指定要填充的角度 (+= 逆时针， -= 顺时针) <360>：↙
旋转阵列对象？[是 (Y) / 否 (N)] <Y>：↙
指定阵列的中心点：0,0,60 ↙                       // 输入旋转轴的起点坐标
指定旋转轴上的第二点：0,0,100 ↙                  // 输入旋转轴的第 2 点坐标
```

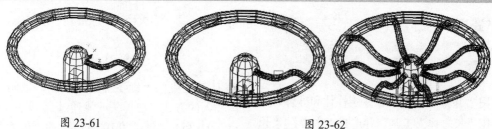

图 23-61   图 23-62

14 切换为"前视"视图，并打开"正交"模式。使用"直线"和"样条曲线"工具绘制如图 23-63 所示的摇柄截面图形。

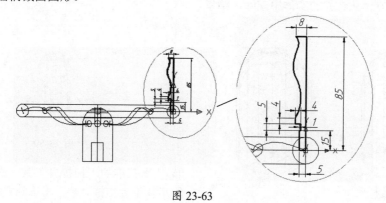

图 23-63

技术要点：

切换视图时，程序自动将视图平面作为当前UCS的工作平面（XY平面）。

15 执行"修改"|"合并"命令，选择上一步绘制的图形进行合并（长度为 85 的竖直线除外）。

16 使用"旋转"建模工具，选择面域作为旋转对象，再选择当前工作平面的 Y 轴作为旋转轴，创建的摇柄旋转实体如图 23-64 所示。

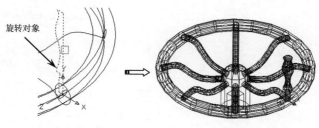

旋转对象

图 23-64

17 使用"并集"工具将主轴、支杆、固定架和摇柄等实体合并，合并后的造型实体即是摇柄手轮，如图 23-65 所示。

18 最后将结果图形保存。

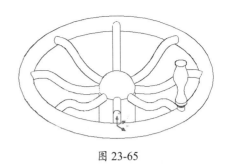

图 23-65

23.5.3 训练三：手动阀门建模

◎ **引入素材：无**

◎ **结果文件：综合训练\结果文件\Ch23\手动阀门.dwg**

◎ **视频文件：视频\Ch23\手动阀门.avi**

手动阀门是由多个零部件装配而成的装配体。本节将详细介绍手动阀门的零部件创建和装配方法。通过本实例的练习，让读者轻松掌握多零件的绘制、装配的操作过程与方法。手动阀门的零部件如图 23-66 所示。

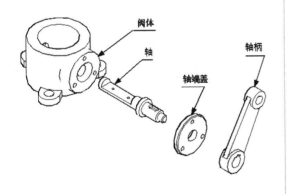

图 23-66

手动阀门的绘制方法是：每个零部件在不同的图纸模板中绘制；然后利用 AutoCAD 2018 设计中心将各零部件图形以块的形式插入到新装配体中。

1．创建阀体

阀体主要由一个圆柱主体、端盖连接部及 3 个侧耳组成，其结构示意图如图 23-67 所示。

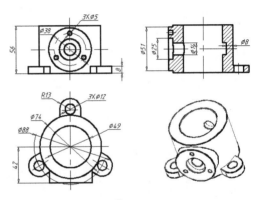

图 23-67

操作步骤

01 新建文件并命名为"阀体"。在三维空间中将视觉样式设置为"二维线框"，并切换至"俯视"视图。

02 使用"直线""圆心，直径"和"修剪"工具，绘制出如图 23-68 所示的截面图形。

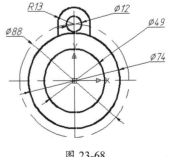

图 23-68

03 使用"阵列"工具，将侧耳的截面图线以坐标原点为中心进行环形阵列，阵列数目为3，阵列的结果如图23-69所示。

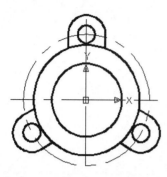

图 23-69

04 使用"面域"工具，选择所有图线（除直径为88的圆中心线外）来创建多个面域。但侧耳的图线部分不完整，因此没有创建面域。

05 补齐侧耳部分图线（圆弧曲线），然后选择侧耳图线创建面域，如图23-70所示。

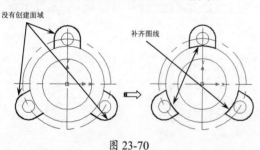

图 23-70

06 切换至"西南等轴测"视图。使用"拉伸"工具，只选择中间的两个大圆面域来创建圆柱实体，且拉伸的高度为56，创建的拉伸实体如图23-71所示。

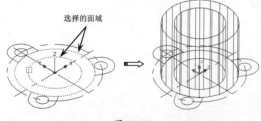

图 23-71

07 同理，使用"拉伸"工具选择侧耳部分的面域来创建高度为8的拉伸实体，如图23-72所示。

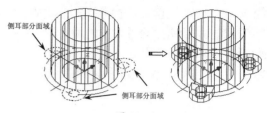

图 23-72

08 使用"差集"工具，将侧耳部分实体中小圆柱体减除，差集运算的结果如图23-73所示。

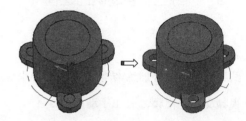

图 23-73

09 切换至前视图。使用"直线""圆心，直径""阵列"和"修剪"工具，绘制如图23-74所示的二维图形。

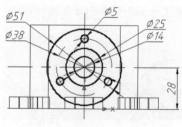

图 23-74

10 使用"面域"工具，选择6个粗实线圆来创建面域。

11 切换至"西南等轴测"视图。使用"拉伸"工具，同时选择6个圆面域来创建高度为42的多个拉伸实体。创建的拉伸实体如图23-75所示。

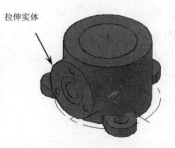

图 23-75

12 使用"复制边"工具，在拉伸起点处复制直径为14的圆柱体边缘，然后创建面域。再使用"拉伸"工具，将该面域反方向拉伸 −29，如图23-76所示。

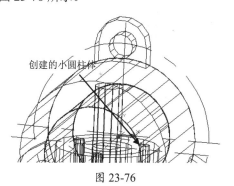

图23-76

技术要点：

复制此边时，应在原来位置上复制。"反方向"就是创建拉伸实体时的反方向。

13 使用"差集"工具，选择主体作为求差对象，再选择先前创建的直径为14的圆柱体（有两段）作为减除对象，差集运算结果如图23-77所示。

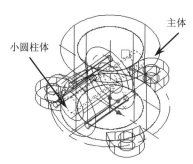

图23-77

14 同理，使用"差集"工具，将直径为25和直径为5的4个圆柱体从直径为51的圆柱体中减除，差集运算的结果如图23-78所示。

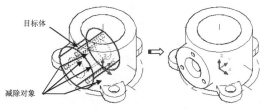

图23-78

15 最后使用"差集"工具选择差集运算后的直径为51的圆柱体和底座主体（直径为74）作为求差的目标体，再选择主体中直径为49的圆柱体作为减除对象，差集运算的结果如图23-79所示。

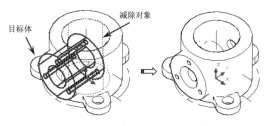

图23-79

16 使用"并集"工具将创建的所有实体合并，即完成了阀体的创建。

2．创建轴端盖

联轴端盖是几个零部件中结构最简单的零件，可以采用拉伸实体和倒角相结合的方法创建端盖零件。端盖零件的结构示意图如图23-80所示。

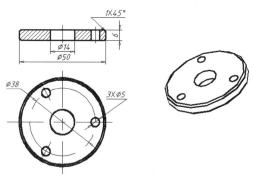

图23-80

为了后续装配工作的需要，绘制端盖零件时先创建一个新文件，以便作为块插入装配体。操作步骤

01 单击"新建"按钮，创建一个新图形文件，并命名为"轴端盖"。

02 在三维空间中，设置视觉样式为"二维线框"，并切换为"俯视"视图。

03 使用"直线""圆心，直径"和"阵列"工具，绘制如图23-81所示的拉伸截面。

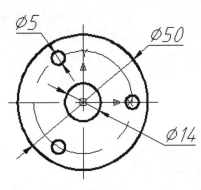

图 23-81

04 使用"面域"工具,选择除中心线外的其余图线,以创建多个面域。

05 切换至"西南等轴测"视图。使用"拉伸"工具选择所有面域并创建拉伸高度为 6 的拉伸实体,如图 23-82 所示。

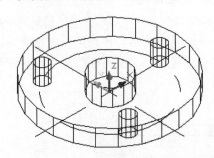

图 23-82

06 使用"差集"工具将 4 个小圆柱体从最大圆柱体中减除,差集运算的结果如图 23-83 所示。

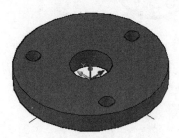

图 23-83

07 使用"倒角"工具选择拉伸实体作为倒角对象,接着选择"当前"选项,并输入基面倒角距离为 1,输入其他面倒角距离为 1,最后选择实体上边缘进行倒角,结果如图 23-84 所示。

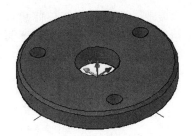

图 23-84

08 倒角处理完成后,将轴端盖文件保存。

3. 创建轴

手动阀门的轴是一个回转体,结构相对简单。轴零件的结构示意图如图 23-85 所示。

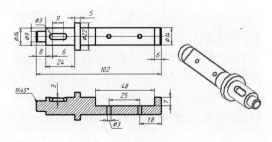

图 23-85

轴的创建方法是:首先创建轴主体(旋转实体),然后创建孔实体并利用差集运算得到轴孔特征,最后创建一个长方体并利用差集运算获得轴上的缺口特征(长度为 48)。

操作步骤

01 新建文件并命名为"轴"。

02 在三维空间中,设置视觉样式为"二维线框",并切换至"俯视"视图。

03 打开"正交"模式,使用"直线"和"倒角"工具,绘制如图 23-86 所示的旋转截面图形。

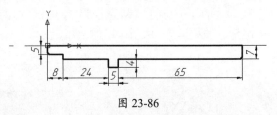

图 23-86

04 使用"面域"工具,选择图形以创建面域。

05 切换至"西南等轴测"视图,使用"旋转"工具选择面域为旋转截面,选择中心线为旋转轴，并创建出旋转实体，如图 23-87 所示。

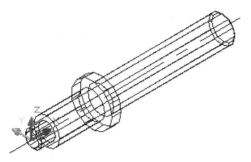

图 23-87

06 切换至"俯视"视图，使用"直线""圆心，直径"和"修剪"工具绘制如图 23-88 所示的图形。

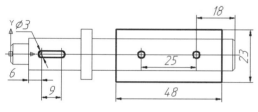

图 23-88

07 使用"面域"工具，选择绘制的键槽图形并创建单个面域。将孔圆图形和面域向 Z 轴正方向移动 10（长方形图形不移动），如图 23-89 所示。

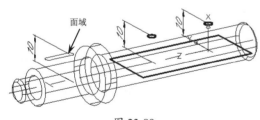

图 23-89

08 使用"拉伸"工具选择面域并创建拉伸高度为 –6 的拉伸实体。使用"按住 / 拖动"工具，选择长方形向 Z 轴正方向拖动并创建出"按住 / 拖动"实体（应超出轴主体）。继续使用该工具，选择孔图形向 Z 轴负方向拖动并创建"按住 / 拖动"实体（应超出轴主体），结果如图 23-90 所示。

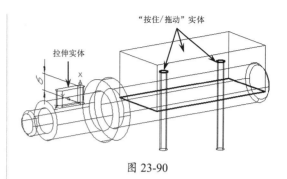

图 23-90

09 使用"差集"工具选择轴主体实体作为求差的目标体，再选择拉伸实体和"按住 / 拖动"实体作为要减除的对象，差集运算结果如图 23-91 所示。

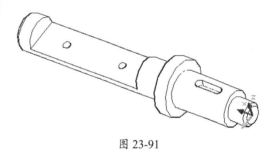

图 23-91

10 将创建完成的轴零件图形保存。

4．创建轴柄

轴柄零件为对称件，其结构示意图如图 23-92 所示。

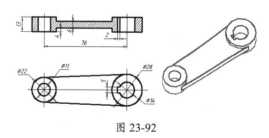

图 23-92

轴柄的创建方法是：创建轴柄主体的拉伸实体和孔实体，减除孔实体后，使用"移动面"工具选择中间的实体面并进行移动，以此创建出柄部特征。

操作步骤

01 新建文件并命名为"轴柄"。

02 在三维空间中，设置视觉样式为"二维线框"，并切换至"俯视"视图。

03 使用"直线""偏移""圆心，直径"和"修剪"工具，绘制如图 23-93 所示的图形。

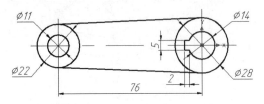

图 23-93

04 使用"面域"工具选择所有图形（除中心线）以创建多个面域。由于两条斜线没有封闭，因此就没有创建面域，使用圆弧的"三点"工具补齐图线，然后选择两条斜线和补齐的两个圆弧来创建面域，如图 23-94 所示。

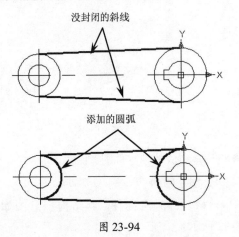

没封闭的斜线

添加的圆弧

图 23-94

05 切换至"西南等轴测"视图，使用"拉伸"工具选择所有面域并创建拉伸高度为 13 的拉伸实体，如图 23-95 所示。

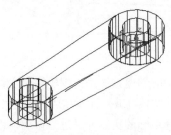

图 23-95

06 使用"差集"工具选择两端的大圆柱体作为求差的目标体，再选择小圆柱体和带有键孔特征的实体作为要减除的对象，差集运算结果如图 23-96 所示。

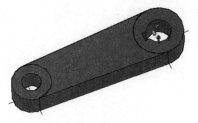

图 23-96

07 使用"移动面"工具，按住 Ctrl 键选择柄部上端面作为移动对象，向 Z 轴负方向移动 –4。同理，选择柄部下端面向 Z 轴正方向移动 4。移动面的结果如图 23-97 所示。

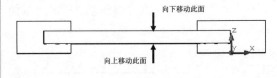

向下移动此面

向上移动此面

图 23-97

08 使用"并集"工具，将上述操作后保留的实体合并。

09 最后将创建完成的轴柄零件图形保存。

5. 手动阀门装配设计

手动阀门的装配可以通过 AutoCAD 2018 设计中心来完成，即将阀门的零部件以图形插入的方式相继插入装配体模型文件。

操作步骤

01 新建文件，并命名为"手动阀门"。

02 在三维空间中将视觉样式设置为"真实"，并切换至"东南等轴测"视图。

03 执行"工具"|"选项板"|"设计中心"命令，打开"设计中心"选项板。

04 通过树列表，将阀门零部件保存在系统路径下的文件夹打开，如图 23-98 所示。

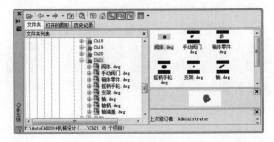

图 23-98

05 右击"阀体.dwg"文件，并在弹出的快捷菜单中执行"插入为块"命令，随后弹出"插入"对话框，保留对话框的默认设置，单击"确定"按钮，完成该块的创建，如图 23-99 所示。

图 23-99

06 关闭"插入"对话框后，在窗口中任意单击放置图形块。同理，按照此方法依次将手动阀门中的其余零件也插入当前窗口，且放置位置为任意，如图 23-100 所示。完成后关闭"设计中心"选项板。

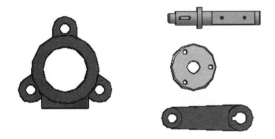

图 23-100

07 首先将轴装配到阀体上。开启"正交"模式，使用"对齐"工具选择轴作为要对齐的对象，在轴端面指定两个点（确定方向），并按 Enter 键。接着在底座内部小孔端面指定其圆心作为第 1 个目标点，最后在正交的 X 轴方向上指定第 2 个目标点，按 Enter 键完成轴的装配，如图 23-101 所示。

08 装配轴端盖。使用"对齐"工具，以轴端盖作为对齐对象，然后选择底端面的 3 个小圆中心点以确定源平面，接着选择底座侧端面的 3 个小圆中心点来确定目标平面，并完成轴端盖的装配，如图 23-102 所示。

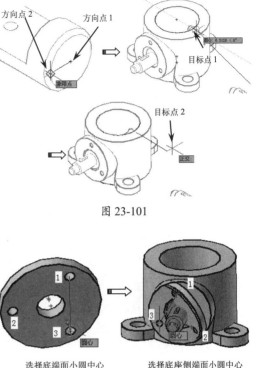

图 23-101

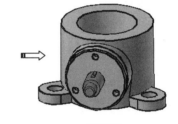

选择底端面小圆中心　　选择底座侧端面小圆中心

装配结果

图 23-102

技术要点：

确定源平面和目标平面上的3个定义点必须一一对应，否则不能正确装配零件。

09 装配轴柄。使用"对齐"工具，以轴柄作为对齐对象，然后选择轴柄上平面的圆中心点及两个象限点来确定源平面，接着选择轴端盖外侧的圆中心点及相对应的两个象限点来确定目标平面，并完成轴柄的装配，如图 23-103 所示。

10 为了让装配的手动阀门有动感，需要将轴及轴柄旋转一定的角度。使用"三维旋转"工具，选择轴和轴柄作为三维旋转对象，然后将旋转夹点工具放置在轴端面的中心点上，选择轴句柄以确定旋转轴，将轴和轴柄以指定的轴旋转 -45°，旋转结果如图 23-104 所示。

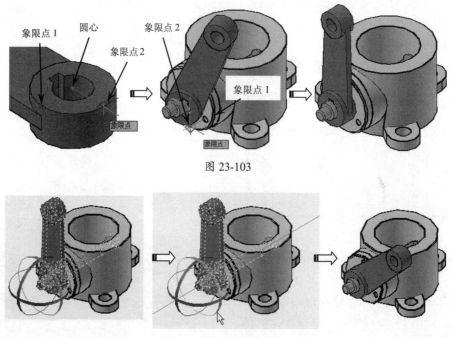

图 23-103

图 23-104

11 手动阀门装配操作完成后，将最终文件保存。

23.5.4　训练四：建筑单扇门的三维模型

○ **引入素材：无**

○ **结果文件：综合训练\结果文件\Ch23\单扇门.dwg**

○ **视频文件：视频\Ch23\单扇门.avi**

　　绘制单扇门三维模型主要是为了方便建筑三维模型的绘制。单扇门的规格：宽为 1200，高为 2600，厚为 50。门的上部带有扇形玻璃组成的图案，下部主要有方形的门板块和安装在门边上的门把手。

操作步骤

1. 绘制门及辅助线

01 启动 AutoCAD 2018，建立一个新图形文件。

02 单击"图层"工具栏中的"图层特性管理器"按钮，新建"辅助线"图层，一切设置采用默认设置，并将新建图层置为"当前"。

03 如果没有开启"正交"模式，按 F8 键打开"正交"模式。单击"绘图"面板中的"构造线"按钮，绘制一个十字交叉的辅助线。单击"修改"工具栏中的"偏移"按钮，将竖直构造线向左边偏移 600，将水平构造线向上连续偏移 2000 和 600。得到的辅助线如图 23-105 所示。

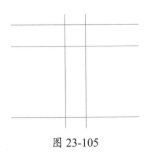

图 23-105

04 单击"图层"工具栏中的"图层特性管理器"按钮，新建"门"图层，设定颜色为红色，其他一切设置采用默认设置，并将新建图层置为"当前"。单击"绘图"面板中的"矩形"按钮□，根据辅助线绘制如图 23-106 所示的矩形。

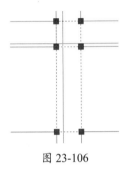

图 23-106

05 单击"修改"工具栏中的"偏移"按钮，将中间的水平辅助线向上偏移 100，将最左边的竖直辅助线向右偏移 160。单击"绘图"面板中的"圆"按钮，根据辅助线绘制一个圆，如图 23-107 所示。

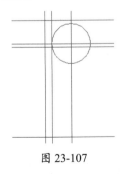

图 23-107

06 单击"绘图"面板中的"圆"按钮，绘制一个同心圆，指定圆半径为 160。单击"修改"工具栏中的"旋转"按钮，把通过圆心的辅助线旋转 45°。单击"绘图"面板中的"构造线"按钮，在原来的位置补上一条构造线。

绘制结果如图 23-108 所示。

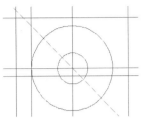

图 23-108

07 单击"修改"工具栏中的"偏移"按钮，将外侧的圆向外偏移 30，将内侧的圆向内偏移 30，绘制结果如图 23-109 所示。

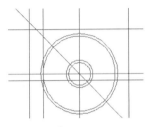

图 23-109

08 单击"修改"工具栏中的"修剪"按钮，修剪掉所有圆的 3/4，只保留左上方的 1/4 圆。修剪结果如图 23-110 所示。

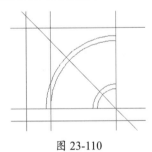

图 23-110

09 单击"绘图"面板中的"多段线"按钮，参考原有曲线绘制如图 23-111 所示的多段线（带夹点显示的封闭曲线部分）。

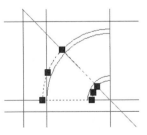

图 23-111

10 单击"修改"工具栏中的"偏移"按钮 ➋，让刚才绘制的多段线向内偏移 30，结果如图 23-112 所示。

图 23-112

11 采用同样的方法绘制另一边的扇形，结果如图 23-113 所示。

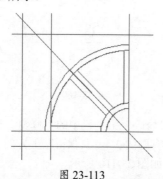

图 23-113

12 单击"修改"工具栏中的"偏移"按钮 ➋，将最右边的竖直构造线向左偏移 60。将底部的水平构造线向上连续偏移 250、790、100、380、100，即可得到进一步的辅助线网，结果如图 23-114 所示。

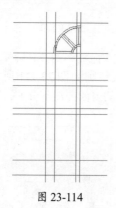

图 23-114

13 单击"绘图"面板中的"矩形"按钮 ▭，根据辅助线网绘制如图 23-115 所示的矩形。

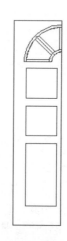

图 23-115

14 单击"建模"工具栏中的"拉伸"按钮 ▣，把前面绘制的 4 个矩形和两个扇形都往上拉伸 25，结果如图 23-116 所示。

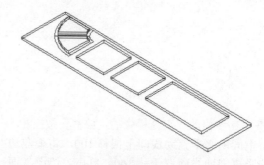

图 23-116

15 单击"建模"工具栏中的"差集"按钮 ◉，根据命令提示选择最外边的长方体作为母体，其他的实体作为子体进行求差运算。这样就得到一个在上面开有 3 个矩形门洞和两个扇形门洞的门板实体。

16 单击"图层"工具栏中的"图层特性管理器"按钮 ▦，新建图层"门板 1"，设定颜色为蓝色，其他设置采用默认设置，并将新建图层置为"当前"。单击"绘图"面板中的"矩形"按钮 ▭，绘制一个如图 23-117 所示的矩形。单击"图层"工具栏中的"图层特性管理器"按钮 ▦，新建"门板 2"图层，设定颜色为青色，其他设置采用默认设置，并将新建图层置为"当前"。单击"绘图"面板中的"矩形"按钮 ▭，绘制一个如图 23-118 所示的矩形。

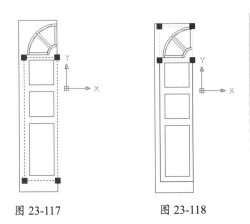

图 23-117　　　　　图 23-118

17 单击"建模"工具栏中的"拉伸"按钮 ，把前面的两个矩形都向上拉伸 15，得到的门板实体如图 23-119 所示。

图 23-119

18 执行"修改"|"三维操作"|"三维镜像"命令，得到另一半的门板实体，结果如图 23-120 所示。

图 23-120

技术要点：

对这种比较规则的、具有相同截面的立体结构，最简便的绘制方法是先绘制截面平面图形，再利用"拉伸"命令拉出立体造型。

2．绘制门把手

01 单击"图层"工具栏中的"图层特性管理器"按钮 ，新建"门把手"图层，设定颜色为红色，

其他一切设置采用默认设置，并将新建图层置为"当前"。单击"绘图"面板中的"多段线"按钮 ，绘制如图 23-121 所示的门把手截面图。

图 23-121

02 单击"建模"工具栏中的"旋转"按钮 ，让门把手的截面绕着自己的中心线旋转 360°，就得到门把手实体，如图 23-122 所示。执行"视图"|"消隐"命令，可以看到其消隐效果，如图 23-123 所示。

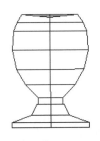

图 23-122

图 23-123

03 这样得到的门把手并不光滑，离现实中的门把手还有一定的差距，但可以使用"圆角"命令使门把手变得光滑。单击"修改"工具栏中的"圆角"按钮 ，给门把手的棱逐个圆角化，

圆角结果如图 23-124 所示。执行"视图"|"渲染"|"材质"命令，选择适当的材质附加在实体上，结果如图 23-125 所示。

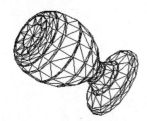

图 23-124

图 23-125

04 该门把手是在空白处绘制的，如图 23-126 所示，需要将其移动到合适的位置。

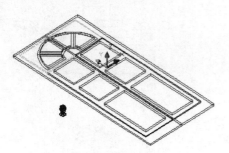

图 23-126

05 单击"修改"工具栏中的"移动"按钮，将门把手移动到门框上，结果如图 23-127 所示。

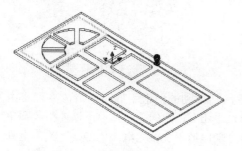

图 23-127

技术要点：

对于这种具有回转面的结构，最简单的绘制方法是利用"旋转"命令以回转轴为轴线进行旋转处理。

3．整体调整

01 执行"修改"|"三维操作"|"三维镜像"命令，得到下面另一半的门板实体，操作结果如图 23-128 所示。单击"建模"工具栏中的"并集"按钮，把同样的实体合并为一个实体。

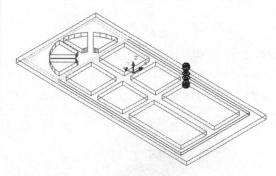

图 23-128

02 单击"建模"工具栏中的"三维旋转"按钮，把门实体旋转到正放位置，然后执行"视图"|"渲染"|"材质"命令，选择适当的材质附加在实体上，结果如图 23-129 所示。这样就完成了单扇门的绘制。

图 23-129

03 为了更清楚地表达出这扇门的效果，将采取多视图效果，如图 23-130 所示。从中可以清楚地看到门的各个面以及三维情况。

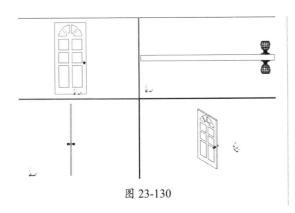

图 23-130

技术要点：

利用三维动态观察器和视图变换功能，可以从各个角度观察绘制的三维造型，也可以辅助进行准确的三维绘制。因为在计算机屏幕上是以二维平面反映三维造型的，如果不进行视图变换或观察角度变换，很难准确地确定各图线在三维空间中的位置。

23.5.5　训练五：建筑双扇门的三维模型

◎ **引入素材：无**

◎ **结果文件：综合训练\结果文件\Ch23\双扇门.dwg**

◎ **视频文件：视频\Ch23\双扇门.avi**

绘制双扇门三维模型主要是为了方便建筑三维模型的绘制。双扇门的规格：宽为2000（半边宽为1000），高为2600，厚为50。门的下部带有钢制长条把手。

操作步骤

1. 绘制门体

01 启动 AutoCAD 2018，新建一个新图形文件。

02 单击“图层”工具栏中的“图层特性管理器”按钮，新建“辅助线”图层，一切设置采用默认设置，并将新建图层置为“当前”。

03 如果没有开启“正交”模式，按 F8 键开启。单击“绘图”面板中的“构造线”按钮，绘制一个十字交叉的辅助线。单击“修改”工具栏中的“偏移”按钮，将竖直构造线向左边偏移 1000，将水平构造线向上偏移 2600。得到的辅助线如图 23-131 所示。

04 单击“图层”工具栏中的“图层特性管理器”按钮，新建“门”图层，设定颜色为红色，其他设置采用默认设置，并将新建图层置为“当前”。单击“绘图”面板中的“矩形”按钮，根据辅助线绘制一个矩形。然后单击“修改”工具栏中的“偏移”按钮，将刚才绘制的矩形连续两次向内偏移 40，结果如图 23-132 所示。

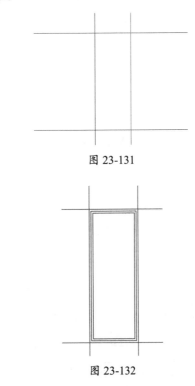

图 23-131

图 23-132

05 单击“建模”工具栏中的“拉伸”按钮，

把前面的最内和最外的两个矩形都往上拉伸 50，结果如图 23-133 所示。

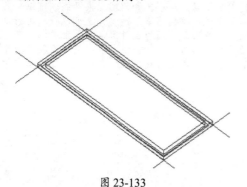

图 23-133

06 单击"建模"工具栏中的"差集"按钮◎，根据命令提示选择最外侧的长方体作为母体，内侧的长方体作为子体进行求差运算，结果如图 23-134 所示。

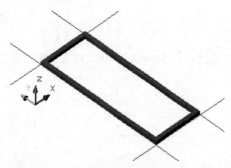

图 23-134

07 单击"建模"工具栏中的"拉伸"按钮◉，把图 23-134 的中间的矩形往上拉伸 30，得到门板实体。拉伸结果如图 23-135 所示。

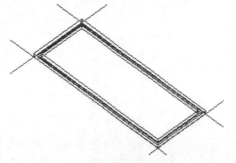

图 23-135

08 单击"修改"工具栏中的"移动"按钮✛，采用相对坐标（@0,0,10）使门板实体往上移动 10，结果如图 23-136 所示。

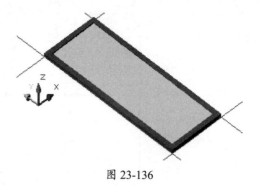

图 23-136

2. 绘制门把手

01 在空白处绘制一个圆环体。单击"建模"工具栏中的"圆环体"按钮◎，根据命令提示指定圆环体的半径为 40，圆管的半径为 15 即可，绘制出来的圆环体如图 23-137 所示。执行"视图"|"消隐"命令则其消隐，效果如图 23-138 所示。

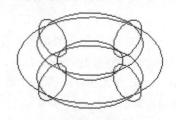

图 23-137

图 23-138

02 单击"绘图"面板中的"直线"按钮╱，在"正交"模式下绘制过圆环体中心的两条垂直直线。单击"修改"工具栏中的"移动"按钮✛，采用相对坐标（@0,0,30）使一条直线往上移动 30，结果如图 23-139 所示。

03 执行"修改"|"三维操作"|"剖切"命令，沿着刚才绘制的直线组成的剖切面将圆环体剖切掉一半，结果如图 23-140 所示。

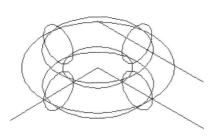

图 23-139

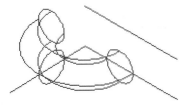

图 23-140

04 执行"修改"|"三维操作"|"剖切"命令，沿着刚才绘制的直线组成另一个剖切面，把剩下的圆环体剖切为两部分，结果如图 23-141 所示。其中选中的就是其中的一部分。

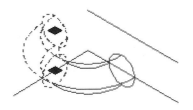

图 23-141

05 单击"绘图"面板中的"直线"按钮，在"正交"模式下绘制过圆管中心的直线，如图 23-142 所示。

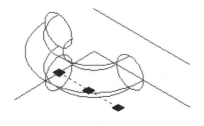

图 23-142

06 单击"建模"工具栏中的"三维旋转"按钮，让右边的圆管绕着前面绘制的直线旋转 90°，结果如图 23-143 所示。执行"视图"|"消隐"命令，则其消隐，效果如图 23-144 所示。

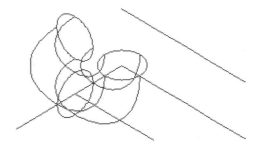

图 23-143

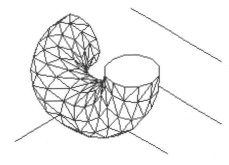

图 23-144

07 单击"建模"工具栏中的"圆柱体"按钮，根据命令提示指定圆柱体的半径为 15，圆柱体的高度为 30，结果如图 23-145 所示。

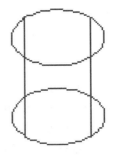

图 23-145

08 执行"修改"|"三维操作"|"对齐"命令，把圆柱体放置在圆管的一头，结果如图 23-146 所示。执行"视图"|"消隐"命令，则其消隐，效果如图 23-147 所示。

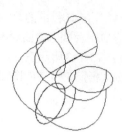

图 23-146

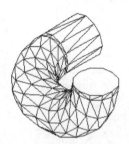

图 23-147

09 单击"建模"工具栏中的"圆柱体"按钮 ⓞ，绘制一个半径为 15，高度为 1100 的圆柱体。单击"修改"工具栏中的"移动"按钮 ✛，将圆柱体移动到圆管的另一端，结果如图 23-148 所示。

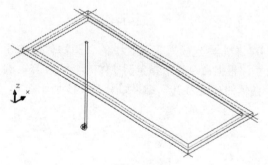

图 23-148

10 单击"修改"工具栏中的"复制"按钮 ⓒ，复制一个如图 23-149 所示的选中的圆管到另一端。单击"修改"工具栏中的"复制"按钮 ⓒ，复制一个半径为 15，高度为 30 的圆柱体到圆管头。这样就得到一个门把手，绘制结果如图 23-150 所示。

图 23-149

图 23-150

11 当前的门把手和门板的相对位置关系如图 23-151 所示，需要把门把手安装好。

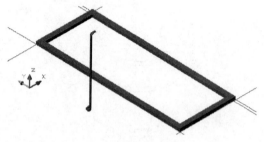

图 23-151

12 单击"建模"工具栏中的"三维旋转"按钮 ⓞ，使门把手绕着底部的平行于 OX 轴的直线旋转 90°，结果如图 23-152 所示。

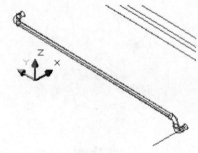

图 23-152

13 单击"建模"工具栏中的"三维旋转"按钮 ⓞ，使门把手绕着底部的平行于 OY 轴的直线旋转 90°，结果如图 23-153 所示。

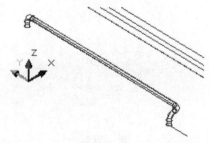

图 23-153

14 单击"修改"工具栏中的"旋转"按钮◎，让门把手绕着自己的一端旋转180°，结果如图23-154所示。

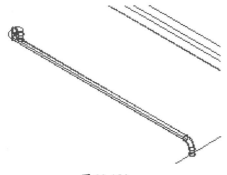

图 23-154

15 单击"修改"工具栏中的"移动"按钮✛，将门把手移动到门框上，这样就得到了一个带有门把手的门板。绘制结果如图23-155所示。

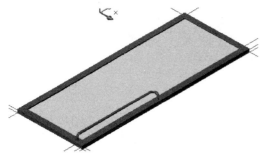

图 23-155

3. 整体调整

01 下面考虑使用镜像来获得门背面的门把手。单击"绘图"面板中的"圆"按钮◎，并绘制一个圆。单击"修改"工具栏中的"移动"按钮✛，将圆往上移动25，结果如图23-156所示。所得的这个圆将作为门把手的镜像面。

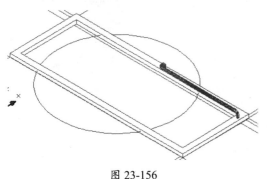

图 23-156

02 执行"修改"|"三维操作"|"三维镜像"命令，以门把手作为镜像对象，圆作为镜像面，三维镜像结果如图23-157所示。

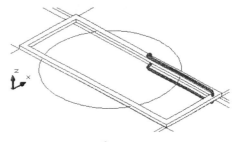

图 23-157

03 单击"修改"工具栏中的"删除"按钮✍，删除作为镜像面的圆。执行"修改"|"三维操作"|"三维镜像"命令，得到另外一边的门和门把手，结果如图23-158所示。

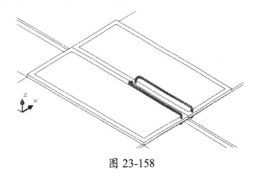

图 23-158

04 单击"建模"工具栏中的"三维旋转"按钮◎，使其绕着底部的平行于OX轴的直线旋转90°，结果如图23-159所示。这样，双扇门就绘制好了。调整视图后，执行"视图"|"渲染"|"材质"命令，选择适当的材质附加在实体上，效果如图23-160所示。

图 23-159

图 23-160

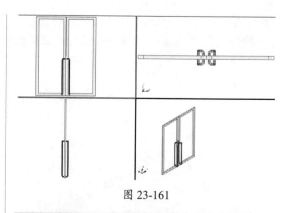

图 23-161

05 为了更清楚地表达出门的效果，可以采取多视图效果如图 23-161 所示，从中可以清楚地看到门的各个面以及三维情况。

技术要点：

在三维绘图中，为了完成一些复杂造型结构，需要大量用到三维编辑命令，例如上面用到的拉伸、旋转、布尔运算、镜像、剖切等，这些命令的作用与二维绘图中对应的命令有相似之处，但操作更复杂。在学习过程中，应参照二维编辑命令，触类旁通地灵活应用三维编辑命令。

23.6　课后习题

1．练习一

利用三维建模空间下的实体建模、实体操作、实体编辑等功能，绘制如图 23-162 所示的零件模型。

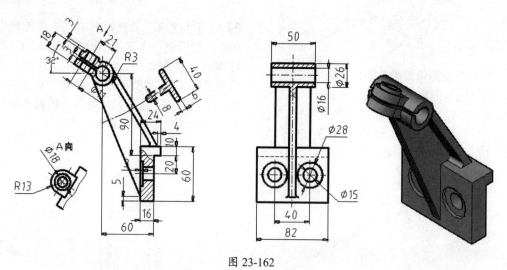

图 23-162

2．练习二

利用三维建模空间下的实体建模、实体操作、实体编辑等功能，绘制如图 23-163 所示的零件模型。

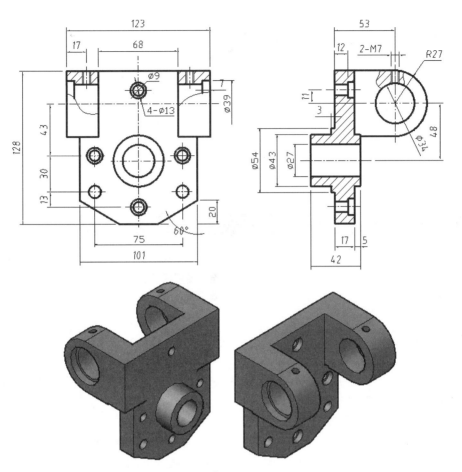

图 23-163

第 24 章　三维模型渲染

AutoCAD 2018 提供了很强大的渲染功能，用户可以在模型中添加多种类型的光源，包括模拟太阳光的平行光源、灯泡的点光源和探照灯的聚光灯，也可以为三维实体附着材质特性，如金属、塑料、木材等，还可以为模型加入背景等各种效果，使模型达到照片级的真实效果。本章将在"三维建模"空间中介绍渲染功能。

项目分解与视频二维码

◆　查看三维图形效果　　　　　　　　　◆　材质与纹理
◆　渲染概述　　　　　　　　　　　　　◆　使用相机定义三维视图
◆　渲染光源　　　　　　　　　　　　　◆　保存渲染图像

第 24 章视频

24.1　查看三维图形效果

在绘制三维图形时，为了能使对象便于观察，不仅需要对视图进行缩放、平移，还需要隐藏其内部线条、改变实体表面的平滑度。

24.1.1　消隐

为了更清晰地观察三维图形的效果，可以使用消隐功能。

使用消隐功能可以将三维图形中看不见的图线隐藏起来，如图 24-1 所示是消隐前后的效果对比。

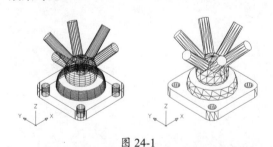

图 24-1

24.1.2　改变三维图形的曲面轮廓素线

当三维图形中包含弯曲面时（如球体和圆柱体等），曲面在线框模式下用线条的形式显

示，这些线条称为"网线"或"轮廓素线"。使用系统变量 ISOLINES 可以设置显示曲面所用的网线条数，默认值为 4，即使用 4 条网线来表达每一个曲面。该值为 0 时，表示曲面没有网线，如果增加网线的条数，则会使图形看起来更接近三维实物，如图 24-2 所示。

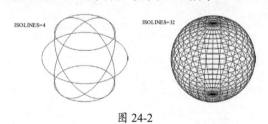

图 24-2

24.1.3　以线框形式显示实体轮廓

使用系统变量 DISPSILH 可以以线框形式显示实体轮廓。此时需要将其值设置为 1，并用"消隐"工具隐藏曲面的小平面，如图 24-3 所示。

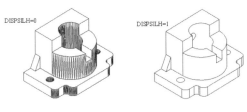

图 24-3

24.1.4 改变实体表面的平滑度

要改变实体表面的平滑度，可通过修改系统变量 FACETRES 来实现。该变量用于设置曲面的面数，取值范围为 0.01 ～ 10。其值越大，曲面越平滑，如图 24-4 所示。

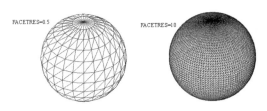

图 24-4

24.1.5 视觉样式

在功能区"视图"选项卡的"视觉样式"面板中选择"视觉样式"下拉列表中的视觉样式，或在快速访问工具栏中执行"显示菜单栏"命令，在弹出的菜单中执行"视图"|"视觉样式"命令，可以对视图应用视觉样式，如图 24-5 所示。

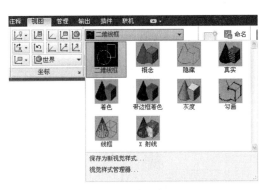

图 24-5

1．应用视觉样式

视觉样式是一组设置参数的集合，用来控制视口中边和着色的显示。一旦应用了视觉样式或更改了其设置，即可在视口中查看效果。

2．视觉样式管理器

在"视觉样式"列表中选择"视觉样式管理器"命令，或在菜单中执行"视图"|"视觉样式"|"视觉样式管理器"命令，将打开"视觉样式管理器"选项板，如图 24-6 所示。

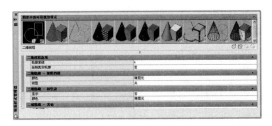

图 24-6

通过该选项板，可以设置视觉样式的轮廓素线、颜色、线型、显示及平滑度等。

24.2 渲染概述

与线框图像或着色图像相比，渲染的图像使人更容易想象 3D 对象的形状与大小。渲染的对象也使设计者更容易表达其设计思想。例如，如果需要展示一个项目或设计，并不需要建立一个原型，可以使用渲染图像很清楚地说明设计者的设计思想，因为，完全可以控制渲染图像的形状、大小、颜色和表面材质。

除此之外，任何所需变化都可以与对象结合，且可以通过对其渲染来检查和显示这些改变的效果。因此，渲染是一个非常有效的交流想法与显示对象形状的工具。可以使用 AutoCAD 的

RENDER 命令建立 3D 对象的渲染图像。通过定义表面材质及其反射量，可以控制对象的外观，通过添加光线以获得所需效果。

如图 24-7 所示为利用 AutoCAD 渲染器渲染的作品。

图 24-7

24.2.1　如何决定模型中需要渲染的面

一个 3D 模型的某些面，如背面和隐藏面是不需要渲染的，这可以减少绘图时间。在渲染过程中，系统利用每一个面的法线决定 3D 对象的前面和背面。垂直于 3D 模型的面且方向指向外空间的矢量称为"法线"（Normal）。如果一个面是以顺时针方向绘制的，则法线向内指；如果一个面是以逆时针方向绘制的，则法线向外指。这样，取决于视点的位置可确定前面与背面，若一个面的法线指向离开视点的方向，则该面为背面。

如前所述，这样的面无须渲染（因为从视点处看不见这些面），那些隐藏的面也被除去。这样，通过将无须渲染的面除去的方法，可以节省渲染对象所需的时间。

24.2.2　在定义模型时指定渲染

- 为了使渲染过程尽可能节省时间，必须使用尽可能少的面来定义一个平面。
- 在绘图方法上必须有一致性，应该避免使用由复杂的混合面、拉伸线和线框网

格形成的模型。

- 如果为圆、椭圆和弧渲染，设置 VIEWRES 为一个大数值。这样，圆、弧和椭圆会显得更平滑且对其渲染效果更好。但是，增加 VIEWRES 值会增加渲染对象所需的时间。被渲染曲面实体的平滑度取决于 FACETRES 变量。
- 如果使用 Smooth Shading（平滑着色）选项（可从 Render 和 Rendering Preferences 对话框中选择），则网格的密度必须以这种方式确定，即任何两个相邻面的法线的角度必须小于45°。因为，如果该角度大于45°，在渲染后，即使在 Smooth Shading 选项是活动的情况时，也会在面之间显示一条边。

24.2.3　基本渲染操作

在本节中，将进行基本渲染操作。读者将会遇到许多不熟悉的术语，但现在不必太多考虑它们，所有这些术语会在本章后面详细说明。在这里的渲染中，光线、材质和其他渲染的高级特征还不会用到，只有默认的平行光会用到。

下面通过一个简单的渲染过程，让读者对渲染有一个感性的认识。简单渲染的操作步骤如下。

01 创建如图 24-8 所示的机械零件模型。

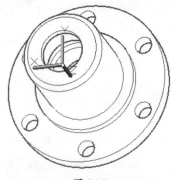

图 24-8

02 在"渲染"选项卡的"渲染"面板中单击"渲染"按钮，弹出"渲染"窗口（也称渲染器），如图 24-9 所示。弹出此窗口后，AutoCAD 自

动对模型进行渲染。按 Esc 键可以退出渲染窗口。

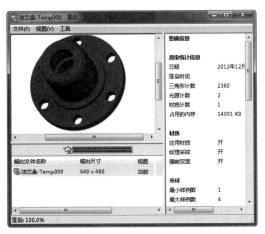

图 24-9

24.2.4 渲染预设管理器

AutoCAD 渲染器允许为渲染选择各种特

性，这可通过渲染预设管理器来选择或设置。

在"渲染"面板的"渲染预设"下拉列表中可以选择渲染的图像质量等级（草稿、低、中、高、演示），也可以在该列表中选择"管理渲染预设"命令，在弹出的"渲染预设管理器"对话框中进行设置，如图 24-10 所示。

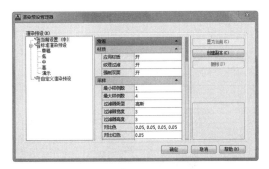

图 24-10

<h1>24.3 渲染光源</h1>

对一个实际对象的图像进行渲染，其光线是非常重要的。没有合适的光线，渲染图像就可能无法按需要反映对象的特征。对于光线的颜色和表面反射可用 RGB 或 HLS 颜色系统设置。

24.3.1 光源类型

AutoCAD 的渲染器支持 4 种光源：点光源、聚光灯、平行光和光域网灯光。

1. 点光源

一个点光源向所有方向发射光，且所发射光的强度是相同的。可以将一个灯泡想象为一个点光源。在 AutoCAD 的渲染器中，点光源不会产生阴影，因为其光线假设是可以穿过对象的。点光源发射的光的强度随距离增加而减小，这种现象称为"衰减"。如图 24-11 所示为一个向所有方向发射光的点光源。

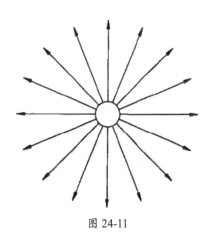

图 24-11

2．聚光灯

一个聚光灯可以向指定方向发射一个圆锥形状的光束，如图 24-12 所示，光的方向和圆锥的大小可以确定，衰减现象也可用于聚光灯。这种光常用于点亮显示模型的特定特征和特定部分。如果需要模拟柔和光线的效果，设置弱化圆锥角比强化圆锥角大一些。

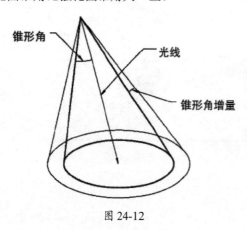

图 24-12

3．平行光

平行光源仅向一个单一方向发射相同的平行光束，如图 24-13 所示。光束的强度不随距离而改变，它保持恒定。例如，可以认为太阳光是平行光源，因为其发射的光线是平行的。当在图形中使用平行光源时，光源的位置没有关系，只有其方向是重要的。平行光常用于均匀照亮对象或一个背景及为了得到太阳光的效果时。

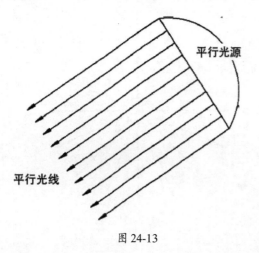

图 24-13

4．光域网灯光

可将光域网灯光想象为房间中的自然光，它可均匀照亮对象的所有表面。光域网灯光没有光源，因此也没有位置和方向。但是，可增加或减小环境光的强度或将其完全关闭。一般情况下，应该将光域网灯光强度设置为一个低值，因为其值太高会使图像看起来像是褪色了一样。如果需要建立一个暗房或夜晚场景，则可将光域网灯光关闭。当只有光域网灯光时，无法渲染一个真实图像。如图 24-14 所示为一个被光域网灯光照亮的对象。

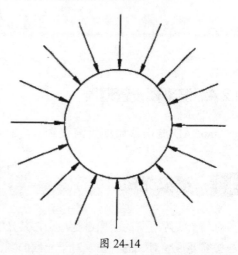

图 24-14

5．默认光源

默认光源由沿观察方向的一组平行光提供。打开默认光源时，阳光和其他光源将不投射光源（即使已打开这些光源）。

6．光源单位

AutoCAD 提供了 3 种光源单位：标准（常规）、国际（SI）和美制。标准（常规）光源单位相当于 AutoCAD 2008 之前的版本中 AutoCAD 的光源单位。在 AutoCAD 2008 及更高版本中创建的图形的默认光源单位是基于国际（SI）光源单位的光度控制工作流。

选择光源单位，将产生真实、准确的光源。美制单位与国际单位的不同在于美制的照度值使用呎烛光而非勒克斯。如图 24-15 所示为 AutoCAD 2018 的 3 种光源单位。

图 24-15

24.3.2 调整全局光源

用户可以通过设置亮度、对比度和色调来调整全局光源。方法为在"渲染"选项卡的"光源"面板中拖动滑块，如图 24-16 所示。

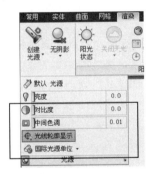

图 24-16

也可以在"渲染"面板中单击"调整曝光"按钮，在弹出的"调整渲染曝光"对话框中设置参数，如图 24-17 所示。

图 24-17

24.3.3 阳光与天光

阳光是模拟太阳光源效果的光源，可以用于设置显示结构投射的阴影如何影响周围区域。

阳光与天光是 AutoCAD 中自然照明的主要来源。但是，阳光的光线是平行的且为淡黄色，而大气投射的天光光线来自所有方向且颜色为明显的蓝色。当系统变量 LIGHTINGUNITS 设定 1 或 2 时，将开启天光。阳光与天光的设置选项，如图 24-18 所示。

图 24-18

在大多数情况下，由于天光属于自然光，因为阳光的影响表现不是很明显，所以在使用阳光时经常会关闭天光。

在"阳光和位置"面板右下角单击按钮，弹出"阳光特性"选项板，如图 24-19 所示。在弹出的"阳光特性"选项板的"常规"选项区中，单击"状态"然后选择"开"或"关"。

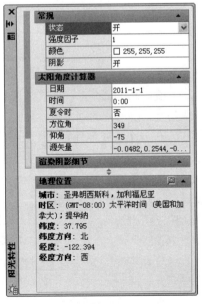

图 24-19

通过"阳光特性"选项板，可以设置阳光及天光的强度、日期、时间、颜色等。

最后在"阳光和位置"面板中展开全面面板选项，单击"地理位置"按钮 ，在弹出的"地理位置"对话框中设置地理坐标，从而确定阳光的位置，如图 24-20 所示。

图 24-20

24.3.4 光源衰减

光源强度是所希望的点光源开始处的光强度，其最大值取决于衰减率和作图的区域，对于一个大的建筑物的光源强度最大可能需要大约 500000，而一个小的零件则可能只要不到 2 的光强度。如果没有衰减，点光源的光强度是 1。

光强度与对象的亮度成正比。距离增加时光强度减小，这种现象称为"衰减"，它仅发生在聚光灯与点光源下。

如图 24-21 所示，光是由一个点光源发射的。假设通过面积 1 的光量为 I，则在面积 1 处的光强度为 I/ 面积 1。当光远离光源时，它照射的面积增加。通过面积 2 的光量与通过面积 1 的相同，但是面积 2 增大，因此面积 2 的光强度变小（其光强度为 I / 面积 2）。面积 1 要亮于面积 2，因为其光强度高。AutoCAD 的渲染器有 3 个控制光线衰减的选项：None（无）、Inverse Linear（线性反比衰减）和 Inverse Square（平方反比衰减）。

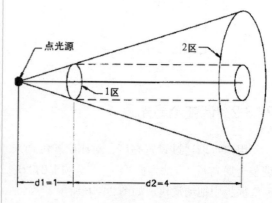

图 24-21

- 无：如果对光线的衰减选择"无"选项，则对象的亮度与距离无关。这意味着与点光源远的对象和与点光源近的对象有相同的亮度。

- 线性反比衰减：在该选项中，对象的亮度与对象距光源的距离成反比（亮度 =1/ 距离）。当距离增加时，亮度减小。例如，假设光源的强度为 I，且对象位于距光源两个单位处，则亮度或光强度为 I/2。如果距离为 8 个单位，则光强度为 I/8。亮度是对象与光源距离的函数。

- 平方反比衰减：在该选项中，对象的亮度与对象距光源的距离的平方成反比（亮度 =1/ 距离 ^{2}）。例如，假设光源的强度为 I，且对象位于距光源两个单位处，则亮度或光强度为 $I/2^2= I/4$。如果距离为 8 个单位，则光强度为 $I/8^2=I/64$。

24.4　材质与纹理

材质是赋予某一表面的图形属性的集合，这些属性包括颜色、光滑程度、反射性能、纹理以及透明度等。在 AutoCAD 中，将材质添加到图形中的对象上，可以展现对象的真实效果。

24.4.1　材质概述

用户可以将材质添加到图形中的对象上，以提供真实的效果。

在"材质"面板中单击"材质浏览器"按钮，弹出"材质浏览器"选项板，该工具选项板提供了大量已为用户创建的材质，如图 24-22 所示。使用这些材质工具可以将材质应用到场景中的对象上，还可以执行"工具"|"选项板"|"材质编辑器"命令，在弹出的"材质编辑器"面板中创建和修改材质，该选项板提供了许多用于修改材质特性的选项。

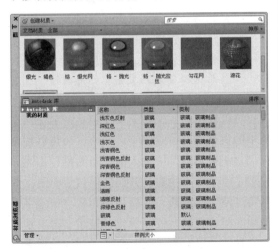

图 24-22

浏览器底部栏，包含"管理"菜单，以及用于添加、删除和编辑库和库类别。此菜单还包含一个按钮，用于控制库详细信息的显示方式。

随产品提供的 Autodesk 库中包含 700 多种材质和 1000 多种纹理。此库为只读，但可以将 Autodesk 材质复制到图形中，编辑后保存到用户自己的库。有 3 种类型的库：

- Autodesk 库：包含 Autodesk 提供的预定义材质，可用于支持材质的所有应用程序。该库包含与材质相关的资源，例如纹理、缩略图等。无法编辑 Autodesk 库，所有用户定义的或修改的材质都将被放置到用户库中。

- 用户库：包含要在图形之间共享的所有材质，但 Autodesk 库中的材质除外。可以复制、移动、重命名或删除用户库。

- 嵌入库：包含在图形中使用或定义的一组材质，且仅适用于此图形。当安装了使用 Autodesk 材质的首个 Autodesk 应用程序后，将自动创建该库。无法重命名此类型的库，它将存储在图形中。

1. 创建和修改库

将材质添加到其中一个库中。要修改 Autodesk 材质，首先要将其复制到你的图形中。可以使用"材质浏览器"中的"管理"下拉列表添加、重命名或删除库，还可以在"材质浏览器"中添加类别并重组库材质。无法编辑锁定的库，仅可删除解除锁定的库。

技术要点：

从材质浏览器中删除一个库后，该库文件仍然保留在硬盘上。因此，要回收硬盘空间，必须手动删除该库文件。

双击材质库中的图表，可以打开如图 24-23 所示的"材质编辑器"选项面板，"材质编辑器"中以下特性可用于创建特定的效果。

- "常规"选项组：该选项组的选项用来定义材质的颜色、图像、图像褪色、光泽度和高光的材质表现。

- "反射率"选项组：包含"直接"和"倾斜"选项。用以控制表面上的反射级别及反射高光的强度。

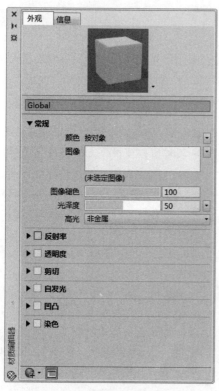

图 24-23

- "透明度"选项组：此选项组的选项控制材质的透明度级别。完全透明的对象允许光从中穿过。透明度值是一个百分比值：值 1.0 表示材质完全透明；较低的值表示材质部分半透明；值 0.0 表示材质完全不透明。

- "裁切"选项组：用于根据纹理灰度解释控制材质的穿孔效果。贴图的较浅区域渲染为不透明，较深区域渲染为透明。

- "自发光"选项组：对象看起来正在自发光。例如，要在不使用光源的情况下模拟霓虹灯，可以将自发光值设置为大于零。没有光线投射到其他对象上。"自发光"复选框可用于推断变化的值。此特性可控制材质的过滤颜色、亮度和色温。"过滤颜色"可在照亮的表面上创建颜色过滤器的效果。

- "凹凸"选项组："凹凸"复选框用于打开或关闭使用材质的浮雕图案。对象看起来具有凹凸的或不规则的表面。使用凹凸贴图材质渲染对象时，贴图的较浅区域看起来升高，而较深区域看起来降低。"凹凸度"用于调整凹凸的高度，较高的值渲染时凸出得越高，较低的值渲染时凸出得越低。灰度图像生成有效的凹凸贴图。

- "染色"选项组：选择一种颜色添加到材质外观。

2. 管理和组织材质

将材质复制到不同的库中可创建自己的组织结构。移动材质后，将创建一个副本，并将其添加到新类别。如果将材质复制到根节点，将在新库中保留并重新创建其原始类别。移动材质的方法有两种：

- 拖放：可以将样例或材质从库拖至"材质浏览器"中的"此文档中的材质"部分。还可以将材质从一个库拖至另一个库。将创建材质的新副本，并随图形一起保存。

- 快捷菜单：可以使用快捷菜单将材质复制到新库。例如，使用"添加到"选项，然后选择复制到文档中的库材质，或复制到另一个库中的库材质。

可以使用材质快捷菜单在位重命名任何文档中的材质以及解除锁定的材质。还可以根据在"材质编辑器"中输入的材质名称、描述和关键字信息，在所有打开的库中搜索材质。此时将过滤所有材质，以仅显示那些与搜索字符串相匹配的材质，仅显示包含搜索字符串匹配项的材质。单击搜索框中的 X 按钮清除搜索，并返回以查看未过滤的库。

搜索结果取决于在树视图中选中的库。例如，如果选择"库"根节点，则显示选定库中所有匹配材质的搜索结果。但是，如果选择类别，将仅在该类别内搜索。

使用快捷菜单或按 Delete 键，可以删除选定的已解锁材质。无法使用材质浏览器或快捷菜单删除锁定的材质。

3．修改材质

将材质添加到图形后，可以在"材质编辑器"中进行修改。图形中可用的材质样例显示在"材质浏览器"中的"此文档中的材质"部分。双击某材质样例后，该材质特性将在"材质编辑器"的各部分处于活动状态。

修改设置时，设置参数将与材质一起保存，所做更改将显示在材质样例预览中。通过按住样例预览窗口下方的按钮，一组弹出式按钮将显示材质预览的不同几何图形选项。

24.4.2 贴图

除了材质的特性以外，我们还描述了颜色、反射、粗糙度、透明度和折射等，还可以用位图文件来定义材质。这通常称为"映射图"，而位图文件则称作"映像"。

AutoCAD 2018 包含约 150 个位图文件，这些文件可以用来定义材质。AutoCAD 的默认安装将这些文件保存在 Acad2018\textures 文件夹下，所有这些文件都是以 TGA 存在，但所有的其他格式的文件同样也可以用得很好，这些文件的格式包括 GIF、BMP、TIF、JPG和 PCX。

贴图是增加材质复杂性的一种方式，可使用多种级别的贴图设置和特性。附着带纹理的材质后，可以调整对象或面上纹理贴图的方向。

1．了解贴图类型

材质被映射后，用户可以调整材质以适应对象的形状。将合适的材质贴图类型应用到对象上，可以使其更加适合对象。AutoCAD 提供的贴图类型有平面贴图、长方体贴图、球面贴图和柱面贴图。

用户可以在每个贴图频道（如"漫射""不透明"和"凹凸"）中选择纹理贴图或程序贴图，以增加材质的复杂性。

贴图类型包括：

- 纹理贴图：使用图像文件作为贴图。
- 方格：应用双色方格形图案。

- 渐变延伸：使用颜色、贴图和光源创建多种延伸。
- 大理石：应用石质颜色和纹理颜色图案。
- 噪波：根据两种颜色的交互来创建曲面的随机扰动。
- 斑点：生成带斑点的曲面图案。
- 瓷砖：应用砖块、颜色或材质贴图的堆叠平铺。
- 波：创建水状或波状效果。
- 木材：创建木材的颜色和颗粒图案。

2．应用贴图

在"材质编辑器"选项板中，单击"创建材质"的下三角按钮，并在弹出的子菜单中选择"新建常规材质"命令，即可使用材质贴图，如图 24-24 所示。

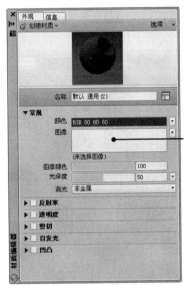

单击可以打开贴图文件

图 24-24

添加贴图后，可以在"纹理编辑器"选项板中编辑贴图，如图 24-25 所示。

在"材质编辑器"选项板的"图像"框中单击，将弹出"材质编辑器打开文件"对话框，如图 24-26 所示。通过该对话框，用户可以使用 AutoCAD 自带贴图文件，也可以使用自定义的贴图。

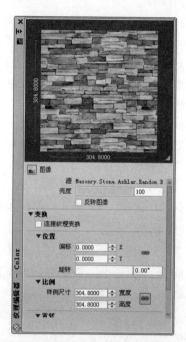

图 24-25

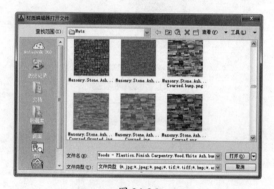

图 24-26

3. 调整对象和面上的贴图

用户在附着带纹理的材质后，可以调整对象或面上纹理贴图的方向。材质被映射后，用户可以调整材质以适应对象的形状，将合适的材质贴图类型应用到对象上，可以使之更加适合对象。

- 平面贴图：将图像映射到对象上，就像用投影器将其投影到二维曲面上一样，图像不会失真，但是会被缩放以适应对象，该贴图最常用于面。
- 长方体贴图：将图像映射到类似长方体的实体上，该图像将在对象的每个面上重复使用。
- 球面贴图：将图像映射到球面对象上。纹理贴图的顶边在球体的"北极"压缩为一个点；同样，底边在"南极"也压缩为一个点。
- 柱面贴图：将图像映射到圆柱形对象上。水平边将一起弯曲，但顶边和底边不会弯曲。图像的高度将沿圆柱体的轴进行缩放。

24.5　使用相机定义三维视图

在 AutoCAD 2018 中，通过在模型空间中放置相机并根据需要调整相机设置来定义三维视图。

24.5.1　认识相机

在图形中，可以通过放置相机来定义三维视图；可以打开或关闭相机并使用夹点来编辑相机的位置、目标或焦距；可以通过位置 XYZ 坐标、目标 XYZ 坐标和视野／焦距（用于确定倍率或缩放比例）来定义相机。可以指定的相机属性如下。

- 位置：定义要观察三维模型的起点。
- 目标：通过指定视图中心的坐标来定义要观察的点。

- 焦距：定义相机镜头的比例特性，焦距越大，视野越窄。
- 前向和后向剪裁平面：指定剪裁平面的位置。剪裁平面用于定义（或剪裁）视图的边界。在相机视图中，将隐藏相机与前向剪裁平面之间的所有对象。同样，隐藏后向剪裁平面与目标之间的所有对象。

默认情况下，已保存相机的名称为Cameral、Camera2等，用户可以根据需要重命名相机，以更好地描述相机视图。

24.5.2　创建相机

用户可以设置相机和目标的位置，以创建并保存对象的三维透视图。

通过定义相机的位置和目标，然后进一步定义其名称、高度、焦距和剪裁平面来创建新相机。

24.5.3　修改相机特性

在图形中创建相机后，当选中相机时，将打开"相机预览"窗口。其中，预览窗口用于显示相机视图的预览效果；"视觉样式"下拉列表用于指定应用于预览的视觉样式，如概念、三维隐藏、三维线框、真实等；"编辑相机时显示此窗口"复选框用于指定编辑相机时，是否显示"相机预览"窗口。

选中相机后，可以通过以下方式来更改设置。

- 夹点调整：按住并拖曳夹点，以调整焦距、视野大小，或者重新设置相机的位置，如图24-27所示。
- 动态输入：可以使用动态输入工具栏输入X、Y和Z坐标值，如图24-28所示。
- "特性"选项板：可以使用"特性"选项板来修改相机特性，如图24-29所示。

图 24-27

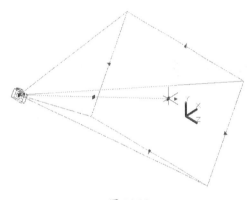

图 24-28

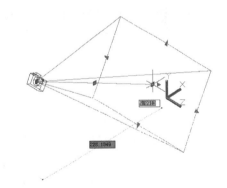

图 24-29

24.5.4　运动路径动画

用户使用运动路径动画可以形象地演示模型，可以录制和回放导航过程，以动态传达设计意图。

1. 控制相机运动路径的方法

可以通过将相机及其目标链接到点或路径来控制相机的运动，从而控制动画。要使用运动路径来创建动画，可以将相机及其目标链接到某个点或某条路径上。

如果要相机保持原样，则将其链接到某个点；如果要相机沿路径运动，则将其链接到路径上。

如果要目标保持原样，则将其链接到某个点；如果要目标移动，则将其链接到某条路径上。无法将相机和目标链接到一个点。

如果要使动画视图与相机路径一致，则使用同一路径。在"运动路径动画"对话框中，将目标路径设置为"无"，即可实现该目的。

技术要点：

相机或目标链接的路径，必须在创建运动路径动画之前创建路径对象。路径对象可以是直线、圆弧、椭圆弧、圆、多段线、三维多段线或样条曲线。

2. 设置运动路径动画参数

执行"视图"|"动画运动路径"命令，弹出"运动路径动画"对话框，如图 24-30 所示。

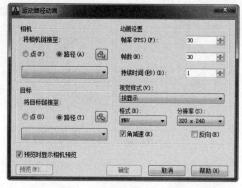

图 24-30

（1）设置相机

在"相机"选项组中，可以设置将相机链接至图形中的静态点或运动路径上。当选中"点"或"路径"单选按钮，可以单击"拾取"按钮，选择相机所在位置的点或沿相机运动的路径，这时在列表中将显示可以链接相机的命名点或路径列表。

（2）设置目标

在"目标"选项组中，可以设置将目标链接至点或路径上。如果将相机链接至点，则必须将目标链接至路径上。如果将相机链接至路径上，可以将目标链接至点或路径上。

（3）设置动画

在"动画设置"选项组中，可以控制动画文件的输出。其中，"帧率"文本框用于设置动画运行的速度，以帧数／秒为单位计算，指定范围为 1 ～ 60，默认值为 30；"帧数"文本框用于指定动画中的总帧数，该值与帧率共同确定动画的长度，更改该数值时，将自动重新计算"持续时间"值；"持续时间"文本框用于指定动画（片段中）的持续时间；"视觉样式"下拉列表显示可应用于动画文件的视觉样式和渲染预设的列表；"格式"下拉列表用于指定动画的文件格式，可以将动画保存为 AVI、MOV、MPG 或 WMV 文件格式以便日后回放；"分辨率"下拉列表用于以屏幕显示单位定义生成的动画的宽度和高度，默认值为 320×240；"角减速"复选框用于设置相机转弯时，以较低的速率移动相机；"反向"复选框用于设置反转动画的方向。

（4）预览动画

在"运动路径动画"对话框中，选中"预览时显示相机预览"复选框，将显示"动画预览"窗口，从而可以在保存动画之前进行预览。

24.6　保存渲染图像

用户可以直接将临时历史记录条目保存为几种不同的文件格式。

要保存渲染图像，可以直接渲染到文件，也可以渲染到视口，然后保存图像，还可以渲染到"渲染"窗口，然后保存图像或保存图像的副本。保存图像后，可以随时查看图像。保存的图像还可以作为纹理贴图用于已创建的材质。

1. 保存视口渲染

用户可以选择渲染到视口。将模型渲染到视口之后，可以使用 SAVEIMG 命令将显示的图像保存为 BMP、TGA、TIF、PCX、JPG 或 PNG 格式。可以根据选定的文件格式所提供的不同灰度或颜色深度来分类保存文件。

2. 保存"渲染"窗口渲染

如果已将渲染目标作为渲染窗口，则可以将图像或图像的副本保存为 BMP、TGA、TIF、PCX、JPG 或 PNG 格式。根据选定文件的格式，可以选择保存的灰度级或颜色深度，从 8 位到 32 位 / 像素（bpp）。

24.7　综合训练

通过前面内容的学习，相信大家已经对三维渲染有了基本的了解。接下来将以两个机械零件模型的渲染实例来讲述渲染的具体步骤与方法。

24.7.1　训练一：渲染支架零件

◎ **引入素材：综合训练\源文件\Ch24\支架零件.dwg**

◎ **结果文件：综合训练\结果文件\Ch24\渲染支架零件.dwg**

◎ **视频文件：视频\Ch24\渲染支架零件.avi**

支架的零件概念模型视图及渲染的效果如图 24-31 所示，在这里需要对其设置光源并添加材质。

操作步骤

01 在"三维建模"空间中打开本实例源文件"支架零件 .dwg"。

02 绘制一个面域，作为反射底图。执行"视图" | "三维视图" | "俯视"命令，将视图调整到俯视状态。

03 在命令行绘制一个 420×297 的矩形，矩形第一点坐标为（0,0），然后调用 Reg 命令将此矩形转换成面域，如图 24-32 所示。

图 24-31

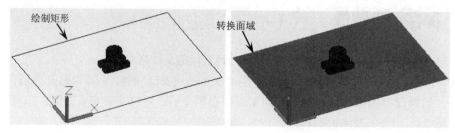

绘制矩形　　　　　　转换面域

图 24-32

04 将视图调整到西南等轴测方向，然后设置视觉样式为"真实"。

05 在命令行输入 Pointlight，调用创建点光源命令，并创建一个点光源，如图 24-33 所示。命令行操作如下。

```
命令：_POINTLIGHT
    指定源位置 <0,0,0>: 0,0,15✓        //也可指定模型中的一点
    输入要更改的选项 ［名称 (N) / 强度 (I) / 状态 (S) / 阴影 (W) / 衰减 (A) / 颜色 (C) / 退出 (X)］ <
退出 >: I✓
    输入强度 (0.00 - 最大浮点数 ) <1>: 0.05✓
    输入要更改的选项 ［名称 (N) / 强度 (I) / 状态 (S) / 阴影 (W) / 衰减 (A) / 颜色 (C) / 退出 (X)］ <
退出 >:✓
```

06 在绘图区双击点光源，弹出如图 24-34 所示的"特性"选项板，在此可以设置点光源的相关参数，这里选择的点光源颜色为洋红色。

07 在命令行输入 Spotlight，调用创建聚光灯命令，创建如图 24-35 所示的聚光灯。命令提示行操作信息如下。

```
命令：_SPOTLIGHT
    指定源位置 <0,0,250>:                //捕捉点光源的中心位置
    指定目标位置 <0,0,-10>:              //在支架视图上任意单击一点
    输入要更改的选项 ［名称 (N) / 强度因子 (I) / 状态 (S) / 光度 (P) / 聚光角 (H) / 照射角 (F) / 阴影 (W) /
衰减 (A) / 过滤颜色 (C) / 退出 (X)］ <退出 >:
```

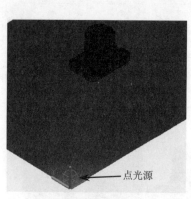

点光源

图 24-33

图 24-34

图 24-35

08 在命令行输入 Matbrowseropen，打开如图 24-36 所示的"材质浏览器"选项板，在此选项板中将 AutoDesk 库的"黄檀木""金属抛光"材质拖至文档材质列表。

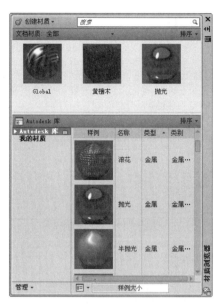

图 24-36

09 双击"黄檀木"材质图标，弹出"材质编辑器"
选项板，在此选项板中双击图像示例图片，弹
出如图 24-37 所示的"材质编辑器"选项板。
在此选项板中将"光泽度"设置为 30，选中"反
射率"复选框。

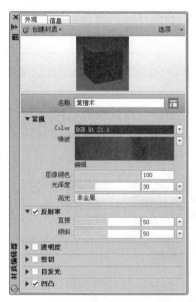

图 24-37

10 完成材质编辑后，在图形区选中面域，然
后在"材质浏览器"选项板中单击"黄檀木"
材质并选择快捷菜单中的"指定给当前选择"

命令，将材质赋予面域。同理，将"抛光"赋
予给支架模型，如图 24-38 所示。

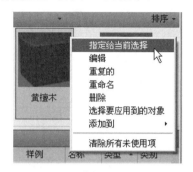

图 24-38

11 在"渲染"面板中单击 环境 按钮，弹出如
图 24-39 所示的"渲染环境"对话框，在该对
话框中设置"启用雾化"为开。

图 24-39

12 在"渲染"面板的右下角单击 按钮，在弹
出的如图 24-40 所示"高级渲染设置"选项板
中，设置输出尺寸为 640×480、"阴影"为简
化、渲染预设为"演示"。

图 24-40

13 最后在"渲染"面板中单击"渲染"按钮
🖱️，打开渲染器。渲染完毕后的图形效果如
图 24-41 所示。最后将渲染图像另存在自定义
路径中。

图 24-41

技术要点：

聚光灯的强度因子设为8。因为默认的强度渲染起
来比较阴暗，如图24-42所示。在"光源"面板中
单击 📋 按钮，在弹出的"模型中的光源"选项板
中，右击选择"聚光灯"的"特性"子菜单中的
命令即可编辑。

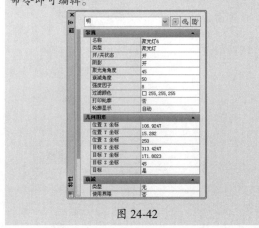

图 24-42

24.7.2 训练二：渲染水杯

⭕ **引入素材：综合训练\源文件\Ch24\水杯.dwg**

⭕ **结果文件：综合训练\结果文件\Ch24\渲染水杯.dwg**

⭕ **视频文件：视频\Ch24\渲染水杯.avi**

　　水杯是日常生活中最常用的物品，对水杯的渲染需要对模型中各种局部按照现实生活中的材
质进行渲染。添加光源可以显示对象的局部细节与阴影。

　　本例水杯造型与渲染效果如图 24-43 所示。

图 24-43

操作步骤

01 打开源文件"水杯.dwg"。

02 添加点光源，其将光源创建到准确位置。这里可以先将视图调整到俯视视图，然后在杯体上方插入点光源和聚光灯即可。添加的点光源、聚光灯采用默认设置即可，如图24-44所示。

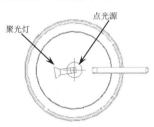

图 24-44

03 回到东南轴测视图，利用移动命令，将点光源移至水杯口，再将聚光灯的位置移动到视图上方200的位置，如图24-45所示。

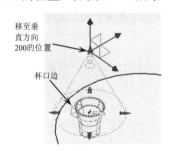

图 24-45

04 将聚光灯的目标点移动到桌面下方，如图24-46所示。将聚光灯的光强度设为0.4，点光源的强度设为0.7。

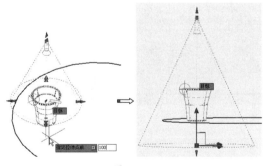

图 24-46

05 为"杯子"添加材质。在"材质"面板中单击按钮，弹出"材质编辑器"选项板。在选项板的"创建材质"下拉列表中选择"玻璃"选项，然后将玻璃的反射度设置为16，玻璃片

数为3，如图24-47所示。

图 24-47

06 同样，依次将"木材"材质赋予桌面、将"水"材质赋予水、将"塑料"材质赋予吸管。各材质的设置如图24-48所示。

图 24-48

07 单击"材质编辑器"选项板中的"显示材质浏览器"按钮，显示"材质浏览器"选项板。在该选项板上方的"文档中的材质"列表中新增了4种新建的材质，依次将以上4种材质拖至要赋予的对象上，如图24-49所示。

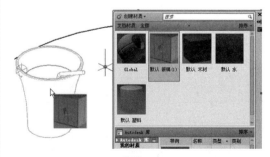

图 24-49

技术要点：

如果渲染后发现材质并没有被赋予模型，此时可在图形区中先选中没有被赋予材质的模型，然后右击，在弹出的快捷菜单中选择"特性"命令，在弹出的"特性"选项板中重新设置该模型的材质，如图24-50所示。

图 24-50

08 在"光源"面板中选择光源单位为"常规光源单位"。

09 最后在"渲染"面板中单击"渲染"按钮📷，打开渲染器。渲染完毕后的图形效果如图24-51所示。

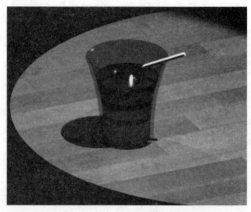

图 24-51

10 最后将渲染图像另存在自定义路径中。

24.8 课后习题

利用 AutoCAD 2018 的渲染功能，对如图 24-52 所示的齿轮轴零件进行渲染。

图 24-52

第 *25* 章 3D 与 2D 交互式设计

AutoCAD 2018 具有强大的交互式设计功能，可以使用户从二维工程图中快速建立三维模型，也可以将绘制的三维模型转换成二维工程图。本章将详细介绍利用 AutoCAD 的二维及三维的绘图、编辑功能来创建零件工程图和三维实体模型。

项目分解与视频二维码

◆ 三维模型与二维工程图的应用　　　　◆ 从三维模型创建工程视图
◆ 工程图图形绘制工具

第 25 章视频

25.1 三维模型与二维工程图的应用

从 20 世纪 90 年代以来，随着国家标准的普及与深入，二维 CAD 绘图已成为大多数机械制造企业最主要的设计方式，设计师逐渐摆脱了重复性的工作，而简单的图形更改便可瞬间完成。

然而，二维 CAD 设计存在很多缺陷，如计算不直观，易产生尺寸或结构干涉，难易参数化、变量化绘图，与有限元软件、数控制造设备等难有接口，以及计算机仿真困难等。因此，在机械设计领域，迫切需要用直观的、参数化的变量设计，以取代原有的绘图方式。

二维图形三维化的重点是强调该设备中的异形件、关键零部件的三维化，因为这些零件结构复杂、空间性强、不易于从二维理解和表达，因此采用三维设计更直观。然而，二维图形表达的是设备中复杂零件的结构设计尺寸平面信息，适合普通机床加工制造人员使用。从制造角度来看，不需要使用数控加工的零件而使用普通机床加工，能起到节约制造成本的作用。从目前的机械设计领域发展状况来看，二维和三维并重设计是机械工程设计中最为有效的设计方式。

AutoCAD 是目前国内外应用最广泛的 PC2CAD 软件，它不但具有强大的二维绘图功能，而且还能方便地进行三维实体造型。在 AutoCAD 中，若先进行三维实体造型，再由该三维模型生成二维投影图，则可以充分发挥三维实体和二维投影图各自的优势，并提高绘图效率。特别是在绘制复杂机件的二维工程图时，此方法具有明显优点。

25.2 工程图图形绘制工具

在 AutoCAD 2018 中，继承了来自旧版本的 2D 工程图绘制工具，包括实体视图、实体图形和实体轮廓。使用这些命令，用户可以创建三维实体的基本视图、剖切视图及轮廓视图。

25.2.1 基本视图

使用"视图"命令，可以使用 UCS、正交投影、辅助投影及截面投影法来创建布局视口，以生成三维实体及体对象的多面视图与剖视图。

使用"视图"命令，可创建用于放置每个视图的可见线和隐藏线的图层，如视图图层 VIS、HID、HAT 等。创建实体视图后，视口对象被放置在 VPORTS 图层上，如果该图层不存在，程序将自动创建。

执行"绘图"|"建模"|"设置"|"视图"命令，或者在命令行中输入 SOLVIEW 并执行，命令行操作如下。

```
命令：SOLVIEW
输入选项 [UCS(U)// 正交 (O)// 辅助（A）// 截面 (S)]：
```

技术要点：

SOLVIEW命令必须在"布局"选项卡中运行，如果当前处于"模型"选项卡，则最后一个活动的"布局"选项卡将成为当前"布局"选项卡。

操作提示中包含 UCS、正交、辅助和截面等选项，各选项的含义及操作介绍如下。

1. UCS 选项

UCS 选项是创建相对于用户坐标系的投影视图。如果图形中不存在视口，可选择此选项来创建初始视口，其他视图也由此创建。

输入 U 选项，随后命令行操作如下。

```
命令：SOLVIEW
输入选项 [UCS(U)// 正交 (O)// 辅助（A）// 截面 (S)]：U
输入选项 [ 命名 (N)// 世界 (W)//?// 当前 (C)] < 当前 >：
```

UCS 选项下的各操作选项含义如下。

- 命名：使用命名 UCS 的 XY 平面创建轮廓视图。
- 世界：使用 WCS 的 XY 平面创建轮廓视图。
- 当前：使用当前 UCS 的 XY 平面创建轮廓视图。

以"命名"选项来创建实体视图，输入要使用的 UCS 名称和视图的比例，输入比例等同于用相对于图纸空间的比例缩放视口，默认值为 1:1。然后需要指定视图的中心点，并为剪裁的视口指定两个对角点，如图 25-1 所示。

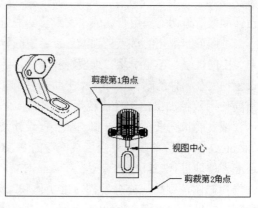

图 25-1

2. "正交"选项

"正交"选项是从现有视图创建折叠的正交视图。选择"正交"选项，命令行操作如下。

```
命令：_SOLVIEW
输入选项 [UCS(U)// 正交 (O)// 辅助（A）// 截面 (S)]：O
指定视口要投影的那一侧：              // 指定视口投影方向侧
指定视图中心：                        // 指定新建正交视图的中心点
指定视图中心 < 指定视口 >：✓         // 按 Enter 键或重新指定视图中心
指定视口的第一个角点：                // 指定确定视口的第 1 对角点
指定视口的对角点：                    // 指定确定视口的第 2 对角点
输入视图名：                          // 输入新视图的名称
```

一旦选中想要作为投影新视图的视口的侧边，一条垂直于视口侧边的拖引线将会有助于新视

图中心的定位。视图中心可以多次确定，直到
找到满意的视图位置为止。以"正交"方式来
创建的折叠正交视图，如图25-2所示。

3．"辅助"选项

"辅助"选项是从现有视图中创建辅助视
图的。辅助视图投影到和已有视图正交并倾斜
于相邻视图的平面。选择"辅助"选项，命令
行操作如下。

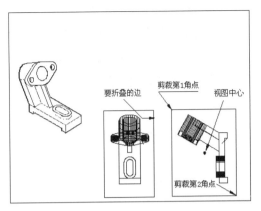

图 25-2

```
命令：_SOLVIEW
输入选项 [UCS(U) // 正交 (O) // 辅助（A）// 截面 (S)]：A
指定斜面的第一个点：_DSETTINGS              // 打开"草图设置"对话框设置选择约束
正在恢复执行 SOLVIEW 命令。
指定斜面的第一个点：                        // 指定查看斜面的第 1 点
指定斜面的第二个点：                        // 指定查看斜面的第 2 点
指定要从哪侧查看：                          // 指定查看方向侧
指定视图中心：                              // 指定视图中心
指定视图中心 <指定视口>：↙
指定视口的第一个角点：                      // 指定确定视口的第 1 角点
指定视口的对角点：                          // 指定确定视口的对角点
输入视图名：                                // 输入新视图的名称
```

技术要点：

要创建某一视图的辅助视图，必须先激活此视图。因为选择A选项后，程序会自动激活初始视口。要想
激活某一视图，需将初始视图的视口缩小，然后才能双击这个视图以激活。

辅助的查看平面，是由两点定义的，但此
两点必须在同一视口中。以"辅助"方式来创
建的辅助视图，如图25-3所示。

4．"截面"选项

"截面"选项是通过图案填充创建实体图
形的剖视图。选择"截面"选项，命令行操作
如下。

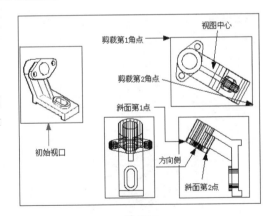

图 25-3

```
命令：_SOLVIEW
输入选项 [UCS(U) // 正交 (O) // 辅助（A）// 截面 (S)]：S
指定剪切平面的第一个点：                    // 指定剪裁平面的第 1 点
指定剪切平面的第二个点：                    // 指定剪裁平面的第 2 点
指定要从哪侧查看：                          // 指定查看的方向侧
输入视图比例 <0.9995>：                     // 设置新视图的比例
指定视图中心：                              // 指定视图中心
指定视图中心 <指定视口>：↙
```

指定视口的第一个角点：	// 指定确定视口的第 1 角点
指定视口的对角点：	// 指定确定视口的对角点
输入视图名：	// 输入新视图的名称

选择该选项将创建实体的临时副本，并使用"剖切"命令在所定义的剪切平面处执行此操作。然后生成实体可见部分的投影，并放弃原副本，最后剖切该实体。

技术要点：

由于绘图标准建议不要在截面视图中绘制隐藏线，因此SOLVIEW将冻结视图名为HID的图层。

在命令行的操作提示中输入新视图的比例时，输入的比例等同于用相对于图纸空间的比例缩放视口。默认的比例值为 1:1，它等效于 zoom1.0xp。

为新视图指定中心后，在下一提示中，用户还可以定位新视图的中心。如果使用了默认比例（按 Enter 键），则垂直于截面平面的拖引线有助于定位新视图的中心，否则可将视图放在任何位置。同理，可以尝试多个位置点，直到确定满意的视图位置。

以"截面"方式来创建的截面剖视图，如图 25-4 所示。

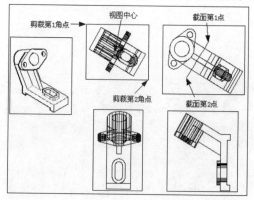

图 25-4

25.2.2 图形

使用"图形"命令可以在创建的视口中生成轮廓图和剖视图。创建视口中表示实体轮廓和边的可见线和隐藏线，然后投影到垂直视图方向的平面上。

技术要点：

"实体图形"命令只能在由"实体视图"命令创建的视口中使用。

执行"绘图"|"建模"|"设置"|"图形"命令，或者在命令行中输入 SOLDRAW。

剪切平面后的所有实体和实体部分都生成轮廓和边，对于截面视图，使用 HPNAME、HPSCALE 和 HPANG 系统变量的当前值创建图案填充，如图 25-5 所示。

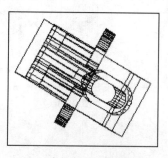

实体三维线框视图

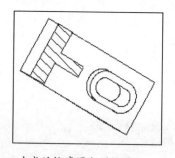

生成的轮廓图和剖视图

图 25-5

25.2.3 轮廓

使用"轮廓"命令，可在图纸空间中创建三维实体的轮廓图像。执行"绘图"|"建模"|"设置"|"轮廓"命令，或者在命令行中输入 SOLPROF。

命令行操作如下。

```
命令: SOLPROF
选择对象: 找到 1 个                        // 选择激活视口中的模型
选择对象: ↙
是否在单独的图层中显示隐藏的轮廓线? [是 (Y) // 否 (N)] < 是 >:
                                         // 输入 Y 或 N 或按 Enter 键
是否将轮廓线投影到平面? [是 (Y) // 否 (N)] < 是 >:   // 输入 Y 或 N 或按 Enter 键
是否删除相切的边? [是 (Y) // 否 (N)] < 是 >:        // 输入 Y 或 N 或按 Enter 键
```

操作提示中的提示及选项含义如下。

- 是否在单独的图层中显示隐藏的轮廓线：执行此操作提示，将生成两个块（一个用于整个选择集的可见直线，另一个用于整个选择集的隐藏线）。

- 是：选择此选项，生成隐藏线时，实体可以部分或完全隐藏其他实体，如图 25-6 所示。

- 否：选择此选项，把所有轮廓线当作可见线。无论是否被另一实体全部或部分遮挡，都将创建选择集中每一实体的所有轮廓线，如图 25-7 所示。

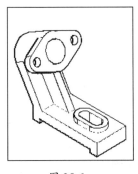

图 25-6

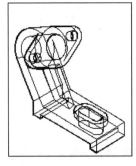

图 25-7

- 是否将轮廓线投影到平面：确定使用二维还是三维的对象来表示轮廓的可见线和隐藏线。

- 是：选择此选项，AutoCAD 将用二维对象创建轮廓线。三维轮廓被投影到一个与查看方向垂直并且通过 UCS 原点的平面上。

- 否：选择此选项，AutoCAD 将用三维对象创建轮廓线。

- 是否删除相切的边：确定是否显示相切边。相切边是指两个相切面之间的分界边，它只是一个假想的两面相交并且相切的边。
- 是：选择此选项，将显示相切边。
- 否：选择此选项，将不显示相切边。例如，如果要将方框的边作成圆角，将在圆柱面与方块平整面结合的地方创建相切边。大多数图形应用程序都不显示相切边，如图 25-8 所示。

删除相切边后的轮廓

保留相切边的轮廓

图 25-8

25.3 从三维模型创建工程视图

在 AutoCAD 2018 中，可以从三维模型生成关联到源模型的图形。这些图形包括创建三维对象的横截面、剖切平面、展平视图和二维图形源模型。三维模型可以是模型空间三维实体或曲面，也可以是 Autodesk Inventor 三维模型，还可以是从其他三维（CAD）导入的模型。

在"三维建模"空间的"布局"选项卡中，用户创建工程视图的"创建视图"面板，如图 25-9 所示。

图 25-9

25.3.1 创建关联图形的工作流

图形的基本构建块是工程视图，工程视图是包含三维模型的二维投影的矩形对象。工程视图包括基础视图和投影视图。

1. 基础视图

放置在图形上的第一个视图称为"基础视图"。基础视图是直接来自三维模型的工程视图。如图 25-10 所示为用户定义的基础视图。

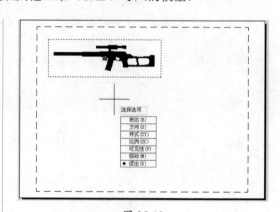

图 25-10

基础视图仅需要在图纸中指定放置位置，放置后会弹出菜单。选择菜单中的命令，可以设置视图的方向、样式、比例、可见性、表达、移动等。

2. 投影视图

一旦基础视图放置在布局中，就可以从该视图生成投影视图。与基础视图不同，投影视图并不直接源自三维模型。相反，它们源自基础视图（或在布局中已经存在的另一个投影视图）。但投影视图与其源视图保持父子关系，子视图的大多数设置都源自父视图。

如图25-11所示为基于基础视图而生成的投影视图。如果需要，可以在布局中创建多个基础视图。

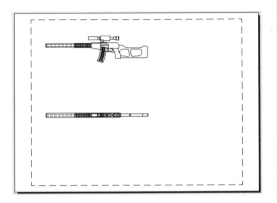

图 25-11

3．编辑视图

如果需要重定义视图，可以在"工程视图"面板中单击"编辑视图"按钮，在图纸布局中选择要编辑的视图后，将弹出浮动的编辑菜单，如图25-12所示。

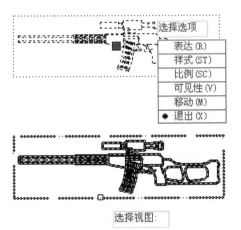

图 25-12

4．绘图标准

要确保工程视图遵循正确的绘图标准，可以使用"绘图标准"对话框自定义默认设置。指定的设置将影响所有由用户创建的新工程视图。它们不会影响任何现有的工程视图。

在"布局"选项卡的"样式和标准"的右下角单击 按钮，将弹出"绘图标准"对话框，如图25-13所示。

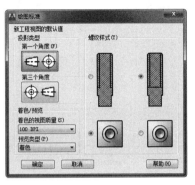

图 25-13

- 投影类型：ISO标准使用第一视角投影，如图25-14所示。ANSI（美国国家标准学会）标准使用第三视角投影，如图25-15所示。我国采用第一视角投影。

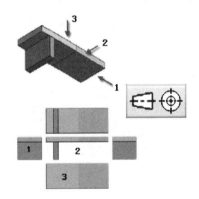

图 25-14

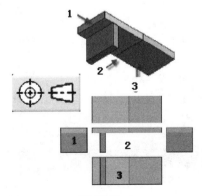

图 25-15

- 螺纹样式：ISO 标准（我国国家标准也采用）使用局部圆表示螺纹边。ANSI 标准使用完整的圆表示螺纹边，如图 25-16 所示。

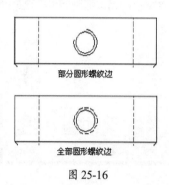

图 25-16

25.3.2　从其他 CAD 模型来创建工程视图

用户可以通过输入 IGES、CATIA、Pro/ENGINEER、STEP、SolidWorks、JT、NX、Parasolid 和 Rhinoceros(Rhino) 等格式文件并从中生成图形。IMPORT 命令可以将各种格式的文件输入到模型空间中。

可以输入的三维 CAD 文件格式如下。

- IGES（所有版本）
- STEP（AP214 和 AP203E2）
- Rhinoceros （Rhino）
- Pro/ENGINEER（最高为 Wildfire 5.0）
- CATIA V4（所有版本）
- CATIA V5（R10 - R19）
- Parasolid（最高为 V23）
- JT（7.0；8.0；8.1；8.2；9.0-9.5）
- NX
- SolidWorks（2003 - 2011）

执行"文件"|"输入"命令，打开"输入文件"对话框。从该对话框的"文件类型"下拉列表中选择要导入模型的后缀格式，然后就可以在路径中打开其他 CAD 的模型了，如图 25-17 所示。

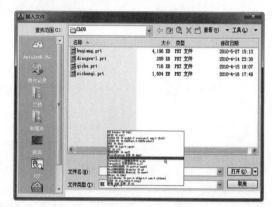

图 25-17

输入模型后，AutoCAD 程序在后台进行文件转换处理。处理完成后会在状态栏右下方显示"输入文件处理完成"信息，如图 25-18 所示。

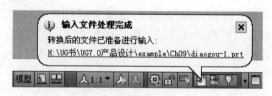

图 25-18

在显示信息的"输入作业完成"图标上，右击并选择快捷菜单中的"插入"命令，即可在 AutoCAD 图形区中插入该模型，此模型是作为图块插入的，如图 25-19 所示。

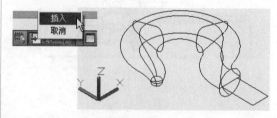

图 25-19

25.4　综合训练

下面用 3 个典型的三维模型生成二维图纸或者由图纸创建三维模型的案例，为大家详解其设计过程中的技巧。

25.4.1 训练一：绘制铸件工程图

◎ **引入素材：综合训练\源文件\Ch25\铸件.dwg**

◎ **结果文件：综合训练\结果文件\Ch25\铸件工程图.dwg**

◎ **视频文件：视频\Ch25\绘制铸件工程图.avi**

本节将以一个铸件工程图的创建实例来说明在三维空间中，将三维实体模型转换成二维平面工程图的操作过程。铸件工程图如图25-20所示。

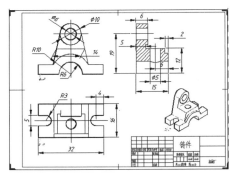

图 25-20

1．加载模型和模板

铸件工程图的创建将在 AutoCAD 提供的国标 Gb_a3-Named Plot Styles.dwt 制图模板中完成。

技术要点：

若用户安装的AutoCAD 2018中没有国标的制图模板，可以将旧版本（例如AutoCAD 2004）在系统路径下C:\Documents and Settings\huangcheng\Local Settings\Application Data\Autodesk\AutoCAD 2004\R16.0\chs\Template的文件夹复制到AutoCAD 2018相应的文件夹路径中，并覆盖相同名称的文件夹。其中Local Settings文件夹需在系统所有文件都可见的情况下才显示。当然也可以使用本例源文件夹中提供的GB图框模板。

显示系统所有文件及文件夹的操作步骤是：在系统的控制面板中，双击"文件夹"选项，打开"文件夹选项"对话框，然后在该对话框的"查看"选项卡中单击"显示所有文件和文件夹"单选按钮，再单击"确定"按钮关闭该对话框，如图25-21所示。

图 25-21

操作步骤

01 打开源文件"铸件.dwg"。

02 在"状态栏"单击"图纸"按钮▣，或者直接在窗口底部左侧选择 Layout1，进入图纸布局空间。激活模型视口，将视觉样式设为"三维隐藏"，并切换视图到"西南等轴测"，如图25-22所示。

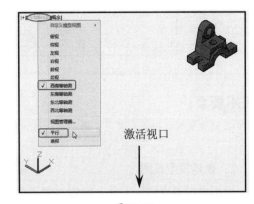

激活视口

图 25-22

03 将视口缩小，如图25-23所示。

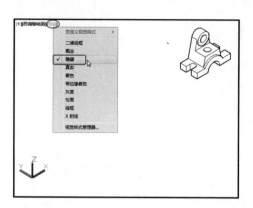

图 25-23

技术要点：

在视口外双击，即可取消视口的激活状态。单击视口边框，可拖动边框来更改视口的大小。

04 在"快速访问工具栏"中单击"新建"按钮，然后在弹出的"选择样板"对话框中选择本例的 Gb_a3-Named Plot Styles.dwt 模板，并将其打开。

05 在图纸空间中复制 a3 模板，然后通过执行"窗口"|"铸件 .dwg"命令，切换至实体模型窗口。在实体模型窗口的图纸空间中，将模板粘贴为块。最后使用"缩放"工具，将模板比例缩小为原来的 0.025，结果如图 25-24 所示。

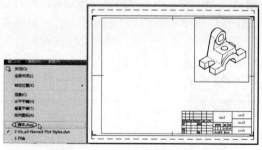

图 25-24

技术要点：

粘贴图纸模板时，应先创建一个新图层，将模板粘贴到新建的图层中便于后续的操作。

2．创建模型视图

使用"实体视图"工具，创建本例零件模型的主视图、俯视图和剖视图。

01 执行"绘图"|"建模"|"设置"|"视图"命令，

然后选择 UCS 选项来创建命名为 A 的主视图，如图 25-25 所示。

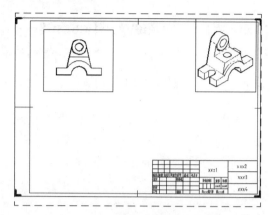

图 25-25

技术要点：

在确定视图中心点和剪裁的对角点后，所创建的视图模型若无法显示，则可以将该模型视口激活，并切换视图为"西南等轴测"，并将视图切换为"前视"即可。

02 再次执行"绘图"|"建模"|"设置"|"视图"命令，然后选择"正交"选项来创建命名为 B 的俯视图，如图 25-26 所示。

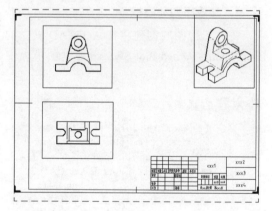

图 25-26

技术要点：

将该模型视口激活，并切换视图为"西南等轴测"，再将视图切换为"俯视"。

03 激活主视图。使用"视图"工具，然后选择"截面"选项，在主视图中指定两点以确定截平面后，创建完成命名为 C 的左视图，如图 25-27 所示。

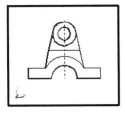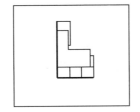

图 25-27

技术要点：

将该模型视口激活，并切换视图为"西南等轴测"，再将视图切换为"左视"。

04 执行"绘图"|"建模"|"设置"|"图形"命令，然后选择左视图视口以创建剖面视图。创建的剖面视图，如图 25-28 所示。

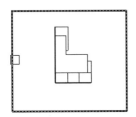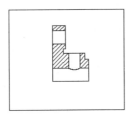

图 25-28

技术要点：

若创建的填充图案比例较小，可将视图激活后，双击填充图案即可更改图案的比例值了。

05 激活主视图，然后执行"绘图"|"建模"|"设置"|"轮廓"命令，并选择主视图中的模型作为创建的轮廓对象，创建的实体轮廓如图 25-29 所示。

06 同理，创建俯视图中实体模型的轮廓线，如图 25-30 所示。

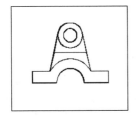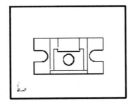

图 25-29　　　　　图 25-30

3．标注图形

标注图形时，需要将视口边框隐藏。若视口中的图形在整个图纸中所占比例较小，可通过激活视图来调整各视口中的图形。

操作步骤

01 调整各视口中的图形比例。使用"缩放"命令，将各视口中的图形按统一比例放大。打开"正交"模式，以主视图为基准绘制中心线，然后绘制图形中的中心线。最后将 4 个视口所在的图层冻结，视口边框随即被关闭，如图 25-31 所示。

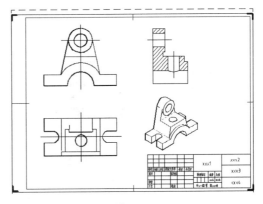

图 25-31

技术要点：

3个基本视图的视口边框由VPORTE图层控制，实体模型的视口边框由0图层控制。

02 对图形进行标注，并填写标题栏等。铸件零件工程图完成的结果如图 25-32 所示。完成后将图纸保存。

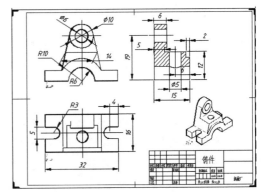

图 25-32

25.4.2 训练二：绘制轴承底座工程图

◎ **引入素材：综合训练\源文件\Ch25\ CAD样板（A4横放）.dwg**

◎ **结果文件：综合训练\结果文件\Ch25\轴承底座工程图.dwg**

◎ **视频文件：视频\Ch25\绘制轴承底座工程图.avi**

本例中将引用一个从外部 CAD（Solidworks）导入的模型来绘制工程图的案例，详解 AutoCAD 2018 新功能工程视图的应用方法。

要导入的零件模型——轴承底座，如图 25-33 所示。

图 25-33

操作步骤

1. 导入 Solidworks 模型

AutoCAD 2018 工程设计软件在导入其他软件的模型时会进行格式转换，从而与其他 3D 工程软件很容易兼容，方便用户进行交互式设计。

01 在"三维建模"空间中，首先从本例中打开"CAD 样板（A4 横放）.dwg"样板文件。

02 执行"文件"|"输入"命令，打开"输入文件"对话框。从该对话框的"文件类型"下拉列表中选择要导入模型的格式，然后即可在路径中打开其他 CAD 的模型了，如图 25-34 所示。

03 输入模型后，AutoCAD 在后台进行文件转换处理。处理完成后会在状态栏右下方显示"输入文件处理完成"信息。

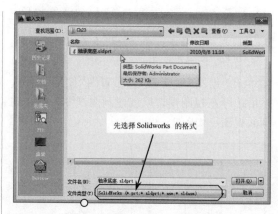

图 25-34

04 在显示信息的"输入作业完成"图标上右击，选择快捷菜单中的"插入"命令，即可在 AutoCAD 图形区中插入轴承底座模型，如图 25-35 所示。

图 25-35

技术要点：

插入模型后，如果在屏幕中不能看到插入的模型，可能是插入的坐标及视口太大。只需将视图设为"西南等轴测"，即可看见模型了。

2. 创建工程视图

01 在图形区下方将"模型"空间切换至"布局 1"空间。布局 1 空间中显示 A4 工程图图纸样板，如图 25-36 所示。

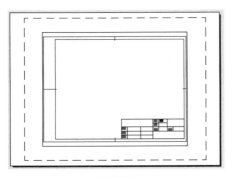

图 25-36

02 在功能区的"注释"选项卡中，单击"工程视图"面板中的"基础视图"按钮■，然后在图纸中插入基础视图，如图 25-37 所示。

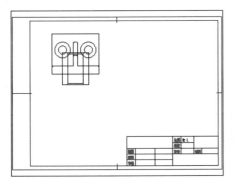

图 25-37

技术要点：

由于在Solidworks中创建的模型没有从XY基准平面开始，所以基础视图就是其他基准面上的视图。AutoCAD中的基础视图就是XY平面上的视图。

03 在"工程视图"面板中单击"投影视图"按钮 投影视图，然后插入第一个投影视图，结果如图 25-38 所示。

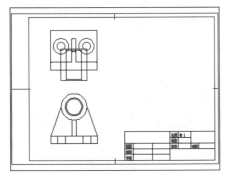

图 25-38

04 将投影视图与基础视图调换位置，让投影视图成为真正意义上的"主视图"。然后使用"投影视图"工具，创建出基于该投影视图的左视图和轴测图，结果如图 25-39 所示。

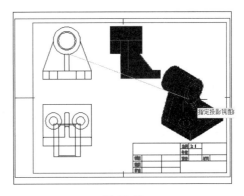

图 25-39

05 双击轴测图，然后在功能区的"工程视图编辑器"面板中设置比例为0.4，并将视图样式设为"线框"，完成后单击"确定"按钮✔关闭编辑器，结果如图 25-40 所示。

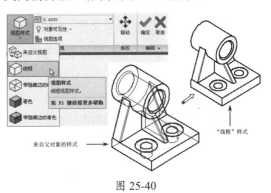

图 25-40

06 同理，双击其余3个视图并设置为"带隐藏边的线框"，结果如图 25-41 所示。

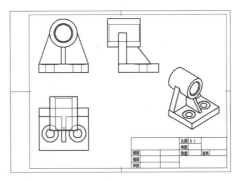

图 25-41

07 将图层设为"点画线"，然后使用"直线"工具绘制各视图的中心线，如图 25-42 所示。

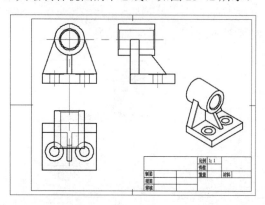

图 25-42

08 最后使用"标注"工具，为视图标注尺寸，

完成结果如图 25-43 所示。

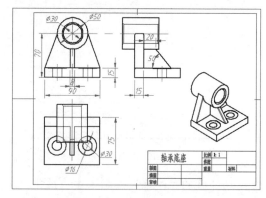

图 25-43

09 至此，完成了轴承底座工程视图的创建，最后将结果保存。

25.4.3 训练三：创建轴承支架模型

○ **引入素材：综合训练\源文件\Ch25\轴承支架零件图.dwg**

○ **结果文件：综合训练\结果文件\Ch25\轴承支架模型.dwg**

○ **视频文件：视频\Ch25\创建轴承支架模型.avi**

　　在 AutoCAD 2018 的三维模型空间中，可以通过零件工程图中的平面图形来生成三维实体。以这种方式来创建实体模型，可以提高绘图效率，并使初学者对三维实体有更深的认识与理解。

　　本节将通过一个实例来说明由零件图生成实体的方法与操作过程。其过程大致分 3 个步骤：分解零件图、插入图形块和创建实体。本例的支架零件图，如图 25-44 所示。

操作步骤

1．分解零件图

　　分解零件图，就是将零件图中的各个视图分别以单个小图框表示，并保存在系统路径中，主要用于创建工程图图块。

01 打开源文件"轴承支架零件图 .dwg"。

02 在快速访问工具栏中单击"新建"按钮，新建一个文件。然后将新文件另存在系统路径

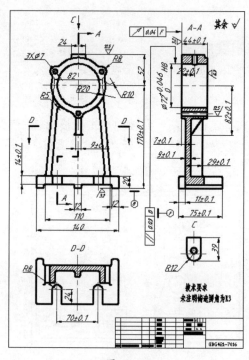

图 25-44

中，并命名为 View1。

03 同理，因零件图中有 4 个视图，需要再新建 3 个文件，并分别命名为"View2""View3"和"View4"。

技术要点：

为了操作方便，可通过快速访问工具栏选择快捷菜单中的"显示菜单栏"命令，将菜单栏显示在快速访问工具栏下方。用户可通过菜单栏上的"窗口"菜单来切换创建的新样板文件。

04 将窗口切换至"轴承支架零件图 .dwg"，然后将零件图中的 4 个视图及其尺寸分别复制到新建的并命名的 4 个样板文件中。复制到新建样板文件中后，在图形外分别创建方框，如图 25-45 所示。

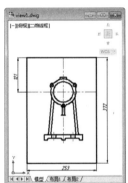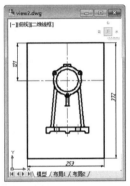
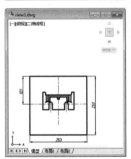

图 25-45

技术要点：

在图形外创建方框是为了表达该图形所在平面，让用户有更直观的视觉效果。

05 将 4 个视图文件保存后关闭。

2. 插入图块

使用 AutoCAD 2018 设计中心将保存的 4

个视图图块依次插入命名的文件中，然后在"西南等轴测"视图下将剖视图图块、俯视图图块和局部视图图块用"三维旋转"命令进行图块的立体分布。

01 新建样板文件，并命名为"支架"。

02 执行"工具"|"选项板"|"设计中心"命令，打开"设计中心"选项板。

03 通过设计中心依次将前面创建的 4 个视图图形以块的形式插入图形窗口，如图 25-46 所示。

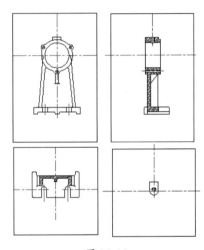

图 25-46

04 使用"移动"命令，将俯视图移动到主视图中，如图 25-47 所示。

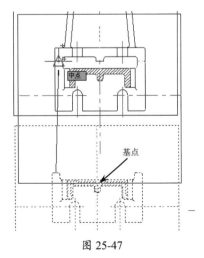

图 25-47

05 同理，将剖视图也移动到主视图中，如图

25-48 所示。

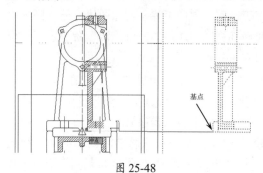

图 25-48

06 使用"移动"命令，将局部视图移动至主视图中，如图 25-49 所示。

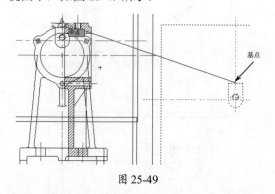

图 25-49

07 切换至"西南等轴测"视图。使用"三维旋转"命令，选择主视图、剖视图和局部视图图块作为要旋转的对象，并将旋转轴句柄放置在主视图图形的底边中点上，如图 25-50 所示。

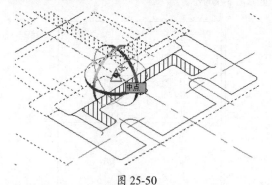

图 25-50

08 指定与 X 轴平行的旋转轴。

09 为选择的对象输入旋转角度为 90°，执行命令后，旋转图块的结果如图 25-51 所示。

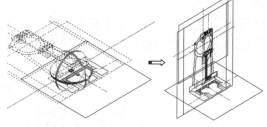

图 25-51

10 使用"三维旋转"命令，选择剖视图以相同的旋转轴句柄放置点，并选择与 Z 轴平行的旋转轴，且旋转角度为 –90°。旋转结果如图 25-52 所示。

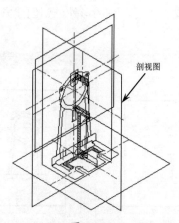

图 25-52

11 同理，使用"三维旋转"命令选择局部实体，以主视图图形顶边中点作为旋转轴句柄放置点，并选择与 X 轴平行的旋转轴，且旋转角度为 –90°。旋转结果如图 25-53 所示。

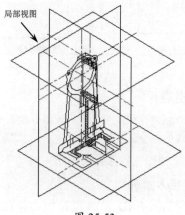

图 25-53

12 使用"移动"命令将局部视图向 Y 轴负方向移动距离 4，如图 25-54 所示。

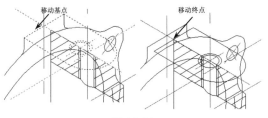

图 25-54

13 执行"修改"|"分解"命令，将 4 个视图图块进行分解。分解后，将中心线全部删除。

3．创建三维实体模型

在各视图图块的位置调整完成后，即可使用三维实体的绘制命令（如"拉伸""按住/拖动"命令）来创建实体了。

创建支架实体的步骤是：先创建底座，接着创建孔轴部分，最后创建中间的支架及其他小特征。

01 使用"面域"命令，选择俯视图中最大外形轮廓来创建一个面域，如图 25-55 所示。

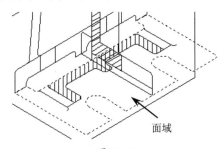

图 25-55

02 使用"拉伸"命令，选择面域进行拉伸，指定的拉伸高度参照点为主视图中支架底座上平面一点，如图 25-56 所示。

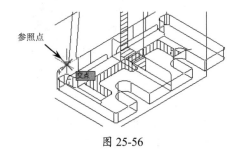

图 25-56

03 使用"按住/拖动"命令，选择主视图中孔轴部分的一半外形轮廓向 Y 轴负方向拖动，拖动的终点为剖视图中孔轴轮廓线的端点，如图 25-57 所示。

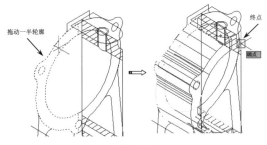

图 25-57

04 将另一半轮廓也照此拖动，以创建实体。

05 使用"原点"命令，将 UCS 移动至主视图，再使用 X 命令将 UCS 绕 X 轴旋转 90°，如图 25-58 所示。

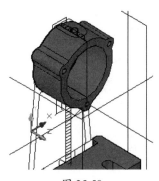

图 25-58

06 使用"直线"命令绘制 4 条直线，如图 25-59 所示。

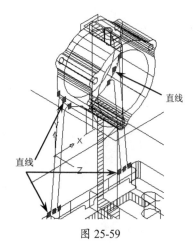

图 25-59

07 使用"面域"命令，选择如图 25-60 所示的图线来创建两个面域。

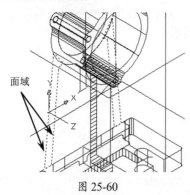

图 25-60

08 使用"按住 / 拖动"命令，选择支架连接部分的一半内部轮廓进行拖动，拖动终点为剖视图中支架连接部分线段上的一点，如图 25-61 所示。

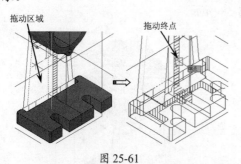

图 25-61

09 同理，将另一半内部轮廓也创建为"按住 / 拖动"实体。

10 使用"拉伸"命令选择主视图中前面创建的面域来创建拉伸实体，且拉伸高度的参照起点为主视图中的一点，参照终点为剖视图中的一点，如图 25-62 所示。

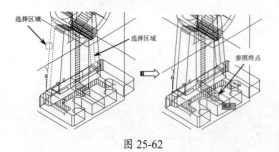

图 25-62

11 支架的主体创建完成后，再继续小特征的创建，如加强筋、顶部穿孔等。使用"直线"命令，

在剖视图加强筋的截面轮廓处补齐两条直线，如图 25-63 所示。

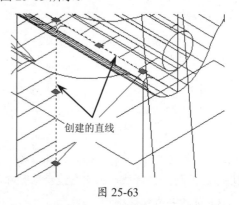

图 25-63

12 使用"面域"命令，选择两条直线和加强筋截面轮廓线来创建一个面域，如图 25-64 所示。

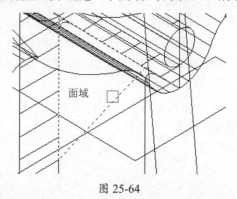

图 25-64

13 使用"拉伸"命令选择面域并创建拉伸实体，且输入的拉伸高度值为 4.5，创建的拉伸实体如图 25-65 所示。

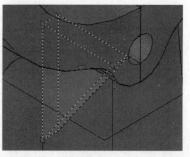

图 25-65

14 使用"拉伸面"命令，按住 Ctrl 键选择三角形加强筋的侧面进行拉伸，且拉伸高度为 4.5、斜度为 0，结果如图 25-66 所示。

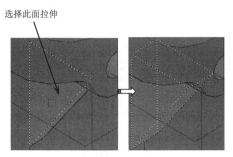

选择此面拉伸

图 25-66

15 使用"移动面"命令，按住 Ctrl 键选择三角形加强筋的上端面进行移动，指定移动基点后，再输入移动距离为 4，移动结果如图 25-67 所示。

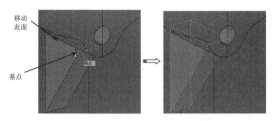

移动此面

基点

图 25-67

16 使用"面域"命令，选择局部视图中的外形轮廓来创建一个面域，如图 25-68 所示。

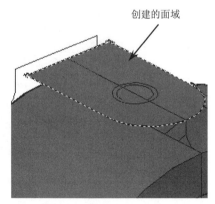

创建的面域

图 25-68

17 使用"拉伸"命令，选择面域向 Z 轴负方向进行拉伸，且指定拉伸高度参照点为孔轴实体上的一点，并完成拉伸实体的创建，如图 25-69 所示。

18 使用"按住 / 拖动"命令，选择顶部孔轮廓向 Z 轴负方向拖动，拖动距离需要超出孔轴实体，直至到达中间的空心，如图 25-70 所示。

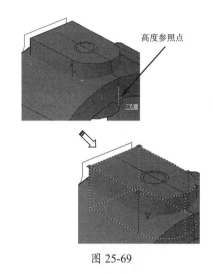

高度参照点

图 25-69

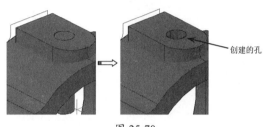

创建的孔

图 25-70

19 切换至"东北等轴测"视图。使用"并集"命令，合并中间支架连接部分实体。使用"拉伸面"命令，选择连接部分实体面进行拉伸，且拉伸高度值为 –11，如图 25-71 所示。

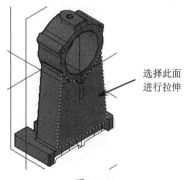

选择此面进行拉伸

图 25-71

20 使用"并集"命令，合并孔轴两部分实体。使用"拉伸面"命令，选择孔轴端面进行拉伸，且拉伸高度为 –4，拉伸面的结果如图 25-72 所示。

21 使用"并集"命令，将创建的所有实体特征合并。

22 将绘图区域中所有的图线删除。

23 使用"倒圆"命令，参照零件图纸，选择支架轮廓边缘进行倒圆，且倒圆半径为3，最终支架实体零件创建完成的结果，如图 25-73 所示。

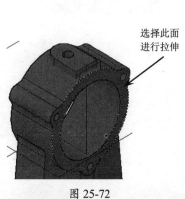

图 25-72

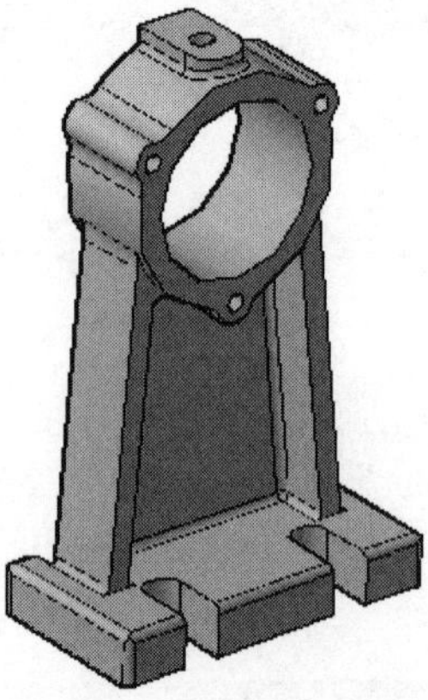

图 25-73

25.5 课后习题

由如图 25-74 所示的零件图，创建出如图 25-75 所示的零件三维模型。

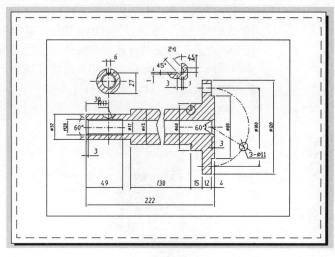

图 25-74

图 25-75

第26章 图形的打印与输出

绿制好图形后，最终要将图形打印到图纸上，这样才能在机械零件加工生产或者在建筑施工时应用。图形输出一般使用打印机或绘图仪，不同型号的打印机或绘图仪只是在配置上有区别，其他操作基本相同。

项目分解与视频二维码

◆ 添加和配置打印设备
◆ 布局的使用
◆ 图形的输出设置
◆ 输出图形

第26章视频

26.1 添加和配置打印设备

要对绘制好的图形进行输出，首先要添加和配置打印图纸的设备。

动手操作——添加绘图仪

添加绘图仪的操作方法如下。

01 执行"文件"|"绘图仪管理器"命令。弹出 Plotters 窗口，如图 26-1 所示。

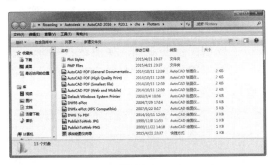

图 26-1

02 在打开的 Plotters 窗口中双击"添加绘图仪向导"图标，弹出"添加绘图仪 - 简介"对话框，如图 26-2 所示，单击"下一步"按钮。

03 随后弹出"添加绘图仪 - 开始"对话框，如图 26-3 所示，该对话框左边是添加新的绘图仪中要进行的 6 个步骤，前面标有三角符号的是当前步骤，可按向导逐步完成。

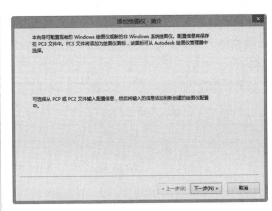

图 26-2

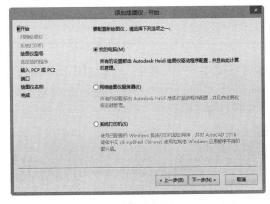

图 26-3

04 单击"下一步"按钮，弹出"添加绘图仪 - 绘图仪型号"对话框，在该对话框中选择绘图仪的"生产商"和"型号"，如图 26-4 所示，或者单击"从磁盘安装"按钮，以设备的驱动程序进行安装。

图 26-4

05 单击"下一步"按钮，弹出"添加绘图仪 - 输入 PCP 或 PC2"对话框，如图 26-5 所示，在该对话框中单击"输入文件"按钮，可从原来保存的 PCP 或 PC2 文件中输入绘图仪的特定信息。

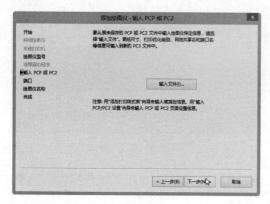

图 26-5

06 单击"下一步"按钮，弹出"添加绘图仪 - 端口"对话框，如图 26-6 所示，在该对话框中可以选择打印设备的端口。

07 单击"下一步"按钮，弹出"添加绘图仪 - 绘图仪名称"对话框，如图 26-7 所示，在该对话框中可以输入绘图仪的名称。

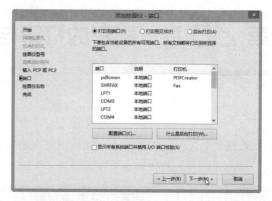

图 26-6

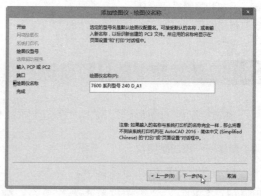

图 26-7

08 单击"下一步"按钮，弹出"添加绘图仪 - 完成"对话框，如图 26-8 所示，单击"完成"按钮完成绘图仪的添加。如图 26-9 所示，添加了一个"HP 7600 系列型号 240 D_A1"的新绘图仪。

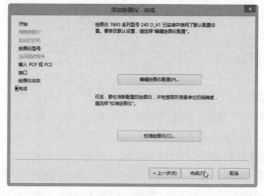

图 26-8

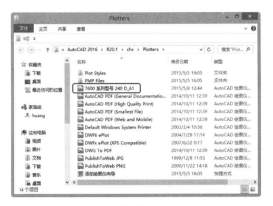

图 26-9

09 双击新添加的绘图仪"HP 7600 系列型号 240 D_A1"图标，弹出"绘图仪配置编辑器"对话框，如图 26-10 所示。该对话框有 3 个选项卡："常规""端口"和"设备和文档设置"，可根据需要进行重新配置。

图 26-10

1. "常规"选项卡

切换到"常规"选项卡，如图 26-11 所示。选项卡中各选项含义如下。

- 绘图仪配置文件名：显示在"添加打印机"向导中指定的文件名。
- 说明：显示有关绘图仪的信息。
- 驱动程序信息：显示绘图仪驱动程序类型（系统或非系统）、名称、型号和位置、HDI 驱动程序文件版本号（AutoCAD

专用驱动程序文件）、网络服务器 UNC 名（如果绘图仪与网络服务器连接）、I/O 端口（如果绘图仪连接在本地）、系统打印机名（如果配置的绘图仪是系统打印机）、PMP（绘图仪型号参数）文件名和位置（如果 PMP 文件附着在 PC3 文件中）。

图 26-11

2. "端口"选项卡

切换到"端口"选项卡，如图 26-12 所示。

图 26-12

- 打印到下列端口：将图形通过选定端口发送到绘图仪。

- 打印到文件：将图形发送至在"打印"对话框中指定的文件。
- 后台打印：使用后台打印实用程序打印图形。
- 端口列表：显示可用端口（本地和网络）的列表和说明。
- 显示所有端口：显示计算机上的所有可用端口，无论绘图仪使用哪个端口。
- 浏览网络：显示网络选择，可以连接到另一台非系统绘图仪。
- 配置端口：打印样式显示"配置 LPT 端口"对话框或"COM 端口设置"对话框。

3. "设备和文档设置"选项卡

切换到"设备和文档设置"选项卡，控制 PC3 文件中的许多设置，如图 26-10 所示。

配置了新绘图仪后，应在系统配置中将该绘图仪设置为默认的打印机。

执行"工具"|"选项"命令，弹出"选项"

对话框，选择"打印和发布"选项卡，在该对话框中进行有关打印的设置，如图 26-13 所示。在"用作默认输出设备"的下拉列表中，选择要设置为默认的绘图仪名称，如"HP 7600 系列型号 240 D_A1.pc3"，确定后该绘图仪即为默认的打印机。

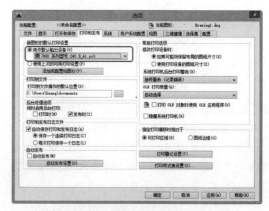

图 26-13

26.2 布局的使用

在 AutoCAD 2018 中，既可以在模型空间输出图形，也可以在图纸空间输出图形，下面介绍关于布局的知识。

26.2.1 模型空间与图纸空间

在 AutoCAD 中，可以在"模型空间"和"图纸空间"中完成绘图和设计工作，大部分设计和绘图工作都是在模型空间中完成的，而图纸空间是模拟手工绘图的空间，它是为绘制平面图而准备的一张虚拟图纸，是一个二维空间的工作环境。从某种意义上来说，图纸空间就是为布局图面、打印出图而设计的，还可以在其中添加诸如边框、注释、标题和尺寸标注等内容。

在绘图区域底部有"模型"选项卡和一个或多个"布局"选项卡按钮，如图 26-14 所示。

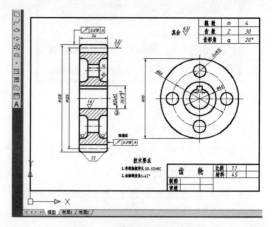

图 26-14

分别单击这些选项卡，可以在空间之间进行切换，如图 26-15 所示是切换到"布局 1"选项卡的效果。

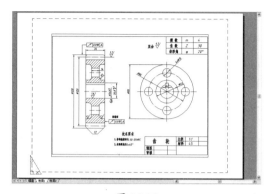

图 26-15

26.2.2　创建布局

在图纸空间中可以进行一些环境布局的设置，如指定图纸大小、添加标题栏、创建图形标注和注释。下面来创建一个布局。

动手操作——创建布局

01 执行"插入"|"布局"|"创建布局向导"命令，弹出"创建布局 - 开始"对话框。

技术要点：

也可以在命令行中输入LAYOUTWIZARD，按Enter键。

02 在"输入新布局的名称"中输入新布局名称，如"机械零件图"，如图 26-16 所示，单击"下一步"按钮。

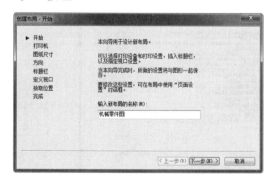

图 26-16

03 弹出"创建布局 - 打印机"对话框，如图 26-17 所示，在该对话框中选择绘图仪，单击"下一步"按钮。

图 26-17

04 弹出"创建布局 - 图纸尺寸"对话框，该对话框用于选择打印图纸的大小和所用的单位，选中"毫米"选项，选择图纸的大小，例如"ISO A1（594.00×841.00毫米）"，如图 26-18 所示，单击"下一步"按钮。

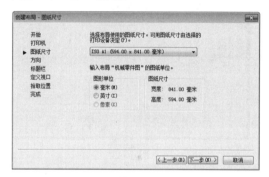

图 26-18

05 弹出"创建布局 - 方向"对话框，用来设置图形在图纸上的方向，可以"纵向"或"横向"，如图 26-19 所示，单击"下一步"按钮。

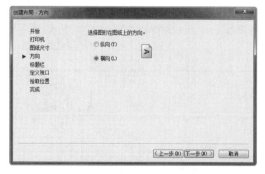

图 26-19

06 弹出"创建布局 - 标题栏"对话框，如图 26-20 所示，选择"无"选项，单击"下一步"按钮。

07 弹出"创建布局 - 定义视口"对话框，如图 26-21 所示，单击"下一步"按钮。

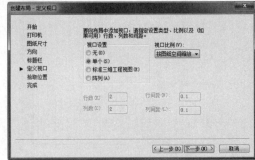

图 26-20　　　　　　　　　　　　　　　　　图 26-21

08 弹出"创建布局 - 拾取位置"对话框，如图 26-22 所示，再单击"下一步"按钮。

09 最后弹出"创建布局 - 完成"对话框，如图 26-23 所示，单击"完成"按钮。

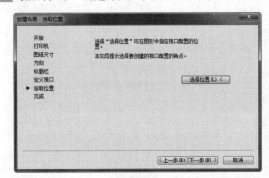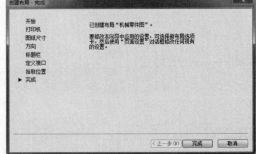

图 26-22　　　　　　　　　　　　　　　　　图 26-23

10 创建好的"机械零件图"布局如图 26-24 所示。

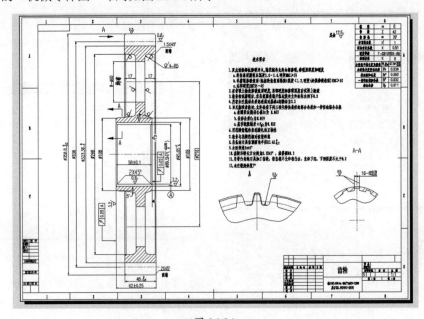

图 26-24

26.3　图形的输出设置

AutoCAD 的输出设置包括页面设置和打印设置。页面设置及打印设置随图形一起，保证了图形输出的正确性。

26.3.1　页面设置

页面设置是打印设备和其他影响最终输出的外观和格式的设置集合。可以修改这些设置并将其应用到其他布局中。在"模型"选项卡中完成图形后，可以通过单击"布局"选项卡开始创建要打印的布局。

动手操作——页面设置

打开"页面设置"对话框的具体步骤如下。

01 执行"文件"|"页面设置管理器"命令，或者在"模型空间"或"布局空间"中右击"模型"或"布局"切换按钮，在弹出的快捷菜单中选择"页面设置管理器"选项。

02 此时弹出"页面设置管理器"对话框，如图 26-25 所示，在该对话框中可以完成新建布局、修改原有布局、输入存的布局和将某一布局置为当前等操作。

图 26-25

03 单击"新建"按钮，弹出"新建页面设置"对话框，如图 26-26 所示，在"新页面设置名"文本框中输入新建页面的名称，如"机械图"。

图 26-26

04 单击"确定"按钮，可进入"页面设置"对话框，如图 26-27 所示。

图 26-27

05 在该对话框中，可以指定布局设置和打印设备，设置并预览布局的结果。对于一个布局，可利用"页面设置"对话框来完成其设置，虚线表示图纸中当前配置的图纸尺寸和绘图仪的可打印区域。设置完毕后，单击"确定"按钮确认。

"页面设置"对话框中的各选项功能如下。

1. "打印机/绘图仪"选项区

在"名称"下拉列表中，列出了所有可用的系统打印机和 PC3 文件，从中选择一种打印机，指定为当前已配置的系统打印设备，以打印输出布局图形。

单击"特性"按钮，可弹出"绘图仪配置编辑器"对话框。

2．"图纸尺寸"选项区

在"图纸尺寸"选项区中，可以从标准列表中选择图纸尺寸，列表中可用的图纸尺寸由当前为布局所选的打印设备确定。如果配置绘图仪进行光栅输出，则必须按像素指定输出尺寸。通过使用绘图仪配置编辑器可以添加存储在绘图仪配置（PC3）文件中的自定义图纸尺寸。

3．"打印区域"选项区

在"打印区域"选项区中，可指定图形实际打印的区域。在"打印范围"下拉列表中有"显示""窗口""图形界限"3 个选项，其中选中"窗口"选项，系统将关闭对话框返回到绘图区，这时通过指定区域的两个对角点或输入坐标值来确定一个矩形打印区域，然后返回"页面设置"对话框。

4．"打印偏移"选项区

在"打印偏移"选项区中，可指定打印区域自图纸左下角的偏移。在布局中，指定打印区域的左下角默认在图纸边界的左下角点，也可以在 X、Y 文本框中输入一个正值或负值来偏移打印区域的原点，在 X 文本框中输入正值时，原点右移；在 Y 文本框中输入正值时，原点上移。

在"模型"空间中，选中"居中打印"复选框，系统将自动计算图形居中打印的偏移量，将图形打印在图纸的中间。

5．"打印比例"选项区

在"打印比例"选项区中，控制图形单位与打印单位之间的相对尺寸。打印布局时的默认比例是 1:1，在"比例"下拉列表中可以定义打印的精确比例，选中"缩放线宽"复选框，将对有宽度的线也进行缩放。一般情况下，打印时，图形中的各实体按图层中指定的线宽来打印，不随打印比例缩放。

从"模型"选项卡打印时，默认设置为"布满图纸"。

6．"打印样式表"选项区

在"打印样式表"选项区中，可以指定当前赋予布局或视口的打印样式。"名称"中显示了可赋予当前图形或布局的当前打印样式。如果要更改包含在打印样式表中的打印样式定义，可以单击"编辑"按钮 🔲，弹出"打印样式表编辑器"对话框，从中可修改选中的打印样式的定义。

7．"着色视口"选项区

在"着色视口"选项区中，可以选择若干用于打印着色和渲染视口的选项。可以指定每个视口的打印方式，并可以将该打印设置与图形一起保存，还可以从各种分辨率（最大为绘图仪分辨率）中进行选择，并可以将该分辨率设置与图形一起保存。

8．"打印"选项区

在"打印"选项区中，可确定线宽、打印样式以及打印样式表等的相关属性。选中"打印对象线宽"复选框，打印时系统将打印线宽；选中"按样式打印"复选框，以便使用在打印样式表中定义的、赋予给几何对象的打印样式来打印；选中"隐藏图纸空间对象"复选框，不打印布局环境（图纸空间）对象的消隐线，即只打印消隐后的效果。

9．"图形方向"选项区

在"图形方向"选项区中，可设置打印时图形在图纸上的方向。选中"横向"选项，将横向打印图形，使图形的顶部在图纸的长边；选中"纵向"单选框，将纵向打印，使图形的顶部在图纸的短边，如选中"反向打印"复选框，将使图形颠倒打印。

26.3.2　打印设置

当页面设置完成并预览效果后，如果满意即可着手进行打印设置了。下面以在模型空间出图为例，学习打印前的设置。

在快速访问工具栏上单击"打印"按钮 🖨；或者执行"文件"|"打印"命令；或在命令行中输入 plot，按 Enter 键。

执行以上任何一个操作,可以打开"打印"对话框,如图 26-28 所示。

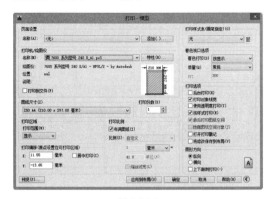

图 26-28

1."页面设置"选项区

在"页面设置"选项区中,列出了图形中已命名或已保存的页面设置,可以将这些保存的页面设置作为当前页面设置,也可以单击"添加"按钮,基于当前设置创建一个新的页面设置,如图 26-29 所示。

图 26-29

2."打印机/绘图仪"选项区

在"打印机/绘图仪"选项区中,指定打印布局时使用已配置的打印设备。如果所选绘图仪不支持布局中选定的图纸尺寸,将显示警告,可以选择绘图仪的默认图纸尺寸或自定义图纸尺寸。

3."名称"选项区

在"名称"选项区中列出了可用的 PC3 文件或系统打印机,可以从中进行选择,以打印当前布局。设备名称前面的图标识别其为 PC3 文件还是系统打印机。PC3 文件图标:表示 PC3 文件;系统打印机图标:表示系统打印机。

4."打印份数"选项区

在"打印份数"选项区中可指定要打印的份数。当打印到文件时,此选项不可用。

5."应用到布局"选项区

单击"应用到布局"按钮,可将当前"打印"设置保存到当前布局中。

其他选项与"页面设置"对话框中的相同,这里不再赘述。完成所有的设置后,单击"确定"按钮开始打印。

26.4 输出图形

准备好打印前的各项设置后,下面就可以来输出图形了,输出图形包括从模型空间输出图形和从图纸空间输出图形。

26.4.1 从模型空间输出图形

从"模型"空间输出图形时,需要在打印时指定图纸尺寸。

动手操作——从模型空间输出图形

具体操作步骤如下。

01 打开图形后,执行"打印"命令,弹出"打印"对话框,如图 26-30 所示。

02 在"页面设置"下拉列表中,选择要应用的页面设置选项。选择后,该对话框将显示已设置后的"页面设置"各项内容。如果没有进行设置,可在"打印"对话框中直接进行打印设置。

03 选择页面设置或进行打印设置后,单击"打印"对话框左下角的"预览"按钮,对图形进行打印预览，如图26-31所示。

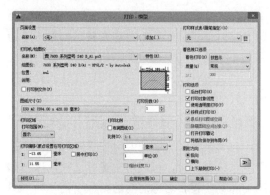

图26-30

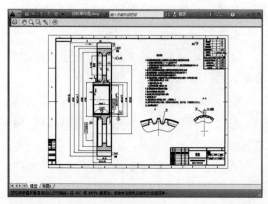

图26-31

技术要点：

当要退出时，在该预览界面上右击，在弹出的快捷菜单中选择"退出"命令，返回"打印"对话框，或按键盘上的Esc键退出。

04 单击"打印"对话框中的"确定"按钮，开始打印出图。当打印的下一张图样和上一张图样的打印设置完全相同时，打印时只需要直接单击"打印"按钮，在弹出的"打印"对话框中选择"页面设置名"为"上一次打印"选项，不必再进行其他的设置，即可打印出图。

26.4.2 从图纸空间输出图形

动手操作——从图纸空间输出图形

从"图纸"空间输出图形，具体操作步骤如下。

01 切换到"布局1"选项卡，如图26-32所示。

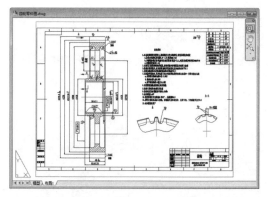

图26-32

02 打开"页面设置管理器"对话框，如图26-33所示，单击"新建"按钮，弹出"新页面设置"对话框。

图26-33

03 在"新建页面设置"对话框中的"新页面设置名"文本框中输入"零件图"，如图26-34所示。

图26-34

04 单击"确定"按钮，进入"页面设置"对话框，根据打印的需要进行相关参数的设置，如图26-35所示。

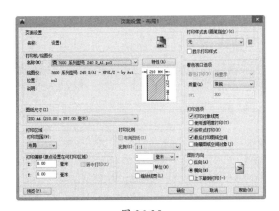

图 26-35

05 设置完成后，单击"确定"按钮，返回"页面设置管理器"对话框。选中"零件图"选项，单击"置为当前"按钮，将其置为当前布局，如图 26-36 所示。

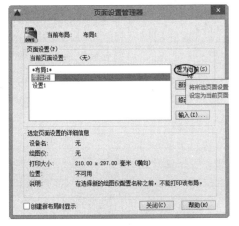

图 26-36

06 单击"关闭"按钮，完成"零件图"布局的创建。

07 单击"打印"按钮，弹出"打印"对话框，如图 26-37 所示，无须重新设置，单击左下方的"预览"按钮即可，打印预览效果如图 26-38 所示。

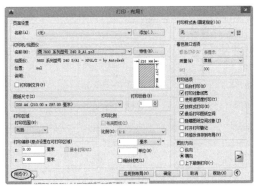

图 26-37

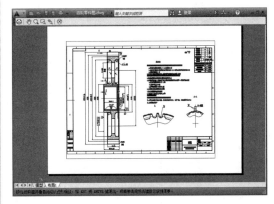

图 26-38

08 如果满意，在预览窗口中右击，在弹出的快捷菜单中选择"打印"命令，开始打印零件图。至此，输出图形的基本操作结束了。

26.5 本章小结

本章讲解了 AutoCAD 机械图形的输出及打印的相关知识，其内容包括添加和配置打印设备、布局的使用、图形的输出设置、输出图形等。

上述内容是 AutoCAD 与外部数据相互交换的重要功能，也是用户高效制图的一种技巧，学好它，就能熟练地利用 AutoCAD 进行二维、三维图形的设计了。

附录一　AutoCAD 2018 功能快捷键

快捷键	说明	快捷键	说明
Alt+F11	显示 Visual Basic 编辑器	Ctrl+O	打开现有图形
Alt+F8	显示 "宏" 对话框	Ctrl+P	打印当前图形
Ctrl+0	切换 "全屏显示"	Ctrl+Shift+P	切换 "快捷特性" 界面
Ctrl+1	切换 "特性" 选项板	Ctrl+Q	退出 AutoCAD
Ctrl+2	切换设计中心	Ctrl+R	在当前布局中的视口之间循环
Ctrl+3	切换 "工具选项板" 窗口	Ctrl+S	保存当前图形
Ctrl+4	切换 "图纸集管理器"	Ctrl+Shift+S	显示 "另存为" 对话框
Ctrl+5	自定义	Ctrl+T	切换数字化仪模式
Ctrl+6	切换 "数据库连接管理器"	Ctrl+V	粘贴 Windows 剪贴板中的数据
Ctrl+7	切换 "标记集管理器"	Ctrl+Shift+V	将 Windows 剪贴板中的数据作为块进行粘贴
Ctrl+8	切换 "快速计算器" 选项板	Ctrl+X	将对象从当前图形剪切到 Windows 剪贴板中
Ctrl+9	切换 "命令行" 窗口	Ctrl+Y	取消前面的 "放弃" 动作
Ctrl+A	选择图形中未锁定或冻结的所有对象	Ctrl+Z	恢复上一个动作
Ctrl+Shift+A	切换组	Ctrl+[	取消当前命令
Ctrl+B	切换捕捉	Ctrl+\	取消当前命令
Ctrl+C	将对象复制到 Windows 剪贴板	Ctrl+Page Up	移至当前选项卡左边的下一个布局选项卡
Ctrl+Shift+C	使用基点将对象复制到 Windows 剪贴板	Ctrl+Page Down	移至当前选项卡右边的下一个布局选项卡
Ctrl+D	切换 "动态 UCS"	F1	显示帮助
Ctrl+E	在等轴测平面之间循环	F2	切换文本窗口
Ctrl+F	切换执行对象捕捉	F3	切换 OSNAP
Ctrl+G	切换栅格	F4	切换 TabMODE
Ctrl+H	切换 PICKSTYLE	F5	切换 ISOPLANE
Ctrl+Shift+H	使用 HIDEPALETTES 和 SHOWPALETTES 切换选项板的显示	F6	切换 UCSDETECT
Ctrl+I	切换坐标显示	F7	切换 GRIDMODE
Ctrl+J	重复上一个命令	F8	切换 ORTHOMODE
Ctrl+K	插入超链接	F9	切换 SNAPMODE
Ctrl+L	切换正交模式	F10	切换 "极轴追踪"
Ctrl+M	重复上一个命令	F11	切换 "对象捕捉追踪"
Ctrl+N	创建新图形	F12	切换 "动态输入"

附录二　AutoCAD 2018 系统变量大全

外部命令快捷键

命令	执行内容	说明
CATAOG	DIR/W	查询当前目录所有的文件
DEL	DEL	执行 DOS 删除命令
DIR	DIR	执行 DOS 查询命令
EDIT	STARTEDIT	执行 DOS 编辑执行文件
SH		暂时离开 AutoCAD 将控制权交给 DOS
SHELL		暂时离开 AutoCAD 将控制权交给 DOS
START	START	激活应用程序
TYPE	TYPE	列表文件内容
EXPLORER	START ERPLORER	激活 Windows 下的程序管理器
NOTEPAD	START NOTEPAD	激活 Windows 下的记事本
PBRUSH	START PBRUSH	激活 Windows 下的画板

AutoCAD 2018 常用系统变量

命令简写	执行命令	命令说明
A	ARC	圆弧
ADC	ADCEnter	Auto 设计中心
AA	AREA	面积
AR	ARRAY	阵列
AV	DSVIEWER	鸟瞰视图
B	BLOCK	对话框式图块建立
-B	-BLOCK	命令式图块建立
BH	BHATCH	对话框式绘制图案填充
BO	BOUNDARY	对话框式封闭边界建立
-BO	-BOUNDARY	命令式封闭边界建立
BR	BREAK	截断
C	CIRCLE	圆
CH	PROPERTIES	对话框式对象特性修改
-CH	CHANGE	命令式特性修改
CHA	CHAMFER	倒角
CO	COPY	复制

命令简写	执行命令	命令说明
COL	COLOR	对话框式颜色设定
CP	COPY	复制
D	DIMSTYLE	尺寸样式设定
DAL	DIMALIGNED	对齐式线性标注
DAN	DIMANGULAR	角度标注
DBA	BIMBASELINE	基线式标注
DCE	DIMCEnter	圆心标记
DCO	DIMCONTNUE	连续式标记
DDI	DIMDIAMETER	直径标注
DED	DIMEDIT	尺寸修改
DI	DIST	求两点间距离
DIMALI	DIMALIGNED	对齐式线性标注
DIMANG	DIMANGULAR	角度标注
DIMBASE	DIMBASELINE	基线式标注
DIMCONT	DIMCONTNUE	连续式标注
DIMDLA	DIMDIAMETER	直径标注
DIMED	DIMEDIT	尺寸修改
DIMLIN	DIMLINEAR	线性标注
DIMORD	DIMORDINATE	坐标式标注
DIMOVER	DIMOVERRRIDE	更新标注变量
DIMRAD	DIMRADIUS	半径标注
DIMSTY	DIMSTYLE	尺寸样式设定
DIMTED	DIMTEDIT	尺寸文字对齐控制
DIV	DIVIDE	等分布点
DLI	DIMLINEAR	线性标注
DO	DONUT	圆环
DOR	DIMORDINATE	坐标式标注
DOV	DIMORERRIDE	更新标注变量
DR	DRAWORDER	显示顺序
DRA	DIMRADIUS	半径标注
DS	DSETTINGS	打印设定
DST	DIMSTYLE	尺寸样式设定
DT	DTEXT	写入文字

命令简写	执行命令	命令说明
E	ERASE	删除对象
ED	DDEDIT	单行文字修改
EL	ELLIPSE	椭圆
EX	EXTEND	延伸
EXP	EXPORT	输出文件
F	FILLET	倒圆角
FI	FILTER	过滤器
G	GROUP	对话框式选择集设定
-G	-GROUP	命令式选择集设定
GR	DDGRIPS	夹点控制设定
H	BHATCH	对话框式绘制图填充
-H	HATCH	命令式绘制图案填充
HE	HATCHEDIT	编辑图案填充
I	INSERT	对话框式插入图块
-I	-INSERT	命令式插入图块
IAD	IMAGEADJUST	图像调整
IAT	IMAGEATTCH	并入图像
ICL	MIAGECLIP	截取图像
IM	IMAGE	贴附图像
-IM	-IMAGE	输入文件
LMP	IMPORT	输入文件
L	LINE	画线
LA	LAYER	对话框式图片层控制
-LA	-LAYER	命令式图片层控制
LE	LEADER	引导线标注
LEAD	LEADER	引导线标注
LEN	LENGTHEN	长度调整
LI	LIST	查询对象文件
LO	-LAYOUT	配置设定
LS	LIST	查询对象文件
LT	LINETYPE	对话框式线型加载
-LT	-LINETYPE	命令对线型加载
LTYPE	LINETYPE	对话框式线型加载

命令简写	执行命令	命令说明
-LTYPE	-LINETYPE	命令式线型加载
LW	LWEIGHT	线宽设定
M	MOVE	搬移对象
MA	MATCHPROP	对象特性复制
ME	MEASURE	量测等距布点
MI	MIRROR	镜像对象
ML	MLINE	绘制多线
MO	PROPERTIES	对象特性修改
MT	MTEXT	多行文字写入
MV	MVIEW	浮动视口
O	OFFSET	偏移复制
OP	OPTIONS	选项
OS	OSNAP	对话框式对象捕捉设定
-OS	-OSNAP	命令式对象捕捉设定
P	PAN	即时平移
-P	-PAN	两点式平移控制
PA	PASTESPEC	选择性粘贴
PE	PEDIT	编辑多段线
PL	PLINE	绘制多段线
PO	POINT	绘制点
POL	POLYGON	绘制正多边形
PR	OPTIONS	选项
PRCLOSE	PROPERTIEscLOSE	关闭对象特性修改对话框
PROPS	PROPERTIES	对象特性修改
PRE	PREVIEW	输出预览
PRINT	PLOT	打印输出
PS	PSPACE	图纸空间
PU	PURGE	肃清无用对象
R	REDRAW	重绘
RA	REDRAWALL	所有视口重绘
RE	REGEN	重新生成
REA	REGENALL	所有视口重新生成
REC	RECTANGLE	绘制矩形

命令简写	执行命令	命令说明
REG	REGTON	二维面域
REN	RENAME	对话框式重命名
-REN	-RENAME	命令式重命名
RM	DDRMODES	打印辅助设定
RO	ROTATE	旋转
S	STRETCH	拉伸
SC	SCALE	比例缩放
SCR	SCRIPT	调入剧本文件
SE	DSETTINGS	打印设定
SET	SETVAR	设定变量值
SN	SNAP	捕捉控制
SO	SOLID	填实的三边形或四边形
SP	SPELL	拼字
SPE	SPLINEDIT	编辑样条曲线
SPL	SPLINE	样条曲线
ST	STYLE	字型设定
T	MTEXT	对话框式多行文字写入
-T	-MTEXT	命令式多行文字写入
TA	TabLET	数字化仪规划
TI	TILEMODE	图纸空间和模型空间认定切换
TM	TILEMODE	图纸空间和模型空间设定切换
TO	TOOLBAR	工具栏设定
TOL	TOLERANCE	公差符号标注
TR	TRIM	修剪
UN	UNITS	对话框式单位设定
-UN	-UNITS	命令式单位设定
V	VIEW	对话框式视图控制
-V	-VIEW	视图控制
W	WBLOCK	对话框式图块写出
-W	-WBLOCK	命令式图块写出
X	EXPLODE	分解
XA	XATTACH	贴附外部参考
XB	XBIND	并入外部参考

命令简写	执行命令	命令说明
-XB	-XBIND	文字式并入外部参考
XC	XCLIP	截取外部参考
XL	XLINE	构造线
XR	XREF	对话框式外部参考控制
-XR	-XREF	命令式外部参考控制
Z	ZOOM	视口缩放控制